初めての酵素化学

企画立案・編集　井上國世

シーエムシー出版

はじめに

　酵素に関連する科学と技術の分野は広範であり，また，その進歩には目をみはるものがある。酵素は，生体内で起こる化学反応（生物反応，生体反応）の触媒として機能する一群のタンパク質であり，生体触媒（生物触媒）とも呼ばれる。

　生物の様々な機能は，数千種類に及ぶ化学反応によって表現され制御されているが，それぞれの化学反応は個別の酵素により触媒されている。それゆえに，生物そのものや生物に由来する材料を対象とするほとんど全ての基礎的および応用的研究において，酵素に対する理解や考察を避けて通ることができないし，多くの場合，具体的な酵素の取り扱いが必要になるだろう。

　酵素に関する科学的な概念が確立されたのは，19世紀中頃のことであるが，酵素は機能（すなわち化学反応に対する触媒機能）として認識されてきた。例えば，アミラーゼはデンプンの加水分解を触媒する機能を持つ酵素に与えられた名称であり，ここで構造上の特徴や実体が考慮されているわけではない。もちろん，酵素の機能はその構造の表現型であり，構造を規定すれば機能が一義的に規定されるはずであるが，一般に酵素の構造はあまりにも複雑で精緻極まりない（加えて，酵素の構造が示す造形美には圧倒される）。しかし，過去10年ほどの間に，酵素の化学構造や立体構造が，精度よくかつ効率よく解析できるようになり，高次構造の規則性や法則が明らかになってきた。すなわち，酵素は，機能に加えて化学構造についての情報を伴って理解される「化学物質」あるいは「分子」として取り扱えるようになった。

　生物反応を酵素の関与に重点をおいて扱うとき，この反応を特に酵素反応と呼ぶ。酵素の持つ優れた特長は，生物反応条件と呼ばれる温和な条件で，複雑な化学反応を高効率に進行させることである。しかも，それぞれの酵素は，触媒する反応において，反応物質（基質）および反応機構の両方に高い選択性（これを基質特異性および反応特異性と呼ぶ）を持っている。この特異性のゆえに，細胞というひとつの反応容器の中で，何十あるいは何百種類の酵素反応が同時並行的かつ継起連続的に進行する。酵素の反応機構は卓越した巧妙さによって支配されている。ここにも自然が与えた別の美を実感できるだろう。

新年度が始まる4月の初めには，冬の間にすっかり落葉していたサクラやイチョウの木の枝についた新芽が，5月の陽気の頃にはみるみる新緑の若葉になって繁る。夏季休暇の前になると，木々はすっかり緑濃い葉っぱで覆われる。葉っぱはほとんどが空気中の二酸化炭素を原料にして生合成されたセルロースやリグニンからなっている。空気中にわずかしか含まれない二酸化炭素を原料に何十段階かの酵素反応を経て，これだけの量の葉っぱが製造された。炭酸同化作用と呼ばれるこの合成反応ひとつをとっても，これらの植物細胞において，いかに複雑で精巧な酵素反応が行われているかがうかがえる。

　今日，酵素反応は，従来の生物科学領域（医学，薬学，農学，食品加工，醸造，製紙，皮革，繊維など）をこえて，化学工業やエネルギー科学，環境科学，分析化学，化学合成などでも利用されている。そこでは，その酵素がもともと生体内で持っていた反応に対してではなく，人間の目的に合わせた別の用途に利用されているものもある。さらに，そのような目的にうまく合致するように酵素が人為的に改変されることもある。本来，酵素は，生物が自らの細胞内の生物反応を触媒するために生産したものであるが，現在では，そのような生物反応からはみ出した分野で，産業酵素として応用されている。酵素の研究は，酵素の機能を解析し，応用し，改変し，創造する段階に入ってきた。

　酵素化学は，酵素そのものの化学と酵素が関連する反応の化学にわたる広範な学問分野である。しかしながら，酵素の構造や機能の相関および酵素反応における共通原理についてさえ未だにわかっていないことが多すぎる。そもそも，なぜL-アミノ酸だけから構成されているのか，なぜそれらのうちから特別に20種類が選ばれたのかなどなど，好奇心がかきたてられる。一方，酵素化学の背後には，生物種の多彩さ，多様さによって裏打ちされている豊富な個別的・各論的領域がある。これまでの酵素化学は，われわれの身近に存在し，比較的取り扱いやすく，役に立ちそうな酵素に没頭してきたとも言える。ここから豊穣の生物の世界に踏み出すとき，従来の常識を覆すような酵素や酵素反応が見出されるかもしれない。なんとなれば，地球の歴史と生物進化の長い流れの中で，このうまく作られた私たち生物を作ってきたのは，ほかならぬ酵素だからである。

　本書は，大学の学部2，3回生レベルの初学者を対象に酵素化学を概説した入門書である。酵素化学の優れた参考書が，たくさん出版されてきた。中には，少し入手が困難になっているものもある。加えて，酵素に関わる研究や研究手法の進歩のスピードが速く，酵素を勉強しているわれわれ自身が手頃な参考書

を必要としていたという事情もあった。結局，編者らとこれまで一緒に研究を行ってきた仲間が相集って分担執筆することになった次第である。ご多用のところ執筆をお引き受けいただいた先生方には，厚く御礼申し上げたい。限られた時間内での執筆であり，多大のご無理をおかけした。一方，分担執筆であり，執筆者ごとに記述形式に不統一がある。あるいは，間違いや思い違いもあるかもしれない。読者のご叱正や忌憚のないご意見をお願いいたしたいし，追って修正と統一を心掛けていきたい。

用語については，原則として学術用語集（文部科学省），理化学辞典（第5版；岩波書店），生物学辞典（第5版；同），生化学辞典（第4版；東京化学同人），化学辞典（同）など，あるいは最新の標準的な教科書に依った。IUPACなどによる国際的な取り決めにも可能な限り当たったが，かなり限界があったし，それ以前にわが国の科学用語表記における深刻とも思える「ゆれ」を実感した（体積単位のリットルにおける ℓ と L の使い分け；ミカエリスかミハエリスか；ミカエリス-メンテン（の）式かミカエリス・メンテン（の）式か；ファンデルワールス力かファン・デル・ワールス力か；リシンかリジンか；トレオニンかスレオニンかなどなど）。さらに言うと，最近の著作物では，例えばアミラーゼをアミレース，チロシンをタイロシンとするような表記も見られ，科学用語にかなり鷹揚であるとの印象を持った。表記の問題とは別に，用語の混乱もある（体積と容積；ギブスの自由エネルギーとギブスエネルギーなど）。科学用語である以上，どちらでも良いというモノではないだろう。若い学生諸君に無用の混乱を与えているのではないかと思う。

酵素化学とこれを取り巻く周辺領域の進歩が目覚ましい。20世紀前半には，まず酵素化学の基本が確立され，続いてこれを基盤として分子生物学が確立された。1980年代になると，酵素工学，遺伝子工学，細胞工学などの技術を土台とするバイオテクノロジー時代の幕が開いた。酵素の精製，分析，活性測定などの技術が大きな進歩を遂げたことにより，酵素はそれ自体が研究の対象でもあり，同時に，研究，医療，化学工業などのツールや手段にもなってきた。そのような流れの中で，研究者が酵素に対して持つイメージは多様である。あるものは，柔軟性に富んだ不安定で捉えどころのないものとイメージするかも知れない。またあるものは，剛直で安定であり，操作性や加工性に優れたタフなものであり，物理や化学で理解可能なものとイメージするかも知れない。このような多様なイメージからコンホメーション変化の概念や，あるいは，分子衝突によるES複合体形成のような概念が生まれてきたし，今後さらに未開拓の性

質が明らかにされるものと期待される。酵素は，酵素に向き合った研究者のイメージ通りに，あるいは，時にイメージを裏切るかのように変幻自在の対応を見せるだろう。先入観を排して多彩なイメージで酵素に向かい合うべきであると思う。

　そうは言っても，今日まで研究の対象にされた酵素は，自然が用意した酵素のうちのごくわずかにすぎない。恐竜などすでに絶滅してしまった生物の酵素を含めて，今後，どんな酵素と酵素機能が見出されるだろう。生物機能は酵素により発現されていることを確認するとき，自然界が保有している酵素の全体像の理解にはまだまだ研究が不足していることを実感する。酵素化学は，過去100年余りの研究を通して，複雑ではあるが調和のとれた簡潔で美的な科学に仕上がっている。しかし，これで良（あるいは了，あるいは諒）ではないだろう。上述の通り，酵素化学には未踏の膨大な生物領域が残されている。従来，接点のなかった様々な科学技術領域との交流も活発になることが望まれる。今後は，これらを通して文字通りスーパー・ビッグデータがもたらされるだろう。これを取り込んで，統一的な酵素化学が構築されるはずである。従来，酵素化学は化学や物理学の原理や知識や手法を利用させてもらって発展してきたのであるが，今度は酵素化学ならではの何かをもってお返しし，補完することも可能になるかもしれない。斬新な研究の切り口が待望されている。本書が，酵素に関心を持っている学生諸君や研究者の学習や研究の一助になれば，執筆者一同にとり，望外の幸いである。

　最後に，本書の編集に関し，根気強くご支援いただいた，シーエムシー出版社の井口誠氏，為田直子氏，吉倉広志氏に感謝申し上げる。

2016年7月

執筆者を代表して，
京都大学名誉教授
井上國世

執筆者一覧（執筆順）

井上 國世	京都大学名誉教授
都築 巧	京都大学　大学院農学研究科　食品生物科学専攻　助教
兒島 憲二	京都大学　大学院農学研究科　食品生物科学専攻　助教
廣瀬 順造	福山大学名誉教授
滝田 禎亮	京都大学　大学院農学研究科　食品生物科学専攻　助教
田之倉 優	東京大学　大学院農学生命科学研究科　応用生命化学専攻　教授
森本 康一	近畿大学　生物理工学部　遺伝子工学科　教授
成田 優作	UCC上島珈琲㈱　イノベーションセンター　係長
奥村 史朗	福岡県工業技術センター　生物食品研究所　生物資源課　専門研究員
築山 拓司	近畿大学　農学部　農業生産科学科　准教授
橋田 泰彦	京都大学　物質―細胞統合システム拠点　研究員

目　次

第1章　酵素とは何か？

1　酵素は生体の化学反応を触媒する生体物質である ……………………… 1
2　酵素の特性 …………………………… 2
　2.1　酵素の化学的本体はタンパク質である ……………………… 2
　2.2　酵素反応は水系で起こる …… 2
　2.3　酵素は温和な条件で作用する ……………………………… 3
　2.4　酵素は反応速度を著しく増大する ……………………………… 4
　2.5　酵素は特異性を持つ ………… 4
　2.6　基質結合部位，触媒部位，活性部位の存在 …………………… 5
　2.7　酵素は調節機能を持つ ……… 7
　2.8　酵素反応は継起的，同時並行的，ワンポット的に起こる … 8
3　酵素は広範な学問分野と密接に関係している ……………………………… 8
4　酵素を実感する ……………………… 10
5　酵素化学が21世紀において期待されることは多い ………………………… 12
6　タンパク質の多彩な機能 …………… 12
7　生体反応には多くの酵素が関与している ……………………………… 15
8　酵素化学の歴史：酵素は醗酵と食物の消化から認識されるようになった ……………………………… 16
9　ラボアジエ（Lavoisier）による醗酵の化学的認識 …………………… 17
10　胃における食物の消化 …………… 18
11　フェルメントとは何か？ ………… 18
12　酵素の産業利用への機運 ………… 19
13　醗酵における触媒説と微生物説の論争 ……………………………… 19
14　酵母の無細胞抽出液 ……………… 21
15　フェルメント（ferment）からエンチーム（Enzym）へ ………… 22
16　酵素の基質特異性と反応機構 …… 23
17　酵素の精製と構造解析 …………… 24
18　生体物質の代謝における酵素の機能 ……………………………… 25
19　20世紀後半の酵素化学
　　—構造解析と反応解析 ………… 27
20　酵素を用いる合成反応 …………… 30
21　酵素の機能による分類と問題点 … 31
22　酵素命名法に関する国際規則 …… 33
　22.1　酵素名は3通りある ………… 33
　22.2　系統名の命名法 …………… 34
23　酵素活性の単位 …………………… 37
　23.1　酵素活性の国際単位（UまたはI. U.） ……………………… 37
　23.2　カタール単位（katalまたはkat） ………………………… 38
　23.3　比活性 ……………………… 38
　23.4　分子活性 …………………… 39
　　　　　　　　（以上，井上國世）
24　酵素補因子 ………………………… 41
　24.1　酵素補因子とは …………… 41
　24.2　補酵素 ……………………… 42
　24.3　必須イオン ………………… 52
　24.4　低分子量の有機金属化合物 … 57
　24.5　タンパク質性酵素補因子 … 58
　24.6　ビルトイン補因子 ………… 59
　　　　　　　　（以上，都築　巧）

I

第2章　タンパク質としての物理化学的性質

1. アミノ酸の構造と特徴 …………… 64
2. ペプチドの構造と特徴 …………… 66
3. 分子量 …………………………… 69
4. 等電点 …………………………… 71
5. 拡散係数と沈降係数 ……………… 73
6. 吸収スペクトル …………………… 76
7. 蛍光スペクトル …………………… 78
8. 円二色性と旋光性 ………………… 81
9. 誘電率 …………………………… 83
10. 疎水性スケール，solvent accessible surface，ハイドロパシープロット，QSAR ………… 85
11. 表面プラズモン共鳴法（surface plasmon resonance，SPR）……… 87

(以上，兒島憲二)

第3章　酵素タンパク質の構造と解析法

1. タンパク質の構造と特徴 ………… 93
    1.1 一次構造 …………………… 94
    1.2 二次構造とモチーフ構造 …… 95
    1.3 三次構造 …………………… 99
    1.4 ドメイン …………………… 101
    1.5 四次構造 …………………… 102
    1.6 モジュール ………………… 103
2. サブユニットの解離と会合 …… 104

(以上，廣瀬順造)

3. アミノ酸配列の決定法 ………… 104
4. 二次構造の決定法 ……………… 107

(以上，滝田禎亮)

第4章　酵素の立体構造

1. 三次構造の決定法 ……………… 110
    1.1 結晶化法とX線結晶構造解析 ……………………………… 110
    1.2 NMR ……………………… 114
    1.3 その他の解析法 …………… 118
2. NMRとESR ……………………… 119
3. タンパク質の水和 ……………… 121
4. 高次構造の形成と安定性 ……… 123
5. 熱量測定 ………………………… 124
6. 高次構造予測 …………………… 127
7. 酵素活性部位 …………………… 128

(以上，田之倉　優)

8. 変性と失活 ……………………… 131
9. 酵素の修飾 ……………………… 132
    9.1 生体内で起きる修飾（翻訳後の修飾と切断，SS結合形成） …………………………… 132
    9.2 酵素およびタンパク質の機能の改変 ………………… 135
10. ペプチドの化学合成法と酵素合成 ………………………………… 137
    10.1 ペプチドの固相合成法 …… 137

(以上，廣瀬順造)

第5章　複合的な酵素系

1　タンパク質の生合成系 ……………139
　1.1　アミノアシルtRNAの合成 …139
　1.2　転写 ………………………………140
　1.3　翻訳開始複合体の形成 ……141
　1.4　ペプチド鎖の伸長 ……………142
　1.5　ポリペプチド鎖合成の終結 …144
2　補因子を要求する酵素 ……………146
　2.1　ピリジン酵素 …………………147
　2.2　フラビン酵素 …………………148
　2.3　PLP酵素 ………………………150
　2.4　亜鉛酵素 ………………………152
　2.5　ヘム酵素 ………………………153
3　オリゴマー酵素 ……………………155
4　膜結合酵素 ……………………………159
5　マルチ酵素構造体 …………………163
6　セリンプロテアーゼと阻害物質 …164
　6.1　セリンプロテアーゼ …………164
　6.2　酵素系カスケードとトリプシン様セリンプロテアーゼ …167
　6.3　セリンプロテアーゼの阻害物質 ………………………………169

（以上，都築　巧）

第6章　酵素の精製

1　酵素精製の目的（なぜ酵素を精製するのか？） ………………180
2　酵素の細胞内分布 …………………180
　2.1　生体の成分組成 ………………181
　2.2　細胞の構造 ……………………182
　2.3　微生物酵素，植物酵素，動物酵素 …………………………184
　2.4　細胞内酵素，細胞外酵素 …186
　2.5　分泌型酵素，可溶性酵素，膜結合型酵素 ………………186
3　生体材料の選択 ……………………190
4　生体材料の破砕法および調製法 ………………………………191

（以上，森本康一）

5　分離精製法 ……………………………193
　5.1　分子サイズによる分離 ……193
　5.2　溶解度による分離 …………195
　5.3　電気的性質による分離 ……196
　5.4　特異的親和力による分離 …199
　5.5　高速液体クロマトグラフィー ……………………………201
　5.6　遠心分離 ………………………203
　5.7　等電点クロマトグラフィー，等電点電気泳動 ……………204
　5.8　二次元電気泳動法 …………206
6　酵素の均一性の判定 ………………208
　6.1　純度 ………………………………208
　6.2　触媒活性（比活性） …………209
　6.3　精製表 …………………………210
　6.4　活性中心純度の決定 ………212

（以上，成田優作）

7　緩衝液 ……………………………………213
　7.1　pHの定義 ………………………213
　7.2　pHメータの原理 ……………214
　7.3　酸のプロトン解離，pK_a，Henderson-Hasselbalch（ヘンダーソン-ハッセルバルヒ）式 ……………………217
　7.4　緩衝液の原理，緩衝能 ……220
　7.5　緩衝液の種類，Good（グッド）緩衝液，広域緩衝液，揮発性緩衝液 ……………………222
　7.6　緩衝液のpHの温度，塩，希釈の影響 …………………………224

7.7	pH指示薬 ……………… 226	7.8	pHスタット ……………… 227

(以上，奥村史朗)

第7章　酵素の遺伝子工学

1　酵素と塩基配列 ……………… 229
2　真核生物ゲノムを構成する様々な要因 ……………… 231
3　酵素タンパク質の過剰発現と精製 ……………… 233
4　酵素前駆体による酵素活性の制御 ……………… 235
5　変異導入法を用いた組換えタンパク質の改変 ……………… 236
6　酵素タンパク質のデザイン ……… 238

(以上，築山拓司)

第8章　酵素活性の反応速度論的解析

1　化学平衡 ……………… 241
　1.1　平衡定数 ……………… 241
　1.2　標準ギブズエネルギー変化 … 243
　1.3　生物学的標準状態（biological standard state） ……………… 244
　1.4　見かけの平衡定数 ……… 245
　1.5　平衡に対する温度の効果 … 246
　1.6　酸―塩基平衡 ……………… 247
　1.7　平衡に対する圧力の効果 … 248
2　反応速度 ……………… 249
　2.1　反応速度論（chemical kinetics） ……………… 249
　2.2　反応速度の求め方 ……… 249
　2.3　零次反応（zero-order reaction） ……………… 252
　2.4　一次反応（first-order reaction） ……………… 252
　2.5　二次反応（second-order reaction） ……………… 255
　2.6　二次反応の簡便な取り扱い(1) ……………… 256
　2.7　二次反応の簡便な取り扱い(2) ……………… 258
　2.8　グッゲンハイム プロット（Guggenheim plot） ……… 259
　2.9　反応速度に対する温度の影響 ……………… 261
　2.10　衝突説と遷移状態説 ……… 264
　2.11　反応速度の上限 ……………… 266
　2.12　反応速度に対する圧力の影響 ……………… 268
　2.13　荷電性分子（あるいはイオン）間の相互作用における電縮の効果 ……………… 270
　2.14　荷電性分子（あるいはイオン）間の反応速度に対する誘電率の影響 ……………… 271
　2.15　荷電性分子（あるいはイオン）間の反応速度に対するイオン強度の影響 ……… 272
3　酵素反応の速度解析 ……………… 273
　3.1　酵素反応の観測 ……………… 274
　3.2　酵素反応速度論の夜明け … 275
　3.3　アンリ式の図解 ……………… 278
　3.4　迅速平衡法（rapid equilibrium method）あるいはミカエリス–メンテ

- 3.5 定常状態法（steady-state method）あるいはブリッグス-ホールデン法（Briggs-Haldane method）……282
- 3.6 速度パラメータの意味……284
- 3.7 酵素反応のエネルギー図……287
- 3.8 特異性定数（k_{cat}/K_m）の意味……289
- 3.9 速度パラメータの求め方（線型的解法）……291
- 3.10 前定常状態の解法……297
- 4 阻害と活性化……303
  - 4.1 阻害と活性化の定義と分類……303
  - 4.2 拮抗阻害（competitive inhibition）……304
  - 4.3 混合型阻害（mixed-type inhibition）……306
  - 4.4 非拮抗阻害（非競争阻害）（non-competitive inhibition）……311
  - 4.5 不拮抗阻害（不競争阻害）（un-competitive inhibition）……312
  - 4.6 各阻害様式と速度パラメータ……312
  - 4.7 阻害様式を判定するためのディクソン プロットとコーニッシュボウデン プロット……313
  - 4.8 強固結合型阻害（tight-binding inhibition, TB阻害）……317
  - 4.9 緩慢結合型阻害（slow-binding inhibition, SB阻害）および緩慢強固結合型阻害（slow-and-tight-binding inhibition, STB阻

ン法（Michaelis-Menten method）……280

害）……323
  - 4.10 緩慢結合型阻害（SB阻害）の反応機構……325
  - 4.11 基質阻害と生成物阻害……330
  - 4.12 活性化（activation）……332
- 5 多基質反応……333
  - 5.1 多基質反応の分類と命名法……333
  - 5.2 Bi-Bi反応の場合……334
  - 5.3 反応機構の区別……337
  - 5.4 オーダードBi-Bi機構……338
  - 5.5 迅速平衡ランダムBi-Bi機構……340
  - 5.6 ピンポン機構……341
  - 5.7 Bi-Bi反応の例……342
- 6 酵素活性に対するpHの影響と活性解離基……344
  - 6.1 酵素活性のpH依存性……345
  - 6.2 酵素活性のpH依存性がベル型を示すことの機構……345
  - 6.3 活性解離基のプロトン解離定数を求める……349
  - 6.4 活性解離基プロトン解離定数の温度依存性……352
  - 6.5 活性解離基の同定……352
- 7 温度の影響……354
  - 7.1 酵素活性の温度依存性には最適温度がある……354
  - 7.2 酵素の熱安定性……357
- 8 圧力の影響……359
  - 8.1 水深10,000メートル以上の深海にも生物が生息している……359
  - 8.2 高圧下の酵素反応……360

（以上，井上國世）

- 9 多基質反応……365
- 10 遷移相の速度論……369
- 11 スローバインディング阻害剤……372
- 12 協同性とアロステリック効果……377
- 13 リガンド結合と構造変化……381

（以上，滝田禎亮）

V

第9章　酵素の作用

1. 酵素の触媒作用の化学的側面 …… 386
   - 1.1 酸塩基触媒 …………………… 387
   - 1.2 求核（親核）触媒 …………… 389
   - 1.3 求電子（親電子）触媒 …… 391
   - 1.4 立体効果 …………………… 392
   - 1.5 同位体効果 ………………… 393
   - 1.6 近接効果と配向効果 ……… 396
   - 1.7 溶媒効果と静電的効果 …… 399
   - 1.8 共有結合中間体 …………… 401
2. 酵素反応における素過程分析 …… 402
3. 基質結合 ……………………………… 405
4. コンホメーション変化と誘導適合 ……………………………………… 411

（以上，橋田泰彦）

5. 酵素触媒機構の代表例（ケーススタディ） ………………… 415
   - 5.1 サーモライシン …………… 415

（以上，橋田泰彦）

   - 5.2 アミノアシル-tRNA合成酵素 ………………………………… 418

（以上，滝田禎亮）

   - 5.3 キチナーゼ ………………… 421

（以上，築山拓司）

   - 5.4 金属ペプチダーゼの活性発現機構 ……………………… 423

（以上，廣瀬順造）

   - 5.5 アミンアミノ基転移酵素 … 425

（以上，田之倉 優）

第10章　酵素活性の調節

1. 酵素の生体濃度とターンオーバー ……………………………………… 430
2. 酵素の遺伝子発現量の調節 ……… 432
3. 代謝 …………………………………… 435
4. 代謝経路 …………………………… 436
   - 4.1 解糖系 ……………………… 436
   - 4.2 糖新生 ……………………… 438
   - 4.3 TCA回路 …………………… 439
   - 4.4 プリンヌクレオチドの生合成（デノボ経路とサルベージ経路） ……………………… 441
5. 代謝物による酵素活性の調節 …… 445
6. ホルモンによる酵素活性の調節 ……………………………………… 447

（以上，都築 巧）

第11章　酵素の応用

1. 酵素応用の現状 …………………… 456
2. 食品への酵素利用 ………………… 457
3. 固定化酵素とアフィニティークロマトグラフィー ……………… 459
   - 3.1 酵素固定化の背景と現状 … 459
   - 3.2 固定化の種類 ……………… 461
   - 3.3 固定化酵素の応用，バイオリアクター ………………… 463
4. 分析化学および臨床診断，バイオセンサーへの応用 …………… 465
   - 4.1 レイトアッセイとエンドポイントアッセイ …………… 465
   - 4.2 連続法と不連続法 ………… 466
   - 4.3 デヒドロゲナーゼ法とオキ

シダーゼ法 ……………… 467
5　酵素免疫測定法 ……………… 470
　5.1　分析や臨床診断における酵素免疫測定法（enzyme immunoassay, EIA）……… 470
　5.2　サンドイッチ法 …………… 471
　5.3　偽陽性 ……………………… 472
　5.4　酵素標識抗体調製法 ……… 472
　5.5　放射性免疫測定法 ………… 474
　5.6　標識酵素 …………………… 474
　5.7　競合法 ……………………… 475
　5.8　酵素免疫測定法の現状 …… 475
6　臨床分析へのそれ以外の酵素応用 …………………… 476

（以上，井上國世）

7　固定化酵素とATP再生系 ……… 478
8　固定化酵素や固定化微生物を用いる物質生産 …………………… 480
9　固定化酵素を用いるバイオセンサー ………………………… 481

（以上，滝田禎亮）

10　有機溶媒，イオン液体，超臨界流体の酵素反応への応用 ……… 484
11　グリーンケミストリーとホワイトバイオテクノロジー ………… 486
12　Cryタンパク質と微生物農薬 …… 487

（以上，奥村史朗）

第12章　酵素化学—今後の展開

1　新しいタイプの生体触媒あるいは人工酵素の可能性 …………… 490
　1.1　分子インプリンティング法（molecular imprinting, MI）……………………… 490
　1.2　触媒抗体（catalytic antibody）……… 491
　1.3　リボザイム（ribozyme）…… 492
　1.4　リボザイムの種類と作用機構 ……………………………… 494
　1.5　人工酵素 …………………… 496
2　酵素化学の限界と展開，今後考えるべき一部の問題 …………… 497
　2.1　「見る」ことを重視した研究姿勢 ……………………………… 497
　2.2　非現実的な反応条件 ……… 498
　2.3　酵素生産システムの進歩 … 499
　2.4　酵素は小腸から血管に移行するのか ……………………… 500
　2.5　タンパク質・ペプチド性医薬の問題点 …………………… 502
　2.6　タンパク質の同質性と同等性 ……………………………… 504
　2.7　膜酵素の構造解析 ………… 506
　2.8　固体基質に対する酵素作用 ……………………………… 508
3　わが国の酵素化学黎明期 ……… 510
4　最後に …………………………… 513

（以上，井上國世）

索　引 ……… 523

第1章　酵素とは何か？

1　酵素は生体の化学反応を触媒する生体物質である

　生体で起こる様々な化学反応により生命が維持されている。酵素（enzyme）は，「生体で起こる化学反応を触媒する生体物質」のことであり，「生体触媒（biological catalyst, bio-catalyst）」とも呼ばれる。酵素が触媒する生体反応を酵素反応（enzyme reaction）と呼ぶ。酵素反応は，厳密に生体内ばかりでなく，消化管内や皮膚など生体外とみなされる場所でも起こる。生体での（in vivo）酵素反応のみならず，生体から取り出した酵素を用いて，試験管内（in vitro）でも酵素反応を行わせることができる。

　酵素は触媒であるから，触媒の定義が適用できる。すなわち，触媒する反応の速度を増大する；その反応の平衡をずらすことはない；反応の前後で触媒自体に変化はない。

　酵素により触媒作用を受ける化学物質を基質（substrate）と呼び，酵素の触媒作用を受けて基質から生成される化学物質を生成物（product）と呼ぶ。酵素が生体反応の触媒であることを考えると，原則として基質も生成物も有機化合物である（もちろん，ハロゲンや金属が関与する反応を触媒する酵素など例外は多い）。酵素反応は化学反応であり，本質的に可逆反応である。したがって，逆反応では，正反応の生成物が基質になり，基質が生成物になる。生物学では，動物細胞やカビなどが接着して増殖する基材のことを基質（substratum）と呼ぶので，ときに，まぎらわしい。

　生物学的化学反応を生体反応とも呼ぶ。具体的には，生体物質の合成（同化）や分解（異化），エネルギー変換やシグナル伝達，生体防御，運動，記憶，知能活動，遺伝など，ありとあらゆる分野にわたる。ここで注意するべきことは，酵素が触媒する反応（酵素反応）はあくまで化学反応であり，共有結合の組換えを伴うことが原則である。しかし，タンパク質の構造形成や生体膜の状態変化など物理変化とみなされる現象に対しても「酵素」の関与を報告する例がみられる。タンパク質の折り畳み（folding）を促進するフォルダーゼ（foldase）や生体膜二重層の脂質のフリップフロップを促進するフリッパーゼ（flippase），膜タンパク質の膜内への取り込みをサポートする膜タンパク質インテグラーゼ（membrane protein integrase）などがある。これらの中には，ATP加水分解

などを伴って進む反応もあるが，物理現象と考えてよいものもある。最近，生体膜へのタンパク質取り込みを促進する糖タンパク質を糖脂質酵素（glycolipozyme）と呼んで，酵素様活性を持つ最初の糖脂質と謳っている例がある[1,2]。タンパク質ではない糖脂質分子を酵素と呼んでいることと，この分子が触媒しているとする化学反応の実体に関しては，慎重な吟味が必要だろう。酵素を定義するには，後述の通り「国際生化学分子生物学連合（IUBMB）」の酵素の分類と命名法に基づく判断が必要である。

2 酵素の特性

2.1 酵素の化学的本体はタンパク質である

酵素の化学的本体は，タンパク質であり，その分子量は1万程度から数百万になるものもある。1本のポリペプチド鎖から構成されているものや，同一のポリペプチドが複数個会合したものや異なるポリペプチドが複数個会合したものがある。酵素を構成しているポリペプチドが適切に正しく折り畳まれて酵素として作用する場合とポリペプチド鎖に結合した補因子（補酵素や補欠分子族）が酵素機能を担う場合がある。一方，タンパク質ではないが生体触媒として作用するものが見出されている。特に，1980年代にチェック（T. R. Cech）らにより，核酸のリン酸エステル結合を加水分解する一群のRNAが見出され，リボザイム（ribozyme）と呼ばれている。酵素は生体触媒活性を持つタンパク質と定義されているため，多くの教科書では，リボザイムは生体触媒ではあるが酵素とは呼ばないとしている[3]。のちに述べるように，抗体には触媒活性を持つものがあり，触媒性抗体（catalytic antibody）あるいは抗体酵素（アブザイム，abzyme）と呼ばれる。酵素反応の遷移状態類縁体を抗原として，人為的に作製することもできる。タンパク質から作られてはいるが，この場合も人工的にデザインされた触媒と呼ぶべきで，今日でも酵素とは考えられていない。

2.2 酵素反応は水系で起こる

酵素反応は，水を媒質とする環境で起こる。例外的に細胞膜に結合した酵素による反応もあるが，反応の場は原則として水系と考えてよい。酵素の工業的利用を目的として，酵素反応を有機溶媒やイオン液体，超臨界・亜臨界溶媒などを用いて行わせる研究もある。100％の有機溶媒中に溶解した基質ペプチドをプロテアーゼが加水分解したとの報告もあるが，酵素標品に含まれていた微量

の水により引き起こされたものと考えられる。

2.3 酵素は温和な条件で作用する

　酵素反応は，生物が生存している領域［生物圏（biosphere）］に存在する条件下で起こる。この条件は，一般の有機触媒や無機触媒による化学反応の条件に比べると温和なものである。例えば，窒素と水素からアンモニアを合成するハーバー–ボッシュ法（Harber-Bosch process, 1913年）は，様々な改良法が提案されているが，アンモニアの合成収率が高い高圧法では，Fe_3O_4を主成分とする触媒を用いて，500〜650℃，900〜1,000気圧が用いられる。地球上で営まれている生命活動について言うと，例外は枚挙にいとまがないが，一般的に，温度は0℃付近から40℃くらい（ヒトの体温は37℃），1気圧，中性付近のpH域，重力場は1G，比較的低イオン強度（海水くらい）で行われている。以下，個別に見てみよう。ただし，極限環境において生育している生物，特にこれらの生物の持つ酵素について興味深い研究がたくさん報告されている。成書を参考にして欲しい[4〜6]。

　温度：酵素反応の温度は，普通0℃から60℃くらいである。恒温動物（主として哺乳類と鳥類）では，概ね20℃から40℃くらい。温泉や海底の熱水噴出口で生育している生物（多くは古細菌に分類される）の酵素は100℃あるいはそれ以上の温度で働くものがある。これらには，耐熱性酵素や好熱性酵素に分類されるものがある。寒冷地で生育している生物の酵素には，氷点下30℃付近で働くものもあり，好冷性酵素と分類されることがある。一方，酵素を形成するタンパク質の安定性からみると，ペプチド結合が水中で熱分解される温度は220℃程度とされており，このあたりが，タンパク質が存在できる温度の上限と考えてよい[7]。

　圧力：地球上の生物や海面付近の生物は，大気圧付近（1気圧）で生存している。しかし，水深8,000メートル以上の深海（800気圧）で深海魚が見つかっているし，下等生物や微生物が生存している。また，ヒマラヤ山脈（0.3気圧）を越えて移動するガンが知られており，高度1万メートル以上（0.1気圧以下）を飛行する鳥類が記録されている。近年，高圧処理（100〜800 MPa，1,000〜8,000気圧）が生物試料や食品の滅菌処理に用いられている。200〜300気圧までであれば，一般に酵素自体に大きい損傷は起こらない。高圧処理において酵素失活が認められることがあるが，加圧に伴う発熱による酵素構造の崩壊（変性）に起因する場合もある。400気圧以上になると，可逆的および不可逆的な変性が起

こる。

pHについては，通常は中性付近，せいぜいpH 5から9の範囲で起こる反応が圧倒的に多い。胃のペプシンは，例外的にpH 1～3で作用する。イオン強度については，0.5 mole/L以下，せいぜい0.2 mole/Lくらいの比較的希薄な塩溶液（緩衝液）で反応が起こる。高濃度の塩類存在下では，酵素の構造の変性，塩析や塩溶と呼ぶ溶解度変化が起こることがある。高濃度の塩水で生息する生物（好塩生物）は，細胞内にトレハロースやグリセロールなどの物質（適合溶質と呼ばれる）を蓄えて，細胞外の浸透圧とバランスを取っている。生物は地球の重力場や磁場あるいは環境の電場の影響を受けている。しかし，これらの研究が酵素反応において系統的に行われた例は見当たらない。

2.4 酵素は反応速度を著しく増大する

酵素反応は，酵素が存在しない場合に比べて，著しく速い。非触媒下での反応速度を$k_n(\mathrm{s}^{-1})$，酵素存在下での反応速度を$k_{cat}(\mathrm{s}^{-1})$として，k_{cat}/k_nをもって活性化の程度を表すと，多くの酵素でこの値は100万倍以上になる。例えば，カルボニックアンヒドラーゼでは10^7倍であるし，オロチジン—リン酸（OMP）デカルボキシラーゼでは10^{17}倍以上にもなる[8]。これらの点については，第8章で詳しく述べる。

2.5 酵素は特異性を持つ

酵素は2種類の特異性（specificity）を持つ。酵素は通常，1種類の（あるいは極めて限定的な）化学反応のみを触媒するのであり，これを反応特異性（reaction specificity）と呼ぶ。また，酵素は特定の化合物のみを基質として選び，これに触媒作用を仕掛ける。これを基質特異性（substrate specificity）と呼ぶ。基質特異性と反応特異性により生成物が決まるので，これら2つの特異性をまとめて，「酵素は基質と生成物の両方に特異性を持つ」と言うことができる。

グルコースオキシダーゼ（便宜上GOと略す）とグルコースデヒドロゲナーゼ（GD），グルコースイソメラーゼ（GI）の3種類の酵素はいずれもD-グルコースを基質として利用する。しかし，GOは基質D-グルコース（$+H_2O+FAD+1/2O_2$）を生成物D-グルコノ-δ-ラクトン（$+H_2O_2+FADH_2$）へ変換する酸化反応を触媒するのに対し，GDは基質D-グルコース（$+NAD(P)^+$）を生成物D-グルコノ-δ-ラクトン（$+NAD(P)H+H^+$）への酸化反応を触媒する。基質D-グルコースと生成物D-グルコノ-δ-ラクトンだけを見ると同じ酸化反応に

見えるが，反応に必要な他の基質と付随して生じる他の生成物が異なっている。一方，GIはD-グルコースをD-フルクトースに変換する異性化反応を触媒する酵素である。しかし，本酵素はキシロースイソメラーゼとも呼ばれる通り，D-キシロースにも作用して，D-キシルロースへの異性化も触媒する。すなわち，GIの基質特異性はD-グルコースあるいはD-キシロースのどちらかのみを厳格に識別するものではない。もう一つ例を挙げよう。プロテアーゼ（タンパク質加水分解酵素）の代表的なものにヒトやウシのすい臓から分泌されるα-キモトリプシンと微生物由来のサーモライシンがある。これらは，ともにタンパク質中のペプチド結合を加水分解する酵素（ペプチダーゼ）であるが，サーモライシンはペプチド鎖の中ほどにあるペプチド結合のみを加水分解するエンド型ペプチダーゼである。一方，α-キモトリプシンはエンド型の活性に加えて，低分子のエステルやアミド化合物，例えばN-アセチルチロシンエチルエステル（N-acetyl-tyrosine ethyl ester）や酢酸パラニトロフェニル（p-nitrophenyl acetate）あるいはN-アセチルチロシンアミド（N-acetyl-L-tyrosine amide）などのエステル結合やアミド結合も加水分解する。すなわち，α-キモトリプシンには，エンド型ペプチダーゼ活性に加えてエステラーゼ活性やアミダーゼ活性がある。両酵素の違いは，基質認識の幅の違いと考えられ，この幅が広いことを基質特異性が低いといい，逆に，狭いことを基質特異性が高いという。

　基質特異性はさらに立体特異性（stereo-specificity）と構造特異性（geometric specificity）に分ける。酵素が鏡像異性（キラル）な基質の一方にのみ作用することを立体特異性と呼ぶ。また，基質のキラリティばかりでなく，基質にプロキラリティが見られる場合もある。一方，基質のキラリティが満たされている場合でも，酵素が作用する基質の官能基の違いにより，反応効率が異なることがある。これを構造特異性と呼んでいる。例えば，前述した，α-キモトリプシンにおいて，N-アセチルチロシルグリシン（N-acetyl-L-tyrosyl-glycine）とN-アセチルチロシンアミドのペプチド結合の加水分解の違いは，アミド結合の周囲の構造の違いに起因する。GIが，D-体のグルコース，キシロース，フルクトース，キシルロースを認識することは構造異性体の認識であるし，それぞれのD-体に相当するL-体は認識しないのは立体異性体の違いである。詳細は，成書[9]を参照して欲しい。

2.6　基質結合部位，触媒部位，活性部位の存在

　基質特異性は，酵素表面に存在する基質結合部位（substrate-binding site）

が，好適な基質を立体的かつ構造的に厳格に認識する仕組みがあることに起因する．さらに，基質結合部位には，目的の触媒反応を進めるための反応性基が備わっており，この部位を触媒部位（catalytic site）と呼ぶ．基質結合部位と触媒部位を合わせて活性部位（active site）と呼ぶ．

　基質分子上に少なくとも3つの官能基A，B，Cがあり，これらが基質結合部位の官能基a，b，cと相互作用して作られるA-a，B-b，C-cの相互作用により基質を認識すると考える．この相互作用は非共有結合であり，通常，水素結合，静電的相互作用，疎水性相互作用，ファンデルワールス力などの一連の弱い相互作用により達成される．具体的な例としてクエン酸を考える．これは対照的な分子であるが，酵素アコニターゼはクエン酸の片一方の面からのみ脱水反応を触媒してcis-アコニット酸を生成する．詳細は，クエン酸回路の学習にゆだねたいが，1948年にオグストン（A. Ogston）は，アコニターゼ反応を理解するために，酵素の表面にクエン酸のOH基，COO^-基，および2個のCH_2COO^-基の特定の一方と相互作用する3つのサイトがあると考えて，基質認識における「三点結合説（あるいはオグストン説）」を提唱した．オグストンの考えは，その後，酵素反応におけるプロキラリティの法則へと展開していく．

　ここでの議論では，酵素反応に際して，酵素と基質が直接相互作用して，酵素－基質複合体（ES複合体あるいはミカエリス-メンテン複合体ともいう）を形成することが必須であることを理解しておく必要がある．以下は，「酵素化学の歴史」（第1章8節）に一部重複するが，あえて記す．

　フィッシャー（E. Fischer）は，インベルターゼやグルコシダーゼ（エムルシン）の触媒反応に基質特異性を見出していた．また，基質存在下に酵素が安定化することも知られていた．これらに基づいて，彼は酵素反応に必須の中間体としてES複合体を想定し，「鍵と鍵穴説」を提案した．一方，これより先，アンリ（V. Henri）は，インベルターゼの反応解析に挑戦し，ES複合体が反応過程に存在すると考えることにより矛盾なく速度式が解けることを報告した．アンリとフィッシャーの成果は，ミカエリス（M. Michaelis）とメンテン（M. L. Menten）による酵素反応速度式に導かれた．

　「鍵と鍵穴」の概念は，酵素の基質結合部位には基質の構造に相補的な部位が予め鋳型のように準備されており，そこへ基質が結合すると考えるものである．しかし，酵素には，剛体というよりむしろ柔軟で壊れやすい構造を持つものというイメージがあった．赤堀四郎（1900〜1992年）は，金魚がパクパクと口を動かしながらエサを食べるように，酵素も比較的柔軟な構造を取りながら基質

を捕まえると考えた（金魚説）。このような考えは，アロステリック現象や誘導適合説，コンホメーション変化につながるようにも見える。コンホメーション変化は，酵素の調節機能において重要な概念であるが，一方で，解析が不十分でつじつまの合わない現象を説明するために，安易に使われるきらいも見られた。誘導適合説は，基質が基質結合部位に結合してES複合体が形成されたあと，反応が進行するためにES複合体内でコンホメーション変化が起こり，遷移状態が形成されると考えるものである。後述するが，酵素のイメージは，研究者により，またその時代により変化しているように見える。多くの酵素の結晶構造が解かれるようになると，酵素タンパク質は固いものというイメージが優勢であったが，近年，結晶構造では見えないタンパク質（の領域）として，普通は構造を取っていない「天然変性タンパク質」[10]の存在がクローズアップしてきた（後述）。

2.7 酵素は調節機能を持つ

酵素活性は，しばしば基質以外の物質により調節される。補欠分子族（補酵素と補因子）と呼ばれる一群の化合物は，特定の酵素に結合して酵素活性の発現に関与する。酵素はイオンやその他の化合物により，活性化や阻害を受けることがある。

生体内では，物質とエネルギーの代謝が，生命にとり最適となるように，かつ協調的に進行するように調節されている必要がある（代謝調節）。例えば，化合物Aは酵素aにより化合物Bに変換され，Bは酵素bにより化合物Cに変換される。このような反応が連綿と継続される。同様に化合物Mは酵素mにより化合物Nに変換され，さらにNは酵素nにより化合物Oに変換される。このような反応が連綿と継続される。多くの酵素反応は可逆的であるが，代謝経路中に可逆性が成り立たないと見なせる反応が存在することがある。これにより全体の反応が一定方向に進むように仕組まれている。このような非平衡反応に関わる酵素や代謝経路の分岐点に位置する酵素は，代謝調節を受けることが多い。これら代謝経路の流れを調節する酵素は調節酵素と呼ばれる。酵素活性の調節の機構は2つに大別できる。一つは酵素分子自体の触媒効率の調節であり，他方は酵素量の調節である。触媒効率の調節には，アロステリック効果やフィードバック阻害，共有結合による修飾（例えばリン酸化など）がある。

2.8 酵素反応は継起的，同時並行的，ワンポット的に起こる

基本的に酵素反応は，細胞という反応容器（ワンポット）で起こる。細胞内（すなわち in vivo）では，多くの代謝経路を構成する多くの酵素反応が，同時に並行して進行している。また，それぞれの反応は，別の反応で生じた生成物を基質として利用するため，全ての反応は継起的に進行する。このように複雑な反応系が整然と進むのは，基質特異性と反応特異性によっている。この特性を利用することにより，試験管の中（in vitro）でも複数の酵素反応を同時並行的かつ継起的に行わせることができる。

代謝には生体物質を分解する異化と合成する同化がある。生体物質特に多糖類やタンパク質のような生体高分子を低分子にまで分解する異化反応では，エントロピーが増大し，エネルギーが産生される。このエネルギーは生体の活動に利用され，生成した低分子化合物は別の生体物質を合成するため原料として利用される。一方，同化では低分子化合物を原料にしてより複雑な化合物が生産される。これはエントロピーが減少する過程であり，熱力学的には無理な反応である。同化反応は熱力学の原理に逆らって起こる反応であり，ここに生物の生物たる特徴がある。同化反応が進行するためには，エネルギー的に有利な反応との共役や生成物の速やかな消去など巧妙な仕組みが組み込まれている。ここにワンポットで継起的に反応が進行することの理由がある。

3 酵素は広範な学問分野と密接に関係している

酵素に関する科学（酵素科学）は，生物科学のみならず科学全般においても密接な関連性を持つ，広範な学問領域である。

酵素は生体内で起こる反応（生体反応）を「触媒する（catalyze）」。ここで酵素は触媒（catalyst）であり，酵素が引き起こす触媒作用のことをカタリシス（catalysis）と呼ぶ。生体反応は，ほとんどの場合，自発的に進行しないし，一般に，反応が迅速であることから，全ての生体反応に酵素が触媒として作用していると言ってよい。したがって，生物を取り扱う研究には，多かれ少なかれ，酵素が関連している。酵素は醸造工業や食品工業，医薬工業で利用されてきたが，20世紀の後半になり酵素や遺伝子，動植物細胞を人為的に操作できる技術が開発され，これらの技術を利用する有用物質生産の技術体系としてバイオテクノロジーが飛躍的に発展した。これに呼応して酵素の応用分野も化学工業やエネルギー分野，環境分野に拡大した。

遺伝子（gene）の本体は核酸DNAであり，4種類の塩基と呼ばれる化合物が鎖状に繋がった高分子である。この塩基の並び方が暗号化されており，遺伝子は生体の情報を担っている。遺伝子は生体を作動させるために必要な分子状の機械を作るための設計図を暗号（コード）化したものと考えてよい。ここでいう分子機械は，実際はタンパク質（protein）と総称されるアミノ酸からなる鎖状高分子（ポリペプチド）でできており，これが適切に折り畳まれて（フォールディングされて）生じるタンパク質が生体の機能を担う。タンパク質は個別の機械として，単独で役割を果たすこともあれば，複数の機械が集積したシステムを構成していることもある。いずれにしても，生体の機能はタンパク質が担っている。遺伝子に書き込まれている暗号は，「原則として」一通りに解読されるので，1個の遺伝子は1個のタンパク質の情報を暗号化（エンコード）している。ここで「原則として」というのは，遺伝子が，読み枠を変えて一通り以上に読まれる場合や，読まれるべき個所（エクソン）を適宜変化させて編集される場合（選択的スプライシング）があり，異なるポリペプチドが作られる場合があるためである。

　遺伝子の集合体をゲノム（genome）と呼ぶ。設計図ばかりを集めた百科事典のようなものと考えればよい。生体は，ゲノムに書き込まれている全ての情報を常に必要にしているわけではないので，あるタンパク質が必要なとき，それに対応する遺伝子の情報をコピーして，このコピーに基づき目的のタンパク質を合成する。このコピーのことを伝令RNA（mRNA）と呼ぶ。4種類の文字（ヌクレオチド）の配列で記述されたDNA情報は，同じく4種類の文字（ヌクレオチド）で記述されたmRNAの形に「転写（transcription）」され，次いでmRNAの情報は20種類の文字（アミノ酸）の配列で記述されたポリペプチドに「翻訳（translation）」され，さらにフォールディングを経てタンパク質が生合成される。mRNAの情報をもとにして遺伝子DNAに転写される「逆転写」と呼ばれる仕組みも存在する。これらの一連の遺伝情報の伝達の仕組みは，20世紀の後半に飛躍的に発達した分子生物学の成果により確実なものとされ，生物における普遍的な原理「セントラルドグマ（central dogma）」となっている。遺伝子がポリペプチドに翻訳されることを，遺伝子発現（gene expression）と呼ぶ。発現されたポリペプチドは自発的に（すなわち非酵素的に）フォールディングし，タンパク質となる。タンパク質は，このままで機能を発揮する場合もあるが，中には，ペプチド鎖の切断や化学修飾，低分子化合物の付加などを受けて，活性を持つタンパク質に変換されるものもある。翻訳後に起こるこの

ような改変を翻訳後修飾（post-translational modification）と呼ぶ．

　タンパク質は，溶液内ではフォールディングして適切な立体構造を取って存在すると考えられてきたが，一方，多くのタンパク質が，自然の状態で特定の立体構造を取らずに存在する「天然変性タンパク質（natively unfolded proteinまたはintrinsically disordered protein）」が指摘されている[10]．これらは，全長にわたり不規則領域をとるものと，部分的に不規則領域を含むものとがある．目的の分子を認識する際に，その分子の形状に合わせて自らの構造を変化させる可能性がある．これは，酵素による基質認識機構における「誘導適合説」に，新しい意味を付与する可能性がある．

　ヒトをはじめとして多くの生物の遺伝子やゲノムの解析が進み，ゲノム研究の次に来るもの（ポストゲノム）として，タンパク質や酵素の機能の解析が注目されている．21世紀はバイオテクノロジーの時代と言われており，エネルギーや生活素材，食品などの製造に対する生物機能の利用，生物機能を模倣した効率のよい生産方法，高度な医療技術の開発，新規の生物機能の創造などが飛躍的に進展すると期待される．過去1世紀以上にわたって，タンパク質や酵素の構造と機能の関係が，広範に研究されてきた．この成果を踏まえて，なお高次の機能解析と応用が展開することと思われる．酵素に関する科学は医学，農学，薬学，食品科学，環境科学に加えて，化学工学，エネルギー科学，宇宙科学などにおいても重要な役割を果たすことが期待される．

　本書で取り扱う「酵素化学」は，生体内反応の触媒である酵素の構造と機能および酵素が触媒する反応を分子レベルで，「化学の言葉」を用いて理解し，解明する学問領域である．生物化学，有機化学，無機化学，分析化学，物理化学，分子生物学，動物や植物の生理学などとも密接に関連している．

4　酵素を実感する

　日常生活で酵素反応を実感できる機会はそれほど多くない．例えば，ご飯やパンを，数時間，目の前に置いておいても，何も変化がない．カビやばい菌を生やさないように保存すれば，おそらく数百年，数千年もそのままであるに違いない．事実，古代の遺跡から発見された種子が発芽したという報告があるし，ミイラは数千年にわたって同じ状態で保存されている．生体物質が自然に分解することはなさそうに見える．ところが，ご飯やパンを食べると数時間後には消化されて，跡形もなくなる．これはデンプンやタンパク質が唾液，胃，小腸

の消化酵素により分解された結果であり，消化酵素が極めて速やかに食物を分解することが実感できる。新学期のころ教室の窓から外を見ると，校庭の木々は新緑である。1週間，2週間と講義が進むにつれ，同じ窓から見る木々は枝を伸ばし，緑色の葉をメキメキ繁らせていく。一方，春先にはかぼそく見える水田の早苗が，秋にはたわわに稲穂をつける。これらは，太陽のエネルギーを利用して，炭酸同化作用により空気中の二酸化炭素から糖質（セルロースやデンプン）が生合成された結果である。空気中の二酸化炭素の存在比率は窒素（78.1%）や酸素（20.1%）に比べると，ほとんど無視できるほどわずか（0.033%；近年この数値は増加傾向にある）であるが，植物は，この微量で希薄な二酸化炭素を吸収して，これを原料にして，葉や枝を伸ばし，幹を育て，実りをもたらす。うっそうと茂る森林を見て，これが全て炭酸同化作用の産物であることを思うとき，酵素反応の迫力と規模に圧倒される。

　私たちの体は酵素反応の宝庫であり，数千種類もの反応が調和をとって進行している。体全体において新陳代謝が整然と進む。今日の私は数週間前の私とほとんど違いがないように見える。しかし，爪や髪の毛を見ればよく分かることであるが，実は，今日の私の体にあるタンパク質や糖質，脂質などの物質を構成している炭素，水素などの元素は数週間前に物質を構成していた元素と同じではない。ほとんどのタンパク質は数週間から数ヶ月で新しい分子に入れ替わる。物質の合成（同化）と分解（異化）が見かけ上うまくバランスが取れている。このような状態のことを「定常状態（steady state）」という。

　われわれの血液中の赤血球にあるヘモグロビン（Hb）は，生合成されてから数週間，酸素運搬の機能を果たし，その後は分解される。したがって，血液中にはこの数週間の間に製造された様々な古さ（あるいは新しさ）のHbが混在している。Hbには，血液中の糖であるグルコースにより共有結合的な付加を受けやすい部位がある。このような付加による修飾は糖化と呼ばれる。もっとも代表的な部位はHbのA鎖のアミノ末端であり，これが修飾されたHbはHbA1cと呼ばれる。この修飾は，Hbが古いほど起こりやすいし，血液中のグルコース濃度（血糖値）が高いほど起こりやすい。血液中のHbA1c濃度を調べると，ここ数週間の平均的な血糖値が推定できる。この方法は，糖尿病の臨床診断に利用されている。血液中Hb濃度は全体として一定に保たれ，定常状態を維持しながら，個々の分子は数週間で新陳代謝していることがキーポイントである。

5　酵素化学が21世紀において期待されることは多い

　20世紀は，悲惨な戦争に明け暮れたが，一方で，人類に多くの福音を与えた。例えば，「緑の革命」と称される農業の近代化，工業化社会の成熟，保健医療の進歩による平均寿命の増加などを挙げることができる。その結果，地球人口は爆発的に増大し，エネルギー消費量は急増し，さらには深刻な環境破壊と汚染をもたらすこととなった。地球上の人口と人類のエネルギー消費量は10,000年前から1900年代初頭までゆるやかに増加してきたが，この100年間で爆発的に増大した。地球人口はAD１年には約２億人であったと推定されているが，1900年代の初頭に十数億人になり，いま（2015年）や70億人を突破し，今世紀の中頃には90億人に達すると予想されている。食糧や資源の不足は避けられない問題となっている。メドウス（D. Meadows）による地球上の人口，資源，工業力，食糧資源，汚染などの将来予測がローマクラブにおいて，「成長の限界」のタイトルで報告されたのは1972年であり，その予測は多少の修正（メドウスほか：「限界を超えて」，1992年）を加えながらも，ほぼ現状に符合している。すなわち，2010年頃に工業生産や一人あたりの食糧生産はピークに達する。汚染は，それから20〜30年遅れてピークを迎える。資源の枯渇，工業生産と食糧生産の低下，環境汚染の深刻化などが原因となり，今世紀後半には人口の急速な減少が予測されている。食糧生産，保健医療，環境，エネルギーなどの諸問題で積極的な進展と改良がなければ，メドウスの予測を良い方向に修正することができそうもない。いずれの面でも酵素が関わる化学反応が深く関与している。酵素の理解がなお一層求められる。

　さらに言えば，わが国の科学技術の大きな柱として，グリーンイノベーションとライフイノベーションが提示されている（2012年３月，総合科学技術会議）。健康長寿，再生医療などに関連するライフイノベーションは言うに及ばず，低炭素化，循環型社会，自然共生，バイオミメティクス（生物模倣），人工光合成などに関わるグリーンイノベーションにおいても，生体反応の応用や酵素の産業利用が求められている。

6　タンパク質の多彩な機能

　細胞の70％は水分である。細胞の乾燥重量の大部分はタンパク質（protein）で占められている。タンパク質はもともと窒素を含む高分子性の有機化合物と

して知られた。プロテインはギリシャ語で「第一番目のもの」（first, primary）を意味する言葉に由来する。ドイツ語では，タンパク質のことをアイヴァイス（Eiweiss）あるいはアイヴァイスストッフとも呼ぶ。それぞれ，卵白および卵白様物質の意味である。ちなみに，日本語のタンパク質は本来，「蛋白質」であり，蛋白すなわち卵白に似た物質という意味である。タンパク質は，化学的にはL-α-アミノ酸がペプチド結合により鎖状に結合した高分子（ポリペプチド）である。

わが国の教科書，学術文献，新聞などには，タンパク，たん白，蛋白，プロテインなどという表現が散見される。いずれも不明確な用語である。科学用語としては，「タンパク質」を採用したい（理化学辞典（岩波書店）や生化学辞典（東京化学同人）を参照して欲しい）。

タンパク質には様々な機能がある。大別すると，以下の9項目になる[11]。加えて，それ以外の興味深い機能を持つタンパク質がある。

①酵素タンパク質：生体内での化学反応の触媒および制御。

②免疫タンパク質：哺乳動物での生体防御。体外から進入した異物の分解と排除あるいは腫瘍細胞の分解や破壊などの免疫反応や生体防御反応に関与する抗体や補体。抗体の本体は免疫グロブリンであり，数千万から数億種類の立体構造が異なる物質を認識することができると考えられている。細胞工学技術を用いてモノクローナル抗体を調製できるようになり，臨床診断や医薬として利用されている。また，触媒活性を持つ抗体（触媒抗体，抗体酵素）も報告されている。

③構造タンパク質：細胞や組織の機械的な支持体。皮膚，爪，髪の毛はケラチンで，腱や靱帯はコラーゲンやエラスチンからなっている。コラーゲンは動物細胞同士の接着にも関与している。細胞内では，細胞骨格と呼ばれる繊維系があり，細胞に機械的強度を与え，ミトコンドリアなどの細胞内器官の流動を助ける。アクチンはアクチンフィラメントを形成し，細胞の形状維持や筋収縮に関与する。細胞内には，微小管と呼ばれる中空管も発達しており，主としてチューブリンからなっている。

④輸送タンパク質：小分子やイオンの輸送に関与。血清アルブミンは血液中で低分子薬物や脂肪の輸送に，トランスフェリンは鉄輸送に，赤血球のヘモグロビンは酸素輸送に関与。細胞膜には各種のイオンや金属，アミノ酸，グルコースなどの輸送に関わる輸送タンパク質が存在する。

⑤モータータンパク質：細胞や組織の運動に関与。ATP加水分解により化学

的エネルギーを物理的エネルギーに変換する。骨格筋のミオシンはアクチンにより活性化され，筋収縮を行う。キネシンは微小管により活性化され，細胞内器官の輸送に関与。真核細胞の鞭毛や繊毛の波うち運動にはダイニンが関与。

⑥貯蔵タンパク質：小型分子やイオンあるいは栄養成分を貯蔵。フェリチンは肝臓中で鉄を貯蔵。セルロプラスミンは血液中の銅の90〜95％を貯蔵。卵白のオボアルブミンやミルクカゼイン，種子タンパク質は，それ自体が成長，発芽などに必要なアミノ酸および栄養源の貯蔵庫となっている。

⑦情報タンパク質：細胞間での情報伝達に関与。特に動物で，ペプチド性ホルモンや成長因子，サイトカインが生理機能の調節に関与。血液中のグルコース濃度を一定に保つ役割をするインスリン，上皮細胞の成長・分裂を促進する上皮細胞成長因子（EGF），神経細胞の成長を促進する神経細胞成長因子（NGF），ガン細胞の壊死を導く腫瘍壊死因子（TNF），赤血球産生を調節するエリスロポエチン（EPO）などがある。

⑧受容体タンパク質：生体外からの情報を認識し，この情報を応答装置へ伝達することに関与。光は網膜の光受容体タンパク質ロドプシンで捕捉され，この信号が脳に伝えられて，光として認識される。神経末端で分泌されたアセチルコリンはアセチルコリン受容体で捕捉され，神経伝達に関与する。インスリン受容体は血液グルコースの調節に，またアドレナリン受容体は心筋の拍動調節に関与する。舌の味蕾細胞には味覚受容体が，鼻上皮には嗅覚受容体がある。

⑨遺伝子調節タンパク質：DNAに結合して遺伝子情報の読み取りのオン・オフに関与。ラクトースリプレッサーがDNA上の領域であるラクトースオペレーターに結合すると，ラクトース分解酵素の発現が抑制される。他方，誘導物質が存在すると，ラクトースリプレッサーのオペレーターへの結合が妨害されることにより，ラクトース分解酵素が発現され，その結果，ラクトース分解が進む。このような遺伝子の転写調節に関与するリプレッサータンパク質は多数知られており，生体の恒常性維持に関与している。

⑩それ以外の例：北極や南極の海洋で生息する魚類の血液中には血液の凍結を防止する機能がある凍結防止タンパク質（アンチフリーズタンパク質）が含まれており，食品の凍結防止への応用に興味が持たれている。ホタルを代表として，自然界には蛍光を発する生物が多く存在する。発光クラゲであるオワンクラゲから緑色蛍光タンパク質（GFP）が，下村修により発見（1962年）され，細胞内の特定のタンパク質の標識やイメージングに広く用いられている（下村は2008年ノーベル化学賞受賞）。アフリカの植物には，モネリンやタウマチンな

ど，強い甘味を有するタンパク質がある。ムラサキガイなどの貝類は，グルータンパク質と呼ばれる接着性タンパク質を分泌し，岩や船底に強くくっつくことができる。すい臓にはトリプシンインヒビターがあり，すい臓内でのトリプシンの作用を抑えている。血液凝固や線溶系，細胞外マトリックスの分解系には種々のプロテアーゼインヒビタータンパク質があり，プロテアーゼ活性を調節している。ヒルは，ヒルディンというヒトの血液凝固を抑制するタンパク質を持っている。これは医療へ応用されている。毒ヘビや細菌（ボツリヌス，サルモネラ，コレラなど）は猛毒のタンパク質を産生する。これらの中には，医薬として利用されているものもある。ダイズなどの植物には動物のトリプシンやアミラーゼを阻害するタンパク質がたくさん知られているが，その生理的機能については不明の点が多い。さらに，バチルス属の細菌（*Bacillus thuringiensis*；Bt菌）には細胞内に結晶性タンパク質（Cryタンパク質）を蓄えるものがある。Bt菌は菌株ごとに特定の昆虫に選択的な毒性を示すことから，生物農薬として利用されている。Bt菌の毒性はCryタンパク質に起因するものであり，このタンパク質の遺伝子を植物に組換えて，害虫抵抗性を付与した作物の作出が試みられている。

7 生体反応には多くの酵素が関与している

酵素の正確な数は不明である。よく研究された微生物である大腸菌では，4,288種類のタンパク質に対する遺伝子が知られており，そのうち1,701種類が酵素の遺伝子である。ヒトの全ゲノムサイズは30億塩基対という膨大なものである。ヒトゲノム解析プロジェクトは，1990年に米国で開始されたが，ワトソンとクリックによる遺伝子の二重らせん構造解明から50年目の2003年4月，その全塩基配列が解読された。その結果，ヒトの遺伝子の総数はおよそ2.2万個であることが明らかになった。従来，ヒトのタンパク質の数は10万から20万種と考えられてきたので，それに比べると遺伝子の数はかなり少なめである。この少ない遺伝子数は，従来，微生物の分子生物学で提唱されてきた「1遺伝子が1タンパク質をコードする」という考えがヒトのような高等生物では適応できないことを示唆しており，1個の遺伝子から複数のmRNAを作り，これに呼応して複数のタンパク質を発現できる仕組み（選択的スプライシング）が提唱されている。

ヒトの酵素の数は不明であるが，大腸菌の場合に比べてかなり大きい数になると推定されている。これまでに明らかにされた酵素が分類され記載されてい

る文献には，約5,000種類の酵素が記載されている[12,13]。高等生物を含めて，生命を維持するには，5,000ないし10,000個の酵素が必要であると考えてよい。ヒト成人の体は60兆個の細胞（最近，37.2兆個という説が報告された[14]）から構成されていると言われている。この中で，ある組織には，その組織でのみ発現するタンパク質や酵素がある。例えば，ペプシンは胃から，トリプシンやキモトリプシンあるいはインスリンはすい臓から分泌される。これらは，それぞれの組織の特定の細胞から産生される。また，出産後に母乳が作られることから分かるように，生活環境や年齢，身体的状況によって，特別のタンパク質が発現することがある。60兆個（または37.2兆個）の細胞が，時間と空間をわたったプログラムに従って整然と酵素反応を営んでいることが分かる。

8 酵素化学の歴史：酵素は醗酵と食物の消化から認識されるようになった

本節の以下の記述には，次の文献からの引用，転載，重複が多いことを予めお断りしたい[15,16]。

生体触媒としての酵素の利用は古代のアジア（中国や日本）に起源があり，アミラーゼやプロテアーゼが味噌，醤油，納豆，酒，酢，魚醤，鰹節，漬物（ピクルス）など様々な醗酵食品や酒類の製造に利用されてきた。食品だけでなく，藍や漆の製造や堆肥なども醗酵の利用に含めてよい。わが国でも醍醐，酪，蘇などの言葉が残っている通り，古くは，チーズやヨーグルトのような乳製品が好まれていた。醍醐味と言う通り，美味なるものであったことがうかがわれる。一方，古くからヨーロッパや中東では屠殺した家畜（ウシ，ヤギ，ヒツジなど）の胃袋にミルクを入れて貯蔵すると半固形化することが知られており，これらの家畜のレンネットやペプシンがチーズ製造に利用されてきた。

醗酵，特に酒つくりは，洋の東西を問わず不思議な現象あるいは神なる技として捉えられてきたふしがある。醗酵はわが国や東アジアで特別に発展してきたかのような印象があるが，むしろ人類の歴史とともに世界中で利用されてきたと考えるべきであろう。パンはエジプトやアラビアで食べられてきたし，チーズやヨーグルトも世界中の様々な地域で食されてきた。これらの酵素利用は，科学的知識に基づく技術（technology）というより，経験や伝承に基づく技芸（art）という方が適切である。古代には東南アジアをはじめとして世界各地で「口噛み酒（くちかみさけ）」を作る風習があったと言われる。これは，デンプ

ンを含む食物（木の実や穀物）を口に入れて噛んだあと，吐き出して貯めておくと，唾液アミラーゼの作用で生じた糖が空気中の酵母の作用により醗酵して，酒ができるというものである。日本への伝来は縄文後期以降と考えられ，神事との関連性が指摘されている。しかし，日本酒醸造へ影響があったか否かは不明である。酵素の認識には至らなかったものの，唾液アミラーゼによる糖化反応に続いてアルコール醗酵を利用しており，高度な生体物質変換が行われていた。麹（こうじ）菌によるデンプン糖化作用と関連して，唾液には麹菌と同じ作用があることが認識されていたことだろう。ちなみに，麹の語源は，「カビ立ち」であるという。

　チーズ製造は産業酵素利用の代表例であり，ヨーロッパで仔ウシ第4胃のレンネット（rennet）を用いて製造されてきた。牧畜や遊牧の人々の間では，乳を家畜の胃袋に入れて保存しておくと凝固することが広く知られていた。当初は仔ウシ第4胃の凝乳活性成分をレンネットと呼んでいたが，その後，レンネットの主成分である酸性プロテアーゼが同定され，レンニン（rennin）あるいはキモシン（chymosin）と呼ばれている。実際は，レンネットとレンニンは同義的に用いられている。なお，レンニンは，アンジオテンシノーゲンを加水分解してアンジオテンシンIの産生に関わる酸性プロテアーゼ，レニン（renin）と混同しないよう注意が必要。現在では，微生物ムコール属（ケカビ属）が産生するレンニン様酵素（ムコールレンニン），遺伝子組換えで製造した仔ウシのキモシンや仔ラクダのキモシンが利用されている。一方，インドや中東，南米，アフリカなどの多くの地域で，伝統的に，植物プロテアーゼ（イチジクのフィシンなど）を用いたチーズ（チーズ様凝乳物）が製造されてきた[17]。これらの酵素は仔ウシレンネットの代替になるのみならず，こうして製造されたチーズは，一部のベジタリアンに受け入れられるとともに，動物愛護や宗教的制約の観点から注目されている。酵素の産業利用については，欧米や日本で研究されてきたもの以外に，アジア，アフリカ，中南米などにおける酵素利用の多くが未解明のままになっている可能性がある。以下に，酵素の認識と酵素研究の歴史について，先学がまとめられた論考に若干の私見を交えてしたためておきたい[18〜21]。

9　ラボアジエ（Lavoisier）による醗酵の化学的認識

　ドイツ語や英語で醗酵をFermentationと呼ぶ。その語源は「沸騰（する）」で

ある．ドイツ語では醗酵をGärungとも言うが，これも原義は「動揺（する）」である．糖を含む液体が醗酵によりブクブク泡を出し，沸騰するように見えることに由来する．ラボアジエは醗酵とは糖が酸素による酸化を受けてアルコールと二酸化炭素に変換することと考えた（1789年）．以後，醗酵を引き起こす原因物質（醗酵素，フェルメント（Ferment））を化学的に理解しようとする機運が芽生えた．生化学の黎明である．ちなみに，フェルメントという語は，16世紀から17世紀のベルギーの研究者ファン・ヘルモント（J. B. van Helmont）により，最初に用いられたとされる．この時期のフェルメントは，和語の「醗酵菌」あるいは「酵母」の同義語と考えてよい．「醗酵を引き起こす母なる物質」の意である．

10　胃における食物の消化

18世紀後半，フランスのレオミュール（R. Reaumur, 1752年）やイタリアのスパランツァーニ（L. Spallanzani, 1785年）は，それぞれ籠に入れた肉片を動物に飲み込ませて，その肉片が分解されることを観察した．動物の胃には食物を分解する機能を持つ物質があることを示したものであり，消化と醗酵が今日の「酵素」の研究につながる最初の科学的認識である．

11　フェルメントとは何か？

18世紀末から19世紀初頭に，「フェルメントはブドウやコムギに含まれるグルテン様物質」であるとする考えがあった．1814年，キルヒホッフ（Kirchhoff）はコムギグルテンがデンプンを加水分解することを見出したと報告されている[18,22]．ここでのグルテンの意味は水に不溶の生体物質のことである．当時，水に溶けて結晶になる塩類やショ糖などを晶質と呼んだのに対し，水に不溶で懸濁する物質をコロイド（膠質）と呼んだ．グルテンはコロイドに含まれる．コロイド性物質のうち，窒素を含む生体物質は，J. J. ベルツェリウス（Berzelius）の勧めに応じてG. J. ムルダー（Mulder）により，「第一に重要な物質」の意味を持つプロテイン（protein）と呼ぶことが提案された（1839年）．

プロテインには生命力（vital force）が宿ると考えられ，その供給源や水や塩水に対する溶解度などの性状に従いアルブミン，グロブリン，プロテオース，グルテン，ゼラチンなどに分類された．現在では定義があいまいになったもの

もある。アルブミンはもともと卵白（あるいは卵白アルブミン）のことであるが，現在，アルブミンはアルブミン様タンパク質全般を指しており，具体的には例えば卵白アルブミンや血清アルブミンなどと呼ばれる。

19世紀後半に多くのグルテン様物質が報告されている。代表例を示す。アーモンドから配糖体アミグダリン加水分解酵素のエムルシン（β-グルコシダーゼ）（Robiquet and Boutron（1830年），Chalard, Liebig and Woehler（1837年））；唾液からデンプン加水分解酵素のプチアリン（Leuchs, 1831年）；麦芽からアミラーゼ（Payen and Persoz, 1833年）が発見された。シュワン（T. Schwann, 1836年）は，胃粘膜抽出物が酸性条件下で肉片を分解するが，中性では分解できないこと，さらに，加熱処理した胃粘膜抽出物は分解する活性がないことを発見し，この肉片を分解する物質をペプシン（pepsin）と命名。さらに，トリプシン（Corvisart, 1856年），酵母からスクロース加水分解するサッカラーゼ（Berthelot, 1860年），植物からペクチン分解するペクチナーゼ（Payen, 1874年），すい臓から脂肪分解酵素（Bernard, 1856年）などが分離された。

12　酵素の産業利用への機運

19世紀末から20世紀初めにかけて酵素の産業利用のための機運が急速に高まってきた。1874年，クリスチャン・ハンセン（Chr. Hansen）がコペンハーゲンでチーズ製造用仔ウシレンネットの製造会社を設立した。高峰譲吉は，世界で最初に微生物培養からの酵素製造に成功した。彼は，1894年にTakamine Laboratoryを起業し，同年，微生物アミラーゼ（タカアミラーゼ）の特許を出願。これは，世界初のバイオ関連特許である。1905年頃，織物加工の糊ぬき剤として，独仏の企業が*Bacillus subtilis*から，わが国では京都の佐藤商会が*Aspergilus oryzae*からα-アミラーゼを製造した[20]。ローム（O. Röhm）とハース（O. Haas）は，1907年に皮なめし用酵素（トリプシンなど）を，1915年に洗剤用パンクレアチンを製造。この流れは，そのまま今日の産業酵素へと展開していく。

13　醗酵における触媒説と微生物説の論争

フェルメントとは何か？を追及する流れとは別に，同じ頃，醗酵の原因が触

媒であるか微生物であるかに関する論争が起こった。

17世紀に顕微鏡が発明され，レーエンフック（A. van Leeuhenhoek）はビール製造容器の底に溜った沈殿物を観察した（1680年）。時代が下がって，シュワン（T. Schwann）はこの沈殿物の中に出芽により増殖する「植物性微生物」を見出し（1837年），この微生物がアルコール醗酵の原因であるとする微生物説が現れた。微生物説の底流には，シュライデン（M. Schleiden, 1838年）やシュワン（1839年）が顕微鏡観察に基づいて提出した，細胞が生物の構成単位であり，細胞は細胞分裂により生じるという説（細胞説）からの影響があるように思える。しかし，アルコール醗酵以外の醗酵例えば乳酸醗酵などでは微生物が見出せなかった。また，醗酵がカゼインやグルテンの添加により促進されることも知られていたことから，醗酵における微生物の関与にゆらぎが出てきた。実際は，乳酸菌など細菌のサイズが酵母に比べて小さいため，当時の顕微鏡では観察できなかったという事情があったのだが，醗酵に対する微生物の関与についての議論が起こった。

他方，醗酵の原因を触媒に見出そうとする考えがあった。ペイエン（A. Payen）とペルゾー（J. F. Persoz）は，麦芽水抽出液のアルコール沈殿物にデンプン分解活性を見つけ，これを「生物から分離した活性物質」の意味を込めてジアスターゼ（diastase）と命名した（1833年）。この語は今日のアミラーゼの意味で使われたが，広義に酵素一般の意味でも用いられた。なお，酵素名を作成する方法として，ジアスターゼの語尾の3文字（-ase）を，酵素作用を受ける物質名（語幹）に付加することが提案された（E. Duclaux, 1898年）。これは，酵素の系統的命名法として今日でも用いられている（「酵素の分類と命名法」参照）。

ベルツェリウス（J. J. Berzelius）はジアスターゼによるデンプン加水分解が触媒作用によると考えていた（1835年）が，彼はアルコール生産自体も触媒作用によると考え，「醗酵の触媒説」を提案した。1850年代になると，大化学者リービッヒ（J. von Liebig）は，フェルメントは分解しやすい物質であり，この分解により糖の変化が引き起こされ，醗酵に至るとする説を提唱し，「醗酵の触媒説」を支持した。

当時，パスツール（L. Pasteur）は，醗酵とは生きた細胞が生きていることにより営む糖質の分解作用であり，生きた細胞ではない麦芽や唾液のジアスターゼが糖を分解することとは異なると主張した。醗酵の微生物説を主張するパスツールと触媒説のリービッヒとの間で激しい論争が起こった。トラウベ（Traube, 1858年）は，パスツールと論争し，醗酵は生きた細胞中で生産され

た化学物質が持つ分解作用により引き起こされるものであり，細胞が生きていることは醗酵にとり必要でないと主張した。その後，パスツールが，いわゆる「白鳥の首型フラスコ」を用いて「生物の自然発生説」を否定するとともに，アルコール醗酵のみならず乳酸醗酵も微生物の作用で起きることを証明した（1857年）。ここに至り，フェルメントは微生物であるという決着をみることとなった。

14　酵母の無細胞抽出液

　しかし，パスツールの死（1895年）後，ブフナー兄弟（兄Hans；弟Eduard Buchner）が，酵母を破砕して得られる無細胞抽出液を用いても醗酵が起こることを見出した（1897年）。すなわち，醗酵が起こるには，酵母が生きている必要はなく，酵母の中の「あるもの」が存在すればよいことが示された。ブフナーは，この「あるもの」をチマーゼ（zymase）と呼んだ。ここに，醗酵の微生物説は否定され，触媒説が正しいことが明確に証明され，微生物説と触媒説の論争に終止符が打たれた。この功績により，弟ブフナーはノーベル化学賞（1907年）を受賞した。

　パスツールは，生命の自然発生説を否定する一方で，生命には非生物にない「特別な力」があるとする生気論（vitalism）の立場を取っていた。ブフナーの成果は，パスツールの生気論を否定したように見えるが，パスツールの学説は今日の微生物学の基盤を提供している。一方，リービッヒの説は生理化学さらには生物化学の基盤となっていると考えてよい。

　20世紀にはいると，ブフナーの無細胞抽出液を用いて，アルコール醗酵に関わる一群の酵素（チマーゼ）の実態を解明すべく研究が始められた。イギリスではハーデン（A. Harden）とヤング（W. J. Young），ドイツではエムデン（G. Embden）とマイヤーホフ（O. Meyerhof）らの努力で，グルコースからアルコールに至る醗酵と解糖系が解明された。当時，酵素活性が透析中に失われることが知られており，酵素活性はタンパク質性の高分子担体に結合している低分子化合物により担われていると考えられた（担体説）。ハーデンとヤングは，ブフナーの酵母破砕物のしぼり汁を限外ろ過にかけて得られた透過画分でも非透過画分でも醗酵が起こらないが，両者を混合すると醗酵が起こることを見出し，醗酵が起こるためには高分子物質とは別に透析性低分子化合物が必要であることを示した（1890年代）。これは，醗酵における補酵素あるいは補因子の必要性を示したものであり，オイラー（オイラー・ケルピンとも呼ばれる；H. von

Euler-Chelpin）は，これにコチマーゼ（cozymase）という名を与えた。担体説は，ドイツのウィルシュテッター（R. M. Willstätter）らにより支持され，検討が加えられたが，実証的な結論は得られなかった。

15　フェルメント（ferment）からエンチーム（Enzym）へ

ベルツェリウスやペイエンによる研究を踏まえて，ナップ（F. Knapp）はジアスターゼを研究した。彼は，麦芽抽出物のアルコール沈殿によりジアスターゼを単離し（1847年），ジアスターゼは麦芽中にある窒素含有物質の「ある状態」であると考えた。ここには，フェルメントをある物質の活性な状態として認識しようとする考えがある。現在でも酵素は，物質的情報に基づいて命名されているのではなく，触媒機能に対して命名されていることに注意するべきである。

ワグナー（R. Wagner，1857年）は，醗酵を引き起こすフェルメントには「組織化フェルメント（organized ferment）」と「非組織化フェルメント（unorganized ferment）」の2種類があると考えた。前者は組織化された（すなわち生きた）酵母などの微生物のことであり，後者はこれらの微生物が分解したあとに残る組織化されていない，低分子・窒素含有タンパク質様物質のことである。後者による醗酵は，パスツールと論争したトラウベの触媒説に近い。

1878年，キューネ（W. Kühne）は，非組織化フェルメントに対してEnzym（エンチーム（ドイツ語）；英語ではenzyme（エンザイム））の名称を与えた。これは，もともとパンを膨らませるチカラを持つもののような意味で使われていたらしいのだが，その意味はまさしく「酵母の中にある（摩訶不思議な機能を持つ）もの」であり，日本語では「酵素」と呼ばれる。それでも比較的最近まで，酵素を意味する言葉としてフェルメント（ferment）も使われてきた。ちなみに，Difco（ディフコ）社（米国デトロイト）は，19世紀末に細菌の培地成分製造に用いる消化酵素の製造を開始しているが，創業から1934年までDigestive Ferments Companyを正式名称としていた。また，高峰譲吉が1890年に米国イリノイ州ペオリアでおこした会社は，Takamine Ferment Companyと称した。原則として本書では，酵素の欧文表現として，enzyme（エンザイム）を用いる。

当時，クエン酸，コハク酸，酒石酸などの有機化合物は，生体内にある生命力（vital force）なしでは合成されえないと信じられていた。しかし，リービッヒの弟子ウェーラー（F. Wöhler，1828年）はシアン酸アンモニウムから尿素

を試験管内で合成することに成功し，有機化合物の合成が生体外でも起こることを示した。生体を構成する化合物が生命力なしに合成可能であることを示した画期的な発見であった。エンザイム命名者キューネはウェーラーの弟子である。キューネはトリプシン（trypsin）の命名者でもあるが，動物の運動機能の研究（筋肉生理学）を進め，ミオシンを発見している。

16　酵素の基質特異性と反応機構

　19世紀末，ドイツの大化学者フィッシャー（E. Fischer）は酵素作用を研究し，次のような現象を見出した。すなわち，酵母のインベルチン（invertin，インベルターゼ）はα-methyl-D-glucoside（α-MDG）を加水分解するが，β-MDGを加水分解しないこと；逆にエムルシン（emulsin；アーモンドβ-D-グルコシダーゼ）はβ-MDGを加水分解するがα-MDGは加水分解しないこと；さらに，インベルチンがスクロースやマルトースを加水分解するが，ラクトースは加水分解しないことを報告した（1894年）。彼は，この研究をもとにして，酵素と酵素が作用する物質（基質）の間には，鍵（基質）が鍵穴（酵素）に首尾よく嵌り込んだとき鍵が開くというモデルを類推して「鍵と鍵穴説（key-and-lock theory）」を提案した。この説の重要な点は，酵素活性に，「基質の認識における特異性と化学反応の種類における特異性」を導入したことと，酵素反応には，鍵が鍵穴に嵌り込んだように，酵素に基質が1対1で結合した「酵素－基質複合体（ES複合体）」を伴うことを提案している点である。

　当時，インベルターゼによるスクロース加水分解の速度は，酵素濃度に対して比例的に増大するが，基質濃度に対しては飽和型の関係を与えることが知られていた。アンリ（V. Henri）はこの反応機構は，反応過程においてES複合体が形成されることを仮定することで説明できることを示した（ただし，彼は，ES複合体が生産的中間体か非生産的中間体か，言い換えると，生成物がES複合体から産生されるのか否かの判定まではできなかった）。アンリは，実験で得られた経時的現象に対して反応機構を想定し，その反応機構に対する速度式を導き，経時的現象を予言し，速度パラメータを求めようとしている。アンリから酵素反応速度論が始まったと考えてよい。

　アンリの成果を土台に，ミカエリス（L. Michaelis）とメンテン（M. L. Menten）は迅速平衡法の仮定を導入して，反応速度式をより精緻に解いた（1913年）。彼らは，ES複合体が生成物を産生する生産的中間体と仮定していること

に注意すべきである。この仮定には，フィッシャーの鍵と鍵穴説からの影響があると考えてよい。ES複合体は，これが反応中間体であり，反応途中で捕捉することが困難であることから，その存在が明確に証明された例は現在でも少ない。20世紀初めには，酵素が基質存在下に安定化されることが経験的に知られていたことから，酵素と基質が複合体を作ることが想像されていた。わが国では，赤堀四郎が酵素は金魚が口をパクパクさせてエサを捕まえるように基質を捕捉すると考えていた（酵素の「金魚説」）。ES複合体を観察しようとした例には，反応性の低い基質を用いて，ほとんど反応が進まない状態でES複合体を作らせたもの，タンパク質でありながらプロテアーゼを強く阻害する阻害剤を用いてES複合体もどきを作らせたもの，補酵素を要求する酵素について補酵素を除外してES複合体を作らせたものなど，かなり無理な条件下で試みたものがある。ES複合体は仮定されたものではあるが，現在までのところ，全ての酵素反応で矛盾なく受け入れられている。これは重要な事実である。すなわち，酵素反応においてES複合体が形成され，ここから生成物が産生されたのち，酵素は遊離の酵素へ再生されて，別の基質分子とES複合体を形成して再び生成物を産生し，順次反応を回転させると考えてよい（酵素反応の基本モデル）。

酵素の本体について，フィッシャーは，生体物質の中で窒素を含有する高分子物質であるタンパク質が重要な働きをすると理解していた。一方で，酵素の本体はタンパク質に結合する低分子成分であろうとの考えも存在した。著名な有機化学者であるウィルシュテッターはプロテアーゼ，リパーゼなどを研究したが，1927年においても，酵素がタンパク質であることを受け入れなかったといわれている[3]。1926年にサムナー（J. B. Sumner）がタチナタ豆（ジャックビーン）のウレアーゼを結晶化するに至り，酵素がタンパク質のみから構成されており，低分子化合物を含まないことが証明された。

17 酵素の精製と構造解析

酵素の特異性は酵素化学者にとり魅力的な研究命題であったが，この解明には，酵素を純粋に分離・精製する必要があった。酵素の精製は，1920年代になりウィルシュテッターやノースロップ（J. H. Northrop）のグループで試みられた。

1926年，サムナーは尿素をアンモニアと二酸化炭素に分解する酵素ウレアーゼをタチナタ豆抽出液から結晶化し，また1930年にはノースロップがペプシン

を結晶化した。ノースロップのグループでは，その後クニッツ（M. Kunitz）らがキモトリプシンやトリプシンなどの一連のプロテアーゼを結晶化した。彼らは，これらの結晶酵素が補因子を含んでいない単純タンパク質であることを示した。当初，酵素の結晶化は懐疑的な目で見られ，高い酵素活性を持つタンパク質結晶についても，酵素は不活性なタンパク質結晶に付着した不純物であるとの批判があった。サムナーやノースロップは，彼らの結晶が酵素自体の結晶であることを根気強く実証した。彼らの努力により「純粋に精製された酵素はタンパク質である」ことが確実になった。1930～1940年代になってやっと，この決定的な進歩が酵素の概念に刻まれたのである。

　酵素は，生体のある調製物が示す「性質」とみなされてきたが，ここに至り，むしろ特定の化学物質であると考えられるようになった。ベルツェリウス（1835年）により生体反応に対する触媒の概念が導入され，その後，反応速度論的解析法や精製技術（超遠心分離，電気泳動，クロマトグラフィー），アミノ酸分析法，アミノ酸配列決定法，分光学的装置の開発などの支援があったが，サムナーやノースロップらの業績により，「酵素は特異的なタンパク質である」と認識されるようになった。彼らは，タバコモザイクウイルスを結晶化し，それが核タンパク質であることを示したスタンリー（W. M. Stanley）とともに，1946年ノーベル化学賞を受けた。現在の基準からすると，酵素が結晶化することをもって，その酵素タンパク質の純粋性を必ずしも保証するものではないが，酵素精製の重要な手段として今日も用いられている。さらに，酵素の結晶化は酵素の立体構造をX線結晶解析法により解明する可能性を与え，酵素の構造と機能の解析に重要な寄与をしている。

18　生体物質の代謝における酵素の機能

　酵素の本体がタンパク質であることが認識されるにつれ，酵素にはタンパク質のみで構成されて活性を発揮するものと，活性の発揮にタンパク質とは別の補助的な因子（補因子）が必要なものとがあることが分かってきた。補因子は，その性質に基づき，補欠分子族，金属，補酵素（coenzyme）に分類される。これらについては，第1章24節を参照して欲しい。

　ワールブルク（O. Warburg）は，1929年，呼吸酵素（シトクロムオキシダーゼ）の補因子としてヘムを，さらに，フラビンやニコチンアミド（FMN, FAD, $NADP^+$）なども発見した。20世紀初頭，イギリスでホプキンス（F. C. Hopkins）

らが，くる病や壊血病，夜盲症などが食品中の未知の物質の欠乏により引き起こされることを見出し，これらをビタミン（vitamin）と総称した。これらにはフラビン，ニコチンアミド，ピリドキサールなども含まれ，その多くが補酵素であることが示された。補酵素の解明は酵素化学と栄養化学の両面で進められてきた。ワールブルクとホプキンスに学んだクレブス（H. Krebs）は，炭化水素化合物の酸化的分解の経路を研究し，クエン酸回路を提唱した（1937年）。リップマン（F. Lipmann）は，この経路においてアセチル化に関与する補酵素Aを発見し，高エネルギーリン酸結合の概念を提唱した（1941年）。高エネルギーリン酸結合の加水分解により放出される自由エネルギーを用いて，生体内の合成反応や筋肉収縮，能動輸送などの物理的仕事が行われることが示された。酵素活性が，基質や生成物，あるいは調節因子により制御される巧妙な仕組みについて，アロステリック調節の考えが，モノー（J. L. Monod）らにより提出された（1963年）。1940年代以降，分子生物学，分子遺伝学の進展に伴い，タンパク質生合成に関わる酵素反応が次々と解明された。生体内での物質の代謝過程は，詳細に研究され，代謝地図（メタボリックマップ）のかたちで表現されている。

　ビタミン研究に関しては，明治時代の海軍軍医総監・高木兼寛（たかぎかねひろ）を忘れてはいけない。わが国では古くから，脚気は国民病と言ってよかった。白米を食べる習慣が定着してから増えたといわれる。特に，明治期の軍隊では深刻な問題であった。高木は，海軍における脚気の撲滅に努力し，脚気が食事内容に起因するものであるとして脚気原因説（タンパク質不足説）と麦飯優秀説（1885年）を唱え，ある程度の成果を挙げた。一方，陸軍軍医総監であった森林太郎（鴎外）らは，脚気は細菌により起こる（脚気細菌説）と考えていたことから，脚気の原因に関して論争が起こった（これを題材とした小説に，吉村昭：白い航跡，講談社文庫（1994）がある）。これは，英国医学に学んだ高木や海軍の伝統とドイツ医学に学んだ森ら陸軍の伝統との論争ともいえるが，高木の説は，日本の医学会や陸軍の評価を得られなかった。しかし，日露戦争後，麦飯が脚気に効果があること，さらに食事内容が病気に関係あることが認識されるようになり，これが欧米でのビタミン発見につながっていったことから，高木の説は特に欧米で評価されるところとなった[23]。1911年になり，鈴木梅太郎が，米ぬか中の脚気に効力を持つ有効成分（のちにオリザニンと命名）に関する論文を報告した。これは，今日のチアミンすなわちビタミンB_1であり，ビタミンの最初の発見とされる。しかし，ようやく陸軍で麦飯が採用さ

れたのは1913年のことであるし,オリザニンが純粋に精製されたのは1931年である。わが国で脚気がほぼ消滅するようになったのは,アリナミンなどのビタミンB_1誘導体を含む医薬品が登場した1954年以降のことである。ビタミン学が,酵素化学と栄養化学を連結させる位置に存在することが分かる。

19 20世紀後半の酵素化学—構造解析と反応解析

タンパク質の本体がポリペプチドであることは,1902年にホフマイスター(F. Hofmeister)とフィッシャー(E. Fischer)により見出されていたが,酵素は触媒作用を持つタンパク質であることが判明したことにより,20世紀後半になるとタンパク質としての酵素の解析が本格化した。

1952年に,英国ケンブリッジ大学のサンガー(F. Sanger)はタンパク質のアミノ酸配列の決定法を確立し,ウシインスリンのアミノ酸配列を報告した。1960年,同じくケンブリッジ大学のケンドリュー(J. C. Kendrew)とペルツ(M. F. Perutz)はミオグロビンの立体構造をX線回折法により解明した。1965年,フィリップス(D. C. Phillips)らが,最初の酵素タンパク質のX線結晶構造解析を報告した。彼らは,細菌細胞壁の溶解酵素である卵白リゾチームの立体構造を報告したのであるが,その結果は衝撃的なものであった。基質類似オリゴ糖(N-アセチル-グルコサミンのトリマー)を結合した活性部位が明示され,しかも,基質の構造が活性部位内で歪まされていることが示された。これは,酵素の作用機構を推定させるに十分なものであった。1967年には,ブロウ(D. Blow)らにより,ウシα-キモトリプシンの立体構造が報告された。ブロウらは,活性部位にあるヒスチジン57,セリン195,アスパラギン酸102の3アミノ酸残基に着目し,これらが触媒機構において重要な役割を果たすと考え,「触媒性三つ組(catalytic triad)」と呼び,電荷リレー系(charge-relay system)と呼ぶ反応機構を提唱した。ここでは,反応過程中に,酵素は基質を歪ませて四面体中間体(tetrahedral intermediate)を形成することが提案された。酵素化学において,X線結晶構造解析法が与えたインパクトは絶大であり,単に立体構造を提示するのみならず,反応機構についても示唆が与えられるものである。

立体構造が報告されていたタンパク質は,1988年には約250件であったが,1999年には6,500件になったし,20世紀末でアミノ酸配列が決定されたタンパク質は500,000にのぼる[24]。米国ブルックヘブン国立研究所のプロテインデータバンク(Protein Data Bank, PDB)のウェブサイトによると,2015年11月現在,

113,000件を超えるPDBデータが収録されている。

　1980年代以降，目的タンパク質のcDNA配列からアミノ酸配列を推定する方法により，アミノ酸配列解析によらずに，タンパク質の一次構造（アミノ酸配列）の解析が可能になったし，目的タンパク質（例えばヒトの微量タンパク質）を大腸菌や酵母，昆虫細胞などの異種細胞系や無細胞タンパク質合成系を用いて簡便に生産できるようになった。これらの技術を背景として，X線構造解析やNMRなどを用いてタンパク質や核酸などの生体高分子の構造を網羅的に解析する構造生物学（structural biology）という学問分野が確立された。わが国では，2002年から5年間にわたり「タンパク3000プロジェクト」と称する国家プロジェクトが実施され，その名の通り，多数のタンパク質に関して構造生物学的研究が行われた。

　酵素が作用する場は原則として水溶液中であり，結晶状態の酵素タンパク質は溶液状態のそれとは異なると考えられる。また，NMRに用いる酵素は溶液状態にあると考えてよいが，その濃度は普通の酵素反応の濃度では考えられない程，高濃度である。結晶解析とNMRの酵素濃度は，酵素活性を測定する条件からかけ離れた条件と言ってもよい。しかし，このような条件で得られた情報が，希薄な溶液内の反応速度解析や活性測定，分光学的な構造解析などで得られた知見と大きく矛盾しないことから，構造生物学的情報は酵素化学において強力で信頼性の高いものと考えられている。一方，酵素が結晶状態で活性を示すという報告もある。NMRでは，酵素反応を経時的に追跡することが行われるし，反応中の酵素の結晶構造解析を時間分割で行い，反応に伴う構造変化を経時的に追跡することも行われている。

　酵素反応速度論は，溶液内で起こる実際の酵素反応において観測される基質の減少や生成物の産生，さらには酵素分子自体の構造変化などを経時的に観測することにより，反応機構を明らかにすることを目的としている。酵素反応速度論は1890年代にその萌芽が見られ，インベルターゼによるショ糖（スクロース）の加水分解に際して観測される旋光性の変化を指標に反応が追跡された。前述の通り，1902年にアンリおよび1913年にミカエリスとメンテンにより，ES複合体を必須の中間体とする反応速度式が提案され，今日に至るまで酵素反応解析の重要な定式となっている。

　一般的には，酵素を触媒とみて，基質や生成物の変化を観測すること（定常状態速度解析）が多いが，酵素を「反応物」とみなし，反応中に起こる酵素自体の構造変化を観測すること（遷移相の酵素反応解析）がある。1950年代にな

り，アイゲン（M. Eigen）らにより，化学反応の平衡を支配している因子（温度，圧力，電場，pHなど）を急激に変化（ジャンプ）させることにより，新しい平衡状態に移行する現象（この現象を化学緩和あるいは，単に緩和と呼ぶ）を解析する理論が確立された。緩和を利用して溶液内高速反応を観測するために，ストップトフロー（SF）法や温度ジャンプ法，圧力ジャンプ法などの高速反応測定装置の開発が行われた。通常，酵素と基質の会合は極めて迅速で観測することは容易でないが，SF法では両分子を迅速（数ミリ秒）に混合することにより，その会合過程を分光学的変化として，連続的に観測することができる。これらの技術は，1950年代以降における迅速混合装置の開発や高感度で迅速な応答性を持つ分光学的検出装置とくに光電子増倍管の開発に大きく依存している。酵素反応速度論の全般とくに定常状態解析に関しては，次の成書が参考になる[25～30]。

　酵素反応の速度論的解析は，酵素化学の基礎において重要な部分を形成している。反応速度解析は，反応機構の解明を可能にするのみならず，観測している時間域を超えた時間域における反応過程を予測できるという大きい特徴がある。この特徴のゆえに，反応速度論は，工業的反応プロセスの予測や制御においても重要である。

　酵素による基質認識は，従来，鍵と鍵穴説で理解されてきたが，1968年にコシュランド（D. E. Koshland）は誘導適合説（induced-fit theory）を提案した。酵素が基質と結合すると，酵素の構造は，より効率的に触媒活性を発揮できるように変化すると考えた。この仮説の妥当性は，結晶構造解析により，一部の酵素（カルボキシペプチダーゼAやサーモライシンなど）で示されている。このことは，酵素の活性部位にはある程度の柔軟性があること，また，酵素がES複合体を形成して遷移状態へ向かう過程では，酵素の構造変化が要求されることを意味している。他方，1964年にストラウブ（F. B. Straub）らにより提案された「ゆらぎ適応説（fluctuation fit theory）」がある。これは，酵素は異なるコンホメーションを持つ複数の酵素型の間で揺らいだ平衡状態にあり，あるコンホメーションの酵素型が基質と結合し，その酵素型が安定化されると考えるものである。酵素の基質認識の中心的問題の一つは，基質（あるいはリガンド）が酵素に結合することにより酵素のコンホメーションを変化させるのか，あるいは酵素には予め複数形成されて平衡状態にある異なったコンホメーションがあり，基質（リガンド）は最適の酵素コンホメーションを選択して，これを安定化させるのかを区別することである。ゆらぎ適応説の妥当性が多くの酵

素で報告されている。酵素が，複数の異なったコンホメーションを持つ酵素型のアンサンブルとして存在していることが示されている。そのうちの好適なコンホメーションを持つものが基質により選択され，安定化されて，反応に供されると考えられる。今日，このような考え方は「コンホメーション選択説（conformational selection theory）」とも呼ばれる[31]。前述した天然変性タンパク質によるリガンド認識の機構の解明とともに，今後さらに解析されるべき問題であろう。

20　酵素を用いる合成反応

酵素を用いる化成品の合成については，次の参考書が詳しい[18,32,33]。

酵素は産業的に広く利用されており，特に有用生産物の合成は酵素の工業利用において重要な位置を占める。クロフト・ヒル（A. Croft-Hill）は，40％グルコース液に酵母抽出物を加え，α-グリコシダーゼ作用を用いてイソマルトースを合成した（1898年）。また，酸とアルコールの混合物にリパーゼを加えて，エステルの合成を報告した（1900年）。フィッシャーらは，加水分解反応の可逆性に着目して，種々のグリコシドの合成を報告した（1902年）。これらの技術は，今日も食品工業で広く用いられている。

バーグマン（M. Bergman），フルトン（J. S. Fruton）らは，アシルアミノ酸とアミノ酸アニリドを基質として，パパインやキモトリプシンによるペプチド合成を報告した（1938年）。当時，プロテアーゼの逆反応により，タンパク質断片からより高分子のポリペプチド（これはプラステイン（plastein）と呼ばれた）を合成する反応が盛んに研究された[18]。1970年代には，プロテアーゼ反応の逆反応を用いてペプチドを合成する研究が活発になった。プロテアーゼばかりでなく，リパーゼ，エステラーゼ，アミダーゼ，グルコシダーゼなど多くの加水分解酵素による逆反応が有機合成へ応用された[32,33]。人工甘味剤アスパルテームの前駆体であるN-carbobenzoxy-L-Asp-L-Phe-methylester を微生物由来の好熱性プロテアーゼ，サーモライシンを用いて合成する方法が，わが国（東ソー㈱）で開発され，アスパルテームの工業生産に応用された[34~36]。これは，酵素利用による汎用化成品合成では最も成功したものの一つである。ブタとヒトのインスリンは，B鎖のC末端アミノ酸だけが異なり，ブタではAla，ヒトではThrである。森原和之らは，アクロモバクタープロテアーゼを用いてブタインスリンのAlaを加水分解で切除したのち，逆反応でThrを結合させることに

より，ヒト型インスリンを半合成する方法を報告した（1979年）[37]。これは遺伝子組換え法が確立されていなかった当時において，ヒト型インスリンを作製した方法として特記される。

21　酵素の機能による分類と問題点

　酵素タンパク質の立体構造は，そのアミノ酸配列により一義的に決定されるので，構造的類似性に基づく分類が可能であるはずである。しかし，歴史的に，酵素は触媒機能に着目して認識されて，機能に基づいて，勝手に命名されてきた経緯がある。詳しくは，以下を参考にして欲しい[12,38,39]。

　ペイエン（A. Payen）とペルゾー（J. F. Persoz）は，麦芽水抽出液のアルコール沈殿物にデンプン分解活性を見つけジアスターゼ（diastase）と命名した（1833年）。デュクロー（E. Duclaux）は，酵素名の作成方法として，ジアスターゼの語尾3文字（-ase）（日本語ではアーゼ）を「基質」の名称に付加することを提案した（1898年）。こうして作成された酵素名は，プロテオースに作用するプロテアーゼ（protease），アミロースに対するアミラーゼ（amylase），リピッドに対するリパーゼ（lipase）など，今日でも用いられている。他にも，尿素（urea）を加水分解してアンモニアと二酸化炭素を生成するウレアーゼ（urease）；ウルシの樹液に含まれるカテコール（ウルシオールと呼ばれる）を酸化重合して黒色固膜（lacquer）を形成するラッカーゼ（laccase）のような例がある。

　しかし，研究が進むと，一つの化合物を基質とする酵素は1種類とは限らないことが分かってきた。すなわち酵素には基質特異性とは別に反応特異性も備わっているため，例えばグルコースを基質とする酵素には，酸化反応や脱水素反応，異性化反応などを別々に触媒するものがあるので，基質glucose + aseの方式では個々の酵素を規定できない。

　一方，当時もそれ以降も，明確な規則に基づかず（どちらかと言うと恣意的に）命名された酵素名が使われていた。これらの中には，今日でも使われているものも多い。ペプシン（pepsin），トリプシン（trypsin），キモトリプシン（chymotrypsin），パパイン（papain），フィシン（ficin），カタラーゼ（catalase），ジアホラーゼ（diaphorase），オールドイエローエンザイム（旧黄色酵素，old yellow enzyme），クレノー酵素（Klenow enzyme），ロダネーズ（rhodanese），リゾチーム（lysozyme），レンニン（rennin），レニン（renin），プラスミン

(plasmin)，トロンビン（thrombin），サーモライシン（thermolysin），ズブチリシン（subtilisin）などなど。その名前からだけでは機能を推定できないものがある。この傾向は，以下に述べる系統的な命名法が整備された後，今日でも衰えておらず，新規に見出されたとされる酵素にニックネームのような名称（俗称）が付けられていることが多い。商品名として出発したまま，酵素名として広く定着しているものもある。タカアミラーゼ（Taka-amylase）は高峰譲吉により発明された消化剤タカジアスターゼに含まれるα-アミラーゼである。プロナーゼ（pronase）は微生物 *Streptomyces griseus* が，またサーモアーゼ（thermoase）は *Bacillus thermoproteolyticus* が産生するタンパク質分解酵素の混合物の商品名であるが，特定の酵素の名称のように用いられることも多い。インターロイキン1β変換酵素（ICE）に類縁のプロテアーゼであるカスパーゼ（caspase）は，システインプロテアーゼに由来するCとアスパラギン酸を意味するAspに基づいて命名されたと言われている。また，これに類縁のプロテアーゼにグランザイムBがあるが，名前からはこれらの類縁性を理解できない。デンプンの分岐鎖を切断して分岐をなくす酵素はデブランチングエンザイム（debranching enzyme）と呼ばれる。

キナーゼは本来，リン酸化酵素の意味であるが，ウロキナーゼ（urokinase）やストレプトキナーゼ（streptokinase）など血栓溶解活性を持つ酵素に与えられた例がある。ティッシュタイププラスミノーゲンアクティベーター（t-PA）はプラスミノーゲンをプラスミンに活性化するプロテアーゼ機能に対して命名されている。

酵素が触媒する反応に着目して命名された例も多い。グルコシル基転移（transglucosylation）を触媒するトランスグルコシラーゼ（transglucosylase）やアルコールの脱水素反応（dehydrogenation）を触媒するアルコールデヒドロゲナーゼ（alcohol dehydrogenase），アルドール縮合を触媒するアルドラーゼ（aldolase），スクロースを加水分解して旋光度の反転（inversion）を引き起こすインベルターゼ（invertase），アルドースのα型とβ型の相互変換（mutarotation）を触媒するムタロターゼ（mutarotase）などを挙げることができる。一方，特定の化学反応についてではなく現象について命名したパーミアーゼ（permease），レプリカーゼ（replicase），トランスロカーゼ（translocase）などがある。

22　酵素命名法に関する国際規則

本節に関しては，文献[38~40]を参照して欲しい。

22.1　酵素名は3通りある

　系統的命名法が確立する以前に命名され，現在でも慣用的に用いられている酵素名を「常用名（trivial name）」と呼ぶ。常用名の多くは，前述の通り，その酵素が作用する基質や引き起こす反応に「アーゼ（-ase）」を付けて作成されている。常用名は酵素の機能（基質や反応）の一部に基づいて命名されたものであり，かつ酵素の化学構造に基づくのでないことから，命名すべき酵素が増えるにつれ混乱が起こってきた。そこで，酵素の系統的な分類法と命名法が必要になってきた。

　「国際純正および応用化学連合（International Union of Pure and Applied Chemistry, IUPAC）」と「国際生化学連合（International Union of Biochemistry, IUB）」との協議により，1955年に「国際生化学連合酵素委員会（Enzyme Commission）」が設置された。本酵素委員会により，1961年に提案された命名法が公式な命名法となっている。1955年の報告で712種類の酵素が登録された。以後，IUBMB（のちにIUBは国際生化学分子生物学連合（International Union of Biochemistry and Molecular Biology, IUBMB）に組織変更）とIUPACが連携して命名委員会（Nomenclature Committee）を運営し，数度の勧告を行った。最新の1992年版[12]では3,196種類の酵素が登録されている。登録されている全ての酵素は，酵素命名委員会により承認されたものであり，酵素名と酵素番号が与えられている。新規な酵素が発見された場合には，酵素命名委員会による承認と酵素リストへの記載，酵素番号の付与をもって初めて，新規な酵素として承認されることになる。

　酵素名には，「常用名」，「推奨名（recommended name）」，「系統名（systematic name）」の3種類がある。

　常用名：慣用的に用いられてきた名称。
　推奨名：酵素委員会により普通に使われるべきものとして定められた名称。
　系統名：系統的分類法に関する規則に則って命名された名称。

　系統名から，その酵素が触媒する反応についてかなり理解できる。また，系統名には，酵素を系統的に分類するために「酵素番号（enzyme number）」が付されている。以下に，系統名命名法のルールについて概説する。

22.2　系統名の命名法

　酵素名は「その酵素が触媒する反応の種類を表す語」の語尾に-ase（アーゼ）を付けて作成する。系統名は，酵素分類の基礎となるものであり，反応式に基づいて命名する。系統名は2つの部分から構成されており，前半は基質を，後半は反応の種類を表す。系統名は長すぎて日常的な使用に不便なことが多いが，このような場合には，推奨名の使用が認められている。推奨名は，IUBMBの勧告に従って作成された簡略化された名称である。系統名が短い場合には推奨名が与えられていない。

　それぞれの酵素には，酵素反応および系統名に従って酵素番号（enzyme number）が付けられる。酵素番号はEC番号（Enzyme Commission number, EC number）とも呼ばれ，ECで始まる4組の数字からなる（例えば，アルコールデヒドロゲナーゼはEC 1.1.1.1；キモトリプシンはEC 3.4.21.1）。第1番目の数字は，その酵素が6つの大分類のどれに入るかを示す。大分類は反応形式に基づいているので，この数字から，その酵素の反応形式が分かる。第2，第3の数字により，さらに細かく分類され，通常，基質や切断される結合の種類などが詳しく特定される。第4番目の数字は第1から第3番目の数字で分類された一群の酵素の通し番号。新規な酵素の場合，この数字は国際酵素委員会の公認と登録により付与されるので，それまでの期間は，空白のままとなる。

　酵素は触媒する「反応の形式」に従い，6グループに大分類される。それぞれの大分類番号に分類される酵素は以下の通り。

大分類番号　1．酸化還元酵素（oxidoreductase）：酸化される基質を電子供与体（水素供与体），還元される基質を電子受容体（水素受容体）とする酸化還元反応を触媒。系統名は「供与体：受容体オキシドレダクターゼ（oxidoreductase）」と表す。推奨名は一般に「供与体デヒドロゲナーゼ（dehydrogenase）」で表す。ただし，「受容体レダクターゼ（reductase）」と表す場合もある。特に，酸素分子（O_2）が受容体のとき酸化酵素またはオキシダーゼ（oxidase），O_2が基質に取り込まれるときには酸素添加酵素またはオキシゲナーゼ（oxygenase）と呼ぶ。酸素が1原子取り込まれるとき一原子酸素添加酵素（モノオキシゲナーゼ），2原子取り込まれるとき二原子酸素添加酵素（ジオキシゲナーゼ）と呼ぶ。原則として，第2の数字は供与体の形式，第3の数字は受容体の形式を表す。本分類の酵素は，Enzyme Nomenclature[12]に記載されている酵素の約26％。

大分類番号　2．転移酵素（transferase）：ある化合物（供与体）のある官能基を，水以外の別の化合物（受容体）に移す反応を触媒。水が受容体になる場合は加水分解酵素と呼ぶ。系統名は「供与体：受容体　転移する官能基トランスフェラーゼ（transferase）」。したがって，官能基トランスフェラーゼは，メチルトランスフェラーゼ，アミノトランスフェラーゼ，ホスホトランスフェラーゼなどと表される。多くの場合，推奨名は系統名を短縮して作られる。ただし，ATPのリン酸基が転移される場合の系統名「ATP：受容体ホスホトランスフェラーゼ（phosphotransferase）」の推奨名は「受容体キナーゼ（kinase）」と表される。第2，第3の数字は転移される官能基の種類を表す。本分類の酵素は全体の約30％。

大分類番号　3．加水分解酵素（hydrolase）：基質の加水分解を触媒。系統名は「基質ヒドロラーゼ（hydrolase）」。加水分解は，水分子を受容体とする転移反応の一類型であるが，独立した大分類番号が与えられている。本分類の酵素は全体の約28％を占める。推奨名は原則として「基質ase」であるが，加水分解される結合形式を含めて，「基質エステラーゼ（esterase）」，「基質アミダーゼ（amidase）」，「基質ガラクトシダーゼ（galactosidase）」などと表されることもある。本分類には，古い時代に発見された酵素が多く含まれており，キモトリプシン，トリプシン，リゾチームなど，アーゼで終わらない推奨名が約30件ある。第2の数字は，加水分解される結合の形式を表し，1はエステル結合を加水分解するエステラーゼ，2はグリコシダーゼ（グリコシド結合加水分解酵素），3はエーテル結合加水分解酵素，4はペプチダーゼ（ペプチド結合加水分解酵素），5はペプチド結合以外のC-N結合の加水分解酵素，例えばアミダーゼ（アミド加水分解酵素）などを示す。第3の数字は基質の種類を示す。

大分類番号　4．リアーゼ（lyase）：C-C結合，C-O結合，C-N結合などから，加水分解や酸化によることなく，ある官能基を脱離させ，その後に二重結合を残す反応およびその逆反応を触媒。逆反応は，二重結合への官能基付加であることから，付加酵素あるいは合成酵素（シンターゼ）とも呼ばれる。脱離反応は一基質反応，付加反応は二基質反応である。系統名は，脱離反応に注目して，「基質　官能基リアーゼ（lyase）」で表される。推奨名には，脱炭酸反応を触媒するデカルボキシラーゼ（decarboxylase），アルドール縮合（あるいはその逆反応）を触媒するアルドラーゼ（aldolase），隣り合うHとOH基を同時に引き抜く脱水反応を触媒するデヒドラターゼ

(dehydratase) などがある。カルボキシル化や水付加などの逆反応に着目した場合は，推奨名としてカルボキシラーゼ (carboxylase) やヒドラターゼ (hydratase) が用いられる。また，合成酵素としての機能に注目した場合の推奨名として「生成物　シンターゼ (synthase)」が用いられる (synthetase ではないことに注意)。第2の数字は，開裂される結合の種類を表し，1はC-C結合，2はC-O結合，3はC-N結合，4はC-S結合，5はC-ハロゲン結合，6はP-O結合を表している。本分類の酵素は全体の約16％。

大分類番号　5．異性化酵素 (isomerase)：異性化反応を触媒。異性化反応の種類により，ラセマーゼ，エピメラーゼ，ムターゼ，イソメラーゼなどに分類される。第2の数字が，1はラセマーゼ (racemase) およびエピメラーゼ (epimerase)，2はシス-トランスイソメラーゼ (*cis-trans* isomerase)，3は分子内酸化還元反応を触媒する酵素であり，アルドース-ケトース変換に関する糖イソメラーゼなどが含まれる。4は分子内トランスフェラーゼ反応（転位）を触媒するムターゼ (mutase)，5は分子内リアーゼ反応を触媒する酵素であり，分子内閉環反応を触媒するシクラーゼ (cyclase) やシクロイソメラーゼ (cycloisomerase) が含まれる。ほとんどの場合，系統名が推奨名として用いられる。

大分類番号　6．リガーゼ (ligase)：ATPなどのヌクレオチド三リン酸の加水分解に共役して2個の分子XとYとを結合させ，X-Yを合成する。具体的にはC-C，C-S，C-O，C-N結合を形成する。系統名は「X：Yリガーゼ」。以前は，推奨名として「生成物シンテターゼ (synthetase)」が用いられたが，1992年の酵素命名委員会は，大分類4のシンターゼ (synthase) との混用をさけるためシンテターゼ (synthetase) の使用は勧めないこととし，推奨名として「生成物シンターゼ (synthase)」あるいは「X-Y　リガーゼ (ligase)」と呼ぶことを勧告した。第2の数字は生成する結合の形式を表し，1はC-O結合，2はC-S結合，3はC-N結合，4はC-C結合，5はP-O結合（リン酸エステル結合）を表す。

アルコールデヒドロゲナーゼを例にとり，酵素名の記載法を挙げる。Enzyme Nomenclature (1992)[12]のp.24を参照して欲しい。最初に酵素番号と推奨名，次いで反応，その他の名称，系統名，コメントが記載される。

> **酵素番号：EC 1.1.1.1**
> ［第1番目の1は6大分類oxidoreductase（酸化還元酵素）の番号；第2番目の1は電子供与体であるAlcoholの-CH-OHを供与体とすること；第3番目の1は補酵素NAD^+または$NADP^+$を受容体とすること；第4番目の1はEC 1.1.1. で表される一群の酵素の中の通し番号を表す］
> 推奨名（または常用名）：Alcohol dehydrogenase
> 　　　　　　　　　　（アルコールデヒドロゲナーゼ，アルコール脱水素酵素）
> 触媒する反応： An alcohol $+NAD^+=$ An aldehyde or ketone $+NADH$
> 　　　　　　（アルコール）　　　　　（アルデヒド）　（ケトン）
> その他の名称：Aldehyde reductase
> 　　　　　　（アルデヒドレダクターゼ，アルデヒド還元酵素）
> 系統名：Alcohol：NAD^+ oxidoreductase
> 　　　　（アルコール：NAD^+酸化還元酵素）
> 　　　　［ここで，Alcoholは電子供与体，NAD^+は電子受容体を表す］
> コメント：亜鉛タンパク質である。1級あるいは2級アルコールあるいはヘミアセタールに作用する。動物由来の酵素は環状2級アルコールに作用できるが，酵母由来の酵素は作用できない。

23 酵素活性の単位

かつては，研究者が任意に酵素活性を定義して表記していたことがあったが，酵素活性を相互に比較することが困難であった。現在では，酵素活性を共通の尺度で表現することを目的として，酵素活性の単位が導入されている。以下に，通常利用されている酵素活性の単位を解説する[38]。

23.1 酵素活性の国際単位（UまたはI.U.）

国際生化学連合（IUB）による酵素の命名と分類に関する勧告（Enzyme Nomenclature（1964））で制定された。「指定された条件下（標準測定温度は30℃）において，1分間に，1 μmoleの基質にまたは1 μ当量の結合に作用し，生成物に変換させる酵素活性の量」を1単位（unit, U）あるいは1国際単位（I.U.）と定義する。

23.2　カタール単位（katalまたはkat）

　1972年のIUB勧告（Enzyme Nomenclature（1972））で制定された。1954年に国際度量衡総会で国際単位系（SI単位系）が採択されたことを受け，これに基づき新しい酵素単位としてカタール（katalまたはkat）が制定された。「1秒間に1molの基質を生成物に変換させる酵素活性の量」を1カタールと定義する。pH，温度，基質濃度などの条件は，可能な限り最適条件とし，明記すること。一般に，標準測定温度は30℃である。

　　1 kat＝6×10^7 U；1U＝16.67×10^{-9} katになる。

　カタールの導入を受け，国際単位などその他の単位を廃止することが提案されたが，依然として，国際単位や研究者が任意に導入した単位が用いられているのが現状である。

23.3　比活性

　タンパク質1mgあたりの酵素活性（通常，国際単位Uを用いる）を比活性（specific activity）という。すなわち，単位はU/mg。SI単位による比活性は，タンパク質1kgあたりのカタール値（kat/kg）と定義される。

　酵素を精製する過程では，試料中の総活性（U）と総タンパク質量（mg）を求めて，比活性を算出する。このとき比活性は，それぞれの精製工程における目的の酵素の純度（purity）を表している。したがって，精製工程における精製の程度は，出発の生物試料の比活性を1として，精製操作を経たのちに得られる比活性の比率（相対比活性）のことを言い，この比率が例えばaであれば，a倍精製されたという。精製の程度が低いときには，試料中のタンパク質には目的酵素の他に大量の目的外タンパク質（夾雑タンパク質，不純タンパク質）が含まれている。精製とは，目的の酵素タンパク質を可能な限り失うことなく，不純タンパク質を除外する操作である。精製操作ごとに目的の酵素タンパク質の損失は避けられないが，それ以上に効率よく不純タンパク質が除外できると比活性は増大する。酵素の場合，精製操作において，酵素タンパク質の変性や失活が起こることがあり，活性低下を招くことも多い。精製操作ごとに，試料溶液に含まれるタンパク質量と酵素活性量を求め，その比から，タンパク質1mgあたりの酵素活性を求め，これを比活性として記載し，精製工程表（バランスシート）を作成する。操作ごとに比活性が増大しないような操作があれば，その操作では精製が進んでいないことになる。不純タンパク質の有無は電気泳動やカラムクロマトグラフィーなどにより確認する。精製が進み，試料溶液中

に不純タンパク質が認められず,目的の酵素のみが含まれることが確認されたとき,酵素が「均一（homogeneous）にまで」精製されたという。一般に,均一にまで精製された酵素試料の比活性をもって,純粋な酵素タンパク質が持つ比活性とみなす。

23.4　分子活性

　純粋な酵素の活性は,分子活性（molecular activity）を用いて表現する。これは,モル活性（molar activity）,分子触媒活性（molecular catalytic activity）,代謝回転数（turnover number）とも呼ばれ,一定条件下（通常は最適条件下）において,単位時間（通常は1分間）の反応により,酵素1分子により変換される基質分子の数を示す。酵素反応において観測される最大反応速度（V_{max}）（この単位はM/s）を反応開始時の酵素濃度（酵素初濃度）[E]$_0$（単位はM）で除した値となる。この値は通常,k_{cat}（単位はs^{-1}）と表現され,それぞれの酵素に固有の値であり,酵素活性を特徴付ける重要なパラメータである。多くの酵素の分子活性は,$10^2 \sim 10^5 s^{-1}$程度である。最も大きい分子活性を持つ酵素はカタラーゼ（catalase）で,その値は$10^7 s^{-1}$であり,1秒間に1千万分子の過酸化水素を分解する。他方,リゾチーム（lysozyme）の分子活性は$0.5 s^{-1}$であり,グリカン基質中の1本のグリコシド結合を加水分解するのに約2秒かかることになる（第8章参照）[8]。

文　　　献

1) K. Nishiyama *et al.*: MPIase is a glycolopozyme essential for membrane protein integration; *Nature Commun.*, **3**, 1260（2012）
2) 西山賢一：タンパク質膜挿入に関わる糖脂質酵素MPIアーゼの作用原理の解明とその応用；第16回酵素応用シンポジウム要旨集（2015）
3) H. R. Horton, L. A. Moran, K. G. Scrimgeour, M. D. Perry, J. D. Rawn：ホートン生化学,第4版（鈴木紘一,笠井献一,宗川吉汪（監訳））,p.103,東京化学同人,東京（2008）
4) 長沼毅：死なないやつら,講談社ブルーバックス,東京（2013）
5) 浅島真,黒岩常祥,小原雄治（編）：極限環境生物学（現代生物科学入門 第10巻）,岩波書店,東京（2010）
6) 堀越弘毅,中村聡,関口武司,井上明：極限環境微生物とその利用,講談社,東京（2000）
7) 井上國世：タンパク質の熱安定性の上限はどこにあるのか？；化学と生物,**37**, 738-739（1999）
8) J. M. Berg, J. L. Tymoczko, L. Stryer：ストライヤー生化学,第6版（入村達郎,岡山

博人，清水孝雄（監訳）），p.200，東京化学同人，東京（2008）
9) D. Voet, J. G. Voet：ヴォート生化学，第3版（田宮信雄，村松正實，八木達彦，吉田浩，遠藤斗志也（訳）），pp.359-362，東京化学同人，東京（2005）
10) 西川建：天然変性タンパク質とは何か？；生物物理，**49**，4-10（2009）
11) B. Alberts *et al.*：Essential 細胞生物学，原著第2版（中村桂子，松原謙一（監訳）），pp.119-120，南江堂，東京（2005）
12) Recommendations (1992) of the Nomenclature Committee of the International Union of Biochemistry and Molecular Biology：Enzyme Nomenclature, Academic Press, New York (1992)
13) 八木達彦，福井俊郎，一島英治，鏡山博行，虎谷哲夫（編）：酵素ハンドブック，第3版，朝倉書店，東京（2008）
14) E. Bianconi *et al*.: An estimation of number of cells in the human body; *Ann. Human Biol*., **40**, 463-471 (2013)
15) 井上國世：酵素応用の技術；酵素応用の技術と市場2015（井上國世（監修）），pp.1-30，シーエムシー出版，東京（2015）
16) 井上國世：「産業酵素」研究の過去，現在，将来；産業酵素の応用技術と最新動向（井上國世（監修）），pp.1-14，シーエムシー出版，東京（2009）
17) L. B. Roseiro, M. Barbosa, J. M. Ames, R. A. Wilbey: *Int. J. Dairy Technol*., **56**, 76-85 (2003)
18) K. B. Buchholz, P. B. Poulsen: Introduction; Applied Biocatalysis, 2nd ed. (A. J. J. Straathof, P. Adlercreutz (Eds.)), pp.1-15, Harwood Academic Publishers, Amsterdam (2000)
19) 山口清三郎：醗酵，pp.1-28，岩波書店，東京（1952）
20) 小巻利章：酵素応用の知識，第4版，pp.1-27，幸書房，東京（2000）
21) 日本酵素協会（編）：日本酵素産業小史（非売品），pp.19-32，日本酵素協会，東京（2009）
22) J. B. Sumner, G. F. Somers: Chemistry and Methods of Enzymes, 3rd ed., pp.13-14, Academic Press, New York (1953)
23) T. D. H. Bugg：入門 酵素と補酵素の化学（井上國世（訳）），pp.3-4，シュプリンガー・フェアラーク東京，東京（2006）
24) C. Branden, J. Tooze: Introduction of protein Structure, 2nd edition, pp.v-vi, Garland, New York (1999)
25) 廣海啓太郎：酵素反応の速度論；新・入門酵素化学，改訂第2版（西澤一俊，志村憲助（編）），pp.21-93，南江堂，東京（1995）
26) 廣海啓太郎：酵素反応解析の実際，講談社，東京（1978）
27) 廣海啓太郎：酵素反応，岩波書店，東京（1991）
28) 中村隆雄：酵素キネティックス，学会出版センター，東京（1993）
29) A. Fersht：酵素 構造と反応機構（今堀和友，川島誠一（訳）），東京化学同人，東京（1983）
30) I. H. Segel: Enzyme Kinetics, Wiley, New York (1975)
31) B. G. Vertessy, F. Orosz: From "fluctuation fit" to "conformational selection": Evolution, rediscovery, and integration of a concenpt; *Bioessays*, **33**, 30-34 (2010)
32) K. Faber: Biotransformations in Organic Chemistry, 6th ed., Springer, Berlin (2011)

33) 太田博道：生体触媒を使う有機合成，講談社，東京（2003）
34) 井上國世，橋田泰彦，草野正雪，保川清：サーモライシンの応用と高機能化；産業酵素の応用技術と最新動向（井上國世（監修）），pp.58-68，シーエムシー出版，東京（2009）
35) 井上國世：タンパク質・アミノ酸関連酵素；食品酵素化学の最新技術と応用―フードプロテオミクスへの展望（井上國世（監修）），pp.105-114，シーエムシー出版，東京（2004）
36) 井上國世：サーモライシンの活性化と安定化；食品酵素化学の最新技術と応用Ⅱ―展開するフードプロテオミクス（井上國世（監修）），pp.136-151，シーエムシー出版，東京（2011）
37) 森原和之：インスリン戦争，楽友社，東京（2008）
38) 田宮信雄，八木達彦：酵素命名法；新・入門酵素化学，改訂第2版（西澤一俊，志村憲助（編）），pp.331-344，南江堂，東京（1995）
39) 廣海啓太郎：酵素反応解析の実際，pp.1-40，講談社，東京（1978）
40) Recommendations (1992) of the Nomenclature Committee of the International Union of Biochemistry and Molecular Biology: Enzyme Nomenclature, pp.1-22, Academic Press, New York (1992)

（以上，井上國世）

24 酵素補因子

24.1 酵素補因子とは[1~3]

　酵素には自身を構成するアミノ酸だけで触媒活性を示すものがある。しかしながら触媒活性を示すためには何らかの物質を必要とする酵素も多い。これに該当する物質を酵素補因子（enzyme cofactor）と呼ぶ。酵素補因子を要求する酵素においてタンパク質本体はアポ酵素（apoenzyme）と呼ばれる（図1-

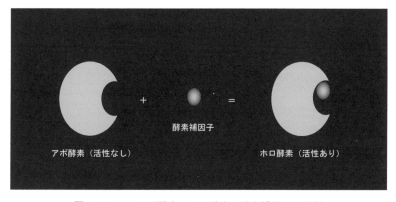

図1-24-1　アポ酵素，ホロ酵素，酵素補因子の関係

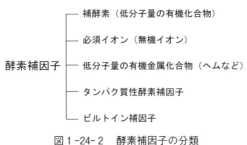

図1-24-2　酵素補因子の分類

24-1）。apoはapart "離れている"を意味する接頭語である。アポ酵素と酵素補因子が結合してホロ酵素（holoenzyme）となる（図1-24-1）。holoはwhole "完全"や"全体"を意味する接頭語である。補因子の「補」という言葉からは酵素反応においての何らかの補完的な役割を担っているように連想されるが，これが欠けると反応は進行しないので実質的にはホロ酵素のバイタルパートである。しかしながら，酵素補因子はアポ酵素の特定部位へ収まることで機能すると考えなければならない。それによって酵素補因子の反応性が高まるという側面と，基質との相互作用において理想的な位置に置かれるという側面がある。酵素補因子には様々な分類法があるが，本書で図1-24-2のように補酵素（coenzyme），必須イオン（essential ion），ヘム（heme）などの低分子量の有機金属化合物，タンパク質性酵素補因子（protein enzyme cofactor），ビルトイン補因子（built-in cofactor）[4,5]の5つに分けて解説する。

【クイズ】

Q1-24-1　酵素補因子だけで触媒活性を示すと考えられるか。

A1-24-1　高濃度の基質を含んだ人工的な溶液に酵素補因子を添加してやればゆっくりではあるが反応が起きることもあり得る。しかし生体内においては酵素補因子，基質ともに濃度が薄く，両者が理想的な状態で相互作用する確率は低い。

24.2　補酵素
24.2.1　補酵素の分類と作用機序[3,6,7]

　酵素補因子の中で低分子量の有機化合物は補酵素と呼ばれる。今日，補酵素とされるものは30種類以上知られているが，その中で代表的な補酵素11種について表1-24-1に，それらの構造を図1-24-3に記した。酵素反応における補

表1-24-1 代表的な補酵素

補酵素名	構成ビタミン	主な機能	代表的な要求酵素	補酵素としての分類
チアミンピロリン酸（TPP）	ビタミンB_1（化合物名，チアミン）	カルボニル基を含む2炭素断片の転移	ピルビン酸デヒドロゲナーゼ複合体（E1サブユニット）；トランスケトラーゼ	補欠分子族
フラビンモノヌクレオチド（FMN）とフラビンアデニンジヌクレオチド（FAD）	ビタミンB_2（化合物名，リボフラビン）	1または2電子の転移	NADHデヒドロゲナーゼ複合体（FMN）；コハク酸デヒドロゲナーゼ複合体（FAD）	補欠分子族
ニコチンアミドアデニンジヌクレオチド（NAD^+/NADH）とニコチンアミドアデニンジヌクレオチドリン酸（$NADP^+$/NADPH）	ナイアシン（ニコチン酸とニコチンアミドの総称。かつてはビタミンB_3と呼ばれた）	2電子の同時転移（水素化物イオンの転移）	乳酸デヒドロゲナーゼ（NAD^+/NADH）；グルコース6リン酸デヒドロゲナーゼ（$NADP^+$）；脂肪酸合成酵素（NADPH）	補助基質
補酵素A（CoA）	パントテン酸（かつてはビタミンB_5と呼ばれた）	アシル基の転移	ピルビン酸デヒドロゲナーゼ複合体（E2サブユニット）；2-オキソグルタル酸デヒドロゲナーゼ複合体（E2サブユニット）	補助基質
ピリドキサール5'-リン酸（PLP）	ビタミンB_6の中のピリドキサール	アミノ酸へ，ならびにアミノ酸からの化学基の転移など	アスパラギン酸-オキサロ酢酸トランスアミナーゼ；グリコーゲンホスホリラーゼ	補欠分子族
ビオチン	ビオチン（かつてはビタミンB_7やHと呼ばれた）	ATP依存性のカルボキシル基の転移	アセチルCoAカルボキシラーゼ；ピルビン酸カルボキシラーゼ	補欠分子族
テトラヒドロ葉酸	葉酸（かつてはビタミンB_9と呼ばれた）	ホルミル基，ヒドロキシメチル基，メチル基の転移	チミジル酸シンターゼ；ホスホリボシルアミノイミダゾールカルボキサミドホルミルトランスフェラーゼ	補助基質
アデノシルコバラミン	ビタミンB_{12}（化合物名，シアノおよびヒドロキソコバラミン）	分子内化学基の転移	メチルマロニルCoAムターゼ	補欠分子族
メチルコバラミン	ビタミンB_{12}（化合物名，シアノおよびヒドロキソコバラミン）	メチル基の移転	メチオニンシンターゼ	補欠分子族

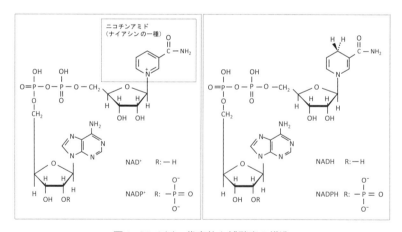

図1-24-3(a) 代表的な補酵素の構造

図1-24-3(b) 代表的な補酵素の構造

　酵素の役割は様々であるが，いずれも反応基質の構成要素（化学基あるいは電子のみ）の転移を担う（表1-24-1）。また，ある種の補酵素から別種の補酵素へと化学基や電子が転移することも稀ではない。なお，後述の必須イオンやヘムも同様であるが，補酵素も複数種のアポ酵素から要求される。表1-24-1に

図 1-24-3(c) 代表的な補酵素の構造

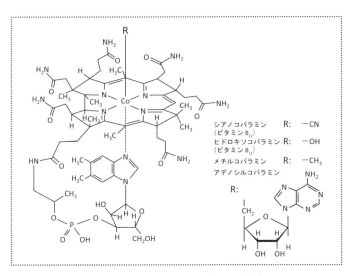

図 1-24-3(d) 代表的な補酵素の構造

はそれぞれの補酵素を要求する酵素を記した。

補酵素にはナイアシン含有補酵素（ニコチンアミドアデニンジヌクレオチド 酸化型NAD$^+$，還元型NADHとニコチンアミドアデニンジヌクレオチドリン酸 酸化型NADP$^+$，還元型NADPH），補酵素A（CoAと書かれる），テトラ

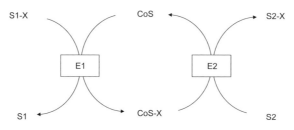

図1-24-4 補助基質の反応様式
E1：アポ酵素1，E2：アポ酵素2，S1-X：基質1，S2：基質2，
X：転移する化学基または電子，CoS：補助基質．

ヒドロ葉酸のようにアポ酵素と一時的に結合する型のものがある。これらはアポ酵素（E1とする）に緩く結合，基質（S1とする）から構成要素を受け取った後にE1から離れる。次に別種のアポ酵素（E2とする）に結合，S1から受け取った構成要素を別の基質（S2とする）に供与するとE2から解離する。解離した補酵素はE1，E2間で繰り返し利用されうる。このような可動性の補酵素は補助基質（cosubstrate）と呼ばれることがある（図1-24-4，表1-24-1）。表1-24-1に示した補助基質でナイアシン含有補酵素は2電子の同時転移（水素化物イオンの転移），補酵素Aはアシル基の転移，テトラヒドロ葉酸はホルミル基やメチル基などの転移を担う（表1-24-1）。生体のエネルギー通貨といわれるアデノシン三リン酸（ATP）は様々な局面で利用（消費）されるが，転移酵素群のある種のものやリガーゼ群の補助基質としての機能がある[8]（図1-24-5）。転移酵素群の中でリン酸基転移酵素（キナーゼ）においてはホスホノ基PO_3^{2-}（リン酸基PO_4^{3-}ではないので注意），メチオニントランスアデニラーゼにおいてはアデノシンの供与体となる。リガーゼ群においてはアデノシン一リン酸（AMP）などの供与体となる。ATPを補助基質とする酵素は非常に多く，例えばヒトではタンパク質キナーゼだけでも2,000種類程度あると見積もられている[9]。他の補助基質としてS-アデノシルメチオニン（メチル基の転移），UDP-グルコース（グリコシル基の転移），ユビキノン（補酵素Qとも呼ばれる。1電子転移）などが知られている。

一方，アポ酵素に強く結合しており透析などの操作で分離することが不可能か著しく困難な補酵素もあり，これらは補欠分子族（prosthetic group）とも呼ばれる（図1-24-6，表1-24-1）。ただし補欠分子族という用語は触媒機能を持たないタンパク質の配合団に対しても用いられる。例えばヘモグロビンに

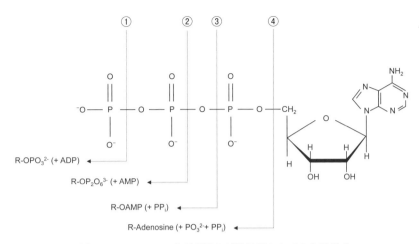

図1-24-5 ATPの化学構造と補助基質としての作用様式
①キナーゼ類,グルタミンシンテターゼなどのリガーゼ,②PRPPシンテターゼ,③アセチルCoAシンテターゼ,アミノアシルtRNA合成酵素など,④メチオニントランスアデニラーゼ。R:基質,PP_i:ピロリン酸。

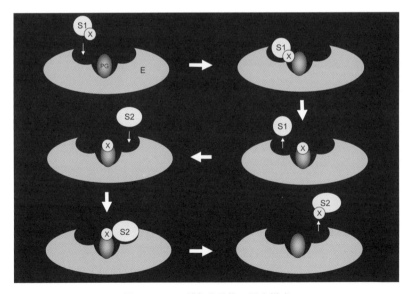

図1-24-6 補欠分子族の反応様式
E:アポ酵素,S1-X:基質1,S2:基質2,X:転移する化学基または電子,PG:補欠分子族。

おけるヘムは補欠分子族とされる（後述）。補欠分子族は補助基質と同様，基質S1から構成要素を預かり基質S2にそれを与えるが，その過程で酵素（アポ酵素）から離れることはない（図1-24-6）。つまりアポ酵素に結合したまま化学基や電子の受け渡しを行う。補欠分子族にはビオチン（カルボキシル基の転移）のようにアポ酵素に共有結合しているものと，チアミンピロリン酸（TPPと略される。カルボニル基を含む2炭素断片の転移），メチルコバラミン（メチル基の転移），アデノシルコバラミン（分子内化学基の転移）のように非共有結合性の相互作用によりアポ酵素に強く結合する場合がある。リボフラビン含有補酵素（フラビンモノヌクレオチドFMNとフラビンアデニンジヌクレオチドFAD。1電子転移または2電子の同時転移）はある種のアポ酵素には共有結合するが，別種のアポ酵素には非共有結合性の相互作用により結合している。ピリドキサール5'-リン酸（PLPと略される。アミノ酸のアミノ基の転移など）は基質がない場合はアポ酵素に共有結合しており，基質存在下ではアポ酵素との共有結合が外れ基質と共有結合する場合がある。その際でもPLPは他の相互作用でアポ酵素と結合したままである。酵素の補欠分子族として他にα-リポ酸（アシル基の転移など）などがある。

24.2.2　補酵素とビタミン[3,6,7,10]

　表1-24-1に示した補酵素はビタミンB群に属する化合物を構成成分とするものである（ビオチンは例外であり直接アポ酵素に結合する）（図1-24-3参照）。これらはひとまとめにして"ビタミン補酵素"と呼ばれることがある。TPPはビタミンB_1（化合物名チアミン），FMNとFADはビタミンB_2（化合物名リボフラビン），NAD^+/NADHと$NADP^+$/NADPHはビタミンB_3（現行ではナイアシンが使われる），CoAはビタミンB_5（現行ではパントテン酸が使われる），PLPはビタミンB_6（ピリドキサール，ピリドキシン，ピリドキシルアミンの総称がビタミンB_6であり補酵素成分となるのはピリドキサール），テトラヒドロ葉酸はビタミンB_9（現行では葉酸が使われる），メチルコバラミンとアデノシルコバラミンはビタミンB_{12}（化合物名，シアノおよびヒドロキソコバラミン）が動物体内で代謝されて生じたものである（図1-24-3）。ビオチンはビタミンB_7（またはビタミンH）とも呼ばれるが，アポ酵素に共有結合して機能する（図1-24-3）。なお，補酵素には構成要素としてアデニン，アデニル酸を持つものがいくつかあるが，それぞれビタミンB_4，B_8と呼ばれていたこともある[10]。

　ビタミンは「動物に必須の微量栄養素であるが，体内で合成できないので食

物として摂取しなければならない有機化合物」[11]と定義される。ビタミン補酵素を要求する酵素は解糖系，トリカルボン酸回路（TCA回路），ヌクレオチド合成，アミノ酸合成，脂質合成などの代謝経路で多数見出すことができる（表1-24-1）。実際に，偏った食物を長期にわたって摂取し続けるなどでビタミンB群が不足すると様々な代謝不全に陥る[12]。例えばビタミンB_1の欠乏症として脚気，ビタミンB_2の欠乏症として成長遅延，ナイアシンの欠乏症としてペラグラが知られている（表1-24-2）。ビタミンB_1は抗脚気因子として最も早くその物質的存在が示されたビタミンである（1897年 C.エイクマン，1906年 G.グリ

表1-24-2　ビタミンの機能タンパク質における役割と欠乏症

ビタミン名	酵素などの機能タンパク質における役割	欠乏症
（水溶性ビタミン）		
ビタミンB_1	補酵素[*1]	脚気，浮腫，神経炎
ビタミンB_2		成長停止，油漏性皮膚炎
ナイアシン（ビタミンB_3）		ペラグラ，中枢神経異常
パントテン酸（ビタミンB_5）		皮膚炎，脱毛，成長阻害
ビタミンB_6[*2]		皮膚炎，舌炎，神経炎
ビオチン（ビタミンB_7）		皮膚炎，奇形，成長阻害
葉酸（ビタミンB_9）		巨赤芽球性貧血，口角炎
ビタミンB_{12}		悪性貧血
ビタミンC（アスコルビン酸）	還元剤としてある種の酵素の活性を回復させる	壊血病
（脂溶性ビタミン）		
ビタミンA	レチナールとしてオプシンの補欠分子族，レチノイン酸としてレチノイン酸受容体（核内受容体の一種）のリガンドとなる	夜盲症，失明，成長停止
ビタミンD	カルシトリオールの形でビタミンD受容体（核内受容体）のリガンドとなる	幼児のくる病，成人の骨軟化症
ビタミンE	不明	不妊，筋ジストロフィー
ビタミンK	ビタミンKカルボキシラーゼ・ビタミンKレダクターゼ複合体が触媒する反応において必須因子となる	新生児頭蓋内および消化管内出血

[*1]ビオチン以外は体内で化学変化を受けた（代謝された）のちに補酵素として働く。
[*2]ピリドキサールリン酸は転写因子と相互作用し遺伝子発現に影響を与える作用もある[54]。

インス，1911年 鈴木梅太郎など）。実際にビタミンという言葉が最初にあてられたのはB_1に対してであった[10]。1916年C.フンクは抽出した抗脚気因子がアミンを含んでいたことからvital amine（生命の維持に必須のアミン）を繋げてvitamineと呼んだのである（全てのビタミンがアミンを含有している訳ではないので今日ではeを省略しvitaminと綴られる）。ビタミンB_1の化学構造が明らかになったのは1936年であるが（R.ウィリアムら）その時でもこれが動物の必須栄養素となる理由は不明であった[13]。その後間もなくして，酵母ピルビン酸デカルボキシラーゼの補酵素の構造が明らかになった（1937年 K.ローマン）[13]。それはビタミンB_1にピロリン酸が結合した構造であった（TPPのこと）。このことはビタミンが補酵素として作用することを示していた[12,13]。ただし，補酵素の構成要素として最も早く認知されたビタミンはB_2である。ビタミンB_2は1926年に動物の成長促進因子として物質的存在が示されたものであるが（H.シャーマン）化学構造の決定はB_1よりも少し早い（1935年 R.クーンら）。また，ほぼ機を同じくして酸化酵素の補酵素FMNの構造が明らかになり（1935年 H.テオレル），ビタミンB_2が構成要素になっていることが示されていたのである[13]。ところで，酵素研究の方面からNAD^+，$NADP^+$の構造が明らかになったのは1935年（H. K. A. S. フォン・オイラー・ケルピン（H. K. A. S. von Euler-Chelpin），O.ワールブルグ），疾病原因の解明（抗ペラグラ因子の同定）の方面からナイアシンの構造が明らかになったのは1937年のことである（C.エルビエム）[13]。このように1930年代後半にはビタミンは補酵素の構成要素となること，ビタミンの欠乏症状はそれを要求する酵素の機能不全に起因することが認識されていたのである。その後，他のビタミンB類についても化学構造や酵素反応における作用機序が明らかにされ今日に至っている。

　今日，ヒトにおいてビタミンとされるものはビタミンB群8種類以外にビタミンA，C，D，E，Kがある（ビタミンB群とCは水溶性ビタミン，ビタミンA，D，E，Kは脂溶性ビタミンである）。表1-24-2にはB群以外のビタミンについても欠乏症を示した。例えばビタミンA欠乏症に夜盲症，失明，成長阻害などがある。ビタミンA（レチノール，レチナール，レチノイン酸とその類似物質の総称）はレチナールの形で光受容タンパク質オプシン（Gタンパク質共役受容体の1種）の補欠分子族となる。またレチノイン酸の形でレチノイン酸受容体（転写調節因子の一つ）に結合しある種の遺伝子の発現（ある種のタンパク質の合成）を制御する。しかし酵素補因子としての機能は知られていない。ビタミンC（化合物名，アスコルビン酸）の欠乏症として壊血病がある（壊血

病は18世紀の英国海軍を悩ました要因であった[10]）。壊血病は血管形成に必要な成熟型コラーゲンの供給が不十分であることによって生じる。コラーゲンの成熟には構成プロリンとリジン残基の水酸化が必須であるが，これらを触媒するのがそれぞれプロリル3-ヒドロキシラーゼとリジルヒドロキシラーゼである（いずれも反応中心に鉄イオンがある）。ビタミンCはこれらの酵素が触媒する反応において要求されるのである。ビタミンCの役割は酸化された反応中心の鉄イオンを元の状態に戻す（還元する）ことであると考えられている。また，カルニチン，ドーパミンなどの生合成に関与する水酸化酵素類においても同様の働きをしていると考えられている。ビタミンDの欠乏症にはくる病などがある。ビタミンDはカルシトリオールの形でビタミンD受容体（転写調節因子の一つ）に結合して機能するが，ビタミンAと同様，酵素補因子としての役割は知られていない。ビタミンK不足は血液凝固不全に繋がる。このビタミンは血液凝固に関わるプロトロンビンなどの特定のグルタミン残基をカルボキシル化する酵素，ビタミンKカルボキシラーゼービタミンKレダクターゼ複合体，の必須因子である（プロトロンビンの特定グルタミン残基のカルボキシル化はトロンビン活性には関係ないが，酵素の損傷部位への局在化に重要である）。このビタミンの酵素反応における作用機構は今後の検討課題である。以上のようにビタミンA，C，D，Kは補酵素としての作用は明確ではないが，機能タンパク質（酵素，受容体など）の必須因子としての機能があることは明らかである（表1-24-2）[12,14]。なお，ビタミンEは生体脂質の酸化防止に重要な役割を果たしているが，少なくとも補酵素としての作用は知られていない[14]。

24.2.3 補酵素変換[15]

アポ酵素の補酵素受容部位の特定アミノ酸残基をタンパク質工学的に改変することによって別種の補酵素の結合が可能になることがある。この補酵素変換は1990年頃から試みられており，ある種のNADH要求酵素をNADPH要求性へ，反対にNADPH要求酵素をNADH要求性へと変換することに成功した例がいくつか知られている。

NADHとNADPHの違いはアデノシン糖環の2'-ヒドロキシル基におけるリン酸基の有無である（図1-24-3参照）。NADHは例えばピルビン酸から乳酸の生成反応や電子伝達系の呼吸鎖複合体Iにおいて電子供与体（水素化物イオン供与体）となる。一方，NADPHは例えば脂肪酸やコレステロールなどの合成反応や光合成暗反応において電子供与体となる。ところで，各種の生物はその生存様式が異なるようにNADHとNADPHに対する要求性も異なる。大腸菌

ではNADPHの要求性が高く，増殖期ではNADPHの濃度はNADHの3分の1以下である[16]。しかし藍藻などの光合成細菌ではNADHの要求性が高い[17]。例えば藍藻のNADPH要求性酵素の遺伝子を大腸菌に導入，菌体内でその酵素を強制的に発現させ，ある種の代謝物を大量生産したい場合があるとする。原理的にこれは可能であるが，NADPH要求性の酵素を大腸菌で発現させると細胞内のNADPH濃度が低下し生育自体に支障をきたす。このような場合，導入酵素の補酵素要求性の改変（本例ではNADPH要求性からNADH要求性への変換）によってより多くの目的産物の取得が期待できる。

【クイズ】

Q1-24-2　補酵素の中で可動型，固定型のものはそれぞれどのように呼ばれるか。

A1-24-2　可動型，補助基質；固定型，補欠分子族。

Q1-24-3　ビタミンの中で代謝された形でまたはそのままの形でアポ酵素と結合することにより酵素補因子として機能するものはどれか。

A1-24-3　ビタミンB群。

Q1-24-4　補欠分子族という用語は酵素や何らかの機能タンパク質に結合したまま働く非アミノ酸成分に対して用いられる。酵素以外の機能タンパク質の補欠分子族として働き得るビタミンを一つ挙げよ。

A1-24-4　ビタミンA（レチナールとして）。

24.3　必須イオン

24.3.1　酵素補因子としてのミネラル[3,18,19]

生体内のミネラルには例えばカルシウムのように塩の形で生体構成成分となる，ナトリウムのようにイオンの形で体液のpHの恒常性維持に寄与する，ヨウ素のようにホルモン（甲状腺ホルモン）の構成要素となる，など様々な役割があるが，ある種のものはイオンの形で酵素補因子として働く場合もある。これらのイオンは酵素や基質（またはその両方）に結合し，触媒反応に必須の役割を果たす。なお余談であるが補酵素（coferment, coenzyme）という用語が酵

素学の領域に初めて導入されたのはペクチンエステラーゼやラッカーゼなどの植物酵素に要求されるカルシウム塩（正確にはカルシウムイオン），マンガン塩（正確にはマンガンイオン）に対してであった（1897年 G.ベルトラン）[20]。A. ハーデン，W. J. ヤングも酵母でのアルコール発酵に必要な未知の低分子成分をcofermentと呼んだが（1905年）[20,21]，その実体が有機化合物であったことや（NAD$^+$であった）[13]，その後様々な有機性のcofermentが発見されるに至り，今日ではイオンに対してこの用語が使われることはほとんどなくなった。

必須イオンは大きくは①基質あるいは補助基質に結合して作用するもの，②アポ酵素に結合して作用するもの，に分類することができる。本書ではそれぞれを"基質結合型"と"酵素結合型"と呼ぶこととする。

24.3.2　基質結合型の必須イオン

必須イオンには基質あるいは補助基質に結合して働くものがある。この型の必須イオンはアポ酵素とは間接的かあるいは極めて弱い相互作用しか示さないので酵素を精製する際には容易に失われる。精製酵素と基質（または基質と補助基質）だけでは反応がほとんど起こらず，除去されたイオンを添加するとそれが進行するのであたかも酵素が活性化されているかのようにみえる。

この型の必須イオンの好例はマグネシウムイオンである[22]。このイオンはATPに結合する性質があり，それによってATPがキナーゼやリガーゼ類の補助基質として働くことを可能にしている（図1-24-7）。マグネシウムイオンの結合はATPリン酸原子の反応性（求電子性）を高める効果とATPの負電荷を小さくし（ATP^{4-}からMgATP^{2-}となる）疎水性効果の大きい酵素内部に近づきやすくさせる効果が考えられている。また，ATPアーゼ反応（ATPの加水分解を伴う反応）においてもマグネシウムイオンのATPへの結合は必須である。なお，マンガンイオンもATPへの結合性を示し，実際にキナーゼなどの酵素が触媒する反応でマグネシウムイオンの代替となることが示されている。なお，マ

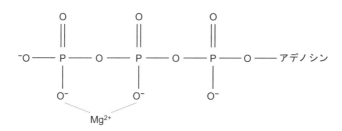

図1-24-7　マグネシウムイオンのATPへの結合

グネシウムイオンにはATP要求酵素以外にも要求されることがある。例えばリブロース1,5-ビスリン酸カルボキシラーゼ／オキシゲナーゼ（Rubiscoと略される。植物の光合成暗反応で二酸化炭素の固定を担う酵素）の活性部位において二酸化炭素の保持に関わる作用などがある[23]。カリウムイオンもこの型の必須イオンに加えることができる。例えば解糖系酵素のピルビン酸キナーゼが触媒する反応において基質であるホスホエノールピルビン酸と結合する[24]。この結合は触媒反応の進行に必須であると考えられている。

24.3.3　酵素結合型の必須イオン

　アポ酵素に強く結合して働く必須イオンとして鉄イオン，銅イオン，ニッケルイオン，亜鉛イオン，コバルトイオン[25]などがある。マンガンイオンもこのような形で働く場合がある。これらのイオンは水や酸素などの小分子が利用（消費）される反応を触媒する酵素に見出されることが多く，反応においてそれら小分子の受容を担う。例えばある種の酵素反応において鉄や銅イオンは酸素，亜鉛イオンは水分子の受容と活性化を担う。もちろんこれらのイオンが低分子量の有機化合物やタンパク質などの高分子と直接相互作用する場合もある。なお，これらの金属イオンを含む酵素は"金属酵素（metalloenzyme）[3,26]"と呼ばれることがある。金属酵素はいわば"酵素の金属錯体"ということができる。

　これらの金属イオンの酵素中における存在様式は様々である[27]。アポ酵素の複数のアミノ酸残基を配位子（アミノ酸リガンド）とした単核または複核錯体の中心金属となっている場合がある。そのような形で金属イオンを含む酵素の代表例とそれぞれの酵素における金属イオンの役割について表1-24-3に記した[28〜33]。また，図1-24-8にはプロリン3-ヒドロキシラーゼとチロシナーゼについて中心金属イオンとその配位子（アミノ酸リガンドと利用される分子）の結合様式について示した。

　上述の必須イオンの中である種のものはアポ酵素と相互作用しつつ非金属元

表1-24-3　代表的な金属酵素と含有金属イオンの役割

金属酵素の名前（金属イオンの存在様式）	金属イオンの役割
プロリン3-ヒドロキシラーゼ（Fe，単核）	分子状酸素と2-オキソグルタル酸の受容
メタンモノオキシゲナーゼ（Fe，二核）	分子状酸素の受容
チロシナーゼ（Cu，二核）	分子状酸素の受容
アルギナーゼ（Mn，二核）	アルギニンの受容
ウレアーゼ（Ni^{2+}，二核）	尿素の受容
サーモリシン（Zn^{2+}，単核）	水分子の受容

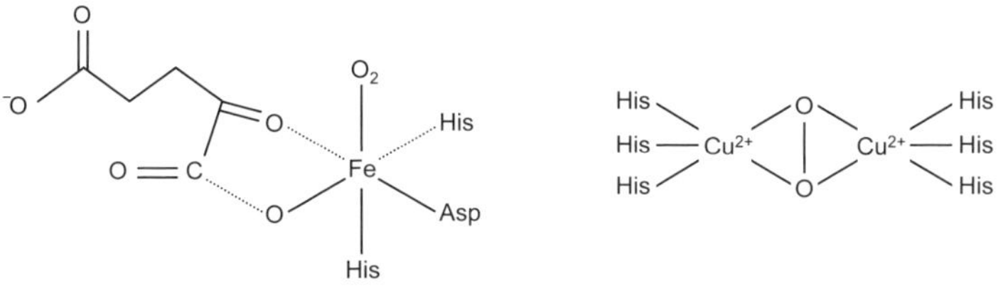

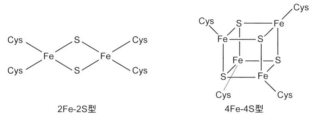

図1-24-8　プロリン3-ヒドロキシラーゼ（左），チロシナーゼ（右）の活性中心の金属イオン

プロリン3-ヒドロキシラーゼは鉄の単核中心，チロシナーゼは銅の二核中心を持つ。プロリン3-ヒドロキシラーゼは2-オキソグルタル酸と酸素，チロシナーゼは酸素を利用する。鉄原子の価電数については省略した。His：アポ酵素中のヒスチジン残基，Asp：アポ酵素中のアスパラギン酸残基。

図1-24-9　代表的な鉄―硫黄クラスターの構造
Cys：アポ酵素中のシステイン残基。

素とクラスターを構成して含まれる場合もある。例えばマンガンイオンは光化学系II（太陽光エネルギーを利用して水から酸素を発生させる）においてマンガン―酸素―カルシウムクラスターの形で含まれている。この場合，マンガンイオンは水分子の受容を担うと考えられている[34]。鉄イオンが硫黄とのクラスターとして酵素に含まれている場合もある。この"鉄―硫黄クラスター"には鉄イオンと硫化物イオンが2個ずつの2Fe-2S型とそれぞれ4個ずつの4Fe-4S型が一般的である（図1-24-9）[35]。4Fe-4S型の鉄―硫黄クラスターを含む酵素としてアコニターゼ（TCA回路の酵素）やラジカルSAM酵素類が知られている[36]。これらの場合鉄イオンは低分子化合物と相互作用する。また，鉄―硫黄クラスターは呼吸鎖複合体の非触媒サブユニットや電子伝達フラビンタンパク質：ユビキノン酸化還元酵素の非触媒領域などにもみられ，これらの場合は電子伝達の中継点としての役割を担っている[37,38]。ニッケルイオンやモリブデンイオンが鉄，硫黄とのクラスターを構成し，酵素中に含まれる場合もあ

る。ニッケルイオンは分子状水素の可逆的な酸化還元反応を触媒するある種のヒドロゲナーゼにおいてニッケル―硫黄―鉄クラスターの形で含まれている[39]。この場合ニッケルイオンは分子状水素の受容に関わると考えられている。モリブデンイオンは分子状窒素の固定とアンモニアへの変換を触媒する根粒菌のニトロゲナーゼにおいてホモクエン酸，モリブデン，硫黄，鉄からなる複雑なクラスターの構成因子として存在している[40]。この場合，モリブデンイオンは分子状窒素の受容に関わると考えられている。

24.3.4 カルシウムイオン

　カルシウムイオンも必須イオンとして機能する場合がある。例えばホスホリパーゼ$C\delta 1$の活性部位に結合し触媒反応に直接的な寄与をすると考えられている[41]。しかしながら酵素との関連では"必須イオン"というよりは"酵素活性化因子"または"酵素安定化因子"と捉える方が適確である。例えば定型プロテインキナーゼC[42]やカルパイン（システインプロテアーゼの一種)[43]などの非触媒領域に結合しそれらを活性状態（活性コンホメーション）へと導くことに寄与する。また，カルモジュリンというタンパク質に結合してそれを活性化させ，活性型カルモジュリン[44]が何らかの不活性な酵素に結合しそれを活性コンホメーションへと導くという間接的な酵素活性化の様式もある（活性型カルモジュリンによるミオシン軽鎖キナーゼ[45]の活性化など）。αアミラーゼはカルシウムイオンの結合によって活性コンホメーションが安定化される[46]。また，例えばトリプシンなどのプロテアーゼに結合し自己分解を防ぐ役割を担うと考えられている[47]。このようにカルシウムイオンは触媒反応自体に直接関わることはほとんどないものの，多くの酵素に対してそれらの活性発現や維持に重要な役割を担っている。

【クイズ】

Q1-24-5　必須イオンとしてのマグネシウムイオンの作用のうち最も代表的なものを述べよ。

A1-24-5　ATPやGTPに結合しそれらの利用性や反応性を高める。

Q1-24-6　酵素に含まれる鉄，銅，亜鉛，マンガンが受容することのできる無機分子をそれぞれ挙げよ。

A1-24-6　鉄，酸素と過酸化水素；銅，酸素；亜鉛，水；マンガン；水。

Q1-24-7　カルシウムイオンの結合が活性発現に必須である酵素を2つ挙げよ。

A1-24-7　定型プロテインキナーゼC，カルパイン。

24.4　低分子量の有機金属化合物
24.4.1　ヘム[3,48]

　低分子量の有機化合物と金属イオンがセットになった形の酵素補因子がある。その代表例はヘムである。ヘムとはポルフィリンの鉄錯体の慣用名であるが，これを含むものは"ヘム酵素"と呼ばれることもある（ヘムを介さずに鉄イオンを取り込んでいる酵素は"非ヘム鉄酵素"と呼ばれることもある）。また，ヘム酵素においてヘムは補欠分子族とみなされる。

　ヘムは構造上の違いからいくつかに分類される。その中でヘムa，b，cの構造を記した（図1-24-10）。ヘムaはシトクロムcオキシダーゼ（呼吸鎖複合体IV）サブユニットIの補欠分子族である。この酵素複合体のサブユニットIには2つのヘムaが含まれるが，その中でヘムa_3と呼ばれる方の中心の鉄は銅イオンとの二核中心となり，分子状酸素の受容を担う。ヘムb（プロトヘムともいわれる）はカタラーゼ，西洋ワサビペルオキシダーゼ，シトクロムP450などの酸化還元酵素の補欠分子族である（また，ヘムbはヘモグロビンやミオグロビンの補欠分子族でもある）。これらの酵素におけるヘムbの役割については第5章で述べる。ヘムaとヘムbは非共有結合性の相互作用でアポ酵素に結合してい

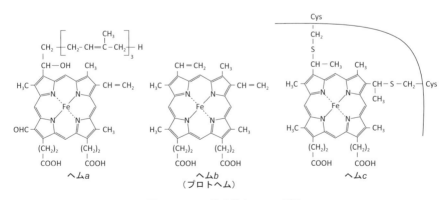

図1-24-10　代表的なヘムの構造

ヘムaとbは疎水性相互作用などによりアポ酵素に結合する。ヘムcはポリペプチド鎖中のシステイン残基（Cys）と共有結合している。

る。ヘムcはシトクロムc（タンパク質補酵素の一種）に共有結合する。

24.4.2 その他

ポルフィリンと構造が類似した低分子量の有機化合物の中心にニッケルイオンが収まったF430と呼ばれる酵素補因子がある[49]。F430はメチル補酵素M還元酵素の補欠分子族である。F430中心のニッケルイオンがメチル補酵素M中のメチル基を受容，それが解離してメタンとなる[50]。プテリン環とモリブデンイオンが結合したモリブドプテリンという酵素補因子もある[51]。この酵素はキサンチンオキシダーゼや亜硝酸還元酵素などの補欠分子族である。モリブデンに結合したヒドロキシル基が基質の水酸化に重要である[52]。なお，コリン環の中心にコバルトイオンが収まったコバラミンは既にビタミン補酵素として紹介したが，有機金属化合物系の酵素補因子として分類することもできる。

【クイズ】
Q1-24-8　酵素の補欠分子族となる有機金属化合物を6つ挙げよ。
A1-24-8　ヘムa，ヘムb，F430，モリブドプテリン，メチルコバラミン，アデノシルコバラミン。

24.5　タンパク質性酵素補因子

ある種のサイズの小さなタンパク質が酵素補因子のようにふるまう場合がある。これらはタンパク質性酵素補因子といえる（図1-24-11）。

タンパク質性酵素補因子の中には，酵素や酵素複合体などから電子を受け取

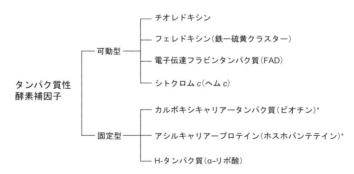

図1-24-11　タンパク質性酵素補因子の分類と例
括弧内はそれぞれのタンパク質性酵素補因子に含まれる補助因子を指す。
タンパク質性酵素補因子が持つ補助因子はアポ酵素における酵素補因子に相当する。*動物ではこれらは酵素と融合している。

った後に解離，今度は別種の酵素や酵素複合体に結合し電子を供与する可動型のものがある。この型のタンパク質性酵素補因子の中でチオレドキシンは自身を構成するアミノ酸残基が電子供与体となる。チオレドキシンの表面にはCys-X-X-Cys（Cysはシステイン残基，Xは任意のアミノ酸）からなる領域があり，この部分を介して電子を供与する。また，ヘムや鉄—硫黄クラスターを含み，それらが電子伝達を担っている可動型のタンパク質性酵素補因子もある。フェレドキシンは鉄—硫黄クラスター[3]，電子伝達フラビンタンパク質はFAD[3]，シトクロムcはヘムcを持つ。

タンパク質性酵素補因子の中には共有結合で繋がった低分子化合物を含むものもある。これらは酵素複合体の非触媒サブユニットであり，少なくとも反応中には複合体から解離しない（固定型のタンパク質性酵素補因子）。この型のタンパク質性酵素補因子の役割は含有低分子化合物を介して基質（あるいは基質由来の化学基）を酵素複合体中に保留することである。例えば大腸菌のアセチルCoAカルボキシラーゼ（多酵素複合体。第5章）を構成するカルボキシキャリアータンパク質にはビオチンが結合しており，これにカルボキシル基（重炭酸イオン由来）が預けられる。また，大腸菌の脂肪酸合成酵素を構成するアシルキャリアープロテイン（ACP）にはパントテン酸を含む化学基（ホスホパンテテイン）が結合しており，これにアシル基が預けられる（第5章）。グリシン分解系（P, T, Lという3種の酵素とH-タンパク質からなる複合体）におけるH-タンパク質にはα-リポ酸が結合しており，これがアミノメチレン基の一時的預かりを担う[53]。

【クイズ】
Q1-24-9　固定型のタンパク質性酵素補因子は他にどのような呼び方が可能であろうか。
A1-24-9　多酵素複合体（第5章）の非触媒サブユニット。

24.6　ビルトイン補因子[4,5]

タンパク質を構成するアミノ酸残基が何らかの翻訳後修飾によって変化し，変化した部分が酵素補因子と同等の役割を担う場合がある。これらは家屋に作り付けのビルトイン家具に例えられビルトイン補因子と呼ばれる。これらは遺伝子中では通常のアミノ酸残基としてコードされているので，ゲノム情報だけではビルトイン補因子の存在は予測できない。精製タンパク質のX線結晶解析

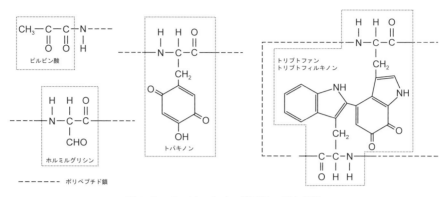

図1-24-12 ビルトイン補因子の例と構造

などによってこれらの存在が知られるようになった。

　ビルトイン補因子が形成される機構は大きく分けて2つが考えられる。1つ目は自己触媒的に形成されるものである。例えば乳酸菌のヒスチジンデカルボキシラーゼの切断末端に形成されるピルビン酸，銅含有アミンオキシダーゼ中のチロシン残基から形成されるトパキノンがこれにあたる。2つ目は変換酵素によって形成されるものである。スルファターゼのホルミルグリシンや細菌のメチルアミンデヒドロゲナーゼ中のトリプトファン残基から形成されるトリプトファントリプトフィルキノンなどがこれにあたる。ここに紹介したビルトイン補因子の化学構造を図1-24-12に示した。なお，グルタチオンパーオキシダーゼは活性部位にセレノシステイン残基を持つ酵素である。セレノシステイン残基もビルトイン補因子と捉えることもできるが，その生成機構については第5章で述べる。

【クイズ】

Q1-24-10　ピルビン酸，トパキノン以外に自己触媒的に形成されるビルトイン補因子を挙げよ。

A1-24-10　3,5-ジヒドロ-5-メチリデン-4H-イミダゾール-4-オン，リジルチロシルキノン，チロシルチオエーテル。

文　　献

1) H. R. Horton, L. A. Moran, K. G. Scrimgeour, M. D. Perry, J. D. Rawn：ホートン生化

学，第4版（鈴木紘一，笠井献一，宗川吉汪（監訳），榎森康文，川崎博史，宗川惇子（訳）），pp.153-175，東京化学同人，東京（2008）
2) http://wiki.healthhaven.com/Template:Enzyme_cofactors
3) 今堀和友，山川民夫（監修）：生化学辞典，第4版，東京化学同人，東京（2007）
4) 岡島俊英，中井忠志，谷澤克行：ビルトイン型補酵素の構造，機能と生合成機構；生化学，**83**(8), 691-703（2011）
5) 谷澤克行：ビルトイン補酵素：アミノ酸残基に由来する新しい補酵素；蛋白質核酸酵素，**44**(13), 1947-1958（1999）
6) H. R. Horton, L. A. Moran, K. G. Scrimgeour, M. D. Perry, J. D. Rawn：ホートン生化学，第4版（鈴木紘一，笠井献一，宗川吉汪（監訳），榎森康文，川崎博史，宗川惇子（訳）），pp.154-171，東京化学同人，東京（2008）
7) 西澤一俊，志村憲助（編集）：新・入門酵素化学，pp.189-219，南江堂，東京（1984）
8) T. D. H. Bugg：入門 酵素と補酵素の化学（井上國世（訳）），pp.112-113，シュプリンガーフェアラーク東京，東京（2006）
9) D. Voet, J. G. Voet：ヴォート生化学（上），第3版（田宮信雄，村松正實，八木達彦，吉田浩，遠藤斗志也（訳）），p.548，東京化学同人，東京（2005）
10) http://ja.wikipedia.org/wiki/ビタミン
11) ㈳日本栄養・食糧学会（編集）：栄養・食糧学データハンドブック，p.95，同文書院，東京（2006）
12) ㈳日本栄養・食糧学会（編集）：栄養・食糧学データハンドブック，p.34，同文書院，東京（2006）
13) http://ir.jikei.ac.jp/bitstream/10328/3436/3/TK_igaku_233.pdf
14) ㈳日本栄養・食糧学会（編集）：栄養・食糧学データハンドブック，pp.35-38，同文書院，東京（2006）
15) Y. Wang, K. Y. San, G. N. Bennett: Cofactor engineering for advancing chemical biotechnology; *Curr. Opin. Biotechnol.*, **24**(6), 994-999（2013）
16) R. Lundquist, B. M. Olivera: Pyridine nucleotide metabolism in *Escherichia coli*; *J. Biol. Chem.*, **246**(4), 1107-1116（1971）
17) D. C. Ducat, J. C. Way, P. A. Silver: Engineering cyanobacteria to generate high-value products; *Trends Biotechnol.*, **29**(2), 95-103（2011）
18) H. R. Horton, L. A. Moran, K. G. Scrimgeour, M. D. Perry, J. D. Rawn：ホートン生化学，第4版（鈴木紘一，笠井献一，宗川吉汪（監訳），榎森康文，川崎博史，宗川惇子（訳）），pp.153-154，東京化学同人，東京（2008）
19) 村上幸人：金属錯体と酵素反応；化学と生物，**13**(4), 260-261（1975）
20) N. Onodera: On the Urease of the Soy-bean and its "Co-enzyme"; *Biochem. J.*, **9**(4), 575-590（1915）
21) J. A. Barnett: A history of research on yeasts 5: the fermentation pathway; *Yeast*, **20**(6), 509-543（2003）
22) H. R. Horton, L. A. Moran, K. G. Scrimgeour, M. D. Perry, J. D. Rawn：ホートン生化学，第4版（鈴木紘一，笠井献一，宗川吉汪（監訳），榎森康文，川崎博史，宗川惇子（訳）），p.261，東京化学同人，東京（2008）
23) http://ja.wikipedia.org/wiki/リブロース1,5-ビスリン酸カルボキシラーゼ/オキシゲナー

ゼ

24) D. Voet, J. G. Voet：ヴォート生化学（上），第3版（田宮信雄，村松正實，八木達彦，吉田浩，遠藤斗志也（訳）），p.469，東京化学同人，東京（2005）
25) T. H. Tahirov *et al.*: Crystal structure of methionine aminopeptidase from hyperthermophile, *Pyrococcus furiosus*; *J. Mol. Biol.*, **284**(1), 101-124（1998）
26) http://ja.wikipedia.org/wiki/金属タンパク質
27) http://kp.bunri-u.ac.jp/kph04/2_sakutaiex.pdf
28) J. Myllyharju, K. I. Kivirikko: Characterization of the iron- and 2-oxoglutaratebinding sites of human prolyl 4-hydroxylase; *EMBO J.*, **16**(6), 1173-1180（1997）
29) A. C. Rosenzweig, C. A. Frederick, S. J. Lippard, P. Nordlund: Crystal structure of a bacterial non-haem iron hydroxylase that catalyses the biological oxidation of methane; *Nature*, **366**(6455), 537-543（1993）
30) N. Fujieda *et al.*: Crystal structures of copper-depleted and copper-bound fungal pro-tyrosinase: insights into endogenous cysteine-dependent copper incorporation; *J. Biol. Chem.*, **288**(30), 22128-22140（2013）
31) L. D. Costanzo *et al.*: Crystal structure of human arginase I at 1.29-A resolution and exploration of inhibition in the immune response; *Proc. Natl. Acad. Sci. U S A.*, **102**(37), 13058-13063（2005）
32) S. Benini *et al.*: The crystal structure of Sporosarcina pasteurii urease in a complex with citrate provides new hints for inhibitor design; *J. Biol. Inorg. Chem.*, **19**(8), 1243-1261（2014）
33) D. H. Juers, J. Kim, B. W. Matthews, S. M. Sieburth: Structural analysis of silanediols as transition-state-analogue inhibitors of the benchmark metalloprotease thermolysin; *Biochemistry*, **44**(50), 16524-16528（2005）
34) http://ja.wikipedia.org/wiki/光化学反応
35) H. R. Horton, L. A. Moran, K. G. Scrimgeour, M. D. Perry, J. D. Rawn：ホートン生化学，第4版（鈴木紘一，笠井献一，宗川吉汪（監訳），榎森康文，川崎博史，宗川惇子（訳）），p.154，東京化学同人，東京（2008）
36) http://ja.wikipedia.org/wiki/鉄硫黄タンパク質
37) H. R. Horton, L. A. Moran, K. G. Scrimgeour, M. D. Perry, J. D. Rawn：ホートン生化学，第4版（鈴木紘一，笠井献一，宗川吉汪（監訳），榎森康文，川崎博史，宗川惇子（訳）），pp.331-335，東京化学同人，東京（2008）
38) N. J. Watmough, F. E. Frerman: The electron transfer flavoprotein: ubiquinone oxidoreductases; *Biochim. Biophys. Acta*, **1797**(12), 1910-1916（2010）
39) http://ja.wikipedia.org/wiki/ヒドロゲナーゼ
40) http://ja.wikipedia.org/wiki/ニトロゲナーゼ
41) D. Voet, J. G. Voet：ヴォート生化学（上），第3版（田宮信雄，村松正實，八木達彦，吉田浩，遠藤斗志也（訳）），pp.552-553，東京化学同人，東京（2005）
42) D. Voet, J. G. Voet：ヴォート生化学（上），第3版（田宮信雄，村松正實，八木達彦，吉田浩，遠藤斗志也（訳）），pp.554-555，東京化学同人，東京（2005）
43) http://en.wikipedia.org/wiki/Calpain
44) http://en.wikipedia.org/wiki/Calmodulin

45) http://www2.vmas.kitasato-u.ac.jp/physiology/YoneBranch/heikatu.html
46) G. Buisson, E. Duée, R. Haser, F. Payan: Three dimensional structure of porcine pancreatic alpha-amylase at 2.9 A resolution. Role of calcium in structure and activity; *EMBO J.*, **6**(13), 3909-3916（1987）
47) F. Abbott, J. E. Gomez, E. R. Birnbaum, D. W. Darnall: The location of the calcium ion binding site in bovine alpha-trypsin and beta-trypsin using lanthanide ion probes; *Biochemistry*, **14**(22), 4935-4943（1975）
48) 西澤一俊, 志村憲助（編集）：新・入門酵素化学, pp.258-261, 南江堂, 東京（1984）
49) H. C. Friedmann, A. Klein, R. K. Thauer: Structure and function of the nickel porphinoid, coenzyme F430 and of its enzyme, methyl coenzyme M reductase; *FEMS Microbiol. Rev.*, **7**(3-4), 339-348（1990）
50) U. Ermler, W. Grabarse, S. Shima, M. Goubeaud, R. K. Thauer: Crystal structure of methyl-coenzyme M reductase: the key enzyme of biological methane formation; *Science*, **278**(5342), 1457-1462（1997）
51) http://ja.wikipedia.org/wiki/モリブドプテリン
52) 岡本研, 西野武士：モリブデンによる水酸化反応中間体の構造と反応機構；生化学, **80**(6), 531-539（2008）
53) G. Kikuchi, Y. Motokawa, T. Yoshida, K. Hiraga: Glycine cleavage system: reaction mechanism, physiological significance, and hyperglycinemia; *Proc. Jpn. Acad. Ser. B Phys. Biol. Sci.*, **84**(7), 246-263（2008）
54) http://ja.wikipedia.org/wiki/ビタミンB6

参　考　書

1) H. R. Horton, L. A. Moran, K. G. Scrimgeour, M. D. Perry, J. D. Rawn：ホートン生化学, 第4版（鈴木紘一, 笠井献一, 宗川吉汪（監訳）, 榎森康文, 川崎博史, 宗川惇子（訳）), 東京化学同人, 東京（2008）
2) D. Voet, J. G. Voet：ヴォート生化学（上）（下）, 第3版（田宮信雄, 村松正實, 八木達彦, 吉田浩, 遠藤斗志也（訳）), 東京化学同人, 東京（2005）
3) T. D. H. Bugg：入門　酵素と補酵素の化学（井上國世（訳）), シュプリンガーフェアラーク東京, 東京（2006）
4) ㈳日本栄養・食糧学会（編集）：栄養・食糧学データハンドブック, 同文書院, 東京（2006）
5) Y. Wang, K. Y. San, G. N. Bennett: Cofactor engineering for advancing chemical biotechnology; *Curr. Opin. Biotechnol.*, **24**(6), 994-999（2013）
6) H. C. Friedmann, A. Klein, R. K. Thauer: Structure and function of the nickel porphinoid, coenzyme F430 and of its enzyme, methyl coenzyme M reductase; *FEMS Microbiol. Rev.*, **7**(3-4), 339-348（1990）
7) 岡本研, 西野武士：モリブデンによる水酸化反応中間体の構造と反応機構；生化学, **80**(6), 531-539（2008）
8) 谷澤克行：ビルトイン補酵素：アミノ酸残基に由来する新しい補酵素；蛋白質核酸酵素, **44**(13), 1947-1958（1999）

（以上, 都築　巧）

第2章　タンパク質としての物理化学的性質

1　アミノ酸の構造と特徴

　アミノ酸は，分子内にアミノ基とカルボキシル基を有する有機化合物と定義される。カルボキシル基が結合している炭素を基準にして，アミノ基が結合している炭素の位置に応じてα-，β-，γ-アミノ酸などに分類する。ただし，イミノ酸であるプロリンもアミノ酸に含めることが多い。

　全ての生物は20種類のα-アミノ酸からタンパク質を構成しており，これを標準アミノ酸または共通アミノ酸という。グリシン（Gly, G）以外の共通アミノ酸は，側鎖性質から次のように分類することができる。側鎖に炭化水素鎖を持つアミノ酸には，アラニン（Ala, A），バリン（Val, V），ロイシン（Leu, L），イソロイシン（Ile, I），プロリン（Pro, P）がある。側鎖に芳香族基を持つ芳香族アミノ酸には，フェニルアラニン（Phe, F），チロシン（Tyr, Y），トリプトファン（Trp, W）が含まれ，これらは紫外光を吸収する特徴がある。中性pHにおいて側鎖に正電荷を有する塩基性アミノ酸には，リシン（Lys, K），ヒスチジン（His, H），アルギニン（Arg, R）が含まれる。中性pHにおいて負電荷を有する酸性アミノ酸には，アスパラギン酸（Asp, D）とグルタミン酸（Glu, E）があり，これらのアミド誘導体としてアスパラギン（Asn, N）とグルタミン（Gln, Q）がある。側鎖に水酸基を有するアミノ酸には，セリン（Ser, S），スレオニン（Thr, T），チロシンがあり，これらは水素結合の形成に関与する。側鎖に硫黄を含む含硫アミノ酸には，システイン（Cys, C）とメチオニン（Met, M）がある。Gly以外のアミノ酸には光学異性体であるD体とL体があるが，少数の例外を除いて生物由来のタンパク質はL体のアミノ酸から構成される。

　栄養学的な観点から，20種類の標準アミノ酸は必須アミノ酸と非必須アミノ酸に大別される。必須アミノ酸は，必要アミノ酸や不可欠アミノ酸とも呼ばれ，正常な成長あるいは健康な生命の維持に必要な量を満たしうるような速度で動物体内では合成することができないアミノ酸と定義される。窒素バランスの保持と十分な成長のために必須アミノ酸は食事から摂取しなければならない。必須アミノ酸の種類は，動物の種類，性別，年齢によっても異なる。ヒトの必須アミノ酸は，L-Val, L-Leu, L-Ile, L-Thr, L-Lys, L-Met, L-Phe, L-Trp,

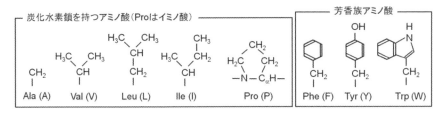
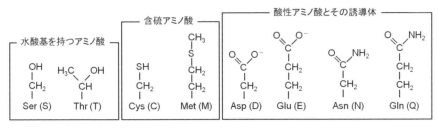
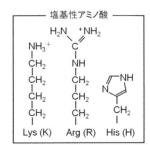

図2-1-1　グリシン以外の標準アミノ酸の側鎖の構造

L-Hisの9種類である。必須アミノ酸の一つが欠損あるいは乏しいタンパク質では窒素平衡を正常に維持することができず、栄養学的には意義が少ない。また、時間的にも同時に全てのアミノ酸がそろっていなければならない。上記以外のアミノ酸は、非必須アミノ酸と呼ばれ、他のアミノ酸から転換されるか、糖質や脂肪の中間代謝産物などから合成される。

　生物には、標準アミノ酸以外に200種類以上のアミノ酸が見出されており、シスチン、セレノシステイン、オルニチン、ベタインなどがある。シスチンは、Cysが酸化されて2分子が結合したものであり、毛髪や角などのケラチンに多く含まれる。セレノシステインは、Cysの硫黄原子がセレン原子に置換したものであり、筋肉のセレンタンパク質や酵素の活性中心に含まれる。また、セレノメチオニンはタンパク質のX線結晶構造解析の際の位相決定に利用される。オルニチンは、通常のタンパク質には含まれていない塩基性アミノ酸であり、

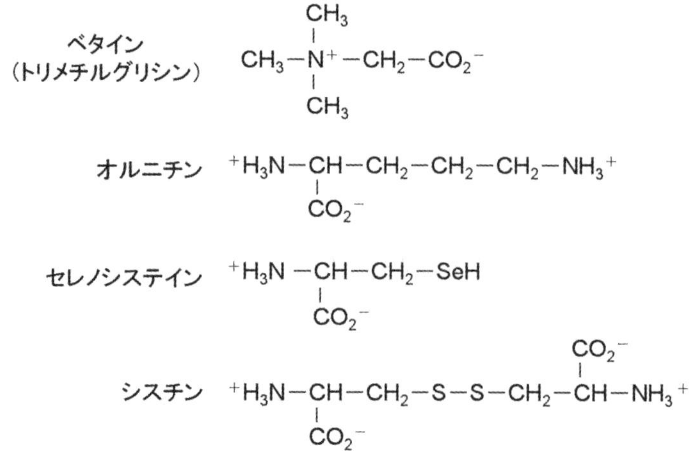

$$
\begin{array}{ll}
\text{ベタイン} & \text{CH}_3 \\
\text{(トリメチルグリシン)} & \text{CH}_3-\text{N}^+-\text{CH}_2-\text{CO}_2^- \\
& \text{CH}_3
\end{array}
$$

オルニチン　$^+\text{H}_3\text{N}-\text{CH}-\text{CH}_2-\text{CH}_2-\text{CH}_2-\text{NH}_3^+$
　　　　　　　　　　|
　　　　　　　　　CO_2^-

セレノシステイン　$^+\text{H}_3\text{N}-\text{CH}-\text{CH}_2-\text{SeH}$
　　　　　　　　　　　　|
　　　　　　　　　　　CO_2^-

シスチン　$^+\text{H}_3\text{N}-\text{CH}-\text{CH}_2-\text{S}-\text{S}-\text{CH}_2-\text{CH}-\text{NH}_3^+$
　　　　　　　　|　　　　　　　　　　　　　　　　|
　　　　　　　CO_2^-　　　　　　　　　　　　　CO_2^-

図2-1-2　標準アミノ酸以外のアミノ酸とアミノ酸誘導体の構造

非必須アミノ酸である。尿素回路におけるアルギニンの代謝中間体として重要である。ベタインは，狭義ではアミノ酸のN-トリアルキル置換体を指すが，一般名としてはトリメチルグリシン（グリシンベタイン）を意味する場合がある。

【クイズ】

Q2-1-1　Gly以外の20種類の標準アミノ酸は，側鎖の性質に基づきどのように分類されるか？

A2-1-1　炭化水素鎖を持つアミノ酸（Ala, Val, Leu, Ile, Pro），水酸基を持つアミノ酸（Ser, Thr, Tyr），酸性アミノ酸（Asp, Glu），アミドを有するアミノ酸（Asn, Gln），塩基性アミノ酸（Lys, Arg, His），芳香族アミノ酸（Phe, Tyr, Trp），含硫アミノ酸（Cys, Met）。

2　ペプチドの構造と特徴

一般的に2〜50個のアミノ酸がペプチド結合により重合したものをペプチド，50個以上のアミノ酸が重合したものをタンパク質と呼ぶが，この境界はあいまいである。ペプチドのN-C_αとC_α-Cの結合周りの回転自由度（ϕおよびψ）により，ポリペプチド鎖は，理論上多くのコンホメーション（構造）をとること

ができる。しかし，実際には，非共有結合性相互作用である静電的相互作用，van der Waals（ファンデルワールス）力，水素結合，疎水性相互作用により，折り畳まれて固有の立体構造をとり，これが個々のタンパク質に固有の性質を与える。

静電的相互作用は，電荷を帯びたイオン間に働くクーロン力から生じる。距離rにおかれた価数z_1とz_2の2つの電荷間の静電的相互作用のエネルギー$U(r)$は$U(r) = (z_1 z_2 e^2)/(4\pi\varepsilon_0 \varepsilon_r r)$である。$\varepsilon_0$は真空の誘電率であり，$\varepsilon_r$は媒質の比誘電率である。静電的相互作用は，媒質の誘電率に反比例するため，真空中では強いが，水などの極性の高い溶媒中では弱くなる。また，電荷間の距離に反比例して弱まり，共存するイオンによる遮蔽効果がある場合は予測されるよりも急速に減衰する。

van der Waals力は，双極子─双極子相互作用，双極子─誘起双極子相互作用，誘起双極子─誘起双極子相互作用（ロンドン分散力）の三種類からなる。原子間距離の6乗に反比例する引力であり，原子が離れるにつれて急激に減衰するため，原子がごく近くに存在する時にのみ影響を及ぼす近距離力である。弱い力であるが，あらゆる原子間に働くためタンパク質全体の総和では大きな寄与がある。

電気陰性度が大きい原子（O, N, F, Cl）と水素原子の結合を含む場合，その結合内の電子分布が不均等になり，電気的な引力が働き一種の結合が起こる。例えば，H-O間の結合ではHがδ^+，Oがδ^-の電荷を帯びており，δ^+に荷電したHが別の分子のδ^-に帯電したOに引きつけられて水素結合を形成する。水素結合の強さは共有結合に比べるとはるかに弱いが，van der Waals力による結合よりはずっと強い（表2-2-1）。水素結合の強さは方向性も影響し，水素結合を形成する3つの原子が直線状に並んだ時に最も強くなる。

疎水性の炭化水素と水を混合すると両者は分離する。水中で疎水性分子同士が集まる原因となる力を疎水性相互作用という。疎水性相互作用は，疎水性分子間に積極的な引力が生じるからではなく，それらが水との接触を嫌うために生じる。水分子は周囲の水分子となるべく多くの水素結合を形成しつつ疎水性分子を取り囲む。しかし，疎水性分子の周りに形成された水分子の構造は，バルクの水に比べてずっと秩序だった規則的な構造をとるため，系全体のエントロピーが小さくエネルギー的に不利な状況にある。疎水性分子が集まることで水との接触面積が減り，この不都合さが緩和される。このように，疎水性相互作用は水の構造が関係したエントロピー効果によるものである。

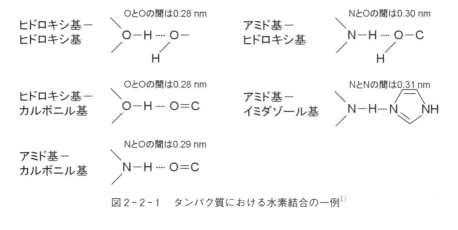

図2-2-1 タンパク質における水素結合の一例[1]

表2-2-1 タンパク質における各種結合の強度[2]

結合の種類	結合強度	
	($kcal \cdot mol^{-1}$)	($kJ \cdot mol^{-1}$)
共有結合	>50	>210
静電的相互作用	1〜20	4〜80
van der Waals力	0.2〜2.7	0.8〜11
水素結合	3〜7	12〜29

1 cal = 4.184 J

　正電荷を持つ側鎖と負電荷を持つ側鎖の相互作用で，荷電基が水素結合距離内にあるものを塩橋（ソルトブリッジ）あるいは塩結合という。例えば，Asp側鎖のCO_2^-とLys側鎖のNH_3^+の間で生じる。タンパク質のヘリックス中の残基iとi+4との間に生じうる塩橋は，構造安定性に寄与している。2つのCys分子間で形成されるジスルフィド結合は，タンパク質のコンホメーションエントロピーを減少させ，変性状態を不安定化することで天然状態の構造を安定化させると考えられ，$17 kJ \cdot mol^{-1}$まで安定性に寄与する。

【クイズ】

Q2-2-1　タンパク質の主鎖のアミノ基とカルボキシル基は水素結合を形成することができるが，水素結合を形成することができる側鎖を持つアミノ酸は，20種類の標準アミノ酸のうちどれか？

A2-2-1　Arg, Lys, Asp, Glu, Ser, Thr, Tyr, Asn, Gln, His, Trp。

3 分子量

　各元素の原子量は，元素の天然同位体比を考慮した平均原子質量と質量数12の炭素の同位体（^{12}C）1個の質量の1/12（$=1.661\times10^{-27}$kg）の比として定義される。分子量は，分子を構成する原子の原子量の和である。原子量や分子量は，相対原子質量や相対分子質量M_rであり，質量に対する質量の比であるため単位がないことに注意する。

　不揮発性溶質の希薄溶液では，溶質分子が溶液の物理学的性質を変化させ，沸点上昇，凝固点降下，浸透圧変化が生じる。これらの性質は，溶質分子の種類によらず溶質分子の数のみに依存し，束一的性質と呼ばれる。束一的性質からタンパク質の数平均分子量を求めることができる。半透膜を介してタンパク質溶液と溶媒を接触させると浸透圧Πが発生する。浸透圧Πと溶質の濃度c（g・L^{-1}）の間には，van't Hoff（ファント・ホッフ）の実験式が知られている。横軸に濃度c，縦軸にΠ/cをとったグラフは，低濃度条件で直線関係になり，縦軸の切片がRT/Mとなり数平均分子量Mを算出できる。Rは気体定数，Tは絶対温度である（図2-3-1）。

　超遠心分析では，タンパク質の重量平均分子量と形状に関する情報が得られる。超遠心分析機は，高速で回転するローターに設置したセル内の溶質濃度分布をリアルタイムに測定する。超遠心分析には，沈降速度法と沈降平衡法がある。タンパク質分子の比重は1.3～1.4g/mL程度で水より重いが，ブラウン運動による拡散が大きく通常の重力下では沈降しない。大きな遠心力をかけると沈降するようになる。沈降速度法では，遠心により気液界面（メニスカス）に

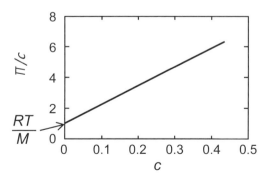

図2-3-1　浸透圧から数平均分子量を決定するためのグラフ[3]
横軸は溶質の濃度c，縦軸はΠ（浸透圧）/c。

あったタンパク質分子が沈降し始めると，タンパク質分子が無くなった領域と存在する領域の間に移動境界面が生じ，これをUVモニターやレイリー干渉計で観測する。この移動境界面の曲線の形状や時間変化が，タンパク質分子の拡散係数Dと沈降係数sの大きさを反映する。ローターの回転中心から移動境界面までの距離rの時間依存性から沈降係数sが求められる。そして，沈降係数，拡散係数，偏比容から重量平均分子量を算出することができる。溶質の純度や会合状態も知ることができる。

　沈降平衡法は，沈降速度法に比べてローターの回転数を抑えて長時間遠心することで，溶質にかかる沈降と拡散が釣り合い，セル内で溶質の濃度勾配が生じる。この濃度勾配を理論式にフィッティングさせることで分子量を計算することができる。測定精度が通常の沈降平衡法に劣るが，簡便な方法にYphantis（イファンティス）法がある（meniscus depletion法，高速沈降平衡法ともいう）。これは，通常のローター回転速度の約3倍大きい速度を利用して，平衡到達時にメニスカスの溶質濃度を0にする。他に，Archibald（アーチボルド）法（Approach-to-Equilibrium法）がある。これは，超遠心機の自転速度が一定になってから間もない時のメニスカスとセル底の溶質の濃度分布から分子量を求める。

　他にタンパク質の分子量を推定する方法には，エドマン分解によりアミノ酸配列を調べる方法や全てのペプチド結合を加水分解してアミノ酸組成を調べる方法がある。しかし，これらは補欠分子族を同定することができなかったり，加水分解が完全に進行しない場合があったりするため，他の方法でも分子量を求める必要がある。タンパク質をコードする塩基配列の解析でも，翻訳後修飾によるアミノ酸以外の分子の付加や補欠分子族の結合などがあり，同様である。

　ゲル濾過クロマトグラフィー（GFC）は分子を大きさにより分離する。タンパク質を球状の物質と考えると，GFCにおける溶出体積と分子量の対数値との間に比例関係が成立する。分子量が既知のタンパク質（分子量マーカー）をGFCで分離し，溶出体積と分子量の対数値の関係のグラフを作成すると未知試料の分子量を推定することができる（図2-3-2）。SDS-PAGEでも，試料を分子量マーカーとともに供することで分子量を推定することができる。しかし，GFCやSDS-PAGEによる分子量の推定は分子量マーカーとの比較によるため，推定された分子量が必ずしも正しいとは限らない。

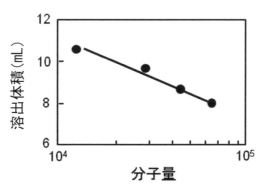

図2-3-2 ゲルろ過クロマトグラフィー（GFC）における分子量と溶出体積の関係の例[4]
横軸は分子量の対数値になっていることに注意する。

【クイズ】

Q2-3-1 同じ超遠心を用いた分子量の測定でも，「沈降速度法」と「沈降平衡法」では原理が異なる。その違いを説明しなさい。

A2-3-1 沈降速度法では，溶質が沈降して無くなった部分と溶質がある部分の間の移動境界面のローター回転中心からの位置の経時変化を測定し，そこから沈降係数を算出する。そして，その沈降係数，偏比容，拡散係数を用いて分子量を算出する。一方で，沈降平衡法では，ローターの回転速度を遅くして長時間行い，セル内で溶質の分布が平衡状態になった時の溶質の濃度分布を測定し，理論式にフィッティングさせて分子量を算出する。

---

4 等電点

タンパク質を構成するアミノ酸の代表的なpK_a（共役酸の50％が解離するpH）の代表的な値は，C末端のカルボキシル基が3，AspやGluの側鎖のβ-やγ-カルボキシル基が4，Hisのイミダゾール基が6，N末端のアミノ基が8，Cysのチオール基が8，Tyrのヒドロキシル基が10，Lysのε-アミノ基が10.5，Argのグアニジノ基が12.5である。折り畳まれたタンパク質では，これらの官能基のpK_aは，他の官能基との相互作用や周囲の環境の影響を受けるため，ここに示した代表的な値にある程度の幅がある。

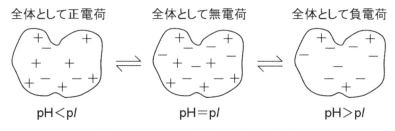

図2-4-1 タンパク質の電荷のpH依存性

　低いpH領域では，タンパク質側鎖のカルボキシル基やチオール基の電荷は0であるが，ε-アミノ基やグアニジノ基は正に帯電しているため，タンパク質全体としては正に帯電している．反対に高いpHでは，タンパク質は全体として負に帯電している．pHを変化させると，タンパク質の総電荷が0になるpHが存在し，この時のpHを等電点（isoelectric point, pI）という（図2-4-1）．タンパク質の総電荷は，N末端のアミノ基やC末端のカルボキシル基の寄与はほとんどなく，側鎖のカルボキシル基やアミノ基などの解離基の電荷の総和となる．タンパク質の等電点は，等電点電気泳動により決定されることが多い．

　タンパク質のアミノ酸組成からその等電点を大まかに推定することはできるが，タンパク質中の官能基は置かれた環境によってpK_aが異なるため，推定値が必ずしも正しいとは限らない．例えば，酵素の活性部位にあるカルボキシル基はタンパク質表面のくぼみにあり，そのpK_aは低い誘電率の影響を受けて水中に置かれた時よりも高くなることがある．また，2つのAsp残基の側鎖が近接している場合，カルボキシル基の一つのpK_aは上昇する．

　等電点付近のpHでタンパク質の性質（溶解度，安定性，他物質との相互作用など）が大きく変化するため，等電点はタンパク質の精製において極めて重要な情報になる．一般的に，タンパク質は，等電点から離れたpHで水に溶けやすく，pHが等電点の時溶解度が最も低くなる．タンパク質によっては等電点で沈殿することがあり，この等電点沈殿を利用してタンパク質を精製することもある．等電点の差に基づいて生体分子を分離する手法にクロマトフォーカシング（等電点クロマトグラフィー）がある．これは，数種類の陰イオン交換基が導入された担体を用いて，高いpHの緩衝液で平衡化したカラムにサンプルを吸着させ，pHグラジエントを形成する溶離液を流して担体のpHを下げていくことで，等電点の高い順に生体分子が溶出される．また，タンパク質をイオン交換クロマトグラフィーにより精製する際には，等電点より高いpHでは陰イオン交換樹

脂（DEAEなど）に吸着させることができ，反対に等電点より低いpHでは陽イオン交換樹脂（CMなど）に吸着させることができる。タンパク質の精製度は，SDS-PAGEにおけるバンドの均一性により確認されるが，精製したいタンパク質と分子量が一致した夾雑タンパク質が混入している可能性があるので，等電点電気泳動やネイティブPAGEでもバンドの均一性を確認する方がよい。また，試料に含まれるタンパク質を一次元目に等電点電気泳動で分離し，その後，二次元目にSDS-PAGEで分離する二次元電気泳動は，細胞に含まれる数千種類のタンパク質を分離して発現の挙動などを解析するプロテオミクス研究に用いられる。

【クイズ】

Q2-4-1　誘電率の他にイオン強度もpK_aに影響を与えることが知られている。イオン強度が高くなるとpK_aはどうなるか？また，それはなぜか？

A2-4-1　イオン強度が高くなるとイオン化が起こりやすくなり，pK_aは下がる。イオン強度が上がると，解離して生じたイオンはそこに集まる対イオンで遮蔽されるので，解離したイオンが安定化されると考えるとわかりやすい。そのため，生理的条件下での酵素活性や複合体の形成は，生理的条件下のイオン強度で調べなければならない。

5　拡散係数と沈降係数

超遠心による沈降速度実験から，物質固有の沈降係数sが求められることを述べた。沈降係数sの単位は秒であり，通常，10^{-13}秒を1SとするSvedberg（スヴェドベリ）単位を用いて表される。例えば，70Sリボソームの沈降係数sは70×10^{-13}秒である。沈降係数は，分子量だけではなく分子の形にも依存するため加算的でない。30S粒子と50S粒子の複合体であるリボソームの沈降係数が80Sではなく，70Sになるのはこのためである。実験により得られた沈降係数は，溶媒の密度や粘度に依存するため，タンパク質固有の物理定数としての沈降係数を求めるには，温度と相対粘度を用いて補正し，20℃，純水中での沈降係数$s_{20,w}$を求める。

Svedbergの式　$s = MD(1-\bar{v}\rho)/RT = M(1-\bar{v}\rho)/N_A f$ が成り立つ。ここで，

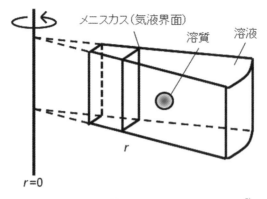

図2-5-1　超遠心機のローター内のセルの様子[5]
沈降速度法では溶質がローターの中心から外側へ移動する。沈降平衡法では溶質の濃度分布が一定になる。

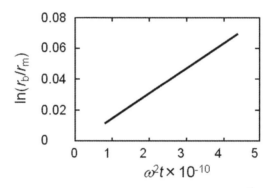

図2-5-2　沈降速度法における沈降係数の算出[6]
r_mはローターの回転中心からメニスカスまでの距離，r_bはローターの回転中心から移動境界面までの距離。傾きから沈降係数sが求められる。ωは回転角速度，tは回転を開始してからの時間。

Mは分子量，Dは拡散係数，ρは溶媒の密度，N_Aはアボガドロ数，fは摩擦係数，$\bar{v}$は偏比容である。よって，沈降係数s，拡散係数D，偏比容$\bar{v}$がわかれば分子量Mを求めることができる。偏比容$\bar{v}$は1gの溶質を多量の溶媒に溶かした時の溶液の体積増加量として定義され，単位は$cm^3\ g^{-1}$である。タンパク質の偏比容は，精密振動密度計を用いると最も精度よく求められるが，簡便法として構成アミノ酸残基の偏比容の重量平均を計算して求めることができる。

Sutherland-Einstein（サザーランド-アインシュタイン）式より拡散係数Dは，$D = RT/N_A f$と表され，その単位は$cm^2\ s^{-1}$である。繊維状タンパク質や扁

平な形状のタンパク質は，同じ分子量の球状タンパク質に比べて拡散係数が小さく，沈降速度が遅い。拡散係数Dは，超遠心による沈降速度実験からも求められるが，動的光散乱（dynamic light scattering, DLS）測定からも求めることができる。溶液中に分散した微粒子はブラウン運動をしており，その動きは大きな粒子では遅く，小さな粒子になるほど速い。動的光散乱では，ブラウン運動をしている粒子にレーザー光を照射し，その運動の速度に対応した粒子からの散乱光のゆらぎを観測する。粒子からの散乱光は干渉しあい，またブラウン運動により粒子はその位置を絶えず変えるため，散乱光の強度も絶えずゆらぎ，ブラウン運動の様子を散乱光強度のゆらぎとして観測することができる。観測された散乱光の時間的なゆらぎ変動は，粒子径によって変動する様子が異なる。このゆらぎを観測し，光子相関法により自己相関時間τを求め解析することにより，ブラウン運動速度を示す拡散係数D，さらに粒子径や粒子径分布が求められる。

球状粒子の摩擦係数f_0は，Stokes（ストークス）の式より$f_0 = 6\pi\eta R$（Rは球の半径，ηは溶媒の粘度）で表される。完全な球の分子はごくわずかであり，沈降実験から得られた摩擦係数fと上式から計算したf_0の比である摩擦比f/f_0は，分子の形状が球形からどのくらいずれているかを表す。f/f_0を軸比（粒子を回転楕円体に近似した時の回転の長軸の半径aと短軸の半径bの比a/b）に対してプロットすると，溶質粒子が偏長楕円体（フットボール型）か偏平楕円体（円盤型）であるかなどの分子の形状に関する情報を得ることができる。

【クイズ】

Q2-5-1 沈降速度法により分子量を決定するためには，何をどのようにして求めればよいか？

A2-5-1 沈降係数sは，沈降速度実験でローターの回転中心から溶質の移動境界面までの距離rを沈降開始からの時間に対してプロットした時の傾きから求められる。拡散係数Dは，沈降速度実験における界面の形状の経時変化をLamm（ラム）の式[7]でフィッティングさせることにより得られるが，動的光散乱の測定から求めた拡散係数Dを用いる方がより正確に分子量を求めることができる。偏比容$\bar{v}$は，精密振動密度計を用いると最も精度よく求められるが，簡便法として構成アミノ酸残基の偏比容の重量平均を計算して求めることができる。

6　吸収スペクトル

　光は，電場と磁場が互いに直交して振動しながら直進する電磁波であり，光子と呼ばれるエネルギー粒子の流れでもある。光子1個の持つエネルギーEは，$E=h\upsilon=hc/\lambda$で表される。hはPlanck（プランク）定数（6.626×10^{-34} J·s），υは振動数，cは光速（真空中では3.00×10^{8} m s^{-1}），λは波長である。長波長の光はエネルギーが小さく，短波長の光はエネルギーが大きい。

　分子のエネルギー準位は，電子の運動（電子準位），原子核の振動運動（振動準位），分子全体の回転運動（回転準位）に起因するエネルギーの和である。このうち1種類以上のエネルギー状態を変化させる時に分子は光を吸収し，その吸収スペクトルを分子スペクトルという。特に，電子状態の間の遷移（電子遷移）による光の吸収または発光のスペクトルを電子スペクトルという。原子や分子中の電子は置かれた状況によって不連続なエネルギー状態をとり，これをエネルギー状態が量子化されているという。光子の振動エネルギー$h\upsilon$が分子の基底状態と励起状態のエネルギー差ΔEに等しい時共鳴が起こり，分子は光により励起される。これが光の吸収である。

　分子による紫外光（波長が200〜400 nm）および可視光（波長が400〜760 nm）の吸収は，紫外可視分光光度計を用いて測定できる。この装置では，ランプから発せられた光を，プリズムとスリットを用いて波長ごとに分光する。分光された光は，セル（キュベットともいう）に入れた試料に照射され，試料を透過した光は光検出器により測定される。光検出器である光電子増倍管（PMT）の光電面に透過光が当たると，PMTの真空の内部に光電子が放出され（光電効果），電子増倍部で生じる二次電子放出により光電子を100万倍〜1,000万倍に増幅して透過光を検出する。試料の濃度と透過光量の関係はLambert-Beer（ランベルト-ベール）式で表される。試料に入射した光の強度をI_0，透過した光の強度をIとすると$I=I_0\mathrm{e}^{-\varepsilon cl}$である。$c$は溶液のモル濃度，$l$は試料の光路長，$\varepsilon$はモル吸光係数であり，$I/I_0$を透過度という。両辺の対数をとって式を変形し，$-\log(I/I_0)$を吸光度$A$と定義すると，$A=\varepsilon cl$となる。試料の濃度が高く，吸光度が2以上になる場合は，迷光の影響が大きくなり正確に測定できない。迷光は，分光器から出射された設定した波長以外の光のことで，回折格子での正規ではない光の反射や屈折，光学系の傷や劣化による装置内部での光の反射や散乱により生じる。

　通常，水中のタンパク質のTyrやTrp残基は内部にあり，溶媒とほとんど接

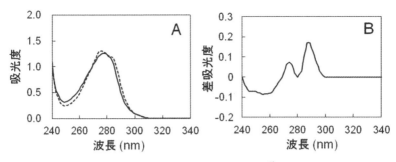

図2-6-1 差スペクトルの例[8]
Aにおいて点線で示すタンパク質の吸収スペクトルから実線のスペクトルを差し引いたものがBであり,これを差吸収スペクトルという。

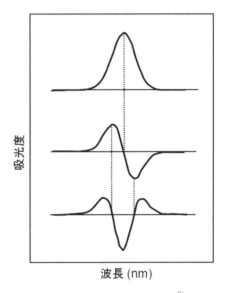

図2-6-2 微分スペクトル[9]
上段に示す吸収スペクトルを一次微分したスペクトルを中段に,二次微分したスペクトルを下段に示す。

していない。タンパク質が変性して,これらの残基が露出し溶媒と接触するようになると,溶媒の性質(屈折率,誘電率,溶質と溶媒の相互作用)の影響を受け,未変性タンパク質の吸収スペクトルと変性タンパク質のスペクトルとの間にわずかな差が生じる。この差はほんのわずかであり検出するためには,未変性タンパク質のスペクトルから変性タンパク質のスペクトルを差し引く。こ

うして得られたスペクトルを差スペクトルという（図2-6-1）。差スペクトルの測定は，高精度で測定できるダブルビーム方式の分光光度計を用いる。また，測定により得られた吸収スペクトルで重なり合った複数成分の吸収バンドを分離したい場合や，バックグラウンドの影響を除去したい場合には，得られたスペクトルについて一次や高次の微分を行う。このようにして得られたスペクトルを微分スペクトルという（図2-6-2）。

【クイズ】

Q2-6-1　Lambert-Beer（ランベルト-ベール）式より，分光光度計での測定においてセルに入射した光を100％とした時，吸光度Aが1.0というのは何％の光が吸収されたことになるか？また，吸光度Aが2.0というのは何％の光が吸収されたことになるか？

A2-6-1　90％と99％。

7　蛍光スペクトル

　安定なエネルギー状態（基底状態）にあった分子は，光エネルギーを吸収すると一時的に高いエネルギー状態（励起状態）になる（電子遷移）。励起された分子は，基底状態に戻ろうとする際に，励起されたエネルギーを振動エネルギーや熱エネルギーに変換する無輻射減衰と光を発する放射減衰がある。放射減衰には蛍光とりん光があり，蛍光はナノ秒オーダー，りん光はマイクロからミリ秒オーダーと蛍光より長い時間発光する。分子が吸収した光エネルギーの一部は熱として放出されるため，放出する光の波長は吸収した光のそれよりも長くなり，この励起スペクトルと蛍光スペクトルのピーク波長間の差をStokes shift（ストークス・シフト）という。多くの蛍光物質では，励起状態と基底状態における振動準位の間隔が似ているため，蛍光分子と溶媒の相互作用がある場合を除いて，これらの蛍光スペクトルは吸収スペクトルとほぼ鏡像関係になる。蛍光として放射された光子の数を吸収した光子の数で割ったものを蛍光量子収率ϕ_fという。

　吸光分析が入射光の減少分を検出するのに対して，蛍光分析は発光を検出するため吸光分析より感度が高い。蛍光を出す分子種は限られており，さらに蛍光波長と励起波長が一致する物質はほとんどないため選択性も高い。蛍光スペ

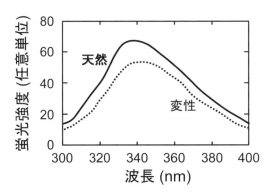

図2-7-1 波長295 nmの光で励起した時のタンパク質の蛍光スペクトルの例
天然状態に比べて変性状態ではレッドシフトしている。

クトルの形状や強度は，蛍光分子の周囲の環境（pH，温度，溶媒，共存塩）の影響を受けて変化するため，これらの情報が得られる。タンパク質に280 nmの波長の光を照射するとTyrとTrp残基が励起され，295 nmの波長の光を照射するとTrp残基だけが励起されて，320〜350 nmに極大を持つ蛍光スペクトルが得られる（図2-7-1）。これをタンパク質の固有蛍光（内部蛍光）という。この蛍光スペクトルは，TyrやTrpが極性の高い環境（これらの残基がタンパク質表面に露出して近傍に水分子がある時など）にある場合はレッドシフト（赤方偏移）し（最大蛍光強度の波長が長波長側にずれ），反対にタンパク質内部など非極性環境にある場合はブルーシフト（青方偏移）する（最大蛍光強度の波長が短波長側にずれる）。この性質はタンパク質の構造や相互作用の解析に利用される。蛍光プローブを利用する方法もある。蛍光プローブは，タンパク質の特定部位に非共有結合で結合するとその蛍光の性質が大きく変化する。例えば，8-アニリノナフタレン-1-スルホン酸（ANS）は，タンパク質表面の疎水性領域や部分的に変性した領域に結合するとブルーシフトとともに蛍光強度が増大する。

　混在することにより発光を減少させる物質を消光剤（消光物質）という。消光剤には中性のアクリルアミド，陽イオン性のセシウム（Cs^+），陰イオン性のヨウ素（I^-）などがある。消光剤Qがある時とない時の蛍光強度をそれぞれFとF_0とすると，$F_0/F = 1 + K_{SV}[Q]$ というStern-Volmer（シュテルン-フォルマー）式が成り立ち，横軸に消光剤濃度[Q]，縦軸にF_0/FをとったStern-Volmerプロットの傾きから定数K_{SV}が求まる（図2-7-2）。K_{SV}は，蛍光寿

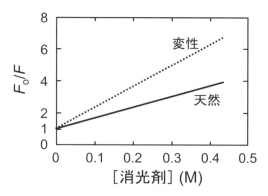

図2-7-2　波長295 nmでタンパク質を励起した時のStern-Volmerプロットの例[10]
変性状態のタンパク質では，天然状態に比べて傾き（定数K_{SV}）が大きく，表面に露出して消光剤と接触しやすくなっていることを示す。

命，消光反応の速度，非放射遷移の速さに関係し会合体の会合定数になる。K_{SV}が大きいほど消光が効率よく起きる。タンパク質のTrp残基のK_{SV}は，溶液中のTrpのそれに比べて小さく，これは折り畳まれた構造のタンパク質ではTrp残基が消光剤と接触しにくい埋もれた場所にあることを示している。また，励起分子（ドナー）の蛍光スペクトルとその近傍にある官能基（アクセプター）の吸収スペクトルが重なる時，蛍光共鳴エネルギー移動（fluorescence resonance energy transfer, FRET）が生じ消光が起こる。FRETは，酵素活性測定用の基質に利用されたり，分子内の二つの官能基間の距離や隣接する分子の官能基との距離の測定に利用されたりする。

【クイズ】

Q2-7-1　タンパク質が変性してTyrやTrp残基が露出して溶媒と接触するようになると，変性する前の天然状態の蛍光スペクトルに比べて，変性後の蛍光スペクトルがレッドシフトする理由について説明しなさい。

A2-7-1　TyrやTrpの励起されたエネルギーの一部が周囲の水分子との相互作用により奪われ，蛍光として放出するエネルギーが減少するため。

8 円二色性と旋光性

　自然光は様々な向きに振動する光の成分を含む。光を偏光子など結晶軸や分子の向きがそろった光学素子に通過させると振動面がそろった光を得ることができ，この光を直線偏光（平面偏光）という。直線偏光を得る偏光板とそれに対して45°ずらした1/4波長板を組み合わせると，光の波の進行に伴い振動面（偏光面）が回転する円偏光が得られる。円偏光は，波の進行方向について回転する電場を持っており，眼に入ってくる方向に立って光を見る時，時計回りの偏光を右円偏光（E_R），反時計回りの偏光を左円偏光（E_L）という。強度の等しいE_RとE_Lの和は直線偏光になり，強度の異なるE_RとE_Lの和は楕円偏光になる。

　L体とD体の鏡像異性体を持つ光学活性物質は，直線偏光の偏光面を回転させる性質を有する。これを旋光性といい，旋光度の波長依存性を旋光分散（optical rotatory dispersion，ORD）と呼ぶ。直線偏光を左側に回転させるものをlevo（l）または（−）旋光性（左旋性），右側に回転させるものをdextro（d）または（＋）旋光性（右旋性）という。回転角αを旋光角とし，＋または−を付けて左回転か右回転の区別をする。旋光性が生じる理由には，光学活性物質中では左右円偏光の伝播速度が異なり両円偏光の位相がずれ回転が生じるためと考えられる。

　円偏光二色性（circular dichroism，CD）は，光学活性物質の吸収波長領域においてE_RとE_Lの吸収の度合が異なる現象である。旋光性と円偏光二色性は同時に表れる現象であり，Kramers-Kronig（クラマース-クロニッヒ）式により互いの測定値は変換可能である。また，ともにCotton効果と呼ばれる現象がみられる。CD測定は，光学活性物質に左右の円偏光を通しそれらの差吸光度として検出する。光学活性物質により不等吸収が生じると試料通過後の光は楕円偏光になり，その楕円率を求める。楕円率θは，単位が度（degree）であり，楕円の短軸(a)と長軸(b)の比a/bが$\tan\theta$となる角度である。タンパク質を構成するαヘリックスやβシートのような二次構造は，キラルであるためORDやCDにより検出することができる。CDスペクトルにおける近紫外領域（240〜300 nm）はTrpやTyr残基の環境を反映する。遠紫外領域（190〜240 nm）はタンパク質主鎖のペプチド結合に由来し二次構造の特徴を反映し，αヘリックスは，222 nmと208 nmに負の極大，190 nmに正の極大を示す（図2−8−1）。これらの特徴は，タンパク質の変性やフォールディングの研究に利用される。遠紫外

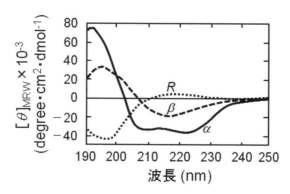

図2-8-1　タンパク質の二次構造のCDスペクトルの例[11]
αはαヘリックス構造，βはβ構造，Rは不規則構造を示す。

領域のCDスペクトルから各二次構造の含量を求めることができる。この時，楕円率θ（mdeg）を平均残基モル楕円率$[\theta]_{MRW}$（単位はdeg·cm^2·dmol^{-1}）に換算する必要があり，$[\theta]_{MRW} = (\theta \times MRW)/10\,cl$である。$l$は光路長（cm），$c$はタンパク質濃度（mg·mL^{-1}）である。MRWは平均残基重量である。種々のタンパク質間でのCDスペクトルの比較を容易にするため，スペクトルデータはペプチド結合あるいは残基1 molあたりの量として表される。N個のアミノ酸残基からなるタンパク質は，(N-1)個のペプチド結合を含む。MRWは，タンパク質の相対モル質量／(N-1)であり，多くのタンパク質で約110である。この$[\theta]_{MRW}$で表したCDスペクトルをweb上で公開されているカーブフィッティングプログラムで解析することにより二次構造含量を推定することができる。タンパク質のαヘリックス含量に関しては，208 nmまたは222 nmにおける$[\theta]_{MRW}$から容易に算出することができる。

【クイズ】

Q2-8-1　タンパク質の二次構造を算出する際に，円偏光二色計を用いた測定により得られた楕円率θ（mdeg）を，平均残基モル楕円率$[\theta]_{MRW}$に換算する方法と，そのように換算しなければならない理由について説明しなさい。

A2-8-1　$[\theta]_{MRW} = (\theta \times MRW)/10\,cl$である。$l$は光路長（cm），$c$はタンパク質濃度（mg·mL^{-1}）である。MRWは平均残基重量であり通常110とする。理由は，円偏光二色計により測定され

た楕円率 θ は，タンパク質濃度やタンパク質を構成するアミノ残基数に依存するからである。

9 誘電率

金属のように電気をよく通す物質（導体）を電場の中に置くと，静電気力を受けて導体内の正電荷は電場の方向へ，負電荷（自由電子）は電場と逆の方向へ移動する。これを静電誘導という。プラスチックやガラスのように通常の状態では電気を通さない物質（絶縁体）を電場の中に置くと，個々の原子中の電子（負電荷）が静電気力を受けて電場と逆の方向へ引き寄せられる。しかし，導体の場合と異なり，この電子は自由電子ではないので原子の外に出ることはない。絶縁体の個々の原子内において，電場の方向と逆側の電荷は負に，電場の方向は正に偏る。これを誘電分極といい，このため絶縁体は誘電体とも呼ばれる。

誘電率は，誘電体を電場に置いた時の分極の度合（誘電分極のしやすさ）を示す。コンデンサーの電極間が真空の時の電気容量を C_0 とし，電極間を誘電体で満たした時の電気容量が C となった時，C/C_0 の値をその物質の誘電率 ε といい，その単位は F（ファラド）$\cdot m^{-1}$ である。誘電率 ε は，物質によって様々な値をとり，通常，真空の誘電率 $\varepsilon_0 (= 8.854 \times 10^{-12} F \cdot m^{-1})$ との比で表し，その比を比誘電率 ε_r という（比誘電率 ε_r = 物質の誘電率 ε / 真空の誘電率 ε_0）。比誘電率は無次元であり単位がない。溶媒の誘電率は，双極子モーメントとともに極性の目安になる。20℃での比誘電率の例として，乾燥空気は約1，n-ペンタンは1.8，ベンゼンは2.3，アセトンは21，エタノールは25，メタノールは33，水は80である。

誘電率が大きい物質ほど電気的な力を感じやすく，誘電分極しやすい。誘電率が高い媒質中では，一対の正と負の電荷間に働く静電的相互作用は弱くなる。例えば，水中のタンパク質を考えてみると，図2-9-1に示すように一対の正と負の電荷によって，水分子が誘電分極して，水分子中の負に帯電した酸素原子が正電荷の方へ，正に帯電した水素原子が負電荷の方へ双極子モーメントが配向するため電場が弱められ，正電荷と負電荷の間のクーロン引力は弱まる。したがって，誘電率が高い媒質ほど電場を緩和する効果が大きく，静電的相互作用を弱める効果が強い。真空中では強い静電的相互作用も水中では弱い力となるのは，水の高い誘電率，つまり水分子の強い極性によるものである。

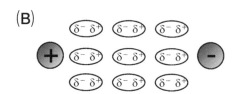

図2-9-1 (A)は真空中における一対の正電荷と負電荷の様子。(B)は水中における一対の正電荷と負電荷の様子。水中では電荷の周囲の水が分極・配向し，電荷間の電場を弱めるため静電的相互作用は弱められる[12]。

　前述の通り静電的相互作用の強さは，電荷の大きさや電荷間の距離だけではなく，電荷周囲の媒質の誘電率の影響を大きく受ける。生体系を構成している溶媒は水であるが，水の誘電率は一般的な溶媒の中では比較的大きい。したがって，水を溶媒として成立している生体のシステムでは，イオン間の静電的相互作用は相当に弱められることになる。このため，電解質元素が生体内でイオンとして存在している。また，それらの電解質イオンが生体分子間の静電的相互作用に対して遮蔽効果を示すことから，生体系での実際の静電的相互作用の大きさはさらに小さくなることが予想される。タンパク質において，水に接触している部分（比誘電率は80）に比べると，活性部位などのくぼみでは比誘電率が20〜40，内部の比誘電率が2〜4であるため，タンパク質内部では静電的相互作用が強く働く。

【クイズ】

Q2-9-1　水に溶解しているタンパク質において，価数および電荷間距離が等しい一対の正と負の電荷間に働く静電的相互作用エネルギーは，溶媒（水）と接触可能なタンパク質表面（比誘電率80, 20℃）に比べて，タンパク質内部（比誘電率2とする）では，何倍強くなるか？

A2-9-1　40倍。

10 疎水性スケール, solvent accessible surface, ハイドロパシープロット, QSAR

水溶液中では，タンパク質の疎水性アミノ酸は水と接触しない内部に存在する傾向が強く，親水性アミノ酸は表面に出る傾向が強く，疎水性相互作用はタンパク質のフォールディングに大きく貢献する。タンパク質を構成する個々のアミノ酸の疎水性または親水性の強さは，分子間の疎水性相互作用やタンパク質の立体構造の予測に重要なパラメーターであり，以下に述べる分配法や溶媒接触表面積により算出される。

分配法では，水と有機溶媒の混合液にアミノ酸を溶解して，水相と有機溶媒相に溶解しているアミノ酸量の比率（分配係数）を測定して，水相から有機溶媒相に移行する自由エネルギーから疎水性度を算出する。例えば，NozakiとTanfordは有機溶媒にエタノールとジオキサンを用いた[13]。分配法では，タンパク質内部の疎水性環境を再現するためのモデルとして有機溶媒を用いているが，実際のタンパク質では水素結合が存在するため完全に再現することは難しい。また，有機溶媒がアミノ酸と疎水性以外の相互作用を起こすため，正確に疎水性度を評価できないという欠点がある。

溶媒接触表面（solvent accessible surface, SAS）は，溶媒と接触できる分子の表面であり，LeeとRichardsにより提案された[14]。分子を構成する全ての原子を原子の種類に対応したファンデルワールス半径を持つ球で表す。そして，それらの球がつくるファンデルワールス表面に溶媒分子を模したプローブ球（水分子を模した半径1.4 Åの球を用いることが多い）を転がす。このプローブ球の中心の軌跡が溶媒接触表面と定義され，その表面積は溶媒接触表面積（solvent accessible surface area, ASA）と呼ばれる。Chothiaは，トリペプチドAla-X-Alaを用いてアミノ酸XのASAを測定し，このASAと上述のNozakiらが算出したアミノ酸の疎水性度との間によい相関があることを見出し，疎水性相互作用はASA 1 $Å^2$ あたり24 cal mol^{-1} と推定した[15]。また，Chothiaは，12種類の球状タンパク質の立体構造において全てのアミノ酸残基のASAを測定し，各残基の表面の95％または100％埋没しているアミノ酸残基の個数を20種類のアミノ酸について算出した[16]。Wolfendenらは，アミノ酸側鎖の水相と蒸気相の分配係数から水和ポテンシャルを算出し，この水和ポテンシャルとChothiaが算出したアミノ酸残基の埋没度の間によい相関があることを見出した[17]。KyteとDoolittleは，上述のWolfendenらが分配係数から算出した水和ポテンシャルと

表2-10-1　Kyte-Doolittleのハイドロパシー[18]

Ile	4.5	Trp	-0.9
Val	4.2	Tyr	-1.3
Leu	3.8	Pro	-1.6
Phe	2.8	His	-3.2
Cys	2.5	Glu	-3.5
Met	1.9	Gln	-3.5
Ala	1.8	Asp	-3.5
Gly	-0.4	Asn	-3.5
Thr	-0.7	Lys	-3.9
Ser	-0.8	Arg	-4.5

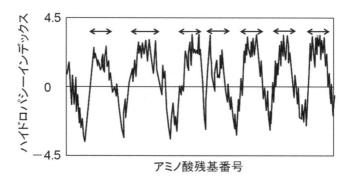

図2-10-1　ハイドロパシープロットの例[19]
両矢印で示す部分が膜貫通領域である。

ChothiaがASAから算出した埋没度の両方を考慮して20種類のアミノ酸について疎水性親水性指標（ハイドロパシー）をつくった[18]（表2-10-1）。ハイドロパシーが大きい正の値ほど疎水性が強く，大きい負の値ほど親水性が強い。ハイドロパシーは膜タンパク質の膜貫通領域の予測に利用される。図2-10-1のように，タンパク質のアミノ酸配列を横軸に，連続する5～9個のアミノ酸残基のハイドロパシーの平均値を縦軸にとったグラフ（ハイドロパシープロットという）を描いてみると，正の値を示すピークが膜貫通領域であると予想される。

　水－オクタノール間の分配係数から算出された疎水性指標logPは，QSAR（定量的構造活性相関，Quantitative Structure-Activity Relationship）に用いられる。QSARは，化学物質の生物学的活性（毒性など）とその構造や物理化学的性質を表すパラメーター（疎水性効果，電子効果，立体効果など）との間の定

量的な相関関係をいう。すでに実施された化学物質の影響試験データを用いて，この相関関係を数式（QSAR式）で表すことができれば，生物学的活性が未知の物質についても，その構造を基に生物学的活性を定量的に予測することができる。

【クイズ】

Q 2-10-1　膜タンパク質の膜貫通領域の予測に用いられるKyte-Doolittleのハイドロパシーは，どのようにして求められたか説明しなさい。

A 2-10-1　立体構造が既知のタンパク質についてChothiaがASAを用いて算出した各アミノ酸の埋没の程度と，Wolfendenらが算出した水—蒸気間のアミノ酸側鎖の分配係数から算出した疎水性度の両方を考慮して求められた。

11　表面プラズモン共鳴法（surface plasmon resonance, SPR）

　表面プラズモン共鳴（surface plasmon resonance, SPR）を利用して，生体高分子の相互作用（例えば，抗原—抗体相互作用やタンパク質—DNA相互作用など）に関して速度論的あるいは熱力学的に解析することができる。この測定法では，分子標識をすることなく，リアルタイムで分子間相互作用の結合の強さ，速さ，選択性を測定し解析できる。SPRについて説明する。金属薄膜は，自由電子が正電荷を持った原子核の周りに存在しており，プラズマ状態とみなすことができる。これに光を照射するとプラズマ中で電子密度のゆらぎが生じ，電子が電気的中性を保とうと移動する。この電子の移動が繰り返されると電子集団が周期的に振動して縦波が励起される（プラズマ振動）。プラズモンはプラズマ振動の量子として定義される。表面を伝搬するプラズモン波を表面プラズモンと呼び，金属表面では電子集団の振動により伝搬されるが，面に垂直な方向では減衰し伝搬しない。SPRは，この表面プラズモンと光波の共鳴である。SPRを起こすには，金属薄膜中の電子を集団的に励起させるために光を金属表面に入射すればよいが，表面プラズモンの進行速度は光速に比べて必ず小さいため，光をそのまま金属表面に入射させるとSPRを起こすことができない。SPRを起こすためには，普通に伝搬する光よりも遅い速度で走る光（エバネッセント波）が必要である。エバネッセント波は，高屈折率プリズムに光波を全反射

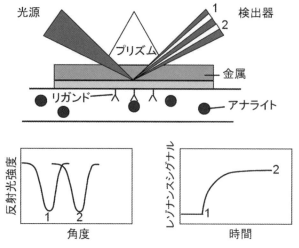

図2-11-1　表面プラズモン共鳴（SPR）を用いた相互作用解析の原理[20]
一番上の図において，リガンドにアナライトが結合すると，SPRにより反射光強度が減衰した光が角度1から角度2に変化する（左下図）。アナライトを流し始めてからの時間で示したものが右下図であり，リガンドにアナライトが結合し始めると1から2へとレゾナンスシグナル（RU）が変化する。

で入射した時に，プリズムの外側にしみだしてプリズム表面上を伝搬する光の表面波である。この表面エバネッセント波は，境界面に沿った方向の進行速度が普通の伝搬光より遅いため，表面プラズモンと波数が一致してSPRが起こる。

光波で表面プラズモンを励起できる光学系（Kretschmann配置）では，高屈折率プリズムの一面を金属薄膜でコーティングし，この金属を測定試料と接触させる構造を持つ。図2-11-1に示すように，光波をプリズム側から金属薄膜へ全反射以上で入射させ，反射光強度Rを測定する。金属薄膜が十分に薄い場合，エバネッセント波は金属を透過して，サンプル中に電界分布を持つ。適当な角度θで光を金属薄膜に入射させるとエバネッセント波が生じ，金属薄膜―試料界面にSPRを励起することができる。SPRが起こると，光のエネルギーは表面プラズモン波に移るため反射光強度が減少する（図2-11-1の反射光の白抜きの部分1と2）。入射角θと反射光強度Rをプロットすると共鳴曲線（図2-11-1左下）が得られる。

SPRは，光の入射角θの他に金属に接している媒質の誘電率（または屈折率）にも依存する。したがって，生体分子の相互作用が起こると，媒質の屈折率が変化し共鳴角の変化となって検出できる。SPRを用いて分子間相互作用を解析

する装置にBiacoreがある。測定対象分子をセンサーチップに固定しておき，作用する分子を含む試料を一定の流速で送液する。2分子間の結合および解離に伴うセンサーチップ表面での微量の質量変化をSPRシグナルとして検出し，このシグナルの経時変化をセンサーグラム（図2-11-1右下）という。この装置では0.001°の共鳴角変化を検出でき，0.1°の共鳴角変化は1000レゾナンスユニット（RU）と定義され，センサーチップ上の約1 ng/mm^{2}の質量変化に相当する。センサーグラムに理論式をフィッティングさせることで，結合速度定数k_aや解離速度定数k_dといったパラメーターが算出され，結合定数K_Dも算出できる。

【クイズ】

Q2-11-1　表面プラズモン共鳴とは，何と何が共鳴しているのか？

A2-11-1　光を金属薄膜に照射することで生じた表面プラズモンとエバネッセント波。

文　　献

1) L. A. Moran, H. R. Horton, K. G. Scrimgeour, M. D. Perry：ホートン生化学，第5版（鈴木紘一，笠井献一，宗川吉汪（監訳），榎森康文，川崎博史，宗川惇子（訳）），東京化学同人，東京（2013）のp.98の表4.2を改変
2) T. McKee, J. R. McKee：マッキー生化学，第4版（市川厚（監修），福岡伸一（監訳）），化学同人，京都（2010）のp.70の表3.1
3) 朝倉則行，蒲池利章，大倉一郎：生物物理化学―タンパク質の働きを理解するために，化学同人，京都（2008）のp.55の図7.5 bを改変
4) 朝倉則行，蒲池利章，大倉一郎：生物物理化学―タンパク質の働きを理解するために，化学同人，京都（2008）のp.53の図7.4を改変
5) 長谷俊治，高尾敏文，高木淳一（編）：タンパク質をみる―構造と挙動―，化学同人，京都（2009）のp.84の図3.9を改変
6) 長谷俊治，高尾敏文，高木淳一（編）：タンパク質をみる―構造と挙動―，化学同人，京都（2009）のp.84の図3.8を改変
7) 長谷俊治，高尾敏文，高木淳一（編）：タンパク質をみる―構造と挙動―，化学同人，京都（2009）のp.88の式3.39
8) A. Cooper：生物物理化学―生命現象への新しいアプローチ―，原著第2版（有坂文雄（訳）），化学同人，京都（2014）のp.41の図2.17を改変
9) 井上頼直（編）：微小スペクトル変化の測定，学会出版センター，東京（1983）のp.59の図4.1を改変
10) A. Cooper：生物物理化学―生命現象への新しいアプローチ―，原著第2版（有坂文雄（訳）），化学同人，京都（2014）のp.51の図2.26を改変
11) 西村善文（編）：第1章　5．円二色性スペクトル；実験医学別冊　生命科学のための機

器分析実験ハンドブック，羊土社，東京（2007）のp.42の図1を改変
12) 早川勝光，白浜啓四郎，井上亨：ライフサイエンス系の基礎物理化学，三共出版，東京（1995）のp.43の図3-2を改変
13) Y. Nozaki, C. Tanford: The solubility of amino acids and two glycine peptides in aqueous ethanol and dioxane solutions: Establishment of a hydrophobicity scale; *J. Biol. Chem.*, **246**, 2211-2217（1971）
14) B. Lee, F. M. Richards: The interpretation of protein structures: Estimation of static accessibility; *J. Mol. Biol.*, **55**, 379-400（1971）
15) C. Chothia: Hydrophobic bonding and accessible surface area in proteins; *Nature*, **248**, 338-339（1974）
16) C. Chothia: The nature of the accessible and buried surfaces in proteins; *J. Mol. Biol.*, **105**, 1-12（1976）
17) R. V. Wolfenden, P. M. Cullis, C. C. F. Southgate: Water, protein folding, and the genetic code; *Science*, **206**, 575-577（1979）
18) J. Kyte, R. F. Doolittle: A simple method for displaying the hydropathic character of a protein; *J. Mol. Biol.*, **157**, 105-132（1982）
19) 藤博幸（編）：タンパク質の立体構造入門―基礎から構造バイオインフォマティクスへ―，講談社，東京（2010）のp.115の図5.9bを改変
20) 六車仁志：バイオセンサー入門，コロナ社，東京（2003）のp.91の図7.18およびp.92の図7.19を改変

参　考　書

2　ペプチドの構造と特徴
1) J. N. Israelachvili：分子間力と表面力―第2版―（近藤保，大島広行（訳）），朝倉書店，東京（1996）
2) 早川勝光，白浜啓四郎，井上亨：ライフサイエンス系の基礎物理化学，pp.25-52，三共出版，東京（1995）
3) 藤博幸（編）：タンパク質の立体構造入門―基礎から構造バイオインフォマティクスへ―，pp.25-37，講談社，東京（2010）

3　分子量
1) K. E. Van Holde：生物物理化学（廣海啓太郎，迫田満昭（訳）），pp.82-126，東京化学同人，東京（1978）
2) 西村善文（編）：第8章　3．超遠心分析；実験医学別冊　生命科学のための機器分析実験ハンドブック，pp.254-260，羊土社，東京（2007）
3) A. Cooper：生物物理化学―生命現象への新しいアプローチ―，原著第2版（有坂文雄（訳）），pp.83-100，化学同人，京都（2014）
4) 長谷俊治，高尾敏文，高木淳一（編）：タンパク質をみる―構造と挙動―，pp.79-120，化学同人，京都（2009）

4　等電点
1) pK_aに与える誘電率，イオン強度の影響については，
　有坂文雄：バイオサイエンスのための蛋白質科学入門，pp.39-47，裳華房，東京（2004）

5 拡散係数と沈降係数
1) 長谷俊治，高尾敏文，高木淳一（編）：タンパク質をみる―構造と挙動―，pp.79-120，化学同人，京都（2009）
2) A. Cooper：生物物理化学―生命現象への新しいアプローチ―，原著第2版（有坂文雄（訳）），pp.83-100，化学同人，京都（2014）

6 吸収スペクトル
1) 井村久則，菊地和也，平山直紀，森田耕太郎，渡會仁：分光化学実技シリーズ　機器分析編1　吸光・蛍光分析（㈳日本分析学会（編集）），pp.2-70，共立出版，東京（2011）
2) 村尾澤夫（監修），新隆志（編集）：ライフサイエンス系の機器分析，pp.57-66，三共出版，東京（2004）
3) 差スペクトルについては，
日本生物物理学会（編集）：続生物物理学講座（7）核酸蛋白質研究法II，pp.115-143，pp.181-200，吉岡書店，京都（1968）

7 蛍光スペクトル
1) A. Cooper：生物物理化学―生命現象への新しいアプローチ―，原著第2版（有坂文雄（訳）），pp.46-56，化学同人，京都（2014）
2) 井村久則，菊地和也，平山直紀，森田耕太郎，渡會仁：分光化学実技シリーズ　機器分析編1　吸光・蛍光分析（㈳日本分析学会（編集）），pp.159-177，共立出版，東京（2011）
3) 木下一彦，御橋廣眞（編）：日本分光学会　測定法シリーズ3　蛍光測定―生物科学への応用，学会出版センター，東京（1983）

8 円二色性と旋光性
1) 西村善文（編）：第1章　5．円二色性スペクトル；実験医学別冊　生命科学のための機器分析実験ハンドブック，pp.41-260，羊土社，東京（2007）
2) 村尾澤夫（監修），新隆志（編集）：ライフサイエンス系の機器分析，pp.135-142，三共出版，東京（2004）
3) 浜口浩三，武貞啓子：生物化学実験法6　蛋白質の旋光性―ORDとCD―，学会出版センター，東京（1971）

9 誘電率
1) 早川勝光，白浜啓四郎，井上亨：ライフサイエンス系の基礎物理化学，pp.41-44，三共出版，東京（1995）
2) 藤博幸（編）：タンパク質の立体構造入門―基礎から構造バイオインフォマティックスへ―，pp.32-33，講談社，東京（2010）
3) 種々の化合物の誘電率は，
㈳日本化学会（編）：化学便覧　基礎編　改訂5版，丸善出版，東京（2004）にまとめられている。

10 疎水性スケール，solvent accessible surface，ハイドロパシープロット，QSAR
1) 藤博幸（編）：タンパク質の立体構造入門―基礎から構造バイオインフォマティックスへ―，pp.29-32，講談社，東京（2010）
2) C. ハンシュ，A. レオ：第7章　蛋白質と酵素のQSAR；定量的構造活性相関　Hansch法の基礎と応用（江崎俊之（訳）），地人書館，東京（2014）

11 表面プラズモン共鳴法（surface plasmon resonance，SPR）
1) 六車仁志：バイオセンサー入門，pp.87-96，コロナ社，東京（2003）

2) 永田和宏,半田宏:生体物質相互作用のリアルタイム解析実験法,シュプリンガー・フェアラーク東京,東京(1998)

(以上,兒島憲二)

第3章　酵素タンパク質の構造と解析法

1　タンパク質の構造と特徴

　タンパク質は生命の源であり，図3-1-1に示すように繊維状や球状など様々な形で存在する。タンパク質は細胞内外で触媒機能・制御機能・構造保持機能・情報伝達機能などその機能は数千にもなると推定されている。図3-1-1にいくつかのタンパク質の構造を示す。図3-1-1において，抗体は生体内で免疫機能をつかさどるタンパク質であり抗原と結合し無毒化することができ，それを効率的に行えるようなYの形をしている。サーモリシンは触媒機能を持ち，タンパク質の中心に活性部位の窪みを持っており，その窪みで基質であるペプチドのみを選択して加水分解することができる。コラーゲンは繊維状のタンパク質であり細胞の構造保持に役立っている。カルモジュリンはカルシウム結合タンパク質で細胞内のいたるところに存在し，二次情報伝達物質であるカルシウムイオンと結合して多くの種類のタンパク質を対象として制御を行うため，様々な細胞機能に影響を与える。これらが示すように，タンパク質は様々な構造を取ることができ，その構造は深く生体内の機能と結びついている。

　DNAの遺伝情報は一次元の線の情報でありそれがメッセンジャーRNA（mRNA）に同じ一次元の情報として伝えられ，細胞内のリボゾーム上でmRNAの一次元の情報がタンパク質の一次元的な情報として転写されるが，出来上がったタンパク質は，遺伝子からの一次元的な線の情報が三次元の立体構造へと

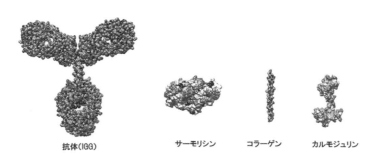

図3-1-1　種々のタンパク質の形

抗体（A. E. Padlan: *Mol. Immunol.*, **31**, 169 (1994) (Fig. 1)），サーモリシン（PDB ID 1KEI），コラーゲン（PDB ID 4DMT），カルモジュリン（PDB ID 1EXR）より作成。

組み上げられていく。この章ではタンパク質がどのようにしてこのような複雑な立体構造を組み上げられるのかを述べる。

1.1　一次構造

DNAの一次元の遺伝情報に基づき，図3-1-2の(a)で示すようにアミノ酸のα炭素に結合したアミノ基とカルボン酸がリボゾーム上で脱水縮合されタンパク質が合成される。合成されたタンパク質は，(b)で示すようにアミノ基が末端に存在するアミノ末端（N末端）から，カルボキシル基が末端に存在するカルボキシ末端（C末端）まで，アミノ酸が連続的に繋がりひも状となって合成される（図3-1-3）。

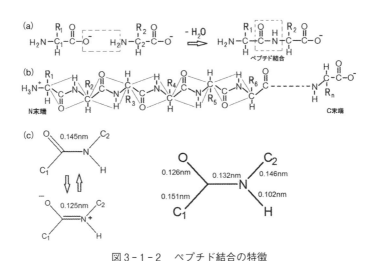

図3-1-2　ペプチド結合の特徴

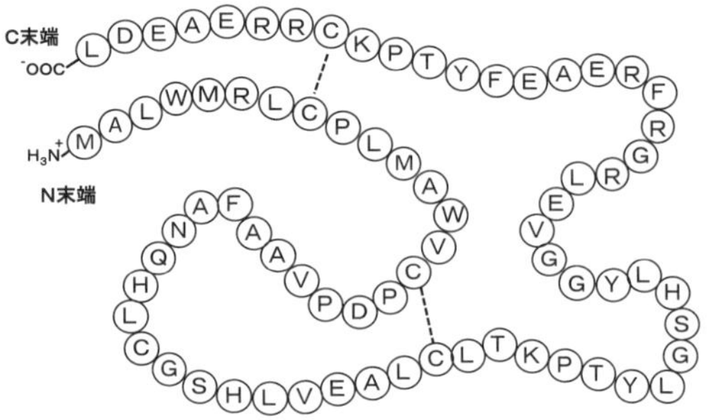

図3-1-3　タンパク質のアミノ酸配列（一次構造）

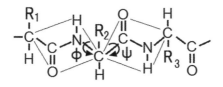

図3-1-4　α炭素の周りにおける自由回転

　リボゾーム上でタンパク質が合成される際に，合成途中のタンパク質にはシャペロンというタンパク質が結合して，高次構造がタンパク質の合成の途中段階で形成されるのを防ぐ。タンパク質全体が，リボゾーム上で合成された後に，結合していたシャペロンが遊離し，高次構造が形成される。アミノ酸がN末端からC末端まで並んだアミノ酸の順序をタンパク質の一次構造といい，ペプチド結合に関わる原子の流れを主鎖という。図3-1-2の(a)および(b)においてα炭素に結合したRで示した部分を残基という。アミノ酸の配列順序はDNAの遺伝情報によって決定されている。

　タンパク質のペプチド結合には特徴的な性質がある。図3-1-2(c)に示したようにペプチド結合のカルボニル酸素と窒素上の孤立電子対は共鳴しており-CO-NH-間の結合距離は図3-1-2(c)の右に示すように一重結合と二重結合の間の結合距離であり，-CO-NH-の炭素と窒素の間の結合は，二重結合性を帯びる。そのため，ペプチド結合は平面性を帯び-CO-NH-の炭素と窒素の間の回転の自由度が無くなる。図3-1-4にペプチド結合の平面性を示した。タンパク質のペプチド結合の二重結合性のため，結合の自由回転が効くのは残基Rが結合したα炭素の周りのみである。

　図3-1-4にα炭素の周りの自由回転の角度ϕ（ファイ）とψ（プサイ）を示した。しかしα炭素の周りの回転も結合する原子の立体障害などで制限を受け，α炭素の周りの自由回転が制限されているためにタンパク質には特有な主鎖の構造が存在する。

1.2　二次構造とモチーフ構造

　多くのタンパク質の立体構造がX線結晶構造解析から明らかにされており，図3-1-5に球状タンパク質であるサーモリシンの主鎖の流れをリボンモデルで示した。図3-1-5の主鎖の流れは，右巻きのらせん状の部分（αヘリックス）と規則的に主鎖が平行に並んだ部分（βシート）とがみられる。それ以外の所は規則的な構造がみられないランダムコイルの部分と考えられる。タンパ

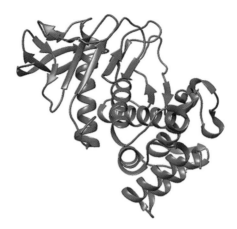

図3-1-5　リボンモデルで示したサーモリシンの主鎖
サーモリシン（PDB ID 1KEI）より作成。

  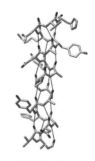

(a) 主鎖の流れをリボンモデルで表示
(b) 主鎖をリボンモデルで残基をスティックモデルで表示
(c) 主鎖と残基をスティックモデルで表示　主鎖のC=OとHN間で形成される水素結合を実線で表示

図3-1-6　αヘリックスの構造

ク質の主鎖の立体構造におけるαヘリックスとβシートの二種類の特徴的な構造は主鎖のペプチド結合におけるカルボニル基とアミノ基の間で形成される水素結合により構成されており、残基の部分は全く関与しない。αヘリックスの右巻きらせんの構造を図3-1-6に示した。(a)で示したαヘリックスのらせんの部分の全ての残基は(b)に示すように特徴的に外側を向いている。また(c)に示すように水素結合が主鎖に存在するカルボニル基とアミノ基の間で形成され、カルボニル基C＝Oの残基から4つC末端側に進んだ残基の–NH–との間で水素結合（C＝O‥‥H-N）が形成される。αヘリックスのらせんのピッチ（軸方

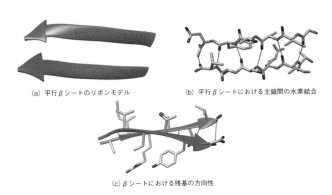

(a) 平行βシートのリボンモデル　(b) 平行βシートにおける主鎖間の水素結合

(c) βシートにおける残基の方向性

図3-1-7　平行βシートの構造

向に進む距離）は一回転5.4Åであり、αヘリックスの一回転は3.6残基に相当する。一般に、αヘリックスは4〜20個の残基から形成される。またAla, Glu, Asp, Met, Lysなどは、αヘリックス部分に多く見出されるアミノ酸残基であることが知られている。αヘリックスの他にタンパク質に見出される規則的な構造はβシートである。αヘリックスは同じポリペプチド鎖内で水素結合が形成されるのに対して、βシートは図3-1-7の(b)に示すように隣同士に接するポリペプチド鎖間に水素結合（C=O····H-N）が形成される。βシートは2種類あり、逆平行βシートでは隣接する2本鎖の主鎖の流れが逆方向に流れ、平行βシートは隣接する2本鎖の主鎖の流れが同じ方向に流れる。図3-1-7(a)に平行βシートをリボンモデルで示した。また(b)には隣接する2本鎖の主鎖間のカルボニル基の酸素原子とアミノ基の窒素原子間の水素結合を示した。βシートが形成された場合の残基の様子をβシートの横側から見た状態を図3-1-7の(c)に示した。残基は主鎖の流れに沿ってβシートの平面の上下に交互に反対方向に突き出た形で存在し、同じ方向に突き出た残基間は約7Åの距離で存在する。

　球状タンパク質は上記に述べた規則的な構造部分であるαヘリックスおよびβシートから出来上がっているが、繊維状タンパク質はこれとは少し異なる構造を取る。図3-1-8にケラチンとコラーゲンの主鎖の流れを示した。ケラチンとコラーゲンは、繊維状タンパク質で生体の構造保持に役立っている。ケラチンはαヘリックスの鎖が2本お互いに絡み合った構造を示しておりコイルドコイルと呼ばれている。コラーゲンのポリペプチド鎖は一回転約3残基の左巻きヘリックスを取り、3本の左巻きヘリックスがお互いに絡み合う構造を取っ

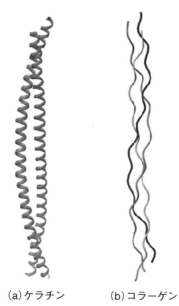

(a) ケラチン　　(b) コラーゲン

図 3-1-8　繊維状タンパク質の構造

ケラチン（PDB ID 3TNU），コラーゲン（PDB ID 4DMT）より作成。

図 3-1-9　構造モチーフ

文献 1）を参考に改変。

ている。

　球状タンパク質内では主鎖内および主鎖間の規則的な相互作用により，それぞれαヘリックスとβシートが形成される。多くの球状タンパク質内には特徴的な特定のαヘリックスとβシートの組み合わせ構造が多くみられる。これを構造モチーフ（超二次構造）と呼ぶ。構造モチーフには多くの種類があり，これを図 3-1-9 に示した。球状タンパク質にはこれらの構造が多く見出されている。構造モチーフの中には一定の規則的なアミノ酸配列を持つものがあり，これをモチーフ配列という。例えば図 3-1-10 に示す C2H2 ジンクフィンガーモチーフは，Cys-X2-4-Cys-X3-Phe-X5-Leu-X2-His-X3-His（X：適当なア

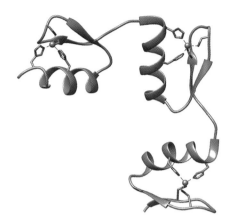

図3-1-10　C2H2ジンクフィンガーの構造
ジンクフィンガー（PDB ID 2WBU）より作成。

ミノ酸）という保存配列を持っており，それが三回繰り返されている。このモチーフ配列では，αヘリックスとβシートが組み合わされタンパク質の部品として使われている。またロイシンジッパーではαヘリックス上に適当なアミノ酸（X）6残基ごとにLeuが存在し，Leu-X6-Leu-X6-Leu-X6-Leuのモチーフ配列が形成されている。このようにアミノ酸の一次構造であるモチーフ配列がタンパク質の一次構造を決定している場合が多く存在する。多くの機能を持ったモチーフ配列が知られており，タンパク質のアミノ酸配列からモチーフ配列の存在の有無を知り，タンパク質の機能を類推することができる。現在モチーフ配列のデータベースサーチを簡単に行うことができ，タンパク質の機能を解明するのに役立っている。

αヘリックスやβシートの含有量は円偏光二色性（CD）分光光度計で紫外部のスペクトルを測定することで求めることができる。

1.3　三次構造

主鎖のペプチド結合間の水素結合によりタンパク質の二次構造であるαヘリックス，βシート構造が生成するが，これらの二次構造の形成において，残基は直接的には関与していない。残基による相互作用は三次構造を形成するのに役立っている。

図3-1-11に残基同士の相互作用の種類を示した。三次構造は残基同士の共有結合（-S-S-），イオン結合，疎水結合，水素結合から形成されており，何れ

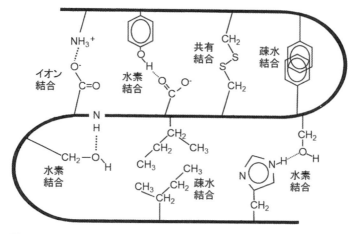

図3-1-11　タンパク質の三次構造を形成するための残基同士の相互作用
文献2)を参考に改変。

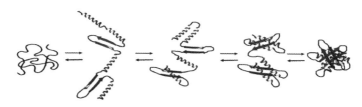

図3-1-12　タンパク質の高次構造の生成（folding）とその変性
文献3)を参考に改変。

も可逆的反応である。チオール基（-S-S-）は共有結合で結合しており，不可逆のように思われるが，酸化剤・還元剤の存在で可逆的に生成・解離が可能となる。タンパク質の高次構造が生成される時の様子を図3-1-12に示した。リボゾーム上で合成されたタンパク質はシャペロンによりタンパク質全体が合成されるまで高次構造が生成されるのを防がれているが，タンパク質全体が合成されるとシャペロンがタンパク質から遊離し，図3-1-12に示したタンパク質の高次構造の生成（folding）が起きる。糸状のタンパク質からまず二次構造であるαヘリックスやβシートが形成され，次いで，二次構造を形成したペプチド部分の残基間の相互作用により折り畳まれ，三次構造が形成されていく。最終的には，コンパクトな球状タンパク質となる。タンパク質が変性する時は，foldingと反対の経路を経過して高次構造が崩れていくものと考えられる。三次

構造を形成する時に一般的に疎水結合性の残基は球状タンパク質の内側に多く，親水性の残基は球状タンパク質の表面に存在する傾向にある。

1.4　ドメイン

タンパク質の三次構造を詳しく検討してみると，一部のタンパク質はいくつかのタンパク質の塊（ドメイン）からできていることが判る。例として血液中に存在し鉄イオンの運搬タンパク質であるトランスフェリンの立体構造を図3-1-13に示した。図3-1-13において，N末端側にマルで囲んだ二つのタンパク質の塊（ドメイン）を持ち，二つのドメインが対を形成して，N-ローブという機能を持ったタンパク質の塊となる。このN-ローブからランダムコイルで繋がりC末端側にN-ローブと構造の類似した2個のドメインからなるC-ローブが存在する。N-ローブとC-ローブのアミノ酸配列は44%の相同性しかないが，N-ローブとC-ローブの立体構造は非常に類似している。N-およびC-ローブにおいて，両ドメインの中央に鉄(Ⅲ)イオンが結合するが，その性質は両ローブ間で微妙に異なっている。トランスフェリンでは構造が類似したドメイン4個から成っているが，多くのタンパク質では，いくつかの構造の異なったタンパク

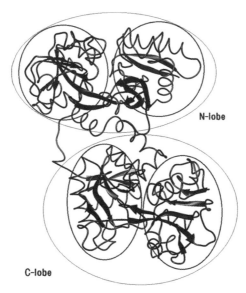

図3-1-13　トランスフェリン中のドメイン
人-トランスフェリン（PDB ID 3V83）より作成。

質の塊であるドメインが組み合わされ，タンパク質の構造が形成されているものが多く存在する。

1.5　四次構造

タンパク質は一次・二次・三次構造を形成し折り畳まれたポリペプチド鎖になるが，そのポリペプチド鎖がお互いにイオン結合・疎水結合・水素結合により会合した空間構造を四次構造といい，個々のポリペプチド鎖のことをサブユニットという。よく知られているのはヘモグロビンの四次構造でαサブユニット2個とβサブユニット2個から成り，$\alpha_2\beta_2$の四次構造を持つ。四次構造を形成するタンパク質の一部では容易にそのサブユニットが会合・解離することが知られている。タンパク質の一部がこのような四次構造を形成する理由は，サブユニット間の相互作用により複雑な機能を実現するためである。例として酸素結合能を持つ四量体のヘモグロビンと単量体のミオグロビンの酸素結合能を図3-1-14に示す。単量体であるミオグロビンは単調な酸素結合状態を示すが，ヘモグロビンは酸素分圧が低い時は酸素を離しやすく，酸素分圧が高い時には酸素と結合しやすい性質を示す。ヘモグロビンがこのような複雑な酸素結合曲線を示すのは，サブユニット間の相互作用によるアロステリック効果（協同効果）が考えられる。酸素がヘモグロビンのサブユニットに結合するとサブユニットの構造がわずかに変化し，その構造変化が次のサブユニットの構造をわず

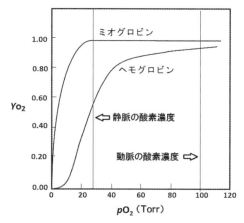

図3-1-14　ヘモグロビンとミオグロビンの酸素結合曲線
（YO_2：酸素結合量，pO_2：酸素分圧）
文献4）を参考に改変。

かに変化させ，酸素に対する結合能を変化させる。これが次々とサブユニットに伝わりアロステリック効果によりシグモイド型の複雑な相互作用が可能となる。この性質のため肺胞（pO_2 100 Torr）でヘモグロビンは酸素を結合し，筋肉内にある酸素貯蔵タンパク質であるミオグロビンにヘモグロビンより酸素が渡され，結果として静脈内の酸素分圧濃度（〜30 Torr）になる。このようにヘモグロビンが四量体の構造を取ることによりアロステリック効果を発現し，酸素を体内に容易に運搬することができる。生体でアロステリック効果を発現する酵素は，数多く存在する。

1.6 モジュール

図3-1-13のトランスフェリンは同じような構造を持つN-およびC-ローブからできている。構造が類似しているのにも関わらずN-とC-ローブのアミノ酸配列の相同性は約44％である。生体は新たなアミノ酸配列を作る時に既存の遺伝子配列を利用する。トランスフェリンでは既存のアミノ酸配列の一部分を変えて2回使用してN-ローブとC-ローブが作られている。このように新たな配列を作製する時に使用する既存のアミノ酸配列をタンパク質のモジュール配列という。モジュールとは交換可能な構成部分という意味であり，例えば免疫グロブリンは図3-1-15に示したようにβシートが組み合わされたドメインが

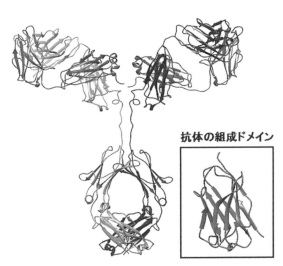

図3-1-15　免疫グロブリンの立体構造とモジュール構造
抗体（A. E. Padlan: *Mol. Immunol.*, **31**, 169（1994）（Fig. 1））より作成．

基本単位となり，これを12個組み合わせて作られている。既存のモジュール配列を少しずつ変化させ，それを組み合わせて免疫グロブリンというタンパク質が作られている。βシートが組み合わされた基本単位のドメインは他の多くのタンパク質でも見出される構造である。生体は，種々のモジュール配列を基本単位としてタンパク質を作製している。

2 サブユニットの解離と会合

四次構造は簡単にサブユニットに解離・会合するものと，タンパク質の構造をある程度崩さないとサブユニットに解離しないものがある。ヘモグロビンの$\alpha_2\beta_2$のサブユニットは容易に解離しない。しかし，アクチンフィラメントではサブユニットのアクチンに容易に解離・会合する。アクチンフィラメントは細胞骨格の一種であり，細胞内で容易に会合・解離することにより細胞骨格の役割を果たしている。また細胞内の物質の運搬の輸送路や細胞分裂に役立つ微小管もα-およびβ-チューブリンの二種のサブユニットからなり，細胞内でα-およびβ-チューブリンが会合・解離し微小管は絶えず作られ・崩されている。このようにサブユニットへの解離・会合は生理的目的によってコントロールされている。

文　　　献

1) D. Voet, J. G. Voet, C. W. Pratt：ヴォート基礎生化学，第3版（田宮信雄，村松正實，八木達彦，遠藤斗志也（訳）），p.89，図6-28，東京化学同人，東京（2010）
2) E. E. Conn, P. K. Stumpf, G. Bruening, R. H. Doi：コーンスタンプ生化学，第5版（田宮信雄，八木達彦（訳）），p.80，図3-13，東京化学同人，東京（1988）
3) D. Voet, J. G. Voet, C. W. Pratt：ヴォート基礎生化学，第3版（田宮信雄，村松正實，八木達彦，遠藤斗志也（訳）），p.98，図9-40，東京化学同人，東京（2010）
4) E. E. Conn, P. K. Stumpf, G. Bruening, R. H. Doi：コーンスタンプ生化学，第5版（田宮信雄，八木達彦（訳）），p.93，図3-17，東京化学同人，東京（1988）

（以上，廣瀬順造）

3 アミノ酸配列の決定法

アミノ酸配列を直接決定していく方法は，タンパク質のどちらの末端から決

定していくかによって大別できる[1]。N末端側から決定していくものには，ジニトロフェニル化法，エドマン分解法などがある。エドマン分解（図3-3-1）は，ペプチドのN末端側遊離アミノ酸に弱塩基性の条件下で，フェニルイソチオシアネートを反応させてN-フェニルチオカルバモイル体とする一段階目と，酸処理によりN-フェニルチオカルバモイル体が環化する際にアミド結合（ペプチド結合）を切断しフェニルチオヒダントイン誘導体とする二段階目からなる。一段階のエドマン分解をペプチドに施すことにより，N端側1残基のアミノ酸のみを分解分離できる。多くの場合，生成したフェニルチオヒダントイン誘導体をHPLCに供し決定する。この方法は繰り返し適用が可能であるから，自動アミノ酸配列分析装置などに利用されている。フェニルチオヒダントイン誘導体は紫外吸収が強いため微量分析が可能であるが，さらに感度を高めるために蛍光を発する誘導体が得られるような改良がなされている。C末端側から決定していく方法には，ヒドラジン分解法やカルボキシペプチダーゼ法があるが，実際には，エドマン分解法の原理を利用した自動アミノ酸配列分析や，質量分析法がよく用いられる。これらの方法では，一度に決定できるアミノ酸配列の長さが短い。この欠点を補うため，目的タンパク質は酵素や化学試薬で複数のペプチド断片に切断される。アミノ酸配列を直接決定する方法の長所は，翻訳後修飾の情報が得られることである。

　アミノ酸配列は，ヌクレオチド配列から推定できる[2]。代表的な方法として，サンガー法（酵素法，ジデオキシ法，鎖停止法）とマクサム-ギルバート法（化学分解法）がある。前者では，DNAポリメラーゼを用い，鋳型1本鎖DNAの特定の位置に相補的なオリゴヌクレオチドプライマー（放射性／蛍光標識されている場合が多い）をアニーリングさせ，そこからDNA合成を開始する。反応液には，通常の4種のDNA合成の基質（デオキシヌクレオチド：dATP・dGTP・dCTP・dTTP）に加え，DNA鎖の伸長を停止させてしまう1種の阻害剤（ジ

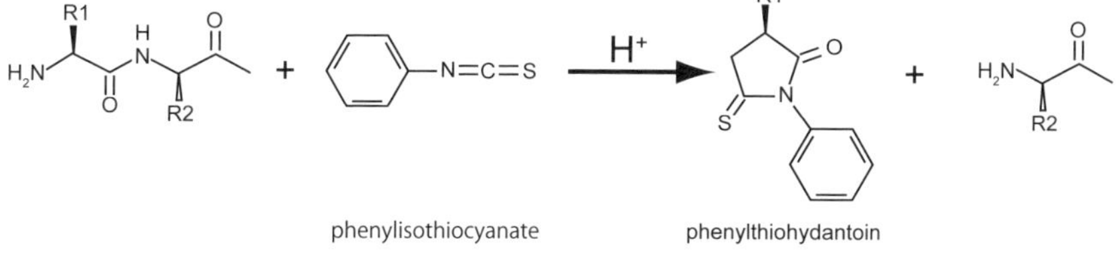

図3-3-1　エドマン分解法

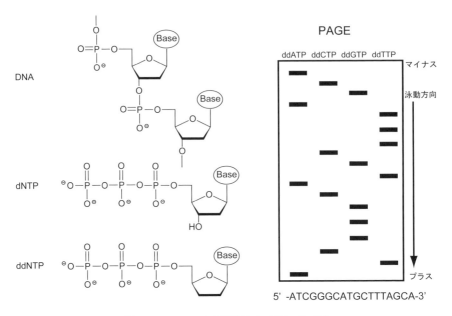

図3-3-2　DNAの配列決定（サンガー法）

デオキシヌクレオチド：ddATP・ddGTP・ddCTP・ddTTP）を添加する。例えば，ddATPを加えたとき，反応の途中で，dATPではなくddATPが取り込まれ，そこで伸長が止まる。結果として，鋳型1本鎖DNAのTに対し，反応停止位置が異なる様々な長さのDNA断片が得られる。同様に，ddGTP, ddCTP, ddTTPを加えたとき，それぞれC, G, Aに対し，鎖長の異なるDNA断片が得られる。これら4種の反応液を，尿素を含むポリアクリルアミドゲル電気泳動（PAGE）に供すると，短い断片が先に流れ，DNA配列を決定できる（図3-3-2）。現在主流となっているサイクルシークエンス法は，サンガー法とPCRを組み合わせ，少量の2本鎖DNAの配列を決定できるようにしたものである。マクサム-ギルバート法では，DNA断片中の4種類の塩基のうち，特定の塩基を化学試薬で特異的に修飾することで，その部位のリン酸ジエステル結合を切断し，PAGEにより塩基配列を解析する。様々な長さのDNA断片を得るため，各反応の条件を，DNA断片あたり平均1ヶ所修飾されるように調節する。DNA断片を可視化するために，その末端を放射性／蛍光標識することが多い。ジメチル硫酸，ヒドラジン，水酸化ナトリウムに加え，様々な化学試薬が考案されている。迅速なヌクレオチド配列の決定が可能になった結果，ヒトゲノム解析

が行われ，以下のようなことが明らかにされた[3]。
① ヒトゲノムは約30億個の塩基配列からなる。
② 遺伝子の総数は約3万2,000個で，ゲノムの2〜3％程度である。
③ 個人差は，1,000個の塩基に約1個の割合である。

【クイズ】

Q3-3-1 　図3-3-2のPAGEは，ある酵素遺伝子DNAのアンチセンス鎖（開始コドンATGの相補配列を含む鎖）に関する結果である。予想されるアミノ酸配列を示しなさい。

A3-3-1 　アンチセンス鎖の配列はATCGGGCATGCTTTAGCAである。したがって，センス鎖の配列はTGCTAAAGCATGCCCGATである。3つのフレームが考えられる。
/TGC/TAA/AGC/ATG/CCC/GAT → Cys-Stop-Ser-Met-Pro-Asp
T/GCT/AAA/GCA/TGC/CCG/AT → Ala-Lys-Ala-Cys-Pro
TG/CTA/AAG/CAT/GCC/CGA/T → Leu-Lys-His-Ala-Arg

文　　献

1) J. M. Berg, J. L. Tymoczko, L. Stryer：第3章　タンパク質とプロテオームの探求：ストライヤー生化学，第7版（入村達郎，岡山博人，清水孝雄（監訳）），東京化学同人，東京（2013）
2) J. M. Berg, J. L. Tymoczko, L. Stryer：第5章　遺伝子とゲノムの探求：ストライヤー生化学，第7版（入村達郎，岡山博人，清水孝雄（監訳）），東京化学同人，東京（2013）
3) International Human Genome Sequencing Consortium: Finishing the euchromatic sequence of the human genome; *Nature*, **431**, 931-945（2004）

4　二次構造の決定法

タンパク質の二次構造情報を得るためによく行われるのは，円偏光二色性（CD）スペクトルの測定である。それは，NMRやX-線結晶構造解析に比べて，少ない労力で簡便に測定できるためである。αヘリックス，β構造，不規則構造は，紫外部領域で，それぞれ独特のCDスペクトル（形と強度）を示す。例

えば，L-グルタミン酸のポリペプチドやL-リジンのポリペプチドのCDスペクトルは，αヘリックスを形成しているときは，208～209 nmや222 nmに負の極大，191～193 nmに正の極大，β構造を形成しているときは，216～218 nmに負の極大，195～200 nmに正の極大，不規則構造を形成しているときは，195～200 nmに負の極大を示す（図3-4-1）[1,2]。合成ペプチドではなく，高次構造が決定された複数のタンパク質をもとに，αヘリックス，β構造，βターン，不規則構造の標準CDスペクトルを推定し，それらを用いて目的タンパク質のCDスペクトルを再現することにより，それぞれの二次構造の比を調べる方法が提案されている[3,4]。

二次構造情報を得るために，赤外線スペクトル測定も用いられる[5,6]。物質に照射された赤外光は，分子の振動や回転運動に基づき吸収される。タンパク質の赤外線吸収スペクトルでは，波数（波長の逆数で，1 cmあたりの波の数）が単位（cm^{-1}）として用いられる。ペプチド結合は1500～1700 cm^{-1}付近に特異的な吸収帯を持つが，二次構造の解析に特に用いられるのは，アミドI（1600～1700 cm^{-1}），アミドII（1500～1550 cm^{-1}）と呼ばれる振動帯である。アミドIバンドは，主にC＝O伸縮振動を反映し，この振動数はペプチド主鎖の二次構造の種類により異なる。アミドIIバンドは，主にC-N伸縮振動とN-H変角振動を反映する。主な吸収は，αヘリックスでは1650 cm^{-1}と1546 cm^{-1}，平行β構造では1630 cm^{-1}と1530 cm^{-1}，逆平行β構造では1632 cm^{-1}と1530 cm^{-1}，不規則コイルでは1655 cm^{-1}と1535 cm^{-1}である。これらの領域には，水もバンドを

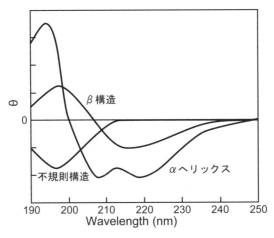

図3-4-1　各種二次構造の典型的なCDスペクトル

示すため,溶媒には重水（D_2O）を用いる。赤外線吸収スペクトル法では,CDスペクトル測定よりも高濃度のタンパク質が必要なため,会合の影響も考慮する必要がある。

【クイズ】

Q3-4-1　CDスペクトルは,主鎖構造のみでなくアミノ酸側鎖の環境も反映する。
　　　　どのようなアミノ酸の環境がどれくらいの波長範囲で観測できるか。

A3-4-1　芳香族アミノ酸（トリプトファン,チロシン,フェニルアラニン）の環境が約250〜320 nm付近で観測できる。

文　　献

1) R. Townend, T. F. Kumosinski, S. N. Timasheff: The circular dichroism of the β structure of poly-L-lysine; *Biochem. Biophys. Res. Commun.*, **23**, 163-169 (1966)
2) N. Greenfield, G. D. Fasman: Computed circular dichroism spectra for the evaluation of protein conformation; *Biochemistry*, **8**, 4108-4116 (1969)
3) S. W. Provencher, J. Glöckner: Estimation of globular protein secondary structure from circular dichroism; *Biochemistry*, **20**, 33-37 (1981)
4) J. P. Hennessey Jr., W. C. Johnson Jr.: Information content in the circular dichroism of proteins; *Biochemistry*, **20**, 1085-1094 (1981)
5) J. Bandekar: Amide modes and protein conformation; *Biochim. Biophys. Acta*, **1120**, 123-143 (1992)
6) 平松弘嗣：赤外吸収スペクトルを用いた二次構造解析法；蛋白質科学会アーカイブ, **2**, e054（2009）, http://www.pssj.jp/archives/Protocol/Measurement/IR_02/IR_02.pdf

（以上,滝田禎亮）

第4章　酵素の立体構造

1　三次構造の決定法

　1958年のJohn C. Kendrewによるミオグロビンの立体構造の決定以来，現在までに12万を超えるタンパク質の立体構造が，国際的な公共データベースのProtein Data Bank（PDB）に登録されている。そのうちの約9割の立体構造はX線結晶構造解析法により決定され，残りの約1万の立体構造は核磁気共鳴（Nuclear Magnetic Resonance, NMR）法によるものである。これらの構造解析手法は，現代科学において，酵素が特定の化学反応を触媒する化学原理を理解するために欠かすことができない。

1.1　結晶化法とX線結晶構造解析

　X線結晶構造解析は，現在用いられている構造解析手法の中でも最も精度よく立体構造を決定することができる手法である。結晶構造解析に用いられるX線の波長（0.5〜3Å）は共有結合の距離（例えばC-C結合であれば約1.5Å）で隔てられた原子を識別するのに適している。タンパク質の結晶にX線を照射すると，タンパク質を構成する各原子によりX線が散乱される。結晶中のタンパク質分子，さらにそれを構成する原子は規則正しく繰り返し並んでいるため，散乱X線は（4-1-1）式のBraggの法則を満たす時に強められて回折X線が観測される。

$$2d\sin\theta = n\lambda \tag{4-1-1}$$

図4-1-1に示すように，2つの格子面で散乱されるX線の光路差 $2d\sin\theta$（dは格子面の間隔）が入射X線の波長 λ の整数 n 倍の時，波の位相が一致して強い回折X線となる。X線は原子中に分布した電子を振動させその振動電場により散乱X線がつくられるため，回折X線の強さは電子の密度によって決まる。結晶にX線を照射して検出器の平面上に描かれたX線回折斑点の強さと位置を解析することで，結晶中の繰り返し単位（単位格子）における原子の電子密度と位置情報が得られる。X線回折データの収集が可能な良質の結晶を得ることができれば，理論上解析できる分子量に制限はない。X線結晶構造解析は，①タンパク質結晶の取得，②得られた結晶からのX線回折データの収集，③数値

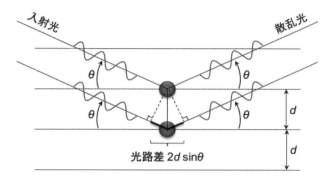

図4-1-1　X線回折におけるBraggの法則
原子（球）が間隔dで規則的に並んだ時の反射面を設定し，角度θで入射したX線が反射面に対して同じ角度で反射された散乱光を考える。この時，隣り合った原子による散乱光は光路差が波長の整数倍の時に強め合う。

化されたデータの数学的な処理による電子密度の可視化，④電子密度に沿った原子の配置による分子構造モデルの構築，の手順で行われる（図4-1-2）。

タンパク質の結晶化では，過飽和状態を実現することで結晶の析出を促す。そのためには，タンパク質の溶解度を低下させる物質（沈殿剤と呼ぶ。硫酸アンモニウムやポリエチレングリコールなど）を用い，沈殿剤の溶液とタンパク質溶液を混合することにより，タンパク質の溶解度を徐々に低下させる。実際にタンパク質の結晶を得るには，様々な種類の沈殿剤やpHなどの溶液条件を検討する必要がある。現在では，1条件あたり1μL以下と少ない量のタンパク質溶液でスクリーニングが可能な結晶化法として，蒸気拡散法が主に用いられる。図4-1-3のように，蒸気拡散法は，密閉された空間にタンパク質溶液と沈殿剤溶液を混合したドロップと，沈殿剤溶液そのものを分けて置く。蒸気圧平衡によってタンパク質が含まれるドロップから水が徐々に蒸発してドロップの沈殿剤濃度が高まっていき，タンパク質結晶の析出が促される。

結晶からのX線回折データの収集は，通常の実験室に収まるようなX線回折装置に加えて，SPring-8（播磨）やPhoton Factory（筑波）などのシンクロトロン放射光施設で実施することができる。X線回折データの質を決めるパラメータに分解能がある。これは直進するX線に対してどれだけ広角で回折した斑点を収集できたかを示す数値である。図4-1-2のX線回折像では中心から離れた外側に観測される斑点ほど広角（大きなθ）であり，高分解能の情報を与える。分解能が高い（数値としては小さい）ほど，X線回折データから計算さ

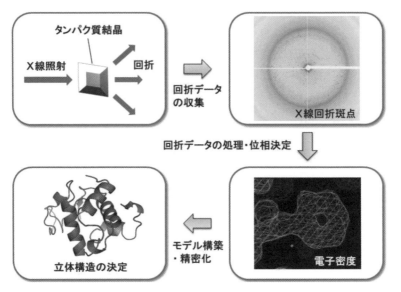

図4-1-2　X線結晶構造解析の手順

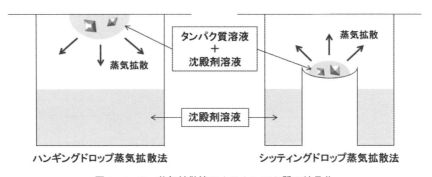

図4-1-3　蒸気拡散法によるタンパク質の結晶化

れる電子密度が明瞭に観測され，それぞれの原子を区別することが可能になる。技術開発によって現在では数μm程度の微小な結晶からでも高分解能のX線回折データを収集できるが[1]，散乱X線の数が多いほど強いX線回折斑点が得られるため，可能なら通常は50μm程度まで結晶を成長させた結晶を用いる。十分な品質のX線回折データが取得できたら，次に計算により電子密度を求める。各原子の電子密度と回折データから得られる情報との間には，（4-1-2）式が成り立つ。

$$\rho(x\,y\,z) = 1/V \, \Sigma\Sigma\Sigma |F(h\,k\,l)| \times \exp[-2\pi i\,(hx+ky+lz)+i\alpha(h\,k\,l)]$$

(4-1-2)

ρは電子密度，Vは単位格子の体積であり，$F(h\,k\,l)$ は構造因子と呼ばれる波動関数である。$|F(h\,k\,l)|$は回折したX線の振幅に相当し，X線回折斑点の強度（回折強度）の平方根と考えることができる。したがってX線回折データから回折斑点の位置$h\,k\,l$の回折強度として$|F(h\,k\,l)|$が得られるため，最後の項の$\alpha(h\,k\,l)$ さえわかればX線回折データから電子密度を計算することができる。$\alpha(h\,k\,l)$ は波動関数$F(h\,k\,l)$の位相の項であり，これを決定する一般的な方法は，分子置換法，重原子同型置換法，異常分散法の3種類である[2]。分子置換法は一般に，アミノ酸配列の相同性が30％以上と高く，類似構造が既に解析されている場合に用いられ，類似構造の回転と並進の操作ごとに電子密度を計算し位相を決定する。一方，重原子同型置換法と異常分散法は，類似の構造を持つタンパク質の立体構造が決定されていない時に，解析対象のタンパク質の位相を決める方法であり，いずれもタンパク質に重原子を導入してX線回折データを収集する必要がある。遺伝子工学が発展してタンパク質の硫黄原子の代わりに重原子のセレンを導入することができるようになり，セレン原子を利用した異常分散法での構造解析が類似構造のない位相決定によく利用されている。異常分散法では観測する重原子の種類によってX線の波長を変更する必要があり，波長を自由に変更できるシンクロトロン放射光の利用は高分解能のデータ収集だけでなく，位相決定の点でもX線結晶構造解析を飛躍的に効率化した。さらに最近では，硫黄原子そのものの異常分散を利用して位相決定する構造解析も行われている。

X線回折データから電子密度を計算できたら，電子密度に合うようにタンパク質を構成するアミノ酸残基を当てはめ，分子構造モデルを構築する。分解能が高ければ電子密度が明瞭に観測されるため，モデルを構築しやすく信頼性の高い立体構造を決定することができる。最終的には分子構造モデルを精度よく電子密度に合わせるために，各原子の座標（$x\,y\,z$）と温度因子（B因子）の精密化を行う必要がある[3]。温度因子は構造因子$F(h\,k\,l)$を規定するパラメータであり，結晶中の各原子の運動性を評価する指標になる。タンパク質の揺らぎの大きい領域では各原子の電子密度が分散して薄くなるため，分子構造モデルから計算される電子密度とのずれが大きく温度因子は高い値となる。一方，タンパク質の中心部などの構造が安定している領域では温度因子は低くなる。精

密化によって得られた最終構造の正しさの評価には,モデルと実測データの適合度を示すR値と,抜き取った5%程度のデータにより一致度を評価するR_{free}値を用いる。適切な構造解析では,R値は20%前後,R_{free}はR＋5%程度となる。また,Ramachandranプロットの許容範囲内にモデルの二面角が収まっているか,低分子のX線結晶構造解析で正確に求められた原子間距離や原子間角度と比較して大きく離れていないか,などによっても分子構造モデルの妥当性が評価される。

1.2 NMR

タンパク質の立体構造解析におけるNMRの歴史はX線結晶構造解析に比べて浅く,1985年にKurt WüthrichらによるプロテアーゼインヒビターBUSI IIAの立体構造解明が最初である。NMRの最大の利点は,溶液状態でタンパク質の立体構造を決定できることである。これは生体内に近い環境でのタンパク質の構造情報を得られるだけでなく,温度やpHなどの環境変化に対するタンパク質の挙動を原子レベルで観測することを可能にする。X線結晶構造解析と異なりNMRでは測定対象とするタンパク質の分子量に制限がある。NMR装置や測定・解析手法が開発されているものの,立体構造の決定に関して現実的には分子量3万以上のタンパク質へのNMRの適用は難しい[4]。

NMRは,原子核にパルスと呼ばれる数マイクロ秒から数十マイクロ秒の長さの幅広い周波数を含むラジオ波を照射すると,それぞれの原子核がある固有の周波数のラジオ波を共鳴吸収する現象である。別の見方をすると原子核は,電荷を持って回転(スピン)しているために磁界を発生しており,棒磁石に例えることができる。NMRは,巨大磁石(外部磁場)の中でパルスを照射して棒磁石である原子核(核スピン)のふるまい,例えばラーモア周波数と呼ばれる外部磁場まわりの歳差運動(味噌すり運動)の周波数νなどを観測する(図4-1-4)。この周波数は原子核が共鳴するラジオ波の周波数と一致する。

$$\nu = \omega/2\pi = \gamma B_0/2\pi \tag{4-1-3}$$

(4-1-3)式はラーモア周波数νが原子核の置かれた外部磁場の大きさB_0に比例することを示している。ωは歳差運動の回転角速度,πは円周率である。γは磁気回転比と呼ばれる原子核の種類に固有の値であり,タンパク質を構成する原子の中でNMRにより容易に観測可能なのは水素原子(^1H)である。例としてタンパク質のNMR測定で使用される磁場強度が14.1テスラの磁石(外部

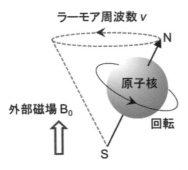

図4-1-4　外部磁場中の核スピンの歳差運動

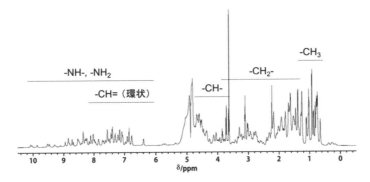

図4-1-5　1次元 ^{1}H NMRスペクトル

^{1}Hシグナルはその結合位置の化学構造により，異なる化学シフトの領域に観測される。4.8ppm付近の幅広いシグナルはラジオ波の照射により強度を弱めた水（HDO）のシグナルの消え残り。

磁場）中に ^{1}H が置かれた場合を考えると，^{1}H のラーモア周波数は600 MHz（1秒間に6億回転）となる。炭素原子と窒素原子の核スピンはその安定同位体である ^{13}C および ^{15}N であれば観測できるため，NMRによる立体構造解析では，安定同位体で標識したタンパク質が用いられる。ある特定の立体構造を持つタンパク質中の原子は，その周囲の原子または化学結合が誘起する磁場の影響も受けるため，外部磁場 B_0 から少しずれた磁場強度による共鳴周波数を持つ。このため，（4-1-4）式により共鳴周波数から換算される化学シフト δ を横軸としたNMRスペクトルには，固有の共鳴周波数を持つ原子核に由来するシグナルが分離して観測される（図4-1-5）。

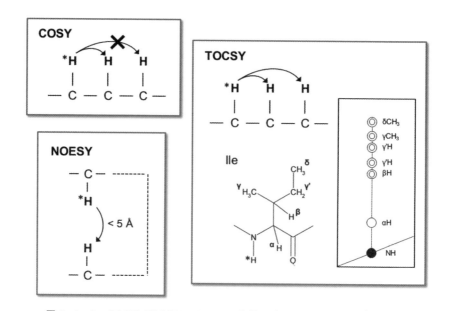

図4-1-6 COSY, TOCSY, NOESYで交差シグナルが観測される^{1}Hの関係
COSY, TOCSY, NOESYの各NMRスペクトルにおいて，注目している^{1}H（*で表示）と矢印の先の^{1}Hとの間に交差シグナルが観測される。ペプチド中のIle残基のアミドプロトン（NHの^{1}H）に着目すると，この^{1}Hの自己相関シグナルはTOCSYスペクトルの対角シグナル（斜線）として観測され（●），残基内の全ての^{1}Hとの相関シグナルは交差シグナルとして観測される。○はCOSYにおいても観測される交差シグナルである。

$$\delta(\text{ppm}) = \frac{\nu - \nu_0}{\nu_0} \times 10^6 \qquad (4\text{-}1\text{-}4)$$

ν_0は基準となるラーモア周波数

NMRシグナルがタンパク質を構成するどのアミノ酸のどの^{1}Hに由来するかを帰属することが，NMR法によるタンパク質の立体構造解析の第一歩である。前述したように，NMR法ではパルスの照射の仕方によって核スピンの様々なふるまいが観測可能である。図4-1-6に示すように，COSY（correlation spectroscopy）と呼ばれるパルス照射で得られるNMRスペクトルでは，3結合以内の共有結合で繋がった^{1}H間の交差シグナルを観測することができる。また，TOCSY（total correlation spectroscopy）スペクトルでは，連続した3結合以内の^{1}H間の交差シグナルが観測されるため，アミノ酸残基内の共有結合で繋がった^{1}Hシグナルのパターンを検出し，アミノ酸残基の種類を同定することができる。図4-1-6にはIle残基のTOCSY交差シグナルのパターンを例として示

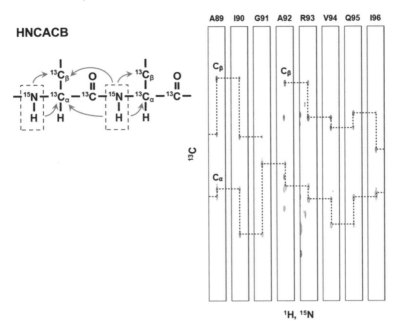

図4-1-7　HNCACBスペクトルによる連鎖帰属

HNCACBでは破線で囲まれた主鎖NHから残基内および1残基前のC_α, C_βとの交差シグナルが検出される。主鎖NHの^{1}Hと^{15}Nの化学シフトの位置で短冊に区切ると縦方向に^{13}Cの化学シフトで分離した複数のシグナル（多くの場合は4つ）が観測される。隣接する残基の主鎖NHの短冊上には同じ^{13}Cの化学シフト値を示すC_αおよびC_βのシグナル（Gly残基ではC_αのみ）が観測されるため、アミノ酸残基の順番でそれらを繋ぎ合わせることができる。

した。一方、共有結合している異種核、すなわち^{1}Hと^{13}Cまたは^{15}Nの間のNMRシグナルを観測することも可能であり、^{1}H-^{15}N HSQC（heteronuclear single-quantum coherence）では、ペプチド結合の^{1}Hと^{15}Nの交差シグナルを観測することができる。また、図4-1-7のHNCACBスペクトルは、^{1}H-^{15}N HSQCを^{13}Cの化学シフトで3次元に展開したものであり、ペプチド結合の^{1}Hと^{15}Nに加えて、残基内および1残基前のα位とβ位の^{13}Cとの交差シグナルが同時に検出されるため、アミノ酸残基の繋がりを決定する（連鎖帰属する）ために利用される[5]。

これまで述べたNMR測定法では、残基内もしくは隣接する残基間で共有結合する核間の情報のみが得られる。一方、NOESY（nuclear Overhauser effect spectroscopy）は5Å以内に存在する^{1}H間に交差シグナルを与えるスペクトルであり、残基内はもちろん、離れた残基間の交差シグナルを検出することがで

きる（図4-1-6）。NOESYスペクトル上で観測される交差シグナルの強度はNOEと呼ばれる現象によって核間距離の6乗に反比例する。NMRでは，こうして得られた距離情報を矛盾なく満たすように原子を3次元座標に配置することで立体構造が構築される。この計算方法はディスタンスジオメトリー法と呼ばれる。構築されたタンパク質の立体構造はエネルギー的に不安定である可能性があるため，コンピュータ上で疑似的に高温状態から徐々に低温状態に移行させるシミュレーテッドアニーリング法によりポテンシャルエネルギーを最小化することで，最終的な立体構造が決定される。NMR法で計算された立体構造の評価では，とり得るコンホメーションの間の原子のずれのRMSD（root-mean-square deviation）の値が指標となる。よく一致した構造を持つ領域のRMSDは一般に0.5Å以下である。

1.3　その他の解析法

　X線結晶構造解析と同様にタンパク質の結晶を用いて立体構造を解析する手法として，電子顕微鏡法と中性子回折法がある。電子顕微鏡法では，X線と比べて物質との相互作用が大きい電子線を対象試料に当てることで，タンパク質1分子の電子顕微鏡像として直接観察できる。さらに，結晶を用いれば電子線回折像も得られるため，タンパク質の立体構造を原子分解能で解析することが可能である。電子顕微鏡像から位相情報が直接得られるため，X線結晶構造解析よりも小さい位相誤差で解析でき，同じ分解能でも質の良い電子密度マップが得られる傾向にある。電子顕微鏡法の利点は，大きい結晶を必要とせず，平面状にタンパク質分子が配置した2次元結晶でも解析が可能なことである。これは，細胞膜上を2次元に分布して機能する膜タンパク質を生体に近い環境で解析するのに適しており，細胞膜で仕切られた細胞内に水分子を選択的に取り込むアクアポリンの立体構造などが解析されている[6]。

　一方，中性子回折法によるタンパク質の結晶構造解析の最大の利点は，水素原子を直接観測することが相対的に容易なことである。中性子回折法は中性子の原子核による回折を観測する方法であるため，水素原子のようなX線を散乱させる電子の数が少ない原子であっても，炭素や酸素などの原子と同じような強さで中性子が散乱されるため，水素原子の位置を正確に決定することができる。酵素の触媒反応では，触媒残基と基質との水素原子の受け渡し，あるいは基質や反応中間体を認識するための水素結合の形成などが起こることから，中性子回折法による水素原子の直接観測は酵素の触媒機構の理解に役立つと期待

される。中性子回折法を利用した酵素の解析例として，ヒト免疫不全ウイルス（HIV）の創薬標的であるHIV-1プロテアーゼの触媒機構の解析がある[7]。HIV-1プロテアーゼの触媒機構として，2つのアスパラギン酸残基（Asp25およびAsp125）のいずれか片方が酸触媒として働いて基質のポリペプチド鎖にH^+を渡し，もう片方が塩基触媒として加水分解に関与する水分子からH^+を引き抜くことが提案されていた。中性子回折法による水素原子の結合位置の解析により，Asp25が酸触媒として，Asp125が塩基触媒として機能することがわかり，HIV-1プロテアーゼの触媒機構が明らかにされている。

　これまで述べた解析法のような原子レベルの議論はできないが，溶液中でタンパク質が機能している構造や繊維状タンパク質のように巨大でありながら結晶化が困難なタンパク質の構造を数nm程度の分解能で解析する手法がある。X線小角散乱（Small Angle X-ray Scattering, SAXS）法は，溶液中のタンパク質にX線を照射し，散乱角が数度以下の散乱X線を測定することで，タンパク質の大きさや形状などの構造情報が得られる[8]。SAXSでは，NMRと同様に温度やpHなどの環境変化に対するタンパク質の挙動を解析することができ，X線結晶構造解析などで決定した立体構造と組み合わせることで，他の分子との相互作用によってどの部分に構造変化が起こるかなどを議論することができる。X線小角散乱法に対して，表面や薄膜に固定したタンパク質が観察対象となるが，電子顕微鏡による単粒子解析と原子間力顕微鏡（Atomic Force Microscopy, AFM）も数nm程度の分解能の構造情報を与える。単粒子解析では，ランダムな向きのタンパク質の電子顕微鏡像を多数撮影し，揃った向きの像をクラスタリングして平均像を作成した後，それらを組み合わせて3次元像として再構成する。AFMは細い針（探針）と分子との間に働く相互作用を利用して，分子表面の凹凸を記録することで，分子の形状を可視化する。近年，AFMの時間分解能が飛躍的に向上し，セルラーゼがセルロース繊維を滑走しながら分解していく姿などが観察されている[9]。また，クライオ電子顕微鏡法によりタンパク質の立体構造が数Åの分解能で決定されている。

2　NMRとESR

　X線結晶構造解析は，分子同士が結晶中で接触して高密度に並ぶことによる，いわゆる"静的な構造"を主として観測しているのに対し，NMRと電子スピン共鳴（Electron Spin Resonance, ESR）は溶液中のタンパク質の"動的な構造"

を観測することができる[10,11]。NMRとESRの基本原理は同じであるが，核スピンのふるまいを観測するNMRに対し，ESRは不対電子（電子スピン）を対象としてその磁石としてのふるまいを観測する。タンパク質は，水素結合で数個分の結合エネルギーにしかならない，わずかな自由エネルギーにより立体構造を保持しており，生理条件下において複数のコンホメーションの間を揺らいでいる。この揺らぎが酵素の触媒反応などのタンパク質の生理機能の調節にとって重要である。

　NMRはタンパク質の立体構造を^{1}H間の距離情報に基づいて決定できる手法であることは既に述べた。NMRで観測できる原子核の棒磁石としてのふるまいの中には，核スピン緩和と呼ばれるものがある。核スピン緩和は原子核（核スピン）にパルスを照射した後にそれが平衡状態に戻る現象であり，この緩和過程はタンパク質の構造に内在している様々な運動の影響を受けている。このため，核スピン緩和を観測することでピコ秒からの時間スケールのタンパク質の揺らぎを定量的に解析することが可能である[10]。また，最新の研究では，揺らぎの大きさと速さに加えて，揺らぎの結果生じる"低存在率の構造"を解析できることも示されている[12]。溶液中で複数のコンホメーションの間を揺らぐタンパク質において，あるコンホメーションの存在率はその自由エネルギーの大きさで決まる。このことは，最安定構造の存在率が最も高いことを示しており，低存在率の構造は最安定構造よりも自由エネルギーがわずかに高い構造に対応するため"励起構造"と考えられる。酵素は化学反応の活性化エネルギーを下げることで，ある方向への化学反応を促進する触媒として機能する。この反応過程で，酵素は基質と結合してエネルギー準位の高い反応中間体として励起構造をとるため，NMRの核スピン緩和では，低存在率である反応中間体などの構造を解析できることが期待される。

　ESRでタンパク質の揺らぎを解析する方法として，スピンラベル法が利用される[11]。これは，ESRで観測可能な電子スピンを持つ化合物（スピンラベル）でタンパク質の観測したい部位を標識し，そのふるまいをESRスペクトルとして測定するものである。部位特異的に標識したスピンラベルのみを観測するため，分子量の大きなタンパク質の揺らぎを解析することが可能である。ESRによるHIV-1プロテアーゼの解析例について述べる[13]。HIV-1プロテアーゼには，その活性部位を覆うようにフラップと呼ばれるβヘアピン構造が存在する。基質が活性部位に結合するにはフラップの開閉が必要であると予想され，フラップに導入したスピンラベルのESRが解析された。基質を結合していない状態

において，HIV-1プロテアーゼのフラップは柔軟性を持っており，基質が活性部位に入り込むことが可能な開いた構造を含む複数のコンホメーションの間を揺らいでいることが示された。ESRでは2つのスピンラベル間の距離を求めることができ，その揺らぎの範囲が26～48Åであることも計算されている。

3　タンパク質の水和

　細胞の内外で機能する水溶性タンパク質は，疎水性アミノ酸残基を水分子に接しないように分子の内側に集め，親水性アミノ酸残基を分子表面に露出させて，生理機能を発揮するための立体構造を形成する。タンパク質の分子表面は，周囲の水分子のいくつかが水和水として取り囲んでいる。図4-3-1のように，水和水はX線結晶構造解析により決定したタンパク質の構造においてもよく観測され，その多くは主鎖のペプチド結合や極性アミノ酸残基の側鎖と水素結合を形成する。また，アミノ酸残基に直接結合した水分子だけでなく，この水分

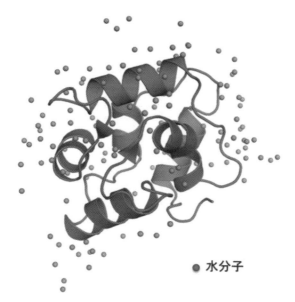

図4-3-1　結晶中でタンパク質表面に結合している水分子とそのネットワーク
結晶中ではタンパク質が空間の全てを充填しているわけではなく，間隙には溶媒としての水分子が存在する。多くの水分子は流動的であるが，タンパク質の表面には，タンパク質との相互作用や水分子同士の水素結合によって固定された水分子が存在し，電子密度がはっきりと観測される。図はParalbumin（PDBコード1A75）の結晶構造である。

子にさらに別の水分子が結合することで水和水のネットワークが形成される。

　水溶性タンパク質の多くは水和水との相互作用によって安定化されるが，タンパク質の変性状態は，立体構造を形成した天然状態に比べて溶媒に露出する表面積が広いため，水和による安定化効果が高い。それゆえ，水和は天然状態と変性状態の自由エネルギーの差を縮め，タンパク質がより揺らぎを持つことに寄与する。一方，タンパク質の揺らぎは－30℃近傍で活性化されることが知られており，"動力学転移（ガラス転移）"と呼ばれるこの現象はタンパク質が水和している時にのみ引き起こされる。中性子非干渉性散乱実験により，動力学転移が起こる水和率はタンパク質表面の約6割を覆う0.37（g水/gタンパク質）以上であり，水和水の相転移による揺らぎがタンパク質の動力学転移を誘導することが示されている[14]。前節で述べたように，酵素などのタンパク質が機能するには構造の揺らぎが重要であることから，水和はタンパク質の生理機能の発現に欠かせない性質であると言える。

　水和水はタンパク質の構造形成と機能発現にとって，より特異的な役割も果たしている。例えば，水分子による2つのタンパク質分子の架橋は，オリゴマー形成を促進する。同様に，タンパク質が基質などの低分子を結合する際にも，水分子は接触面を媒介して選択性を高めることに寄与する。L-アラビノース結合タンパク質ABPは，天然の基質であるL-アラビノースに加え，D-フコースも同じ部位で結合し，いずれも9つの水素結合が形成される。しかしながら，L-アラビノースの親和性はD-フコースのそれよりも高く，それにはABPとL-アラビノースの水素結合を媒介する2つの水分子が寄与する。これらの水分子はL-アラビノースと結合するABPのArg残基とAsp残基の間もイオン結合で繋ぐことで，両残基の電荷を中和して安定化させる[15]。酵素反応においては，活性部位に結合した水分子が求核剤もしくはH^+供与体として機能する。ペニシリンなどのβ-ラクタム系抗生物質に対して耐性を持つ細菌はβ-ラクタマーゼと呼ばれる酵素を産生することが知られている。活性中心に亜鉛を持つβ-ラクタマーゼではラクタム環を開裂するために求核剤として水分子が作用する[16]。この水分子の求核性は亜鉛に結合したアスパラギン酸残基との水素結合により高められる。一方，short-chain dehydrogenase/reductase（SDR）ファミリーに属する酵素では，水分子はH^+供与体として機能する。ただし，水分子は基質から離れた位置でタンパク質と結合し，3つの残基を介したH^+リレーによって基質にH^+が供与される[17]。

4　高次構造の形成と安定性

　生理的な条件で，タンパク質は天然状態のコンホメーションへと自発的に折りたたまれる。この"タンパク質の三次構造への折りたたみ（フォールディング）が一次構造によって一意的に規定される"という概念は，Christian AnfinsenのリボヌクレアーゼA（RNase A）のフォールディング実験から導かれ，Anfinsenのドグマと呼ばれる。現在では狂牛病の原因タンパク質であるプリオンなど，この概念に当てはまらない例も報告されているものの，Anfinsenのドグマはタンパク質の高次構造形成における基本原理の一つである。

　アミノ酸残基数が100以下の比較的小さなタンパク質であれば，変性状態から天然状態のコンホメーションへと二状態遷移でフォールディングが進行することが多い。図4-4-1のフォールディングファネル（漏斗）で示されるように，タンパク質は高エネルギーで様々なコンホメーションをとる高エントロピーの状態から低エネルギー・低エントロピー状態に落ち着く[18]。ファネルの小さな割れ目にコンホメーションが一時的にトラップされながらも熱揺らぎで山を乗り越えて最安定なコンホメーションに向かう。一方，ポリペプチド鎖の長いタンパク質では，そのフォールディング過程はより複雑であり，フォールディン

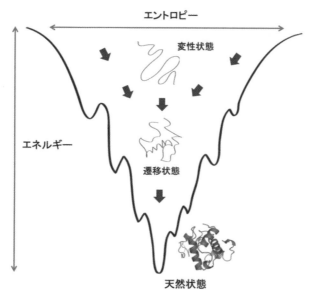

図4-4-1　タンパク質のフォールディングファネルの模式図

グ中間体を経由することが実験的に示されている[19]。モルテン・グロビュール状態と呼ばれる部分的に二次構造が形成されたコンパクトな状態はフォールディング中間体の代表的なものである。タンパク質のフォールディングは，局所的な二次構造がつくられ，近接した疎水性残基が疎水効果により凝縮してモルテン・グロビュール状態になる。その後に二次構造の安定化と三次構造の形成が始まり，タンパク質は揺らぎながら側鎖を充填させて疎水コアをつくり，水素結合を形成する。タンパク質は折りたたまれるにつれてコンホメーションの安定性が増大し，階層的なフォールディング過程が逐次的に進行する。

　細胞内でのタンパク質のフォールディングは実際には試験管内よりも速やかに起こる。これは細胞内にフォールディングを助けるタンパク質が存在するからであり，3つの主要なクラスに分類される。プロテインジスルフィドイソメラーゼは，高次構造がほどけた部分に結合して誤ったジスルフィド結合を架け直す[20]。ペプチジルプロリル *cis-trans* イソメラーゼはXaa-Pro間のペプチド結合の *cis* と *trans* の構造変換を触媒し，機能的に正しいコンホメーションに導く[21]。一方，3番目のクラスである分子シャペロンはタンパク質のフォールディング過程で露出した疎水性の部分に結合して正しいフォールディングを促進したり，疎水性の部分同士の分子間接触による凝集を防いだりする働きを持つ[22]。熱ショックタンパク質（HSP70），トリガーファクター，シャペロニンなど，分子シャペロンの種類は多様で，各々の役割は異なる。HSP70とトリガーファクターはリボソームで合成されたポリペプチド鎖に作用し，前者はフォールディングを助け，後者は凝集を防ぐことに機能する。シャペロニンは巨大分子であり，うまく折りたたまれなかったタンパク質をその分子内部の空間に格納し，ATPの加水分解で得られる自由エネルギーを使って正しいフォールディングに導く。

5　熱量測定

　熱力学は物理学，化学，生物学における普遍的な理論として大きく貢献してきた。それは，自由エネルギー，エンタルピー，エントロピーという3種類のパラメータによって，系の状態や変化の方向を記述できるためである。様々な平衡反応では，平衡定数 K からGibbsの自由エネルギー変化 ΔG を（4-5-1）式（気体定数 R，温度 T）で求めることができる。

$$\Delta G = -RT \ln K \qquad (4\text{-}5\text{-}1)$$

反応はΔGが負,すなわち反応前後で自由エネルギーが低くなる方向へと進行する。この自由エネルギー変化がどのような熱力学的パラメータの寄与によるかは,(4-5-2)式のGibbs-Helmholtzの式で表される。

$$\Delta G = \Delta H - T \Delta S \qquad (4\text{-}5\text{-}2)$$

エンタルピー変化ΔH,エントロピー変化ΔS,さらにΔHの温度依存性である定圧比熱容量変化ΔC_pの情報が得られれば,タンパク質の状態変化,酵素反応や分子間相互作用などに関与する結合の種類や構造変化などと関連づけることができる。熱量測定は系の変化に伴う熱量変化を10^{-6}カロリーの精度で測定し,熱力学パラメータを決定するための測定法である。多くの場合にはΔHを実験的に決定し,ΔSは(4-5-2)式により計算で求める。タンパク質の熱量測定では,示差走査熱量測定(Differential Scanning Calorimetry, DSC)[23]と等温滴定熱量測定(Isothermal Titration Calorimetry, ITC)[24]が主に用いられる。

DSCは一定の速度で温度を走査し,タンパク質の状態変化に伴う熱の出入りを測定する。DSC装置はそれぞれが断熱された1対のセルから構成され,片方のセルにタンパク質溶液,もう片方に緩衝液を入れる。1分間あたり0.5〜1.5℃で昇温または降温させ,セル間に生じる温度差をなくすように加える補償熱量を記録することで,タンパク質の熱変性とフォールディングの平衡反応における定圧比熱容量C_pの変化をDSC曲線として観測する。DSCでは熱変性の中点温度に加えて,ピーク面積からエンタルピー変化ΔHが測定できる。このΔHは全てのタンパク質が変性するのに要するエンタルピー変化であり,変性開始温度から各温度までのピーク範囲を積分することで各温度での$\Delta H(T)$も求めることができる。タンパク質の変性が二状態遷移で起こることを仮定して天然状態と変性状態の存在比を[N]および[D]とすると,各温度における平衡定数$K(T)$は(4-5-3)式により定義でき,van't Hoffの(4-5-4)式よりvan't HoffエンタルピーΔH_{van}が求められる。

$$K(T) = [\text{D}]/[\text{N}] = [\text{D}]/(1-[\text{D}]) = \Delta H(T)/(\Delta H - \Delta H(T)) \qquad (4\text{-}5\text{-}3)$$
$$-\Delta H_{\text{van}}/RT^2 = d(\ln K(T))/dT \qquad (4\text{-}5\text{-}4)$$

ΔHとΔH_{van}が一致すれば,タンパク質の熱変性は二状態遷移で起こると言え,ΔH_{van}がΔHよりも小さい場合には何らかの中間状態を経由してタンパク質は熱変性する。

一方,ITCは一定の温度で,試料セルに入った溶液に対して別の種類の溶液

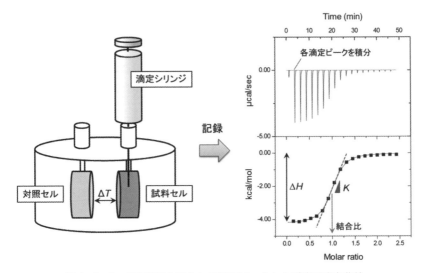

図4-5-1　ITC装置と得られる滴定ピークおよび等温滴定曲線
滴定シリンジより溶液を数μLずつ滴下し，試料セルと対照セルの温度差ΔTを補償する熱容量を滴定ピーク（上段グラフ）として記録する。ピークの積分値をプロットした等温滴定曲線（下段グラフ）より熱力学的パラメータなどを求める。

を滴定し，2種類の溶液が混合した時の熱の出入りを測定する（図4-5-1）。主に分子間相互作用の解析に用いられ，1回の実験で3種類の熱力学的パラメータ（ΔG，ΔH，ΔS）を得ることができる。ITC装置はDSC装置と同様に1対のセルを持ち，混合時の発熱または吸熱によりセル間に生じる温度差をなくすように補償熱量が加えられ，それを経時的に記録する。例えば，セルに満たしたタンパク質の溶液に対してそれに結合するリガンドの溶液を滴下すると，図4-5-1のようなITCデータが得られる。1回の滴定のピーク面積から算出される熱量をモル比に対してプロットした曲線は等温滴定曲線と呼ばれ，曲線の変曲点における傾きから結合定数Kが求められる。また変曲点のモル比はタンパク質とリガンドの結合比に対応する。リガンドを滴下していないモル比0に等温滴定曲線を外挿した時の熱量変化がエンタルピー変化ΔHに対応する。（4-5-1）式により結合定数Kと測定温度TからΔGが求められ，さらに（4-5-2）式によりエントロピー変化ΔSを算出することができる。ITCでは酵素溶液に対して基質を滴定することで，酵素反応のMichaelis定数を評価することも可能であり，様々な相互作用や反応の熱力学的プロファイルを理解することができる[25]。

6 高次構造予測

 様々な生物種のゲノム塩基配列の解析が容易になり，それに基づいてこれまでに膨大な数のタンパク質のアミノ酸配列が得られている。タンパク質が機能を果たすためには立体構造の形成が重要であり，立体構造の情報を得ることができれば，タンパク質の機能をより詳しく理解することができる。例えば，ミオグロビンとαヘモグロビン（ヘモグロビンの構成単位）のアミノ酸配列の相同性は30％程度であるが，三次構造は全体的によく似ており，両者はヘムを使って酸素を結合するという点で類似した機能を持つ。このようにタンパク質は，必要な基本的な機能を保持しながらそれぞれの生理条件にあった役割を果たすために，アミノ酸配列よりも立体構造を進化的に保持してきたと考えられる。アミノ酸配列からタンパク質が一意的に折りたたまれるのであれば，計算によって立体構造を求めることができると期待され，アミノ酸配列からの三次構造の予測法が開発されてきた。

 ホモロジー・モデリングは最も簡単で信頼性の高い方法であり，SWISS-MODEL（http://swissmodel.expasy.org/）などのWebサーバーで実行することができる。この方法では，立体構造が既知のタンパク質の中から対象とするタンパク質のアミノ酸配列と相同性の高いものを選んで鋳型とし，エネルギー計算をしながらアミノ酸残基の置換と挿入などを繰り返して分子モデルを組み立てていく。アミノ酸配列の相同性が高いほど信頼性の高い構造予測が可能であるが，25％程度の相同性であっても信頼できる三次構造が得られることもある。一方，アミノ酸配列の相同性が低い場合の構造予測法として開発されたのがスレッディング法である。この予測法では，まず構造既知のタンパク質の情報から構造ライブラリーを作成する。このライブラリーの構造と解析対象のアミノ酸配列との適合性を評価し，もっともらしい三次構造のモデルを導出する。PSI-BLAST[26]などの配列類似性を高度に検索する技術が発達し，対象とするアミノ酸配列の個々のアミノ酸残基が鋳型の立体構造のどの位置に対応するかを推定することが容易になっている。

 上記の既知構造との比較モデリング法に対して，タンパク質の3次元構造を最初から（*ab initio*）計算で求める *ab initio* モデリング法がある。これは各アミノ酸残基の物理化学的性質のみに基づいて相互作用エネルギーを計算し，解析対象のアミノ酸配列がとり得る立体構造の中で最も安定な構造を探索するものであり，スーパーコンピュータや分散コンピューティングの発展により実現

されてきた。現時点で最も成功した*ab initio*モデリング法の構造予測アルゴリズムはDavid Bakerが開発したRosettaである[27]。Rosettaはフラグメントアセンブリ法を用いており，タンパク質のアミノ酸配列をフラグメント化して既知構造データベースからフラグメントがとり得る構造の候補をいくつか選択し，そのフラグメント候補を繋ぎ合わせることで全体構造を構築する。これは，新規なフォールドであっても断片（フラグメント）を取り出せば既知構造のデータベースに存在するはずである，という考え方を基本としている。フラグメント検索については比較モデリングの概念と類似しているものの，現在では*ab initio*モデリング法の標準になっている。

7 酵素活性部位

　酵素は化学反応の速度を増加させる触媒であり，酵素が基質に作用して反応を起こす場合，基質は酵素反応によって生成物に変換されるが，酵素自身は反応の前後で変化しない。このため，酵素は多くの基質と繰り返し結合して反応を進めることができる。酵素が基質を結合して反応生成物へと変換する部位は"活性部位"と呼ばれる。活性部位は，酵素の全体構造の中で比較的狭い領域であり，アミノ酸配列上では散在しているアミノ酸残基が立体構造の形成により空間的に寄り集まってつくられる。多くの場合，活性部位は酵素の分子表面に存在するくぼみや裂け目の奥にあり，全体的には非極性の環境に，反応を担う極性アミノ酸残基（触媒残基）が配置している。基質の活性部位への結合は，複数のアミノ酸残基との相互作用の総和か，可逆的な共有結合によってなされるが，アミノ酸残基の性質と空間配置によって酵素がどの分子を結合して基質とするかといった基質特異性が決定される。基質分子が活性部位に結合した状態を"酵素—基質複合体"と呼び，触媒残基が基質分子に作用して反応の活性化エネルギーが安定化された遷移状態を経て，基質は反応生成物に転換されて溶液中に放出される。

　酵素が基質と結合する様式として2つのモデルが考えられている（図4-7-1）。1つはEmil Fischerが1894年に提案した"鍵と鍵穴モデル"である。このモデルにおいて，活性部位は基質の形にうまく適合するような形をとっており，基質が正しい向きで配置することで完全に相補的になる。活性部位は基質の結合によらず同一のコンホメーションに固定されている。一方，Daniel E. Koshland Jr.は，酵素の活性部位はより柔軟であり，基質の結合によって活性

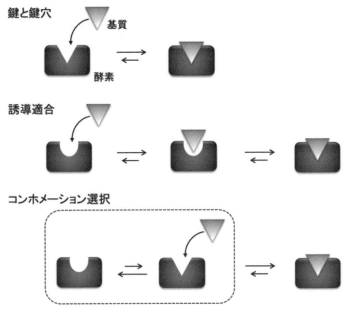

図4-7-1　酵素の基質認識モデル

部位が基質に相補的な形をつくるコンホメーションへと変化することを1958年に提案した。このモデルは"誘導適合モデル"と呼ばれ"鍵と鍵穴モデル"を発展させたものである。例えば、ヘキソキナーゼへのグルコースの結合は、活性部位がグルコースに相補的な形をとるようにコンホメーションが変化し、しかもその変化は基質が酵素に結合した直後に生じると考えられている[28]。しかしながら、Peter E. WrightやDorothee Kernらのグループにより酵素の反応過程における核スピン緩和が解析され、"コンホメーション選択"と呼ばれる新しい基質結合モデルを支持する結果が提示された（図4-7-1）[29,30]。誘導適合による基質結合が知られていたいくつかの酵素において、基質が結合していない状態であっても、僅かながら酵素―基質複合体と同じ活性部位のコンホメーションが形成されていたのである。この場合、基質は酵素の複数のコンホメーションの中から"鍵と鍵穴モデル"で適合するコンホメーションに対して選択的に結合する。コンホメーションの存在率はその自由エネルギーで決まるため、基質と適合するコンホメーションはある割合で存在し基質と次々に結合すると考えられている。また、コンホメーション選択は基質結合の初期段階の現象であり、続いて側鎖との結合の最適化が誘導適合により進行するといった、複合

的な基質結合機構も想定される。

文　　献

1) Y. Yamada et al.: Improvements toward highly accurate diffraction experiments at the macromolecular micro-crystallography beamline BL-17 A; *J. Synchrotron Radiat.*, **20**, 938-942 (2013)
2) G. Taylor: The phase problem; *Acta Crystallogr. D Biol. Crystallogr.*, **59**, 1881-1890 (2003)
3) P. D. Adams et al.: Recent developments in phasing and structure refinement for macromolecular crystallography; *Curr. Opin. Struct. Biol.*, **19**, 566-572 (2009)
4) M. Billeter, G. Wagner, K. Wüthrich: Solution NMR structure determination of proteins revisited; *J. Biomol. NMR*, **42**, 155-158 (2008)
5) M. F. Leopold, J. L. Urbauer, A. J. Wand: Resonance assignment strategies for the analysis of NMR spectra of proteins; *Mol. Biotechnol.*, **2**, 61-93 (1994)
6) K. Murata et al.: Structural determinants of water permeation through aquaporin-1; *Nature*, **407**, 599-605 (2000)
7) M. Adachi et al.: Structure of HIV-1 protease in complex with potent inhibitor KNI-272 determined by high-resolution X-ray and neutron crystallography; *Proc. Natl. Acad. Sci. U S A*, **106**, 4641-4646 (2009)
8) D. K. Putnam, E. W. Lowe Jr., J. Meiler: Reconstruction of SAXS Profiles from Protein Structures; *Comput. Struct. Biotechnol. J.*, **26**, e201308006 (2013)
9) K. Igarashi et al.: Visualization of cellobiohydrolase I from Trichoderma reesei moving on crystalline cellulose using high-speed atomic force microscopy; *Methods Enzymol.*, **510**, 169-182 (2012)
10) M. Osawa, K. Takeuchi, T. Ueda, N. Nishida, I. Shimada: Functional dynamics of proteins revealed by solution NMR; *Curr. Opin. Struct. Biol.*, **22**, 660-669 (2012)
11) P. P. Borbat, A. J. Costa-Filho, K. A. Earle, J. K. Moscicki, J. H. Freed: Electron spin resonance in studies of membranes and proteins; *Science*, **291**, 266-269 (2001)
12) A. Sekhar, L. E. Kay: NMR paves the way for atomic level descriptions of sparsely populated, transiently formed biomolecular conformers; *Proc. Natl. Acad. Sci. U S A*, **110**, 12867-12874 (2013)
13) F. Ding, M. Layten, C. Simmerling: Solution structure of HIV-1 protease flaps probed by comparison of molecular dynamics simulation ensembles and EPR experiments; *J. Am. Chem. Soc.*, **130**, 7184-7185 (2008)
14) H. Nakagawa, M. Kataoka: Percolation of Hydration Water as a Control of Protein Dynamics; *J. Phys. Soc. Jpn.*, **79**, 083801 (2010)
15) F. A. Quiocho, D. K. Wilson, N. K. Vyas: Substrate specificity and affinity of a protein modulated by bound water molecules; *Nature*, **340**, 404-407 (1989)
16) M. Krauss, H. S. R. Gilson, N. Gresh: Structure of the First-Shell Active Site in

Metallolactamase: Effect of Water Ligands; *J. Phys. Chem. B*, **105**, 8040-8049（2001）

17) K. Kubota *et al.*: The crystal structure of l-sorbose reductase from *Gluconobacter frateurii* complexed with NADPH and l-sorbose; *J. Mol. Biol.*, **407**, 543-555（2011）
18) P. G. Wolynes, J. N. Onuchic, D. Thirumalai: Navigating the folding routes; *Science*, **267**, 1619-1620（1995）
19) M. Arai, K. Kuwajima: Role of the molten globule state in protein folding; *Adv. Protein Chem.*, **53**, 209-282（2000）
20) L. Wang, X. Wang, C. C. Wang: Protein disulfide-isomerase, a folding catalyst and a redox-regulated chaperone; *Free Radic. Biol. Med.*, **83**, 305-313（2015）
21) P. A. Schmidpeter, F. X. Schmid: Prolyl isomerization and its catalysis in protein folding and protein function; *J. Mol. Biol.*, **427**, 1609-1631（2015）
22) W. A. Houry: Chaperone-assisted protein folding in the cell cytoplasm; *Curr. Protein Pept. Sci.*, **2**, 227-244（2001）
23) G. Bruylants, J. Wouters, C. Michaux: Differential scanning calorimetry in life science: thermodynamics, stability, molecular recognition and application in drug design; *Curr. Med. Chem.*, **12**, 2011-2020（2005）
24) Y. Liang: Applications of isothermal titration calorimetry in protein science; *Acta Biochim. Biophys. Sin.*, **40**, 565-576（2008）
25) M. L. Bianconi: Calorimetry of enzyme-catalyzed reactions; *Biophys. Chem.*, **126**, 59-64（2007）
26) S. F. Altschul *et al.*: Gapped BLAST and PSI-BLAST: a new generation of protein database search programs; *Nucleic Acids Res.*, **25**, 3389-3402（1997）
27) K. T. Simons, R. Bonneau, I. Ruczinski, D. Baker: Ab initio protein structure prediction of CASP III targets using ROSETTA; *Proteins*, **37**, 171-176（1999）
28) P. Kuser, F. Cupri, L. Bleicher, I. Polikarpov: Crystal structure of yeast hexokinase PI in complex with glucose: A classical "induced fit" example revised; *Proteins*, **72**, 731-740（2008）
29) D. McElheny, J. R. Schnell, J. C. Lansing, H. J. Dyson, P. E. Wright: Defining the role of active-site loop fluctuations in dihydrofolate reductase catalysis; *Proc. Natl. Acad. Sci. U S A*, **120**, 5032-5037（2005）
30) E. Z. Eisenmesser *et al.*: Intrinsic dynamics of an enzyme underlies catalysis; *Nature*, **438**, 117-121（2005）

（以上，田之倉　優）

8　変性と失活

　酵素では，種々の残基が立体的に組み合わされ，複雑な酵素活性部位が構成されている。これらの残基は組み上げられたタンパク質の高次構造上に存在する。それ故，タンパク質である酵素の高次構造が破壊されると，活性部位の残基の立体的配置が崩れ，酵素が活性を失う（失活）。図3-1-12にタンパク質の

高次構造の生成（folding）と高次構造の変性（denaturation）を示した。変性によってタンパク質の高次構造が崩れ，ランダムコイルに近い状態になり，それとともに酵素活性が失われる。

このような変性が起きる原因としては，温度・酸塩基性・有機試薬などの原因が考えられる。温度を高くすると分子運動が盛んになり残基が大きく揺れ，水素結合・イオン結合・疎水結合などが解離し高次構造が崩れランダムコイル状態になる。また酸塩基を加えると，電荷を持ったアミノ酸残基の電荷の状態が変化するので，水素結合・イオン結合が破壊されて高次構造が崩れ，有機試薬である尿素やグアニジン塩などを加えると主に水素結合を破壊して高次構造が崩れる。疎水結合を破壊するドデシル硫酸ナトリウムを加えても変性が起きる。

過去において変性は不可逆的と考えられていたが，アンフィンセンなどがリボヌクレアーゼを変性させた後，foldingさせることに成功し，タンパク質の高次構造の変性と生成が可逆的であることが判った。生体中にはタンパク質のfoldingを助けるタンパク質であるシャペロンやシャペロニンが存在する。

9　酵素の修飾

9.1　生体内で起きる修飾（翻訳後の修飾と切断，SS結合形成）

タンパク質は，リボゾーム上で合成され，ひも状のランダムコイルからfoldingにより形成される。それ故，タンパク質の修飾はタンパク質の立体構造が形成されたのちに起きる。修飾を大きく分類すると，タンパク質の切断，タンパク質のSS結合の形成，糖鎖の付加，アミノ酸の化学的修飾などに分類される。

9.1.1　タンパク質の切断

生体内でタンパク質が機能する場合，もともと生成したタンパク質を切断して生体内で利用することが行われる。例えばタンパク質消化酵素であるカルボキシペプチダーゼAはカルボキシ末端からタンパク質を分解するペプチダーゼであり，すい臓で産出される。しかしカルボキシペプチダーゼが生体内で合成される場合は，活性部位が露出していないプロカルボキシペプチダーゼとして産出される。図4-9-1にプロカルボキシペプチダーゼとカルボキシペプチダーゼの立体構造をリボンモデルで示した。すい臓から排出されたプロカルボキシペプチダーゼは，十二指腸に存在するトリプシンなどでタンパク質の一部が切断され，活性部位が露出するようになる。プロカルボキシペプチダーゼの左部分が加水分解され切断されているのがよくわかる（図4-9-1）。この切断に

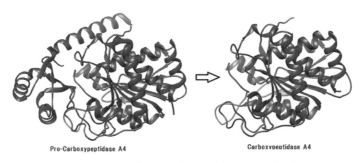

図4-9-1　プロカルボキシペプチダーゼの切断
プロカルボキシペプチダーゼ（PDB ID 2BOA），カルボキシペプチダーゼ（PDB ID 2PCU）より作成．

よって活性部位が露出し，酵素が機能するようになる．このようなペプチドの切断は，生体内の多くの酵素でみられる．

9.1.2　SS結合の形成

　分泌タンパク質や膜タンパク質にみられるジスルフィド結合は，CysのSH基の酸化によって形成される．ジスルフィド結合はタンパク質の構造を保つのに非常に重要な役割を果たす．還元性が強い細胞質などでタンパク質が合成された場合，Cysは還元された状態で存在するが，小胞体内腔にタンパク質が入るとタンパク質はfoldingし，小胞体内腔は非還元性であるのでfoldingの結果近くに存在するCys同士の間で酸化反応が起きジスルフィド結合が形成される．

9.1.3　糖鎖のタンパク質への結合（グリコシル化）

　糖鎖による修飾によって，多くのタンパク質は種々の機能を発現することができる．糖の結合したタンパク質を糖タンパク質という．細胞膜表面上に存在するタンパク質の多くは糖鎖が結合しており，細胞間情報伝達・細胞認識などに深く関わっている（図4-9-2参照）．また細胞内ではタンパク質のリソソームなどへの移動など細胞内のタンパク質の分布などにも深く関わっている．タンパク質に結合する糖鎖は1～数種類の単糖から構成されている．同じ糖タンパク質でも糖の結合の配列順序・種類・位置などが異なっており，複雑な情報伝達素子として役立っている．糖鎖はタンパク質のAsn残基の酸アミド基に結合するN結合型と，SerおよびThr残基の水酸基に結合するO結合型があり，これ以外の残基には糖鎖は結合しない．N結合型糖鎖は結合するモチーフ配列がAsn-X-(Ser, Thr)になっており，モチーフ配列から糖鎖が結合する場所がある程度推定できるが，O結合型についてはこのようなモチーフ配列は知られていない．

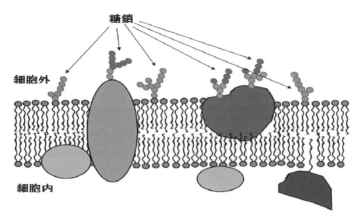

図 4-9-2　細胞膜表面の糖タンパク質と糖脂質

9.1.4　アミノ酸の化学的修飾

　タンパク質が生成した後，種々の酵素などにより種々のアミノ酸への修飾が起きる。代表的な例を下記に列記した。

　N末端修飾：N末端のアミノ基がアシル基やアルキル基で修飾されることで，N末端が修飾を受けているタンパク質の割合は多い。

　ADPリボシル化：NADからタンパク質のArg，Glu，Asp残基などにADPリボトランスフェラーゼによりADPリボースを転移させる。この反応は細胞間情報伝達・アポトーシスなどに関わっている。

　ユビキチン化：ユビキチンは76残基からなるタンパク質で，タンパク質の選択的分解に関わっている。分解されるタンパク質に種々の酵素の働きにより共有結合で結合する。このユビキチンがタンパク質に多数重合しポリユビキチン鎖を形成する。そうするとプロテオソームがそれを認識しタンパク質を取り込んで分解する。

　アセチル化・メチル化・脱イミノ化：ヒストンなど遺伝子に関わるタンパク質において，Lys残基のアミノ基のアセチル化，LysおよびArg残基のメチル化，Arg残基の脱イミノ化が起きる。

　ヒドロキシル化：繊維状タンパク質で結合組織として重要なコラーゲンのPro，Lysがヒドロキシル化される。Proがヒドロキシル化されたヒドロキシプロリンは，プロリンのγ炭素原子にヒドロキシ基が結合した構造をしており，コラーゲンの主要成分で，Proとともにコラーゲンの三重鎖の安定化に寄与している。Proのプロリンヒドロキシダーゼによるヒドロキシル化にはアスコルビン酸（ビ

タミンC）が必要であり，アスコルビン酸が不足すると壊血病を誘発する。

　ラセミ化：タンパク質中のアミノ酸はL体であるが，まれに光学異性体のD体にラセミ化される。

9.2　酵素およびタンパク質の機能の改変

　タンパク質の遺伝子を，大量培養可能な細菌や酵母などに入れ，細胞内でタンパク質の遺伝子を発現させ，目的のタンパク質を容易に得ることができる遺伝子工学的手法が近年発展した。またタンパク質の遺伝子そのものを改変することも可能になり，多くのタンパク質および酵素の機能の改変が可能となった。

9.2.1　タンパク質の機能改変

　インスリンは，すい臓に存在するランゲルハンス島のβ細胞から分泌されるペプチドホルモンである。21個のアミノ酸残基からなるA鎖と，30個のアミノ酸残基からなるB鎖とからなり，A鎖とB鎖が2本のジスルフィド結合で結合している。インスリンはすい臓でプロインスリンとして1本のペプチドとして産出されるが，その後ポリペプチドの切断によりSS結合で繋がったA鎖とB鎖に分かれる。プロインスリンとインスリンの構造を図4-9-3に示した。インスリンは血中に存在し血糖値をコントロールしているが，血液中の濃度が減少すると，糖尿病を引き起こす。遺伝子工学が発展する以前は，糖尿病には豚のインスリンが治療に用いられていた。それ故，種の違いによるアレルギー反応が起きる可能性があったが，遺伝子工学の発展により容易にヒトのインスリン

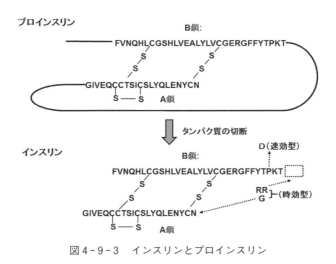

図4-9-3　インスリンとプロインスリン

を遺伝子工学的手法で調製することが可能になった。また，現在では遺伝子工学によりタンパク質の一部を他のアミノ酸に変換するポイントミューテーションの手法が発達し，ヒトインスリンの種々のアミノ酸を置き換えた速効型・中間型・時効型に機能を改変したインスリンアナログが登場し，糖尿病の治療に画期的変化を与えている（図4-9-3参照）。

9.2.2 酵素の機能改変

　トリプシンおよびキモトリプシンはセリンプロテアーゼであり，図4-9-4の左図に示すように，お互いにタンパク質の立体構造が非常に類似している。しかし分解する基質であるペプチドの選択性が明瞭に異なり，キモトリプシンは芳香族アミノ酸残基（Phe, Tyr, Trp）を，トリプシンは疎水性側鎖の先端に正の電荷を持ったアミノ酸残基（Lys, Arg）を認識して，カルボキシ末端側のペプチド結合を加水分解する。キモトリプシンとトリプシンはともに疎水性ポケットの凹みを持っており，トリプシンではその底に基質の正の電荷を認識する負電荷を持ったAsp残基が存在する。セリンプロテアーゼであるキモトリプシン・トリプシンが基質を加水分解する時に基質がSer195残基に共有結合し（図4-9-4参照），疎水性ポケットの凹みに基質の残基がはまり込み基質の認識がされる。この模式図を図4-9-5に示した。遺伝子工学の発達により酵素のアミノ酸残基を置き換えることが可能となり，トリプシンにキモトリプシンの機能を持たせる酵素機能の改変の試みが行われた。最初トリプシンのAsp189

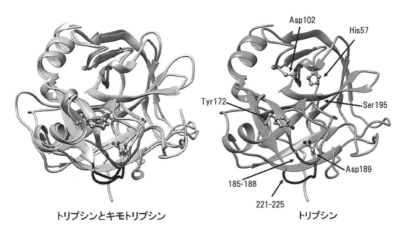

図4-9-4　キモトリプシンとトリプシンの立体構造とトリプシンの変異部位
キモトリプシン（PDB ID 1N8O），トリプシン（PDB ID 1F0T）より作成。

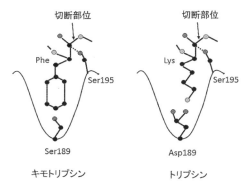

図4-9-5　トリプシンとキモトリプシンにおける基質認識ポケット
文献1）を参考に改変。

がSer189に置き換えられたが，基質特異性が非常に低下した酵素になった。そこで順次多くのアミノ酸残基を置き換え，トリプシンの185-188，221-225の残基をキモトリプシン様に置き換えて，活性部位や活性部位の凹みから遠く離れたTyr172をTrpに置き換え，やっとキモトリプシンの14％の活性を発現させることに成功した。これらの事実は酵素の基質認識が非常に複雑であることを示した。しかし，このような酵素改変は，より多くの実用的価値を生むことから，多くの酵素で耐熱性などの性質などを増強させようと，酵素の機能改変が盛んに行われている。

10　ペプチドの化学合成法と酵素合成

10.1　ペプチドの固相合成法

　タンパク質を化学合成する一般的手法の一つでロバート・メリーフィールドによって開発された。この他に液相法もある。固相法では，直径0.1mm程度のポリスチレン高分子ゲルを固相として用い，ここにアミノ酸を結合し，続けてアミノ基を保護したアミノ酸を縮合反応させた後，末端の保護基（PG）を外す。これを順次繰り返すことにより，1つずつアミノ酸鎖を伸長していく。ペプチド合成法ではC末端側からN末端側へ向かって合成が進められる。したがって，C末端アミノ酸を担体ポリスチレンに固定して合成が開始される。

　目的とするペプチドの配列が出来上がったら，固相表面から切り出し，目的の物質を得る。1966年にメリーフィールドは，固相法という新しい方法でヒト

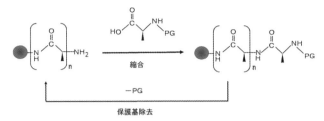

図 4-10-1　ペプチドの固相合成法

インスリンを効率よく合成するのに成功した。しかしインスリンの合成には時間も費用もかかることから，結局は実用化に至らなかった。

文　　　献

1) D. Voet, J. G. Voet：ヴォート生化学（上），第 4 版（田宮信雄，村松正實，八木達彦，遠藤斗志也（訳）），p.410，図 5-21，東京化学同人，東京（2012）

（以上，廣瀬順造）

第5章　複合的な酵素系

1　タンパク質の生合成系

　タンパク質は20種類のアミノ酸がペプチド結合で繋がったポリマーである。グリコーゲンなどの生体ポリマーの生合成は少数の酵素によって達成されるが[1]，同じポリマーでも様々なアミノ酸の並び方と数（一次構造）が考えられるタンパク質の場合，酵素的にアミノ酸を順次繋げていくというやり方をするならば1種類のタンパク質を合成する場合であっても非常に多種類の酵素が必要になる。実際，タンパク質は核酸といくつかの酵素の連携により合成される。タンパク質の一次構造情報はDNA（ある種の生物ではRNA）の塩基の並び方として刻まれており，それを読み取る形で合成される。まず，RNAポリメラーゼでDNAの塩基配列に対応したmRNAを合成する（転写，transcription）（図5-1-1）。mRNAはリボソームと結合する。リボソームではアミノ酸と結合したtRNA（アミノアシルtRNA）がmRNAの3つずつの塩基配列（コドン，codon）に対応して結合，アミノ酸が順次繋がっていく（翻訳，translation）（図5-1-1）。以下には原核生物の代表例である大腸菌のタンパク質生合成を5つの段階に分け，それぞれの段階で働く酵素に焦点を当てて概説する。

1.1　アミノアシルtRNAの合成[2,3]

　まずアミノ酸の活性化，すなわち20種類のアミノ酸がそれぞれに対応するtRNAに結合してアミノアシルtRNAが合成される。この反応はアミノアシルtRNA合成酵素によって2段階で進められる（反応式1）。最初の段階は酵素にアデノシン三リン酸（ATP）とアミノ酸が結合，それらが反応してアミノアシルAMP（AMP，アデノシン一リン酸）が形成されピロリン酸が放出される段階である。次はアミノアシルAMP—酵素複合体にtRNAが結合し，アミノ酸のカルボキシル基がtRNAの3'末端のリボースとエステル結合を形成，AMPが放出される段階である。アミノアシルtRNA合成酵素は2つの型に分類され，アミノ酸をtRNA 3'末端リボースの2'位に結合させるもの（クラスI），3'位に結合させるもの（クラスII）がある。なお，大腸菌ではアミノアシルtRNA合成酵素は20種類，tRNAは約40種類ある。

転写

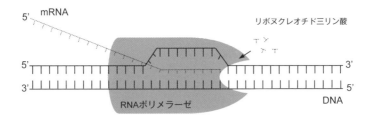

翻訳

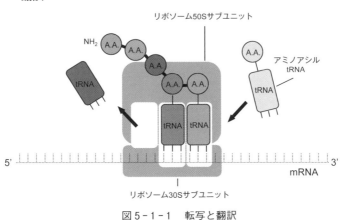

図5-1-1　転写と翻訳

アミノ酸 + ATP → アミノアシルAMP + ピロリン酸
アミノアシルAMP + tRNA → アミノアシルtRNA + AMP
　　　　　　　　　　　　　　　　　　　　　　　（反応式1）

1.2　転写[4)]

　RNAポリメラーゼの作用によりDNAの一方の鎖を鋳型，4種のリボヌクレオチド三リン酸（ATP，GTP，CTP，UTP）を基質としてmRNAが合成される（図5-1-1）。大腸菌RNAポリメラーゼは5つのポリペプチド鎖（各ポリペプチド鎖はサブユニットという。後述）$\alpha^I \alpha^{II} \beta \beta' \omega$ からなり，これはコア酵素と呼ばれるものである。RNAポリメラーゼコア酵素にσ因子（タンパク質性）が結合したものはホロ酵素と呼ばれる。RNAポリメラーゼホロ酵素が転写開始配列（プロモーター）を認識，引き続いてDNAの二重らせんが解かれると転写開始の準備が整う。プロモーターを識別するのはσ因子であり，プロモー

ターの塩基配列に応じいくつかの種類がある。なお，RNAポリメラーゼがDNAに結合し転写を開始するためには補助タンパク質が必要な場合もある（第10章）。RNAポリメラーゼが働きだすとσ因子は解離，コア酵素だけでmRNAの合成を行う。RNAポリメラーゼの活性部位はβとβ'の一部から構成されており，活性発現にはマグネシウムイオンが要求される。また，コア酵素ポリペプチド鎖の会合には亜鉛イオンが必要である。RNAポリメラーゼはDNA上のある種の塩基配列（ターミネーター）を認識するとDNAから離れ転写は終結する。

1.3 翻訳開始複合体の形成[5]

mRNA，ホルミルメチオニンを付加したtRNA（fMet-tRNA^{fMet}と表記される），リボソームの3者が会合し翻訳開始複合体が形成される（図5-1-2）。リボソームは大サブユニット（50Sサブユニット）と小サブユニット（30Sサブユニット）が会合してtRNAを収容する部位を3カ所（E, P, A部位）形成するが，fMet-tRNA^{fMet}はP部位に収容される。mRNAは翻訳開始コドン（AUG）上流のシャイン-ダルガルノ配列を介してリボソーム小サブユニット16SrRNA中の特定部位と相補的な塩基対を形成して結合する。fMet-tRNA^{fMet}のアンチコドン（CAU）とmRNAの翻訳開始コドンAUGは塩基対を形成する。

翻訳開始複合体形成にはタンパク質性のポリペプチド鎖開始因子IF-1，IF-2，IF-3（IFはinitiation factorの略）が関与する。IF-1はリボソーム小サブユニットのA部位となる箇所に結合し，fMet-tRNA^{fMet}や他のアミノアシルtRNA

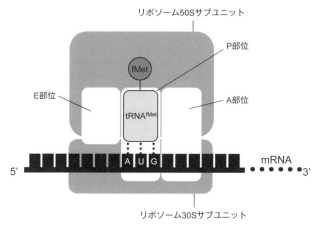

図5-1-2　翻訳開始複合体の模式図

がそこへ結合することを防ぐ。また，グアノシン三リン酸（GTP）結合型のIF-2と結合，それをA部位近傍に留めておく役割もある。GTP結合型IF-2はfMet-tRNA^{fMet}がリボソームP部位へ収まる際に必須である。IF-2はマグネシウムイオンを必須因子とし自らに結合したGTPの加水分解を触媒する活性を持つ（GTPアーゼ）。IF-2によるGTP加水分解はIF-2自らとIF-1のリボソームからの解離に必須である。IF-3はリボソームの大小サブユニットを解離状態にしておくために必須である。なお，大腸菌のリボソームはrRNA（3種類）と57種類の非酵素タンパク質から構成される。これら57種類のタンパク質はリボソームの構造維持に重要であると考えられている。

1.4　ペプチド鎖の伸長[6]

　mRNAに刻まれた遺伝暗号にしたがってペプチド鎖が伸長していく。図5-1-3には翻訳開始複合体から最初のペプチド結合形成前後の一連の過程を示した。ペプチド鎖の伸長段階では3種のポリペプチド鎖伸長因子EF-Tu，EF-Ts，EF-G（EFはelongation factorの略）というタンパク質性の因子が必須の働きをする。EF-TuとEF-GはIF-2と同様にGTPアーゼ活性を持つ。GTP結合型のEF-TuはアミノアシルtRNAと複合体を形成，この複合体がリボソームA部位へ結合する。アミノアシルtRNAが正しい位置に収まり，さらにmRNAと相補的塩基対が形成されるとEF-Tuはリボソーム大サブユニットの特定の部位に収まりGTPアーゼ活性を発現する。これにより自らに結合したGTPを加水分解，グアノシン二リン酸（GDP）結合型となりリボソームから解離する。次にペプチド結合が形成されるが，それを触媒するペプチジルトランスフェラーゼの本体はリボソーム大サブユニット中のRNA成分（23S rRNA）であると考えられている（リボザイム）。また，P部位に結合したtRNA3'末端リボースの2'-OHが失われるとペプチドの伸長速度は著しく低下することから，この部分のペプチド結合形成反応への寄与も大きいと考えられている。ペプチド結合が形成されると，今度はGTP結合型EF-Gがリボソーム大サブユニットに結合，GTPアーゼ活性発現と同時に構造変化を起こし，A部位に収まる。これに伴い，A部位のペプチジルtRNAはP部位へ，P部位の脱アシル化されたtRNAはE部位へ，mRNAは3塩基分移動する。また，これらの移動と同時にA部位に収まったGDP結合型のEF-Gはリボソームから放出される。E部位に移動したtRNAもリボソームから放出されていくが，その時期や機構についてはよくわかっていない。EF-TsはGDPと結合した不活性なEF-Tuを活性のあるGTP結合型に

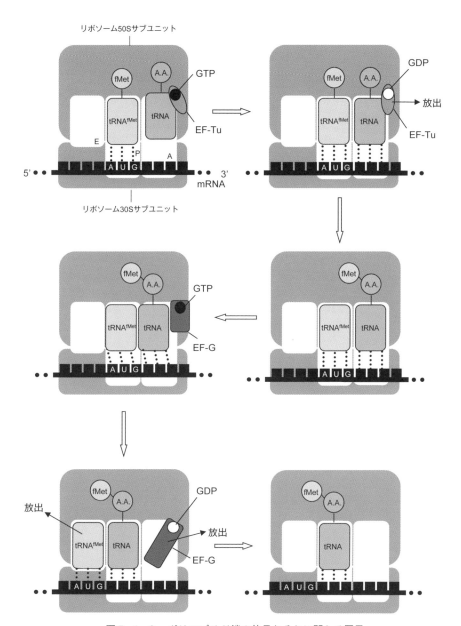

図5-1-3 ポリペプチド鎖の伸長とそれに関わる因子

変換させる際の必須因子である。

1.5　ポリペプチド鎖合成の終結[7]

　mRNAの示す終止コドン（UAA，UAG，UGA）がA部位に相対する位置にきた時，ポリペプチド鎖合成が終結することになる。ポリペプチド鎖終結因子RF-1，RF-2（いずれもタンパク質性因子。RFはreleasing factorの略）がA部位に収まり，mRNAの示す終止コドンに結合する。RF-1はUAAとUAGへRF-2はUAAとUGAに結合する。次にポリペプチド鎖とtRNAのエステル結合の加水分解が起こる。この反応は上述のリボザイムによって触媒されると考えられているが，RF-1（またはRF-2）も直接反応に関与する可能性も示唆されている。ポリペプチド鎖の放出後，RF-1（またはRF-2）がリボソームから放出されるが，これにはRF-3というGTPアーゼの働きが必要である。また，脱アシル化されたtRNA，mRNAのリボソームからの放出（リボソームの再生）にはリボソームリサイクル因子，EF-G，IF-3が必要である。

　上記の過程では核酸とタンパク質合わせて140種類程度が関与している。その中で酵素は25種類（アミノアシルtRNA合成酵素20種類，RNAポリメラーゼ，IF-2，EF-Tu，EF-G，RF-3）であり比較的少数である。大腸菌ではこれらの連携により約4,000種類[8]のタンパク質が合成されている。

　真核生物においてもタンパク質生合成の基本的な仕組み（転写と翻訳）は原核生物のそれと同じであるが，核におけるmRNAのプロセシング（スプライシングなど）と成熟mRNAの核外への搬出が加わるという点でより複雑なものとなっている。ここでは原核生物ではみられない転写，翻訳に関わる酵素について簡単に述べるにとどめる。まずは真核生物では3種のRNAポリメラーゼがあり，RNAポリメラーゼIIがmRNAの転写を担っている点である（RNAポリメラーゼIはrRNAの，RNAポリメラーゼIIIがtRNAなどの合成を担当する）[9]。さらに，真核生物においては翻訳開始複合体の形成過程でATPの加水分解が必要なことである。翻訳開始因子の一つであるeIF4AがATP依存性のヘリカーゼ活性を示す[10]。通常真核生物の成熟mRNAの翻訳開始コドン近傍は塩基対によるヘアピン構造を形成しており，翻訳開始tRNAが開始コドンに結合できないようになっている。このヘアピン構造解消のためにeIF4Aのヘリカーゼ活性が必須である[10]。なお，ヒトの場合約30,000種類のタンパク質が合成されていると見積もられている[8]。

　冒頭にタンパク質は20種類のアミノ酸から構成されるとしたが，厳密にいう

とこれは正しくない。多くの生物種に分布するグルタチオンペルオキシダーゼや真性細菌のギ酸デヒドロゲナーゼなどには21番目のアミノ酸といわれるセレノシステイン（selenocysteine）が含まれているからである。セレノシステインではシステインの硫黄原子がセレン原子におきかわっている。酵素中のセレノシステイン残基はポリペプチド鎖中の何らかの残基（例えばセリン残基）が翻訳後修飾を受けることによって生成するのではない。セレノシステインを結合したtRNAが翻訳過程で取り込まれた結果による。実際にセレノシステイン専用のtRNA（tRNA^{Sec}）がある。セリルtRNA合成酵素によってtRNA^{Sec}にまずセリンが付加される（真性細菌，古細菌，真核生物共通）（図5-1-4）[11]。真性細菌の場合，セリンが付加されたtRNA^{Sec}（Ser-tRNA^{Sec}）はセレノリン酸を活性化供与体として，セレノシステイン合成酵素（ピリドキサールリン酸要求性）によってセレノシステイルtRNA（Sec-tRNA^{Sec}）へと変換される（図5-1-4）[11]。古細菌，真核生物の場合，Ser-tRNA^{Sec}はO-ホスホセリルtRNAキナーゼによっていったんリン酸化された後，セレノリン酸を活性化供与体としホスホセリルtRNA：セレノシステイルtRNA合成酵素によってSec-tRNA^{Sec}へと変換される[11]。Sec-tRNA^{Sec}は終止コドンUGAを認識してmRNAと結合する[12]。ただし，UGAコドンの近傍（真性細菌）または3'非翻訳領域（古細菌と真核生物）にセレノシステイン挿入配列がある場合にのみ結合できる[12]。また，一部の真性細菌と古細菌のメチルアミンメチルトランスフェラーゼには22番目のアミノ酸ともいわれるピロリジン（ピロリシン，pyrrolysine）が含まれている。これはリジン（リシン，lysine）の誘導体である。ピロリジルtRNAは終止コドンUAGを認識してmRNAに結合する[13]。

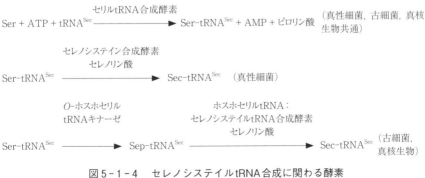

図5-1-4　セレノシステイルtRNA合成に関わる酵素
Ser：セリン残基。

リボソームは細胞質ゾルで機能する（小胞体に結合して機能する場合と結合せずに機能する場合がある）。細胞質ゾルのものとは異なるリボソームがミトコンドリアマトリックスに存在し機能している。植物では葉緑体のストロマにも細胞質のものとは異なるリボソームが存在し機能している。

【クイズ】

Q 5-1-1　RNA ポリメラーゼ，アミノアシル tRNA 合成酵素，翻訳因子（GTP アーゼ）はそれぞれ酵素 6 大分類のうちどの群に属するか。

A 5-1-1　RNA ポリメラーゼ，転移酵素；アミノアシル tRNA 合成酵素，リガーゼ；GTP アーゼ，加水分解酵素。

Q 5-1-2　原核生物，真核生物それぞれで，RNA ポリメラーゼ，リボソームが機能する場所について述べよ。

A 5-1-2　原核生物では RNA ポリメラーゼ，リボソームともに細胞質ゾルで機能する。真核生物の RNA ポリメラーゼ I，II，III は核内で機能する。核ゲノムにコードされたミトコンドリア RNA ポリメラーゼという酵素がありミトコンドリアマトリックスで機能する。植物では葉緑体にも独自の RNA ポリメラーゼがあり，ストロマで機能する。

2　補因子を要求する酵素

酵素には補因子（酵素補因子。第 1 章）を要求するものとしないものがある。補因子を要求しない酵素の例として加水分解酵素群に属するもののいくつかを挙げることができる[14,15]。リゾチームなどのグリコシラーゼ類，アセチルコリンエステラーゼ，リボヌクレアーゼ A，プロテインホスファターゼ 1 などのエステラーゼ類，トリプシン，ズブチリシンなどのセリンプロテアーゼ類（後述），ペプシン，レニンなどのアスパラギン酸プロテアーゼ類，パパイン，カテプシン K などのシステインプロテアーゼ類などである。転移酵素群では特にグリコシル基の転移を触媒するものに補因子を要求しない酵素が見出される[14,16]。リアーゼとイソメラーゼ群にも補因子を要求しない酵素の例はある。動植物のフルクトースビスリン酸アルドラーゼ（リアーゼ），トリオースリン酸イソメラー

ゼなどである[14]。

　補因子を要求する酵素も数多い。実際，酸化還元酵素群，リガーゼ群に属するものは補因子要求性であると考えてよい[14,17,18]。また，転移酵素群，リアーゼ群もその多くが補因子を要求する。イソメラーゼ群ではメチルマロニルCoAムターゼ（アデノシルコバラミン要求）やアミノ酸ラセマーゼ（ピリドキサール5'-リン酸（PLP）要求）などがある[14]。加水分解酵素群でもデオキシリボヌクレアーゼ類（マグネシウムイオン要求），マグネシウム／マンガン依存性タンパク質ホスファターゼ，ATPアーゼとGTPアーゼ類（マグネシウムイオン要求），金属プロテアーゼ類（亜鉛イオンなどを要求）などがある[14,15]。補因子要求性の酵素は利用する補因子が同じであれば，ひとまとめにして以下のように呼ばれることがある。例えばナイアシン化合物を要求するデヒドロゲナーゼはピリジン酵素[14]，フラビン化合物を要求するものはフラビン酵素[14]，PLPを要求するものはPLP酵素[19]，ビオチンを要求するものはビオチン酵素[14]などと呼ばれることがある。金属イオンを要求する酵素は"金属酵素[14]"とひとまとめに呼ばれることもあるが，例えば亜鉛イオンを含むものは"亜鉛酵素[14]"などと含有イオンに応じて呼ばれることもある。また，金属酵素の中でもヘムとして鉄イオンを含有するものはヘム酵素[20]とも言われる。以下にピリジン酵素，フラビン酵素，PLP酵素，亜鉛酵素，ヘム酵素について概説する。

2.1　ピリジン酵素[14,21,22]

　糖質，脂質などの代謝に関わるデヒドロゲナーゼ（酸化還元酵素群）の多くは補因子としてナイアシン化合物を要求する"ピリジン酵素"である。ピリジン酵素の種類はこれまでに200種類程度が知られている。ピリジン酵素は一般に反応式2で表される可逆反応を触媒する。右向きの反応は酵素が基質から水素2個分を奪い，一方を自身に結合したNAD^+（または$NADP^+$）に収容させ$NADH$（または$NADPH$）を生じさせるとともに，他方をプロトンとして溶媒中に放出することを表している。NAD^+（または$NADP^+$）に収容されるのは水素化物イオン（H^-と表記）であり，2つの電子が同時に転移する（図5-2-1）。水素化物イオンの転移位置はニコチンアミドのピリミジン環4位の炭素であり（図5-2-1），そのS位，R位のどちら側に付加させるかそれぞれのピリジン酵素で異なる。生じた$NADH$（または$NADPH$）は溶媒中に放出され他の反応で利用される（同一酵素の逆反応で利用される場合もある）（反応式2左向き反応）。この場合も$NADH$（または$NADPH$）から基質に水素化物イオンと

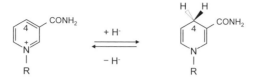

図5-2-1　NAD(P)$^+$ニコチンアミド環への水素化物イオンの転移

して2電子が同時に転移する。なお，哺乳類のグルコースデヒドロゲナーゼなど若干の例外はあるものの各ピリジン酵素はNAD$^+$，NADP$^+$のどちらかを厳密に使い分ける。

$$RH_2 + NAD(P)^+ \rightleftarrows R + NAD(P)H + H^+ \quad (反応式2)$$

　反応式2における左向きの反応が実質的には起きないピリジン酵素もある。例えばトリカルボン酸回路（TCA回路）のイソクエン酸デヒドロゲナーゼやペントースリン酸経路の6-ホスホグルコン酸デヒドロゲナーゼなどである。例えばイソクエン酸デヒドロゲナーゼはイソクエン酸からNAD$^+$に水素化物イオンを転移させ中間生成物であるオキサロコハク酸を生じさせるが，この中間体の寿命は短く二酸化炭素除去とプロトン付加により2-オキソグルタル酸となる。後半の反応は2-オキソグルタル酸生成の方向に傾いているので前半の反応もオキサロコハク酸生成に傾く。なお，NADHとNADPHは340 nmの波長の光を吸収する。このことを利用してピリジン酵素の活性評価が行われる。

　ピリジン酵素以外でもNAD$^+$を利用する酵素がある。例えばタンパク質のADPリボシル化を触媒する酵素（群）はNAD$^+$を利用する。この時NAD$^+$のADPリボース部分がタンパク質に転移され，ニコチンアミド部分は放出される。また，真性細菌のDNAリガーゼが触媒する反応ではNAD$^+$のAMP部分がDNAの末端に転移され，ニコチンアミドヌクレオチド部分は放出される。

2.2　フラビン酵素[14, 23~25]

　フラビン酵素はフラビン環（ヘテロ環状イソアロキサジン環）を含んだFAD，FMNを補因子（補欠分子族）とする酵素である。フラビン酵素で金属も含んでいるものはフラビン金属酵素と呼ばれる。フラビン酵素の大部分は酸化還元酵素群に属するものである。ヒトの場合，フラビン酵素の概数は100である。フラビン酵素は基質から電子を受容しFAD（またはFMN）のフラビン環に収容させ，受容した電子を酵素内（あるいは酵素複合体内）で何らかの受容体に供与

する。ピリジン酵素と同様にフラビン酵素も電子2個を水素化物イオンの形で受け取る。しかしながら，フラビン環から電子を放出（供与）する時は2つを同時にという酵素もあれば1つを2回に分けてという酵素もある。フラビン酵素の酸化還元状態はフラビン部分だけで表記されることが多い。電子を受け取っていない酸化型（キノン型）はFADまたはFMN，基質から2電子を受容した還元型（ヒドロキノン型）は$FADH_2$または$FMNH_2$と表記される。還元型では通常N-1からプロトンが脱離しており（アニオン型還元型）その際は$FADH^-$または$FMNH^-$などと表記されることもある。還元型から1電子が失われた状態の半還元型（セミキノン型）はFADH・またはFMNH・と表される。アニオン型半還元型もある。半還元型から1電子が失われると酸化型である。酸化型フラビンを含む酵素の溶液は黄色（フラビン酵素のあるものは黄色酵素などとも言われる），還元型フラビンを含む酵素の溶液は無色，半還元型フラビンを含む酵素の溶液はフラビン環のイオン化状態にもよるが青などを呈する。酸化型，半還元型，還元型のフラビン環部分の構造を図5-2-2に示した。

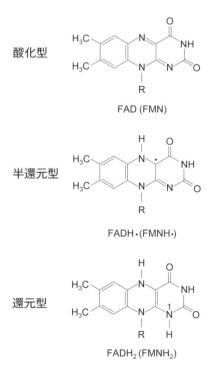

図5-2-2　酸化型，半還元型，還元型フラビン化合物イソアロキサジン環の構造

オキシダーゼ
$SH_2 + O_2 \longrightarrow S + H_2O_2$
[基質SH_2が電子供与体, O_2（酸素）が電子受容体]

モノオキシゲナーゼ
$S + O_2 + XH_2 \longrightarrow SO + H_2O + X$
[基質Sが電子供与体, O_2（酸素）が電子受容体, XH_2は還元物質]

デヒドロゲナーゼ
$SH_2 + Y \longrightarrow S + H_2Y$
[基質SH_2が電子供与体, Yは酸素以外の電子受容体]

図5-2-3　フラビン酵素の反応形式

　フラビン酵素では電子受容体の種類により反応の型が分類される（図5-2-3）。電子受容体が酸素の場合はオキシダーゼかモノオキシゲナーゼである。真核生物の場合フラビン依存性オキシダーゼの例としてペルオキシソームに存在するL-アミノ酸オキシダーゼが挙げられる。本酵素はL-アミノ酸を電子供与体，酸素を電子受容体として，2-オキソ酸，アンモニア，過酸化水素の生成を触媒する。フラビン依存性モノオキシゲナーゼは原核生物のリジン-2-モノオキシゲナーゼなどがある。電子受容体が酸素以外の場合はデヒドロゲナーゼかレダクターゼである。フラビン依存性デヒドロゲナーゼの例としてピルビン酸デヒドロゲナーゼ複合体（多酵素複合体のところでも紹介）のE3サブユニット（ジヒドロリポイルデヒドロゲナーゼ）がある。フラビン依存性レダクターゼとしてはグルタチオンジスルフィドレダクターゼがある。本酵素はNADPHを電子供与体，酸化型グルタチオンを電子受容体として，$NADP^+$と還元型グルタチオン（2分子）の生成を触媒する。いずれの場合においても2電子が同時に電子受容体に転移されると考えられている。

　還元型フラビンから1電子が2回に分けて供与される例として呼吸鎖複合体I（膜結合酵素のところでも紹介）などがある。呼吸鎖複合体IではFMN依存性デヒドロゲナーゼ活性を持つサブユニットがあり，NADHから2電子を同時に奪うと，今度は別サブユニットの鉄―硫黄クラスターに電子を1つずつ供与する。2つの電子は最終的にユビキノンに渡される。

2.3　PLP酵素[26, 27]

　PLP酵素はアミノ酸などのアミノ基を持つ化合物が関与する様々な反応（アミノ基転移，異性化，脱炭酸など）を触媒する。また，アミノ基を持たない化

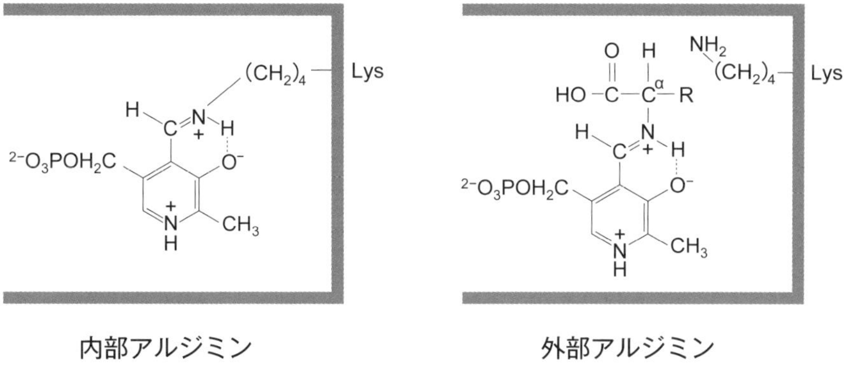

内部アルジミン　　　　　　　　　外部アルジミン

図5-2-4　ある種のPLP酵素の活性部位に形成される内部アルジミンと外部アルジミンの構造
　　　　Lys：アポ酵素のリジン残基，R：アミノ酸の側鎖。

合物の分解を触媒するPLP酵素もある（グリコーゲンホスホリラーゼ）。ヒトにおいてPLP酵素は30種類程度である。PLP酵素ではPLPのカルボニル基がアポ酵素特定部位のリジン残基のε-アミノ基にシッフ塩基（イミン）として結合している。図5-2-4に示した酵素―PLP間のシッフ塩基は内部アルジミンと呼ばれることもある。PLPは他の非共有結合的な相互作用でもアポ酵素に結合している。

　アミノ酸が関与するPLP酵素の最初の段階は，PLPとアミノ酸のαアミノ基が結合する外部アルジミンの形成である（図5-2-4）。外部アルジミン形成によりアミノ酸のα炭素の3本の結合が弱まるが，どの基が脱離するかは酵素によって異なる。例えばαアミノ酸脱炭酸酵素ではカルボキシル基，トランスアミナーゼ（またはアミノトランスフェラーゼ），アミノ酸ラセマーゼでは水素基，スレオニンアルドラーゼでは側鎖が脱離する。キヌレニナーゼなどが触媒する反応では側鎖の一部が脱離する。トランスアミナーゼの反応では，水素基の脱離後アミノ酸が2-オキソ酸となって脱離しピリドキサミンリン酸（PMP）が形成される。PMPのアミノ基は他種の2-オキソ酸に転移する。トランスアミナーゼの代表例としてグルタミン酸-2-オキソグルタル酸トランスアミナーゼ（GOT）やグルタミン酸―ピルビン酸トランスアミナーゼ（GPT）がある（図5-2-5）。血液検査において肝障害の指標としてGOT，GPTの活性が測定される。

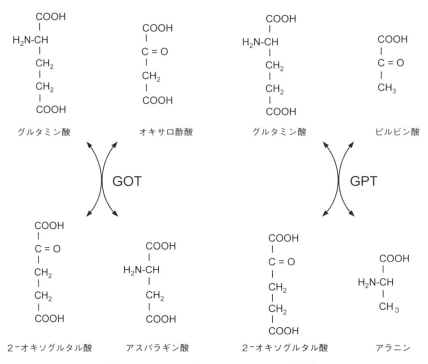

図5-2-5　GOTとGPTによるアミノ基転移

2.4　亜鉛酵素[14,28]

　金属酵素の代表例として亜鉛酵素について述べる。亜鉛イオンを含む酵素は種類が多く，ヒトにおいては少なくとも100種類程度はあると見積もられている。これらの中には亜鉛以外の金属イオンも含むもの（ポリヌクレオチドポリメラーゼ，アルカリホスファターゼなど）や有機性の低分子化合物も要求するもの（アルコールデヒドロゲナーゼ）もあるが，亜鉛イオンのみを補因子とする酵素もある。炭酸デヒドラターゼ，亜鉛プロテアーゼ類はその例である。金属プロテアーゼの中で亜鉛を要求するものは亜鉛プロテアーゼとも呼ばれるものであり，動物のマトリックスメタロプロテアーゼ類，カルボキシペプチダーゼAや微生物由来のサーモリシン（サーモライシン，thermolysin）などがある。

　金属イオンの中で亜鉛イオンは正四面体形の錯体を形成することを特徴とする（コバルトイオンもそれを形成することができ，試験管内の酵素反応では亜鉛の代替となることが知られている）[29]。実際，亜鉛酵素の活性中心はアポ酵素の3つのアミノ酸残基と1つの水分子（あるいは基質の酸素原子）が配位した

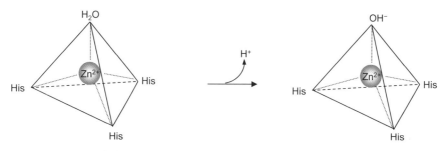

図5-2-6 炭酸デヒドラターゼ活性部位の亜鉛イオンと水分子のイオン化促進
His：アポ酵素のヒスチジン残基。

単核亜鉛構造をとる場合が多い。例えば炭酸デヒドラターゼの活性中心は3つのヒスチジン残基（イミダゾール環3位の窒素）と1つの水分子が配位した単核亜鉛構造である（図5-2-6）。亜鉛に結合した水分子はイオン化しやすくなっており，ここにアポ酵素の塩基性のカルボキシル基が作用すると水は反応性の高い水酸化物イオンとなる。炭酸デヒドラターゼが触媒する反応では，生じた水酸化物イオンに二酸化炭素が反応して炭酸水素イオンが生じる。亜鉛プロテアーゼでも多くの場合活性中心は単核亜鉛構造となっている。例えばサーモリシンの活性中心はヒスチジン残基2，グルタミン酸残基1，水分子1が配位した単核亜鉛構造をとる。この酵素の場合でも亜鉛イオンに配位した水分子が活性化され（脱プロトンされやすくなる）基質ポリペプチド鎖のカルボニル炭素と相互作用する[30]。また，亜鉛イオンも当該カルボニル基の酸素とも相互作用しており5配位になると考えられている。カルボキシペプチダーゼAでは亜鉛イオンは水を受容せず，直接基質カルボニル基の酸素と相互作用しカルボニル基の分極を促すと考えられている[30]。なお，亜鉛プロテアーゼの中でも放線菌ロイシンアミノペプチダーゼ[31]では二核の亜鉛錯体が活性中心となっている。

2.5 ヘム酵素[14,32]

ヘム酵素にはカタラーゼ（過酸化水素の分解と酸素の発生），ペルオキシダーゼ（過酸化水素や過酸化脂質の分解），シトクロムcオキシダーゼ（呼吸鎖複合体IVとも言う。分子状酸素の受容と水への変換を担う）などがある。他にNADPHなどの電子供与体と酸素を用いて基質を酸化（水酸化）するシトクロムP450がある。シトクロムP450は脊椎動物においては肝臓における解毒，ステロイドホルモンの生合成，ビタミンDや脂肪酸の代謝に関わるものであり，種

類が多い（ヒトでは50種類以上知られている）。植物にもP450があり，主として二次代謝に関わる（その種類は数百にも及ぶ）。なお，ヘム酵素ではヘムb（プロトヘム）を補欠分子族としているものがほとんどである（シトクロムcオキシダーゼではヘムa）。

　鉄イオンには6つのリガンドが配位し正八面体形の錯体が形成される。ヘム酵素の鉄イオンではポルフィリン環の窒素4つ，アポ酵素のアミノ酸残基1つ，そして酸素などの分子種1つが配位子となる（図5-2-7）。アミノ酸リガンドは軸配位子と呼ばれ，例えばカタラーゼではチロシン残基，シトクロムcオキシダーゼや西洋ワサビペルオキシダーゼ，酵素ではないがヘモグロビンやミオグロビンではヒスチジン残基，シトクロムP450やある種のペルオキシダーゼではシステイン残基となっている。カタラーゼ，西洋ワサビペルオキシダーゼ，シトクロムP450の反応について記した（図5-2-8）。いずれの場合でも4価の鉄錯体（Compound Iと呼ばれる）が反応過程で生成し，これが基質の酸化に直接関わっている[33〜35]。

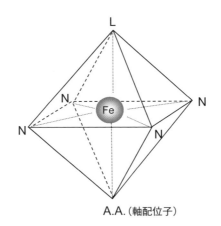

図5-2-7　ヘム酵素活性部位の鉄とその配位子
L：酸素などのリガンド，N：ポルフィリン環の窒素原子，A. A.：アポ酵素中のアミノ酸残基。

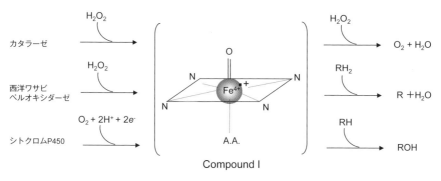

図5-2-8 代表的なヘム酵素の触媒する反応
RH_2, RH：基質, N：ポルフィリン環の窒素原子, A.A.：アポ酵素中のアミノ酸残基の側鎖.

【クイズ】

Q5-2-1 ピリジン酵素とフラビン酵素はともにデヒドロゲナーゼ反応を触媒するが，要求する補因子以外の相違点を2つ述べよ。

A5-2-1 ピリジン酵素の補因子NAD(P)$^+$はアポ酵素との脱着が可能であるが（補助基質），フラビン酵素の補因子FAD(FMN)はアポ酵素に結合したままである（補欠分子族）。全てのピリジン酵素は2電子を同時に供与するが，フラビン酵素には2電子同時供与するものと1電子を2回に分けて供与するものがある。

Q5-2-2 金属イオン補因子の特徴を3つ述べよ。

A5-2-2 (1)金属イオンのあるものは配位結合によってアポ酵素に組み込まれる。(2)金属イオンは酸素などの小分子を受容，それが酵素反応に利用される。(3)金属イオンのあるもの（マグネシウムイオンなど）は基質（または補助基質）と結合することにより酵素反応速度を高める場合がある。

---

3 オリゴマー酵素

酵素には1本のポリペプチド鎖の状態で機能する"モノマー酵素（単量体酵素）"と複数のポリペプチド鎖が会合した"オリゴマー酵素（多量体酵素）"がある。オリゴマー酵素ではそれぞれのポリペプチド鎖をサブユニットという。

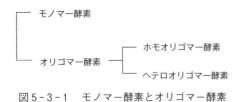

図5-3-1　モノマー酵素とオリゴマー酵素

　オリゴマー酵素の中で同一ポリペプチド鎖が会合したものはホモオリゴマー酵素，異種ポリペプチド鎖が会合したものはヘテロオリゴマー酵素と呼ばれる（図5-3-1）。酵素オリゴマー化の理由の一つとして，アロステリック調節因子の結合による活性変化が大きくなるということが挙げられる。解糖系のホスホフルクトキナーゼ-1[14]（ホモオリゴマー），核酸合成に関わるアスパラギン酸カルバモイルトランスフェラーゼ[14]（ヘテロオリゴマー）は典型的なアロステリック酵素である。

　細胞内の物質代謝に関わるヘテロオリゴマー酵素の中で，異なるサブユニットが別種の触媒反応を司るものがあり，それらは"多酵素複合体[36]"と呼ばれることがある。多酵素複合体では基質がそれぞれのサブユニットで連続的にプロセスされていくので基質の拡散がなく，反応を効率よく行える。多酵素複合体の例としてピルビン酸デヒドロゲナーゼ複合体[37]，2-オキソグルタル酸デヒドロゲナーゼ複合体[14]が挙げられる。ピルビン酸デヒドロゲナーゼ複合体はピルビン酸デヒドロゲナーゼ（E1，チアミンピロリン酸TPPを補因子とする），ジヒドロリポイルトランスアセチラーゼ（E2，α-リポ酸，補酵素Aを補因子とする），ジヒドロリポイルデヒドロゲナーゼ（E3，FADとNAD$^+$を補因子とする）がそれぞれ複数集まった巨大な複合体である。この多酵素複合体はピルビン酸を基質としたアセチルCoAの生成を担っており言わば解糖系とTCA回路を繋ぐ役割をする（図5-3-2）。E2に共有結合したα-リポ酸はE1のTPP結合部位，E2のCoA結合部位，E3のFAD結合部位に近づくことができる。2-オキソグルタル酸デヒドロゲナーゼ複合体はTCA回路の酵素複合体であり，2-オキソグルタル酸からスクシニルCoAの生成を触媒する。この多酵素複合体もE1，E2，E3の三種のサブユニットから構成されており，複合体の構造，反応形式ともにピルビン酸デヒドロゲナーゼ複合体と非常によく似ている。なお，E3サブユニットはピルビン酸デヒドロゲナーゼ複合体のものと同一である。

　他の多酵素複合体として細菌や植物の脂肪酸合成酵素（脂肪酸合成酵素複合

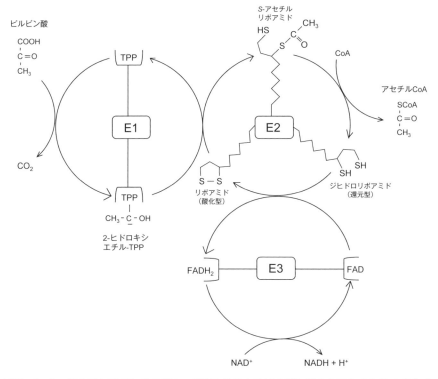

図 5-3-2　ピルビン酸デヒドロゲナーゼ複合体によるピルビン酸からアセチル CoA の生成

体）がある。細菌の脂肪酸合成酵素は 6 種の触媒サブユニットとアシル運搬タンパク質（acyl carrier protein 略して ACP）が会合したヘテロヘプタマーである[38]（図 5-3-3）。ACP に結合した 4'-ホスホパンテテイン（図 5-3-3）はそれぞれのサブユニットの活性部位に近づくことができる。動物の脂肪酸合成酵素は 6 つの触媒領域（それぞれ基質，反応特異性も異なる）と 1 つの ACP 様ドメインからなる巨大な 1 本のポリペプチドである[39]（遺伝子の融合によって誕生したと考えられている）。このような酵素は"多機能酵素[36]"と呼ばれることがある。また動物の脂肪酸合成酵素はホモダイマーで機能する（多機能酵素のホモオリゴマー）（図 5-3-3）。細菌と動物の脂肪酸合成酵素は行程に若干の違いがあるが，どちらもアセチル CoA 1 分子とマロニル CoA 7 分子（および 14 分子の NADPH）を用いて 1 分子のパルミチン酸を合成する[38,39]。アセチル CoA と重炭酸イオンからマロニル CoA の生成を触媒するアセチル CoA カルボキシラーゼも細菌の場合は多酵素複合体，動物の場合は多機能酵素となっている[38]。

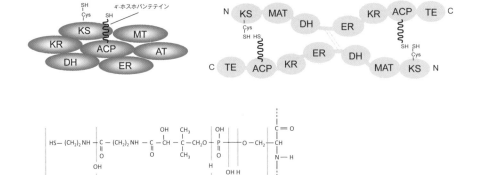

図5-3-3　細菌（上左）と動物（上右）の脂肪酸合成酵素の模式図とACPに結合したホスホパンテテインの構造（下）

細菌の酵素はヘプタマーが2つ会合して機能する。動物の酵素は多機能酵素のホモダイマーである。ACPのセリン残基に共有結合した4'-ホスホパンテテインは各サブユニット（細菌）またはドメイン（動物）の活性部位に近づくことができる。
ACP：アシルキャリアープロテイン，AT：ACPアセチルトランスフェラーゼ，DH：エノイルACPヒドラターゼ，ER：エノイルACPレダクターゼ，KR：3-ケトアシルACPレダクターゼ，KS：3-ケトアシルACPシンターゼ，MT：ACPマロニルトランスフェラーゼ，MAT：ACPマロニル/アセチルトランスフェラーゼ，TE：チオエステラーゼ，N：アミノ末端，C：カルボキシル末端，Cys：タンパク質中のシステイン残基。注，動物の脂肪酸合成酵素ACPは正確にはACP様ドメイン。細菌，動物どちらもACP（またはACP様ドメイン）とKSシステイン残基側鎖のチオール基の両方にアシル素（アセチルCoAまたはマロニルCoA由来）が預けられ反応が進行する。詳細はレーニンジャー新生化学などを参考のこと。

多機能酵素のヘテロオリゴマーもある。放線菌のポリケチド合成酵素[40]や真菌などにみられる非リボソーム性ペプチド合成酵素[41]のある種のものがそれに該当する。

【クイズ】

Q5-3-1　オリゴマー酵素の特徴について2つ述べよ。

A5-3-1　(1)モノマー酵素よりもオリゴマー酵素の方がアロステリック因子の結合による活性変化が大きい。アロステリック調節は合成や分解に依らない細胞内酵素活性制御機構の一つである。
(2)サブユニットの交換によって酵素の性質を変更することができる。例えば大腸菌RNAポリメラーゼではσ因子を変える

ことにより標的プロモーターが変わる。各σ因子にそれぞれ特異的な他サブユニットが必要であるとすると遺伝子の数が増えてしまう。

Q5-3-2　脂肪酸合成酵素においてピルビン酸デヒドロゲナーゼ複合体におけるリポアミドに相当する役割を担う物質の化合物名を述べよ。また，ピルビン酸デヒドロゲナーゼ複合体以外にリポアミドを補因子とする酵素複合体を一つ挙げよ。

A5-3-2　脂肪酸合成酵素においてピルビン酸デヒドロゲナーゼ複合体におけるリポアミドに相当する役割を担うのは4'-ホスホパンテテイン。ピルビン酸デヒドロゲナーゼ複合体以外にリポアミドを補因子とする酵素複合体は2-オキソグルタル酸デヒドロゲナーゼ複合体やグリシン分解系。

4　膜結合酵素[42,43]

　酵素の中には細胞質ゾル，リソソームなどの細胞内小器官の内腔，血液や消化液などの体液中で可溶性のタンパク質として働くものもあれば（可溶性酵素），細胞膜や細胞内小器官の膜（生体膜）に付着して働くものもある。これらは膜結合酵素（あるいは単に膜酵素）と言われる。膜結合酵素は(i)膜と会合しているあるいは膜に接近した物質を活性化（不活性化）する，(ii)細胞内小器官内腔に輸送された物質を修飾する，(iii)細胞内外や細胞内小器官内腔内外への分子やイオンの移動を仲介する，(iv)細胞外の信号を細胞内へと伝える，などの機能を担う。

　膜結合酵素のうちポリペプチド鎖のある領域（連続する20程度のアミノ酸残基で疎水性アミノ酸の頻度が高い）が脂質二重膜を貫通しているものがあり，これらは内在性膜結合酵素とも言われる（図5-4-1）。膜貫通領域（膜貫通ヘリックスとも言う）の数は酵素によって様々で，それが1つであれば単回膜貫通型の酵素と呼ばれる。単回膜貫通型で活性部位が細胞質ゾル側に配向するものにはミクロソーム型シトクロムP450[44]，細胞表面などに配向するものにはアンジオテンシン変換酵素[45]，スクラーゼ-イソマルダーゼ[46]，エンテロペプチダーゼ[47]などがある。活性部位が細胞外に配向する単回膜結合酵素でホモダイマーとして機能しているものもある（例，ジペプチジルペプチダーゼIV[48]）。

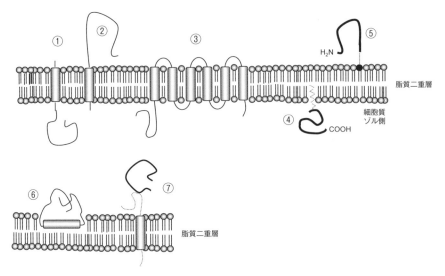

図5-4-1　膜結合酵素の分類
①内在性膜結合酵素（単回膜貫通，触媒部位は細胞質ゾル側）
②内在性膜結合酵素（単回膜貫通，触媒部位は細胞表面や小胞体内腔など）
③内在性膜結合酵素（複数回膜貫通）
④表在性膜結合酵素（脂質連結型）
⑤表在性膜結合酵素（GPIアンカー型）
⑥単層結合型膜酵素
⑦内在性膜タンパク質結合型

膜貫通ヘリックスを複数持つ酵素の例として哺乳類のアシルCoA：ジアシルグリセロールアセチルトランスフェラーゼ2（DGAT2）[49]（2ヘリックス），酵母のDGAT2[49]（4ヘリックス），ABC半輸送体[50]（6ヘリックス），シグナルペプチドペプチダーゼ[51]（7ヘリックス），ABC輸送体[50]，アデニル酸シクラーゼ[52]（いずれも12ヘリックス）などが挙げられる。内在性膜結合酵素の中には膜内在性の非触媒サブユニットと会合して機能するものもある。P型ATPアーゼ[53]，シトクロムcオキシダーゼなどである。シトクロムcオキシダーゼの活性部位は膜中にある[54]。

　膜結合酵素では翻訳後に脂肪酸などが付加されこれらがアンカーとなって生体膜に繋ぎ止められているものもある（表在性膜結合酵素）（図5-4-1）。アンカーがミリストイル基であるもの（非受容体型チロシンキナーゼの一種c-Src，三量体Gタンパク質の$G_{\alpha i1}$サブユニットなど）[55]，パルミトイル基であるもの（GTPアーゼの一種H-Ras，三量体Gタンパク質の$G_{\alpha s}$サブユニットなど）[56]，プ

レニル基であるもの（GTPアーゼの一種Rabなど）[57]がある。ミリストイル基，パルミトイル基の両方が付加される酵素もある（非受容体型チロシンキナーゼのFyn, Lynなど）[55,56]。また，カルシウムイオンを介して脂質二重層のリン脂質に結合する定型プロテインキナーゼCなどもある（この酵素はリン脂質分解によって生じた生体膜中のジアシルグリセロールにも結合する部位もある）[58]。これらの表在性膜結合酵素は細胞質ゾル側に配向しており細胞内の情報伝達に関わるものであると考えてよい。また，これらの酵素は膜への脱着が制御可能であり，膜に結合している状態でしか活性を示さないものもある（定型プロテインキナーゼCなど）[55,56,58]。アンカーがグルコシルホスファチジルイノシトール（GPI）である酵素もある（小腸アルカリホスファターゼ[59]やセリンプロテアーゼの一種プロスタシン[60]など）。酵素，酵素以外のタンパク質に関わらずGPIアンカー型のタンパク質はC末端にアンカーが結合する。また，この型のタンパク質は細胞質ゾル側には配向しない（図5-4-1）。

　膜結合酵素には内在性とも表在性とも言えないものもある。これらはポリペプチド鎖中の疎水性に富む領域が脂質二重膜の単分子層に横たわるように埋まることで膜に局在する（単層結合型）（図5-4-1下左）。単層結合型の例としてミトコンドリアにみられる電子伝達フラビンタンパク質ユビキノンオキシドレダクターゼ[61]が挙げられる（活性残基はマトリックス内腔に配向）。他に，哺乳動物のプロスタグランジンエンドペルオキシドシンターゼ[62]がある（活性残基は小胞体内腔に配向）。この酵素はシクロオキシゲナーゼ活性とペルオキシダーゼ活性を持つ2機能酵素であるが，単にシクロオキシゲナーゼ[14]と言われることもある。この酵素はホモダイマーである。

　触媒機能を持つ可溶性のサブユニットが膜内在性の他種サブユニットと結合している型の酵素もある（内在性膜タンパク質結合型）（図5-4-1）。その中で触媒サブユニットが他種サブユニットと共有結合で繋がっているものがあり，その例としてある種のアセチルコリンエステラーゼ[63]が挙げられる。また触媒サブユニットと膜内在性サブユニットが静電的相互作用などで会合しているものもある。呼吸鎖複合体I，呼吸鎖複合体II，呼吸鎖複合体V（ATP合成酵素，F型ATPアーゼの一種）などである[64]。これらは他種サブユニットにも様々な役割があり"酵素複合体"として記述されることが一般的であるが，膜結合酵素の一つの型ではある。呼吸鎖複合体Vでは膜結合サブユニット（cサブユニット）がプロトン縦断に伴い回転，この回転運動が触媒領域におけるATP生成を促す。なお触媒領域はαとβサブユニットそれぞれ3つで構成されており，両

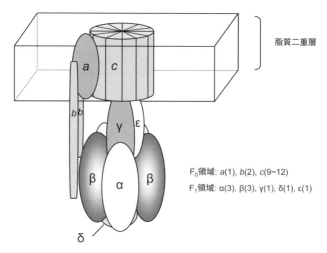

図5-4-2　細菌の呼吸鎖複合体V（ATP合成酵素）の模式図

サブユニットの会合面に活性部位が形成される（等価のものが計3つ）[65]（図5-4-2）。

【クイズ】

Q5-4-1　内在性と表在性膜結合酵素の相違点を2つ挙げよ。

A5-4-1　(1)内在性膜結合酵素で活性部位が脂質二重層内にあるものがある。例えばシトクロムcオキシダーゼでは活性部位が細胞膜中（原核生物），ミトコンドリア内膜中（真核生物）となる。(2)表在性膜結合酵素は膜との脱着が調節されうる。また，膜への結合が活性発現に必須となる酵素もある。内在性酵素はこのような形での調節は受けない。

Q5-4-2　内在性膜タンパク質結合型の酵素であるATP合成酵素（呼吸鎖複合体V）で触媒反応が起きる場所について述べよ。

A5-4-2　原核生物では細胞膜付近の細胞質ゾル，真核生物ではミトコンドリアのマトリックス。

5 マルチ酵素構造体

　細胞内小器官で語尾に"ソーム（some）"と付くものに，リソソーム（lysosome）やペルオキシソーム（peroxisome）などがある。これらは細胞内にあって生体膜で仕切られた小器官であるが，顕微鏡で観察した時に小さな粒として観察されるので語尾にソームと付く（ソームとは小さな物の意味）。しかし実際のところソームの意味合いは"構造体"である。ところで分子が多数会合したものに対しても語尾にソームと付くものがある。リボソーム（ribosome）やスプライソソーム（spliceosome）などである。これらはリボ核酸とタンパク質が会合したものである（リボ核酸に触媒能がある）。また，複数種のタンパク質が多数会合し一定の構造をとっているもので語尾にソームと付くものがいくつかある（アポトソーム（apoptosome）など）。ここでは真核生物のプロテアソーム（proteasome）[14,66]と嫌気性細菌や嫌気性糸状菌におけるセルロソーム（cellulosome）[67,68]について述べる。これらは複数種の酵素と非酵素タンパク質からなる"マルチ酵素構造体"である。

　プロテアソームは核内と細胞質に見られ（電子顕微鏡で観察できる），ユビキチン依存的または非依存的なタンパク質の分解を行うマルチ酵素構造体である（図5-5-1）。タンパク質の分解は円筒構造を持つ20Sプロテアソームの内腔で行われる。20Sプロテアソーム（サブユニットは合計28）には$\beta1$，$\beta2$，$\beta5$と呼ばれるサブユニットが2つずつありこれらにプロテアーゼ活性がある。$\beta1$，$\beta2$，$\beta5$の活性残基は20Sプロテアソームの内腔に向いたスレオニン残基と考えられている（スレオニンプロテアーゼ）。20Sプロテアソームの開放部両側に19S複合体が会合し26Sプロテアソームが形成される。19S複合体にはATPアーゼ活性を持つサブユニットが複数種あり，これらは標的タンパク質の高次構造の瓦解（アンフォールディング）に関わっている。

　セルロソームはある種の嫌気性細菌や嫌気性糸状菌におけるセルロース，ヘミセルロース分解のためのマルチ酵素構造体である。これらの菌体の表面を電子顕微鏡で観察した際にはセルロソームは突起物のように見える。セルロソーム中には基質，反応特異性の異なる複数種の酵素が骨格タンパク質に固定されている（骨格タンパク質中にはセルロース結合部位もある）。また，骨格タンパク質はアダプタータンパク質を介して菌体表面に結合していると考えられている。

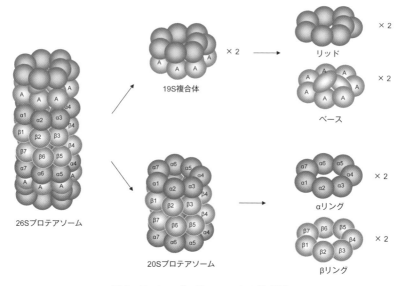

図5-5-1　プロテアソームの模式図

【クイズ】

Q5-5-1　マルチ酵素構造体であるプロテアソーム，セルロソーム，アポトソームの機能上の共通点を述べよ。

A5-5-1　生体高分子の分解を司る。ちなみに細胞内小器官のリソソームも生体高分子の分解を司る。

6　セリンプロテアーゼと阻害物質

6.1　セリンプロテアーゼ[14, 69, 70]

　セリンプロテアーゼは活性部位にセリン残基のあるプロテアーゼの総称であり，ジイソプロピルフルオロリン酸（DFP）処理によって不可逆的に失活することを特徴とする。ある種の加水分解酵素（アセチルコリンエステラーゼなど）にはDFP処理で失活するものがあり，これらとセリンプロテアーゼを合わせて"セリン酵素"と呼ぶ場合もある。セリン酵素は活性セリン残基と一次構造上は離れているが空間配置上は接近するアスパラギン酸，ヒスチジン残基を持つ。この3つの残基は"触媒三残基（catalytic triad）"と呼ばれる。図5-6-1に触媒三残基間の相互作用について記した（詳細は第9章5節参照）。

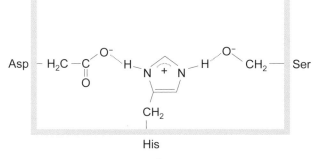

図5-6-1　セリンプロテアーゼの触媒三残基
Asp, His, Ser：ポリペプチド鎖中のアスパラギン酸，ヒスチジン，セリン残基を表す。

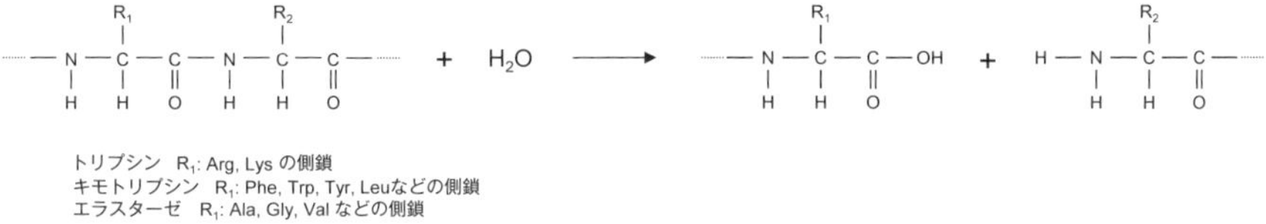

トリプシン　　　R_1: Arg, Lys の側鎖
キモトリプシン　R_1: Phe, Trp, Tyr, Leu などの側鎖
エラスターゼ　　R_1: Ala, Gly, Val などの側鎖

図5-6-2　セリンプロテアーゼによるポリペプチド鎖の加水分解と基質特異性

　セリンプロテアーゼの代表例として哺乳類の消化酵素であるトリプシン，キモトリプシン，エラスターゼが挙げられる。これらは膵臓で合成，十二指腸へと分泌され食物タンパク質の消化に関わる。それぞれの切断特異性は異なりトリプシンはタンパク質中の塩基性アミノ酸（アルギニン，リジン），キモトリプシンは芳香族アミノ酸（チロシン，フェニルアラニン，トリプトファン），エラスターゼはグリシン，アラニン，バリンなどのC末端側のペプチド結合を加水分解する（図5-6-2）。このような切断特異性は各酵素の基質結合部位の性状に依存している。例えばトリプシンの基質結合部位には酸性のアミノ酸が配置されている。アルギニンまたはリジンのC末端側のペプチド結合を加水分解するセリンプロテアーゼは他にもいくつかあり"トリプシン様セリンプロテアーゼ[71]"と呼ばれることがある。後述のトロンビンやプラスミンなどはトリプシン様セリンプロテアーゼである。一般にトリプシン様セリンプロテアーゼは基質特異性が高く，特定タンパク質の特定配列中の塩基性アミノ酸だけを標的とするものさえある。すなわちそれらの本質的な役割は特定のタンパク質を未熟型から成熟型へと変換することである。一方，キモトリプシンやエラスターゼは基質特異性が低く，非特異的なタンパク質の分解が役割であると考えられる。

ズブチリシンやプロテイナーゼKなどの微生物由来のセリンプロテアーゼ（疎水性アミノ酸のC末端側のペプチド結合を加水分解する）も外来タンパク質の消化が主な役割と考えられている。

　一般にプロテアーゼは活性を持たない前駆体（pro-form）として合成される（前駆体はチモーゲンzymogenとも言われる）。プロテアーゼの前駆体は接頭語の"プロ（pro）"や語尾の"ゲン（gen）"で表される。セリンプロテアーゼ類でも同様であり，例えばトリプシン前駆体はトリプシノーゲン，キモトリプシン前駆体はキモトリプシノーゲン，エラスターゼ前駆体はプロエラスターゼと呼ばれる。プロテアーゼ前駆体は別種（同種の場合もある）の活性型プロテアーゼによる限定分解を受けて活性型へと変換される。例えばトリプシノーゲンはエンテロペプチダーゼ（トリプシン様セリンプロテアーゼの一つ）またはトリプシンによって限定分解を受けトリプシンとなる。キモトリプシノーゲンやプロエラスターゼはトリプシンによる限定分解を受け活性型となる。図5-6-3にはトリプシノーゲン，キモトリプシノーゲン，プロエラスターゼの活性化

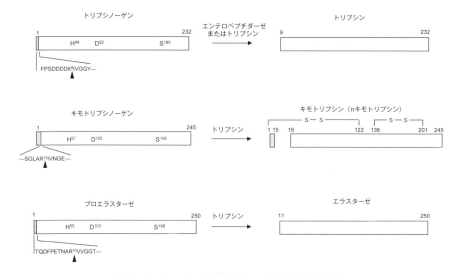

図5-6-3　セリンプロテアーゼ前駆体の活性化
ウシのアニオン性トリプシノーゲン，キモトリプシノーゲンB，プロエラスターゼ-1を例示した。それぞれのアミノ末端のアミノ酸を1としている。酵素前駆体の活性化切断部位付近のアミノ酸や触媒三残基は一文字表記で表した。キモトリプシン（πキモトリプシン）はアミノ酸残基1と122，および136と201がそれぞれジスルフィド結合で繋がっている。πキモトリプシンは自己触媒的にさらにプロセッシングを受け，Ser^{14}-Arg^{15}とThr^{147}-Asn^{148}が除去されてαキモトリプシン（活性はπキモトリプシンより弱い）となる。

切断部位とその近傍のアミノ酸配列を示し，活性化に伴う構造変化についても模式的に記した．

6.2　酵素系カスケードとトリプシン様セリンプロテアーゼ[72]

　比較的単純な構造を持つ複数種の酵素が連携して生体反応が爆発的に進行する場合がある．複数種のプロテアーゼ前駆体や不活性型のタンパク質キナーゼが連鎖的に活性化される生体反応系である．繰り返し反応を行えるという酵素の特質上，たとえ最初の反応を行う酵素の数はわずかであっても，連鎖反応の後半に活性化される酵素は相当な量になる．また，連鎖反応の後半（または最後尾）に位置する酵素の基質特異性が広い場合は様々な基質が変換されることになる．このような増幅連鎖反応は大滝（カスケード，cascade）に例えられ"酵素系カスケード"と呼ばれる．

　先述のトリプシン様セリンプロテアーゼは複数種が連携して酵素系カスケードを構成することがある．その実例としてまず第VII因子（トリプシン様セリンプロテアーゼ）と組織因子（非酵素タンパク質）が関与する外因系の血液凝固カスケードを挙げる．このカスケードでは第VII因子，組織因子以外にも様々な因子が関与するが，その中で第X因子，第II因子（プロトロンビンのこと）の2種のトリプシン様セリンプロテアーゼと第V因子，フィブリノーゲンの2種の非酵素タンパク質を取り上げ，それらの関係について図5-6-4に示す．第VII因子は外因系カスケードの初発酵素である．この酵素の前駆体は組織因

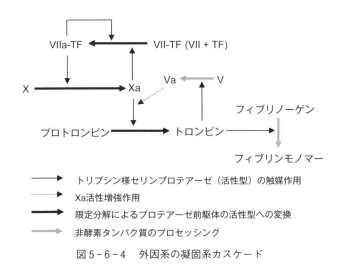

　　　　→　　トリプシン様セリンプロテアーゼ（活性型）の触媒作用
　　　‥‥▶　Xa活性増強作用
　　　━▶　限定分解によるプロテアーゼ前駆体の活性型への変換
　　　⇒　　非酵素タンパク質のプロセッシング

図5-6-4　外因系の凝固系カスケード

子（TF）と複合体を形成すると何らかの活性型プロテアーゼによる限定分解を受けやすくなると考えられている[73]。活性型の第VII因子（VIIa）が生成すると，それが第X因子を活性型（Xa）へと変換する。XaはプロトロンビンをトロンビンにXa変換させる。トロンビンはフィブリノーゲンの限定分解によるフィブリンモノマーの生成を担う（フィブリンモノマーは最終的にポリマーになり血餅形成に必須の役割を果たす）。なお，第VII因子前駆体はVIIa-組織因子（TF）複合体，Xaによっても活性化されカスケードが増幅する。トロンビンは第V因子を活性化，活性型第V因子（Va）はXaによるプロトロンビン限定分解の反応速度を著しく高める。このこともカスケードの増幅に寄与する。このようにトリプシン様セリンプロテアーゼが関与する酵素系カスケードではわずかでも初発酵素前駆体が活性化されれば目的反応が爆発的に起こる。

トリプシン様セリンプロテアーゼが関与するカスケードのもう一つの例として線溶カスケードを挙げる。線溶とは血餅（血栓）の分解のことであり言わば血液凝固の逆反応である。線溶系カスケードは血餅の分解を担うプラスミン，プラスミン前駆体（プラスミノーゲン）の活性化を担う組織型プラスミノーゲンアクチベーター（t-PAと略）とウロキナーゼ型プラスミノーゲンアクチベーター（u-PAと略）の3種のトリプシン様セリンプロテアーゼが関与する（図5-6-5）。t-PAは構造的にはプロテアーゼ前駆体と呼べる一本鎖の形で生成する。しかし他のプロテアーゼ前駆体とは異なり一本鎖t-PAは触媒活性を示す。ただし一本鎖t-PAが生体内においてプラスミノーゲン活性化を行う際は一本鎖t-PAとプラスミノーゲンの両者が血餅上のフィブリンに付着することが必須であると考えられている（カスケードの引き金）。これによって血餅上でプラ

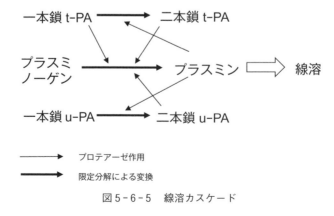

図5-6-5　線溶カスケード

スミンが生成することになるのであるが，生じたプラスミンは血餅の分解を行いつつ，一本鎖t-PAを限定分解し二本鎖t-PAとする（二本のポリペプチド鎖はジスルフィド結合を介して繋がっている）。二本鎖t-PAもプラスミン生成促進に寄与する。フィブリンに結合している時一本鎖と二本鎖t-PAの触媒活性は同等であるが，そうでない時は二本鎖の方が数倍高い[74]。プラスミンは血餅に結合した一本鎖のu-PAも標的とする。プラスミンによって二本鎖となったu-PAもプラスミン増加に寄与する。このようにしてプラスミンによる血餅分解が進行していく。

　プラスミンと同程度の効率で一本鎖u-PAを二本鎖へと変換させる酵素としてマトリプターゼという膜結合性のトリプシン様セリンプロテアーゼが知られている[75]。マトリプターゼ前駆体は微弱な活性を示し[76]他の前駆体を限定分解により活性型へと変換すると考えられている[77]。わずかでも活性型マトリプターゼが生じれば以降はそれがマトリプターゼ前駆体を限定分解し活性化していくと考えられている[77]。また，マトリプターゼ前駆体がプロスタシン（GPIアンカー型の膜結合セリンプロテアーゼ）の前駆体と複合体を形成し双方の活性型への変換が促されるという機構も示されている[78]。

6.3　セリンプロテアーゼの阻害物質[14,70]

　プロテアーゼ反応が長引いた場合，組織や細胞を構築する重要成分であるタンパク質が無駄に分解され，細胞の損傷，変性などに繋がることがある。また，プロテアーゼ反応は適切な場所，タイミングで起きる必要もある（例えば膵臓内でトリプシノーゲンが活性化されると連鎖的な酵素前駆体の活性化により膵炎を引き起こす）。従って，プロテアーゼの活性は厳密に制御される必要がある。そのための仕組みの一つとして生体はタンパク質性のプロテアーゼ阻害物質（protein protease inhibitor）を合成している。

　ここではセリンプロテアーゼに対するタンパク質性の阻害物質について述べる。初めにセルピン（serine protease inhibitorからserpin）と呼ばれる一群について述べる[79]。セルピンは動物の血清などに見出されるものでα_1アンチプロテアーゼ（α_1アンチトリプシンとも言う），α_2アンチプラスミン，アンチトロンビンIII，プラスミノーゲンアクチベーターインヒビター1などが知られている。セルピンは基質と同等のメカニズムで酵素の活性部位に結合，阻害部位（阻害物質の活性部位，反応中心ループとも言われる）が切断される。しかしセルピンの切断後のアミノ末端側部分と酵素は結合したままであり，酵素は作用で

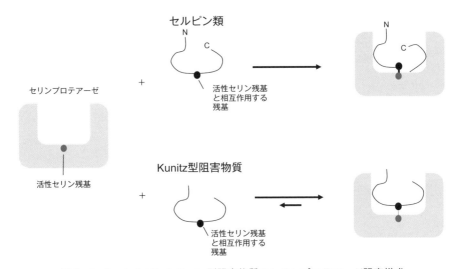

図5-6-6 セルピンとKunitz型阻害物質のセリンプロテアーゼ阻害様式
セルピン類はセリンプロテアーゼによって切断されるが酵素と結合した状態を保つ(酵素の不可逆的失活)。Kunitz型阻害物質は切断されないが酵素との結合は可逆的である。N:アミノ末端,C:カルボキシル末端。

きない(図5-6-6)。セルピン類は in vitro 試験では様々なセリンプロテアーゼを阻害する。例えばα_1アンチプロテアーゼはトリプシン,好中球エラスターゼ,トロンビン,プラスミンなどの広範囲のセリンプロテアーゼを阻害する。しかし生体内における役割は限定されているようである。α_1アンチプロテアーゼは好中球エラスターゼの活性制御に重要であると考えられている。アンチトロンビンIIIはトロンビンなどの凝固系のセリンプロテアーゼだけでなく線溶系の酵素であるプラスミンも阻害する。しかし,生体内においてはプラスミンの阻害には実質的に寄与しないと考えられている。また,生体内においてα_2アンチプラスミンはプラスミン,プラスミノーゲンアクチベーターインヒビター1はt-PAとu-PAを阻害することが主たる役割であると考えられている。

　セルピン類と同様,セリンプロテアーゼの活性部位に結合するが,阻害部位が切断されないものもある(Kunitz型の阻害物質[80])(図5-6-6)。これらは標的酵素と結合・解離を繰り返し得るが,解離定数(阻害物質のプロテアーゼへの結合性は解離定数で評価されることが多い)が小さく,例えばウシ(塩基性)膵臓トリプシンインヒビター(BPTIと略される)のトリプシンに対するそれは0.1 pMである。すなわちKunitz型の阻害物質は低濃度でも阻害作用を示

すという特徴がある。BPTIはトリプシンの他，キモトリプシン，カリクレイン，プラスミンなども阻害する。Kunitz型阻害物質として他にトリプスタチン[81]（標的は肥満細胞トリプターゼなど），組織因子経路インヒビター（標的はVIIaとXa），肝細胞増殖因子活性化因子阻害物質Ⅰ型[82]とⅡ型（Ⅰ型Ⅱ型ともに標的は肝細胞増殖因子活性化物質，マトリプターゼ，プロスタシンなど。なおⅡ型は胎盤から見出されるビクニンと同一）などが知られている。アミロイドβ前駆体タンパク質（内在性膜結合タンパク質の一種）には細胞外領域にKunitz型阻害物質ドメインが挿入されている。この細胞外領域が放出されたものがプロテアーゼネキシン2である。プロテアーゼネキシン2はトロンビンなどを阻害する。Kazal型と言われるセリンプロテアーゼ阻害物質もある[83]。その例として膵分泌性トリプシンインヒビターがある[84]。この阻害物質はトリプシノーゲンなどのプロテアーゼ前駆体とともに膵臓チモーゲン顆粒中に蓄えられている。膵臓中で突発的に生成したトリプシンを阻害，連鎖的なトリプシノーゲン活性化を防ぐことが主な役割であると考えられている。他のKazal型阻害物質として鳥類のオボムコイド[85]などが知られている。

　動物の血清中に見出されるα_2マクログロブリンのようにユニークな機構でプロテアーゼの活性を消去するものがある[86]。このタンパク質にはベイトと呼ばれる領域があり，プロテアーゼがそれを切断すると，まるで風呂敷で包むようにそれを捕えるのである（ネズミ獲り方式）（図5-6-7）。α_2マクログロブリン－プロテアーゼ複合体はマクロファージなどに取り込まれ分解される（この段階でプロテアーゼ活性は消去される）。なお，α_2マクログロブリンのベイト領域を一か所でも切断するものであればセリンプロテアーゼ類だけでなく他のプロテアーゼ類（金属プロテアーゼ類など）も捕獲，分解へと導かれる。ただし，α_2マクログロブリンは大きなサイズのプロテアーゼを捕獲することはでき

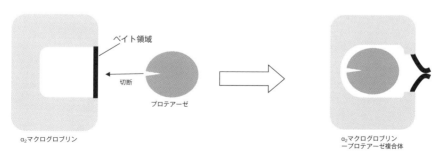

図5-6-7　α_2マクログロブリンによるプロテアーゼの捕獲

ないと考えられている。α_2マクログロブリンはトロンビンやプラスミンなどの阻害物質として機能するという説もあるが，その標的は不明である。感染した細菌やウイルスが生産するプロテアーゼの消去が主な役割とも考えられている。

【クイズ】

Q5-6-1 トリプシン様セリンプロテアーゼの生体内における役割について述べよ。

A5-6-1 特定タンパク質を限定分解し成熟型へと変換する。ある種のプロテアーゼ系カスケードにおいてその開始や増幅に重要である。

Q5-6-2 トリプシンを阻害するものをセルピン，Kunitz型阻害物質，Kazal型阻害物質の中からそれぞれ一つ挙げよ。この中からトリプシン阻害物質として生理的に特に重要と思われるものを選べ。

A5-6-2 セルピンではα_1アンチプロテアーゼ，Kunitz型阻害物質では塩基性膵臓トリプシンインヒビター，Kazal型では膵分泌性トリプシンインヒビターが挙げられる。これらの中でトリプシン阻害物質として最も重要と考えられるのは膵分泌性トリプシンインヒビター。

文　　　献

1) H. R. Horton, L. A. Moran, K. G. Scrimgeour, M. D. Perry, J. D. Rawn：ホートン生化学，第4版（鈴木紘一，笠井献一，宗川吉汪（監訳），榎森康文，川崎博史，宗川惇子（訳）），pp.290-291，東京化学同人，東京 (2008)
2) http://ja.wikipedia.org/wiki/アミノアシルtRNA合成酵素
3) http://www.ehime-u.ac.jp/~achem/seminar/gist/50.pdf
4) J. D. Watoson, T. A. Baker, S. P. Bell, A. Gann, M. Levine, R. Losick：ワトソン　遺伝子の分子生物学，第6版（中村桂子（監訳），滋賀陽子，中塚公子，宮下悦子（訳）），pp.377-396，東京電機大学出版局，東京 (2010)
5) J. D. Watoson, T. A. Baker, S. P. Bell, A. Gann, M. Levine, R. Losick：ワトソン　遺伝子の分子生物学，第6版（中村桂子（監訳），滋賀陽子，中塚公子，宮下悦子（訳）），pp.479-481，東京電機大学出版局，東京 (2010)
6) J. D. Watoson, T. A. Baker, S. P. Bell, A. Gann, M. Levine, R. Losick：ワトソン　遺伝子の分子生物学，第6版（中村桂子（監訳），滋賀陽子，中塚公子，宮下悦子（訳）），

pp.487-496，東京電機大学出版局，東京（2010）
7) J. D. Watoson, T. A. Baker, S. P. Bell, A. Gann, M. Levine, R. Losick：ワトソン 遺伝子の分子生物学，第6版（中村桂子（監訳），滋賀陽子，中塚公子，宮下悦子（訳）），pp.496-503，東京電機大学出版局，東京（2010）
8) http://isw3.naist.jp/IS/Kawabata-lab/kensuke-nm/Oct29_09/pdf/KSUOct29.pptx.pdf
9) B. Alberts, A. Johnson, J. Lewis, M. Raff, K. Roberts, P. Walter：細胞の分子生物学，第4版（中村桂子，松原謙一（監訳）），p.310，ニュートンプレス，東京（2004）
10) http://en.wikipedia.org/wiki/EIF4A
11) http://gazo.dl.itc.u-tokyo.ac.jp/gakui/data/h21/125630/125630a.pdf
12) http://ja.wikipedia.org/wiki/セレノシステイン
13) http://www.jst.go.jp/pr/announce/20090101/
14) 今堀和友，山川民夫（監修）：生化学辞典，第4版，東京化学同人，東京（2007）
15) http://ja.wikipedia.org/wiki/加水分解酵素
16) http://ja.wikipedia.org/wiki/転移酵素
17) http://ja.wikipedia.org/wiki/酸化還元酵素
18) http://ja.wikipedia.org/wiki/リガーゼ
19) http://ja.wikipedia.org/wiki/Category:ピリドキサールリン酸酵素
20) http://jairo.nii.ac.jp/0201/00000228
21) H. R. Horton, L. A. Moran, K. G. Scrimgeour, M. D. Perry, J. D. Rawn：ホートン生化学，第4版（鈴木紘一，笠井献一，宗川吉汪（監訳），榎森康文，川崎博史，宗川惇子（訳）），pp.157-159，東京化学同人，東京（2008）
22) 西澤一俊，志村憲助（編）：新・入門酵素化学，pp.192-195，南江堂，東京（1984）
23) H. R. Horton, L. A. Moran, K. G. Scrimgeour, M. D. Perry, J. D. Rawn：ホートン生化学，第4版（鈴木紘一，笠井献一，宗川吉汪（監訳），榎森康文，川崎博史，宗川惇子（訳）），pp.159-160，東京化学同人，東京（2008）
24) T. D. H. Bugg：入門 酵素と補酵素の化学（井上國世（訳）），pp.135-147，シュプリンガーフェアラーク東京，東京（2006）
25) 西澤一俊，志村憲助（編）：新・入門酵素化学，pp.196-200，南江堂，東京（1984）
26) H. R. Horton, L. A. Moran, K. G. Scrimgeour, M. D. Perry, J. D. Rawn：ホートン生化学，第4版（鈴木紘一，笠井献一，宗川吉汪（監訳），榎森康文，川崎博史，宗川惇子（訳）），pp.162-165，東京化学同人，東京（2008）
27) 左右田健次：ピリドキサールリン酸酵素；化学と生物，**7**(1), 28-29（1969）
28) H. R. Horton, L. A. Moran, K. G. Scrimgeour, M. D. Perry, J. D. Rawn：ホートン生化学，第4版（鈴木紘一，笠井献一，宗川吉汪（監訳），榎森康文，川崎博史，宗川惇子（訳）），pp.153-154，東京化学同人，東京（2008）
29) K. Kuzuya, K. Inouye: Effects of cobalt-substitution of the active zinc ion in thermolysin on its activity and active-site microenvironment; *J. Biochem.*, **130**(6), 783-788（2001）
30) 西澤一俊，志村憲助（編）：新・入門酵素化学，pp.159-160，南江堂，東京（1984）
31) H. M. Greenblatt *et al*.: Streptomyces griseus aminopeptidase: X-ray crystallographic structure at 1.75 A resolution; *J. Mol. Biol.*, **265**(5), 620-636（1997）
32) 西澤一俊，志村憲助（編）：新・入門酵素化学，pp.258-261，南江堂，東京（1984）
33) http://www.teikyo-u.ac.jp/faculties/graduate/medicine/news/2013/07/18/

kisoigaku01_seimeibusitukagaku.pdf

34) A. N. Hiner, E. L. Raven, R. N. Thorneley, F. García-Cánovas, J. N. Rodríguez-López: Mechanisms of compound I formation in heme peroxidases; *J. Inorg. Biochem.*, **91**(1), 27-34 (2002)

35) J. N. Harvey, C. M. Bathelt, A. J. Mulholland: QM/MM modeling of compound I active species in cytochrome P450, cytochrome C peroxidase, and ascorbate peroxidase; *J. Comput. Chem.*, **27**(12), 1352-1362 (2006)

36) H. R. Horton, L. A. Moran, K. G. Scrimgeour, M. D. Perry, J. D. Rawn：ホートン生化学，第4版（鈴木紘一，笠井献一，宗川吉汪（監訳），榎森康文，川崎博史，宗川惇子（訳）），pp.120-121，東京化学同人，東京 (2008)

37) H. R. Horton, L. A. Moran, K. G. Scrimgeour, M. D. Perry, J. D. Rawn：ホートン生化学，第4版（鈴木紘一，笠井献一，宗川吉汪（監訳），榎森康文，川崎博史，宗川惇子（訳）），pp.302-307，東京化学同人，東京 (2008)

38) A. L. Lehninger, D. L. Nelson, M. M. Cox：レーニンジャーの新生化学（下）（山科郁男（監修），川嵜敏祐，中山和久（編集），浅野真司ほか（訳）），pp.1121-1130，廣川書店，東京 (2007)

39) D. Voet, J. G. Voet：ヴォート生化学（下），第3版（田宮信雄，村松正実，八木達彦，吉田浩，遠藤斗志也（訳）），pp.727-732，東京化学同人，東京 (2005)

40) B. Shen: Polyketide biosynthesis beyond the type I, II and III polyketide synthase paradigms; *Curr. Opin. Chem. Biol.*, **7**(2), 285-295 (2003)

41) Y. Hamano, K. Yamanaka, C. Maruyama, H. Takagi: Highly unusual non-ribosomal peptide synthetase producing an amino-acid homopolymer; *Tanpakushitsu Kakusan Koso*, **54**(11), 1382-1388 (2009)

42) B. Alberts, A. Johnson, J. Lewis, M. Raff, K. Roberts, P. Walter：細胞の分子生物学，第4版（中村桂子，松原謙一（監訳）），pp.593-614，ニュートンプレス，東京 (2004)

43) http://ja.wikipedia.org/wiki/膜タンパク質

44) S. D. Black: Membrane topology of the mammalian P450 cytochromes; *FASEB J.*, **6**(2), 680-685 (1992)

45) http://www.ncbi.nlm.nih.gov/protein/AAA60611.1

46) http://www.ncbi.nlm.nih.gov/protein/NP_001032.2

47) http://www.ncbi.nlm.nih.gov/protein/NP_002763.2

48) W. A. Weihofen, J. Liu, W. Reutter, W. Saenger, H. Fan: Crystal structure of CD26/dipeptidyl-peptidase IV in complex with adenosine deaminase reveals a highly amphiphilic interface; *J. Biol. Chem.*, **279**(41), 43330-43335 (2004)

49) Q. Liu, R. M. Siloto, R. Lehner, S. J. Stone, R. J. Weselake: Acyl-CoA: diacylglycerol acyltransferase: molecular biology, biochemistry and biotechnology; *Prog. Lipid Res.*, **51**(4), 350-377 (2012)

50) K. P. Locher: Structure and mechanism of ATP-binding cassette transporters; *Philos. Trans. R. Soc. Lond. B Biol. Sci.*, **364**(1514), 239-245 (2009)

51) A. Weihofen, K. Binns, M. K. Lemberg, K. Ashman, B. Martoglio: Identification of signal peptide peptidase, a presenilin-type aspartic protease; *Science*, **296**(5576), 2215-2218 (2002)

52) http://www.ncbi.nlm.nih.gov/protein/O88444.2
53) http://www.molvis.org/molvis/v3/a3/atpase.gif
54) http://upload.wikimedia.org/wikipedia/commons/thumb/a/ab/Cytochrome_C_Oxidase_1OCC_in_Membrane_2.png/300 px-Cytochrome_C_Oxidase_1OCC_in_Membrane_2.png
55) http://bsd.neuroinf.jp/wiki/ミリストイル化
56) http://bsd.neuroinf.jp/wiki/パルミトイル化
57) http://ja.wikipedia.org/wiki/プレニル化
58) D. Voet, J. G. Voet：ヴォート生化学（上），第3版（田宮信雄，村松正実，八木達彦，吉田浩，遠藤斗志也（訳）），pp.554-555，東京化学同人，東京（2005）
59) M. D. Lynes, E. P. Widmaier: Involvement of CD36 and intestinal alkaline phosphatases in fatty acid transport in enterocytes, and the response to a high-fat diet; *Life Sci.*, **88**(9-10), 384-391（2011）
60) L. M. Chen *et al.*: Prostasin is a glycosylphosphatidylinositol-anchored active serine protease; *J. Biol. Chem.*, **276**(24), 21434-21442（2001）
61) N. J. Watmough, F. E. Frerman: The electron transfer flavoprotein: ubiquinone oxidoreductases; *Biochim. Biophys. Acta*, **1797**(12), 1910-1916（2010）
62) D. Voet, J. G. Voet：ヴォート生化学（下），第3版（田宮信雄，村松正実，八木達彦，吉田浩，遠藤斗志也（訳）），pp.754-757，東京化学同人，東京（2005）
63) N. C. Inestrosa, W. L. Roberts, T. L. Marshall, T. L. Rosenberry: Acetylcholinesterase from bovine caudate nucleus is attached to membranes by a novel subunit distinct from those of acetylcholinesterases in other tissues; *J. Biol. Chem.*, **262**(10), 4441-4444（1987）
64) http://www.dbp.akita-pu.ac.jp/~esuzuki/pbc/Folder7/ET/chain.html
65) H. R. Horton, L. A. Moran, K. G. Scrimgeour, M. D. Perry, J. D. Rawn：ホートン生化学，第4版（鈴木紘一，笠井献一，宗川吉汪（監訳），榎森康文，川崎博史，宗川惇子（訳）），pp.336-338，東京化学同人，東京（2008）
66) H. R. Horton, L. A. Moran, K. G. Scrimgeour, M. D. Perry, J. D. Rawn：ホートン生化学，第4版（鈴木紘一，笠井献一，宗川吉汪（監訳），榎森康文，川崎博史，宗川惇子（訳）），pp.419-420，東京化学同人，東京（2008）
67) 栗冠和郎，木村哲哉，苅田修一，大宮邦雄：セルラーゼ複合体"セルロソーム"の構造と機能；蛋白質核酸酵素，**44**(10), 1487-1496（1999）
68) S. P. Smith, E. A. Bayer: Insights into cellulosome assembly and dynamics: from dissection to reconstruction of the supramolecular enzyme complex; *Curr. Opin. Struct. Biol.*, **23**(5), 686-694（2013）
69) H. R. Horton, L. A. Moran, K. G. Scrimgeour, M. D. Perry, J. D. Rawn：ホートン生化学，第4版（鈴木紘一，笠井献一，宗川吉汪（監訳），榎森康文，川崎博史，宗川惇子（訳）），pp.143-146，東京化学同人，東京（2008）
70) D. Voet, J. G. Voet：ヴォート生化学（上），第3版（田宮信雄，村松正実，八木達彦，吉田浩，遠藤斗志也（訳）），pp.402-412，東京化学同人，東京（2005）
71) http://en.wikipedia.org/wiki/Serine_protease
72) http://www.jsth.org/term/sen-you.html

73) M. Yamamoto, T. Nakagaki, W. Kisiel: Tissue factor-dependent autoactivation of human blood coagulation factor VII; *J. Biol. Chem.*, **267**(27), 19089-19094 (1992)
74) J. Loscalzo: Structural and kinetic comparison of recombinant human single- and two-chain tissue plasminogen activator; *J. Clin. Invest.*, **82**(4), 1391-1397 (1988)
75) D. Qiu, K. Owen, K. Gray, R. Bass, V. Ellis: Roles and regulation of membrane-associated serine proteases; *Biochem. Soc. Trans.*, **35**(Pt 3), 583-587 (2007)
76) K. Inouye, M. Yasumoto, S. Tsuzuki, S. Mochida, T. Fushiki: The optimal activity of a pseudozymogen form of recombinant matriptase under the mildly acidic pH and low ionic strength conditions; *J. Biochem.*, **147**(4), 485-492 (2010)
77) M. D. Oberst, C. A. Williams, R. B. Dickson, M. D. Johnson, C. Y. Lin: The activation of matriptase requires its noncatalytic domains, serine protease domain, and its cognate inhibitor; *J. Biol. Chem.*, **278**(29), 26773-26779 (2003)
78) S. Friis et al.: A matriptase-prostasin reciprocal zymogen activation complex with unique features: prostasin as a non-enzymatic co-factor for matriptase activation; *J. Biol. Chem.*, **288**(26), 19028-19039 (2013)
79) http://wpedia.goo.ne.jp/enwiki/Serpin
80) http://wpedia.goo.ne.jp/enwiki/Kunitz-type_protease_inhibitor
81) H. Kido, Y. Yokogoshi, N. Katunuma: Kunitz-type protease inhibitor found in rat mast cells. Purification, properties, and amino acid sequence; *J. Biol. Chem.*, **263**(34), 18104-18107 (1988)
82) T. Shimomura et al.: Hepatocyte growth factor activator inhibitor, a novel Kunitz-type serine protease inhibitor; *J. Biol. Chem.*, **272**(10), 6370-6376 (1997)
83) http://en.wikipedia.org/wiki/Kazal-type_serine_protease_inhibitor_domain
84) A. Schneider: Serine protease inhibitor Kazal type 1 mutations and pancreatitis; *Gastroenterol. Clin. North Am.*, **33**(4), 789-806 (2004)
85) I. Saxena, S. Tayyab: Protein proteinase inhibitors from avian egg whites; *Cell. Mol. Life Sci.*, **53**, 13-23 (1997)
86) 猪飼篤:総説 巨大蛋白質α_2-マクログロブリン:生体防御系のからくり分子;蛋白質核酸酵素, **37**(9), 1481-1490 (1992)
番外) 細菌 脂肪酸合成酵素, http://ja.wikipedia.org/wiki/ファイル:説明図_酵素_複合酵素.jpg

参 考 書

1) H. R. Horton, L. A. Moran, K. G. Scrimgeour, M. D. Perry, J. D. Rawn:ホートン生化学, 第4版 (鈴木紘一, 笠井献一, 宗川吉汪 (監訳), 榎森康文, 川崎博史, 宗川惇子 (訳)), 東京化学同人, 東京 (2008)
2) D. Voet, J. G. Voet:ヴォート生化学 (上) (下), 第3版 (田宮信雄, 村松正実, 八木達彦, 吉田浩, 遠藤斗志也 (訳)), 東京化学同人, 東京 (2005)
3) J. D. Watoson, T. A. Baker, S. P. Bell, A. Gann, M. Levine, R. Losick:ワトソン 遺伝子の分子生物学, 第6版 (中村桂子 (監訳), 滋賀陽子, 中塚公子, 宮下悦子 (訳)), 東京電機大学出版局, 東京 (2010)

4) B. Alberts, A. Johnson, J. Lewis, M. Raff, K. Roberts, P. Walter：細胞の分子生物学，第4版（中村桂子，松原謙一（監訳）），ニュートンプレス，東京（2004）
5) T. D. H. Bugg：入門 酵素と補酵素の化学（井上國世（訳）），シュプリンガーフェアラーク東京，東京（2006）
6) A. L. Lehninger, D. L. Nelson, M. M. Cox：レーニンジャーの新生化学（上）（下）（山科郁男（監修），川嵜敏祐，中山和久（編集），浅野真司ほか（訳）），廣川書店，東京（2007）
7) K. Kuzuya, K. Inouye: Effects of cobalt-substitution of the active zinc ion in thermolysin on its activity and active-site microenvironment; *J. Biochem.*, **130**(6), 783-788（2001）
8) A. N. Hiner, E. L. Raven, R. N. Thorneley, F. García-Cánovas, J. N. Rodríguez-López: Mechanisms of compound I formation in heme peroxidases; *J. Inorg. Biochem.*, **91**(1), 27-34（2002）
9) J. N. Harvey, C. M. Bathelt, A. J. Mulholland: QM/MM modeling of compound I active species in cytochrome P450, cytochrome C peroxidase, and ascorbate peroxidase; *J. Comput. Chem.*, **27**(12), 1352-1362（2006）
10) B. Shen: Polyketide biosynthesis beyond the type I, II and III polyketide synthase paradigms; *Curr. Opin. Chem. Biol.*, **7**(2), 285-295（2003）
11) Y. Hamano, K. Yamanaka, C. Maruyama, H. Takagi: Highly unusual non-ribosomal peptide synthetase producing an amino-acid homopolymer; *Tanpakushitsu Kakusan Koso*, **54**(11), 1382-1388（2009）
12) Q. Liu, R. M. Siloto, R. Lehner, S. J. Stone, R. J. Weselake: Acyl-CoA:diacylglycerol acyltransferase: molecular biology, biochemistry and biotechnology; *Prog. Lipid Res.*, **51**(4), 350-377（2012）
13) N. J. Watmough, F. E. Frerman: The electron transfer flavoprotein: ubiquinone oxidoreductases; *Biochim. Biophys. Acta*, **1797**(12), 1910-1916（2010）
14) S. P. Smith, E. A. Bayer: Insights into cellulosome assembly and dynamics: from dissection to reconstruction of the supramolecular enzyme complex; *Curr. Opin. Struct. Biol.*, **23**(5), 686-694（2013）
15) D. Qiu, K. Owen, K. Gray, R. Bass, V. Ellis: Roles and regulation of membrane-associated serine proteases; *Biochem. Soc. Trans.*, **35**(Pt 3), 583-587（2007）
16) K. Inouye, M. Yasumoto, S. Tsuzuki, S. Mochida, T. Fushiki: The optimal activity of a pseudozymogen form of recombinant matriptase under the mildly acidic pH and low ionic strength conditions; *J. Biochem.*, **147**(4), 485-492（2010）
17) M. D. Oberst, C. A. Williams, R. B. Dickson, M. D. Johnson, C. Y. Lin: The activation of matriptase requires its noncatalytic domains, serine protease domain, and its cognate inhibitor; *J. Biol. Chem.*, **278**(29), 26773-26779（2003）
18) S. Friis *et al.*: A matriptase-prostasin reciprocal zymogen activation complex with unique features: prostasin as a non-enzymatic co-factor for matriptase activation; *J. Biol. Chem.*, **288**(26), 19028-19039（2013）
19) T. Shimomura *et al.*: Hepatocyte growth factor activator inhibitor, a novel Kunitz-type serine protease inhibitor; *J. Biol. Chem.*, **272**(10), 6370-6376（1997）

20) A. Schneider: Serine protease inhibitor Kazal type 1 mutations and pancreatitis; *Gastroenterol. Clin. North Am.*, **33**(4), 789-806 (2004)
21) 猪飼篤:総説 巨大蛋白質α_2-マクログロブリン:生体防御系のからくり分子;蛋白質核酸酵素, **37**(9), 1481-1490 (1992)

(以上,都築 巧)

第6章　酵素の精製

　第1章で詳述されているように，酵素もしくは酵素の遺伝子を持たない生物は存在しない。つまり，生物は必要な酵素を必要なときに作り出して生命活動を健全に維持している。よって，目的とする酵素を含む生体材料の性質を理解しておくことは，酵素を効率的に精製するための必要条件である。なぜなら，生体材料の状態によって酵素の質と量は劇的に変化してしまうからである。さらに酵素を精製する前に，酵素の存在場所や共存物質などを知ることも重要である。その次に精製する酵素を研究する上で，活きている構造と機能が必要か，変性構造で十分なのか，を決めることが第一の選択となる。

　活きている酵素の構造と機能が必要な研究では，予め目的とする酵素のおおよその活性pHなども分かっていることが望ましい。それらは酵素活性を保ったまま精製するための情報として必要となる。実際の酵素の精製では，その過程で「活性を低下させない」ことが最も重要なこととなる。新種の酵素の立体構造を解析する場合も活性を保持した天然状態であることが必要十分条件である。この条件は他のタンパク質の精製との大きな違いであり，そのため精製過程では必ず酵素の活性測定も考慮しなければならない。一方，精製した酵素の活性は必要なく変性構造で良い場合，精製は大幅に簡略化できる。例えば，有機溶媒や強酸，あるいは強力な界面活性剤などを使用することが可能となる。変性した酵素でも抗体作製の抗原として用いるには十分である。

　本章では，まず酵素精製の目的を概観し，酵素の細胞内分布，目的酵素を含む生体材料の選択，生体材料の破砕法および調製法について説明する。

ちょっと一言

酵素学の先人　Arthur Kornberg博士（1918〜2007）

1959年ノーベル生理学・医学賞を受賞したKornberg博士は，酵素に恋して酵素学に貢献した研究者の一人である。博士はその研究人生から，酵素学の10戒を発表している。特に，項目Ⅲに博士の研究姿勢を感じるのは著者だけであろうか[1]。

> Ⅰ. Rely on enzymology to resolve and reconstitute biologic events
> Ⅱ. Trust the universality of biochemistry and the power of microbiology
> Ⅲ. Not believe something just because you can explain it
> Ⅳ. Not waste clean thinking on dirty enzymes
> Ⅴ. Not waste clean enzymes on dirty substrates
> Ⅵ. Use genetics and genomics
> Ⅶ. Be aware that cells are molecularly crowded
> Ⅷ. Depend on viruses to open windows
> Ⅸ. Remain mindful of the power of radioactive tracers
> Ⅹ. Employ enzymes as unique reagents

1 酵素精製の目的（なぜ酵素を精製するのか？）

なぜ，酵素を精製しなければならないか？目的とする酵素の性質を正しく明らかにするには，精製することが必要だからである。粗精製状態の酵素では混在する他の酵素や阻害物質の性質も含めた見かけの活性値となる。では，目的とする酵素の活性を正確に測定することで何が分かるのだろうか？酵素活性を調べることで，反応速度，基質特異性と反応特異性などを定量的に決定でき，酵素の性質を深く理解できる。その詳細は，第8章を参考にされたい。

実際に細胞外分泌型酵素を精製する場合，培養液にある栄養成分などと菌が分泌した酵素を分離しなければならない。そのために，まずSDS-ポリアクリルアミドゲル電気泳動で酵素の存在比率（純度）を調べることから始める。可能であれば，特異抗体を用いたウェスタンブロッティング，カゼイン（ゼラチン）・ザイモグラフィーなども検討しておきたい。ここで目的とする酵素の含量が低い場合は，発現量を高める実験系を考え直すことや，培養液の濃縮などを再検討する必要がある。少量で精製する場合，まず夾雑物を除去すると同時に目的酵素の濃度を高めることが成功への一歩である。

2 酵素の細胞内分布

今日の地球上には1億種類ほどの生物種が存在している。生物種は，ウイルスを除いて全て細胞から構成されている。それは，微生物，植物，動物を通し

た基本単位である。細胞が遺伝子を転写翻訳して生合成する酵素には，細胞外に分泌されるもの，核膜，細胞膜や細胞小器官の膜に移送されるもの，さらには核内，細胞質や細胞小器官内に留まるものなど様々である。当然，いたるところに酵素が存在し，生命活動を支えている。酵素の細胞内分布は細胞の種類と細胞周期などによって大きく異なる。さらに細胞の状態によっても増減するので，微生物であれば対数増殖期，動物細胞の場合はできるだけ新鮮な状態で精製を開始することが望ましい。いずれにせよ，精製開始時の酵素濃度を最大限に増やしておくことが，細胞から目的とする酵素を大量に精製するコツであろう。そのため，原材料となる器官，組織，細胞を可能な限り新鮮な状態で大量に入手することが好ましい。一方，遺伝子組換え技術を用いて微生物などで酵素を大量に発現させる手法では，ベクターに分泌シグナルを挿入することで可溶化して細胞外に分泌しやすいように工夫している。

　最近，iPS細胞やES細胞などの幹細胞を用いて分化誘導した特定の細胞集団の機能などが報告されている。よって，将来的には幹細胞から分化させた細胞集団の特定のヒト由来酵素を精製する技術開発も期待されている。その結果，ヒト由来酵素の構造解析と機能解析が飛躍的に進むかもしれない。

　細胞外に分泌される酵素は比較的精製しやすい。しかし，問題になるのは分泌された酵素の濃度である。低濃度では他の夾雑物と分離しにくくなるので，できるだけ高濃度にすることが好ましい。また精製過程で変性しないように工夫しなければならない。逆に精製が困難なものは膜局在型の酵素である。膜局在型の酵素は，膜を貫通している疎水性アミノ酸配列が並んだ領域と膜内外の親水性アミノ酸が豊富な領域で構成される。膜内外の方向性は酵素の立体構造と密接に関連しており，酵素を膜から抽出した状態で天然状態と同じ立体構造を保つことは難しく，活性低下を引き起こしやすい。さらに可溶化処理で目的とする酵素を細胞膜から取り出さないと，精製は進まない（純度が高くならない）場合が多い。その他に細胞内に存在する酵素は自発的に凝集することもあり（不溶性で不活性な凝集体：封入体，インクルージョンボディ），注意が必要である。特に遺伝子組換え技術で大量発現した酵素は凝集しやすいことが知られる。また細胞内は細胞外より還元的な環境なので，精製過程は酸化されにくい条件に整えることも考えなくてはいけない。

2.1　生体の成分組成

　細胞を構成している化合物は水以外に，ヌクレオチド，アミノ酸，糖，脂肪

図6-2-1 生体の化学的成分

酸の4つに大分類される。つまり，分子の流動性を確保して反応の場を提供する"水"，エネルギーや遺伝情報，転写翻訳などに関わる核酸構成因子の"ヌクレオチド"，生体反応の触媒や物理的な構造物を担うタンパク質構成因子の"アミノ酸"，エネルギー生産と貯蔵，遺伝情報や構造物を構成する"糖"，膜などを構成する"脂肪酸"である。細胞では水分子が70％でその他の化合物が30％である。酵素を含むアミノ酸が脱水縮合したタンパク質は全体で15％程度である。これはヌクレオチドがリン酸ジエステル結合したRNAやDNAの6％や1％よりかなり多い。さらに多様な細胞が集まって活動する多細胞生物になると，それぞれの生物の組織・器官に含まれるタンパク質の比率は異なる。

　それでは，タンパク質のアミノ酸組成に特徴はあるのだろうか？20種類のアミノ酸は非極性側鎖アミノ酸，極性無電荷側鎖アミノ酸，極性電荷側鎖アミノ酸の3つのグループに分けられる。例えば，一番小さいグリシンや一番大きなトリプトファンは非極性側鎖アミノ酸である。セリンやアスパラギンは極性無電荷側鎖アミノ酸，リシンやヒスチジンは極性電荷側鎖アミノ酸である。酵素の活性部位周辺では，静電的相互作用や水素結合を形成し，共鳴構造を有するアミノ酸が高頻度に存在する。具体的にはセリン，システイン，リシン，アルギニン，ヒスチジン，グルタミン酸，アスパラギン酸である。これらは触媒基として働くことが知られる。また，上記アミノ酸は補酵素や金属イオンなどとの配位基としても重要である。

2.2　細胞の構造

　目的とする酵素を精製するため，細胞の構造を知っておくことも必要である。特に，タンパク質生合成の最終工程までを理解しておきたい。細胞は外界を遮断するために膜構造を持つ。微生物や植物細胞ではさらに頑丈な細胞壁を有する。細胞膜は脂質二重層を形成するリン脂質からなり，（細胞外）親水性―疎水性―親水性（細胞内）の構造で示される。つまり，細胞は膜により自己と非自己を区切ることで生命活動を営む。細胞内の核の存在様式は，原核細胞（細

菌）と真核細胞（植物と動物）で異なる。原核細胞には明瞭な核膜は存在せず，流動的な核領域が見られる。一方，真核細胞は核膜によって細胞質と核が隔てられている。この間の物質の移動は核膜孔を介して行われる。動物細胞では核以外にミトコンドリアにも遺伝子が存在する。植物細胞では，さらに葉緑体にも遺伝子が存在する。

　細胞質も原核細胞と真核細胞で大きな特徴の違いが見られる。原核細胞では細胞内小器官がほとんど存在しないので，遺伝子から転写されたmRNAは細胞質のリボソームですぐに翻訳される。一方，真核細胞では多種多様な細胞内小器官が存在し，転写されたmRNAはスプライシングや特定の修飾が起こり，粗面小胞体結合リボソームで分泌型もしくは膜局在型ポリペプチド鎖に，細胞質内の遊離リボソームで細胞質内型ポリペプチド鎖に翻訳される。さらに，翻訳されたポリペプチド鎖は糖鎖やリン酸基などの付加修飾とプロセッシングを受けて，分泌型，膜局在型，細胞内型の酵素にまで成熟する。実際の細胞を透過型電子顕微鏡で観察した写真が図6-2-2と図6-2-3である。骨組織の石灰

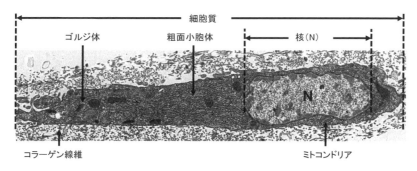

図6-2-2　ラット骨芽細胞の透過型電子顕微鏡写真像
核をNで示す。著者撮影。

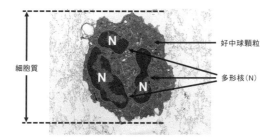

図6-2-3　マウス好中球の透過型電子顕微鏡写真像
近畿大学ライフサイエンス研究所／堀内喜高氏撮影。

化を担当する骨芽細胞（図6-2-2）には多数の発達した粗面小胞体を識別できる。一方、血液中を循環して自然免疫を担当する好中球（図6-2-3）には、特徴的に分葉した多形核と多くの顆粒が細胞質に観察できる。このように動物組織において、細胞は生体内の局在性と機能によって発達するオルガネラがまったく異なり、形態に差異が生じる。

2.3 微生物酵素，植物酵素，動物酵素

　生物学の分類上では、原核細胞は細菌と古細菌を含めて約4,800種が見つかっている。驚くかもしれないが、キノコやカビ、酵母などの菌類は菌界に属する歴とした真核細胞である。接合菌類、子嚢菌類、担子菌類の3つに分類される菌類は、現在までに約70,000種が見つかっている。興味深いことに、菌類は菌外に多くの酵素を分泌して物質を分解して栄養分として吸収するので、酵素の検出や反応の研究対象として好適である。実はその他に原生生物の真核細胞が約30,000種存在する。ディプロモナスやケイ藻類などである。外観は植物のような海藻もこの分類に属する多様性に富んだ一群である。特徴的な形態や生活様式を持つが、それらの酵素はほとんど利用されていない。

　一般的に使われる「微生物」という名称には、細菌、古細菌、菌類、単細胞の原生生物が含まれる。ヒトが利用する工業用酵素の大半は細菌もしくは菌類由来に該当する微生物の酵素である。それは、工業的に菌数を増やす安価な培養技術が確立していることが大きな理由である。高い回収率で目的とする酵素の抽出精製が容易であれば、最終価格を低く抑えることができる。例えば、*Bacillus*属の*licheniformis*株の耐熱性α-アミラーゼは、デンプンを一段階で液化できるので、ブドウ糖のような甘味分子の生産量を飛躍的に高めた。タンパク質を分解するプロテアーゼも細菌由来のものが多く、今日では衣類や食器洗い用の洗剤成分として広く利用されている。広範囲に亘る代表的な微生物由来の酵素を表6-2-1にまとめた[2]。

　植物として見つかっている種数は約250,000であり、コケ類、シダ類、裸子植物、被子植物に分類される。植物に含まれる酵素では、最大の特徴である光合成に関するリブロース-1,5-二リン酸カルボキシラーゼ／オキシゲナーゼ（RubisCO）などがよく研究されている。その他では、デンプンを分解するβ-アミラーゼなども古くから研究されている。一方、産業用に市販されている植物酵素の多くは、抽出が比較的容易で収量が高い種子や果実から精製される。例えば、パパイヤ（*Carica papaya Latex*）から抽出したパパインやパイナップ

表6-2-1 主な微生物由来の酵素

酵素の種類	微生物名	酵素名	基質名
糖質関連酵素	*Bacillus licheniformis*	α-アミラーゼ	デンプン
	Bacillus acidopullulyticus	プルラナーゼ	デキストリン
	Aspergillus niger	グルコアミラーゼ	デキストリン
	Streptomyces sp., *Bacillus coagulans*	グルコースイソメラーゼ	ブドウ糖
	Trichosporon penicillatum	ペクチナーゼ	ペクチン
	Aspergillus niger	フィターゼ	フィチン酸
	Trichoderma reesei	セルラーゼ	セルロース
タンパク質・アミノ酸関連酵素	*Bacillus thermoproteolyticus*	サーモライシン	Z-L-Asp, L-Phe-OMe
	Tritirachium album limber	プロティナーゼK	ペプチド, タンパク質
	Aspergillus sojae	カルボキシペプチダーゼ	ペプチド
	Streptoverticillium mobaraense	トランスグルタミナーゼ	ペプチド, タンパク質
	Clostridium histolyticum	コラゲナーゼ	コラーゲン
核酸関連酵素	*Penicillium citrinum*	ヌクレアーゼP1	RNA
	Aspergillus oryzae	AMPデアミナーゼ	5'-AMP
脂質関連酵素	*Rhizomucor miehei*	リパーゼ	トリアシルグリセロール
酸化還元酵素	*Streptomyces sp.*	コレステロールオキシダーゼ	コレステロール
	Yeast	アルコールデヒドロゲナーゼ	エタノール

ル（*Ananas comosus*）から抽出されたブロメラインなどのプロテアーゼが食肉の軟化などに使用される．その他に，西洋ワサビ（Horseradish Roots）のペルオキシダーゼ，麦芽（Wheat Germ）由来の酸性ホスファターゼ，タチナタマメ（Jack Bean）のウレアーゼなどが入手可能である．しかし，産業用酵素としては，その種類と量で微生物由来の酵素に敵わない．

動物は生物学的には，1,000,000種に分類される．その3/4の種は昆虫である．よって，1/4の250,000種が昆虫以外の動物である．工業的には，ブタ胃（Porcine Stomach）ペプシンやウシ膵臓（Bovine Pancreas）トリプシンなどの消化酵素がよく利用される．その他に，ウシ膵臓エラスターゼ，卵白（Egg White）リゾチーム，仔ウシ小腸（Calf Intestine）アルカリホスファターゼ，ウシ膵臓リボヌクレアーゼなどは購入しやすい．これらの酵素は，安価に入手できる家畜の臓器由来がほとんどである．上記のバルクで入手可能な酵素以外

は，需要の問題とともに精製に時間と手間がかかるために非常に高価になる。

2.4 細胞内酵素，細胞外酵素

　前述のように細胞は，細胞膜で細胞内と細胞外に区切られる。細胞内の酵素は細胞が通常の生命活動を維持するために必要最低限の量しか生合成されない。一方，細胞外酵素は，栄養を吸収するため，あるいは細胞外の環境を整えるために分泌される。細胞外に分泌される酵素を高濃度で得るためには，培養液を効率良く回収することが重要である。

　近年，遺伝子組換え技術により，目的とする酵素の遺伝子をベクターに組換えて異種宿主に取り込ませ，酵素を発現させる実験が日常的に行われるようになった（詳細は第7章参照）。そのため，効率的に発現させるためのベクターや宿主が数多く市販されている。最も頻繁に使われるベクターと宿主は，pETベクターと大腸菌を用いた発現系である。当然，目的酵素の精製が容易となる細胞外に分泌させる発現系が好まれる。遺伝子組換え技術で製造した食品添加物，セルフクローニング，ナチュラルオカレンスとして日本政府が承認している酵素と補酵素の品種を表6-2-2にまとめた。これらの酵素は工業的にも重要なものばかりである[3,4]。

　微生物の発現系の課題として，翻訳後修飾酵素と巨大酵素を天然状態で得難いことが挙げられる。そのため，真核細胞の宿主の発現系が試みられるが，煩雑さや低回収量の課題が残っている。一例として，バキュロウイルスと昆虫細胞の発現系などが開発されている。その他，無細胞タンパク質生合成系を用いた酵素の発現系構築も精力的に開発され，すでに市販されている。この技術は反応系に混在する夾雑物の少なさから，発現した少量の酵素の精製は前述の細胞発現系に比べてはるかに容易である。そのため少量の酵素で可能な構造決定や酵素活性測定に適しているが，工業的レベルで酵素のバルク生産量を継続して確保するには課題が多い。

2.5 分泌型酵素，可溶性酵素，膜結合型酵素

　分泌型酵素と細胞質内酵素は，総じて可溶性酵素と呼ばれる。しかし，可溶性だから安定であるとは限らない。プロテアーゼ分解を受けやすい，酸化されやすい，立体構造が不安定で変性しやすいなどの場合は，迅速に精製しなければならない。

　このような酵素を精製する場合，必ず溶液のpHを一定にするために緩衝液を

表6-2-2 遺伝子組換え，セルフクローニング，ナチュラルオカレンスで承認された酵素品種　　　　　　　　　　　　　　　　　（平成27年6月現在）

対象品目	性質	開発者
α-アミラーゼ	生産性向上	Novozyme A/S（デンマーク）
	耐熱性向上	Genencor International, Inc.（アメリカ）
キモシン	生産性向上	DSM（オランダ）
		CHR. HANSEN A/S（デンマーク）
プルラナーゼ	生産性向上	Genencor International, Inc.（アメリカ）
		Novozyme A/S（デンマーク）
リパーゼ	生産性向上	Novozyme A/S（デンマーク）
	—	天野エンザイム㈱（日本）
ホスホリパーゼ	—	長瀬産業㈱（日本）
ホスホリパーゼD	—	ナガセケムテックス㈱（日本）
ホスホリパーゼA_2	—	ナガセケムテックス㈱（日本）
	—	旭化成㈱（日本）
リボフラビン（ビタミンB_2）	生産性向上	F. Hoffmann-La Roche（スイス）
	—	BASF SE（ドイツ）
グルコアミラーゼ	生産性向上	Novozyme A/S（デンマーク）
α-グルコシルトランスフェラーゼ	生産性向上	江崎グリコ㈱（日本）
シクロデキストリングルカノトランスフェラーゼ	生産性向上	日本食品化工㈱（日本）
プロテアーゼ	—	DSM N.V.（オランダ）
	—	長瀬産業㈱（日本）
酸性ホスファターゼ	—	味の素㈱（日本）
グルコイソメラーゼ	—	Genencor International, Inc.（アメリカ）
キチナーゼ	—	長瀬産業㈱（日本）
ヘミセルラーゼ	—	DSM N.V.（オランダ）
グルカナーゼ	—	長瀬産業㈱（日本）

用いる[5]。まず精製する酵素の活性が低下しない，立体構造が保持されて変性しないpH域を見つけておかなければならない。溶液のpHが決まったら，そのpHに緩衝作用を持つ緩衝種を探す。具体的には，目標とするpH値が緩衝種の$pK_a \pm 1.0$値のpK_a近くにあるものを選ぶ。次にアニオン性（$HA \rightleftarrows H^+ + A^-$）あるいはカチオン性（$B + H^+ \rightleftarrows B^+H$）の選択である。酢酸（$pK_a$ 4.76（25℃）），りん酸（pK_{a2} 7.20（25℃）），ホウ酸（pK_a 9.23（25℃））などはアニオン性である。イミダゾール（pK_a 6.95（25℃）），Tris（pK_a 8.06（25℃）），エタノー

ルアミン（pK_a 9.50（25℃））などはカチオン性の緩衝液成分である。設定した溶液のpHで酵素の表面電荷が極端に負に偏っている場合（酵素のpIが溶液pHより酸性の場合）はカチオン性緩衝種の使用がより好ましい。一般に，中性pH域ではGoodらが開発したMES（pK_a 6.15（20℃））やHEPES（pK_a 7.55（20℃））緩衝種がよく用いられる。精製工程を考慮した注意点として，イオン交換クロマトグラフィーを用いる予定があるときは，ゲルの官能基と酵素との相互作用を阻害しない緩衝種を選ばなければならない。使用する緩衝液の濃度は，精製初期では50～100 mmol/L，精製中期以降には15～50 mmol/L程度にする。精製初期では夾雑する成分が多種多様のため，緩衝能を発揮するために濃度を高くする必要がある。精製度が上がるにつれて緩衝作用は見かけ上強くなるので，緩衝液は低濃度で十分機能する。また，緩衝種によってpHの温度依存性（dpK_a/dT）が異なるので，使用する温度付近で溶液pHを調整することを心がけたい。その他に注意することとして，また，酵素と緩衝液の相性の問題がある。一例として，カルボキシペプチダーゼ，ウレアーゼ，アルカリホスファターゼなどの酵素活性はりん酸イオンで抑制されるため，このような酵素の精製にはりん酸以外の緩衝種を薦める。また，緩衝種によってキレート効果を持つので，金属イオン，炭水化物，多価アルコールが酵素の安定性に寄与する場合は注意したい。

　実際には，酵素が精製工程で共存するプロテアーゼにより分解されないために，プロテアーゼ阻害剤を予め溶液に添加する。その他に極微量のβメルカプトエタノール（1～10 mM）やジチオスレイトール（0.1～1 mM）などの還元試薬を添加する。用いる溶液や容器そして機器も含めて予め冷温に保つなどを検討しておく。具体的なセリンプロテアーゼ阻害剤の濃度は0.1～10 mMのPMSF，システインプロテアーゼ阻害剤として0.5～50 μMのE-64，メタロプロテアーゼ阻害剤として1～5 mMのEDTAを組み合わせて添加する。濃度調整された混合溶液が数社から販売されている。さらにアルギニンやグリセロールなどの添加で，精製途中で起こる酵素の疎水性領域の露出による不可逆的な凝集を防止することも検討すべきである。また，膜結合型酵素を含めて精製工程での凍結融解の繰り返しを避けなければならない。注意点を表6-2-3にまとめた。酵素の粗精製の原理と方法について詳しくは，本章の5節を参照されたい。

　膜結合型酵素の精製では，まず膜成分をその他の夾雑物から遠心処理などで分離する。次に分画した膜成分を界面活性剤で可溶化する。界面活性剤は，疎水性基と親水性基を有する両親媒性分子で，生体のリン脂質二重層に類似のミ

表6-2-3　精製工程での注意点とポイント

項目	ポイント
pH	目的酵素が安定なpH域を選ぶ。
緩衝液	調整するpH域にpK_aを持つ緩衝液，あるいはGoodらによって開発された両性イオン性緩衝液から選ぶ。
塩	0～50 mmol/L。高濃度に添加しない方が望ましい。
温度	氷温～4℃　酵素の分解と変性を最小限に抑える。
容器，チップ	タンパク質低吸着性の製品。非特異的吸着による回収率低下を抑える。
安定化剤	アルギニン，グリセロール，トレハロース，スルホベタインなどの添加。不可逆的な凝集や変性を抑える。
プロテアーゼ阻害剤	セリン型，システイン型，アスパラギン型，金属プロテアーゼに適した阻害剤もしくは組み合わせを選択する。
防腐剤	0.05％ エチル水銀チオサリチル酸ナトリウム（商品名：チメロサール）など。酵素活性を阻害する化合物に注意する。

セルを形成する。親水性基に正電荷（カチオン）もしくは負電荷（アニオン）を持つイオン性界面活性剤，正と負の両電荷を持つ両性イオン性界面活性剤，電荷を持たない非イオン性界面活性剤に分けられる。一般にイオン性界面活性剤の方がタンパク質の変性作用が高いので酵素精製には不向きである。但し，抗体作製のための抗原として酵素を精製する場合は問題なく使用できる。胆汁酸塩は疎水性のステロイド骨格を持つアニオン性界面活性剤で，数分子でミセルを形成する特徴を持ち，透析で除きやすい。最近では，界面活性剤のようにミセルを形成しない両性イオン性化合物であるスルホベタイン類が膜結合型酵素の分離精製に利用されている。なかでもNDSB-195（ジメチルエチルアンモニウムプロパンスルホン酸，CAS No. 160255-006-1）は紫外吸収を持たず，β-ガラクトシダーゼやアルカリホスファターゼ活性を阻害しないので，使いやすいとされる。

　膜結合型酵素を可溶化するための界面活性剤濃度は，使用する界面活性剤の臨界ミセル濃度（CMC, critical micelle concentration: mmol/L）より高く設定しなければ効果が期待できない。条件が整えば，タンパク質1分子を含む一つのミセルの集まりとなる。表6-2-4に酵素精製に使われる主な界面活性剤とスルホベタインについてまとめた。

　膜結合型酵素の可溶化後，酵素と未結合の界面活性剤の除去には，頻繁な外液交換を伴う透析，除去カラム（Pierce® Detergent Removal Spin Columns（サーモフィッシャーサイエンティフィック㈱），DetergentOUT（タカラバイ

表6-2-4 酵素精製で使われる代表的な界面活性剤

種類	化合物名	CMC (mmol/L)
アニオン性	ドデシル硫酸ナトリウム (SDS)	2.6
カチオン性	臭化セチルトリメチルアンモニウム (CTAB)	1.0
非イオン性	Triton X-100	0.23
	n-Octyl-β-D-glucoside	25
	n-Dodecyl-β-D-maltoside	0.17
両性イオン性	CHAPS	8
	CHAPSO	8
胆汁酸塩	コール酸ナトリウム塩	14
	デオキシコール酸ナトリウム塩	5
スルホベタイン	NDSB-195	—

オ㈱），CALBIOSORB™（メルク㈱）など）の界面活性剤の吸着剤，あるいはゲルろ過クロマトグラフィーなどが用いられる．透析で除去するにはCMCがある程度高い方が有利であり，イオン性の化合物はイオン交換クロマトグラフィーやゲルろ過クロマトグラフィーで酵素の精製を妨害する恐れがある．このような理由で，非イオン性の界面活性剤が使いやすい．しかし，非イオン性の界面活性剤は一般に高価なので，使用前に価格を検討すべきである．安価なTriton X-100は，紫外吸収のある芳香環を有し，CMCが小さいので精製にはあまり向いていない．また界面活性剤を除去する際にスルホベタインなどの安定化剤を添加しておくことで可溶化酵素の回収率が改善される効果もある．

　目的とする膜結合型酵素を活性保持のまま精製するためには，上記のいずれかの界面活性剤が個別に有効か試すこと（trial and error）が重要である．理由は不明だが，n-Dodecyl-β-D-maltosideはシトクロムcオキシダーゼに対して，ある種の胆汁酸塩はグリコシルフォスファチジルイノシトール（GPI）結合型膜タンパク質に対して可溶化の効率が高い．

3　生体材料の選択

　前述したように，微生物，植物，動物のどれを開始材料とするかによって，酵素精製の戦略は大きく変わってくる．微生物が分泌する酵素もしくは，微生物に目的とする酵素遺伝子を組換えて酵素を大量に発現させる場合では，その後の精製にかかる労力と経済的な負担は小さい．出発材料をコントロールして

酵素量を多くできるメリットは他に代え難い。可能であれば，第一の選択にすべきである。植物と動物では，それぞれの組織もしくは培養細胞のどちらを選ぶかによって困難さは違う。酵素が大量に含まれる組織（臓器や器官など）が入手できれば，精製計画を立てやすいだろう。しかし，酵素が組織重量あたり微量にしか存在しない場合は，不利である。植物組織では，共存するセルロース，リグニン，ポリフェノール，ペクチン，糖，有機酸などの酵素精製を妨害する成分が大量に存在する。精製初期にセルラーゼやペクチナーゼなどの酵素を添加して不要な夾雑物を分解することも検討したい。動物培養細胞を出発材料とする場合，専門施設で高価な培養液や培養皿など消耗品が必要となる。金銭面をクリアしても，大量の細胞を確保するために大量培養技術の確立も考慮しなければならない。

生体材料の選択が決まり，精製する酵素の存在場所と性質が分かれば，前述した戦略と手法により精製を開始する。

4　生体材料の破砕法および調製法

内在性酵素の場合は，微生物，組織，細胞のいずれにしても破砕することから精製を始める。温和な条件を用いた化学的な方法と，より強力な物理的な方法に分けられるので参考にされたい（表6-4-1）。一般には，両者を複数組み合わせて効率的にかつ短時間に処理し，遠心分離などの次の精製ステップに進める工夫がなされる。目的とする酵素溶液に含まれる夾雑物をできる限り除去した後，酵素を濃縮するために限外ろ過膜が用いられる。限外ろ過膜には，複数の企業より多種類のポアサイズの製品が市販されている。酵素の分子サイズを考慮して，必要に応じて選択できる。

表6-4-1　生体材料の破砕法

化学的処理	精製水	細胞を低浸透圧の精製水にさらすことで細胞膜を膨張破壊する。
	界面活性剤添加	細胞膜，細胞小器官の膜を可溶化して破壊する。
	酵素添加	リゾチーム，セルラーゼ，ペクチナーゼ，ザイモリエイス（ナカライテスク㈱）などで細胞壁を分解する。
物理的処理	凍結融解	液体窒素中で凍結，すぐに解凍する工程を複数回繰り返すことで細胞膜を破壊する。酵素活性は低下しやすい。
	乳鉢・乳棒	硬い植物組織に液体窒素と磨砕用アルミナを加えて，凍結したまま素早く磨砕する。微生物と動物細胞では，凍結せずに氷上で磨砕する。
	ホモジナイザー	脆弱な細胞膜を温和な条件下で破壊できる。氷上で行う。
	ワーリングブレンダー	丈夫な細胞膜を持つ細胞や組織に適している。可能な限り，保冷する必要がある。
	ダイノーミル	DYNO-MILL（スイス）は商品名で，一般名はビーズミル。横型の連続式の湿式媒体攪拌ミル。
	フレンチプレス	98 MPa（1,000 kg/cm^2）程度の加圧，常圧までの減圧を氷上で繰り返すことで，細胞膜を破壊する。
	アルカリ	脆弱な細胞膜をpH 8〜11程度の緩衝液にさらすことで，細胞膜を破壊する。
市販キット	Sample Grinding kit（GE社）	マイクロチューブとペッセル（グラインダー）のセットで，磨砕用のビーズレジンが同梱されている。少量試料の磨砕に便利である。
	ReadyPrepミニグラインダー（バイオ・ラッド社）	
	3-min Total Protein Extraction kit（コスモ・バイオ㈱）	細胞溶解緩衝液で細胞膜を破壊して抽出するキット。変性・非変性での溶解液が付属。
	PE LB^{TM}（タカラバイオ㈱）	生理活性を保持して細胞からタンパク質を抽出する試薬。各種細胞用のキットが販売されている。

文　　献

1) A. Kornberg: Ten commandments of enzymology, amended; Trends in Biochemical Sciences, **28**, 515-517（2003）
2) 井上國世（監修）：フードプロテオミクス―食品酵素の応用技術―，シーエムシー出版，東京（2009）
3) 厚生労働省ホームページ「安全性審査の手続を経た旨の公表がなされた遺伝子組換え食品及び添加物一覧　２．添加物（19品目）」，http://www.mhlw.go.jp/file/06-Seisakujouhou-11130500-Shokuhinanzenbu/0000071167.pdf

4) 厚生労働省ホームページ「安全性審査の手続を経た遺伝子組換え食品及び添加物一覧」, http://www.mhlw.go.jp/topics/idenshi/dl/list3.pdf
5) D. D. Perrin, B. Dempsey：緩衝液の選択と応用（辻啓一（訳）），講談社サイエンティフィク，東京（2004）

(以上，森本康一)

5 分離精製法

5.1 分子サイズによる分離

　分子サイズの違いを利用して，担体による分子篩効果により分離する方法をゲルろ過法と呼ぶ。ゲルろ過法は，タンパク質，ペプチド，核酸，多糖類，ポリフェノールなどの分離に用いられる他に，既知の分子量の物質を使うことにより分子量の推定や脱塩の有効な手段としても用いられる。ゲルろ過法の原理を図6-5-1に示した。ゲルろ過法では基本的に分子サイズが大きいものから順に溶出する。これは，ゲルろ過法で用いられる担体には細孔があり，孔内に入り込まない分子は担体と担体の隙間をすり抜けることにより移動距離が短くなり早く溶出するが，孔内に入り込める小さな分子はブラウン運動による拡散により移動時間が長いため，大きい分子よりも相対的に遅く溶出することによ

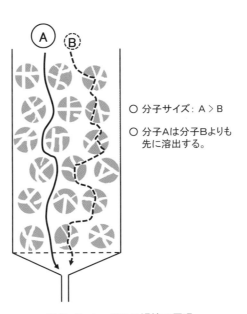

○ 分子サイズ：A ＞ B

○ 分子Aは分子Bよりも先に溶出する。

図6-5-1　ゲルろ過法の原理

る。この時,担体の細孔サイズより大きい分子は一様に溶出されてくる。担体が分離できる分子サイズの上限値を排除限界と呼ぶ。逆に,担体の細孔サイズよりも十分小さな分子は細孔内に一様に浸透するために分離することができない。この分離不可能な分子量の下限値を浸透限界と呼ぶ。つまり,各担体が分離可能な分子サイズの範囲は浸透限界から排除限界の間である。

ゲルろ過法で分子の移動速度は分子の形状などにも影響を受けるが,移動相の流速に依存する部分が大きい。ただし,担体の硬さ(耐圧性)との関係により適切な移動の流速が異なる。担体の硬さが柔らかいものを軟質ゲル,硬いものを硬質ゲルと呼ぶ。軟質ゲルにはデキストラン,アガロース,ポリアクリルアミドなどがある[1]。これらはいずれも架橋度を高くすることにより硬度を高くすることができる。デキストランの架橋重合体であるSephadexでは,架橋度が低いと排除限界が大きく,架橋度が高いと排除限界が小さい[2]。一般的に,担体は軟質なほど排除限界が大きくなるが,遅い流速でも圧密化されやすいため,軟質ゲルは低速で操作する必要がある。硬質ゲルとしては安価な素材であるシリカゲルがよく用いられる。シリカゲルは耐圧性が高く,粒子径が小さく分離性能が高い特徴を持つ。そのため,シリカゲルを詰めたカラムに送液するためには,高圧送液可能なポンプを用いて送液することにより,高速で分離することが可能である。耐圧性の高い硬質ゲルは高速液体クロマトグラフィー(high-performance liquid chromatography, HPLC)に用いられる。HPLCについては5.5項で詳述する。

【クイズ】

Q6-5-1　ゲルろ過法では基本的に分子サイズの大きいものと小さいもののどちらが早く溶出するか答えなさい。

A6-5-1　分子サイズの大きいもの。

文　　献

1) 山本修一:ゲル濾過クロマトグラフィー(GFC);バイオ生産物の分離・精製(福井三郎(監修),佐田栄三(編集)), pp.110-119, 講談社, 東京 (1988)
2) 守屋寛:セファデックスゲルロ過法の原理;ゲル濾過法, pp.1-7, 廣川書店, 東京 (1964)

5.2 溶解度による分離

タンパク質の精製の初期段階では，水溶液中のイオン強度や有機溶媒濃度に対する目的成分と夾雑物の溶解度の違いを利用して，目的成分を高濃度に含む粗画分の回収が行われることが多い。タンパク質を含む水溶液中に塩を徐々に加えるとイオン強度が増加し，添加した塩の水和が進み，タンパク質表面疎水部同士の相互作用が促進されることにより，タンパク質が凝集，沈殿してくることが知られており，これを塩析と呼ぶ。一般的には，分子量の大きいものほど沈殿しやすい。塩析に用いられる塩としては，塩化ナトリウム，硫酸ナトリウム，硫酸アンモニウム（硫安）などがあるが，タンパク質の変性が起こりにくく，溶解度の温度依存性が低く，低温でも溶解度が大きいことから硫安が一般的に用いられている。

タンパク質の硫安沈殿では分子量の大きいタンパク質ほど低い硫安濃度で塩析する。硫安沈殿では目的成分を含む水溶液中に固体の硫安をゆっくり攪拌しながら徐々に加えていく。この時，試料溶液に添加する硫安の濃度は表6-5-1

表6-5-1 硫安分画における硫安添加量と％飽和度の早見表[1]

		硫安の終濃度（％飽和）															
		10	20	25	30	33	35	40	45	50	55	60	65	70	75	80	90	100
		試料溶液1Lに添加する硫安固形量（g）																
試料溶液中の硫安の初濃度（％飽和）	0	56	114	144	176	196	209	243	277	313	351	390	430	472	516	561	662	767
	10		57	86	118	137	150	183	216	251	288	326	365	406	449	494	592	694
	20			29	59	78	91	123	155	189	225	262	300	340	382	424	520	619
	25				30	49	61	93	125	158	193	230	267	307	348	390	485	583
	30					19	30	62	94	127	162	198	235	273	314	356	449	546
	33						12	43	74	107	142	177	214	252	292	333	426	522
	35							31	63	94	129	164	200	238	278	319	411	506
	40								31	63	97	132	168	205	245	285	375	469
	45									32	65	99	134	171	210	250	339	431
	50										33	66	101	137	170	214	302	392
	55											33	67	103	141	179	264	353
	60												34	69	105	143	227	314
	65													34	70	107	190	275
	70														35	72	153	237
	75															36	115	198
	80																77	157
	90																	79

をもとに決定する[1]。目的の硫安濃度に達したら，1時間あるいは一夜，冷蔵庫の中などの低温下で静置する。その後，遠心分離により目的成分を含む沈殿画分または溶液画分を回収する。硫安沈殿では硫安濃度を変えることでタンパク質を分画することができるが分離能は高くないため，純度を上げるためには硫安沈殿後にさらに精製をする必要がある。そのため，硫安沈殿は大量の試料から濃縮も兼ねて粗分画する目的で用いられることが多い。硫安沈殿により調製された画分は硫安を大量に含んでいるため，一般的には脱塩処理が施される。脱塩方法としては，透析法やゲルろ過法が用いられる。試料の性質や量などの目的により異なるものの，透析法では脱塩処理を数回繰り返す必要がある。脱塩用のゲルろ過担体が充填された固層カラムが数多く市販されており，最近では透析法よりもゲルろ過法を用いられることが多い。

　有機溶媒を用いたタンパク質の分離にはアセトン，エタノール，イソプロピルアルコールなどが用いられる[2]。目的成分を含む水溶液に有機溶媒を加えていくと溶液中の誘電率が低下し，タンパク質分子間の静電的相互作用が増加することによりタンパク質の沈殿が生成する。有機溶媒による分離法は，塩析法に比べるとタンパク質の変性を生じやすいため，冷アセトン，冷エタノールを用いるなど低温で操作することが重要である。有機溶媒による分離法は塩析法のように脱塩操作が不要であり，沈殿に脂質が混入しない特徴を持つ。

【クイズ】

Q 6-5-2　硫安の初濃度が30％飽和の試料溶液100 mLを50％飽和にするためには硫安を何グラム添加すればよいか答えなさい。

A 6-5-2　（表6-5-1より）12.7 g。

文　　献

1) A. A. Green, W. L. Hughes: Protein fractionation on the basis of solubility in aqueous solutions of salts and organic solvents; Methods in Enzymology, 1st Ed. (S. P. Colowick, N. O. Kaplan (eds.)), pp.67-90, Academic Press, New York (1955)
2) 野本正雄：酵素の製造法；酵素工学，pp.37-44，学会出版センター，東京（1993）

5.3　電気的性質による分離

　タンパク質は等電点以外のpHにおいて正味の電荷を持つ両性電解質である。この電気的性質を利用したタンパク質や酵素の分離方法として電気泳動法やイ

オン交換クロマト法が用いられている。

　電気泳動とは溶液中の荷電物質が電場内を移動する現象のことである。溶液中での荷電物質の拡散や対流の影響を受けないようにするため、アガロースやポリアクリルアミドを担体に用いる電気泳動をゲル電気泳動と呼ぶ。特に、ポリアクリルアミドゲル電気泳動（polyacrylamide gel electrophoresis）は略してPAGEと呼ばれる。担体を用いるPAGEでは無担体で行う電気泳動と比較して、対流および拡散の影響が軽減できるだけでなく、分子篩効果による分離も期待できる点に利点がある。

　β-メルカプトメタノールやジチオスレイトールなどの還元剤でジスルフィド結合を切断することにより生じたポリペプチド鎖に負の電荷を持つドデシル硫酸ナトリウム（sodium dodecyl sulfate, SDS）を結合させてSDS-ポリペプチド複合体を作製して行うPAGEをSDS-PAGEと呼ぶ（図6-5-2）[1]。SDSのタンパク質への結合量はアミノ酸組成に関係なくタンパク質1gに対して約1.4gと一定であり、SDS-ポリペプチド複合体の負の荷電量はタンパク質の分子量に比例し、また、SDS-ポリペプチド複合体の長さとその分子量の間に比例関係があることから、分子篩効果による分子量を反映した電気泳動による分離、分析を行うことができる[2]。

　タンパク質を変性させずに行う電気泳動をNative（ネイティブ）電気泳動と呼ぶ（図6-5-2）。Native電気泳動では高次構造および複合体構造を保持した

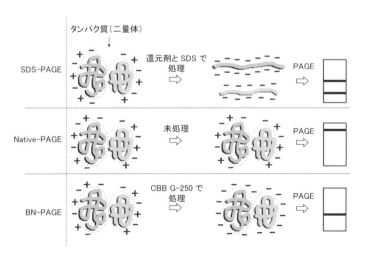

図6-5-2　SDS-PAGE, Native-PAGE, BN-PAGE

状態のタンパク質の正味の電荷に応じて分離される。タンパク質のNative電気泳動では，ポリアクリルアミドを担体に用いるNative-PAGEが行われることが多い[3]。これは，タンパク質の電気的性質だけでなく，分子篩効果によりタンパク質の構造および分子サイズも利用することができるためである。タンパク質を変性させずにCoomassie brilliant blue G-250（CBB G-250）をタンパク質分子の表面に弱く結合させて全体を負に荷電させて行う電気泳動をBlue Native-PAGE（BN-PAGE）と呼ぶ（図6-5-2）。Native-PAGEもBN-PAGEもタンパク質を変性しないで泳動する点は同じであるが，Native-PAGEではタンパク質の正味の電荷に応じて泳動するのに対して，BN-PAGEではタンパク質の正味の電荷の影響を抑え，高次構造および複合体構造そのものに応じて泳動する点が異なる。また，Native-PAGEでは電気泳動することができない塩基性等電点を持つタンパク質であっても，BN-PAGEではCBB G-250により表面電荷を負にするために，タンパク質を変性させずに泳動できる。

　タンパク質のような両性電解質の総電荷はそれが存在する溶液中のpHによって変化し，等電点より低いpHにおける総電荷は正になり，逆に高いpHでは負になる。タンパク質の荷電状態のpHによる変化を利用し，それと反対の電荷を有する担体との可逆的な結合を利用する分離をイオン交換クロマトグラフィー法と呼ぶ。溶液中に正に荷電したタンパク質は負に荷電した陽イオン交換担体に静電的相互作用により結合し，逆に，負に荷電したタンパク質は正に荷電した陰イオン交換担体に結合する。イオン交換担体に結合したタンパク質を溶出させるためには，溶液のpHを変化させるか，塩の添加によりイオン強度を増加させる。しかし，イオン交換担体の持つ緩衝能のため，pHを変化させることは容易ではなく，イオン強度を増加する方法が一般的である。イオン交換担体は荷電物質との結合がpHの変動によってイオン交換容量の変動が少ない強イオン交換担体と，変動が大きい弱イオン交換担体に分けられる。

【クイズ】

Q6-5-3　SDS-PAGEで分子量の推定が可能な理由を答えなさい。

A6-5-3　SDSのタンパク質への結合量はアミノ酸組成に関係なくタンパク質1gに対して約1.4gと一定であるため。

文献

1) 平井秀一：SDS-PAGEとウェスタンブロッティング；細胞工学別冊 実験プロトコールシリーズ タンパク実験プロトコール ①機能解析編（大野茂男，西村善文（監修），須磨春樹（編集）），pp.128-142，秀潤社，東京（1997）
2) 入江勉：SDS-ポリアクリルアミドゲル電気泳動法；PAGEポリアクリルアミドゲル電気泳動法（高木俊夫（編集）），pp.41-62，廣川書店，東京（1990）
3) 朝倉則行，蒲池利章，大倉一郎：タンパク質溶液の純度—電気泳動法による純度確認—；生物物理化学 タンパク質の働きを理解するために，pp.44-48，化学同人，京都（2008）

5.4 特異的親和力による分離

　他の分子との特異的な親和力（アフィニティー）の違いを利用した分離をアフィニティー分離と呼ぶ[1]。酵素の精製では，酵素と親和力を持つリガンドに酵素を吸着させることで分離する。一般に用いられるリガンドとしては基質，基質アナログ，阻害剤，補酵素などがあるが，夾雑成分との親和性が低いリガンドを用いるほど，選択的に目的の酵素のみを分離できる。特に，基質，基質アナログをリガンドに用いるアフィニティー分離では生理活性を有する酵素のみを分離精製することができるため，酵素の精製法として特に適した方法である。酵素のアフィニティー分離ではリガンドが固定化されたセルロースやデキストリンなどのアフィニティー担体を用いたアフィニティークロマトグラフィーにより行われることが多い。

　アフィニティー担体の調製はカップリングにより行われるが，大量の担体を準備するためにはかなりの時間と労力を必要とする。そのため，目的の酵素の精製に特異的な調製済みのアフィニティー担体が市販されていない場合，自分で最適なアフィニティー担体を調製するよりも，特異性は低くなるが，市販されている群特異的な金属キレートアフィニティー担体がリガンドとして用いられることも多い。これは，多くのタンパク質がヒスチジン，トリプトファンおよびシステインのいずれか1つを少なくとも有しており，これらアミノ酸が遷移金属イオンと複合体を形成する性質を利用するものである[2]。よく用いられる遷移金属イオンはタンパク質に対する結合力の強い順にCu^{2+}，Ni^{2+}，Zn^{2+}，Co^{2+}である。タンパク質と金属キレートアフィニティー担体の結合力は，タンパク質の構造やバッファーにより影響を受ける。

　組み換えタンパク質の精製では，His-tagと呼ばれる6～10残基のヒスチジンを含む短いペプチドを付加した組み換えタンパク質を大腸菌や細胞を用いて発現させた後，夾雑物の非特異的吸着を阻害するために塩や低濃度のイミダゾー

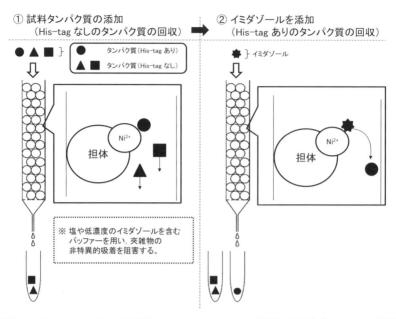

図6-5-3 His-tagタンパク質によるアフィニティー吸着とイミダゾールによる脱離

ルを含むバッファーを移動相に用いてNi^{2+}またはCo^{2+}が固定化されたアフィニティー担体にHis-tagを有する組み換えタンパク質のみを吸着させる。次に，ヒスチジンと化学構造が類似でヒスチジンよりも金属への親和力の強いイミダゾールを添加することにより，His-tagを有する組み換えタンパク質を高純度で回収する（図6-5-3）。タンパク質のアフィニティー分離では，グルタチオントランスフェラーゼ-tagが用いられることもある。この場合，グルタチオンが固定化された担体が用いられる。

抗体の分離精製にもアフィニティー分離がよく用いられる。免疫グロブリンにはIgG，IgM，IgA，IgD，IgEの5つのクラスが存在するが，全ての免疫グロブリン（Ig）は2本の同一の重鎖（heavy chain，H鎖）と軽鎖（light chain，L鎖）がジスルフィド結合で結合することによりY字型に配置された4本のポリペプチド鎖を基本構造に持つ。血液中に多く含まれる免疫グロブリンG（IgG）のアフィニティー分離では，IgGのH鎖が構成する下部分の領域（Fc領域）と親和性の高い*Staphylococcus aureus*（黄色ブドウ球菌）由来のプロテインAまたは*Streptococci*（連鎖状球菌）由来のプロテインGを固定化した担体が用いられる。プロテインAとプロテインGに対するIgGの親和性は動物種やIgGのサブ

クラスにより異なる。

【クイズ】
Q6-5-4　基質をリガンドに用いるアフィニティー分離が酵素精製に有効な理由を答えなさい。
A6-5-4　生理活性を持つ酵素を精製できるため。

文　　献

1) 相本三郎, 下西康嗣：クロマトグラフィーによる精製；生物化学実験のてびき　2 タンパク質の分離・分析法（泉美治, 中川八郎, 三輪谷俊夫（編集））, pp.8-20, 化学同人, 京都（1985）
2) 朝倉則行, 蒲池利章, 大倉一郎：タンパクの性質に基づく分離精製方法；生物物理化学　タンパク質の働きを理解するために, pp.11-25, 化学同人, 京都（2008）

5.5　高速液体クロマトグラフィー

カラムに担体を充填した固定相と液体の移動相を用いて化合物の両相との相互作用の違いを利用して分離する方法を液体カラムクロマトグラフィーと呼ぶ。液体カラムクロマトグラフィーでは固定相との相互作用の小さい物質ほどカラムからの溶出が早い。固定相に耐圧性が高く微小な粒子径を持つ担体を用い, 高圧送液ポンプを用いて液体の移動相を高速で流すことにより分離時間の短縮を可能とした液体カラムクロマトグラフィーのことを高速液体クロマトグラフィー（high-performance liquid chromatography, HPLC）と呼ぶ。HPLCの基本構成を図6-5-4に示した。HPLCでは3～5 μmの粒子径の担体が用いられるのが一般的であるが, 最近では, HPLCと基本的に同じ原理で, 2 μm前後の粒子径の担体を充填したカラムを用いることによりさらに高速で物質を分離できる超高速液体クロマトグラフィー（ultra-high-performance liquid chromatography, UHPLC）も普及してきている。

HPLCで用いられる分離モードは複数ある[1]。極性の小さいオクチル基やオクタデシル基を結合したシリカゲルなどの担体を固定相に用い, 水, メタノール, アセトニトリルのような極性溶媒の移動相を組み合わせる分離モードを逆相カラムクロマトグラフィーと呼ぶ。特に, オクタデシル基を結合したシリカゲル担体を充填したカラムがよく使用され, ODSカラム（octadecylsilyl-silica gel column）の略称で呼ばれる。逆相カラムクロマトグラフィーでは疎水性の低い

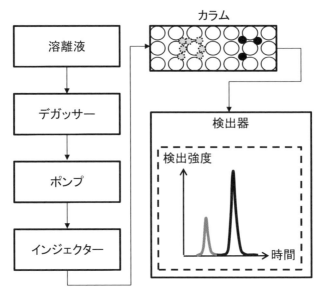

図6-5-4　HPLCの基本構成

化合物から先にカラムから溶出する。逆に，固定相の極性が移動相よりも高い時の分離モードを順相カラムクロマトグラフィーと呼ぶ。脂溶性の化合物を分離するのによく用いられ，疎水性の高い化合物から先にカラムから溶出する。固定相にイオン交換担体を用い，移動相の塩濃度およびpHを変えることにより，化合物を分離するモードをイオン交換カラムクロマトグラフィーと呼ぶ。この分離モードは，酵素の生成にもよく用いられる。固定相に用いる担体の細孔を利用して分子サイズ順に分離するモードをゲルろ過カラムクロマトグラフィーと呼ぶ。ゲルろ過カラムクロマトグラフィーでは分子量の大きい化合物の分離や分子量分布の測定目的で利用される。

　HPLCで用いられる担体の母体には耐圧性が高く，安価であることからシリカゲルが最も幅広く利用されている。シリカゲルよりも使用可能なpH範囲が広いことから，イオン交換カラムクロマトグラフィー用の担体ではポリビニルアルコールやポリスチレンのようなポリマーを母体とする担体も使用されている。HPLCでは目的成分の化学的特性および目的感度によって示差屈折率（RI）検出器，蛍光検出器，電気化学検出器，電気伝導度検出器，化学発光検出器，質量分析計など様々な検出器が用いられる[2]。最も汎用されている検出器は紫外可視吸光度（UV）検出器である。

【クイズ】

Q6-5-5　疎水性の低い化合物から先に溶出されるのは順相カラムクロマトグラフィーと逆相カラムクロマトグラフィーのどちらであるか答えなさい。

A6-5-5　逆相カラムクロマトグラフィー。

文　　献

1) 松下至：カラムの種類と性質；液体クロマトグラフィー100のテクニック～これだけ知れば使いこなせる～，pp.31-32，技報堂出版，東京（1997）
2) 後藤武，高橋豊，本田俊哉，渡辺紀章：第Ⅲ部　液クロ検出・解析編；液クロを上手につかうコツ～誰も教えてくれないノウハウ～（中村洋（監修）），pp.131-203，丸善，東京（2004）

5.6　遠心分離

遠心分離とは，回転で生じる遠心力を用いて溶液中の成分を分離する方法である[1]。一般に，遠心分離を行う場合，地球の重力に対する遠心力を表す相対遠心力（relative centrifugal force, RCF）を遠心力の単位として用い，"$\times g$" または単に "g" で表す。一般に，RCFは（6-5-1）式によって求められる。

$$RCF = 1118 \times r \times N^2 \times 10^{-8} (g) \qquad (6\text{-}5\text{-}1)$$

ここで，r（cm）は回転半径であり，遠心分離に用いるローターによって異なる。N（rpm）は1分間当たりの回転数であり，RCFは遠心分離に用いるローターの半径と速度に依存する。以下に$N=3000$ rpmで，回転半径を変えた時の計算例を記載した。研究報告などで，遠心分離の条件についてNだけを報告しているケースがしばしば散見されるが，Nだけでは物質にかかる相対遠心力はわからない点に注意が必要である。なぜなら，以下の例のように，Nが同じであっても，rが2倍異なれば，RCFも2倍異なる。

（例）　$N=3000$ rpm, $r=20$ cmの場合
$$RCF = 1118 \times 10 \times (3000)^2 \times 10^{-8} = 1006g$$
$N=3000$ rpm, $r=20$ cmの場合
$$RCF = 1118 \times 20 \times (3000)^2 \times 10^{-8} = 2012g$$

遠心分離は細胞から細胞小器官を分離する方法として古くから用いられてき

た[2]。遠心分離によるその分画方法は，まず，細胞を温和な条件で機械的に破砕したホモジネートを調製する。このホモジネートを遠心分離機にセットし，低速（600～1000 g）で10分間ほど遠心分離を行い沈殿と上清に分けると，沈殿として未破砕の細胞や核を含む画分が得られる。続いてこの上清を7000～20000 g で20分間ほど遠心分離を行うと，沈殿としてミトコンドリア，リソソーム，ペルオキシソームを含む画分が得られる。さらにこの上清を80000～105000 g で1時間ほど遠心分離を行うと，沈殿としてミクロソームおよび小胞体を含む画分が得られる。さらにこの上清を200000 g で2～3時間遠心分離を行うと，沈殿として，リボソームを含む画分が得られる。実際の精製においては，目的とする精製の程度や目的物質と細胞内の他の成分との相互作用などによって遠心条件は異なる。

遠心分離は社会的に幅広く利用されている。食品工業では牛乳からクリームと脱脂乳を分離する時やもろみから酒粕と酒を分離する時などに利用されており，また，病院などの血液検査でも，血清と血球の分離に利用されている。

【クイズ】
Q 6-5-6 （6-5-1）式を用いて $N = 4000$ rpm，$r = 15$ cm におけるRCFを求めよ。
A 6-5-6 2683 g。

文　　献

1) 菅健一：遠心場における分離；バイオ生産物の分離・精製（福井三郎（監修），佐田栄三（編集）），pp.43-57, 講談社，東京（1988）
2) 松田義宏，山田毅：細胞成分の分画法；生物化学実験のてびき 1生物試料調製法（泉美治，中川八郎，三輪谷俊夫（編集）），pp.57-75, 化学同人，京都（1985）

5.7　等電点クロマトグラフィー，等電点電気泳動

等電点クロマトグラフィーはタンパク質の等電点（pI）を利用して分離する方法であり，クロマトフォーカシングとも呼ばれる。広いpH範囲全体にわたって均一な緩衝能を持つイオン交換担体を充填したカラムに，両性イオン緩衝液を流してカラム内にpH勾配を形成し，目的のタンパク質をpIに応じて分離する。例えば，陰イオン交換担体が充填されたカラムに目的タンパク質が吸着されるようにするには，目的タンパク質のpIよりも高いpHに調製された緩衝液

で予めカラムを平衡化する。次に、目的タンパク質のp*I*よりも低いpHに調製された緩衝液をカラムに送液すると、カラムのpHは上部から徐々に低下する。目的タンパク質の周囲のpHがp*I*以下になると、カラムに吸着していた目的タンパク質の総電荷は正となり、イオン交換担体から脱離してカラム内のpH勾配の移動とともにカラム内を下降するが、p*I*よりも高いpH領域に達すると、総電荷が負になり再びイオン交換担体に結合する。このように、カラムへの吸着、脱離を繰り返しながらカラム内を下降し、カラム出口のpHが目的タンパク質のp*I*に等しくなったところで溶出する。等電点クロマトグラフィーでは緩衝液の送液速度よりもカラム内のpH勾配の移動は遅い。これにより、カラム下部の目的物質はカラム上部にある目的物質よりも移動速度が遅くなるため、目的物質は濃縮されてカラムから溶出される。

　等電点クロマトグラフィーと同様の原理で、pH勾配を持たせたアガロースやポリアクリルアミドのゲル中で電気泳動を行うと、等電点の違いにより物質を分離することができる（図6-5-5）。この電気泳動を等電点電気泳動またはアイソエレクトロフォーカシングと呼ぶ[1]。等電点電気泳動の実験をする際は試料中に残存する塩濃度に注意が必要である。塩濃度が高い試料の場合、バンドが屈曲したり、高電流が流れてゲルが発熱して焦げたりする場合がある。そのため、高濃度の塩を含む試料を等電点電気泳動に用いる際は、予め透析や脱塩

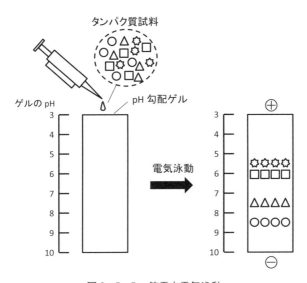

図6-5-5　等電点電気泳動

カラム処理により脱塩をするのが望ましい．塩による影響を回避するためには，試料中の塩濃度を10 mM以下に調製することが一つの目安となるが，可能な限り塩を除去する方が好ましい．

等電点電気泳動は，分子量が同じで等電点が異なるアイソザイムの分離に用いられる．また，等電点電気泳動は二次元電気泳動の一次元目としてもよく利用される．二次元電気泳動の詳細については，次の項を参照されたい．

【クイズ】

Q 6-5-7 　高濃度の塩を含む試料を用いて等電点電気泳動を行うと，どのような問題が発生する可能性があるか．

A 6-5-7 　塩濃度が高い試料の場合，バンドが屈曲したり，高電流が流れてゲルが発熱して焦げたりする可能性がある．

文　　献

1) 松尾雄志：pH勾配電気泳動—特に等電点分画法について：最新電気泳動法（青木幸一郎，永井裕（編集）），pp.437-498，廣川書店，東京 (1978)

5.8　二次元電気泳動法

電気泳動法にはSDS-PAGE，Native-PAGE，等電点電気泳動などがあるが，電気泳動に用いる試料が多数の夾雑成分を含む場合，目的成分と夾雑成分が同一の電気泳動移動度を示し，十分な分離を得られないことがある．このような多数の成分を含む試料を電気泳動で分離する場合には，個々の電気泳動法を組み合わせて行う二次元電気泳動法が有効である．

二次元電気泳動法は異なる2つの原理の電気泳動法による分離を連続的に行う方法であり，試料をX方向（一次元目）へ分離した後，一次元目と直角方向のY方向（二次元目）へと電気泳動を行う[1]．一般的には，一次元目の電気泳動として等電点の特性に着目した等電点電気泳動を行い，二次元目で分子量に着目したSDS-PAGEが行われることが多い（図6-5-6）．手順としては，一次元目の電気泳動後のゲルを二次元目のゲルの上にセットして行う．そのため，一次元目の電気泳動では，ディスクゲルや矩形の形状のゲルが用いられる．タンパク質の場合，等電点と分子サイズの両方が一致することは無いと考えられていることから，等電点電気泳動とSDS-PAGEの組み合わせによる二次元電気

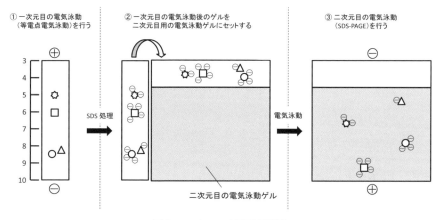

図6-5-6 二次元電気泳動
(一次元目:等電点電気泳動,二次元目:SDS-PAGE)

泳動で分離されたタンパク質は単一物質として分離されていると考えられている。等電点電気泳動とSDS-PAGEを組み合わせた二次元電気泳動法はタンパク質のプロテオミクス(網羅的タンパク質研究)で多用されている。二次元電気泳動法による分離実験をする場合,基本的には煩雑で精緻な操作を全て手作業で行うために分離に長時間を要し,再現性にも課題があったが,近年,二次元電気泳動を全自動で行う装置が開発され,再現性のよい分離を短時間で簡単に行えるようになってきている。

二次元電気泳動後の泳動ゲルは様々な用途に用いられており,例えば,泳動ゲルをニトロセルロース膜やポリフッ化ビニリデン(PVDF)膜などのメンブレンに転写し,イムノブロッティングにより特定の抗体や抗血清と反応するタンパク質の検出に用いられている[2]。その他,泳動ゲルからタンパク質スポットを切り出して回収し,MALDI-TOF-MSによる質量分析およびゲノム情報との照合によるタンパク質の同定が行われたり,酵素処理により断片化した後でペプチドシーケンサーによるアミノ酸配列の分析に供されたりする。

【クイズ】

Q6-5-8 二次元電気泳動法について説明しなさい。

A6-5-8 異なる2つの原理の電気泳動法を用い,試料をX方向(一次元目)へ分離後,さらに直角方向のY方向(二次元目)へと電気泳動する方法。

文　献

1) 平林民雄，大石正道，平井秀一：1次元目にアガロースを用いた2次元電気泳動法；電気泳動実験法（平井秀松，織田敏次，松橋直，島尾和男（監修），電気泳動学会（編集）），pp.155-165，文光堂，東京（1989）
2) 森山達哉，小川正：食品のアレルゲン性評価の研究動向；食品検査とリスク回避のための防御技術（伊藤武，川本伸一，杉山純一，西島基弘，米谷民雄（編集）），pp.148-159，シーエムシー出版，東京（2006）

6　酵素の均一性の判定

6.1　純度

　精製により回収してきた酵素は構造異性体や不純物が残存している可能性があるため，酵素の純度を確かめることが必要である。純度を検定する方法には超遠心法やMALDI-TOF-MSを用いた質量分析法などがあるが，SDS-PAGEとNative-PAGEの二つの電気泳動を併用するのが一般的である[1]。精製した酵素がこれらPAGEでいずれも単一のバンドを示した時，その均一性は「電気泳動的に均一である」と表現される。目的とする酵素がアイソザイムを持つ場合などは，精製方法によってはゲルろ過クロマトグラフィーやSDS-PAGEで単一バンドを示したとしても，Native-PAGEでは複数のバンドが見られることがしばしば起こる。アイソザイムの精製では，酵素全体の電荷状態の差を利用して，イオン交換クロマトグラフィーなどで分離精製を行うことにより，SDS-PAGEとNative-PAGEの両方で単一のバンドを示す精製アイソザイムを得ることができる[2]。

　結晶構造解析によるタンパク質の立体構造決定においては結晶化したタンパク質を調製する必要があるが，電気泳動的に均一な試料の作製は結晶化の際の純度目標の1つにもなる。ただし，結晶構造解析では結晶化したタンパク質の安定性の確認をしておくことも重要である。

　プロテアーゼの精製では，精製度が増すにつれて純度が下がることがある。これは精製度が増すにつれて，酵素濃度が高まり，プロテアーゼが作用する夾雑タンパク質や，プロテアーゼ活性を阻害している夾雑物の除去が進むことにより，プロテアーゼの自己消化が起こるためである。できるだけ自己消化を防ぎながらプロテアーゼの精製を行うためには，酵素反応が進まない条件となるように温度，pHを調整することが重要である。ヘム酵素の1種であるシトクロ

ームP450の精製では，精製するほどヘムが外れてアポ型になる。

【クイズ】
Q6-6-1　精製した酵素が電気泳動的に均一であることを確認するためには，どのような実験を行えばよいか？
A6-6-1　SDS-PAGEとNative-PAGEの2つの電気泳動を行い，いずれも単一のバンドであることを確認する。

文　献

1) 朝倉則行，蒲池利章，大倉一郎：タンパク質溶液の純度―電気泳動法による純度確認―；生物物理化学　タンパク質の働きを理解するために，pp.44-48，化学同人，京都（2008）
2) Y. Narita, K. Inouye: Kinetic analysis and mechanism on the inhibition of chlorogenic acid and its components against porcine pancreas α-amylase isozymes I and II; *J. Agric. Food Chem.*, **57**, 9218-9225（2009）

6.2　触媒活性（比活性）

　酵素の触媒活性を表す基本的な単位として，一般的にはユニット（unit, U）が用いられる。1964年に国際生化学連合（現 国際生化学・分子生物学連合）の酵素委員会は標準条件下で1分間に1 μmolの基質の変化を触媒する酵素量を1Uと定義している。ただし，標準条件については，基質濃度とpHはなるべく至適条件で温度は30℃で行うことを推奨するとの勧告に留まり，絶対的な条件としては定義されていない。実際，30℃では不安定な酵素もあり，また，活性の弱い酵素は30℃より高い温度での測定が望ましいこともある。そのため，個々の事情から様々な条件下でUの測定がされており，Uを報告する際は測定条件にも言及することが重要である。その後，国際単位系（SI）で時間の単位「分」はSI基本単位に属さない単位であったこともあり，1 mol/sに相当するカタール（katal, kat）がSI組立単位として正式に導入された。これに伴い，酵素委員会も酵素の触媒単位にはUよりkatを用いることを現在は推奨している。しかし，1 katは60 mol/min＝60000000 Uに相当し，単位として大きすぎて実用上不便なこともあり，酵素の触媒活性の単位としてはkatよりもUを使用されるケースが今でも多いのが実情である。

　タンパク質1 mg当たりの触媒活性の単位を比活性（specific activity）と呼び，一般的にはU/mgで表される[1]。比活性は酵素の純度と直接的な関係性があ

り，酵素の純度が高くなるほど比活性も高くなることから，精製操作の各段階の比活性を精製開始時と比較して「何倍に精製された」と表現されることも多く，酵素の精製時の各ステップにおける精製度合を示す指標としてよく用いられる。

【クイズ】
Q6-6-2　粗酵素溶液の総タンパク質量は100 mg，総酵素活性は100000 Uであった。この時の粗酵素溶液の比活性を求めなさい。
A6-6-2　$100000 \div 100 = 1000$ (U/mg)

文　　献

1) 小巻利章：酵素の単位；酵素応用の知識，第四版，pp.44-47，幸書房，東京 (2000)

6.3　精製表

タンパク質の精製の中でも，酵素の精製では単に夾雑物を除去して純度を高めるだけではなく，活性が精製段階で失われないように注意する必要がある。そのため，酵素の精製では精製表を作成し，精製方法の評価が行われる[1]。

酵素の精製表の1例を表6-6-1に示した。精製表の基本構成は，精製ステップ，体積，総タンパク質量，総酵素活性，比活性，精製度，収率の7項目である。精製表の一番上に粗酵素液や細胞抽出液などの精製開始段階の状態における情報を記述する。精製表の一番下（表6-6-1ではアフィニティークロマトグラフィー）に最終精製物の情報が記述されるように，精製ステップを経るに従い表の下に各情報を追加していく。酵素の精製表の作成では，まずは各精製ステップの体積，総タンパク質量，総酵素活性を測定して記入する。次に，総酵素活性を総タンパク質量で除して比活性を算出し記入する。比活性が求ま

表6-6-1　酵素の精製表の1例

精製ステップ	体積 (mL)	総タンパク質量 (mg)	総酵素活性 (U)	比活性 (U/mg)	精製度 (fold)	収率 (%)
肝臓抽出液	50	100	2500000	25000	1	100
冷アセトン分画物	5	10	1000000	100000	4	40
アフィニティークロマトグラフィー	3	2	800000	400000	16	32

れば，各精製過程での比活性を精製開始段階の比活性で除することにより精製度を算出することができる。最後に，各精製過程の総酵素活性を精製開始段階の値で除して収率を算出する。

基本的には精製度および収率が高い精製方法が望ましい。精製表を作成することにより，どの精製ステップが各パラメーターに影響しているかがよくわかる。表6-6-1の精製例の場合，冷アセトン分画により60%の総酵素活性が失われていることが収率から一目でわかり，冷アセトン分画の条件，操作方法の見直しや別の精製ステップに変更することを検討することで精製方法を改善できる可能性も考えられる。また，他者が確立した酵素精製を自分が再現する場合にも精製表は役に立つ。例えば，他者の方法による酵素精製を十分に再現できない場合，他者と自分の精製表を見比べることで，どの精製ステップに問題があるのかを考察することができる。また，他者とは異なる精製方法を確立した場合，電気泳動などによる純度検定の結果および酵素活性の測定方法が同じであれば，精製表の比較からどちらの精製方法が優れた方法であるかを判断できる。精製表からは元の材料から回収できる精製酵素の量について情報が得られることから，精製表は精製方法の評価以外に，研究に必要な精製酵素の量を確保するための試験計画を立てる上でも役立つ。

【クイズ】

Q6-6-3　以下の精製表の①～③を計算により求めなさい。

精製ステップ	体積 (mL)	総タンパク質量 (mg)	総酵素活性 (U)	比活性 (U/mg)	精製度 (fold)	収率 (%)
粗酵素溶液	50	200	800000	4000	1	100
硫安分画物	5	50	600000	①	4	40
アフィニティークロマトグラフィー	3	20	400000	20000	②	③

A6-6-3　①12000，②5，③50。

文　献

1) 大西正健：酵素を精製する；酵素の科学，pp.53-60, 学会出版センター，東京（1997）

6.4 活性中心純度の決定

　精製により酵素が純粋,均一になったからといって,全ての分子が活性を持つわけではなく,活性を持つ分子を決定する必要がある。

　イニシャルバースト測定は活性中心純度を求める方法の1つである。酵素と基質を混ぜると,基質で酵素が飽和状態になるまで瞬間的に結合して酵素―基質複合体を生じ,酵素反応による生成物もまた瞬間的に放出される。この現象をイニシャルバーストと呼ぶ。その後,遊離状態の酵素の再生にかかる時間は酵素反応による生成物の放出よりも遅いため,酵素反応はいわゆる定常状態に入る。イニシャルバーストは酵素の単一ターンオーバーに相当するため,イニシャルバーストにより生じた酵素反応の生成物量を測定することにより,活性のある酵素の量を求めることができる。キモトリプシンによるp-ニトロフェニル酢酸の加水分解により生じるp-ニトロフェノール(pNP)濃度の経時変化の例を図6-6-1に示した。図6-6-1において,y軸切片が与えるpNP濃度は定常状態に入る前の1回目のターンオーバーで生成したpNP濃度であり,活性を持つキモトリプシン濃度に一致する。

　イニシャルバースト時の遊離の酵素に基質が取り込まれて分解される反応の時間経過を追跡する方法としてはストップトフロー法が有効である[1]。ストップトフロー法は,2種類以上の溶液を別々に同時に高速で測定セル内に押し出して混合し,その流れを止めた後,測定セル内で進む反応の経時変化をミリ秒

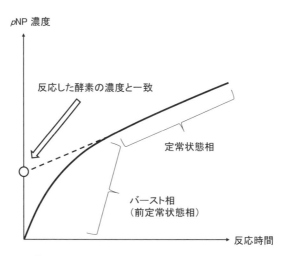

図6-6-1　キモトリプシンによるp-ニトロフェニル酢酸の加水分解時のpNP濃度の経時変化

オーダーで連続的に測定する方法であり，変化量の検出は分光光度計，蛍光検出器，円二色性分散計などを用いて行われる。反応溶液の混合方式としては，ガス圧式やピストン駆動式がある。

活性中心純度を求める他の方法としては，酵素の活性中心に結合する阻害剤を用いて，その結合当量を求める方法もある。活性中心に働く阻害剤の例としては，活性中心に亜鉛イオンを有するアンジオテンシンⅠ変換酵素を阻害するカプトプリル（($2S$)-1-[($2S$)-2-メチル-3-スルファニルプロパノイル]）や，活性中心に銅イオンを有するチロシナーゼを阻害するロドデノール（(R)-4-(4-ヒドロキシフェニル)ブタン-2-オール）などがある。酵素は基質の遷移状態を経て基質を分解するため，この基質の遷移状態の分子構造をミミックした阻害剤を用いることで，酵素の活性中心と安定な非共有結合複合体を形成する阻害剤を設計できる。

【クイズ】

Q6-6-4　イニシャルバーストについて説明しなさい。

A6-6-4　酵素と基質を混ぜると，基質で酵素が飽和状態になるまで瞬間的に結合して酵素─基質複合体を生じる際に，酵素反応による生成物が瞬間的に放出される現象。

文　　　献

1) 廣海啓太郎：酵素反応の新しい研究法；日本農芸化学会ABCシリーズ⑤　酵素─バイオテクノロジーへの指針─Ⅱ（日本農芸化学会（編集），pp.1-23，朝倉書店，東京（1985）

（以上，成田優作）

7　緩衝液

7.1　pHの定義

酸性雨に代表されるように，溶液の水素イオン濃度は我々の生活にいろいろな影響を与えている。またタンパク質や核酸など生体高分子は酸─塩基反応をするカルボキシル基やアミノ基が多く，溶液の水素イオン濃度によってその性質が変化する。特に酵素反応においては水素イオン濃度は極めて重要なパラメーターである。

水溶液における水素イオン濃度は，値自体が小さく（中性の水溶液において，水素イオン濃度は10^{-7}M＝100 nMである），また何桁にも変化するため，対数で表す方が便利であり，1909年に水素イオン濃度を示す指数としてpHがSørensen（セーレンセン）により次のように定義された[1]。

$$\mathrm{pH} = -\log_{10}[\mathrm{H}^+] \tag{6-7-1}$$

　　[ ]はモル濃度を示す

その後の研究でpHは水素イオン濃度ではなく，水素イオンの活量（$a_{\mathrm{H}+}$）によることが判明し，pHの定義は1920年に（6-7-2）式に改められた。活量は溶液のイオン強度などに影響を受け，濃度より少し小さい値を取ることが多い[2]。測定で得られるpH値はこの活量による値である。

$$\mathrm{pH} = -\log_{10} a_{\mathrm{H}+} = -\log_{10}(\gamma \times [\mathrm{H}^+]) \tag{6-7-2}$$

　　γは活量係数：$0 < \gamma < 1$

ただし本書では説明を簡明にするために濃度を用いたセーレンセンの定義（6-7-1）式に基づいて説明を行っていく。現時点では水溶液中の水素イオン濃度を正確に測る方法は存在しない。現実的にはpHメータにより測定を行うことが多いが，pHメータは水素イオン濃度そのものを測っているわけではなく，pHメータを用いて測定する場合のpHの定義が必要となる。日本ではJISにより，「規定したpH標準液のpH値を基準とし，ガラス電極pH計によって測定される起電力から求められる値」[3]と定められている。つまりサンプル溶液を厳密な手順で作製したpH標準液とpHメータで比較することにより得られる値である。pHメータによる測定値は必ずしも理論値と一致しないが（例えば0.1Mの塩酸の25℃におけるpHをpHメータで測ると1ではなく1.088程度になる[2]），実際にpHを測定する際の操作的な定義として必要である。この操作的な定義は各国でそれぞれ定義されており共通化はされていないため，例えば日本で主に流通しているpH標準液には日本のNIST規格やアメリカ合衆国のUSA規格が混在しており[4]，pHメータの校正を行う場合にはそのメータが対応している規格の標準液を用いる必要がある。

7.2　pHメータの原理

pHメータは，対象となる溶液と比較電極の間に生じる起電力を測定している

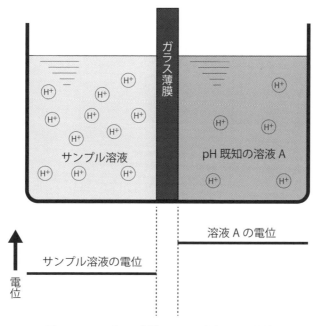

図6-7-1 ガラス薄膜で隔てた溶液間の電位差
2つの溶液をガラス薄膜で隔てると水素イオン濃度の小さい方の電位が
大きい方の電位よりpH1あたり59.2 mV高くなる。

一種の電池である。測定しているのは起電力であるため，厳密に調製されたpH標準液を用意し，標準液で得られる値を基準としてpHを算出している。測定にあたっては水素イオン濃度に応答する電極が必要であり，水素電極を用いるのが理想的であるが（水素電極については参考書[1]を参照），水素電極は水素ガスを用いる必要があり，その供給や安全対策が必要で，また測定を阻害するイオン種も多く，実用的ではないため，多くの場合ガラス電極が用いられている。ガラス電極は2つの溶液をガラス薄膜で隔てると水素イオン濃度の小さい方の電位が大きい方の電位よりpHの違い1あたり59.2 mV高くなる[4]ことを利用したものである（図6-7-1）。この電位差を測るために，それぞれの溶液の水素イオン濃度に影響を受けずに溶液との間に一定の電位差を保つ電極A・Bを配置し，電極AB間の電位差を測定する（図6-7-2）。電極Aと溶液Aの間，電極Bとサンプル溶液の間の電位差が既知で一定であれば，ガラス薄膜によって生じた溶液間の電位差が測定できる。電極と溶液間の電位が一定となるように，溶液Aは既知の溶液を用い，先がガラス薄膜となっているガラス管に封じ込め

215

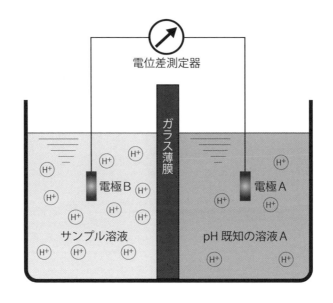

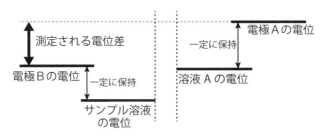

図6-7-2　ガラス薄膜で隔てた溶液間の電位差測定
溶液との間に一定の電位差を保つ電極A・Bを配置し，電極AB間の電位差を測定することができる。

て，蒸発により溶液が変化しないようにする。電極Bには銀―塩化銀電極を用い，サンプル溶液にはKClを加え一定の濃度に調整しておく。銀―塩化銀電極は銀の表面を塩化銀で覆ったもので，本来銀イオンに応答するが，表面が塩化銀で飽和しているため，接している溶液のCl^-濃度に応じた電極電位が得られる電極である。こうして，溶液と電極間の電位を一定とすることができる（図6-7-3）。しかし，サンプル溶液のCl^-濃度を一定とするためには，Cl^-の定量が必要であり，実用的でない。そこで電極Bを濃度の決まったKCl溶液（飽和溶液など濃いものが用いられる）に封入しておく。電極Bとサンプル溶液は

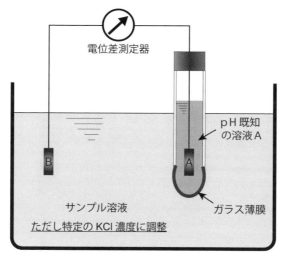

図6-7-3 ガラス電極
溶液Aは既知の溶液を満たしたガラス管に封じ込めて,蒸発により溶液が変化しないようにする。これがガラス電極である。電極Bには銀-塩化銀電極を用い,サンプル溶液にKClを加えて一定の濃度に調整しておく。

電気的に繋がっている必要があるため,溶液は通過せずに電気的には通じるように多孔性セラミックなどを用いた液絡部を設ける。そして液絡部から徐々にKCl溶液が漏れていくことが避けられないので,KCl溶液の補充口を設けておく(図6-7-4)。電極A側がガラス電極,電極B側が比較電極であり,これらを一体化したものが,市販されているpH測定用ガラス電極である。ガラス電極の応答は水素電極とよく似ており,また,水素イオン以外のイオンに影響を受けにくいため,pH測定に適している。現在市販されているガラス電極はガラス薄膜の厚さは0.1〜0.3mmで直径1cm程度の球形で,電極は両方とも銀-塩化銀電極を用いているものが多い。

7.3 酸のプロトン解離,pK_a,Henderson-Hasselbalch(ヘンダーソン-ハッセルバルヒ)式

1887年にArrhenius(アレニウス)は,塩は水溶液中で電荷を持ったイオンに解離するとし,「酸とは水素イオンを与えるもの,塩基とは水酸化物イオンを与えるもの」と定義した[5]。水溶液中での酸塩基反応を理解するうえで,これが最も基礎的な酸と塩基の定義となる。塩酸は水に溶けるとH^+を生じ,水酸化

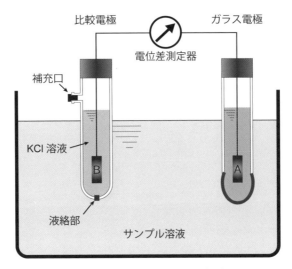

図6-7-4　ガラス電極と比較電極
電極Bを濃度の決まったKCl溶液に封入し，電極Bとサンプル溶液は電気的に繋がるように，多孔性の液絡部を設ける。これが比較電極である。

ナトリウムはOH^-を生じることから，それぞれ典型的な酸と塩基といえる。ただしこの定義では例えばアンモニアは水酸化物イオンを持たないので塩基にはならない。そこでBrønsted（ブレンステッド）とLowry（ローリー）はより一般的な定義として1923年に「酸とは水素イオンを与えるもの，塩基とは水素イオンを受け取るもの」とした[6]。ここでブレンステッドとローリーの定義に基づいて弱酸である酢酸を例に酸のプロトン解離について考えていく。酢酸は水溶液中で一部解離して酢酸イオンとなり，平衡状態にある。

$$CH_3COOH \rightleftharpoons H^+ + CH_3COO^- \tag{6-7-3}$$

実際にはH^+は，単独では存在せず水和されてH_3O^+となっている。

$$CH_3COOH + H_2O \rightleftharpoons H_3O^+ + CH_3COO^- \tag{6-7-4}$$

右方向の反応を考えると酢酸は水にプロトンを与えているので酸である。同様に左方向の反応を考えると，酢酸イオンはプロトンを受け取って酢酸になっているので塩基といえる。これを一般化して次のように表現できる。

$$酸 \rightleftharpoons プロトン + 塩基 \tag{6-7-5}$$

こうした関係にある酸と塩基を共役な関係にあるといい酢酸と酢酸イオンは共役酸塩基対であるという。同様に（6-7-4）式においてH_2Oは塩基，H_3O^+は酸であり，この二つも共役酸塩基対である。こうした弱酸の解離反応にはそれぞれの酸に固有の平衡定数が存在し，解離定数（K）と呼んでいる。

$$K=[H_3O^+][CH_3COO^-]/[CH_3COOH][H_2O] \qquad (6\text{-}7\text{-}6)$$

希薄な溶液では［H_2O］は事実上一定で約55.5Mとなり，（6-7-6）式から［H_2O］を左に移項し$K[H_2O]$をK_a（酸解離定数）とすると

$$K_a=K[H_2O]=[H_3O^+][CH_3COO^-]/[CH_3COOH] \qquad (6\text{-}7\text{-}7)$$

このK_aを省略して単にKと書く場合もみられる。（6-7-7）式からK_aが大きいほど解離している分子の割合が多く，酸性度が高くなることがわかる。溶液中の酸と共役塩基の濃度比がわかるとその溶液のpHが計算できる。（6-7-7）式を変形し，

$$[H^+]=[H_3O^+]=K_a[CH_3COOH]/[CH_3COO^-] \qquad (6\text{-}7\text{-}8)$$
$$pH=-\log_{10}[H^+]=-\log_{10}K_a+\log_{10}([CH_3COO^-]/[CH_3COOH]) \qquad (6\text{-}7\text{-}9)$$

$pK_a=-\log_{10}K_a$とすると

$$pH=pK_a+\log_{10}([CH_3COO^-]/[CH_3COOH]) \qquad (6\text{-}7\text{-}10)$$

（6-7-10）式がHenderson-Hasselbalch（ヘンダーソン-ハッセルバルヒ）式である。この式からある酸とその共役塩基の濃度が等しい時，その溶液のpHはその酸のpK_aと等しいことがわかる。

（6-7-4）式で水は酢酸からプロトンを受け取っているので塩基である。しかし純水はごく微量に解離し，プロトンを生じていることから，酸でもある。

$$H_2O \rightleftarrows H^+ + OH^- \qquad (6\text{-}7\text{-}11)$$

この平衡の定数をKとすると

$$K=[H^+][OH^-]/[H_2O] \qquad (6\text{-}7\text{-}12)$$

［H_2O］=55.5Mを定数に入れて，$K_w=K[H_2O]$とすると，

$$K_w=[H^+][OH^-] \qquad (6\text{-}7\text{-}13)$$

K_wを水のイオン積といい25℃では$10^{-14}M^2$である。[H^+]と[OH^-]の積が一定であることから,水溶液中で[H^+]が増えれば[OH^-]が減り,[OH^-]が増えれば[H^+]が減ることがわかる。[OH^-]の逆対数をpOH = $-\log_{10}$[OH^-],K_wの逆対数をpK_w = $-\log_{10}K_w$とすると,(6-7-13)式から次のようになる。

$$\text{pH} + \text{pOH} = \text{p}K_w = 14 \qquad (6\text{-}7\text{-}14)$$

中性の溶液では[H^+]と[OH^-]が等しいためpHは7となる。

弱塩基の解離についてアンモニアを例にすると下記のようになる。[H_2O]を定数に入れた場合についてはK_b(塩基解離定数)と表記する。

$$NH_3 + H_2O \rightleftharpoons NH_4^+ + OH^- \qquad (6\text{-}7\text{-}15)$$
$$K = [NH_4^+][OH^-]/[NH_3][H_2O] \qquad (6\text{-}7\text{-}16)$$
$$K_b = K[H_2O] = [NH_4^+][OH^-]/[NH_3] \qquad (6\text{-}7\text{-}17)$$

この場合,塩基アンモニアの共役酸であるアンモニウムイオンの酸解離定数K_aはpK_a = 14 - pK_bで求められる。

7.4　緩衝液の原理,緩衝能

前述したように,タンパク質や核酸など生体高分子は溶液の水素イオン濃度によってその性質が変化する。また,酵素はその活性だけでなく安定性も水素イオン濃度の影響を受けることがよく知られている。したがって,酵素の精製や酵素反応の解析を行う際には,一定のpH値を持ち,酸やアルカリが加わってもそのpHが変化しにくい溶液系を用いることが望ましい。こうした溶液をpH緩衝液という。単に緩衝液という時はこのpH緩衝液のことを指している。本書でも単に緩衝液と表現する。近年では緩衝液の英語の発音からそのままバッファーと呼ぶことも多い。緩衝液には,他に金属イオンの濃度を一定に保つ金属緩衝液などがある。

緩衝液は通常は弱酸とその強塩基の塩(もしくは弱塩基とその強酸の塩)を混合して作られる。あるいは弱酸を強塩基で(同様に弱塩基を強酸で)部分的に中和してもよい。この2つは,操作は異なるが基本的には同じ溶液である。緩衝液の作用について,同濃度の酢酸と酢酸ナトリウムを等量混合した溶液を例にみてみる。この溶液において酢酸は(6-7-3)式再掲のような平衡状態にあり,酢酸ナトリウムは全てナトリウムイオンと酢酸イオンに解離している((6-7-18)式)。

$$CH_3COOH \rightleftharpoons H^+ + CH_3COO^- \tag{6-7-3}$$
$$CH_3COONa \rightarrow Na^+ + CH_3COO^- \tag{6-7-18}$$

酢酸から解離している酢酸イオンの割合は極めて少ないので無視できるとすると，この平衡状態における酢酸と酢酸イオンの濃度は同じとなる。この時のpHはヘンダーソン-ハッセルバルヒ式より酢酸のpK_aと同じ4.76（25℃の時：以下特に注釈のある場合を除きpK_aの値は25℃の時のもの）となる。この溶液に酸を加えた場合，水素イオンが増加するので（6-7-3）式平衡が左に移動し，水素イオンの増加が抑えられる。その緩衝作用は酢酸イオン濃度に依存し，濃度が大きいほど強い緩衝作用を持つ。逆に塩基を加えた場合は，水素イオンが中和されて水分子となり水素イオンが減少するため平衡が右に移動し，水素イオンの減少が抑えられる。この場合，緩衝作用は酢酸濃度に依存し，酢酸濃度が高いほど強い緩衝作用を持つ。したがって酸および塩基に対する緩衝作用を総合的に考えると，酢酸イオンと酢酸の濃度が等しい時，すなわちpHがpK_aに等しい時に最も緩衝能力が高くなることがわかる。次にpHがpK_a＋1の時について考えてみる。

$$K_a = [H^+][CH_3COO^-]/[CH_3COOH] \tag{6-7-19}$$

$[H^+]$を移項して

$$K_a/[H^+] = [CH_3COO^-]/[CH_3COOH] \tag{6-7-20}$$

酢酸のpK_aは4.76，pH＋1は5.76であるから

$$K_a/[H^+] = 10^{-4.76}/10^{-5.76} = 10/1 \tag{6-7-21}$$

酢酸イオン濃度は酢酸濃度の10倍となっている。同様にpHがpK_a＋2の時は酢酸イオン濃度は酢酸濃度の100倍となる。この溶液の塩基に対する緩衝能力が酢酸濃度に依存していることを考えると，pHがpK_aからずれているほど緩衝能力が低くなることがわかる。一般に緩衝液は緩衝物質のpK_aの±1.5ぐらいのpH範囲で用いることが望ましいとされている。いろいろな物質のpK_aについては参考書[2]を参照されたい。なお一つの緩衝物質に２つ以上解離基が存在する場合もありその場合のpK_aはpK_{a1}，pK_{a2}，……と順に表記されることが多い。本書ではコンマで繋いで並列して表記した。緩衝能力の強さはpHを１変化させるのに必要な酸または塩基の濃度で表され，緩衝能と呼んでおり，水素イオン濃

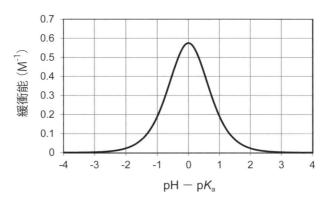

図6-7-5 緩衝物質の緩衝能
緩衝物質の濃度が1Mの時の緩衝能。緩衝能はpHを1変化させるのに
必要な酸もしくは塩基の濃度で示される。

度と酸解離定数の関数で表される（6-7-22)式。緩衝物質の濃度が1Mの時の緩衝能のグラフを（図6-7-5）に示す。

$$\text{緩衝能}(M^{-1}) = 2.3 [\text{緩衝物質の総濃度}][H^+]K_a/([H^+]+K_a)^2 \quad (6\text{-}7\text{-}22)$$

7.5 緩衝液の種類，Good（グッド）緩衝液，広域緩衝液，揮発性緩衝液

酵素化学研究においては様々な緩衝液が使われている。緩衝液は用いる緩衝物質のpK_aを調べて自分で調整することも容易であり，用途に応じて適切な緩衝物質を用いて自作することができる。よく使用されるものについては，必要なpHに応じて緩衝物質の混合割合まで表に示されているものも多く，参考書[1,2]を参照されたい。また，生化学分野で定番の緩衝液類の作製方法をまとめたハンドブックも出版されている（参考書[3]）。生化学分野でよく使われる緩衝物質とその25℃の時のpK_aを挙げておくと，グリシン（2.35, 9.78)，クエン酸（3.13, 4.77, 6.40)，酢酸（4.76)，コハク酸（4.21, 5.64)，リン酸（1.96, 7.12, 12.32)，ホウ酸（9.19)，炭酸（6.37, 10.32）などがある。

pHの緩衝作用という概念はもともと生化学分野で出たもので，生理的に重要な中性域の緩衝液として古くからよくリン酸緩衝液が用いられてきた。リン酸はそのpK_aが7.12で生理的な反応に適しており，昔から試薬の純度が高く，安価で，一水素塩と二水素塩を決められた割合で混合すると目的のpHに合わせることができる，など多くの利点がある。また，生体にはもともと多くのリン酸

が含まれており，生体における反応の検定系に用いても問題が少ないと考えられてきた。一方でリン酸はいろいろな金属イオンと反応して沈殿する，多くの生体系でリン酸塩が代謝される，リン酸イオンで阻害される酵素がかなりある，などの欠点がある。このため近年では1966年にGood（グッド）らにより報告されたN-置換タウリンやN-置換グリシンなどの両性イオン性アミノ酸類が多く使われるようになっている。これらの緩衝液は開発者の名前を取ってグッドバッファーと呼ばれている。グッドバッファーは，金属と錯体を作らない，酵素反応を阻害することが少ない，pK_aの温度変化が少ない，UV吸収が少ないなど優れた点が多い。よく使われている両性イオン性の緩衝物質とその20℃でのpK_aを挙げておくと，MES（6.15），Bis-Tris（6.46），ACES（6.90），PIPES（6.80），MOPS（7.20），TES（7.50），HEPES（7.55），MOBS（7.60），CHES（9.50），CAPSO（9.60），CAPS（10.40），Tris（8.30），Tricine（8.15），Bicine（8.35），TAPS（8.40）などがある（名称は略称で示した）。なおグッドバッファーはグッドらが原著で20℃でのpK_aを報告しており，各種の成書で紹介されているpK_aも20℃のものが多い。グッドバッファー類の調製は緩衝物質を溶解した後，pHメータを用いてHClもしくはNaOHでpHを調製し，その後メスシリンダーでフィルアップして緩衝物質の濃度を調整する。

　酵素のpH依存性やpH安定性を解析する際にはもちろん緩衝液を用いるが，単一の緩衝物質で作る緩衝液のpH範囲はそのpK_aの±1.5程度であることから，広い範囲のpHについて同じ緩衝液を使うことはできない。このため複数の緩衝液を用いて解析を行い，グラフ上の別のラインとして表示されることが多い。この場合酵素がpHではなく，その緩衝物質の影響を受けている可能性が考えられる。こうした広い領域で緩衝作用のある同一のpH緩衝液が必要な場合は2種類以上の緩衝物質を混合して用いることができる。この場合緩衝作用の強さはそれぞれの緩衝物質の緩衝能の和となる。それぞれの緩衝物質のpK_aが離れていると，広いpHで用いることができるが，中間における緩衝能が小さくなる。pK_aが近いと，緩衝能は大きいがpH領域が狭くなる。混合緩衝液の例としてGTA緩衝液があり，これはpH3.5〜10で用いることができる。GTA緩衝液は，3,3-ジメチルグルタル酸（pK_aは3.79，6.31，以下同じ），トリス（8.08），2-アミノ-2-メチル-1,3-プロパンジオール（8.79）を各0.1 M含む（緩衝物質の合計としては0.3 M）溶液を調製・保存しておき，HClもしくはNaOHで目的のpHに調整した後に，濃度が各0.05 Mとなるように希釈して用いる。もちろん用途に応じて濃度を変更して用いることもできる。

酵素を精製する際には，最終段階で精製酵素を凍結乾燥する場合も多い。最終段階の酵素液も緩衝液であるが，酵素の安定性が高ければ，緩衝物質込で凍結乾燥できる場合もある。また，凍結乾燥操作により揮発するような緩衝物質を用いて，緩衝物質を含まない乾燥酵素標品を得ることもできる。こうした揮発性緩衝物質としては，ギ酸（pK_aは3.75，以下同じ），酢酸（4.76），トリエチルアミン（10.7），エタノールアミン（4.49），炭酸（10.33），ピロリジン（11.27），アンモニア（9.25）などがある。これらの緩衝液は酢酸やアンモニアでpH調整を行うとよい。エチレンジアミン（4.07, 7.15）と酢酸を混合した緩衝液は，この2つの緩衝物質の沸点がほとんど同じなので，乾燥中のpH変化が少ないという利点がある。

7.6　緩衝液のpHの温度，塩，希釈の影響

ある平衡が成立している時に温度が上昇すると吸熱反応なら右方向に，発熱反応なら左方向に平衡が移動する。このことは，温度によって平衡定数が変化することを意味し，それに伴いpK_aも変化する。例えばTrisのpK_aは0℃では8.85, 37℃では7.75, 通常は25℃の値が表記され8.08である。グリシンは0℃では10.50, 37℃では9.48, 25℃では9.78である。水のpK_wも温度で変化し，0℃では14.94, 60℃では13.02, 25℃の時が14.00である[7]。

このようにpK_aやpK_wが温度によって変化するため，緩衝液のpHも温度によって変化する。0.05 MのTris緩衝液は25℃から5℃に温度が低下するとpHが0.5〜0.6ほど上昇する[8]。したがって酵素反応の温度依存性を調べる場合などは，その温度範囲でのpH変化の影響について予め検討しておく必要がある。

【クイズ】

Q6-7-1　25℃の時の純水のpHは7だが，0℃の時のpHはどうなるか？
　　　　①7より低い，②7，③7より高い。
A6-7-1　正解は③。ただし中性である。
解説：0℃の時のpK_wは14.94。純水なので［H^+］と［OH^-］は同じであり［H^+］は$10^{-7.47}$となる。したがってpHは7.47。しかし［OH^-］も同様に$10^{-7.47}$であるから，溶液の性質としては中性である。

---

pHメータによっては温度補償機能が付いている。しかし，これはサンプル溶液のpHを補正する機能ではないので注意が必要である。前述のようにpHメー

タはガラス電極で溶液間の起電力を測定しているが，ガラス電極は温度によって水素イオン濃度と起電力の関係が変化する．その点を補正するのがpHメータの温度補償機能である．そこで特定の温度における特定のpHの緩衝液が必要な場合には，まず25℃でpHメータを校正し，その後pHメータおよびサンプル溶液を測定したい温度条件下に十分な時間おいたのちにpHメータの温度補償機能をオンにした状態でサンプル溶液のpH調整を行うことが必要である．ただし温度が変われば中性も変わる．pHメータで測っているのはあくまで水素イオン濃度に依存した起電力であることに留意しておく必要がある．

　イオン交換クロマトグラフィーによるタンパク質の精製においては同じ緩衝液で塩濃度を上げてカラムからタンパク質を溶出させるが，塩濃度が変化した場合緩衝液のpHはどのような影響を受けるだろうか．例えば酢酸緩衝液においてはpH＝pK_a＋$\log_{10}$([CH_3COO^-]/[CH_3COOH])（（6-7-10)式）であり，この式からは塩濃度の影響は受けないようにみえる．

　しかし，本来測定で得られるpH値は水素イオン活量による値であるのに対して，本書ではここまで水素イオン濃度をもとに説明を行ってきた．実際は水素イオン活量は溶液中のイオン強度に影響を受けるため，緩衝液のpHは塩濃度の影響を受ける．まず溶液中のイオン強度（I）は各イオンの寄与の総和であり次式で示される．

$$I = 1/2 \Sigma (C_i \cdot z_i^2) \tag{6-7-23}$$

　　I：イオン強度，C_i：イオンiの濃度，z_i：イオンiの電荷

また，あるイオンの活量（α_i）はそのイオン濃度に依存し

$$\alpha_i = f_i \cdot C_i \tag{6-7-24}$$

　　（f_iはあるイオンiの活量係数）

希薄溶液では活量係数f_iは簡易的に次式で示される（デービスの式）．

$$\log_{10} f_i = -A z_i^2 \sqrt{I}/(1+\sqrt{I}) + 0.15 z_i^2 I \tag{6-7-25}$$

　　Aは温度による系数で25℃の時約0.51

これを考慮に入れてヘンダーソン-ハッセルバルヒ式をイオン活量による値に近似すると

$$\mathrm{pH} = pK_a + \log_{10}([\mathrm{CH_3COO^-}]/[\mathrm{CH_3COOH}]) \pm (Az_i^2\sqrt{I}/(1+\sqrt{I}) - 0.15z_i^2 I)$$
(6-7-26)

I：緩衝物質を含む溶液中の全てのイオンのイオン強度総和

緩衝物質がTrisのような単酸性塩基ではpHが増加し，酢酸のような単塩基酸ではpHが減少するため補正値は足す場合と引く場合がある．具体的に5 mM Tris-HCl緩衝液（0.005 M Trisと0.005 M Tris-HClの等量混合物）でNaCl濃度が0から150 mMに変化した時にpHは次のように変化する．

0 mMの時 pH = pK_a(8.06) + 0.03 = 8.09
150 mMの時 pH = pK_a(8.06) + 0.13 = 8.19

緩衝液を希釈した場合も緩衝物質のイオン強度が変化するため，それに伴いイオン活量が変化しpHが変わる．リン酸緩衝液のように成分の電荷の数が多い時は影響はさらに大きくなる．これらのことから，同じ緩衝液で塩濃度の異なるものを作製する時は，それぞれについて塩を溶かしたのちにpH調整を行う必要があることがわかる．また，濃縮緩衝液を作製し希釈して用いる時は，用いる状態で想定したpHとなるように勘案して濃縮緩衝液のpH調整を行うことが必要である．例えばpH7.4のPBS（リン酸緩衝液で等張液となるようにNaClを添加したもの）は×10倍濃縮液として調製することが多く，×10倍濃縮液の試薬組成が示されていることが多いが，×10倍濃縮液の状態でのpHは7.4より低い値であり，希釈してはじめてpH7.4となる．

7.7　pH指示薬

　高い精度は必要なく簡易にpHを測定したい時にはpH指示薬やそれを濾紙にしみこませて乾燥させたpH試験紙を用いることができる．測定したいpHに応じて多くの指示薬・試験紙が市販されている．pH指示薬は弱酸あるいは弱塩基であり通常の酸塩基と同様に解離平衡し，解離状態によって色が大きく変化するという特徴を持ったものである．測定できるpH領域はそれぞれの指示薬のpK_aの前後1程度であり，pH全域をカバーするためには各種指示薬を組み合わせて用いる必要がある．1種類で1～14までのpHを判別できる試験紙もあるが，これは各種指示薬を混合したものである．pH試験紙を用いる場合には，試験紙を小さく切断しておき，微量のサンプル溶液を滴下して短時間のうちに提示色を判別するようにする．

実際に精度を犠牲にしてpH試験紙を用いる場合は，野外で測定する場合やサンプル量が少ない場合が考えられる。近年では野外に持ち出せる簡易pHメータや100 μL程度のサンプル量で測定可能なコンパクトメータ（㈱堀場製作所B-711など）も市販されているので，これらを用いて対応することも可能である。また，さらに微量なサンプルについてもこうしたコンパクトメータにサンプルを滴下した後で，樹脂製シート（クリアファイルなどのPET製シートを測定部の形に合わせて切り出したものなど）を上から乗せて，電極部と液絡部をサンプル溶液で繋げるようにすれば，測定することが可能である。pHメーカーのウェブサイトでは2 μLのサンプルのpH測定が可能であると紹介されている[9]。

7.8 pHスタット

酵素反応においてはATPの加水分解のように反応によりプロトンの放出（酵素によっては取り込みの場合もある）が起こるものがある。この反応を解析するために，pHメータでpHの変化を記録するが，代わりに自動点滴装置により一定のpHに保つように酸または塩基を滴下し，その量を記録する方法がある。こうした方法もしくはそのための装置をpHスタットと呼んでおりIGZ Instruments AG社（スイス），東亜ディーケーケー㈱，平沼産業㈱，京都電子工業㈱などから製品が出ている。

pHの変化を記録する場合もpHスタットを用いる場合も，測定にあたっては緩衝作用のある溶液を使用しないか，使用する場合もなるべく希薄なものを用いる必要がある。緩衝作用のない溶液では空気中の二酸化炭素の影響を大きく受けるため，溶液表面に水蒸気で飽和した窒素ガスを吹き付けることが必要である[10]。

文　　献

1) N. Linnet：pH測定の理論と実際（本田良行（訳）），pp.13-25，真興交易医書出版部，東京（1980）
2) 佐藤弦，本橋亮一：pHを測る，pp.1-20，丸善，東京（1987）
3) JIS Z 8802（2011）
4) 澤田清，大森大二郎：緩衝液その原理と選び方・作り方，pp.46-56，講談社，東京（2009）
5) 澤田清，大森大二郎：緩衝液その原理と選び方・作り方，pp.5-34，講談社，東京（2009）
6) D. Voet, J. G. Voet：ヴォート生化学，第1版（田宮信雄，村松正實，八木達彦，吉田浩（訳）），pp.25-34，東京化学同人，東京（1992）

7) 澤田清，大森大二郎：緩衝液その原理と選び方・作り方，pp.72-94, 講談社，東京（2009）
8) 岡田雅人，宮崎香：タンパク質実験ノート（上），pp.15-20, 羊土社，東京（2004）
9) 堀場製作所：微量なサンプルのpH測定，堀場製作所ウェブサイト，2014.10.30確認，
   http://www.horiba.com/jp/application/material-property-characterization/water-analysis/water-quality-electrochemistry-instrumentation/the-story-of-ph-and-water-quality/measurement-of-ph/measurement-method-for-single-micro-liter-sample-using-compact-ph-meter/
10) 廣海啓太郎：酵素反応解析の実際，pp.68-129, 講談社，東京（1978）

参　考　書

1) 澤田清，大森大二郎：緩衝液その原理と選び方・作り方，講談社，東京（2009）
2) D. D. Perrin, B. Dempsey：緩衝液の選択と応用（辻啓一（訳）），講談社，東京（1981）
3) 田村隆明：改訂バイオ試薬調製ポケットマニュアル，羊土社，東京（2014）

（以上，奥村史朗）

第7章　酵素の遺伝子工学

1　酵素と塩基配列

　ジョージ・ウェルズ・ビードルとエドワード・テータムは，アカパンカビの栄養要求性株を用いた生化学的な研究から，個々の遺伝子はそれぞれ一つの酵素を指定するという一遺伝子一酵素説を提唱した[1]。現在では，遺伝子は酵素以外にも様々なタンパク質をコードしていることが知られているが，この説は酵素と遺伝子の関係を実験的に説明した重要なものである。酵素をはじめ，タンパク質はアミノ酸で構成されている（第3章参照）。一方，遺伝子の実体は，塩基，糖（デオキシリボース）およびリン酸から成るデオキシリボ核酸（DNA）である。塩基にはアデニン（A），グアニン（G），シトシン（C），チミン（T）の4種類があり，これらの塩基が，3つの並びをひとかたまりとして1つのアミノ酸を指定し，遺伝暗号としてタンパク質の設計図になっている[2]。したがって，遺伝子の塩基配列を明らかにすることで，どのようなタンパク質がコードされているか，そのタンパク質の大きさや等電点はどのくらいか，タンパク質の一次配列にどのようなシグナルペプチドが存在するかなど，タンパク質の特性を決定する様々な情報を得ることができる。

　遺伝子（DNA）を細胞から取り出し，塩基配列の置換や切除など人為的な操作を加え，その遺伝子産物（タンパク質）を細胞もしくは生物に再導入することで，有用な物質や生物を多量に生産しようとする応用研究分野を遺伝子工学という。遺伝子工学において，遺伝子の塩基配列の決定と増幅は不可欠である。遺伝子の塩基配列は，フレデリック・サンガーとウォルター・ギルバートがそれぞれ独自に開発したDNAシークエンシング[3]によって決定できる。現在では，サンガーが開発したジデオキシ法（サンガー法）が広く用いられている（図7-1-1）。ジデオキシ法では，まず，DNAポリメラーゼが遺伝子の塩基配列に対応するデオキシリボヌクレオチド（dNTP）を取り込み，相補鎖DNAを合成する際，ジデオキシリボヌクレオチドを加えることでDNA合成を阻害させ，様々な長さのフラグメントを合成する。この時，4種類のジデオキシリボヌクレオチド（ddATP, ddTTP, ddGTP, ddCTP）を異なる蛍光色素で標識しておく。そして，合成されたフラグメントをシーケンサーに搭載されたキャピラリー電気泳動で分離しながらCCDカメラにより各ジデオキシリボヌクレオチドの

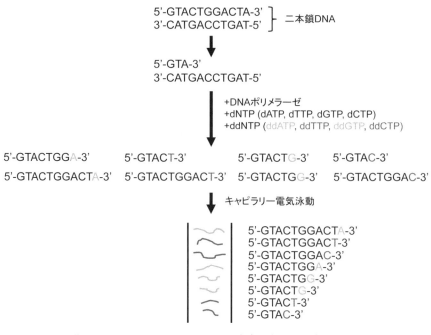

図7-1-1　DNAシークエンシング（ジデオキシ法）の原理

ピークデータとして検出し，そのデータをコンピュータにより解析することで塩基配列を知ることができる。後述するヒトゲノムプロジェクトでは，この方法を用いて，1日に1台のシーケンサーで約46万塩基対が解析可能であった。近年，次世代シークエンシング技術が開発され，1回の解析で1兆塩基対以上の解析データが得られるようになった[4]。

　塩基配列が明らかになった遺伝子は，PCR (polymerase chain reaction) 法[5] によって増幅できる（図7-1-2）。二本鎖DNAは，高温によって一本鎖DNAに変性し，その後の冷却によって相補配列を有するDNA同士が結合し二本鎖DNAになる。一般的なPCR法では，溶液中に鋳型となるDNA，耐熱性DNAポリメラーゼ，および増幅したい領域を挟み込むように設計したプライマーと呼ばれる短いヌクレオチドを加え，熱変性 (denaturation)-アニーリング (annealing)-伸長反応 (extension) の3ステップで構成されるPCRサイクルを30回程度繰り返す。n回のPCRサイクルを行うと，一つの二本鎖DNAから目的領域を 2^n 倍に増幅することができる。このように配列が決定され，増幅された遺伝子（DNA）は，環状二本鎖DNAであるプラスミドなどのベクターに組み

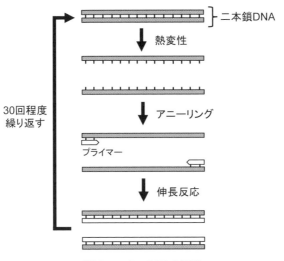

図7-1-2　PCRの原理

熱変性（94〜98℃）では，二本鎖DNAを変性させて一本鎖DNAにする。アニーリング反応（50〜60℃）では，目的領域特異的に設計したプライマーを一本鎖DNAに張り付ける（アニールさせる）。そして，伸長反応では，DNAポリメラーゼの働きによって目的配列を伸長させる。これらの反応を30回程度繰り返すことで，目的領域の二本鎖DNAが増幅される。

込まれ，宿主細胞へ再導入される。この操作をDNAクローニングといい，クローニングされた遺伝子は，その後，コードするタンパク質の大量調製や遺伝子組換え生物の作製などに幅広く用いることができる。

2　真核生物ゲノムを構成する様々な要因

　ある生物が正常な生命活動を保持するための基本となる1セット全体のDNAのことを，ゲノムという。例えば，ヒトの場合，22本の常染色体と1本の性染色体を構成する約31億塩基対がヒトの核ゲノムである。2003年にヒトゲノムの塩基配列が解読され，タンパク質をコードする遺伝子の数は2万4,000個程度であることが明らかになった[6,7]。一方，これらの遺伝子に由来するタンパク質は約10万種類と推定される。細胞はどのようにして少ない遺伝子から数多くのタンパク質を作り出すのだろうか？遺伝子からタンパク質が生じる過程を遺伝子発現といい，一般的に転写（transcription）と翻訳（translation）の過程から成る（図7-2-1）。転写はタンパク質をコードするDNAの情報をRNA（リボ

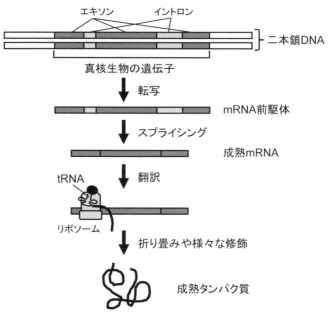

図7-2-1　遺伝子からタンパク質へ
真核生物におけるタンパク質合成機構の概略を示す。真核生物では選択的スプライシングや翻訳後修飾によって一つの遺伝子から様々なタンパク質が合成される。

核酸）に写し取る過程であり，翻訳はRNAの情報を基にタンパク質を合成する過程である。真核生物の遺伝子の多くは，遺伝情報をコードするエキソンと介在配列であるイントロンから構成される。エキソン－イントロン構造を持つ遺伝子から転写された伝令RNA（messenger RNA，mRNA）前駆体はスプライシングによってイントロンが取り除かれ，成熟mRNAとなる。しかし，スプライシングを行う部位や組み合わせが変化し，構造の異なる複数の成熟mRNAが生成されることがある。このことは，選択的スプライシングと呼ばれており，生体で機能するタンパク質の分子多様性を生み出す重要な機構の一つである[8]。真核生物で作られる成熟mRNAの大部分は，一つの遺伝情報のみを持っている。しかし，翻訳過程でフレームシフトや翻訳開始点の使い分けが生じることで，一つのmRNAを使って2種類のタンパク質が作られる例が知られている。また，翻訳されて生じたポリペプチドが高次構造を形成する過程で，リン酸化，アセチル化，糖鎖付加など様々な修飾によって異なる性質を持つタンパク質が生じる例は多い。このように，タンパク質の分子多様性は転写後，翻訳時，お

よび翻訳後の様々な過程で生み出されている。

　ヒトゲノムにおいて，タンパク質をコードする遺伝子は全DNA配列中わずか2％程度である。ゲノム中でタンパク質をコードしない領域をノンコーディングDNA（non-coding DNA）といい，そのうちの約46％が転移因子で構成されている。転移因子は，ゲノム上の位置を転移できる塩基配列である。通常，遺伝子は染色体上の場所が決まっており，その場所から動かない。一方，転移因子は，元の場所から新たな場所へ自身の塩基配列を転移させることができる。転移因子の転移は，遺伝子機能の破壊，遺伝子発現の改変，染色体の再編などゲノムに様々な影響を及ぼす。近年，転移因子は，ゲノムに新たな変異を生じることで進化の原動力になったことが証明されつつある[9]。

　ゲノムには，ノンコーディングDNAと同様にタンパク質へ翻訳されないノンコーディングRNA（non-coding RNA）が存在する。ノンコーディングRNAには，タンパク質の翻訳過程でアミノ酸を運ぶtRNA（転移RNA），タンパク質の翻訳の場であるリボソームを構成するrRNA（リボソームRNA），RNAのスプライシングやテロメアの維持に関わるsmall nuclear RNA（核内低分子RNA），および遺伝子発現を制御するmicroRNA（miRNA，マイクロRNA）などがあり，いずれも重要な生命現象に関与している。

3　酵素タンパク質の過剰発現と精製

　酵素の機能解析や生化学的・工学的な利用には，目的とする酵素タンパク質を大量に精製する必要がある。タンパク質の精製には，生体から硫安分画やクロマトグラフィーなど種々の方法を組み合わせて精製する方法[10]と，大腸菌や酵母など大量に培養可能な生物種内で過剰発現させた後に精製する方法[11]がある。前者は，目的タンパク質を本来の状態で精製できることから，目的タンパク質の機能にリン酸化やアセチル化などの翻訳後修飾が必要な場合には有効な方法であるが，精製には多量の生体サンプルが必要であり，また熟練した精製技術を要するなど必ずしも有効な方法であるとはいえない。後者は，目的とするタンパク質をコードするDNA配列を発現ベクターに組み込み，宿主細胞内で発現させることから，組換えタンパク質発現系と呼ばれ，比較的容易な操作で目的とするタンパク質を多量に得ることができる（図7-3-1）。また，組換えタンパク質発現系は，生体内でわずかにしか存在しないタンパク質や遺伝子工学技術を用いて変異導入したタンパク質も迅速に精製できることから，タンパ

ク質の精製に不慣れな分子生物学研究者にとって有用な技術になっている。中でも大腸菌を宿主とする発現系は，菌体の生育が早く，大量培養が簡便であることから，最も広く用いられており膨大な実験例が存在する。これらのことから，大腸菌組換えタンパク質発現系は，タンパク質を精製しようとする際の第一の選択肢になることが多い。しかし，大腸菌は原核生物であることから，真核生物のタンパク質を発現・精製する際には，翻訳後修飾がほとんど起きないことや，正確にフォールディングされない可能性があることに注意しなければならない。また，大腸菌の菌体内で目的タンパク質を蓄積させすぎると，封入体（inclusion body）と呼ばれる不溶性の凝集体が形成され，可溶性タンパク質として精製できなくなる。封入体を形成した目的タンパク質は活性を失っているため，グアニジン塩酸や尿素などのタンパク質変性剤を用いて可溶化した後，低温での透析や希釈によって活性型に巻き戻す（refolding）必要がある。酵母を宿主とする組換えタンパク質発現系では，発現させたタンパク質を細胞内に蓄積させる細胞内発現系と細胞外に分泌させる分泌発現系がある。大腸菌で発現させると封入体を形成して不溶化するタンパク質が，酵母の細胞内発現

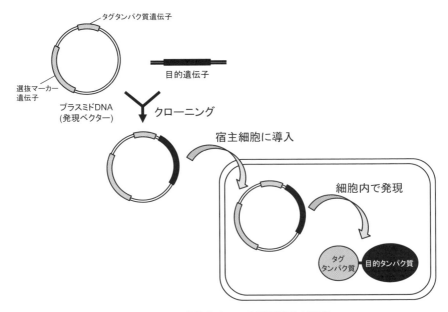

図7-3-1　組換えタンパク質発現系の原理

タグタンパク質を融合した目的タンパク質は，タグタンパク質と親和性（アフィニティー）のある精製用樹脂を用いてアフィニティー精製できる。

系では可溶化する場合がある。一般的に細胞内外では酸化還元レベルが大きく異なる。目的タンパク質がジスルフィド結合（S-S結合）を介した構造を有する分泌タンパク質などの場合，分泌発現系を用いることで活性のあるタンパク質を効率良く精製できる場合がある。このように，組換えタンパク質発現系を用いて目的タンパク質を精製する際には，フォールディングや翻訳後修飾の有無などタンパク質本来の性質だけでなく，精製の目的に応じて宿主，発現ベクターおよび精製法を選択する必要がある。宿主や発現ベクターの特徴と選択については成書[12]を参考にされたい。

4　酵素前駆体による酵素活性の制御

　生合成直後のタンパク質には不活性であるものが多い。mRNAから前駆体の形で翻訳されたタンパク質は，シグナルペプチドの除去，シャペロンによる高次構造への折り畳み，アミノ酸側鎖のリン酸化やメチル化などの化学修飾，補酵素や金属イオンの付加など様々に修飾されることが知られている。このような修飾をタンパク質のプロセシングという。酵素タンパク質の中にも前駆体の形で翻訳され，プロセシング反応を受けて活性型になるものが知られている。しかし，ある種の酵素では，プロセシング反応後も不活性な状態のものがある。これを酵素前駆体（zymogen，チモーゲン）という[13]。古くから良く知られているものに，キモトリプシノーゲン，ペプシノーゲン，トリプシノーゲンなどの消化酵素がある。これらは，プロセシング反応後にタンパク質構造の一部が自己触媒的に，あるいはプロテアーゼなど特定の酵素の働きによって切断され，分子構造が変化することで活性型になる。トリプシノーゲンの場合，膵液として小腸内に分泌された後，トリプシンの自己触媒あるいはセリンプロテアーゼの一つ，エンテロキナーゼの触媒によって，トリプシノーゲンのN-末端部から6残基のアミノ酸が切り取られることで活性型であるトリプシンになる。これらの消化酵素はプロテアーゼであり，食べ物を消化・吸収するために不可欠なものであるが，タンパク質から構成される自己の組織をも分解しかねない。そこで，これらの消化酵素は，酵素前駆体として不活性な状態で貯蔵され，食事後に消化管内に分泌されてはじめて活性化するように制御されている。近年，植物においても，同様の現象が見出されている。メロン果汁に多量に含まれるククミシンというセリンプロテアーゼは，酵素前駆体から88残基のアミノ酸がプロペプチドとして除去されることで機能型に変換される[14]。このことは，ク

クミシンのプロペプチドは細胞外の果汁中に酵素が分泌されるまで，細胞内の様々なタンパク質が分解されないよう，ククミシンのプロテアーゼ活性を抑えておくために働いていることを示している．

　上記の消化酵素に加えて，血液凝固反応に関与する酵素の多くも酵素前駆体の状態で存在する．血液凝固反応においては，最初の因子が活性型になると，それが第2段階の酵素前駆体を活性化し，さらに第3段階の活性化反応がカスケード的に進行する．このように活性化を段階的に制御することで，合成経路の効率化・短工程化し，小さな入力を大きな反応に増幅することができる．また，血液凝固が必要となるような場面では，これらの酵素をコードする遺伝子から新規でタンパク質を合成するよりも，酵素前駆体の状態で常に保持しておくことで迅速に対応することができる．

　このように，プロテアーゼや血液凝固因子の多くは酵素前駆体を経て活性型に変換される．組換えタンパク質発現系を用いてこれらの酵素の精製を試みる際は，酵素前駆体から切除されるプロペプチドを考慮に入れる必要がある．

5 変異導入法を用いた組換えタンパク質の改変

　変異導入法は，DNAに変異を導入することで，遺伝子の産物であるタンパク質の機能改変や遺伝子の発現特性の解析を行う技術である．変異導入法には，部位特異的変異導入法（site-directed mutagenesis）とランダム変異導入法の2つに大別できる．部位特異的変異導入法は，クローニングした遺伝子に人為的に塩基を置換や欠失，挿入することで，その遺伝子がコードするタンパク質に変異を導入する手法である．例えば，pH依存性や配列アライメントなどから，特定のアミノ酸残基が触媒作用に関わることが推定された際，その残基を部位特異的変異導入法によって他の残基に置換した組換えタンパク質を作製し，活性を調査することで，その残基の特性を明らかにすることができる．一方，ランダム変異導入法は，立体構造や機能アミノ酸が解明されていない酵素や機能性タンパク質の分子改変研究に適用されている．

　部位特異的変異導入法には，大きく分けて，Inouye法[15]，Kunkel法[16]およびPCR法[17]の3つがある．いずれの方法も，①鋳型となる一本鎖DNAの調製，②変異導入プライマーを用いた新たなDNA鎖の合成，および③変異が導入されたクローンのスクリーニングから構成されている．PCR法の中でも，inverse PCR（iPCR）を利用した方法は大きな欠失や挿入を導入しやすく，操作も比較的簡

易であるため，近年では広く用いられている．iPCR法に基づく部位特異的変異導入法の手順を下図に示す（図7-5-1）．まず，鋳型としてプラスミドDNAをdam^+の大腸菌（実験室で通常使用されるDH5α株やJM109株など）から調製し，変異を導入したプライマーを用いてiPCRを行う．この時，目的の変異以外の余分な変異が起こらないように複製忠実性の高い（high fidelity）DNAポリメラーゼを使う必要がある．次に，PCR産物に制限酵素DpnIを加え，鋳型のプラスミドDNAを消化する．この過程では，dam^+の大腸菌から調製されたプラスミドDNAではGATC配列中のアデニン塩基がメチル化されているため，メチル化を受けたGATC配列を特異的に切断する制限酵素DpnIによって消化される．最後に，PCR産物をセルフライゲーションによって環状化し，大腸菌の形質転換に供試する．

変異導入法を用いて酵素の性質を改変した例をいくつか紹介する．リゾチームは，真正細菌の細胞壁を構成する多糖類を加水分解する酵素であり，食品添加物として日持ちの向上や医薬品として気管支炎や喘息，鼻炎など炎症を伴う病気の治療に用いられている．卵白由来リゾチームの62番目のアミノ酸であるトリプトファンを部位特異的変異導入法によってチロシンやフェニルアラニン，ヒスチジンに置換すると，基質の一つであるグリコールキチンに対する加水分解活性は低下するものの，溶菌活性が著しく向上することが報告されている[18]．

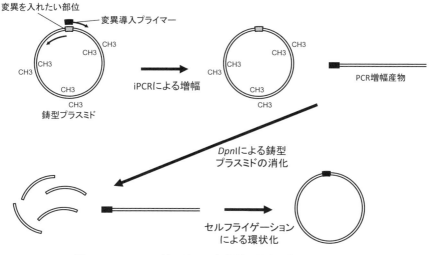

図7-5-1　iPCR法を用いた部位特異的変異導入法の原理
　　　　　KOD-Plus-Mutagenesis Kit（TOYOBO社）の場合．

一方，ランダム変異導入法を利用した例では，大腸菌のリボヌクレアーゼHIや Streptomyces由来のコレステロールオキシダーゼなど，酵素の熱安定性を向上させた成果が数多く知られている[19,20]。

6 酵素タンパク質のデザイン

第3章で述べられている通り，タンパク質は，20種類のアミノ酸が繋がった長い鎖であり，生体内で折り畳まれて固有の立体構造を形成する。酵素の基質特異性や反応機構は，その酵素タンパク質に特異的な立体構造に依存している。したがって，酵素タンパク質の作用機構と立体構造の関係を明らかにすることで，生命科学，医療・医薬品および工業などの分野に貢献する知見を得ることができる。タンパク質工学とは，これらの知見を基に，タンパク質の分子構造を変異導入法などで人為的に変換することで，新たな機能を持つタンパク質を設計・生産する分野である。近年，タンパク質工学において，コンピュータを用いた様々な手法が開発され導入されている[21]。中でも，酵素や受容体などのタンパク質と基質や薬物などのリガンドの結合について，コンピュータ上で仮想実験を行い，その化学的相互作用エネルギーを評価することで，優れた特性を持つタンパク質を選択するin silicoスクリーニング（in silicoは，「コンピュータ（シリコンチップ）の中で」の意味）は目覚ましい発展を遂げている。in silicoスクリーニングには標的タンパク質の立体構造に基づく方法（structure-based in silico screening）と，既知のリガンドとの構造類似性に基づく方法（ligand-based in silico screening）の2つがあり，特に前者は創薬研究の現場で重要な役割を果たしており，創薬の加速に貢献している。in silicoスクリーニングに基づく酵素タンパク質のデザイン（in silicoデザイン）にはタンパク質の立体構造の解明が不可欠である。2015年12月現在，DDBJ（DNA Data Bank of Japan）のアミノ酸配列データベースに登録されているアミノ酸配列が43,653,463件であるのに対して，PDBj（Protein Data Bank Japan）に登録されている立体構造は114,697件である。したがって，酵素タンパク質のin silicoデザインの効率化には，タンパク質の立体構造のさらなる解明のみならず，コンピュータを用いてタンパク質の一次構造を基に三次構造を予測するタンパク質立体構造予測法やタンパク質複合体（四次構造）の構造予測法が重要な役割を果たしている。

酵素タンパク質のデザインの最終到達点は，天然のタンパク質を出発点とせ

ず，人間が全く新たな構造と機能を持つ酵素タンパク質をデザインし，合成することであろう。このことを,「人工タンパク質設計」もしくは「*de novo* タンパク質設計」という。天然タンパク質の立体構造データベースから作成した経験的なポテンシャル関数を利用した全長のアミノ酸配列を設計する手法を開発し，ほぼ設計通り立体構造を形成するタンパク質の合成に成功が報告されている[22]。また，タンパク質の自己組織化能力を活かし，ひとりでに組み上がる「タンパク質ナノブロック」が開発された[23]。今後，人工タンパク質設計は，医療や工業，農業に利用可能な高機能型酵素タンパク質のデザインに極めて有効なツールになると期待される。

文　　献

1) G. W. Beadle, E. L. Tatum: Genetic control of biochemical reactions in Neurospora; *Proc. Natl. Acad. Sci. U. S. A.*, **27**, 499-506 (1941)
2) ブルース・アルバートほか：DNAからタンパク質へ—細胞がゲノムを読み取るしくみ；Essential細胞生物学, 原書第3版（中村桂子，松原謙一（監訳）), pp.229-266, 南江堂，東京（2011）
3) L. T. C. França, E. Carrilho, T. B. L. Kist: A review of DNA sequencing techniques; *Q. Rev. Biophys.*, **35**, 169-200 (2002)
4) 鈴木穣，菅野純夫（監修）：次世代シークエンサー　目的別アドバンストメソッド（細胞工学別冊），学研メディカル秀潤社，東京（2012）
5) K. Mullis *et al.*: Specific enzymatic amplification of DNA in vitro: the polymerase chain reaction; *Cold Spring Harbor Symp. Quant. Biol.*, **51**, 263-273 (1986)
6) E. S. Lander *et al.*: Initial sequencing and analysis of the human genome; *Nature*, **409**, 860-921 (2001)
7) J. C. Venter *et al.*: The sequence of the human genome; *Science*, **291**, 1304-1351 (2001)
8) 堀勝治：アイソザイムを生みだすメカニズム；アイソザイムの分子生物学, pp.89-112, 共立出版，東京（1994）
9) H. H. Kazazian Jr.: Mobile elements: divers of genome evolution; *Science*, **303**, 1626-1632 (2004)
10) 森田雄平，相原茂夫：酵素の抽出と精製；新・入門酵素化学, 改訂第2版（西澤一俊，志村憲助（編集）), pp.1-20, 南江堂，東京（1995）
11) 大野茂男，西村善文（監修）：タンパク実験プロトコール①機能解析編, 秀潤社，東京（1997）
12) 岡田雅人，宮崎香（編集）：タンパク質実験ノート　上巻, 改訂第4版, 羊土社，東京（2011）
13) 志村憲助：酵素の生成；新・入門酵素化学, 改訂第2版（西澤一俊，志村憲助（編集）), pp.209-240, 南江堂，東京（1995）

14) M. Nakagawa et al.: Functional analysis of the cucumisin propeptide as a potent inhibitor of its mature enzyme; *J. Biol. Chem.*, **285**, 29797-29807 (2010)
15) S. Inouye, M. Inouye: Oligonucleotide-directed site-specific mutagenesis using double-stranded plasmid DNA; Synthesis and application of DNA and RNA (S. Narang ed.), pp.181-204, Academic Press, Cambridge, Massachusetts (1987)
16) T. A. Kunkel: Rapid and efficient site-specific mutagenesis without phenotypic selection; *Proc. Natl. Acad. Sci. U. S. A.*, **82**, 488-492 (1985)
17) http://lifescience.toyobo.co.jp/upload/upld87/protocol-c/kodplus87 pc01.pdf
18) I. Kumagai, K. Miura: Enhanced bacteriolytic activity of hen egg-white lysozyme due to conversion of Trp62 to other aromatic amino acid residues; *J. Biochem.*, **105**, 946-948 (1989)
19) S. Kimura, S. Kanaya, H. Nakamura: Thermostabilization *Escherichia coli* ribonuclease HI by replacing left- handed helical Lys^{95} with Gly or Asn; *J. Biol. Chem.*, **267**, 22014-22017 (1992)
20) Y. Nishiya et al.: Improvement of thermal stability of *Streptomyces* cholesterol oxidase by random mutagenesis and a structural interpretation; *Protein Eng.*, **10**, 231-235 (1997)
21) 竹田-志鷹真由子, 梅山秀明 (編集):実践:インシリコ創薬の最前線―次世代創薬テクノロジー (遺伝子医学MOOK 14号), メディカルドゥ, 大阪 (2009)
22) Y. Isogai, Y. Ito, T. Ikeya, Y. Shiro, M. Ota: Design of λ Cro fold: solution of a monomeric variant of the *de novo* protein; *J. Mol. Biol.*, **354**, 801-814 (2005)
23) N. Kobayashi et al.: Self-assembling nano-architectures created from a protein nano-building block using an intermolecularly folded dimeric *de novo* protein; *J. Am. Chem. Soc.*, **137**, 11285-11293 (2015)

(以上,築山拓司)

第8章　酵素活性の反応速度論的解析

1　化学平衡

本節に関して参考書[1~5]を参照して欲しい。

1.1　平衡定数

物質A, B, C……が反応して, 物質P, Q, R……を生成する一般的な可逆反応を考える（(8-1-1) 式）。このとき, a, b, c……およびp, q, r……は, 反応に関与するそれぞれの物質の分子の数である。これらの反応に関与する物質を反応物質（reactant）と呼ぶ。なお, 反応物質（あるいは反応物）を出発系物質に限定して用いることも多い。本書では, 物理定数や物理量を表すとき, イタリック（斜体字）で表記する。

$$a\text{A} + b\text{B} + c\text{C} + \cdots\cdots = p\text{P} + q\text{Q} + r\text{R} + \cdots\cdots \tag{8-1-1}$$

　一般的に, 左辺に出発系（原系）, 右辺に生成系をおく。出発系から生成系への反応を正反応と呼び, 生成系から出発系への反応を逆反応と呼ぶ。

　最初に, 出発系物質（反応物（reactant））だけが存在しており, 生成系物質（生成物（product））が存在していない場合, 反応は出発系から生成系へ進行する。しかし, 時間が経つにつれ徐々に生成物が蓄積してくると, 生成系から出発系への反応（逆反応）が起こるようになる。そのうち, 正反応の速度と逆反応の速度が等しくなって, 正味の反応が進行しなくなる。このような状態にあることを, 化学平衡（chemical equilibrium）にあるという。このとき, 正反応と逆反応の速度は動的つり合いの状態にあり, 系全体で（マクロに）見ると物質や熱など移動するものに時間変化がなく, 見かけ上停止しているように見える。しかし, ミクロには正逆の両反応が起こっており出発系と生成系の間で物質の流れがある。このため化学平衡は動的平衡（dynamic equilibrium）であり, 化学平衡の動的側面を示すとき, 系は動的平衡にあるという（文献[6]の平衡状態, 動的平衡の項を参照）。

　他方, 生物のような「開いた系」では, 移動するものが一方向へ流れていくものの, 見かけ上, 系全体に時間的変化が見られないことがある（私の顔も体も, 毎日, 新陳代謝しているが, 数週間ではほとんど変化が見られない。これ

は，池に流れ込む水量と流れ出る水量とが，単位時間あたりつり合っていると，見かけ上，水位に変化が見られないことによく似ている）。この場合，移動する物質の流入速度と流出速度がつり合っているのであって，熱力学的な平衡は成り立っていない。このような状態を定常状態（steady state）と呼ぶ。

註1　近年マスメディアや科学評論などの分野で，「動的平衡」が化学平衡の意味ではなく，定常状態の意味で用いられている例がある。これは，用法の揺れや拡大ではなく，間違った用法である。混乱しないように注意したい。

（8-1-1）式において，正反応（右向き）の速度定数（rate constant）をk_{+1}，逆反応（左向き）の速度定数をk_{-1}とすると，正反応の速度（velocity, rate）v_{+1}および逆反応の速度v_{-1}は，それぞれの反応物同士の衝突頻度に比例するから，次のように表すことができる。

$$v_{+1} = k_{+1}(A)^a(B)^b(C)^c \cdots \cdots \fallingdotseq k_{+1}[A]^a[B]^b[C]^c \cdots \cdots \quad (8\text{-}1\text{-}2)$$

$$v_{-1} = k_{-1}(P)^p(Q)^q(R)^r \cdots \cdots \fallingdotseq k_{-1}[P]^p[Q]^q[R]^r \cdots \cdots \quad (8\text{-}1\text{-}3)$$

ここで（A）のようにマルかっこで示した量は，反応物質Aの活量（activity）であり，［A］のようにカギかっこで示した量は濃度である。酵素化学で取り扱う希薄な水溶液では，一般に活量係数（activity coefficient）を1と近似できるので，活量は濃度に等しいとみなしてよい。厳密には，（現実にはありえないが）無限希釈のときのみ，活量は濃度に等しいことになる。

（8-1-1）式において，$a, b, c \cdots$および$p, q, r \cdots$は反応の分子性（molecularity）と呼ばれ，反応の分子機構において反応に参加する分子（場合により原子やイオンのこともある）の数である。

通常，濃度はモル濃度（厳密には体積モル濃度）（molar concentration, molarity）で表す。すなわち溶液体積あたりの溶質の化学的物質量で表し，ふつう mol dm^{-3} の単位で表す。これを mol L^{-1}（下記の註2を参照）と表し，さらに，これを，単にMで表すことが多い。一方，濃度表記には，溶媒の質量1 kgあたりの溶質の化学的物質量を表す溶媒質量モル濃度（molality）もあり，この単位は mol kg^{-1} である。

註2　体積単位であるリットルの表記法には，わが国で（あるいは国際的にも）混乱が見られる。かつてわが国では，小文字筆記体のℓが用いられていたが，今日

では，大文字立体のLが用いられることが多い。2006年頃から小学校，中学校，高校の教科書でLが用いられるようになり，2009年のセンター入試でもLが採用されている[7]。また，最近では多くの国際的学術雑誌で，Lが使われている。

平衡点では，$v_{+1} = v_{-1}$が成り立つ。平衡点における反応物質の濃度のことを平衡濃度と呼び，添え字eを付けて表す（ただし，論文などでは平衡定数に言及した段階で反応物質の濃度は平衡濃度を表しているものとして，添え字eを明記しないものも多い）。（8-1-2）式および（8-1-3）式から，

$$k_{+1}[A]_e^a[B]_e^b[C]_e^c\cdots = k_{-1}[P]_e^p[Q]_e^q[R]_e^r\cdots \quad (8\text{-}1\text{-}4)$$

$$([P]_e^p[Q]_e^q[R]_e^r\cdots) / ([A]_e^a[B]_e^b[C]_e^c\cdots) = k_{+1} / k_{-1} = K \quad (8\text{-}1\text{-}5)$$

物質量を活量で表したときのKを熱力学的平衡定数と呼ぶ。一方，（8-1-5）式のように物質量を濃度で表したときはKを濃度平衡定数あるいは単に平衡定数（equilibrium constant）と呼ぶ。平衡定数を定義するとき，出発系を分母，生成系を分子におくのが慣習である。ここで（8-1-5）式は質量作用の法則（law of mass action）を表している。Kが大きいほど，平衡は生成系に傾いている，すなわち「熱力学的に」反応が起こりやすい。このことは決して限られた時間内に反応が起こりやすいことを意味するわけではない。反応の速さは，k_{+1}により支配されており，これが大きいほど「速度論的に」反応が起こりやすい。

1.2　標準ギブズエネルギー変化

平衡定数とギブズエネルギー（Gibbs energy）変化ΔGとの関係は次の式で表される。Rは気体定数（gas constant; 8.314 J mol^{-1}K^{-1}，1.987 cal mol^{-1}K^{-1}），Tは絶対温度表示で表した温度（ケルビン温度＝セルシウス温度＋273.15 K）である。

$$\Delta G = -RT \ln K + RT \ln\{([P]_e^p[Q]_e^q[R]_e^r\cdots) / ([A]_e^a[B]_e^b[C]_e^c\cdots)\} \quad (8\text{-}1\text{-}6)$$

ここで，全ての物質が単位活量（活量1）で存在する標準状態（近似的には1Mの濃度にある出発系から1Mの濃度にある生成系を作る場合）を考える。標準状態（standard state）におけるギブズエネルギー変化（標準ギブズエネ

ルギー変化, standard Gibbs energy change) を ΔG^0 とすると,

$$\Delta G^0 = -RT \ln K = -2.303 RT \log K \tag{8-1-7}$$

となる。(8-1-7) 式は，熱力学量と平衡定数を関係付ける大切な式である。

生物は，そもそも外界との間で物質や熱，仕事をやりとりしている開いた系 (open system) であり，熱力学的に厳密な意味で平衡は成立しない。しかし，部分的にみると，外界と物質の出入りはないが熱の出入りがある系すなわち閉じた系 (closed system) とみなせる系が多い。ΔG^0は，このような系において，反応の起こりやすさの指標を与える。自然に起こるできごとは，系の自由エネルギーが減少する方向に起こるのであり，ΔG^0が負であるか否かにより，そのできごとが自発的に起こるか否かを判定できる。例えば，(8-1-7) 式において，25℃のときΔG^0が5.7 kJ mol^{-1} (1.4 kcal mol^{-1}) 減少すると，Kが10倍大きくなる，すなわち，反応の平衡は生成系の方へ10倍偏ることがわかる。

【クイズ】

Q8-1-1　標準ギブズエネルギー変化が，25℃において，11.4 kJ mol^{-1} および22.8 kJ mol^{-1}増大したとき，平衡定数はどのように変化するか。

1.3　生物学的標準状態 (biological standard state)

生化学では水素イオン濃度に関して標準状態（活量1）を定義するとpH 0となり，現実的でない。そのため，pH 7（活量10^{-7}）を生物学的標準状態とする。生物学的標準状態における標準ギブズエネルギー変化は，$\Delta G^{0\prime}$のようにプライム(')を付ける。

いま，

$$A + nH^+ = P \tag{8-1-8}$$

という反応を考えると，生物学的標準ギブズエネルギー変化と (8-1-6) 式で定義した（熱力学的）標準ギブズエネルギー変化の間には，次の関係が成り立つ。

$$\Delta G^{0\prime} = \Delta G^0 - 7nRT \ln 10 \tag{8-1-9}$$

ここで25℃のとき，$7RT \ln 10$は40.0 kJ mol^{-1}である。(8-1-8) 式の反

応で水素イオンが関与しないとき（n = 0），両方の標準ギブズエネルギー変化は等しい。

1.4 見かけの平衡定数

平衡のデータからΔG^0を求める場合，水の活量は1とおかなければならないが，希薄溶液における実際の水の濃度は，1,000 g/Lすなわち55.55 Mである。したがって，水の単位活量1を考慮しない場合には，ΔG^0に$RT \ln 55.55$（25℃で9.95 kJ mol^{-1}）の違いがでる。

酵素反応の記述において水素イオン（H^+）が関与する反応の平衡定数を議論するときでも，H^+濃度を考慮しないことが多い。この平衡定数を見かけの平衡定数（apparent equilibrium constant）と呼びK_{app}と表記する。例えば，アルコールデヒドロゲナーゼはNAD$^+$を補酵素として，以下のようにアルコール（RCH_2OH）のアルデヒド（$RCHO$）への脱水素反応を触媒する。本反応は可逆的であり，酵母におけるアセトアルデヒドからエタノールへの還元反応がよく知られている。

$$RCH_2OH + NAD^+ = RCHO + NADH + H^+ \qquad (8\text{-}1\text{-}10)$$

このとき，見かけの平衡定数は次式（8-1-11）式で表される。

$$K_{app} = [RCHO]_e[NADH]_e / [RCH_2OH]_e[NAD^+]_e \qquad (8\text{-}1\text{-}11)$$

したがって，熱力学的平衡定数Kとの関係は（8-1-12）式で表される。

$$K_{app} = K / [H^+] \qquad (8\text{-}1\text{-}12)$$

KはpHに依存して変化しない値であるが，K_{app}は特定のpHにおいて決定できる平衡定数であり，その値はpHに依存して変化する。したがって，K_{app}を用いるときは温度とpHを明記しないといけない。

K_{app}を用いて表記したギブズエネルギーは見かけのギブズエネルギーである（1.3項）。これは，Kを用いたときのΔG^0と区別して，$\Delta G^{0\prime}$と表記する。

$$\Delta G^{0\prime} = -RT \ln K_{app} \qquad (8\text{-}1\text{-}13)$$

（8-1-12）式と（8-1-13）式とから，次式が導かれる。

$$\Delta G^0 = \Delta G^{0\prime} - RT \ln[H^+]_e$$

$$= \Delta G^{0'} - 2.203RT \log[\text{H}^+]_e$$
$$= \Delta G^{0'} + 2.203RT\, \text{pH} \tag{8-1-14}$$

1.5　平衡に対する温度の効果

　平衡は温度，圧力，反応物や生成物の濃度などの外部因子により変化する。ファントホフ（J. H. van't Hoff（1852～1911年），オランダ）は，平衡定数Kの温度依存性を調べ，Kと反応熱の関係式（反応等圧式）を見出した。ここでΔH^0は標準エンタルピー変化（あるいは定圧反応熱）であり，マイクロカロリメトリーなどの熱量測定法により求めることができる値である。

$$\mathrm{d}(\ln K)\,/\,\mathrm{d}T = \Delta H^0\,/\,(RT^2) \tag{8-1-15}$$

　この式は，ファントホフ式（van't Hoff equation）と呼ばれる。ここで，温度の変化量が小さいとき，ΔH^0が一定と仮定して，積分すると，（8-1-16）式あるいは（8-1-17）式が得られる。

$$\ln K = -\Delta H^0\,/\,(RT) + C \tag{8-1-16}$$

$$\log K = -\Delta H^0\,/\,(2.303RT) + C \tag{8-1-17}$$

ここでCは積分定数。

　したがって，$\log K$を$1/T$に対してプロット（これをファントホフ プロットと呼ぶ）すると，傾きが（$-\Delta H^0/2.303R$）の直線が得られ，この反応のΔH^0が求められる（図8-1-1）。このようにして求められたΔH^0をファントホフエンタルピー変化と呼び，ΔH_{vH}^0（vHはvan't Hoffの略）と表記する。一方，マイクロカロリメトリー測定により直接求めたΔH^0はカロリメトリックエンタルピー変化（ΔH_{cal}^0と表記）と呼ばれ，両者のエンタルピー変化は区別されることがある。

　熱力学の基本式（8-1-18）式から，標準状態の式（8-1-19）式を導き，これから，標準エントロピー変化ΔS^0が算出できる。

$$\Delta G = \Delta H - T\Delta S \tag{8-1-18}$$

$$\Delta S^0 = (\Delta H^0 - \Delta G^0)T \tag{8-1-19}$$

　ΔG（およびΔS）は反応物質の濃度に依存する値であるが，ΔHは理想溶液

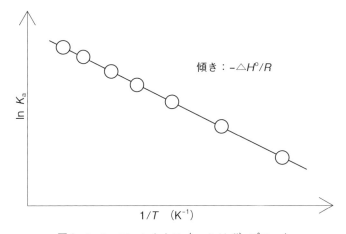

図8-1-1 ファントホフ(van't Hoff)プロット
縦軸(y軸)に結合平衡定数K_aの自然対数,横軸(x軸)に反応温度(ケルビン温度)の逆数をプロットする。得られた直線の傾きは,$-\Delta H^0/R$である。ΔH^0は結合反応の標準エンタルピー変化,Rは気体定数。

ではほとんど濃度に依存しないので,実用的にはΔHをΔH^0とおいてよい。

1.6 酸—塩基平衡

ブレンステッド-ローリーの酸塩基説(プロトン説,1923年)に従うと,酸とは他の物質にプロトンを与えることができる物質(プロトン供与体),塩基とは他の物質からプロトンを受け取ることができる物質(プロトン受容体)と定義される。いま,酸HAがプロトン解離して,以下のような平衡にあるとする。

$$HA = A^- + H^+ \qquad (8\text{-}1\text{-}20)$$

水素イオンの活量は(H^+)で表され,その常用対数にマイナス符号を付けて,pHを定義する。希薄溶液では,水素イオン活量は水素イオン濃度$[H^+]$に等しいとみなす。したがって,

$$pH = -\log(H^+) = -\log[H^+] \qquad (8\text{-}1\text{-}21)$$

(8-1-20)式について,平衡を考慮し,平衡定数K_aを以下のように決める。このとき,反応物質は活量で表現し,K_aを酸のプロトン解離定数と呼ぶ。実際は,活量の代わりに濃度をとることが多く,活量係数をK_aに含ませた平衡定数をあらためてK_a'と表記する(論文ではK_a'とすべきところをK_aと表記してい

るものも多い）。

$$K_a = (A^-)_e (H^+)_e / (AH)_e \quad (8\text{-}1\text{-}22)$$

（8-1-22）式の両辺の対数をとり，マイナス符号を付ける。ここで，pK_a を（8-1-23）式のように定義すると，（8-1-24）式が導かれる。

$$pK_a = -\log K_a \quad (8\text{-}1\text{-}23)$$

$$pH = pK_a + \log[(A^-)_e / (AH)_e] \quad (8\text{-}1\text{-}24)$$

ここで，酸の解離度を α とすると，

$$\alpha = (A^-)_e / [(AH)_e + (A^-)_e] \quad (8\text{-}1\text{-}25)$$

したがって，

$$pH = pK_a + \log[\alpha / (1-\alpha)] \quad (8\text{-}1\text{-}26)$$

（8-1-24）式および（8-1-26）式をヘンダーソン-ハッセルバルヒ式（Henderson-Hasselbalch equation）と呼ぶ。いま，反応物質の活量の代わりに濃度を用いるときは K_a の代わりに K_a' を用いればよい。このとき，活量係数が K_a' に含まれる。

ヘンダーソン-ハッセルバルヒ式に従うと，酸 AH を含む溶液の pH と酸の pK_a とがわかると，酸の解離度が計算できるし，pK_a が既知の酸が，ある解離度のときに与える pH も計算できる。

【クイズ】

Q8-1-2　グリシンのカルボキシル基の pK_a' は2.4である。このカルボキシル基のpH7.0における解離度を求めなさい。

1.7　平衡に対する圧力の効果

平衡に対する圧力の効果に関して，ここでは省略する。参考書[8]を参照して欲しい。

2 反応速度

本節に関して適切な参考書[1~5]を参照して欲しい。

2.1 反応速度論 (chemical kinetics)

平衡は，目的の化学反応が反応終点において，どの程度，生成物を生み出すかの指標となるが，反応速度は，いかに速やかに平衡に到達するかの指標となる。反応速度に対する反応物の濃度や温度，pHなどの反応条件の効果を検討することにより，反応の性質や反応機構を分子レベルで理解することができる。また，ある反応を用いて化合物を生産するとき，反応速度論的な情報を用いることにより，生産に最適の条件を決めることができる。

多くの科学的解析が静的 (static) 観測に基づくものであるのに対し，反応速度論は反応物質や熱の時間的変化（経時変化）を観測する動的 (dynamic) なものである点に大きい特徴がある。

2.2 反応速度の求め方

反応速度 (rate of reaction, reaction velocity) v は，単位時間あたりに観測される反応物質の減少あるいは生成物の増大の割合（変化量）で表現される。

例えば，

$$A + 2B = 3P \tag{8-2-1}$$

の反応を考えると，反応成分は図8-2-1に示すような時間変化（反応カーブ）を与える。

Aが1分子消費されると，Pは3分子生産される。また，Bが2分子消費されると，Pは3分子生産される。したがって，Pの生産速度 (v_p) はAの消費速度 (v_a) の3倍であり，Bの消費速度 (v_b) はAの消費速度の2倍となる。このように，反応速度は，どの反応物質を観測するかにより異なる。

2.2.1 反応初速度 (initial rate of reaction)

反応速度を正しく測定するには，反応開始直後の十分短い時間における速度（反応初速度：v_0で表すことが多い）を測定するのがよい。そうでないと，反応の経過につれて反応物濃度が，初濃度から変化していくために，ある反応時間のときの反応物濃度の決定が困難であるし，生成物が混在してくるため，生成物による反応への影響が現れる可能性がある。初速度は，時間ゼロにおいて

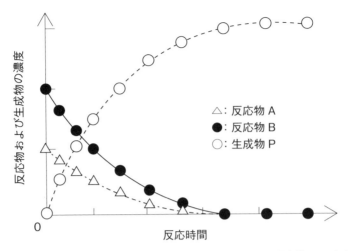

図8-2-1　反応式A＋2B＝3Pにおいて反応系における反応物A，Bおよび生成物Pの濃度の経時変化

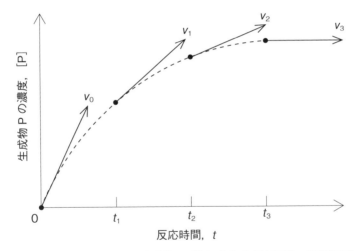

図8-2-2　反応系における生成物Pの濃度［P］と反応速度vの経時変化
［P］の経時変化を破線で表す。tがゼロ（反応開始時），t_1，t_2，t_3のときのvをそれぞれv_0，v_1，v_2，v_3とすると，これらは，それぞれのtにおける接線の傾きで表される。v_0を反応初速度という。

反応カーブに対して引いた接線になる。初速度の測定には，生成物がゼロから増大していくのを観測する方が，大量に存在する反応物のわずかの減少を観測するよりも正確である（図8-2-2）。

反応時間tがt_1, t_2, t_3と進行していくと，反応物の減少に応じて反応速度が徐々に低下していき，t_3では，平衡に到達して反応が停止し，反応速度はゼロになる。

2.2.2 反応の追跡法

　反応に伴って起こる目的の反応物や生成物の時間変化を測定する方法には大きく2通りがある。一つは，経時的に一定の間隔を置いて反応液を一定量採取（サンプリング）し，反応液中の反応物（酵素反応では反応物を基質と呼ぶ）あるいは生成物の濃度を定量する方法である。定量中に反応が進行することを避けるため，サンプリング直後に何らかの方法（例えば酵素を選択的に失活させたり，反応液から酵素を除外させたりすること）で反応を停止させる。このような測定法を試料採取法（サンプリング法）あるいは不連続的測定法と呼ぶ。一方，反応の進行に伴い，基質の減少や生成物の生成に基づく何らかの分光学的シグナルなどの変化が観測される場合，反応液をサンプリングすることなく，このシグナルを連続的に自記記録することにより反応を追跡することが可能である。この方法を連続的測定法と呼ぶ。

　利用される分光学的シグナルとしては，可視部や紫外部などの吸光度，蛍光，旋光性，円偏光二色性（CD），化学発光などが使われてきた。核磁気共鳴（NMR），電子スピン共鳴（ESR），磁気円偏光二色性（MCD）やメスバウワー効果などのスペクトル変化やマススペクトル変化が利用されることもある。微少な熱量の出入りやpHの変化を連続的に追跡する場合もある。pHの変化をpH指示薬の色の変化に変換して反応を追跡する方法もある（3.1項を参考）。

　一般に，反応速度は反応系に存在する物質の濃度の関数となる。いま，（8-1-1）式において，生成物Pの増加速度（反応速度），すなわち$d[P]/dt$を「実験的に」求めたとき，（8-2-2）式で表現されるとする。反応速度を表現する，実験で求められた式のことを速度式と呼ぶ。すなわち，反応速度を，ある反応時間において，反応系に含まれる全ての分子種の濃度のベキ関数で表される。このときの比例定数（反応速度定数）は濃度に依存しないが，温度などの測定条件に依存する係数である。

$$v = d[P]/dt = k[A]^{\alpha}[B]^{\beta}[C]^{\gamma}\cdots\cdots \quad (8\text{-}2\text{-}2)$$

　このとき，Pの増加速度は，Aについてα次，Bについてβ次，Cについてγ次であるという。このα, β, γ……を反応次数（order of reaction）と呼び，反応全体の次数nは，これらの和（$\alpha + \beta + \gamma + \cdots\cdots$）となる。反応次数が$n$で

ある反応をn次反応という。反応次数は必ずしも整数である必要はない。1.1項で述べた分子性と反応次数は一致するわけではない。

2.3 零次反応 (zero-order reaction)

反応速度vが，反応物の濃度に依存しない，言い換えると，濃度のゼロ乗に比例する場合であり，(8-2-3) 式で表現される。

$$v = d[P] / dt = k[A]^0 = k \tag{8-2-3}$$

これを積分すると，

$[P] = k t + C$（Cは積分定数）

ここで$t = 0$のとき，$[P] = 0$であるから，$C = 0$。
したがって，次式が得られる。

$$[P] = k t \tag{8-2-4}$$

生成物Pの濃度は，反応時間 t に比例して，直線的に増大する（図8-2-3）。原点を通る直線の傾きからkが求められる。その次元 (dimension) は，$[\text{M s}^{-1}]$である。

2.4 一次反応 (first-order reaction)

反応速度が，ある一種類の反応物の濃度に比例するタイプの反応を一次反応と呼ぶ。

例えば，A→P + Q + R …のように，Aが分解してP，Q，Rなどの生成物ができる場合，観測している反応速度がAの濃度の一乗に比例することを考える。

$$v = d[P] / dt = -d[A] / dt = k[A]^1 = k[A] \tag{8-2-5}$$

(8-2-5) 式を次式のように変形して，積分すると，(8-2-7) 式が得られる。

$$-d[A] / [A] = k \, dt \tag{8-2-6}$$

$$-\ln[A] = k t + C \tag{8-2-7}$$

ここで$t = 0$のとき，$[A] = [A]_0$（Aの初濃度）であり，$C = -\ln[A]_0$なの

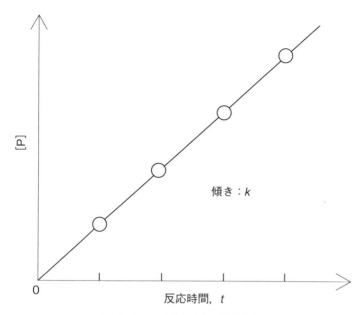

図8-2-3　零次反応の経時変化
反応生成物Pの濃度[P]と反応時間tの関係は[P]=ktで表される。kは零次反応速度定数（単位：M s^{-1}）。

で，(8-2-7)式は(8-2-8)式および(8-2-9)式へ変形できる。

$$\ln[A] = \ln[A]_0 - kt \tag{8-2-8}$$

$$\ln([A]_0 / [A]) = kt \tag{8-2-9}$$

(8-2-9)式は(8-2-10)式のように変形できる。

$$[A] = [A]_0 \exp(-kt) \tag{8-2-10}$$

時間tにおける反応物質Aの濃度は，(8-2-10)式で表現され，指数関数に従って減少する。当然，生成物Pは，次式に従い，反応につれて増大する。

$$[P] = [A]_0[1 - \exp(-kt)] \tag{8-2-11}$$

(8-2-9)式は常用対数を用いて，(8-2-12)式，(8-2-13)式のように変形できる。

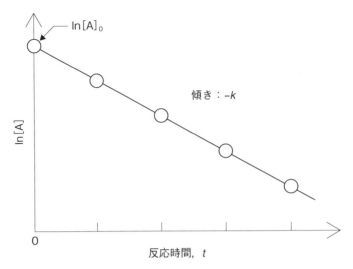

図8-2-4 一次反応の経時変化
反応物Aの濃度の自然対数$\ln[A]$と反応時間tの関係は，$\ln[A] = \ln[A]_0 - kt$で表される。$[A]_0$はAの初濃度，kは一次反応速度定数（単位：s^{-1}）。

$$2.303 \log([A]_0 / [A]) = kt \tag{8-2-12}$$

$$\log[A] = \log[A]_0 - (k/2.303)t \tag{8-2-13}$$

（8-2-9）式に従い，$\ln([A]_0/[A])$を時間tに対してプロットすると，原点を通る直線が得られ，その傾きがkである。その次元は，$[s^{-1}]$である。

また，（8-2-8）式あるいは（8-2-13）式に従い，$\ln[A]$あるいは$\log[A]$を時間に対してプロットすると，縦軸（y軸）切片が$\ln[A]_0$あるいは$\log[A]_0$の直線が得られる。この直線プロットをセミログ プロット（片対数プロット；semi-log plot）と呼ぶ（図8-2-4）。

2.4.1 半減期（half-life time）

$[A] = (1/2)[A]_0$になるに要する時間を半減期$t_{1/2}$と呼ぶ。（8-2-12）式は$t = t_{1/2}$のとき，次式の通り変形できる（$\log 2 = 0.301$）。

$$t_{1/2} = (2.303 \times \log 2)/k = 0.693/k \tag{8-2-14}$$

いま観測している反応が一次反応であることがわかっているとき，実験的に半減期を測定するだけで反応速度定数kを求めることができる。逆に，一次反

応速度定数が求められれば，その反応の半減期を求めることができる。

また，eを自然対数の底（e≒2.71828）とするとき，$[A]=(1/e)[A]_0$になるに要する時間を緩和時間と呼び，τ(タウ)で表す。(8-2-9)式において，$\ln e = 1$であるから，これは(8-2-15)式のような簡単な関係に変形できる。

$$\tau = 1/k \tag{8-2-15}$$

緩和時間が求まれば一次反応速度定数が，逆に，一次反応速度定数が求まれば緩和時間が求められる。

2.5 二次反応 (second-order reaction)

反応速度が反応系の物質の濃度の2乗に比例する場合を二次反応と呼ぶ。いま，簡単な例として，(8-2-16)式の2分子反応を考えると，反応速度は(8-2-17)式で与えられる。

$$A + B = P + Q + R \cdots \cdots \tag{8-2-16}$$

$$v = -d[A]/dt = -d[B]/dt = k[A]^1[B]^1 = k[A][B] \tag{8-2-17}$$

vの次元は$[M\ s^{-1}]$であるので，二次反応速度定数kの次元は$[M^{-1}\ s^{-1}]$である。

$[A]_0 - [A] = [B]_0 - [B]$であるから，

$$[B] = [B]_0 - [A]_0 + [A] \tag{8-2-18}$$

(8-2-17)式と(8-2-18)式とから，(8-2-19)式，(8-2-20)式が得られる。

$$-d[A]/dt = k[A]([B]_0 - [A]_0 + [A]) \tag{8-2-19}$$

$$-d[A]/\{[A]([B]_0 - [A]_0 + [A])\} = k\,dt \tag{8-2-20}$$

(8-2-19)式を，変数$[A]$に関して積分する（変数分離型の積分）と次式が得られる。

$$\{-\ln[A]/([B]_0 - [A]_0)\} + \{\ln([B]_0 - [A]_0 + [A])\}/([B]_0 - [A]_0) = k\,t + C \tag{8-2-21}$$

$t=0$ のとき，$[A]=[A]_0$ であるので，積分定数 C は以下のようになる。

$$C = (\ln[B]_0 - \ln[A]_0) / ([B]_0 - [A]_0)$$

したがって，(8-2-21) 式は，変数 [A] に関して (8-2-22) 式のように変形できる。

$$\ln\{[A]_0([B]_0 - [A]_0 + [A]) / ([B]_0[A])\} / ([B]_0 + [A]_0) = kt \tag{8-2-22}$$

ここで (8-2-18) 式の関係を用いると，(8-2-23) 式および (8-2-24) 式が得られる。

$$\ln\{([A]_0[B]) / ([B]_0[A])\} / ([B]_0 - [A]_0) = kt \tag{8-2-23}$$

$$\log\{([A]_0[B]) / ([B]_0[A])\} / ([B]_0 - [A]_0) = kt / 2.303 \tag{8-2-24}$$

ある時間 t における A および B の濃度が求められれば，$\ln\{([A]_0[B])/([B]_0[A])\}$ あるいは $\log\{([A]_0[B])/([B]_0[A])\}$ を t に対してプロットすると，原点を通る直線が得られ，その傾きは $k([B]_0-[A]_0)$ あるいは $k([B]_0-[A]_0)/2.303$ となる（図 8-2-5）。

以上，述べてきたように，いま取り扱っている反応の次数が既にわかっている場合は，(8-2-4) 式，(8-2-9) 式，(8-2-23) 式，あるいは (8-2-24) 式のプロットより，反応速度定数が求められるし，次数が未知の反応に関しては，これらのプロットで線形性が成り立つか否かを調べることにより，反応次数が推定できる。

2.6　二次反応の簡便な取り扱い　(1)

上述の通り，A と B の初濃度（$[A]_0$ および $[B]_0$）が異なるとき，二次反応の取り扱いはやや複雑である。そこで，特別な $[A]_0$ と $[B]_0$ の条件下では，簡便な取り扱いができることを紹介する。

(8-2-16) 式において，$[A]_0 = [B]_0$ のとき，(8-2-17) 式は次式のように変形できる。

$$v = -d[A] / dt = k[A]^2 \tag{8-2-25}$$

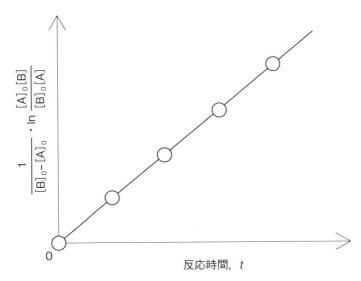

図8-2-5 二次反応の経時変化

$\dfrac{1}{[B]_0-[A]_0} \cdot \ln \dfrac{[A]_0[B]}{[B]_0[A]}$ の反応時間 t に対する関係は，$\dfrac{1}{[B]_0-[A]_0} \cdot \ln \dfrac{[A]_0[B]}{[B]_0[A]} = k\,t$ で表される。[A]，[B]は反応物A，Bの濃度，$[A]_0$，$[B]_0$はAとBの初濃度。kは二次反応速度定数（単位：$M^{-1}\,s^{-1}$）。

$$-d[A]/[A]^2 = k\,dt \tag{8-2-26}$$

これを積分すると，

$$1/[A] = k\,t + C$$

ここで，$t=0$ のとき，$[A]=[A]_0$ であるので，$C=1/[A]_0$ となる。したがって，(8-2-27) 式を得る。

$$1/[A] = 1/[A]_0 + k\,t \tag{8-2-27}$$

$1/[A]$ を反応時間 t に対してプロットすると，縦軸（y軸）切片が $1/[A]_0$ であり，傾き k の直線が得られる。

(8-2-27) 式から，$[A]_0$ が半分になるに要する時間 $t_{1/2}$ は，次式で与えられる。

$$t_{1/2} = 1/(k[A]_0) \tag{8-2-28}$$

2.7　二次反応の簡便な取り扱い (2)

（8-2-16）式において，[A]$_0$≫[B]$_0$の場合を考える。反応の進行に伴い[B]は[B]$_0$から徐々に減少していくが，[A]はほとんど変化せず，実質的に[A]$_0$のままであるとみなすことができる。したがって，（8-2-17）式は（8-2-29）式のように変形できる。

$$v = k[\text{A}][\text{B}] = k[\text{A}]_0[\text{B}] \tag{8-2-29}$$

ここで

$$k_{\text{app}} = k[\text{A}]_0 \tag{8-2-30}$$

とおくと，（8-2-29）式は（8-2-31）式に変形できる。

$$v = k_{\text{app}}[\text{B}] \tag{8-2-31}$$

この式は，一次反応で取り扱った（8-2-5）式と同じ形をしており，実際は二次反応であるが，反応物質のうちの一方の濃度が他方の濃度よりも圧倒的に大きい場合には，見かけ上，一次反応とみなせることを示している。このように見かけ上，一次反応とみなせる反応のことを，偽一次反応（pseudo-first-order reaction; quasi-first-order reaction）と呼ぶ。ここで，k_{app}は見かけの一次反応速度定数（apparent first-order rate constant）と呼ばれ，[s^{-1}]の次元を持つ。

あらためて，（8-2-31）式を（8-2-32）式のようにおく。

$$v = -d[\text{B}]/dt = k_{\text{app}}[\text{B}] \tag{8-2-32}$$

一次反応のところで行ったのと同様の取り扱いをすることにより，次式を得る。

$$\ln[\text{B}]_0/[\text{B}] = k_{\text{app}}\,t \tag{8-2-33}$$

$$\ln[\text{B}] = \ln[\text{B}]_0 - k_{\text{app}}\,t \tag{8-2-34}$$

$\ln[\text{B}]_0/[\text{B}]$あるいは$\ln[\text{B}]$を時間$t$に対してプロット（セミログ プロット）することにより，k_{app}を求めることができ，さらに（8-2-30）式の関係より，二次反応速度定数kを求めることができる。

2.8 グッゲンハイム プロット (Guggenheim plot)

一次反応(あるいは偽一次反応)の速度定数のもう一つの求め方を,(8-2-33)式を使って示す。反応物Bの濃度変化を生成物Pの濃度変化で表現し,(8-2-35)式のように書き換える。ここで,$[P]_\infty$は反応が無限時間進んだとき,すなわち,$t=\infty$のときの$[P]$である。(8-2-35)式では,(8-2-33)式のk_{app}の一般化した場合を考えて,一次速度定数kで表している。

$$\ln[B]_0 / [B] = \ln\{[P]_\infty / ([P]_\infty - [P])\} = k t \tag{8-2-35}$$

この式に基づいてkを求めるためには,$[B]_0$あるいは$[P]_\infty$が既知である必要がある。生成物を観測することにより反応追跡する場合,Bが全てPに変換されることはまれであり,反応は平衡点で停まる。このとき$[P]_\infty = [B]_0$にはならない。このような場合,セミログ プロットは使いにくい。

(8-2-35)式において,時間tにおける$[P]$をあらためて$[P]_t$とおき,tからある一定の時間Δtだけ反応が進んだときの時間,すなわち$t + \Delta t$のときの$[P]$を$[P]_{t+\Delta t}$とおく。

$$[P]_\infty - [P]_t = [P]_\infty \exp(-k t) \tag{8-2-36}$$

$$[P]_\infty - [P]_{t+\Delta t} = [P]_\infty \exp[-k(t + \Delta t)] \tag{8-2-37}$$

(8-2-36)式と(8-2-37)式から,次式が導かれる。

$$\begin{aligned}[P]_{t+\Delta t} - [P]_t &= [P]_\infty \{\exp(-k t) - \exp[-k(t+\Delta t)]\} \\ &= [P]_\infty [1 - \exp(-k\Delta t)][\exp(-k t)]\end{aligned} \tag{8-2-38}$$

ここで,$\{[P]_\infty[1-\exp(-k\Delta t)]\}$は定数であり,これを$C^*$とおく。

$$[P]_{t+\Delta t} - [P]_t = C^*[\exp(-k t)] \tag{8-2-39}$$

$([P]_{t+\Delta t}-[P]_t)$に対して対数をとり,$\ln C^*$をあらためてCとおくと,(8-2-40)式が得られる。

$$\ln([P]_{t+\Delta t} - [P]_t) = C - k t \tag{8-2-40}$$

ここで簡単のため,$([P]_{t+\Delta t}-[P]_t)$を$\Delta[P]_t$とおくと,次式(8-2-41)式が得られる。

$$\ln(\Delta[P]_t) = C - kt \tag{8-2-41}$$

この式は,ある反応時間tのときの生成物濃度$[P]_t$とtからΔtだけ反応が進んだときの生成物濃度$[P]_{t+\Delta t}$の差($\Delta[P]_t$)を時間tに対してプロットすると,その傾きが一次反応速度定数kになることを意味している(図8-2-6)。
一般に,Δtとしては,半減期$t_{1/2}$の1ないし2倍を選ぶことが多い。

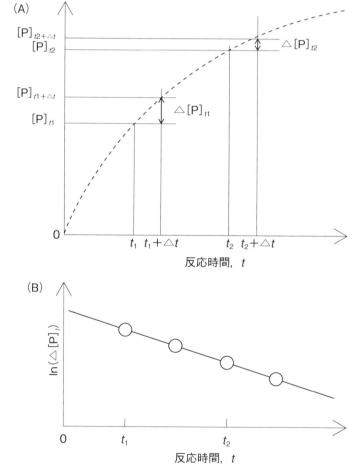

図8-2-6 グッゲンハイム(Guggenheim)プロットによる一次反応解析
(A) 生成物Pの濃度$[P]$の経時変化から,tと$t+\Delta t$における$[P]$の差$\Delta[P]_t$を読み取る。
(B) $\Delta[P]_t$の自然対数の経時変化は直線を与え,その傾きは$-k$。kは一次反応速度定数(単位:s^{-1})。

2.9 反応速度に対する温度の影響

　化学反応速度は，一般的に温度の上昇に伴って増大することが知られている。温度が10℃上昇すると，2～3倍程度上昇することが多い。

　化学反応とは，反応物中の共有結合が組み換えられて，原子の再配列が起こり，別の共有結合を形成して，生成物に変換されることである。化学反応が起こるためには，まず反応分子同士が衝突する必要がある。化学反応速度はその衝突頻度に依存する。一方，衝突頻度は，反応分子の濃度と反応分子が反応系内を速やかに動き回れる能力（運動エネルギー）とに依存する。しかし，衝突した分子の全てが反応するわけではない。衝突した分子のうち，活性化状態というエネルギーの高い状態に到達したものだけが反応に進む。活性化状態では，反応物中の共有結合が緩んだり歪んだりして，なかば生成物中の共有結合に近よった中間的・遷移的な共有結合を取っていると考えられる。

　言い換えると，活性化状態になるに十分なエネルギーを持った反応分子同士を衝突させると，反応を進行させることができる。反応を進行させるのに必要な最小な量のエネルギーのことを活性化エネルギー（activation energy）と呼び，E_aで表す。

　1889年，スウェーデンの化学者アレニウス（S. Arrhenius, 1859～1927年）は，E_aと温度Tの関係を調べ，(8-2-42)式の関係があることを実験的に示した。彼は，温度の上昇に伴い反応速度が増大するのは，温度が高いほど大きい運動エネルギーを持った分子が増えるためであり，その結果，活性化エネルギーより大きい運動エネルギーを持つ分子の割合も増えるからであると考えた。

$$d(\ln k)/dT = E_a/(RT^2) \qquad (8\text{-}2\text{-}42)$$

この式のファントホフ式（(8-1-15)式）との類似性に注目して欲しい。(8-2-42)式を積分すると，(8-2-43)式および(8-2-44)式が得られる。

$$\ln k = -E_a/(RT) + C \qquad (8\text{-}2\text{-}43)$$

$$\log k = -E_a/(2.303RT) + C \qquad (8\text{-}2\text{-}44)$$

ここでCはそれぞれの式での積分定数。$\ln k$あるいは$\log k$を$1/T$に対してプロットすると，傾きがそれぞれ$(-E_a/R)$あるいは$(-E_a/2.303R)$の直線が得られ，これからE_aの値を求めることができる（図8-2-7）。このプロットをアレニウス プロットと呼ぶ。一方，E_aが既知の反応について，ある温度

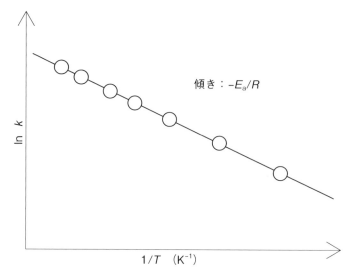

図8-2-7　アレニウス (Arrhenius) プロット
縦軸に反応速度定数kの自然対数, 横軸に反応温度 (ケルビン温度) の逆数をプロットする。得られた直線の傾きは$-E_a/R$。E_aは活性化エネルギー, Rは気体定数。

Tでの反応速度がわかっている場合には, 異なる温度T'での反応速度を予測することができる。

(8-2-43) 式を変形して (8-2-45) 式が得られる。

$$k = \exp[-E_a/(RT)]\exp C \tag{8-2-45}$$

$\exp C$は定数であり, これをAとおき, (8-2-46) 式を得る。

$$k = A\exp[-E_a/(RT)] \tag{8-2-46}$$

この式はアレニウス式 (Arrhenius equation) と呼ばれる。Aは温度に依存しない項であり, 前指数項因子 (pre-exponential factor) あるいは頻度因子 (frequency factor) と呼ぶ。一方, 指数項は, ボルツマン因子 (Boltzmann factor) と呼ばれ, ある分子が温度Tで反応するのに必要なE_aより大きいエネルギーを持つ確率を表す (図8-2-8)。同じ温度であれば, E_aが大きいほど反応速度は遅くなる。

アレニウス式からは, 活性化エネルギーすなわち反応物と活性中間体 (活性複合体あるいは遷移状態とも呼ぶ) の間のエネルギー差が求められる。

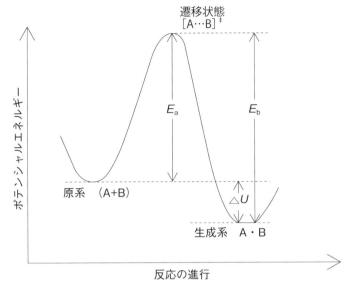

図8-2-8　反応に伴うポテンシャルエネルギーの変化
反応 $A+B \rightleftharpoons A \cdot B$ において，正反応の活性化エネルギーは E_a，逆反応の活性化エネルギーは E_b で与えられる。反応に伴うエネルギー変化 $\Delta U = (E_a - E_b)$ は，ΔG，ΔH，ΔS で表現される。

　少なくとも異なる2つの温度で反応速度定数を求めると，アレニウス式を用いて，その反応の活性化エネルギー E_a を求めることができるし，E_a が既知の反応において，ある温度での速度定数が求められているとすると，別の温度における反応速度定数を計算で求めることができる。ただし，いま観測している温度域において，反応の律速過程が変化しないこと，すなわち問題にしている温度域においてアレニウス プロットが直線性を保持していることが前提である。

　アレニウス プロットが明らかな折れ曲がりを示し，2本あるいはそれ以上の直線を与えることがある。これは，反応を観測した温度域において，律速過程が変化したことを示唆している。言い換えると，アレニウス プロットがある温度域でn本の直線で近似できるのであれば，そこには少なくともn個の律速段階があることが示唆される。

【クイズ】
Q8-2-1　ある反応の47℃における反応速度定数は37℃における反応速度定数の3倍であった。この反応の活性化エネルギーを求めよ。

2.10 衝突説と遷移状態説

(8-2-46)式の前指数項 A(頻度因子)は,単位容積あたり1秒間に起こる反応を引き起こすために有効な衝突回数と考えてよい。衝突総数(衝突頻度因子)Z の全てが反応に有効であるわけではない。このための補正係数として立体因子(steric factor)P を導入する。A は Z に P を乗じたもの($A = PZ$)として表す。正確に言うと Z は温度に依存する値であるが,アレニウス式の指数項の温度依存性に比べて無視できると考えて,実用上は温度に依存しないものとして取り扱う。ここで反応分子同士が十分な運動エネルギーを持って衝突した場合でも反応に至らないことがあるのは,衝突に配向性が必要であるためと考えたのであり,立体因子 P は配向性に依存して衝突が起こる確率を表し,$P = 0 - 1$ の値をとる。

アレニウスプロットの縦軸切片から $\ln A$ が求められるので,これから反応にとって有効な頻度因子 A が求められる。以上のように反応速度を衝突の起こりやすさから理解しようとする考えを衝突説(collision theory)と呼び,アレニウスの取り扱いに理論的裏付けを与えている。ただし,活性化エネルギーの定量的理解はできていない。

一方,1935年頃アイリング(H. Eyring)らは,反応速度を理解しようとするために,衝突説とは異なる方法として絶対反応速度論を提案した。これは通常,遷移状態説(transition state theory)としても知られている。

反応の原系から生成系に至る反応経路の途中にポテンシャルエネルギーが最大となる状態(これを遷移状態(transition state)と呼ぶ)があり,これは反応を起こしうる活性化状態である。この状態にある分子を活性複合体(あるいは活性錯体,活性錯合体(activated complex))と呼ぶ。反応は,活性複合体(あるいはこの付近にある準安定な状態)を通過して進むと考える。量子力学的な微視的状態では,原系と生成系の分子が色々な状態で分布しており,両方の系の分子が接触する状態では両者に中間的な活性複合体の状態(遷移状態)にあると考える。原系と活性複合体の間には,化学平衡が成立していると仮定し,反応速度は活性複合体を通過して生成系の方へ移動する確率として与えられるとする。反応速度は,原系から生成系に移行するとき活性複合体を通過する頻度 $\nu (= k_B T/h)$ と活性複合体の濃度の積で与えられる。ここで,k_B はボルツマン定数(1.38×10^{-23} J K^{-1}),T は絶対温度,h はプランク定数(6.63×10^{-34} J s)。

遷移状態と原系の平衡定数を $K^{\ddagger}$ として,一般的な化学平衡の取り扱いを適用できると考える。ここで,遷移状態に関わるパラメータには添え字としてダブ

ルダガ（‡）を付ける。(8-1-18) 式に準じて，(8-2-47) 式を得る。

$$\Delta G^{0\ddagger} = -RT \ln K^{\ddagger} = \Delta H^{0\ddagger} - T\Delta S^{0\ddagger} \tag{8-2-47}$$

$\Delta G^{0\ddagger}$ は活性化標準ギブズエネルギー変化（standard Gibbs energy change of activation），$\Delta H^{0\ddagger}$ は活性化標準エンタルピー変化，$\Delta S^{0\ddagger}$ は活性化標準エントロピー変化である。

反応速度定数 k は，上記の ν と $K^{\ddagger}$ および補正係数（透過係数）κ の積で表される。補正係数は，活性複合体を通過しても原系に戻る場合や，活性複合体を通過せずに生成系に到達する場合（トンネル効果）を補正するものであるが，κ はほぼ 1 と考えてよい。したがって，(8-2-48) 式を得る。

$$k = \kappa(k_B T / h)K^{\ddagger} \fallingdotseq (k_B T / h)K^{\ddagger} \tag{8-2-48}$$

(8-2-47) 式と (8-2-48) 式から，

$$\begin{aligned} k &= (k_B T / h)\exp[-\Delta G^{0\ddagger} / (RT)] \\ &= (k_B T / h)\exp[-\Delta H^{0\ddagger} / (RT)]\exp(\Delta S^{0\ddagger} / R) \end{aligned} \tag{8-2-49}$$

(8-2-49) 式はアイリング式（Eyring equation）と呼ばれ，反応速度定数が活性化標準ギブズエネルギー変化 $\Delta G^{0\ddagger}$ に依存することを示している。また，標準ギブズエネルギー変化 ΔG^{0} や活性化標準エンタルピー変化 $\Delta H^{0\ddagger}$ だけで決定されるものではないことをも示している。

いま，活性化標準エントロピー変化 $\Delta S^{0\ddagger}$ が温度に依存しないと仮定すると，(8-2-49) 式は次式のように変形できる。

$$\mathrm{d}(\ln k) / \mathrm{d}T = [\Delta H^{0\ddagger} / (RT^2)] + (1/T) = (\Delta H^{0\ddagger} + RT) / (RT^2) \tag{8-2-50}$$

これをアレニウス式（(8-1-6) 式）と比較すると，次の関係が得られる。

$$E_a = \Delta H^{0\ddagger} + RT \tag{8-2-51}$$

アレニウス式から求められる活性化エネルギーは，遷移状態説から求められる活性化標準エンタルピー変化に RT を加えた和になる。生化学的な温度域（例えば37℃）のとき，RT は 2.5 kJ mol^{-1} 程度〔$(37+273)$K × 8.314 J mol^{-1} K^{-1} = 2.577 kJ mol^{-1}〕である。これは，通常の反応に伴う活性化標準エンタルピー変化に比べて十分小さい値であり，実用的には，

$$E_\mathrm{a} \fallingdotseq \Delta H^{0\ddagger} \tag{8-2-52}$$

とみなすことが多い。このとき，（8-2-49）式は次のように変形できる。

$$k \fallingdotseq (k_\mathrm{B} T / h) \exp[- E_\mathrm{a} / (RT)] \exp(\Delta S^{0\ddagger} / R) \tag{8-2-53}$$

この式から，反応速度は，活性化エネルギーが小さいほど，また遷移状態を生成するためのエントロピー変化が大きいほど，大きいことがわかる。

これを（8-2-46）式と比較すると，

$$A = PZ = (k_\mathrm{B} T / h) \exp(\Delta S^{0\ddagger} / R) \tag{8-2-54}$$

すなわち，前指数項Aは活性化エンタルピー変化が大きいほど大きい。

アイリング式（(8-2-49)式）を変形して，次式（8-2-55）式を得る。

$$\ln(k/T) = [\ln(k_\mathrm{B} / h) + \Delta S^{0\ddagger} / R] - (\Delta H^{0\ddagger} / R)(1 / T) \tag{8-2-55}$$

（8-2-55）式に従って，$\ln(k/T)$を（$1/T$）に対してプロットすると直線が得られる。この傾き$[-(\Delta H^{0\ddagger}/R)]$から活性化エンタルピー変化が，縦軸切片$[\ln(k_\mathrm{B}/h) + \Delta S^{0\ddagger}/R]$から活性化エントロピー変化が求められる。一方，（8-2-47）式に従って，ある与えられた温度における活性化ギブズエネルギー変化$\Delta G^{0\ddagger}$を求めることができる。上で示した$\ln(k/T)$の（$1/T$）に対するプロットをアイリングプロットと呼ぶ。なお，（8-2-49）式から求められる$\ln k$の（$1/T$）に対するプロットは厳密には直線にならないので，これにより活性化のパラメータを求めることはできないことに注意したい。

2.11 反応速度の上限

反応物質AとBが反応して生成物Pを生じる反応を考える。二分子反応速度定数kは，（8-2-46）式と（8-2-54）式から，次式（8-2-56）式で表現できる。ここでZは衝突頻度因子，Pは立体因子。

$$k = A \exp[- E_\mathrm{a} / (RT)] = PZ \exp[- E_\mathrm{a} / (RT)] \tag{8-2-56}$$

分子AとBとがどのような衝突の仕方をしても反応が起こる場合（$P = 1$），しかもそのときの活性化エネルギーE_aがゼロである場合，反応速度定数kは最大となる。このとき（8-2-56）式は次式のようになる。すなわち，反応速度は反応物の衝突頻度と濃度とに依存する。

$$k = Z \tag{8-2-57}$$

溶液内反応でも気相反応でも衝突頻度は反応分子の拡散に依存する。(8-2-57)式のように速度が衝突頻度だけで決まる反応のことを拡散律速反応(diffusion-controlled reaction)と呼ぶ。AとBが衝突(出会い, encounter)して反応が起こるとき, 速度定数k(単位:$M^{-1}s^{-1}$)は次式(8-2-58)式で与えられる。ここで, Nはアボガドロ数(Avogadro number), r_Aとr_BはそれぞれAとBの分子半径, D_AとD_BはAとBの拡散係数[9]。

$$k = 4\pi N(D_A + D_B)(r_A + r_B) \tag{8-2-58}$$

拡散係数は絶対温度に比例し, 溶液の粘度に反比例する。興味深いことに, 分子AとBの半径が同じであるとき($r_A = r_B$), 半径の大きさに拘わらず, 25℃での出会い速度定数は$7 \times 10^9 M^{-1} s^{-1}$程度になる。これは分子が大きくなるにつれて, 衝突に関与する表面積の増加と拡散速度の低下がうまく相殺するからである。

水溶液中での水素イオンH^+と水酸化物イオンOH^-の出会いの反応速度が最も迅速な反応として知られており, 25℃での速度定数$1.4 \times 10^{11} M^{-1} s^{-1}$である[3,10]。二分子反応速度の上限は, 分子振動の振動数$10^{14} M^{-1} s^{-1}$程度と考えられている。したがって, ある反応の速度定数が$10^9 M^{-1} s^{-1}$以上であれば, その反応は実質的に拡散律速反応と考えてよい[11]。しかし, 通常の酵素反応の出会い速度の上限は$7 \times 10^9 M^{-1} s^{-1}$程度であり, 観測された反応速度がこれを超えている場合は, どこかに矛盾があると考えてよい[9]。出会いが反応として観測されるためには, 出会いが適正な配向性を持っている必要があり, これを考慮すると, 拡散律速反応であったとしても, 観測される反応速度はかなり小さくなる。例を挙げる。

筆者ら(1977年)は, タンパク質性プロテアーゼインヒビターであるストレプトミセスズブチリシンインヒビター(SSI)(12 kDaのサブユニットのダイマー)とプロテアーゼ(ズブチリシン, 27 kDa)との結合反応をストップトフロー法で測定し, $10^6 \sim 10^7 M^{-1} s^{-1}$の速度定数を求めた。この値は拡散律速反応を仮定して計算される反応速度定数に比べ, 1,000分の1程度である。これは, 両タンパク質の分子表面の2%程度が複合体形成に関与すると仮定すると説明できるものである。一方, SSIとズブチリシンとの複合体の結晶構造解析(三井幸雄ら)が行われたところ, 両タンパク質の会合面の面積は全表面積の2%

程度であることが示された。すなわち、SSIとズブチリシンは拡散律速で結合し、そのうち最適の配向性を持ったものが複合体を形成することになる。

2.12 反応速度に対する圧力の影響

溶液相の反応速度に対する圧力の効果について考察する[4]。

化学平衡や反応速度に対する圧力の影響に関する研究が、1901年頃ファントホフにより始められた。全ての物質が、標準圧力下において単位活量である、標準状態で存在するとき、化学反応の平衡定数は、(8-1-7) 式 ($\Delta G^0 = -RT \ln K$) で示される通り、標準ギブズエネルギー変化 ΔG^0 のみに依存する。なお、ここで言う標準圧力とは 1 bar ($= 10^5$ Pa) のことであり、慣用的に標準圧力を 1 atm (1気圧、1.01325×10^5 Pa) とするのは間違い。

いま、反応物が生成物に変化する化学反応において、正反応と逆反応の速度定数をそれぞれ k_{+1}、k_{-1} とし、平衡定数を $K (= k_{-1}/k_{+1})$ とする。

一定温度における平衡定数に対する圧力の影響を調べることにより、その反応に伴う体積変化 ΔV は次式 (8-2-59) 式により与えられる[4,12]。

反応物の体積を V_R、生成物の体積を V_P とおくと、

$$\Delta V = V_P - V_R \tag{8-2-59}$$

ある一定の温度において、圧力を変化させたときの体積と自由エネルギーの間の関係は次式で表される。

$$V = (\partial G^0 / \partial P)_T \tag{8-2-60}$$

ゆえに、

$$\Delta V = (\partial (\Delta G^0) / \partial P)_T \tag{8-2-61}$$

(8-1-7) 式から、$\Delta G^0 = -RT \ln K$ であるので、

$$(\partial \ln K / \partial P)_T = -\Delta V / (RT) \tag{8-2-62}$$

この式から、温度一定の下で圧力をかけたとき、反応の平衡が生成系に傾くか原系に傾くかを、反応に伴う体積変化 (ΔV) から判断できることがわかる。すなわち、反応により体積が増大する ($\Delta V > 1$) とき、圧力増大に伴い平衡定数は減少する。他方、体積が減少する ($\Delta V < 1$) ときは、圧力増大に伴い平衡定数は増大する。

いま，活性複合体の体積を$V^{\ddagger}$と表記し，反応物（原系）から活性複合体へ移行するときの体積変化（これを正反応の活性化体積変化と呼ぶ）を$\Delta V^{\ddagger}_{+1}$，他方，生成物から活性複合体へ移行するときの体積変化（逆反応の活性化体積変化）を$\Delta V^{\ddagger}_{-1}$とすると，次の関係が得られる。

$$\Delta V = (V^{\ddagger} - V_R) - (V^{\ddagger} - V_P) = \Delta V^{\ddagger}_{+1} - \Delta V^{\ddagger}_{-1} \tag{8-2-63}$$

（8-2-62）式と（8-2-63）式から，一定温度下において圧力を変化させると，反応速度定数と活性化体積変化は次の関係で表される。

$$(\partial \ln k_{+1} / \partial P)_T - (\partial \ln k_{-1} / \partial P)_T = \\ -\Delta V^{\ddagger}_{+1}/(RT) + \Delta V^{\ddagger}_{-1}/(RT) \tag{8-2-64}$$

ここで，正反応は正反応の活性化体積変化$\Delta V^{\ddagger}_{+1}$のみに，逆反応は$\Delta V^{\ddagger}_{-1}$のみに依存すると仮定して，（8-2-64）式を次式のように分離する。

$$(\partial \ln k_{+1} / \partial P)_T = -\Delta V^{\ddagger}_{+1}/(RT) \tag{8-2-65}$$

$$(\partial \ln k_{-1} / \partial P)_T = -\Delta V^{\ddagger}_{-1}/(RT) \tag{8-2-66}$$

ここで，遷移状態反応速度論の項で取り扱った（8-2-48）式を確認する。反応物と活性複合体の間に仮想的な平衡が形成されると想定し，その平衡定数を$K^{\ddagger}$とするとき，反応速度定数kは$K^{\ddagger}$に比例することを表している。（8-2-64）式に準じて，$K^{\ddagger}$が活性化体積変化$\Delta V^{\ddagger}$に規定されると考えると，次式が得られ，

$$(\partial \ln K^{\ddagger} / \partial P)_T = -\Delta V^{\ddagger}/(RT) \tag{8-2-67}$$

（8-2-48）式と（8-2-67）式とから，次式が得られる。

$$(\partial \ln k / \partial P)_T = -\Delta V^{\ddagger}/(RT) \tag{8-2-68}$$

この式から，活性複合体の体積が反応物の体積より小さい場合（$\Delta V^{\ddagger} < 0$），圧力をかけると反応速度が増大すること，また，$\Delta V^{\ddagger} > 0$である場合には，圧力とともに反応速度は減少することがわかる。

（8-2-68）式を積分して，圧力ゼロのときの反応速度定数をk_0とすると，次の式が得られる。

$$\ln k = \ln k_0 - [\Delta V^{\ddagger}/(RT)]P \qquad (8\text{-}2\text{-}69)$$

$\ln k$ あるいは $\ln(k/k_0)$ を圧力 P に対してプロットすると直線が得られ,この傾きから活性化体積変化 $\Delta V^{\ddagger}$ が求められる。ここで k の測定に用いられる圧力は,一般に数百気圧あるいはそれ以上のレベルである。また,k_0 としては常圧下で測定された k が用いられる。

レイドラー(K. J. Laidler)らは,1950年代に種々の反応を高圧下で測定し,$\Delta V^{\ddagger}$ を報告した[4]。例えば,プロピオンアミド(propionamide),アセトアミド(acetamide),酢酸メチル(methyl acetate),酢酸エチル(ethyl acetate)のアルカリ加水分解を34~103 MPaで測定し,$\Delta V^{\ddagger}$ をそれぞれ-16.8,-14.2,-8.7,-7.5 cm^3 mol^{-1}と報告した。種々の反応の $\Delta V^{\ddagger}$(cm^3 mol^{-1})を活性化標準エントロピー変化 $\Delta S^{0\ddagger}$(J K^{-1} mol^{-1})に対してプロットすると,良い直線的な相関性が得られ,その傾きはほぼ0.1 cm^3 K J^{-1}となる[13]。このとき $\Delta V^{\ddagger}$ および $\Delta S^{0\ddagger}$ の大きさに基づいて反応を便宜的に3種類に分類できる。

タイプ1の反応では,$\Delta V^{\ddagger}$(-14から-17 cm^3 mol^{-1})と $\Delta S^{0\ddagger}$(-140から-150 J K^{-1} mol^{-1})がともに大きい負の値をとる。(8-2-54)式から,$\Delta S^{0\ddagger}$ が大きい負であることは,前指数項 $A(=PZ)$ が小さい,すなわち反応に至る衝突頻度が小さいことになる。したがって,このときの反応速度は小さい。

タイプ2の反応では,$\Delta V^{\ddagger}$(2.5から-4 cm^3 mol^{-1})と $\Delta S^{0\ddagger}$(30から-50 J K^{-1} mol^{-1})が同符号を持ち,数値が小さい。このとき反応速度は中程度である。

タイプ3の反応では,$\Delta V^{\ddagger}$(8から9 cm^3 mol^{-1})と $\Delta S^{0\ddagger}$(90から100 J K^{-1} mol^{-1})がともに正の大きい値をとる。このときは衝突頻度が大きく,反応速度も大きい。

ところで,$\Delta V^{\ddagger}$ と $\Delta S^{0\ddagger}$ の間に良い相関性があることは何を意味しているのだろうか?

2.13 荷電性分子(あるいはイオン)間の相互作用における電縮の効果[4,10]

正あるいは負に帯電した荷電性分子が溶液に溶けていると,溶媒分子を引き付けて溶媒和(solvation)する。水溶液中では,この傾向が顕著であり,荷電性分子が水和(hydration)する。このとき,水分子は荷電性分子の周りに分極して整列させられる。このように荷電性分子近傍の溶媒分子の自由度が抑制され,束縛される。この現象を電縮,静電収縮(electrostriction)あるいは電気ひずみと呼んでいる。このことにより,エントロピーが減少するが,その減少

の程度は電荷が大きいほど大きい。

いま，1価の正電荷を持つ2個の分子（A^{+1}とB^{+1}）が水中で反応し，活性複合体（X^{+2}）‡が形成される場合を考える。反応物A^{+1}とB^{+1}の近傍で水分子が束縛され，エントロピーの減少が起こる。しかし，活性複合体を形成すると，電荷数が2価となり，より多くの水分子を束縛させることができるので，初期状態に比べて大きなエントロピー減少がもたらされる可能性がある。すなわち，活性化エントロピーの減少が期待される。このとき，活性複合体では，初期状態に比べて電縮の程度が大きく，活性化体積変化$\Delta V^{\ddagger}$も減少することが予想される。

他方，1価の正電荷を持つ分子（A^{+1}）と1価の負電荷を持つ分子（B^{-1}）が水中で反応し，電荷数がゼロあるいはそれに近い活性複合体（$X^{\pm 0}$）‡が形成される場合，活性複合体では初期状態（A^{+1}とB^{-1}）に比べて水分子を束縛する度合いが減少するので，活性複合体では初期状態に比べて，エントロピーが大きく減少することはないと考えられる。すなわち，活性複合体では初期状態に比べて電縮の効果が減少しており，むしろ活性化体積変化が増大し，その結果，活性化エントロピーの増大が期待される。

活性化体積変化$\Delta V^{\ddagger}$は電縮の効果に依存する。初期状態に比べ，活性複合体で電縮の効果が強くなると，活性化体積が減少する。これは，分子内の結合のひずみや伸縮をもたらす可能性がある。また，電縮の効果が強くなれば，水分子に対する束縛が高まり，活性化標準エントロピー変化$\Delta S^{0\ddagger}$が減少することになる。

これらの議論からわかる通り，$\Delta V^{\ddagger}$と$\Delta S^{0\ddagger}$を知ることにより，活性複合体の構造変化や荷電状態の変化について考察できる。

2.14　荷電性分子（あるいはイオン）間の反応速度に対する誘電率の影響

詳細は成書[3,4]を参考にして欲しい。本項では，結論のみ述べる。

遷移状態理論によると，反応速度は（8-2-49）式で与えられるので，荷電性分子間の反応の$\Delta G^{0\ddagger}$を求めて，この式に代入すればよい。

いま，荷電性分子AとBが反応すると考える。両分子は，それぞれ半径がr_Aおよびr_Bの導電性球体であり，それぞれ$z_A e$および$z_B e$の電荷を帯びている。ここで，z_Aおよびz_Bはイオン価数であり，正または負の整数である。また，eは電気素量（素電荷）であり，1.602×10^{-19} A s（または1.602×10^{-19} C）である。

初期状態において分子AとBは，誘電率εの媒質中，温度Tの条件下に，無

限に離れて存在している（分子の中心間の距離 $d_{AB} = \infty$）が，反応開始に伴い両分子は接近し，互いに変形することなく，かつ電荷が入り混じらないまま結合して活性複合体を形成すると考える（二球体モデル）。このとき，

$$\ln k = \ln k_0 - (z_A z_B e^2) / (\varepsilon d_{AB} k_B T) \tag{8-2-70}$$

ここで k_0 は媒質の誘電率が無限大（$\varepsilon = \infty$）のときの速度定数 k である。誘電率の異なる媒質中で，k を測定し，$\ln k$ を誘電率の逆数（$1/\varepsilon$）に対してプロットすると，傾きが $(z_A z_B e^2)/(d_{AB} k_B T)$ の直線が得られ，活性複合体における A，B 両分子間の距離 d_{AB} を求めることができる。

2.15 荷電性分子（あるいはイオン）間の反応速度に対するイオン強度の影響

本項でも，詳細は成書[3,4]を参考にして欲しい。

前項2.14と同様に，球状の荷電性分子 A と B が，誘電率 ε の媒質中，温度 T，イオン強度 I の条件下に，活性複合体 X を形成する場合を考える。反応物質 A，B および活性複合体 X の活量係数をそれぞれ γ_A，γ_B，γ_X とすると，反応物質と活性複合体の間の仮想的な平衡の平衡定数を $K^{\ddagger}$ とする。A，B，X の活量はそれぞれ $\gamma_A[A]$，$\gamma_B[B]$，$\gamma_X[X]$ となり，$K^{\ddagger}$ は次式で表される。

$$K^{\ddagger} = \gamma_X[X] / (\gamma_A \gamma_B [A][B]) \tag{8-2-71}$$

反応速度 v は活性複合体の濃度（活量ではない）に比例すると考えると，v は次式で表される。

$$v = k'[X] \tag{8-2-72}$$

一方，v は二分子反応の速度定数 k を用いて，以下のように表すことができる。また，k_0 を以下のように定義する。

$$k_0 = k' K^{\ddagger} \tag{8-2-73}$$

$$v = k[A][B] = k_0[A][B](\gamma_A \gamma_B / \gamma_X) \tag{8-2-74}$$

ここで，両辺の常用対数（底10）をとる。

$$\log k = \log k_0 + \log(\gamma_A \gamma_B / \gamma_X) \tag{8-2-75}$$

一方，デバイ-ヒュッケル（Debye-Hückel）理論に従うと，きわめて希薄な

溶液（例えばイオン強度が0.01M以下）中の荷電性分子の活量係数γはその荷電性分子のイオン価数zと媒質のイオン強度Iを用いて次式（8-2-76）式で表される。

$$\log \gamma = -Bz^2 I^{1/2} \tag{8-2-76}$$

なお，イオン強度0.1M以下程度の溶液では，$\log \gamma = -Bz^2 I^{1/2}/(1+I^{1/2})$で，また，より高濃度の溶液では，$\log \gamma = -Bz^2 I^{1/2}/(1+B'rI^{1/2})$で与えられる（ここで分母の$B'$は定数，$r$は分子半径）[5]。

したがって，（8-2-75）式は，次式のように変形できる。

$$\log k = \log k_0 + \log \gamma_A + \log \gamma_B - \log \gamma_X = \log k_0 + 2B z_A z_B I^{1/2} \tag{8-2-77}$$

ここで，定数Bは反応条件の温度，誘電率を含むが，水溶液中で25℃のとき，$0.51\,dm^{-3/2}\,mol^{-1/2}$程度の値をとる。（8-2-77）式に従って，イオン強度が異なる溶媒中で反応速度を測定し，その速度定数kの常用対数をイオン強度I（単位：$mol\,dm^{-3} = mol/L = M$）の平方根に対してプロットすると，傾きが$1.02 z_A z_B$の直線が得られることになる。ここから，反応物質AとBのイオン価数の積が求められる。

なお，レイドラーは，反応物質Aが荷電性分子で，Bが電荷を持たない中性分子の場合についても議論している[4]。この場合には，分子Bの活量係数γ_Bの自然対数$\ln \gamma_B$はイオン強度Iに比例することが示されており，速度定数kの自然対数$\ln k$は，次式で表される。ここで，B^*は定数。

$$\ln k = \ln k_0 + B^* I \tag{8-2-78}$$

すなわち，荷電性分子と中性分子との反応の場合は，速度定数の対数はイオン強度Iの平方根に対して直線関係がないが，イオン強度に対して直線関係を示す。

3　酵素反応の速度解析

酵素反応の速度解析および酵素反応機構に関しては，多くの成書[9,12,14～37]が出版されている。参考されたい。

3.1 酵素反応の観測

一般に酵素反応は，基質に対して触媒量（すなわち基質に比べて圧倒的に少ない量）の酵素を混合することにより開始する。反応に伴って起こる基質の減少や生成物の増加を観測することにより，反応を追跡する。反応を追跡する方法として不連続的測定法と連続的測定法がある。酵素反応の測定例を2例挙げる。

3.1.1 キモトリプシンによるパラニトロフェニルアセテートの加水分解（橋田の項（第9章1節）参照）

α-キモトリプシン（chymotrypsin, Chtと省略）やズブチリシン（subtilisin）などのプロテアーゼはエステラーゼ活性も持っており，パラニトロフェニルアセテート（p-nitrophenyl acetate, pNPAと省略；パラニトロフェニル酢酸エステル；酢酸パラニトロフェニル；NO_2-Ph-O-CO-CH_3）を加水分解して，生成物としてパラニトロフェノール（p-nitrophenol, pNP；NO_2-Ph-OH）と酢酸が生成する。この加水分解反応では，媒質中の水も基質となっていることに注意して欲しい。すなわち，2種類の基質から2種類の生成物が生成する。

Chtの最適pHである中性付近では，基質pNPAは無色であるが，生成物pNPではフェノール性OHのpK_aが7.14であるため，中性pHでは約50%がプロトン解離している。非解離型pNP（NO_2-Ph-OH）は無色であるが，解離型pNP$^-$（NO_2-Ph-O$^-$）は強い黄色を示す（pNPが完全に解離したとき405 nmのモル吸光度変化$\Delta \varepsilon_{405}$は$18.4 \times 10^3 M^{-1} cm^{-1}$）。したがって，このChtによるpNPA加水分解反応はpNP$^-$の黄色（具体的には405 nmの吸光度）を分光光度計で経時的に連続測定することにより追跡できる[38)]。

【クイズ】

Q8-3-1　パラニトロフェニルアセテート（pNPA）が加水分解を受けて，パラニトロフェノール（pNP）と酢酸が生成する反応の反応式を書きなさい。

3.1.2 インベルターゼによるスクロースの加水分解

酵素化学の黎明期（1850年から1900年頃）に，インベルターゼによるショ糖（スクロース，sucrose）加水分解反応が反応に伴う旋光度変化を用いて研究された。旋光度に関しては物理化学や分析化学の教科書に譲る。

スクロース（α-D-glucopyranosyl-β-D-fructofranoside）は，α-D-グルコース（glucose）とβ-D-フルクトース（fructose）が脱水縮合してα-1-β-2グリ

コシド結合を形成したものである。その比旋光度 $[\alpha]_D^{20}$ は + 66.5°である。比旋光度は，ある指定された温度（20℃）と波長（ナトリウムD線，589.3 nm）で，1 g/mLの試料溶液が光路長100 mmのときに示す偏光面の回転角度である。これが右に回転させる（右旋性）ときプラス，左に回転させる（左旋性）ときマイナスを付ける。

反応が進行するにつれ，$[\alpha]_D^{20}$ は左旋方向に変化する。この変化を旋光計で測定することにより，反応を追跡する。最終的にα-D-グルコースとβ-D-フルクトースの当量混合物に変換され（正確には，これら生成物と基質スクロースとの平衡混合物であるが，平衡はほぼ完全に生成物側に偏る），そのときの $[\alpha]_D^{20}$ は−20°である。

ここで観測された右旋性から左旋性への旋光度の逆転を転化（inversion）と呼ぶ。この酵素は転化を触媒する酵素という意味で古くからインベルターゼ（invertase）と呼ばれている。スクロース加水分解酵素の意味でスクラーゼやサッカラーゼ，また，β-フルクトフラノシダーゼとも呼ばれている。転化により得られるα-D-グルコースとβ-D-フルクトースの当量混合物は転化糖と呼ばれる。スクロース加水分解は酸によっても触媒される。スクロースの甘味度（重量濃度あたりの甘味）を100とすると，フルクトースは115〜173，グルコースは64〜74であり，転化により甘味度はやや増加する。また，転化糖はスクロースに比べて，小腸での吸収に優れている[39,40]。

【クイズ】

Q 8-3-2　スクロースおよびα-D-グルコースとβ-D-フルクトースの構造式を，ハース（Haworth）投影式を用いて書きなさい。また，この加水分解反応の反応式を書きなさい。

3.2　酵素反応速度論の夜明け[9,16,40]

19世紀中頃から20世紀初頭にかけて，酵素反応を速度論的に解析しようとする研究が芽生えてきた。ウイルヘルミィ（L. Wilhelmy）は，酸によるスクロースの加水分解を旋光計で連続的に観測し，その反応速度 v が基質であるスクロースの濃度 $[S]$ に比例し，一次反応に従うことを示した（1850年）。これは酵素反応を取り扱ったものではないが，その後の酵素反応速度論につながる最初の研究である。オサリバンとトムソン（C. O'Sullivan, F. W. Tompson）は，インベルターゼによるスクロース加水分解に伴う旋光度の変化を測定し，v が $[S]$

について一次反応であること，さらに酵素濃度［E］についても一次反応であることを示した（1890年）。一方，ブラウン（A. J. Brown）は，この酵素反応が［S］に対して一次反応に従わないことを観測し，これは酵素Eと基質Sの結合が起こることに起因している可能性（ES複合体形成）を示唆した（1902年）。

当時，酵素には基質特異性があることや基質存在下に酵素の安定性が増大することが知られており，フィッシャー（E. Fischer）は，酵素と基質の関係について「鍵穴（錠前）と鍵」のようなものとする仮説（鍵と鍵穴説，lock-and-key theory）を提案していた（1894年）。すなわち，基質は構造的にピッタリ結合できる（すなわち相補的な）酵素に結合したときに反応が起こるのであり，それぞれの酵素は限られた構造を持った基質にしか作用できないと理解されていた。

酵素反応の速度式を最初に導出したのはアンリ（V. Henri；1902～1903年）である。以下，廣海の著書[9]の記述（pp.1-40）に従って解説する。

アンリは，「ジアスターゼの作用についての一般法則」（ジアスターゼは，当初デンプン分解酵素あるいは現在のアミラーゼを意味していたが，より一般的に酵素あるいは酵素様の物質を意味する語としても用いられた）という著書で，インベルターゼによるスクロース転化などのいくつかの酵素反応を観測し，その実験結果に基づき反応機構を提案し，反応速度式を解析している。

彼が見出した実験事実は，

① 酵素反応速度vは，基質濃度［S］が低いときは［S］の増大につれて比例的に増大するが，［S］が大きくなるにつれ徐々に一定値に近づく。
② vは反応液中の酵素濃度［E］に比例する。
③ 反応生成物［P］を反応液に加えるとvが低下するが，その程度は［S］が低いほど顕著である。

彼は，これらの観測結果に基づいて，次式で示される2つの反応機構（IとII）を提案し，それぞれの機構から反応速度式を導いた。しかし，いずれの速度式によっても実験結果を説明できることが明らかとなり，彼の速度論的取り扱いでは，反応機構を区別することができなかった。酵素をE，基質をS，生成物をP，酵素と基質が結合した酵素—基質複合体（ES複合体）をESで表す。

反応機構I

$$E + S \rightleftarrows ES \tag{8-3-1a}$$

$$E + S \rightarrow E + P \tag{8-3-1b}$$

反応機構II
$$E + S \rightleftarrows ES \tag{8-3-2a}$$
$$ES \rightarrow E + P \tag{8-3-2b}$$

両方の反応機構でES複合体の形成を考えている点に注目して欲しい。

反応機構Iでは，Pは遊離のEと遊離のSから二分子反応的に生成するが，ESからは生成しない。ここでは，ESは非生産的（non-productive）中間体として取り扱われている。SからPへの変換は，SがEと共存する環境に置かれたときに起こる。ここで，Eはあたかもスクラーゼの転化反応を引き起こす酸のように，あるいは圧力や温度のようにみなされている。酵素は，反応を媒介する場や雰囲気として取り扱われている。

反応機構IIでは，まず，ESが形成され，ESから一分子反応的にPが生成する。ここで，ESはPの生成に必須であり，生産的（productive）中間体である。

それぞれの反応機構に従って速度式を解くと，両方の速度式は数学的同型となり，次式（8-3-3）式で表現される。

$$v = \{A[E]_0[S]\} / (K + [S]) \tag{8-3-3}$$

この式をアンリ式と呼ぶ。

ここで，Aは定数（ただし，その内容は反応機構IとIIで異なる），KはE + S$\rightleftarrows$ESの解離平衡定数（$K = \{[E]_e[S]_e\}/[ES]_e$）。ただし，下付き文字eを付けた濃度は平衡濃度を表す。$[S]$は基質濃度，$[E]_0$は酵素の初濃度，すなわち，反応時間$t = 0$での酵素濃度$[E]$を表す。

アンリ式は後述するミカエリス-メンテン式と同型である。このことは，反応機構IとIIから導かれた速度式（8-3-3）式は，ES複合体を非生産的中間体として扱うか生産的中間体として扱うかに拘らず，実験事実を説明できることになる。すなわち，このような取り扱いだけでは，真の反応機構が解明できないのであり，ES複合体の機能に関する研究の必要性が示された。アンリの仕事は酵素反応速度論の最初の取り組みであったが，同時に，速度論の限界を示すものでもあった。

アンリの取り扱いに従って反応速度論を用いる研究手法の流れをまとめる。
①ある一定の条件下で，反応に関わる物質（これをAとする）の濃度を経時的に測定する。
②この経時変化（実験事実）を説明するための反応機構をたてる。

③この反応機構に基づき，Aの濃度の経時変化を表す反応速度式を導く。
④この反応速度式が実験事実を矛盾なく説明できるかどうかを検証する。
⑤矛盾があれば，反応機構を修正して，速度式を導き直し，再度実験事実との整合性を検討する。矛盾がなくなるまで反応機構を手直しする。

実験は限られた条件で，限られた時間域で行われるものであるが，これから得られた反応速度式が，測定された時間域を越えて有効であると仮定することにより，将来における反応物質や生成物の濃度を予言できる。言い換えると，反応速度論は，未来を予言できる科学的手法である。

アンリは反応時間が長くなると，反応速度が低下することを観測しており，これは蓄積した生成物が酵素を阻害することに起因すると考えた。これは生成物阻害（product inhibition）を認識したものとして特記される。

3.3 アンリ式の図解

（8-3-3）式について，v が $[S]$ に関してどのような関係にあるかを，図を用いて示す。

（8-3-3）式を以下のように変形する。

$$(K + [S])(v - A[E]_0) = -AK[E]_0 \tag{8-3-4}$$

ここで，

$$x = K + [S] \tag{8-3-5}$$

$$y = A[E]_0 - v \tag{8-3-6}$$

と置き換えると，（8-3-4）式は次式に変形できる。ここで，$x > 0$，$y < 0$ である。

$$xy = -AK[E]_0 \tag{8-3-7}$$

（8-3-3）式は，ある酵素初濃度 $[E]_0$ で，基質濃度 $[S]$ のときの反応速度 v を表している。$[E]_0$ を一定にしたままで，$[S]$ を様々に変化させて v を測定すると，独立変数 $[S]$ と従属変数 v の関係を知ることができる。すなわち，（8-3-7）式では，x が独立変数，y が従属変数になる。右辺は定数であるので，この式は双曲線式である。そこで，横軸に x を，縦軸に $(-y)$ を目盛ると，このときの原点は，横軸に $[S]$，縦軸に v を目盛った座標軸の座標点（$[S] = -$

K, $v = A[E]_0$) になる (図 8-3-1)。

　いま目的としている $[S]$-vプロットは, x-y座標の第 4 象限 ($x > 0$, $y < 0$) に表される。これはとりもなおさず, $[S]$-v座標の第 1 象限 ($[S] > 0$, $v > 0$) に表される双曲線の一部になっている。この $[S]$-vプロットは, x-y座標の x 軸と y 軸が漸近線になるので, $[S]$-v座標では $[S] = -K$ である縦の直線と $v = A[E]_0$ である横の直線が漸近線になる。

　すなわち, v は $[S]$ が小さいうちは $[S]$ の増大につれて増大するが, そのうち徐々に $A[E]_0$ に漸近し頭打ちになり, $A[E]_0$ を超えることがない。しかも, v が頭打ちになるはずの値の半分になるときの $[S]$ は, (8-3-3) 式において, $v = |A[E]_0|/2$ を与える $[S]$ であるので, その値が K である。また, $[S]$ 軸の漸近線は $[S] = -K$ であるので, これは, K の符号が反転した値となっている。

　もう一度, 上で定義した K の内容を確認する。解離平衡定数として K を定義

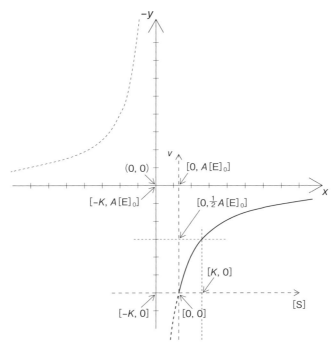

図 8-3-1　アンリ式の図式化

(0, 0) は x-y 座標系の原点。[0, 0] は $[S]$-v 座標系の原点。x-y 系の座標は丸かっこ (x, y) で, $[S]$-v 系の座標は角かっこ $[a, b]$ で表す。

したので，その単位は濃度の次元［mol L^{-1}］すなわちM（モル）を持つ。したがって，（8-3-3）式の分母で，Kはそのまま［S］と足し算ができる。一般に，化学では，平衡定数として結合平衡定数を用いることが多いが，以後，酵素化学では，特に断りがなければ平衡定数を解離平衡定数で表すことにする。

3.4　迅速平衡法（rapid equilibrium method）あるいはミカエリス-メンテン法（Michaelis-Menten method）[41,42]

　アンリの研究は，グルコースのα-とβ-アノマー間の相互変換や反応に対するpHの影響に対しての理解が無かったことなど，いくつかの問題点があったが，ES複合体を酵素反応に出現する必須のものと考え，反応速度と基質濃度との関係を導いた点で，先駆的なものである[42]。1910年に，ミカエリス（L. Michaelis；1875～1949年）とメンテン（M. L. Menten；1879～1960年）は，アンリの反応機構IIに類似した取り扱いにより，反応速度vと基質濃度［S］の関係を表す式を発表した。

　反応式は，アンリの反応機構IIに準じて，以下のようにおく。

$$E + S \rightleftarrows ES \rightarrow E + P \tag{8-3-8}$$

　ここで，EとSが会合してES複合体を形成する反応（E + S→ES）の速度定数をk_{+1}；ES複合体がEとSに解離する反応（ES→E + S）の速度定数をk_{-1}；ES複合体が生成物Pを放出し，遊離のEが再生する反応（ES→E + P）の速度定数をk_{+2}とする。ES複合体は生産的複合体として扱われている。当時，酵素反応において，鍵と鍵穴説を受け入れる素地が整っていたものと思われる。

　反応式（8-3-8）式は，酵素化学における中心命題（セントラルドグマ）を表現しており，以後，「酵素反応の基本式」と呼ぶ。

　ミカエリスとメンテンは，（8-3-8）式を解くにあたり，次の4つの仮定を導入した。

①生成物阻害が見られない，また，生成物グルコースの変旋光が顕著でないような反応初期のみを取り扱う。
②基質初濃度［S］$_0$は酵素初濃度［E］$_0$に比べ，十分大きい（［S］$_0$≫［E］$_0$）。
③反応開始と同時にE，S，ESの間には瞬時に平衡（迅速平衡）が形成され，反応の間は，常に平衡状態が維持される（k_{+1}［S］≫k_{+2}；k_{-1}≫k_{+2}）。
④ESからEとPを生成する反応が反応全体の律速段階である。

　SとEの解離平衡定数をK_sで表し（（8-3-9）式），これを基質定数（substrate

constant）と呼ぶ。

$$K_s = ([E][S]) / [ES] = k_{-1} / k_{+1} \tag{8-3-9}$$

この式で[E]，[S]，[ES]は，添え字eを付けた平衡濃度で書くべきであるが，以下の記述では，慣例により，添え字eを省いてK_sを表す。

反応系における酵素初濃度$[E]_0$は次の酵素濃度保存式で表される。

$$[E]_0 = [E] + [ES] \tag{8-3-10}$$

通常，$[E]_0$は，基質初濃度$[S]_0$や反応中に刻々と変化する基質濃度[S]や生成物濃度[P]に比べて圧倒的に小さい。したがって，次の関係が成り立つ。

$$[S] \gg [E]_0 > [ES] \tag{8-3-11}$$

よって，SとPの保存式は，[ES]を無視して，次式のようになる。

$$[S]_0 = [S] + [P] \tag{8-3-12}$$

上記の4番目の仮定により，vは次式で与えられる。

$$v = k_{+2}[ES] \tag{8-3-13}$$

[S]と[P]は測定可能であるが，[E]と[ES]を測定することは通常できないので，[ES]を[S]あるいは[P]で表現することを考える。
（8-3-9）式から，

$$[ES] = ([E][S]) / K_s \tag{8-3-14}$$

よって，（8-3-10）式から[E]を消去すると，[ES]は次のように表される。

$$[ES] = ([E][S]) / K_s = \{([E]_0 - [ES])[S]\} / K_s$$
$$\therefore [ES] = ([E]_0[S]) / (K_s + [S]) \tag{8-3-15}$$

これを，（8-3-13）式に代入して，

$$v = (k_{+2}[E]_0[S]) / (K_s + [S]) \tag{8-3-16}$$

この式は，ミカエリス-メンテン式（Michaelis-Menten equation）あるいはアンリ-ミカエリス-メンテン式（Henri-Michaelis-Menten equation）と呼ばれる。ただし，ミカエリス-メンテン式というとき，後述する定常状態法から求め

た式を指すことが多い。

(8-3-16)式は，$[E]_0$と$[S]$が与えられたとき，vはES複合体の解離平衡定数K_sとES複合体からPが生成するときの一次反応速度定数k_{+2}の2つの速度パラメータで表現されることを示している。この式はアンリの反応機構IとIIに基づいて導いた式と同型である。

ここで，$[S]$を反応開始時の基質濃度（基質初濃度）$[S]_0$で与えるとすると，vは反応時間ゼロ（$t=0$）で，$[S]=[S]_0$のときの反応速度となる。これを反応初速度と呼び，v_0で表す。

(8-3-16)式は，迅速平衡の仮定（$k_{+1}[S] \gg k_{+2}$および$k_{-1} \gg k_{+2}$）が成立する場合は妥当性があるが，これが成立しない場合にも成立するわけではない。上で述べた平衡が成立するより遅いとはいえ，酵素反応は原系から生成系に向かって流れているのであり，その間に平衡状態が安定に存在すると考えるには困難がある。ミカエリス-メンテン式は理論的な弱点を持つ。

3.5　定常状態法（steady-state method）あるいはブリッグス-ホールデン法（Briggs-Haldane method）

定常状態法の弱点を克服する方法が，1925年，ブリッグス（G. E. Briggs）とホールデン（J. B. S. Haldane）によって提案された。彼らの方法は，定常状態近似（steady-state approximation）を用いるもので，定常状態法と呼ばれている。

定常状態とは，非平衡状態にある系を巨視的に見たとき，時間の流れに対して見かけ上とまっているかのように見える状態のことである。例えば，遊園地の観覧車にゴンドラが30個ついていて，いま20個が埋まっているとする。このとき，ひとり降りるたびにひとり乗るとすると，人を乗せているゴンドラの数は常に20個で一定である。また，ダムの貯水量は，ダムに降る雨水量，流入河川からの水量，蒸発水量や放水量などで決まるが，放水量がうまく設定されていると，ダムの水位はほとんど変化せず一定に保たれる。私自身のこの1か月間のことを考えても，食べたり飲んだり，運動したり読書したり，少し力仕事したりしたので，それ相当の新陳代謝が起こったはずだが，見かけ上，目立った変化がない。別の言い方をすると，いま観測しようとしている物理量が経時的に変化しない，すなわち，この物理量の時間に関する微分はゼロであるとみなすことができる。

酵素反応の基本式（(8-3-8)式）において，ES複合体濃度に対して，定

常状態を適用する。

　EとSを混合する（このとき$[S]_0 \gg [E]_0$）と，ES複合体を生じる。ES複合体は分解してEとPに変換される。ここで生じたEは再びSと結合してES複合体を形成する。また，ES複合体の中には，EとSに分解するものもある。ここで，[E]に比べ[S]が大過剰であり，ES複合体の形成速度と分解速度がうまくつり合えば，[ES]はある値に到達したあと，この値が保持される。その後，Sが消費されていくにつれ，$[S] \gg [E]_0$が成立しなくなり，[ES]はゼロになる（図8-3-2）。

　ES複合体が形成される速度は$k_{+1}[E][S]$で表され，分解される速度は，ES複合体がEとPに分解される速度$k_{+2}[ES]$とEとSに分解される速度$k_{-1}[ES]$の和になる。ES複合体の濃度の時間変化は$d[ES]/dt$で表される。ES複合体の濃度に定常状態近似を適用すると，次式（8-3-17）式が導かれる。

$$d[ES]/dt = k_{+1}[E][S] - (k_{-1} + k_{+2})[ES] = 0 \qquad (8\text{-}3\text{-}17)$$

これを（8-3-18）式のように変形して，右辺を（8-3-19）式のようにおく。

$$([E][S])/[ES] = (k_{-1} + k_{+2})/k_{+1} \qquad (8\text{-}3\text{-}18)$$

$$K_m = (k_{-1} + k_{+2})/k_{+1} \qquad (8\text{-}3\text{-}19)$$

　（8-3-18）式の左辺は，（8-3-14）式のK_sと同じ内容であるが，いまは，EとSとESの間の平衡を仮定しているわけではないので，この式は平衡定数ではない。ブリッグス-ホールデンの取り扱いでは，この左辺を新しい速度パラメータK_mで定義し，ミカエリス定数（Michaelis constant）と呼ぶ。

　（8-3-18）式に，ミカエリス-メンテンの取り扱いで用いた酵素の保存式（（8-3-10）式）を適用すると，次式を得る。

$$[ES] = ([E]_0[S])/(K_m + [S]) \qquad (8\text{-}3\text{-}20)$$

vはES複合体が分解されて生成物Pが生成する速度，すなわち，

$$v = k_{+2}[ES] \qquad (8\text{-}3\text{-}21)$$

したがって，

$$v = (k_{+2}[E]_0[S])/(K_m + [S]) \qquad (8\text{-}3\text{-}22)$$

この式は，（8-3-16）式と同型であるが，K_s と K_m だけが異なっている。もう一度，K_s（(8-3-9）式）と K_m（(8-3-19）式）を比べると，

$$K_s = k_{-1} / k_{+1}$$
$$K_m = (k_{-1} + k_{+2}) / k_{+1}$$

であり，ミカエリス–メンテンの取り扱いで求められた（8-3-16）式は，ブリッグス–ホールデンの取り扱いで求められた（8-3-22）式の $k_{+2} = 0$ である特別な場合に成り立つ式であることがわかる。すなわち，ミカエリス–メンテンの取り扱いで得られた（8-3-16）式は，ブリッグス–ホールデンの取り扱いによる（8-3-22）式に包含されているのであり，（8-3-22）式の方が（8-3-16）式よりも一般性が高いことになる。一般に，（8-3-22）式をミカエリス–メンテン式と呼ぶ。

下で説明するが，$k_{+2}[E]_0$ は V_{max} とおかれるので，（8-3-22）式は（8-3-23）式とおくことができる。

$$v = (V_{max}[S]) / (K_m + [S]) \qquad (8\text{-}3\text{-}23)$$

ここでは詳しく触れないが，この式はラングミュアの吸着等温式（Langmuir absorption isotherm）と同型であることに注意して欲しい。

図8-3-2において，[ES] が一定である時間域で定常状態が成立している。定常状態に到達する以前を前定常状態（pre-steady state）と呼び，酵素反応のサイクルが十分回っていない状態にある。一方，[S]≫[E] が成り立っていない場合には，定常状態に到達する前に基質が消費されてしまい，酵素反応が終息する。このような形で定常状態に至らない状態を非定常状態（non-steady state）と呼ぶ。

3.6　速度パラメータの意味

ミカエリス–メンテン式（(8-3-22）式）には，K_m と k_{+2} の2つの速度パラメータが含まれる。反応速度 v は $[E]_0$ に対して比例的に増大するが，[S] に関しては双曲線式を与える。ここで，[S] と K_m の関係を3つの場合に分けて考察する。

3.6.1　[S]≪K_m のとき

（8-3-22）式は次式（8-3-24）式のように変形される。

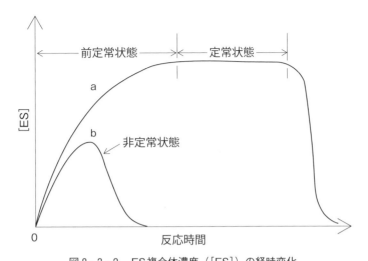

図8-3-2　ES複合体濃度（[ES]）の経時変化
反応カーブaは $[S]_0 \gg [E]_0$，反応カーブbは $[S]_0 \approx [E]_0$ のときに得られる。

$$v = \{(k_{+2}/K_m)[E]_0[S]\} / (1 + [S]/K_m) \fallingdotseq (k_{+2}/K_m)[E]_0[S] \tag{8-3-24}$$

（8-3-24）式は，ある一定の $[E]_0$ 存在下において，$[S] \ll K_m$ が成り立つとき，v は $[S]$ に比例して増大すること，すなわち $[S]$ に関して一次反応であることを示す。言い換えると，この条件下に，v は $[S]$ に関して偽一次反応として扱うことができ，偽一次速度定数 $[(k_{+2}/K_m)[E]_0]$ の次元は $[s^{-1}]$ である。一方，（8-3-24）式は見方を変えると，酵素と基質が二分子反応で反応することを示しており，その二分子反応速度定数 (k_{+2}/K_m) の次元は $[M^{-1} \, s^{-1}]$ である。(k_{+2}/K_m) を特異性定数（specificity constant）と呼び，k_{sp} で表す。

3.6.2　$[S] \gg K_m$ のとき

（8-3-22）式は次式（8-3-25）式のように変形される。

$$v = (k_{+2}[E]_0) / \{(K_m/[S]) + 1\} \fallingdotseq k_{+2}[E]_0 \tag{8-3-25}$$

v は一定値 $(k_{+2}[E]_0)$ で与えられる。すなわち，v は $[S]$ に依存しない式であり，言い換えると $[S]$ に関して零次反応式である。この式を（8-3-21）式（$v = k_{+2}[ES]$）と比較すると，この式は全ての酵素がES複合体の形で存在する極端な場合を示していることがわかる。このときの v は $[S] \gg K_m$ のときに与え

られる反応速度という意味で，最大速度 $V_{\max}$ と呼び，次式で与えられる．

$$V_{\max} = k_{+2}[\mathrm{E}]_0 \tag{8-3-26}$$

実験的に求められた $V_{\max}$ を $[\mathrm{E}]_0$ で除すことにより，k_{+2} が求められる．k_{+2} は $[\mathrm{s}^{-1}]$ の次元を持ち，分子活性（molecular activity），モル活性（molar activity）あるいは触媒速度定数（catalytic rate constant）と呼ばれ，k_{cat} で表すことが多い．一般に，ES複合体からPが生産され，同時にEが再生される過程が律速である．したがって，k_{+2} は単位時間あたりに酵素反応が何回回転するかを表しており，その意味から，これを回転数あるいはターンオーバー数（turnover number）とも呼ぶ．

3.6.3　[S]＝K_{m} のとき

（8-3-22）式および（8-3-23）式は $v = V_{\max}/2$ と変形できる．すなわち，K_{m} は $V_{\max}$ の半分の速度を与えるときの[S]であるということができる．また，K_{m} は，$[\mathrm{E}]_0$ の半分量がES複合体として存在するときの[S]であるということができる．（8-3-22）式に基づいて考察する場合は K_{m} が求められるが，（8-3-16）式について同様に考察する場合は基質定数 K_{s} が求められることになる．K_{s} は，EとSが結合してES複合体を形成するとき，平衡の存在を仮定して，解離平衡定数と定義されている．すなわち，K_{s} は，ES複合体の安定性に関する（便宜上の）指標となる．同様に，K_{m} もあたかもES複合体の解離抵抗定数のように取り扱われ，ES複合体の安定性の指標とみなされている．

K_{m}（あるいは K_{s}）が小さいほどEとSとの結合が強いこと，逆に，これらが大きいほど，両者の結合が弱いことを示している．繰り返すと，K_{m} はあくまで酵素反応実験的に求められるパラメータである．酵素反応実験的に K_{s} を求めることはできない．求められるのはあくまで K_{m} である．

図8-3-3に，ミカエリス-メンテン プロットを示す．v を[S]に対してプロットする．最大速度 $V_{\max}(=k_{+2}[\mathrm{E}]_0=k_{\mathrm{cat}}[\mathrm{E}]_0)$ の $1/2$ の v を与える[S]が K_{m} であり，その内容は，迅速平衡仮説に基づくミカエリス-メンテン式に従うと $k_{-1}/k_{+1}(=K_{\mathrm{s}})$ であり，定常状態仮説に基づくブリッグス-ホールデン式に従うと $(k_{-1}+k_{+2})/k_{+1}$ で与えられる．K_{m} が求められると，どの程度の濃度でSが存在していれば，EはSを捉まえてES複合体にすることができるか（基質結合能）がわかる．また，$V_{\max}$ が求められると，1分子のEが1秒間に何回酵素反応を回すことができるか（触媒効率）を算出することができる．

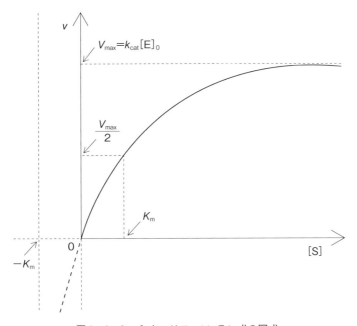

図8-3-3　ミカエリス-メンテン式の図式
縦軸に反応速度 v，横軸に基質濃度 [S] をプロットする。

3.7　酵素反応のエネルギー図

酵素反応の進行をエネルギー図で表す（図8-3-4）。

遊離のEとSが衝突して，エネルギー的にやや安定なES複合体（以下ES）を形成する。これは，単にE分子とS分子が出合いがしらに衝突して会合したものであり，両分子間に静電的相互作用や水素結合，疎水性相互作用などの弱い相互作用は働くが，共有結合の組換えを伴うような変化は起こらない。このような複合体を衝突複合体（encounter complex）と呼ぶ。EとSが衝突してESを形成する過程の反応速度が k_{+1} であり，ESからEとSに解離する過程の速度定数が k_{-1} である。ESは1分子的な共有結合の組換えを伴い，エネルギー的に不安定な遷移状態 $ES^{\ddagger}$ に変化する。この過程の速度定数が k_{+2}（すなわち k_{cat}）であり，通常この過程が律速となる。次いで，$ES^{\ddagger}$ は別の共有結合組換えを伴い，EP複合体（以下EP）になる。反応が進行するためには，原則としてEPはESよりも安定である。EPはEとPに解離して反応が終了する。ここで再生されたEは次の反応サイクルに参加する。

酵素反応の基本式（(8-3-8)式）には表現されていないが，実際は遷移状

態$ES^{\ddagger}$は別の遷移状態$EP^{\ddagger}$との間で相互変換し,次いで$EP^{\ddagger}$はEPに変換され,これがさらにEとPに解離すると考えるべきである。$ES^{\ddagger}$と$EP^{\ddagger}$の間の相互変換はブラックボックスであり,複数の中間体が存在することが予想されるが,基本式では,これらをひっくるめて$ES^{\ddagger}$としている。(E + S)から(E + P)へのオーバーオールの反応速度は,ES複合体から遷移状態$ES^{\ddagger}$に至る過程により律されている。

$[S] \ll K_m$の場合には,酵素反応はEとSが反応する二分子反応として取り扱うことができ,そのときの見かけの二分子反応速度定数(k_{cat}/K_m)は,E + S→$ES^{\ddagger}$の速度定数に対応する(図8-3-4)。EとSが会合してES複合体を形成する過程が律速である場合には,(k_{cat}/K_m)を,この反応の速度定数とみなすことが可能である。しかし,ES複合体形成は溶液内拡散による衝突反応であり,共有結合組換えを伴うES→$ES^{\ddagger}$過程よりも迅速であり,一般に律速にはなりえない。したがって特異性定数は微視的な速度定数ではない。仮にES複合体形成が律速である場合,この反応は拡散律速反応(diffusion-controlled reaction)となる。

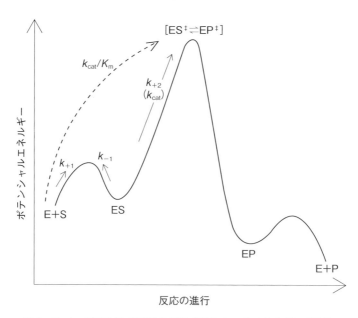

図8-3-4 酵素反応の進行に伴うポテンシャルエネルギーの変化

3.8 特異性定数（k_{cat}/K_m）の意味

特異性定数（k_{cat}/K_m）を次の2つの観点から考察する。

3.8.1 特異性定数はEとSの会合速度の下限を与える

特異性定数（k_{cat}/K_m）は，EとSが遷移状態ES‡を形成する反応の二分子反応速度定数とみなせる。これは，（8-3-27）式のように変形することができる。すなわち，特異性定数はEとSが会合してES複合体を形成する反応の二分子反応速度定数（k_{+1}）を越えないことがわかる。[S]<<K_mの条件下に求められた（k_{cat}/K_m）は，EとSの会合の速度定数の下限を与えており，真の会合速度（k_{+1}）はこの値より大きいことを意味している。

$$\begin{aligned} k_{cat}/K_m &= k_{+2}/K_m = k_{+2}/[(k_{-1}+k_{+2})/k_{+1}] \\ &= k_{+1}[k_{+2}/(k_{-1}+k_{+2})] < k_{+1} \end{aligned} \quad (8\text{-}3\text{-}27)$$

3.8.2 特異性定数（k_{cat}/K_m）とホールデン式（Haldane equation）の関係

特異性定数の特徴は，反応速度vを酵素初濃度$[E]_0$ではなく遊離の酵素濃度$[E]$と関連付けられる点である。

（8-3-24）式において，[S]<<$[E]_0$が成り立つ場合，ごく少数のEはESの形で存在するが，大半のEは遊離型で存在するため，$[E] \fallingdotseq [E]_0$となる。この場合に，（8-3-24）式は次式（8-3-28）式で表される。

$$v = (k_{cat}/K_m)[E][S] \quad (8\text{-}3\text{-}28)$$

一方，ミカエリス-メンテン式において，K_mをK_sで近似すると，次式（8-3-29）式が得られ，これを変形して（8-3-30）式が得られる。

$$K_m \fallingdotseq K_s = ([E][S])/[ES] = ([E][S])/([E]_0 - [E]) \quad (8\text{-}3\text{-}29)$$

$$\therefore [E]_0 = [E]\{([S]/K_m) + 1\} \quad (8\text{-}3\text{-}30)$$

ここで得られた$[E]_0$をミカエリス-メンテン式に代入して，これを消去すると（8-3-28）式が得られる。（8-3-28）式は，どのような基質濃度の場合にも適用できる式であることがわかる。

いま，Eが異なる2種類の基質S_AおよびS_Bに対し競合的に反応する場合，それぞれの反応速度をv_Aおよびv_Bとする。（8-3-28）式に従って，それぞれ次式の通り表される。

$$v_A = (k_{cat} / K_m)_A [E][S_A] \tag{8-3-31}$$

$$v_B = (k_{cat} / K_m)_B [E][S_B] \tag{8-3-32}$$

$$\therefore v_A / v_B = \{(k_{cat}/K_m)_A / (k_{cat}/K_m)_B\}\{[S_A]/[S_B]\} \tag{8-3-33}$$

ここで（v_A/v_B）は，Eが2種類のSと競合的に反応する場合，どちらのSとより反応しやすいか，すなわち，どちらのSに対してより高い特異性を持つかを判断する指標となる。（8-3-33）式において，基質特異性は（k_{cat}/K_m）によって決定されているのであり，K_mのみにより決定されるのではないことに注意して欲しい。

いま，SとPの間に平衡（S⇌P）が成立していることを考慮して，酵素反応の基本式（8-3-8）式を以下のように修正する。

$$E + S \rightleftarrows ES \rightleftarrows E + P \tag{8-3-34}$$

ここで，E + S → ESの速度定数をk_{+1}；ES → E + Sの速度定数をk_{-1}；ES → E + Pの速度定数をk_{+2}；E + P → EPの速度定数をk_{-2}とおく。

正反応（S → P）速度をv_fで，逆反応（P → S）速度をv_rで表し，それぞれの特異性定数を（k_{cat}/K_m）$_S$と（k_{cat}/K_m）$_P$とおく。また，それぞれのK_mをK_{mS}およびK_{mP}；V_{max}をV_{maxS}およびV_{maxP}とおく。したがって，（8-3-31）式および（8-3-32）式に準じて，（8-3-35）式および（8-3-36）式を得る。

$$v_f = (k_{cat} / K_m)_S [E][S] \tag{8-3-35}$$
$$v_r = (k_{cat} / K_m)_P [E][P] \tag{8-3-36}$$

平衡状態では，$v_f = v_r$，すなわち$v_f/v_r = 1$が成り立つ。ここで，SとPの平衡定数を$K_e (= [P]_e/[S]_e)$で表すと，（8-3-35）式および（8-3-36）式から，次の関係が得られる。

$$K_e = (k_{cat} / K_m)_S / (k_{cat} / K_m)_P \tag{8-3-37}$$

（8-3-37）式はホールデン式（Haldane equation）と呼ばれる。Eの有無によらずK_eは変化しないので，K_eが既知であるとき，正反応の特異性定数を実験的に求めることができると，（8-3-37）式から逆反応の特異性定数を求めることができる。

正反応に定常状態の取り扱いを適用すると，$K_{mS} = (k_{+2} + k_{-1})/k_{+1}$；$V_{maxS} = k_{+2}[E]_0$ が成り立つ。逆反応についても，$K_{mP} = (k_{+2} + k_{-1})/k_{-2}$；$V_{maxP} = k_{-1}[E]_0$ が成立する。よって，（8-3-37）式は，次式（8-3-38）式のように書き換えることができ，さらに，（8-3-39）式のように変形できる。

$$K_e = (k_{cat}/K_m)_S / (k_{cat}/K_m)_P = (V_{maxS}/V_{maxP})(K_{mP}/K_{mS}) \tag{8-3-38}$$

$$\begin{aligned}
K_e &= (k_{cat}/K_m)_S / (k_{cat}/K_m)_P \\
&= (k_{+2}/K_{mS}) / (k_{-1}/K_{mP}) = \{(k_{+2} k_{+1})/(k_{+2}+k_{-1})\} / \{(k_{-1} k_{-2})/(k_{+2}+k_{-1})\} \\
&= \{(k_{+2} k_{+1})(k_{+2}+k_{-1})\} / \{(k_{+2}+k_{-1})(k_{-1} k_{-2})\} \\
&= (k_{+1} k_{+2}) / (k_{-1} k_{-2}) \\
&= (k_{+1} k_{catS}) / (k_{-2} k_{catP}) \tag{8-3-39}
\end{aligned}$$

（8-3-34）式の各反応過程の平衡定数を，それぞれ K_1 および K_2 とおき，次のように定義する。

$$K_1 = [ES]_e / ([E]_e [S]_e) = k_{+1}/k_{-1}$$
$$K_2 = ([E]_e [P]_e) / [ES]_e = k_{+2}/k_{-2}$$

系全体の平衡 $K_e(=[P]_e/[S]_e)$ は，各反応過程の平衡定数 K_1 および K_2 の積で表現できる。また，K_1 および K_2 には次の関係が成り立つ。すなわち，$k_{+2} \ll k_{+1}$ のとき，$K_{mS} = (k_{+2}+k_{-1})/k_{+1}$ は $K_{mS} \fallingdotseq 1/K_1$ と変形され，また，$k_{-1} \ll k_{-2}$ のとき，$K_{mP} = (k_{+2}+k_{-1})/k_{-2}$ は $K_{mP} \fallingdotseq K_2$ と変形される。したがって，K_e は次式の通り表現でき，再び，（8-3-39）式が得られる。

$$\begin{aligned}
K_e &= K_1 K_2 \\
&= (k_{+1} k_{+2}) / (k_{-1} k_{-2}) \\
&= (k_{+1} k_{catS}) / (k_{-2} k_{catP}) \tag{8-3-40}
\end{aligned}$$

3.9 速度パラメータの求め方（線型的解法）

ある濃度の $[E]_0$ を用いて，様々な $[S]$ で酵素反応速度 v を実験的に求める。$[S]$ を独立変数，v を従属変数と考えて，x-y 座標で，$[S]$ を x 軸に，v を y 軸にプロットする。酵素反応がミカエリス-メンテン式（（8-3-23）式）に従うも

のとして，コンピュータプログラムを用いて，実験データ（[S]とvの値）をこの式に最小二乗法でフィッティングさせる。この回帰曲線から，V_{max}とK_m，およびそれぞれの標準偏差を求めることができる[9,43]。さらに，$[E]_0$は既知であるので，V_{max}からk_{cat}が求められる。市販のプログラム（KaleidGraphaなど）も入手できる。

ミカエリス-メンテン式を再び示す。

$$v = (V_{max}[S]) / (K_m + [S]) \tag{8-3-23}$$

一方，(8-3-23) 式を変形して得られる線型式を用いたプロットによりK_mとV_{max}を求める方法がある。線型式の取り扱いは簡便で，視覚的にも優れているため，今日でも広く利用されている。また，後述するように，反応機構や阻害様式の判定などに線型プロットが用いられる。以下，代表的な線型式を紹介する。

3.9.1 （1/v）対（1/[S]）プロット

ラインウィーバー-バーク プロット（Lineweaver-Burk plot）あるいは両逆数プロット（double-reciprocal plot）と呼ばれる。(8-3-23) 式の両辺の逆数をとることにより次式のラインウィーバー-バーク式が得られる。

$$(1/v) = (K_m / V_{max})(1/[S]) + (1/V_{max}) \tag{8-3-41}$$

x軸（横軸）に（1/[S]），y軸（縦軸）に（1/v）をプロットすると，y軸上の切片が（1/V_{max}），傾き（K_m/V_{max}）である直線が得られる。また，x軸上の切片は（$-K_m$）である。これらの値から，K_mとV_{max}が求められる。

3.9.2 [S]/v 対 [S] プロット

ヘインズ-ウールフ プロット（Haines-Woolf plot）とも呼ばれる。上記ラインウィーバー-バーク式の両辺に [S] を乗じることにより，次のヘインズ-ウールフ式が得られる。

$$[S] / v = (1/V_{max})[S] + (K_m / V_{max}) \tag{8-3-42}$$

x軸に [S]，y軸に [S]/vをプロットすると，y軸上の切片が（K_m/V_{max}），傾きが（1/V_{max}）の直線が得られる。x軸上切片はK_mになる。

3.9.3 v 対（[S]/v）プロット

イーディー-ホフスティー プロット（Eadie-Hofstee plot）とも呼ばれる。(8-3-23) 式を変形して次の2式を得る。

$$v / [S] = V_{\max} / (K_m + [S]) \tag{8-3-43}$$

$$[S] = (K_m v) / (V_{\max} - v) \tag{8-3-44}$$

（8-3-44）式の [S] を（8-3-43）式の右辺に代入して，次式を得る．

$$v / [S] = (V_{\max} - v) / K_m \tag{8-3-45}$$

これを変形して，イーディー-ホフスティー式（(8-3-46) 式）を得る．

$$v = V_{\max} - K_m (v / [S]) \tag{8-3-46}$$

x軸に（$v/[S]$），y軸にvをプロットすると，y軸上切片が$V_{\max}$，x軸上切片が（$V_{\max}/K_m$），傾き（$-K_m$）の直線が得られる．(8-3-46) 式ではx軸，y軸の両方にv（従属変数）を含んでおり，vに含まれる測定誤差が，x軸とy軸の両方に含まれ，さらに誤差の振れる方向が原点を通る直線上にあることに注意して欲しい．

3.9.4　$V_{\max}$ 対 K_m プロット

コーニッシュボウデン プロット（Cornish-Bowden plot）あるいは直接的線型プロット（direct linear plot）とも呼ばれる[9,18]．このプロットは，「$V_{\max}$とK_mを求めるためのコーニッシュボウデン プロット」と呼ぶべきであり，「阻害様式判別のためのコーニッシュボウデン プロット」(4.7項を参照)と区別したい．

ミカエリス-メンテン式（8-3-23）式を次のように変形する．

$$V_{\max} = v + (v / [S]) K_m \tag{8-3-47}$$

ミカエリス-メンテン式に従うと，少なくとも2つの [S] に対し，それぞれのvを実験的に得ることができれば，K_mと$V_{\max}$が決定できる．

一方，（8-3-47）式は，K_mをx軸に，$V_{\max}$をy軸にプロットすると，x軸上の切片は$-[S]$，y軸上の切片はv，傾きが（$v/[S]$）となる直線を与える．いま，$[S]_1$に対してv_1が求められているとするとき，x軸上に（$-[S]_1$）をプロットし，y軸上にv_1をプロットすると，座標（K_m, $V_{\max}$）は，点（$-[S]_1$, 0）と点（0, v_1）を結ぶ直線上にあるはずである．同様に，x軸上に（$-[S]_2$）をプロットし，y軸上に，$[S]_2$のとき得られた速度v_2をプロットすると，座標（K_m, $V_{\max}$）は，点（$-[S]_2$, 0）と（0, v_2）を結ぶ直線上にあるはずである．すなわち，ふた組の（$[S]$, v）のデータセットから得られた2本の直線の交点から，

ひと組の K_m と V_{max} が求められる。この操作を,実験で得られた全ての([S]$_i$, v_i) に対して行う。ふた組の([S]$_i$, v_i) から1個の交点座標 (K_m, V_{max}) が決まるので,n組の([S]$_i$, v_i) からは(n-1)組の交点座標 (K_m, V_{max}) が決まる。求められた(n-1)個の K_m 値,(n-1)個の V_{max} 値の平均と標準偏差をとることにより,実験的に妥当な K_m と V_{max} を求めることができる。

本方法は,[S] と v をそのままプロットできる簡便さに加えて,得られた K_m と V_{max} は統計的に合理的であるとされている。

実際の論文では,以上の直線プロットのうち,最初の3者,特にラインウィーバー-バーク プロットが広く用いられている。次に,これらのプロットについて誤差の影響の観点から検討してみよう。

ここで,酵素反応のモデル系として,$K_m = 10$ mM,$V_{max} = 100$ μM/s の反応を考える。v の測定値は V_{max} の ±5%の誤差を含み,[S] は誤差を含まないと仮定すると,次表の測定データが得られることになる。有効数字を3桁とする。

【クイズ】

Q8-3-3 このデータを用いて,上記の4種類のプロットを試みなさい。

(1/v) の欄に記した値については,例えば [S]=2.5 mM の場合を見て欲しい。$v = (20.0 \pm 5.0)$ μM/s であるので,(1/v) の表記 [(66.7-50.0-40.0)×10^{-3}] は,v の平均値(20.0 μM/s)で 50.0×10^{-3} s/μM となり,誤差を考慮した v の最大値および最小値(25.0 および 15.0 μM/s)での(1/v)はそれぞれ 40.0 および 66.7×10^{-3} s/μM となることを意味している。

図8-3-5は,上の3種類のプロットにおいて,[S]が等倍で増大していき,全ての v が V_{max} の ±5%の誤差を含むと仮定したときの模式図である。この図は,文献[9,14~16,18,22]などから引用した。

3.9.5 (1/v) 対 (1/[S]) プロットの特徴

表8-3-1のように,[S]が等倍で増加するとき,[S]が増大するにつれ,データ点が y 軸の近辺に集中し,それぞれの誤差は小さく表され,V_{max} が比較的正確に決定できる。一方,[S]が減少するにつれ,データ点は y 軸から遠ざかり相互に離散して,誤差は大きく表される。[S]が小さいときは,v の値が小さいため,精度よく測定が困難であることが多い。しかし,このプロットでは,[S]が小さいときのデータが直線の傾きの決定に大きく影響することがわかる。すなわち,基質低濃度域の v のばらつきが,とりわけ K_m の決定に対して

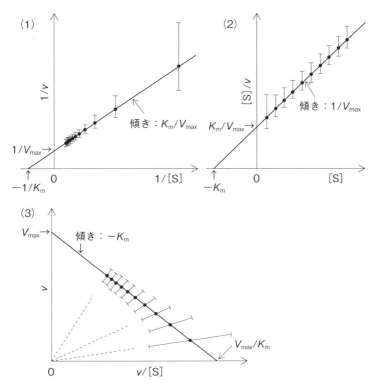

図8-3-5　ミカエリス-メンテン式に基づく酵素反応速度vと基質濃度［S］
　　　　に関する線型プロット

v が V_{max} に対し ±5％の誤差を含むとしてエラーバーを示している。文献18）
より引用，改変。

大きな影響を与える。このプロットを速度パラメータ（K_m および V_{max}）の決定に応用しようとするのであれば，基質低濃度域でのデータを入念にとる工夫が必要だろう。

3.9.6　（［S］/v）対［S］プロットの特徴

x 軸には［S］が直接表示されるため，（1/v）対（1/［S］）プロットに見られたように，速度パラメータの決定が，基質低濃度域のデータに過度に影響を受けるという問題は回避できる。

3.9.7　v 対 v/［S］プロットの特徴

y 軸と x 軸に v が含まれているため，v の誤差が両軸方向に，原点を通る直線上の線分として表現されている。このプロットに最小二乗法を適用することは困

表8-3-1　基質濃度［S］と酵素反応速度vの関係の一例

[S] (mM)	v (μM/s)	($1/v$) (s/μM)
0	0	
2.5	20.0±5.0	(66.7-50.0-40.0)×10^{-3}
5.0	33.3±5.0	(35.1-30.0-26.0)×10^{-3}
7.5	42.9±5.0	(26.4-23.3-20.9)×10^{-3}
10.0	50.0±5.0	(22.2-20.0-18.2)×10^{-3}
12.5	55.6±5.0	(19.8-18.0-16.5)×10^{-3}
15.0	60.0±5.0	(18.2-16.7-15.4)×10^{-3}
17.5	63.6±5.0	(17.1-15.7-14.6)×10^{-3}
20.0	66.7±5.0	(16.2-15.0-14.0)×10^{-3}
25.0	71.4±5.0	(15.1-14.0-13.1)×10^{-3}
30.0	75.0±5.0	(14.3-13.3-12.5)×10^{-3}
50.0	83.3±5.0	(12.8-12.0-11.3)×10^{-3}
100	90.9±5.0	(11.6-11.0-10.4)×10^{-3}
200	95.2±5.0	(11.1-10.5-10.0)×10^{-3}
500	98.0±5.0	(10.8-10.2-9.7)×10^{-3}
1,000	99.0±5.0	(10.6-10.1-9.6)×10^{-3}
2,000	99.5±5.0	(10.6-10.1-9.6)×10^{-3}

難。x軸に（$1/$［S］）が含まれているため，［S］が増大するにつれ，データ点がy軸近辺に集約されるためV_{max}の決定が比較的正確に行える。一方，［S］が減少するにつれ，誤差が大きく表れ，直線の傾き，すなわちK_mの決定に影響を与えている。

3.9.8 推奨できるのは，ヘインズ-ウールフ（（［S］/v）対［S］）プロットまたはコーニッシュボウデン プロットである

　上記の線型プロットには，いずれも一長一短がある。学術論文では（$1/v$）対（$1/$［S］）プロットが広く用いられている。このプロットではy軸とx軸に，それぞれV_{max}とK_mが分離され，視覚的に優れているが，v対$v/$［S］プロットと同様，基質低濃度域のデータが直線の傾きに大きい影響を持つため，K_mとV_{max}を求める目的には推奨できない。むしろ推奨できるのはv対$v/$［S］プロットであろう。一方，前述した通り，コーニッシュボウデン プロットの合理性が指摘されている。最近は，ミカエリス プロット（v対［S］）に対し，ミカエリス-メンテン式に直接フィッティングさせる方法が広く用いられている。

3.9.9　基質濃度［S］の選択には注意が必要である

　上記のいずれのプロットを用いて速度パラメータを決定するにしても，採用しようとするプロットにふさわしいように［S］を適切に選ぶ必要がある．［S］の範囲内にK_mが含まれるようにして，可能ならその範囲はK_mの0.2ないし5であることが望ましい[9]．通常は，まず大ざっぱにK_mのあたりをつけるための実験を行う．次いで，大ざっぱに求めたこのK_mの低濃度側と高濃度側に，ほぼ同数の$[S]_0$を$0.2\sim5K_m$の範囲で選び，反応初速度v_0を求める．基質の溶解度が小さく，十分な濃度域の［S］が取れないことも多い．

　表8-3-2および表8-3-3に，代表的な酵素のK_mとk_{cat}，を記す[44~47]．K_m値は概ねmMからμMのオーダーにあることから，多くの酵素では基質と結合するためには，mMないしμMの［S］が必要である．k_{cat}値からは，1秒間に10^7回以上も反応を回す酵素もあるが，多くは100ないし1,000回程度である．

　表8-3-4に，k_{cat}/K_mが拡散律速反応の速度定数に近い例を記す[28,44]．

　表8-3-5に，酵素による触媒機能効率（catalytic proficiency）の例を記す[47]．触媒機能効率とは，酵素存在下の二次速度定数$k_{cat}/K_m(M^{-1}s^{-1})$を酵素非存在下の一次速度定数$k_n(s^{-1})$で除したものであり，$[k_{cat}/(K_m k_n)](M^{-1})$である．

　また，表8-3-6に，酵素の触媒効率を(k_{cat}/k_n)（単位は無名数）で表現した例を示す[48]．

3.10　前定常状態の解法

　これまで迅速平衡法と定常状態法を中心に反応速度式の扱い方を説明してきた．これらは一般に「遅い反応の解析」と呼ばれ[9]，反応開始時にES複合体が形成されていること，および，観測している時間域においてES複合体濃度が変化しないことが前提となっている．

　それでは，ES複合体が形成される過程，すなわち前定常状態（pre-steady state）を考慮した反応速度式はどのようになるだろうか．前定常状態を考慮した速度論（すなわち前定常状態速度論）の速度式は，反応開始とともに「ES複合体が形成される過程」と「それに続く定常状態の反応過程」を記述するものであり，酵素反応速度の完全解と考えてよい．

　もう一度，酵素反応の基本式（(8-3-8)式）に戻って，速度式を検討する[9]．$[S]_0 \gg [E]_0$の条件下に酵素反応がある程度進行したとき，次の関係が成り立つ．

表 8-3-2　代表的な酵素のK_m値[44]

酵素	基質	K_m (mM)
カルボニックアンヒドラーゼ	CO_2	12
キモトリプシン	N-ベンゾイルチロシンアミド	2.5
	N-ホルミルチロシンアミド	12
	N-アセチルチロシンアミド	32
	グリシルチロシンアミド	22
	N-アセチルトリプトファンアミド	5
ヘキソキナーゼ	グルコース	0.15
	フルクトース	1.5
グルタミン酸デヒドロゲナーゼ	グルタミン酸	0.12
	α-ケトグルタル酸	2
	NH_4^+	57
	NAD^+	0.025
	NADH	0.018
アスパラギン酸アミノトランスフェラーゼ	アスパラギン酸	0.9
	α-ケトグルタル酸	0.1
	オキザロ酢酸	0.004
	グルタミン酸	4
アルギニル-tRNAシンテターゼ	アルギニン	0.003
	tRNA^{Arg}	0.0004
	ATP	0.3
ピルビン酸カルボキシラーゼ	HCO_3^-	1.0
	ピルビン酸	0.4
	ATP	0.06
ペニシリナーゼ	ベンジルペニシリン	0.05
リゾチーム	ヘキサ-N-アセチルグルコサミン	0.006

$$[E]_0 = [E] + [ES]$$
$$[S]_0 = [S] + [ES] + [P] \fallingdotseq [S] + [P]$$

$$d[ES]/dt = k_{+1}[E][S] - (k_{-1} + k_{+2})[ES]$$
$$= k_{+1}[E]_0[S] - (k_{+1}[S] + k_{-1} + k_{+2})[ES] \quad (8\text{-}3\text{-}48)$$

反応初期の $[S] \fallingdotseq [S]_0$ が成り立つ時間域で，(8-3-48) 式は次のように変形できる。

表 8-3-3　代表的な酵素の k_{cat} 値[44~47]

酵素	基質	$k_{cat}(s^{-1})$
カタラーゼ	H_2O_2	40,000,000
スーパーオキシドディスムターゼ	O_2^-	1,000,000
カルボニックアンヒドラーゼ	CO_2	1,000,000
	HCO_3^-	400,000
アセチルコリンエステラーゼ	アセチルコリン	14,000
L-乳酸デヒドロゲナーゼ	L-乳酸	1,000
キナーゼ類		1,000
デヒドロゲナーゼ類		1,000
アミノトランスフェラーゼ類		1,000
フマラーゼ	フマル酸	800
トリプシン		1,000~100
カルボキシペプチダーゼ		100
リボヌクレアーゼ		100
パパイン		10

表 8-3-4　k_{cat}/K_m が拡散律速反応の速度定数に近い酵素反応の例[28,44]

酵素	基質	$k_{cat}(s^{-1})$	$K_m(M)$	k_{cat}/K_m $(M^{-1}s^{-1})$
アセチルコリンエステラーゼ	アセチルコリン	1.4×10^4	9×10^{-5}	1.6×10^8
カルボニックアンヒドラーゼ	CO_2	1×10^6	1.2×10^{-2}	8.3×10^7
カタラーゼ	H_2O_2	4×10^7	1.1	4×10^7
クロトナーゼ	クロトニル-CoA	5.7×10^3	2×10^{-5}	2.8×10^8
フマラーゼ	フマル酸	8×10^2	5×10^{-6}	1.6×10^8
トリオースリン酸イソメラーゼ	グリセルアルデヒド3-リン酸	4.3×10^3	1.8×10^{-5}	2.4×10^8
β-ラクタマーゼ	ベンジルペニシリン	2×10^3	2×10^{-5}	1×10^8

$$d[ES]/dt = k_{+1}[E]_0[S]_0 - (k_{+1}[S]_0 + k_{-1} + k_{+2})[ES] \quad (8\text{-}3\text{-}49)$$

ここで，$k_{+1}[S]_0 + k_{-1} + k_{+2} = \lambda$ とおき，$t=0$ のとき $[ES]=0$ の条件の下に（8-3-49）式を積分して次式を得る。

$$[ES] = (k_{+1}[E]_0[S]_0/\lambda)[1 - \exp(-\lambda t)] \quad (8\text{-}3\text{-}50)$$

ここで，$K_m = (k_{-1} + k_{+2})/k_{+1}$ であるので，（8-3-50）式は次式（8-3-51）式に変形できる。

表8-3-5　種々の酵素の触媒機能効率[47]

酵素	$k_n(\mathrm{s}^{-1})$	$k_{cat}/K_m(\mathrm{M}^{-1}\mathrm{s}^{-1})$	触媒機能効率
OMPデカルボキシラーゼ	3×10^{-16}	6×10^7	2×10^{23}
アルカリホスファターゼ	10^{-15}	3×10^7	3×10^{22}
アルギニンデカルボキシラーゼ	9×10^{-16}	10^6	10^{21}
フマラーゼ	10^{-13}	10^8	10^{21}
β-アミラーゼ	7×10^{-14}	10^7	10^{20}
マンデル酸ラセマーゼ	3×10^{-13}	10^6	3×10^{18}
アデノシンデアミナーゼ	2×10^{-10}	10^7	5×10^{16}
シチジンデアミナーゼ	10^{-10}	3×10^6	3×10^{16}
キモトリプシン	4×10^{-9}	9×10^7	2×10^{16}
トリオースリン酸イソメラーゼ	4×10^{-6}	4×10^8	10^{14}
コリスミ酸ムターゼ	10^{-5}	2×10^6	2×10^{11}
カルボニックアンヒドラーゼ	10^{-1}	7×10^6	7×10^7

表8-3-6　種々の酵素の活性化の程度[48]

酵素	非触媒反応半減期	$k_n(\mathrm{s}^{-1})$	$k_{cat}(\mathrm{s}^{-1})$	活性化 (k_{cat}/k_n)
OMPデカルボキシラーゼ	78万年	2.8×10^{-16}	39	1.4×10^{17}
ミクロコッカスエンドヌクレアーゼ	13万年	1.7×10^{-13}	95	5.6×10^{14}
AMPヌクレオシダーゼ	6.9万年	1.0×10^{-11}	60	6.0×10^{12}
カルボキシペプチダーゼA	7.3年	3.0×10^{-9}	5.8×10^2	1.9×10^{11}
ケトステロイドイソメラーゼ	49日	1.7×10^{-7}	6.6×10^4	3.9×10^{11}
トリオースリン酸イソメラーゼ	1.9日	4.3×10^{-6}	4.3×10^3	1.0×10^9
コリスミ酸ムターゼ	7.4時間	2.6×10^{-5}	50	1.9×10^6
カルボニックアンヒドラーゼ	5秒	1.3×10^{-1}	1×10^6	7.7×10^6

$$[\mathrm{ES}] = \{[\mathrm{E}]_0[\mathrm{S}]_0/(K_m+[\mathrm{S}]_0)\}[1-\exp(-\lambda t)] \qquad (8\text{-}3\text{-}51)$$

この式はES複合体濃度の経時変化を表しており，反応速度$v(=d[\mathrm{P}]/dt)$は次式のように表される。

$$\begin{aligned}v &= k_{+2}[\mathrm{ES}] \\ &= \{k_{+2}[\mathrm{E}]_0[\mathrm{S}]_0/(K_m+[\mathrm{S}]_0)\}[1-\exp(-\lambda t)]\end{aligned} \qquad (8\text{-}3\text{-}52)$$

ここで，（8-3-53）式のように置き換えると，（8-3-52）式は（8-3-54）式のように変形できる。

$$\{k_{+2}[E]_0[S]_0 / (K_m + [S]_0)\} = v_0 \tag{8-3-53}$$

$$\therefore v = d[P] / dt = v_0[1 - \exp(-\lambda t)] \tag{8-3-54}$$

これを積分して（8-3-55）式を得る。

$$[P] = v_0 t + (v_0 / \lambda)[-\exp(-\lambda t)] + C \tag{8-3-55}$$

ここで，$t = 0$ のとき $[P] = 0$ であるので，積分定数 $C = -v_0/\lambda$ となる。したがって，（8-3-55）式から（8-3-56）式を得る。

$$[P] = v_0 t - (v_0 / \lambda)[1 - \exp(-\lambda t)] \tag{8-3-56}$$

この式は，[P]の経時的変化を表している（図8-3-6）。

図8-3-6から明らかなように，Pの生成は，反応開始直後から一定の速度で起こるのではなく，まず遅れ（ラグと呼ぶ）が現われ，その後，定常状態に達し，[P]は直線的に増大する。この直線部分の傾きが基質濃度 $[S]_0$ における定常状態速度 v_0 を与え，横軸（t軸）切片が $t = 1/\lambda$，縦軸（[P]軸）切片が $(-v_0/\lambda)$ を与える。横軸切片はラグ時間と呼ばれ，τ_L で与えられる。ラグ時間は次式で表される。実際は，$[S] \neq [S]_0$ であるが，$[S]_0 \gg [E]_0$ であり，反応の初期を取り扱っているので，実質的に $[S] = [S]_0$ とみなしてよい。

$$\tau_L = 1/\lambda = 1/\{k_{+1}[S]_0 + k_{-1} + k_{+2}\} = 1/\{k_{+1}(K_m + [S]_0)\} \tag{8-3-57}$$

図8-3-6において，直線部分から，ある基質濃度 $[S]_0$ における反応初速度 v_0 が求められる。v_0 の $[S]_0$ 依存性から，$V_{max} = k_{+2}[E]_0$ と $K_m = (k_{-1} + k_{+2})/k_{+1}$ が求められる。さらに τ_L を求めると，速度定数 k_{+1}，k_{-1}，k_{+2} が全て求められることになる。

前定常状態は，反応開始直後にみられる迅速な過程であり，観測する[P]も極めて微量であり，ストップトフロー装置などの特別な装置を用いないと，ふつうは観測できない（滝田の項（第8章10節）参照）。

前定常状態の取り扱いに関して，キモトリプシンやズブチリシンなどのセリンプロテアーゼによるエステル基質加水分解における興味深い解析例がある。酢酸パラニトロフェニル（*p*-nitrophenyl acetate, pNPA）を基質とするとき，反応開始直後に（ラグではなく）バーストと呼ばれる急速なパラニトロフェノ

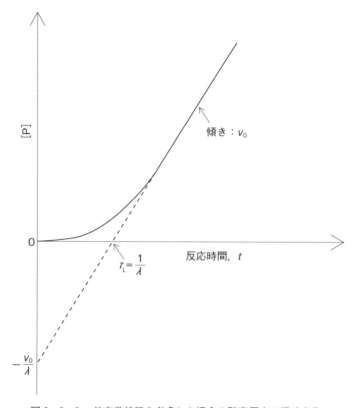

図8-3-6　前定常状態を考慮した場合の酵素反応の経時変化

ール（p-nitrophenol, pNP）の生成が観測されたあと，pNPの定常状態における直線的な生成が観測される。この事実から，これらのプロテアーゼによるpNPA加水分解機構は，酵素反応の標準式に示されたES複合体の律速的な分解により，pNP（＋酢酸）とEが生成するのではなく，最初に形成されたES中間体から迅速にpNPが生成したあと，第2の反応中間体が形成され，これの律速的分解により第2に生成物酢酸とEが生成するとする三段階モデルが提唱された。本件については，項をあらためて説明する（第8章5節；および橋田の項（第9章2節）参照）。

4 阻害と活性化

4.1 阻害と活性化の定義と分類
4.1.1 酵素の阻害と活性化

　EとSが反応する反応系において，ある化合物が加えられたとき，酵素と相互作用して，酵素活性（すなわち反応速度）が減少する場合や，増大する場合がある。活性が減少する場合，この現象を阻害（inhibition）と呼び，逆に，活性が増大する場合，これを活性化（activation）と呼ぶ。阻害を引き起こす化合物を阻害物質あるいは阻害剤（inhibitor），活性化を引き起こす化合物を活性化物質あるいは活性化剤（activator）と呼ぶ。

　酵素活性は，正しく折り畳まれた安定な酵素の構造に基づいて遂行され，k_{cat}とK_mで支配される。したがって，阻害や活性化が，酵素の構造安定性に対する作用からもたらされる場合がある。また，k_{cat}に対する作用，K_mに対する作用，あるいは，その両者に対する作用によりもたらされる場合もある。

4.1.2 添加物とリガンド

　酵素反応系に加えられる化合物は添加物（additive）と呼ばれるが，酵素に特異的に結合して，酵素活性に影響をもたらす場合には，リガンド（ligand）と呼ばれることが多い。リガンドには，酵素に作用する基質，補酵素，補因子，アロステリック因子なども含まれる。

4.1.3 阻害および活性化の広義の意味と狭義の意味

　阻害や活性化は，広義では次の2種類に大別される。一つは酵素と添加物（阻害物質や活性化物質）の結合に共有結合を伴う場合であり，他方は，共有結合を伴わず，非共有結合的な相互作用に基づいている場合である。前者は不可逆的な阻害や活性化をもたらすのに対し，後者は可逆的な阻害や活性化をもたらす。

　しかし，酵素化学で阻害や活性化というときは，狭義の意味，すなわち，非共有結合的相互作用による場合（広義の意味のうちの後者）で用いられることが多い。この場合，共有結合を伴う阻害や活性化は化学修飾（chemical modification）と呼んで区別している。本書でも，断りがなければ，阻害や活性化は狭義の意味で用いる。

4.1.4 失活

　阻害に類似の概念として失活（inactivation）がある。加熱や酸，アルカリ，尿素などにより，酵素タンパク質の構造が不可逆的な破壊（変性（denaturation））を受けて，活性が低下あるいは消失する場合に失活と呼ぶ。失活を引き起こす

要因を冠して,熱失活,尿素失活などという。化学修飾による不可逆的阻害も失活と呼ぶ。

4.1.5 拮抗阻害と混合型阻害

(狭義の)阻害を次の2種類に大別する。一つは,阻害物質(以下,Iと呼ぶ)が酵素(E)分子表面にある基質結合部位(substrate-binding site,以下Sサイトと呼ぶ)と相互作用する場合。他方は,IがSサイトとは別の部位と相互作用する場合である。この場合,この部位を阻害物質結合部位(inhibitor-binding site,Iサイト)と呼ぶ。

前者では,SサイトとIサイトが,酵素分子表面上で空間的に重複して存在するのに対し,後者ではSサイトとIサイトが離れて存在している。

前者の阻害タイプを拮抗阻害,後者を混合型阻害と分類する。

4.2 拮抗阻害(competitive inhibition)

ある化合物がSサイトに結合するとき,この化合物と基質Sの間でSサイトの奪い合いが起こり,結果的にSとSサイトとの相互作用が阻害される(図8-4-1)。このタイプの阻害を拮抗阻害(あるいは競争阻害)と呼び,この種の阻害物質を拮抗阻害物質(competitive inhibitor)と呼ぶ。拮抗阻害物質は,構造的にSに類似した化合物(基質アナログ)であることが多い。

拮抗阻害は反応式(8-4-1)式(酵素反応の基本式(8-3-8)式と同じ)および(8-4-2)式で表現できる。

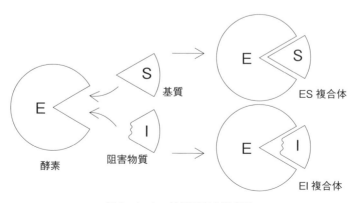

図8-4-1 拮抗阻害の模式図

$$\text{E} + \text{S} \underset{k_{-1}}{\overset{k_{+1}}{\rightleftarrows}} \text{ES} \overset{k_{+2}}{\rightarrow} \text{E} + \text{P} \tag{8-4-1}$$

$$\text{E} + \text{I} \underset{k_{-3}}{\overset{k_{+3}}{\rightleftarrows}} \text{EI} \tag{8-4-2}$$

E+S→ESの速度定数をk_{+1}；ES→E+Sの速度定数をk_{-1}；ES→E+Pの速度定数をk_{+2}；E+I⇌EIの解離平衡定数$K_i (= [\text{E}]_e[\text{I}]_e/[\text{EI}]_e)$ を阻害物質定数（inhibitor constant）と呼ぶ（以下，添え字$_e$を省略する）。これを阻害定数（inhibition constant）と呼ぶ文献があるが，紛らわしい場合（特に多基質反応における速度論）がある[24]。定義を明示して用いることが望ましい。

（8-4-1）式および（8-4-2）式を定常状態法で解くと次式が得られる。

$$d[\text{ES}]/dt = k_{+1}[\text{E}][\text{S}] - (k_{-1} + k_{+2})[\text{ES}] = 0$$
$$\therefore [\text{E}][\text{S}]/[\text{ES}] = (k_{-1} + k_{+2})/k_{+1} = K_m \tag{8-4-3}$$

K_iを次式の通り定義する。

$$K_i = [\text{E}][\text{I}]/[\text{EI}] = k_{-3}/k_{+3} \tag{8-4-4}$$

酵素初濃度$[\text{E}]_0$は次式で表される。

$$[\text{E}]_0 = [\text{E}] + [\text{ES}] + [\text{EI}] \tag{8-4-5}$$

（8-4-3）式ないし（8-4-5）式より，次式を得る。

$$[\text{ES}] = ([\text{E}]_0[\text{S}])/\{K_m(1 + [\text{I}]/K_i) + [\text{S}]\} \tag{8-4-6}$$

反応速度vは（8-4-7）式の通り表される。

$$\begin{aligned}v &= k_{+2}[\text{ES}] \\ &= (k_{+2}[\text{E}]_0[\text{S}])/\{K_m(1 + [\text{I}]/K_i) + [\text{S}]\} \\ &= (V_{\max}[\text{S}])/\{K_m(1 + [\text{I}]/K_i) + [\text{S}]\}\end{aligned} \tag{8-4-7}$$

（8-4-7）式はミカエリス-メンテン式と同型であり，ここでIが存在するときに観察される見かけのミカエリス定数K_pを次式（8-4-8）式で定義すると，（8-4-7）式は（8-4-9）式に変形される。

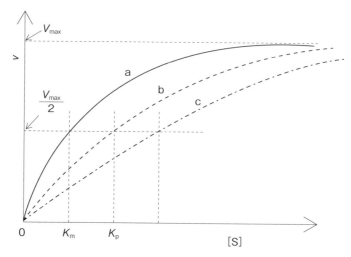

図8-4-2　拮抗阻害におけるvと［S］の関係
カーブa：拮抗阻害物質Iが非存在。
カーブb，c：Iが存在。I存在下の見かけのK_mをK_pとする。K_pは，［I］の増大あるいはK_iの減少につれて増大する。$K_p = K_m\left(1 + \dfrac{[I]}{K_i}\right)$

$$K_p = K_m(1 + [I] / K_i) \tag{8-4-8}$$

見かけのミカエリス定数K_pの値は，必ずK_m値より大きい。さらに，K_pは，［I］が増大するほど，また，K_iの値が小さいほど（すなわちIのEに対する結合力が大きいほど）増大する。

$$\begin{aligned}v &= (k_{+2}[E]_0[S]) / (K_p + [S]) \\ &= V_{max}[S] / (K_p + [S])\end{aligned} \tag{8-4-9}$$

（8-4-9）式から明らかなように，［S］≫K_pのとき，vはIが存在しない場合に観測される最大速度V_{max}に漸近し，V_{max}の1/2を与える［S］がK_pを与える（図8-4-2）。

（8-4-9）式に従って，（$1/v$対$1/$［S］）プロット，（［S］/v対［S］）プロット，（v対$v/$［S］）プロットを示す（図8-4-3）。

4.3　混合型阻害（mixed-type inhibition）

EはSサイトとは別にIサイトを持ち，IがIサイトだけに結合する場合であり，

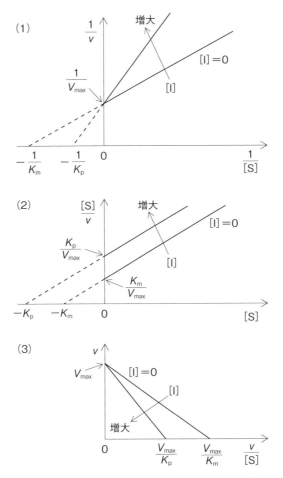

図8-4-3 拮抗阻害における3つの線型プロットの模式図
図中矢印は [I] = 0 のときの直線から [I] が存在するとき，[I] の増大につれて直線が変化する方向を示す。

SはSサイトに結合できるので，酵素・基質・阻害物質からなる三体複合体（ESI複合体あるいはESI）が形成される。ESI複合体の形成により阻害が観察されるタイプを混合型阻害と呼ぶ（図8-4-4）。

混合型阻害には，EI複合体に全く酵素活性がない場合（これを線型混合型阻害（linear mixed-type inhibition）と呼ぶ）とEより弱い活性を持つ場合（双曲線型混合型阻害（hyperbolic mixed-type inhibition））とがある[15]。実際に，EI複合体が低減した活性を示す場合もかなり観測される[49]。

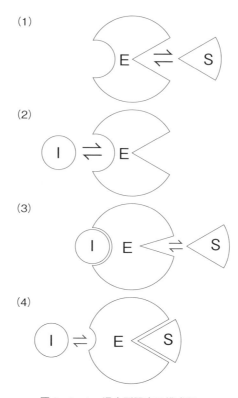

図 8-4-4 混合型阻害の模式図
(1)E + S ⇌ ES, (2)E + I ⇌ EI, (3)EI + S ⇌ ESI, (4)ES + I ⇌ ESI
(3)ではEにIが結合すると基質結合部位が，(4)ではEにSが結合すると阻害物質結合部位が歪むことに注意。

　また，Iサイトが2個（あるいはそれ以上）存在する場合も想定されるのであるが，ここでは，Iサイトは1個であり，ESI複合体には酵素活性がない場合（線型混合型阻害）を仮定して取り扱う。一般的な混合型阻害の取り扱いに関しては，成書[15,18]を参照して欲しい。

　混合型阻害では，Eに存在するSサイトとIサイトの間には相互作用（クロストーク）があると仮定する。言い換えると，SのSサイトへの結合力が，「IがIサイトに結合しておらずIサイトが空いている場合」と「IがIサイトに結合しておりIサイトが埋まっている場合」とで異なると仮定する。また，IのIサイトへの結合力が，「SがSサイトに結合しておらずSサイトが空いている場合」と「SがSサイトに結合しておりSサイトが埋まっている場合」とで異なると仮定

する。

　それぞれの場合に，SサイトとIサイト間のクロストークにより，結合力が強められる場合もあれば弱められる場合もあるとする。すなわち，両サイト間に，SやIの結合を認識して連絡しあう分子的な仕組みがあると考える。これを以下のように表す（(8-4-10) 式）。

$$E + S \underset{k_{-1}}{\overset{k_{+1}}{\rightleftarrows}} ES \ ; \ E + I \underset{k_{-3}}{\overset{k_{+3}}{\rightleftarrows}} EI \ ; \ ES \xrightarrow{k_{+2}} E + P \tag{8-4-10a}$$

$$EI + S \underset{k_{-1}}{\overset{k'_{+1}}{\rightleftarrows}} ESI \ ; \ ES + I \underset{k_{-3}}{\overset{k'_{+3}}{\rightleftarrows}} ESI \tag{8-4-10b}$$

ここで，以下のような平衡が成り立つと考える。

$K_s = k_{-1} / k_{+1} = [E][S] / [ES]$
$K_i = k_{-3} / k_{+3} = [E][I] / [EI]$
$K'_s = k'_{-1} / k'_{+1} = [EI][S] / [ESI]$
$K'_i = k'_{-3} / k'_{+3} = [ES][I] / [ESI]$
$K_s K'_i = K'_s K_i = [E][S][I] / [ESI]$

上の関係から，次の式を導く。

$[ESI] = [E][S][I] / (K'_s K_i)$

酵素種の保存式より，

$[E]_0 = [E] + [ES] + [EI] + [ESI]$

これを上の関係を代入して変形すると，

$[E]_0 = \{(K_s / [S]) + 1 + [K_s[I] / (K_i[S])] + [I] / K'_i\}[ES]$
$\therefore [ES] = [E]_0 / [\{(K_s / [S]) + (K_s[I] / (K_i[S]))\} + (1 + [I] / K'_i)]$
$= \{[E]_0 / (1 + [I] / K'_i)\} / \{1 + (K_s / [S])[1 + [I] / K_i] / (1 + [I] / K'_i)\}$
$= \{[E]_0[S] / (1 + [I] / K'_i)\} / \{[S] + K_s[1 + [I] / K_i] / (1 + [I] / K'_i)\}$

$\tag{8-4-11}$

したがって，反応速度vは次式で表される。

$$v = k_{+2}[\mathrm{ES}]$$
$$= \{k_{+2}[\mathrm{E}]_0[\mathrm{S}] / (1 + [\mathrm{I}] / K_\mathrm{i})\} / \{[\mathrm{S}] + K_\mathrm{s}(1 + [\mathrm{I}] / K_\mathrm{i}) / (1 + [\mathrm{I}] / K'_\mathrm{i})\}$$
$$= \{V_\mathrm{max}[\mathrm{S}] / (1 + [\mathrm{I}] / K'_\mathrm{i})\} / \{[\mathrm{S}] + K_\mathrm{s}(1 + [\mathrm{I}] / K_\mathrm{i}) / (1 + [\mathrm{I}] / K'_\mathrm{i})\} \tag{8-4-12}$$

ここで，V_maxはIが存在しない場合の最大速度である。

$$V_\mathrm{max} = k_{+2}[\mathrm{E}]_0$$

Iが存在する場合の見かけのミカエリス定数と見かけの最大速度をそれぞれK_pとV_pとおくと，これらは以下のように表される。

$$K_\mathrm{p} = K_\mathrm{s}[1 + [\mathrm{I}] / K_\mathrm{i}] / [1 + [\mathrm{I}] / K'_\mathrm{i}] \tag{8-4-13}$$
$$V_\mathrm{p} = V_\mathrm{max}[1 + [\mathrm{I}] / K'_\mathrm{i}] \tag{8-4-14}$$

（8-4-12）式は以下のように変形できる。混合型阻害の速度式（8-4-15)式はミカエリス-メンテン式と同型である。

$$v = V_\mathrm{p}[\mathrm{S}] / ([\mathrm{S}] + K_\mathrm{p}) \tag{8-4-15}$$

（8-4-14）式から，Iが存在するときの最大速度は，Iが存在しないときの最大速度に比べて$1/[1+[\mathrm{I}]/K'_\mathrm{i}]$だけ小さい，すなわち阻害がかかる。一方，（8-4-13）式から，ミカエリス定数は，K_iとK'_iの大きさに依存して$[1+[\mathrm{I}]/K_\mathrm{i}]/[1+[\mathrm{I}]/K'_\mathrm{i}]$が＞1の場合も＜1の場合も取りうることがわかり，全ての場合に阻害がかかるわけではない（図8-4-5）。

すなわち，IがEに対して結合するときの結合力（$1/K_\mathrm{i}$）が，IがES複合体に結合するときの結合力（$1/K'_\mathrm{i}$）よりも大きい（すなわち$K_\mathrm{i} < K'_\mathrm{i}$）とき，$K_\mathrm{p} > K_\mathrm{s}$となり，SがSサイトに結合する結合力はIの存在により弱められる。一方，IがEよりもESの方に強く結合するときは，$K_\mathrm{p} < K_\mathrm{s}$となり，SのSサイトへの結合力はIの存在により増強されることになる。

（線型）混合型阻害の特別な場合として，以下に非拮抗阻害と不拮抗阻害を紹介する。

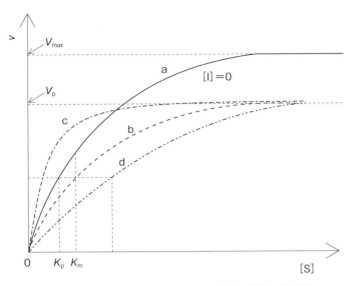

図8-4-5 混合型阻害におけるvと[S]の関係の模式図
カーブaは阻害物質が存在しない場合であり、V_{max}とK_mが求められる。
カーブb, c, dは阻害物質が存在する場合。
カーブbでは、$K_p = K_m$であるが$V_p < V_{max}$；
カーブcでは、$K_p < K_m$, $V_p < V_{max}$；
カーブdでは、$K_p > K_m$, $V_p < V_{max}$の例を示す。

4.4　非拮抗阻害（非競争阻害）(non-competitive inhibition)

　混合型阻害において、SサイトとIサイトの間に相互作用がなく、両サイトが互いに独立である場合を考える。このとき、Iは遊離のEに結合してEI複合体を形成するが、同じ結合力でES複合体にも結合してESI複合体を形成する。ESI複合体は、酵素活性を完全に喪失しており、Pを生産しないとする。この場合に、次の関係が成り立つ。

$$K'_s = K_s;\ K'_i = K_i \tag{8-4-16}$$

したがって、（8-4-12）式は次式（8-4-17）式のように変形できる。

$$v = \{V_{max}[S] / (1 + [I] / K_i)\} / (K_s + [S]) \tag{8-4-17}$$

また、混合型阻害の式（8-4-15）式において、以下の関係が成り立つ。

$$K_p = K_s \tag{8-4-18}$$

$$V_p = V_{max} / (1 + [I] / K_i) \tag{8-4-19}$$

すなわち，Iが存在する場合の見かけのK_sであるK_pは，Iが存在しない場合のK_sと同じ値である。一方，Iが存在する場合の見かけの最大速度V_pはIが存在しない場合の最大速度V_{max}に比べ$1/(1+[I]/K_i)$に低下する。このタイプの混合型阻害を非拮抗阻害（あるいは非競争阻害）と呼ぶ。

4.5 不拮抗阻害（不競争阻害）(un-competitive inhibition)

混合型阻害の特別な場合の二つめは，Iが遊離のEに結合できないが，ES複合体には結合できてESI複合体を形成する場合である。ESI複合体は酵素活性を喪失しており，Pを生産しないと考える。この場合，IのEに対する結合定数（$1/K_i$）が実質的にゼロであると考えてよいことから，次式が成り立つ。

$$K_i = \infty \quad (すなわち 1 / K_i = 0) \tag{8-4-20}$$

これを用いて，(8-4-12)式は，次のように変形できる。

$$v = \{V_{max}[S] / (1 + [I] / K'_i)\} / \{\{K_s / (1 + [I] / K'_i)\} + [S]\} \tag{8-4-21}$$

したがって，K_pとV_pは以下のように表される。

$$K_p = K_s / (1 + [I] / K'_i) \tag{8-4-22}$$

$$V_p = V_{max} / (1 + [I] / K'_i) \tag{8-4-23}$$

この場合には，Iが存在するときの見かけのK_sであるK_pと見かけの最大速度であるV_pはともに，Iが存在しないときの値に比べて，同じ割合$1/(1+[I]/K'_i)$だけ低下する。I存在下に最大速度が減少することから，Iは阻害的に作用するといえるが，ミカエリス定数はI存在下にK_sより減少するため，基質低濃度域ではIが存在しない場合よりも高い活性がもたらされる場合がある。(8-4-21)式で表されるタイプの混合型阻害を不拮抗阻害（あるいは不競争阻害）と呼ぶ。

4.6 各阻害様式と速度パラメータ

上記（4.1項から4.5項）の各阻害様式と速度パラメータをまとめる[14,26]。

表8-4-1　各阻害様式における速度パラメータ

阻害様式	見かけの最大速度 V_p	見かけのミカエリス定数 K_p
拮抗阻害	V_{max}	$K_m(1+[I]/K_i)$
混合型阻害	$V_{max}/(1+[I]/K'_i)$	$K_m(1+[I]/K_i)/(1+[I]/K'_i)$
非拮抗阻害	$V_{max}/(1+[I]/K_i)$	K_m
不拮抗阻害	$V_{max}/(1+[I]/K'_i)$	$K_m/(1+[I]/K'_i)$

　上で取り扱った基質定数 $K_s(=k_{-1}/k_{+1})$ は，実質的にミカエリス定数 $K_m[=(k_{-1}+k_{+2})/k_{+1}=K_s+(k_{+2}/k_{+1})]$ として取り扱う。

　各阻害様式において，Iが存在する場合に観測される見かけの最大速度 V_p と見かけのミカエリス定数 K_p は，表8-4-1のようにまとめられる。ここで，Iが存在しない場合の最大速度とミカエリス定数は V_{max} と K_m である。

　拮抗阻害と非拮抗阻害が相互に対称性がよいためか，並列して論じられることが多いのであるが，本稿では，阻害を拮抗型と混合型に大分類した上で，混合型の特別な場合として非拮抗型と不拮抗型のサブ分類をおいた。

　図8-4-6に，それぞれの阻害様式に対するミカエリス-メンテン式の線型プロットを示す。混合型阻害の場合，$V_p<V_{max}$ が必ず成り立つが，K_p と K_m の関係については，$K_p>K_m$ と $K_p<K_m$ の場合がある。

　図8-4-6に示した（$1/v$）対（$1/[S]$）プロットにおいて，傾きは，$K_p/V_p=K_m/V_{max}(1+[I]/K_i)$ で与えられるので，Iが存在する方がI非存在の場合に比べて大きい値をとる。一方，交点（x, y）は，図に示したように第二象限（$x<0, y>0$）にある場合の他に，第三象限（$x<0, y<0$）にある場合もあることに注意して欲しい。

4.7　阻害様式を判定するためのディクソン プロットとコーニッシュボウデン プロット[14,18]

4.7.1　ディクソン プロット

　（$1/v$）対 [I] プロットから，K_i を求める方法であり，これを「阻害のディクソン プロット（Dixon plot）」と呼ぶ（ディクソン プロットには，これとは別に，「pH効果のディクソン プロット」があり区別している）。

　ある酵素濃度 $[E]_0$ 存在下に，ある一定の [S]（このときの [S] を $[S]_1$ とする）で，[I] を様々に変化させて酵素活性を測定する。次いで，同じ $[E]_0$ 存在下に，別の [S]（このときの [S] を $[S]_2$ とする），[I] を変化させて酵素活

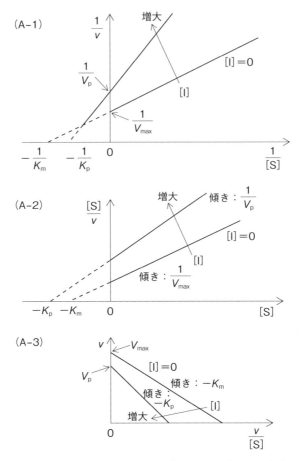

図8-4-6(A) 混合型阻害に関する線型プロットの模式図——一般的な場合

性を測定する。

拮抗阻害の速度式（(8-4-7)式）を変形して，拮抗阻害のディクソン式（(8-4-24)式）を得る。

$$(1/v) = (1/V_{max})\{1 + (K_m/[S])\} + \{K_m/(V_{max}[S]K_i)\}[I] \tag{8-4-24}$$

[S]が$[S]_1$と$[S]_2$において，縦軸（y軸）に（$1/v$）を，横軸（x軸）に[I]をプロットすると，それぞれ右上がりの直線が得られ，その交点座標は（$-K_i$, $1/V_{max}$）であり第二象限にある。すなわち，交点座標から，K_iとV_{max}が

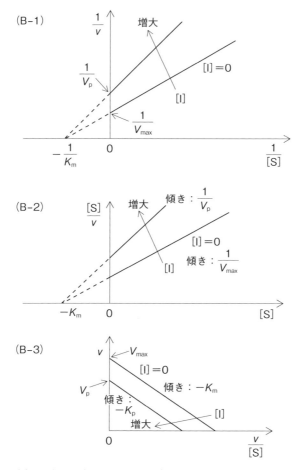

図8-4-6(B) 混合型阻害に関する線型プロットの模式図—非拮抗阻害の場合

求められる。

一方，混合型阻害については，EI複合体が低減した活性を持つ双曲線混合型の場合，ディクソン プロットは曲線になるが，EI複合体が活性を持たない線型混合型の場合は直線になる[15]。（8-4-12）式を変形して，（線型）混合型阻害のディクソ式（8-4-25）式を得る。

$$(1/v) = (1/V_{max})\{1 + (K_m/[S])\} + (1/V_{max})[(1/K'_i) + \{K_m/([S]K_i)\}][I] \tag{8-4-25}$$

この場合も，[S] が $[S]_1$ と $[S]_2$ において，y 軸に $(1/v)$ を，x 軸に $[I]$

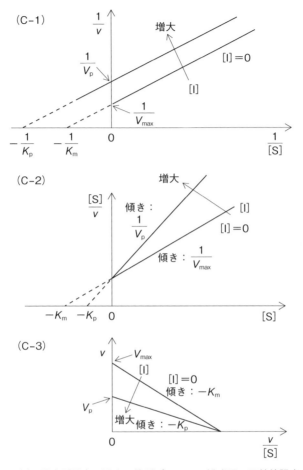

図 8-4-6(C) 混合型阻害に関する線型プロットの模式図—不拮抗阻害の場合

をプロットすると，直線が得られ，その交点座標は $(-K_i, (K'_i-K_i)/(V_{max}K'_i))$ である。これから K_i が求められる。I の ES 複合体に対する結合が E に対する結合より弱いと考えると，$K'_i > K_i$ であり，交点は第二象限 ($x<0$, $y>0$) にくるが，I の ES 複合体に対する結合が E に対する結合より強い場合には，$K'_i < K_i$ となり，交点は第三象限 ($x<0$, $y<0$) にくる。

混合型阻害の特別な例である不拮抗型では，$K_i = K'_i$ が成り立つため，(8-4-17) 式を変形して，不拮抗阻害のディクソン式 (8-4-26) 式を得る。このとき，交点座標は $(-K_i, 0)$ であり，x 軸上にくる。これから K_i が求められる。

$$(1/v) = (1/V_{\max})\{1 + (K_{\mathrm{m}}/[\mathrm{S}])\} + \{(K_{\mathrm{m}} + [\mathrm{S}])/$$
$$(V_{\max}[\mathrm{S}]K_{\mathrm{i}})\}[\mathrm{I}] \qquad (8\text{-}4\text{-}26)$$

不拮抗阻害の場合は，$K_{\mathrm{i}} = \infty$ であり，ディクソン プロットは異なる [S] に対して，右上がりの平行線を与えるため交点が定まらない。

ディクソン プロットの利点は，測定に用いているSの K_{m} 値が未知の場合でも K_{i} を決定できる点である。一方，不便な点は，本プロットだけから全ての阻害様式を判別することが難しい点である。

上述した通り，ディクソン プロットから非拮抗型と不拮抗型の判別が可能であるが，拮抗型と混合型の判別は困難である。この欠点を補う方法として，ディクソン プロットと（阻害様式判別のための）コーニッシュボウデン プロットとの併用が提案されている[15,18,50]。

4.7.2 コーニッシュボウデン プロット

ここでは深く立ち入らないが，（阻害様式判別のための）コーニッシュボウデン プロットがある[50]。これはディクソン プロットと同様に，ある [S]（例えば，$[\mathrm{S}]_1$ と $[\mathrm{S}]_2$）において，[I] を様々に変化させて v を測定し，y 軸に $[\mathrm{S}]/v$ を，x 軸に [I] をプロットするものである。拮抗型では，x の増大につれ y も増大する右上がりの平行線が与えられるが，非拮抗型では，右上がり直線が x 軸上の $(-K_{\mathrm{i}}, 0)$ に交点を与える。混合型では第三象限（$K_{\mathrm{i}}' > K_{\mathrm{i}}$ のとき）あるいは第二象限（$K_{\mathrm{i}}' < K_{\mathrm{i}}$ のとき）に交点を持つ右上がり直線を与える。不拮抗型では，第二象限に交点がくる。

すなわち，コーニッシュボウデン プロットでは拮抗型と非拮抗型の判定は可能であるが，混合型と不拮抗型の判別が困難である。よって，ディクソン プロットと組み合わせることにより，非拮抗，不拮抗，拮抗型阻害が確定できることになる。

図8-4-7にディクソン プロットとコーニッシュボウデン プロットを示す。

【クイズ】

Q8-4-1 拮抗阻害，混合型阻害，非拮抗阻害，不拮抗阻害について，$([\mathrm{S}]/v)$ の [I] に対する式を導きなさい。

4.8 強固結合型阻害（tight-binding inhibition, TB阻害）[51~54]

上で述べた阻害は，$[\mathrm{E}]_0$ が [S] や [I] に比べて圧倒的に小さい条件で起こ

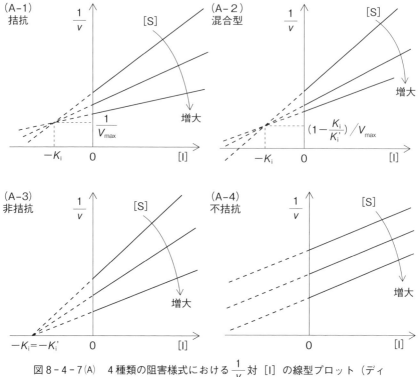

図8-4-7(A) 4種類の阻害様式における $\frac{1}{v}$ 対 [I] の線型プロット（ディクソン プロット）

K_i は $EI \rightleftarrows E + I$, K_i' は $ESI \rightleftarrows ES + I$ の解離平衡定数。

る可逆的阻害であり，EとSおよびIの間の平衡は迅速に達成されるものとして扱われている。一方，この条件を満たさない阻害がある。例えば，$[E]_0$ にほぼ匹敵するような低濃度の [I] で阻害が起こり，しかもEとIの間で迅速に平衡が成立する場合であり，このタイプの阻害を強固結合型阻害（tight-binding inhibition，TB阻害）と呼ぶ。

本項は，滝田による記述（第8章）とも関係するので，あわせて読んでいただきたい。

ストレプトミセスズブチリシンインヒビター（SSI）は微生物ストレプトミセスが生産するタンパク質である。SSIは分子量11,500のサブユニット（I）からなる2量体（I_2）であり，1分子のIが，1分子の酵素ズブチリシン（以下，E）の基質結合部位に強く結合して阻害する拮抗阻害物質である。2量体SSIが

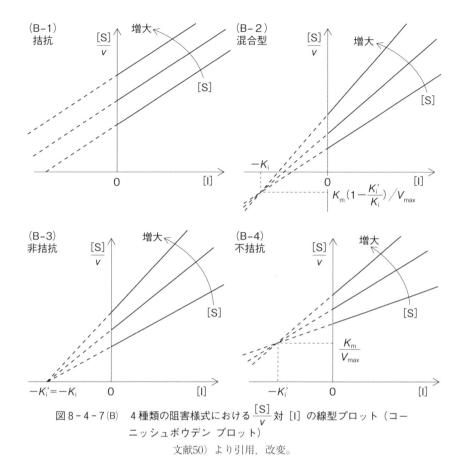

図8-4-7(B)　4種類の阻害様式における $\frac{[S]}{v}$ 対 [I] の線型プロット（コーニッシュボウデン プロット）

文献50）より引用，改変。

2分子のEと結合して，E_2I_2複合体を作る[55〜58]。以下，簡便のため，EとIがEI複合体を形成するものとして説明する。

I存在下にEの活性（v_0）を測定する。基質Sとして，酢酸パラニトロフェニル（p-nitrophenyl acetate, pNPA）を用いる。Sは無色である。生成物としてはパラニトロフェノール（p-nitrophenol, pNP）と酢酸の2種類が生じるが，pNPは強い黄色を呈するので，これの405 nmの吸光度（A_{405}）を観測することにより反応を追跡する。

SとIを予め混合しておき，この（S＋I）混合液にEを加えて反応を開始させる。ここで，[S]≫[E]$_0$である。SとIはEに対して競合する。Iと結合したEはEI複合体を作り，他方，Sと結合したEはES複合体を作り，続いて生成物を

生成する（図8-4-8）。

図8-4-8(A)のように，反応開始からpNPが直線的に生成され，その傾きからv_0を求める。[I]の増大につれてv_0は減少する。v_0を$[I]_0$(M)と$[E]_0$(M)の比$[I]_0/[E]_0$に対してプロットすると，図8-4-8(B)のようになる。IのEに対する結合が極めて強い場合は，v_0は$[I]_0/[E]_0$の増大につれて，ほぼ直線的に減少し，$[I]_0/[E]_0=1$(M/M)のときにゼロとなる（図中のカーブa）。一方，

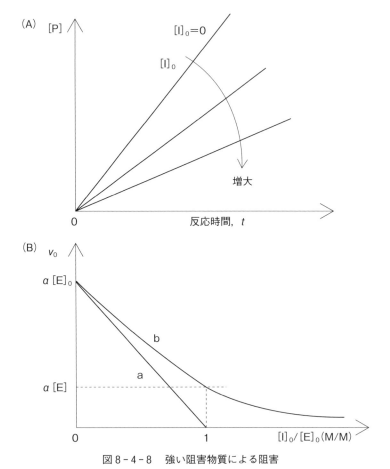

図8-4-8　強い阻害物質による阻害
(A) 阻害物質I存在下の生成物P生成の経時変化。直線の傾きから$[I]_0$存在下のv_0を求める。v_0は$[I]_0$の増大につれて減少する。
(B) v_0と$[I]_0/[E]_0$(M/M)の関係。カーブaは非常に強固な阻害，カーブbはそこそこ強固な阻害。$[I]_0/[E]_0=1$のとき，遊離状態で存在するEによる活性が現れる。

両者の結合がそれほど強くない場合は，$[I]_0/[E]_0 = 1(M/M)$ でもEI複合体を形成せずに残存している遊離のEに起因する酵素活性が観測され，v_0はゼロより大きい値をとる（カーブb）。SSIによるズブチリシンの阻害ではカーブaのようになるが，α-キモトリプシンの阻害では，カーブbのようになる。

EとIの間に以下の平衡が成立する。EI複合体形成の反応速度定数をk_{+1}，EI複合体の解離の反応速度定数をk_{-1}とする。

$$E + I \underset{k_{-1}}{\overset{k_{+1}}{\rightleftarrows}} EI \tag{8-4-27}$$

阻害物質定数　$K_i = k_{-1}/k_{+1} = [E]_e[I]_e/[EI]_e$ 　(8-4-28)

ここで，$[E]_e$, $[I]_e$, $[EI]_e$は酵素，阻害物質，EI複合体の平衡濃度。$[E]_0$をe_0，$[I]_0$をi_0，$[EI]_e$をxとおくと，（8-4-28）式は次のように変形される。

$$K_i = (e_0 - x)(i_0 - x)/x \tag{8-4-29}$$

$[E]_0 = [I]_0$のとき，（8-4-29）式は次式になる。

$$K_i = (e_0 - x)^2/x \tag{8-4-30}$$

$$x = [2e_0 + K_i \pm (4e_0K_i + K_i^2)^{1/2}]/2 \tag{8-4-31}$$

この式で+のときは$x > e_0$であり不合理。よって，-を選択する。いま，$K_i \ll e_0$とすると，$K_i^2 \ll 4e_0K_i$となり，

$$x \fallingdotseq e_0 + (K_i/2) - (e_0 K_i)^{1/2} \tag{8-4-32}$$

$$\therefore [E] = e_0 - x \fallingdotseq (e_0 K_i)^{1/2} - (K_i/2) \tag{8-4-33}$$

（8-4-33）式は，$[E]_0 = [I]_0$のときに観測される遊離の酵素濃度（平衡濃度$[E]_e$）を表しており，この酵素濃度に相当する酵素活性が $[I]_0/[E]_0 = 1(M/M)$ のとき観測される。

図8-4-8(B)において，$[I]_0/[E]_0 = 0$のときに，酵素活性v_0は$[E]_0$により与えられ，これを相対活性1とする。一方，$[I]_0/[E]_0 = 1(M/M)$のときは，（8-4-33）式から，相対活性が次式（8-4-34）式で表される。

$$[E]/[E]_0 = (e_0 - x)/e_0$$
$$\fallingdotseq [(e_0 K_i)^{1/2} - (K_i/2)]/e_0$$
$$= (K_i/e_0)^{1/2} - (1/2)(K_i/e_0) \quad (8\text{-}4\text{-}34)$$

　この式から，$K_i \ll e_0$ のとき，$[I]_0/[E]_0 = 1 (M/M)$ における $[E]/[E]_0$ はゼロに近似することがわかる。すなわち，$[E]_0$ に比べて K_i が圧倒的に小さい場合には，$[I]_0/[E]_0 = 1 (M/M)$ において，ほとんど全てのEとIはEI複合体として存在し，遊離で存在する酵素は極めて少ないため，実質的に酵素活性が観測されない。

　(8-4-34) 式から，$[I]_0/[E]_0 = 1 (M/M)$ における $[E]/[E]_0$ の値は，$K_i = (1/100) e_0$ のとき 0.10；$K_i = (1/25) e_0$ のとき 0.18；$K_i = (1/9) e_0$ のとき 0.28；$K_i = e_0$ のとき 0.5 になる。もし，$[I]_0/[E]_0 = 1 (M/M)$ において，わずかながら酵素活性が観測される場合には，(8-4-34) 式から K_i の値を計算できる。

　SSIのような強固な拮抗阻害物質を酵素に添加すると（$[I]_0 \ll [E]_0$），添加したIは実質的に全てEI複合体となるため，加えた $[I]_0$ に相当する $[EI]_0$ が生成し，その分だけ酵素濃度の減少を引き起こす。すわなち，遊離の酵素濃度 $[E]$ は，$[E]_0 - [I]_0$ となる。

　一般の拮抗阻害では，Eに対するIの結合力（$1/K_i$）はEに対するSの結合力（$1/K_m$）とほぼ同程度であり，$[S] \gg [I]$ のときには，Eの基質結合部位（Sサイト）がSで占有されてしまい，Iが結合できなくなり，阻害効果が見られなくなる（図8-4-9，カーブe）。

　一方，Eに対するIの結合力がSに比べて圧倒的に大きい場合（$K_i \ll K_s$）には，IがEのSサイトに強固に結合するため，$[S]$ が十分大きい場合でもSのSサイトへの結合が起こりにくくなる。その結果，酵素活性は残存している酵素濃度 $[E] (= [E]_0 - [I]_0 = [E]_0 - [EI])$ によりもたらされる。すなわち，形式的には，酵素活性部位をSとIが拮抗的に奪い合う形であるが，実質的にはSが競争に参加することなく，$[E]$ の減少が起こる。残存している酵素による酵素反応では，EI複合体の形成分だけ V_{max} は減少するが，Eに対するSとIによる競合が実質的に起こらないとみなせるので，K_m は変化しないことになる（図8-4-9，カーブa～d）。これは，見かけ上，非拮抗阻害と同じ現象である。

　したがって，このような強固な阻害物質による拮抗阻害の場合，その阻害様式をラインウィーバー-バーク プロットなどの線型式で判定しようとすると，実際の阻害様式とは異なり，非拮抗型と判定されることに注意が必要である。

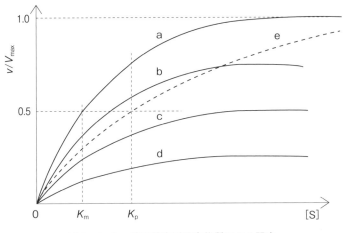

図8-4-9　強固結合型阻害物質による阻害

カーブa：阻害物質なし。
カーブb, c, d：強固結合型阻害物質Iを加えた。b, c, dの順で［I］が増大。
カーブe：一般的な拮抗阻害物質を加えた。
　　　　縦軸は，I存在下のvをI非存在下（カーブa）のときの最大速度V_{max}に対する相対値として表した。

逆に言うと，線型プロットで非拮抗型阻害と判定されたからと言って，反応機構上は強固な拮抗型阻害である可能性が残されているということである。

このような場合，K_iを正確に求めるのは困難なことが多い。SSIやダイズトリプシンインヒビター（STI）のような強固なプロテアーゼ阻害物質の場合，ストップトフロー装置を用いてEとIの会合速度定数k_{+1}が求められた。また，単離したEI複合体が極めて緩慢に（E＋I）へと解離して現われるEの活性を測定することにより，EI複合体解離速度定数k_{-1}が求められ，k_{+1}とk_{-1}とからK_i（＝k_{-1}/k_{+1}）が算出されている[59]。

4.9　緩慢結合型阻害（slow-binding inhibition, SB阻害）および緩慢強固結合型阻害（slow-and-tight-binding inhibition, STB阻害）

SとIの混合液（S＋I）にEを加えることにより，酵素反応を開始するとき，反応速度が，反応初期にはIが存在しないときと同じ速度で立ち上がるが，時間経過とともに徐々に低下してくることがある。これは，Eと拮抗型阻害物質Iの間の結合が，反応開始後ゆっくりと達成されることに起因する。このような阻害を緩慢結合型阻害（SB阻害）と呼ぶ。SB阻害には，Eに対する強固な結合

(tight-binding, TB) を伴う場合と伴わない場合とがある。前者を特に緩慢強固結合型阻害 (STB阻害) と呼び, 通常の緩慢結合型阻害とは区別している[51]。

可逆的な拮抗型阻害物質Iを, Eに対する結合力とE, I, およびEI複合体の間の平衡が達成される時間から分類する (表8-4-2)[51]。

図8-4-10に緩慢結合型阻害 (SB阻害) の反応カーブを示す。

SB阻害では, (S+I) 混合液にEを添加して反応を開始すると, 反応初期に,

表8-4-2 可逆的な拮抗型の酵素阻害物質の分類

阻害物質の分類	$[E]_0$と$[I]_0$の関係	E, IとEIの間の平衡達成時間
古典的	$[I]_0 \gg [E]_0$	迅速
強固結合型 (TB)	$[I]_0 \simeq [E]_0$	迅速
緩慢結合型 (SB)	$[I]_0 \gg [E]_0$	緩慢
緩慢強固結合型 (STB)	$[I]_0 \simeq [E]_0$	緩慢

$[E]_0$と$[I]_0$はそれぞれ酵素と阻害物質の初濃度 (全濃度) である。

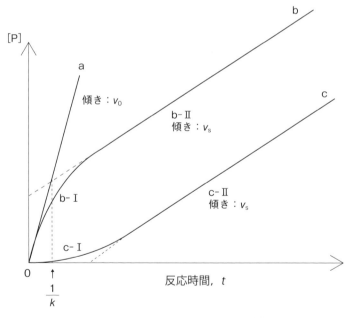

図8-4-10 緩慢結合型阻害の経時変化
カーブa：E＋Sの反応
カーブb：E＋(S＋I)の反応
カーブc：(E＋I)＋Sの反応
文献51) より引用, 改変。

迅速な反応が見られる（カーブbの反応開始直後の直線部分，b-I）。このとき，時間ゼロにおける速度は，Iが存在しないときの定常状態速度（カーブa）と同じである。しかし，反応の進行につれて速度は徐々に低下し，新たな定常状態の反応（カーブbの反応が進行して落ち着いた直線部分，b-II）に落ち着く。カーブbの反応初期の直線部分b-Iは，反応開始直後の定常状態速度v_iを与えるが，これはIが存在しないとき（カーブa）に観測される定常状態速度v_0と同じ値をとる。

一方，EとIをまず混合しておいて，予めEI複合体を形成させておき，これにSを加えて反応を開始させると，反応開始直後からEI複合体の解離がゆっくり起こり（カーブcのc-I），遊離してくるEの増大に伴い徐々に速度が上がり，新たな定常状態反応に落ち着く（カーブcの反応が進行して落ち着いた直線部分，c-II）。生成物阻害や基質阻害がないとすると，反応カーブbとcにおいて，反応が進行したあと落ち着いたときの定常状態速度v_sは同じ値になる。

4.10 緩慢結合型阻害（SB阻害）の反応機構

緩慢結合型阻害（SB阻害）について，反応機構（機構A，機構B）が提案されている。ここでは，拮抗型阻害を想定している。

Iが緩慢な異性化を伴って阻害活性の高い分子種I^*へ変化する場合や，Eがより強固にIと結合する分子種E^*へ緩慢に変化する場合にも，緩慢な阻害が現われる可能性があるが，本項で扱うSB阻害は，これらの場合は考慮していないことに注意して欲しい。

機構A：Eの基質結合部位（Sサイト）にIの結合を妨げる何らかの障害物があるために，EI複合体の形成が遅い場合である（(8-4-35)式）。

機構B：IとEが迅速に結合してEI複合体を形成するが，これがゆっくりと異性化（コンホメーション変化）して，EI複合体より安定な$(EI)^*$複合体に変化する場合である。機構AとBでは，$\rightleftharpoons$で表した過程が緩慢な過程である（(8-4-36)式）。

機構A

$$E + S \underset{k_{-1}}{\overset{k_{+1}}{\rightleftarrows}} ES \overset{k_{+2}}{\rightarrow} E + P\,;\ E + I \underset{k_{-3}}{\overset{k_{+3}}{\rightleftharpoons}} EI \qquad (8\text{-}4\text{-}35)$$

機構B

$$E + S \underset{k_{-1}}{\overset{k_{+1}}{\rightleftarrows}} ES \overset{k_{+2}}{\rightarrow} E + P \,;\, E + I \underset{k_{-3}}{\overset{k_{+3}}{\rightleftarrows}} EI \underset{k_{-4}}{\overset{k_{+4}}{\rightleftharpoons}} (EI)^* \qquad (8\text{-}4\text{-}36)$$

機構Aでは，EI複合体形成がES複合体形成に比べ十分遅いため，I存在下の反応初速度v_iは[I]に依存しない。すなわち，時間ゼロにおける反応初速度v_iは，Iが存在しない場合の初速度v_0と同じ値になる。

一方，機構Bでは，酵素反応初期においてEI複合体とES複合体の形成が並行して起こるので，v_iは[I]の増大につれて減少する。

よって，v_iの[I]に対する依存性を調べることにより，観測された緩慢結合型阻害が機構AとBのいずれによるのかの判別が可能である。以下に，より詳細に検討する。

(S+I)混合液にEを添加して反応を開始する場合，P生成の経時変化は，(8-4-37)式で与えられる。

$$[P] = v_s t + (v_i - v_s)[1 - \exp(-kt)] / k \qquad (8\text{-}4\text{-}37)$$

ここで，v_iは図8-4-10のカーブbのb-I部分の定常状態速度であり，カーブaの速度v_0に等しい。v_sはカーブbのb-II部分の定常状態速度，kは反応速度がv_iからv_sへ遷移するときの一次反応速度定数である。この式の取り扱いは，前定常状態の取り扱いと同様に行うことができる（(8-3-56)式を参照）[22,51,52,54]。

機構Aでは，緩慢な阻害がEとIの緩慢な結合（k_{+3}）およびEI複合体の解離（k_{-3}）に依存すると考えられるので，見かけの一次速度定数kは両過程の速度定数の和で表される（(8-4-38)式）。ここで，EI複合体形成の速度定数は見かけの値（$k_{+3,\,\mathrm{app}}$）になる。

$$k = k_{-3} + k_{+3,\,\mathrm{app}}[I] \qquad (8\text{-}4\text{-}38)$$

したがって，機構Aの場合，(8-4-38)式により，kを[I]に対してプロットすると，直線が得られ，縦軸切片からk_{-3}が，傾きから$k_{+3,\,\mathrm{app}}$が得られる。一方，機構Bでは線型関係にならない（後述）ので，k対[I]プロットにおいて直線が与えられれば，機構Aによっていると考えてよい。

定常状態速度v_sに対する見かけの阻害物質定数を$K_{i,\,\mathrm{app}}$とおくと，これはIが存在しないときの初速度v_0とIが存在するときの速度v_sの比（v_s/v_0）が0.5となるときの[I]で与えられ，この値をIC$_{50}$と呼ぶ（(8-4-39)式）。

$$K_{i,\text{app}} = k_{-3} / k_{+3,\text{app}} \tag{8-4-39}$$

$K_{i,\text{app}}$の意味するところは阻害様式により異なり，拮抗阻害の場合，$k_{+3,\text{app}}$は次式（(8-4-40)式）の内容を持つ。

$$k_{+3,\text{app}} = k_{+3} / (1 + [S] / K_s) \tag{8-4-40}$$

k 対 $[I]$ プロット（(8-4-38)式）から求められたk_{-3}および$k_{+3,\text{app}}$から，見かけの阻害物質定数$K_{i,\text{app}}$（(8-4-39)式）が求められる。また，(8-4-40)式において$[S]$とK_s（あるいはK_m）を用いて，k_{+3}が求められる。

機構Bの場合，図8-4-10におけるカーブbのb-I部分の速度v_iもb-II部分の速度v_sも，$[I]$が増大するにつれて減少する。v_iからv_sへの遷移の見かけの一次速度定数kは（8-4-41）式で表される[51,52,54]。

$$k = k_{-4} + \{k_{+4}[I] / (K_{i,\text{app}} + [I])\} \tag{8-4-41}$$

ここで，$K_{i,\text{app}}$は第一段階のEとIの結合過程（E+I⇌EI）に対する見かけのK_iであり，機構Aで定義したのと同様に，$K_{i,\text{app}} = k_{-3}/k_{+3,\text{app}}$である。（8-4-41）式の右辺第2項はミカエリス-メンテン式の右辺と同型であり，kを$[I]$に対してプロットすると，$[I] = 0$のときの縦軸kの値からk_{-4}が求められる。$[I]$が増大するにつれ，kは増大し，ミカエリス-メンテン型の飽和曲線を描く。$[I]$が∞にテンドすると，kは極大値 $k_{\max}(= k_{+4} + k_{-4})$に漸近する。したがって，このプロットから$k_{+4}$と$k_{-4}$を求めることができる。また，$[I]$の増大に伴う$k$の全変化（すなわち$[I] = 0$のときの$k_{-4}$から$[I] = \infty$のときの$k_{\max}$までの変化）の中点 $[k = k_{-4} + (k_{+4}/2)]$ を与える $[I]$ は$K_{i,\text{app}}$となる。

第二段階の異性化過程 $[EI⇌(EI)^*]$ を含むオーバーオールの阻害物質定数K_i^*が真の阻害物質定数であるが，これは以下の式で表される。ここで$K_i = k_{-3}/k_{+3}$である。

$$\begin{aligned}K_i^* &= [E][I] / ([EI] + [EI^*]) \\ &= K_i\, k_{-4} / (k_{+4} + k_{-4}) \\ &= K_i / [1 + (k_{+4} / k_{-4})]\end{aligned} \tag{8-4-42}$$

すなわち，オーバーオールの阻害物質定数K_i^*は，第一段階で形成されるEI複合体の阻害物質定数K_iより $[1 + (k_{+4}/k_{-4})]$ だけ小さい値となる。

この式からわかるように，緩慢な阻害が観測されるには，EI→$(EI)^*$の反応

が，(E+I)→EIの反応に比べて，十分遅い（$k_{+4} \ll k_{+3}$）必要があるが，それだけでは不十分で，(EI)*→EIの変換も十分遅くないといけない（$k_{-4} \ll k_{+3}$）。しかも，EIより(EI)*がより安定な複合体であるためには，$K_i^* \ll K_i$でなければならないので，EI→(EI)*の反応は(EI)*→EIの反応に比べて十分速い必要がある。すなわち，機構Bに従う緩慢結合型阻害がみられるためには，$k_{+3}, k_{-3} \gg k_{+4} \gg k_{-4}$である必要がある。

一方，見かけのK_i（すなわち$K_{i, app}$）および見かけのK_i^*（$K_{i, app}^*$）は，Iが存在しないときの反応初速度v_0，およびIが存在するときの時間ゼロにおける反応初速度v_iと定常状態速度v_sとから，グラフ的に求めることができる[54]。

$$v_i / v_0 = 1 / [1 + ([I] / K_{i, app})] \qquad (8\text{-}4\text{-}43)$$

$$v_s / v_0 = 1 / [1 + ([I] / K_{i, app}^*)] \qquad (8\text{-}4\text{-}44)$$

(8-4-43)式および(8-4-44)式に従って，v_i/v_0およびv_s/v_0を[I]に対してプロットする。v_i/v_0およびv_s/v_0は，[I]=0のとき，それぞれ1であるが，[I]の増大につれて減衰し，[I]=∞のときゼロになる。それぞれの値が0.5となるときの[I]をIC_{50}とすると，IC_{50}はそれぞれ$K_{i, app}$と$K_{i, app}^*$を与える。

緩慢結合型（SB）阻害および強固結合型（TB）阻害の特別な場合として緩慢強固結合型阻害（STB阻害）が提案されている[51]。

一般的な阻害では，反応系において$[E]_0 \ll [I]_0$であることを前提にしている。しかし，TB阻害では，(E+I)とEI複合体の間の平衡が圧倒的にEI複合体側に偏ってしまうので，$[E]_0$と$[I]_0$が同程度の濃度域でも阻害が観測される。一方，強固な阻害がゆっくりと観測される場合があり，これを特に緩慢強固結合型（STB）阻害と呼んでいる。具体的な反応例については，文献[51,52,54]を参照して欲しい。

(E+I)が会合してEI複合体が形成されるとき，複合体形成のオーバーオールの速度定数をk_{+1}，EI複合体の解離のオーバーオールの速度定数をk_{-1}とすると，阻害物質定数（K_i）は$K_i = k_{-1}/k_{+1}$で表される。TB阻害の場合，小さいK_iが得られるには，k_{-1}が小さいほど，またk_{+1}が大きいほど（すなわち迅速結合型の方が）望ましい。しかし，多くのTB阻害は緩慢結合型であることが示されている[54]。

TB阻害について，もう一度考察してみよう。

$K_i = k_{-1}/k_{+1}$で定義されるので，K_iを小さくする（EとIの結合を強くする）

には2つの方法があることになる；k_{-1}の減少およびk_{+1}の増大である。言い換えると，IがEに対して強い結合力を持つためには，Eからゆっくり解離すること，およびEと迅速に結合してEI複合体を形成することである。

溶液中のEとIの会合の最大速度は，両分子の拡散による衝突で規定される。いま，両分子間に静電的相互作用による引力や斥力を考慮しないとする。拡散律速で2つの分子aとbの衝突の速度定数，$k_{\text{diffusion}}$は（8-4-45）式で表される[29,54]。

$$k_{\text{diffusion}} = (2RT/3000\eta)[(r_a + r_b)^2/(r_a r_b)] \qquad (8\text{-}4\text{-}45)$$

ここで，Rは気体定数，Tは絶対温度，ηは溶液の粘度，r_aとr_bは分子aとbの分子半径。分子の衝突速度は，分子半径に依存し，温度に比例し粘度に反比例する。

（8-4-45）式によると，一般の球状タンパク質と低分子リガンドの衝突で，拡散律速の衝突速度定数$k_{\text{diffusion}}$は，$10^9 \text{M}^{-1}\text{s}^{-1}$程度と計算され，この値が$k_{+1}$の上限になる。実験的に測定されたタンパク質と特異的なリガンドとの衝突速度k_{+1}は概ね$10^5 \sim 10^8 \text{M}^{-1}\text{s}^{-1}$の範囲にあることが報告されている[9]。この値は$k_{\text{diffusion}}$ ($10^9 \text{M}^{-1}\text{s}^{-1}$) よりは小さいが，以下に述べるように衝突における配向性を考慮すると，k_{+1}は$k_{\text{diffusion}}$に相当する値になっており，これ以上，増大する余地がない。したがって，TB阻害に見られる強い阻害は，k_{-1}が小さいことに起因しているものと考えられる。

タンパク質とリガンドが拡散律速で衝突したとしても，全てがタンパク質―リガンド複合体を形成するような有効な衝突とは限らない。EとIの衝突において，EI複合体が形成されるためには，Eの阻害物質結合部位に対してIの反応部位が好適な配向性をもって有効な衝突をする必要がある。プロテアーゼとタンパク質性阻害物質のEI複合体，例えばズブチリシン（分子量27,500）とSSI（分子量23,000）との複合体やトリプシンとダイズトリプシンインヒビター（STI）との複合体の結晶構造解析から，EとIの会合部位の面積は全表面積の数パーセントであり[58]，さらに角度を考慮した配向性を考える必要がある。$k_{\text{diffusion}}$に対し配向性係数$10^{-2} \sim 10^{-4}$を考慮すると，概ね観測されたk_{+1}に近い値が得られることから，実験的に観測されたk_{+1}は拡散律速による衝突速度定数と考えてよい。

ズブチリシンとSSIを混合してEI複合体が形成されるとき，紫外部吸光度や蛍光などの分光学的変化が見られる。この変化を指標にして，ストップトフロー装置を用いて，EとIの衝突が観測され，$k_{+1} = 3 \times 10^6 \text{M}^{-1}\text{s}^{-1}$と求められた[9]（井

上國世(1978)の京都大学博士論文)。また,酵素活性に対する阻害から求めた K_i は 1×10^{-10} M である$^{55)}$。この値と k_{+1} 値とから $k_{-1} = 3 \times 10^{-4}\mathrm{s}^{-1}$ が計算される。この k_{-1} から EI 複合体が解離して半分になるに要する時間(半減期)$t_{1/2}$($= \ln 2/k_{-1} = 2.303\log 2/k_{-1} = 0.693/k_{-1}$)を計算すると $2.3 \times 10^3\mathrm{s}$(38分)になる。ところが,単離した EI 複合体が解離する速度を求めた例ではもっと長時間(数時間ないし数日)を要することが知られている(門間敬子氏(1990),吉正佳代氏(1991)の京都大学修士論文)。計算で求めた解離速度と実験で観測した解離速度の乖離が示唆するところは,オーバーオールの k_{+1} は,EとIの衝突の k_{+1}($3 \times 10^6\mathrm{M}^{-1}\mathrm{s}^{-1}$)に比べて,ずっと小さい値($10^4 \sim 10^5\mathrm{M}^{-1}\mathrm{s}^{-1}$)をとるということであり,とりもなおさず,EI 複合体の形成が緩慢に起こることを意味している。TB 阻害では,EI 複合体の解離が極めて遅いことに加えて,(一見矛盾するように見えるが)EとIの結合も遅いことが多い。このようなタイプの TB 阻害を特に STB 阻害と呼んで区別している$^{51 \sim 54)}$。

これまでに多くの酵素(E)とリガンド(L)の結合反応が,ストップトフロー法などの迅速反応測定法で観測されている。その多くで,二段階過程をとることが示されている$^{9)}$。すなわち,EとLを混合すると,まず迅速に EL 複合体が形成(第一段階)され,次いで EL 複合体は(EL)* 複合体へゆっくりと一分子的異性化(第二段階)する。ここで,EL から(EL)* への異性化の速度定数は概ね $10^2 \sim 10^3\mathrm{M}^{-1}\mathrm{s}^{-1}$。このような緩慢な異性化が STB 阻害においても起こっている可能性がある。

4.11 基質阻害と生成物阻害

反応速度 v が,[S] の増大に伴って,あるレベルまで増大したのち,徐々に低下することがある(図8-4-11)。いま,反応初速度 v_0 が基質初濃度 $[S]_0$ の増大につれて,このような現象が見られるとき,このタイプの阻害を基質阻害(substrate inhibition)と呼ぶ。

基質阻害の原因として,以下の可能性が想定される。

EにS親和性の高い基質結合部位(S1サイト)とS親和性の低い基質結合部位(S2サイト)がある。S低濃度域では,SはS1サイトに結合してES複合体を生成し,Pを生成する。あるレベル以上のS高濃度域では,SはS2サイトにも結合するようになりESS複合体が形成される。ESS複合体からのP生成速度が,ES複合体からのP生成速度に比べて小さい場合やESS複合体からPが生成されない場合が考えられる。すなわち,S2サイトへのSの結合が阻害的に作用

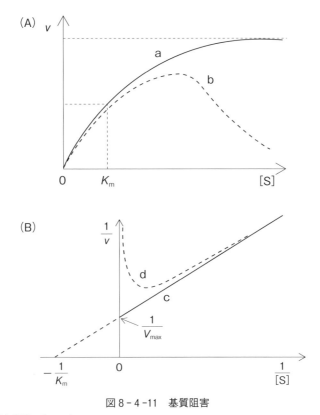

図 8-4-11　基質阻害

(A)　v 対 [S] プロット。
(B)　$\dfrac{1}{v}$ 対 $\dfrac{1}{[S]}$ プロット。
カーブaとcは基質阻害がないとき，カーブbとdは基質阻害があるときの模式図。

する。ここで，阻害物質定数 K_i を ([ES][S])/[ESS] と定義すると，反応速度 v は（8-4-46）式で表すことができる[22]。

$$v = V_{max}[S] / [K_m + [S]\{1 + ([S]/K_i)\}] \tag{8-4-46}$$

　一方，Pが反応に対して阻害的に働くことがある。これは，Pが基質結合部位に対し親和力を持っており，拮抗阻害物質として作用するためである場合が多い。あるいは，PをSとする逆反応が進むために，正反応が阻害されることも起こりうる。このような阻害を生成物阻害（product inhibition）と呼ぶ。
　ホールデン式で述べた通り，可逆反応の平衡定数は正反応の $(k_{cat}/K_m)_{on}$ と逆反応の $(k_{cat}/K_m)_{off}$ の比 $[(k_{cat}/K_m)_{on}/(k_{cat}/K_m)_{off}]$ で表される。いま，平衡定数

がほぼ1程度であり，逆反応のk_{cat}が正反応のk_{cat}に比べて圧倒的に小さい反応を考えると，逆反応のK_mは正反応のK_mより極めて小さい値をとることになる。すなわち，この反応では，PがEから脱離できにくいことになり，生成物阻害が起こる。

多基質反応における生成物阻害の例がみられる。これについては，あとで述べる。

なお，酵素反応において，ES⇄EPの変換で生じたEP複合体から，Pが脱離していかないことがある。場合によっては，PがEと共有結合で結合することもある。このように基質（様の化合物）と反応することにより，Eが不可逆的阻害を受けるとき，自殺阻害（suicide inhibition）と呼び，これを引き起こす基質を自殺基質と呼ぶ。

4.12 活性化（activation）

以上，Eに対するIの効果について考察したが，逆にEの活性化を引き起こす物質（活性化物質，activator）がある。この場合にも，K_mの減少を引き起こしEとSの結合を増大させるものやk_{cat}の増大を引き起こしてターンオーバーを増大させるものがある。

筆者らは，好熱性バチルス属細菌が産生する亜鉛プロテアーゼであるサーモライシン（thermolysin）の反応機構を研究してきたが，その過程で本酵素が1～5 Mの極めて高濃度の1価中性塩（例えば，NaCl，KCl，NaBr，KBrなど）により著しい活性化を受けることを見出した（酵素反応のケーススタディ，橋田の項（第9章5節）「サーモライシン」を参照）[60]。例えば，基質として低分子のペプチド基質を用いて，反応液中の[NaCl]を増大させると，vは[NaCl]に対して指数関数的に増大する。[NaCl]を1 M増大するごとに，vはほぼ2倍に増大し，4 M NaClではNaClを含まない場合に比べ，12～16倍，5 M NaClでは25～30倍もの活性化が見られた。この活性化において，K_mには変化が見られず，k_{cat}の増大だけ見られた。言い換えると，これらの中性塩は，サーモライシン反応において，ES複合体形成には影響を与えないが，ES複合体から遷移状態に至る活性化エネルギーE_aを減少させることにより，活性化を引き起こすのである。実は，これらの中性塩は，サーモライシンの活性増大ばかりでなく，熱や有機溶媒などに対する安定性や溶解度も顕著に増大することが明らかにされ，われわれは，サーモライシンを好熱性・好塩性酵素とみなした。

5 M NaCl溶液について考えてみよう。この水溶液は55 Mの水分子と5 M Na$^+$

と5M Cl⁻とから成っていると考えてよい。1個のNa⁺と1個のCl⁻には，それぞれほぼ5個の水分子が水和する（水分子の固定化）と考えられているので，5M NaCl溶液では50Mの水分子が固定化されることになる。大部分の水分子は水和水（固定水）として存在し，自由水の割合が極端に少なくなること，すなわち，水の活量が大きく低下していることを意味している。さらに，イオン強度や粘度も増大している。サーモライシンは，このような環境で良好な活性と安定性を発揮することが示された。なお，サーモライシンは，その加水分解反応の逆反応を用いて，ジペプチド性の人工甘味剤アスパルテームの工業的な合成に利用された[60]。これは，1980年代初頭に東ソー㈱で実用化された技術であるが，酵素を用いる化学製品の工業生産における数少ない成功例の一つである。その背景には，上に述べたようなサーモライシンのユニークな特性が効率的に作用していることが理解できるだろう。

5 多基質反応

本節に関して，成書[15,22,24,61]を参考にされたい。また，滝田の記述（第8章9節）と重複するがあわせて読んで欲しい。

5.1 多基質反応の分類と命名法

これまでは，酵素反応の基本式（8-3-8）式に従って，基質が1種類の場合の反応を取り扱ってきた。しかし，異性化酵素の反応を除いて，それ以外の酵素反応（酸化還元酵素や転移酵素，リガーゼなど）では，基質は1種類ではない。例えば，加水分解酵素の場合，加水分解される基質に加えて，大過剰（55M）存在する水はもう一つの基質であり，しかも2種類の生成物をもたらすので，加水分解反応は二基質二生成物反応である。また，滝田によるアミノアシル-tRNA合成酵素のケーススタディの項（第9章5節）に，同酵素による三基質三生成物反応の説明があるので，参考にして欲しい。

このような多基質多生成物反応の命名法や表記法は，クリーランド（W. W. Cleland）により導入された（1963年）。基質をA，B，C……；生成物をP，Q，R……で表記する；酵素をE，F……で表記するなどの提案がなされているので，本節ではこれに従う[15]。

1種類の基質から1種類の生成物が生成する反応（A→P）では，1個を表すラテン語接頭辞ユニ（uni-）を用いて，ユニ・ユニ（Uni-Uni）反応と呼ぶ。

2種類の基質から1種類の生成物が生成する反応（A＋B→P）では，2個の接頭辞バイ（bi-）を用いて，バイ・ユニ（Bi-Uni）反応と呼ぶ。したがって，二基質二生成物反応（A＋B→P＋Q）ならバイ・バイ（Bi-Bi）反応である。三基質二生成物反応（A＋B＋C→P＋Q）なら，3個の接頭辞テル（ter-）を用いて，テル・バイ（Ter-Bi）反応と呼ぶ。なお，ラテン語表記とギリシャ語表記［モノ(mono-)，ジ(di-)，トリ(tri-)……］を混同しないように注意する。

酵素反応は，酵素に対する基質の結合順序と生成物の脱離順序に基づいて，シーケンシャル機構（sequential mechanism；逐次機構）とピンポン機構（ping-pong mechanism）の2種類に分類される。シーケンシャル機構は，さらに，オーダード機構（ordered mechanism；定序機構）とランダム機構（random mechanism）に細分類される。また，オーダード機構の特殊なケースとしてテオレル-チャンス機構（Theorell-Chance mechanism）がある。ランダム機構は，さらに，迅速平衡ランダム機構（rapid-equilibrium random mechanism）と一般的なランダム機構に分類される。迅速平衡ランダム機構は，触媒過程に比べて，基質の結合が迅速で，基質結合過程のあとに律速過程が現れるもので，迅速平衡の取り扱いが可能な場合である。そうでないものを一般的なランダム機構とする[24]。

本節では，クリーランドの命名に従って，以下の説明を進めるが，この命名とは別に，以下の命名[22]も用いられており，やや混乱する。すなわち，基質の結合順序が決まっている規制的結合順序機構（compulsory order mechanism）と結合順序が決まっていないランダム結合順序機構（random order mechanism）に分ける。規制的結合順序機構は，さらに，三体複合体機構（ternary complex mechanism）［あるいは単回置換機構（single displacement mechanism）］と置換機構（substituted mechanism）［あるいは二回置換機構（double displacement mechanism）］に分類する。ここで，三体複合体機構はクリーランドの定序機構に，置換機構はピンポン機構に相当する。ランダム機構は，同じくランダム機構に相当する。

5.2　Bi-Bi反応の場合

最も簡単な多基質反応として，1種類の酵素Eにより触媒されるBi-Bi反応（E＋A＋B→E＋P＋Q）について説明する。

二基質反応の速度論的取り扱いはかなり複雑であり，詳細は成書を参考にして欲しい。しかし，一方の基質の濃度がその基質のミカエリス定数より圧倒的

に高い条件下で反応が行われる場合，この二基質反応は一基質反応として取り扱うことができる。

5.2.1 シーケンシャル機構（逐次機構）

反応に関与する全ての種類の基質（Bi-Bi反応の場合は，基質AとB）がEに結合したのちに生成物（PとQ）が生成する場合である。AとBがEに結合して，酵素基質三体複合体（ternary complex）であるEABの形成が必須要件であり，これが酵素生成物三体複合体EPQに変換されたのち，生成物が脱離する（（8-5-1）式）。

$$E + A + B \rightarrow EAB \rightarrow EPQ \rightarrow E + P + Q \tag{8-5-1}$$

シーケンシャル機構は，さらにオーダード機構とランダム機構の2つに分類される。

(1) オーダード機構（定序機構）

Eに，まず基質Aが結合してEA複合体が形成されたあと，2番目の基質Bが結合して，EABを形成する場合である。Bは単独でEに結合できないが，EAに対しては結合できる。いま，EPQからの生成物の脱離順序も，まずPが脱離したあとでQが脱離すると考える。この機構では，基質の結合順序（と生成物の脱離順序）が決まっているので，オーダード機構と呼ばれる（（8-5-2）式）。

$$E + A \rightarrow EA$$
$$EA + B \rightarrow EAB$$
$$(E + B \nrightarrow EB)$$
$$EAB \rightarrow EPQ$$
$$EPQ \rightarrow EQ + P$$
$$EQ \rightarrow E + Q$$
$$(E + P \nrightarrow EP) \tag{8-5-2}$$

(2) ランダム機構

基質A，BのEへの結合順序に優先度がなく，いずれの基質もEに結合してEABを形成する場合である（（8-5-3）式）。

$$E + A \rightarrow EA ; E + B \rightarrow EB$$
$$EA + B \rightarrow EAB ; EB + A \rightarrow EAB$$
$$EAB \rightarrow EPQ$$

EPQ → EQ + P ; EPQ → EP + Q
EQ → E + Q ; EP → E + P   (8-5-3)

5.2.2 ピンポン機構（あるいは二回置換機構（double displacement mechanism））

酵素基質三体複合体 EABを形成することなく反応が進行する場合である。Eに基質Aが結合して複合体EAを形成すると，EA内で共有結合の組換えや構造変化が起こり，複合体FPに変換される。ここでFはEとは状態が異なった酵素を表している。FPから生成物Pが脱離し，酵素Fが生成する。次いで，酵素Fに基質Bが結合して，複合体FBが形成される。FBはEQへ変換されたのち，もう一方の生成物Qを脱離して，Eが回復する。

この反応は以下のように表される。全反応（オーバーオール反応）は，基質A，Bからの生成物P，Qの生成であるが，前半の反応（(8-5-4a)式）と後半の反応（(8-5-4b)式）は，それぞれ異なる酵素により触媒される反応とみなされ，半反応（half reaction）と呼ばれる。

E + A → EA
EA → FP
FP → F + P   (8-5-4a)

F + B → FB
FB → EQ
EQ → E + Q   (8-5-4b)

5.2.3 テオレル-チャンス機構

酵素基質三体複合体EABを形成しない場合として，上記のピンポン機構とは別に，テオレル-チャンス機構がある。これはオーダードBi-Bi機構の特別な場合と考えるべきものである。(8-5-1)式において，EAの形成は確認できるが，EAにBが結合するやいなや極めて迅速にPが脱離するため，明確にEAB（およびEPQ）の存在を確認できない場合である（(8-5-5)式）。BがEAに結合すると同時にPが放出されるのであり，一見，プッシュ・プル型の反応のように見える。

E + A → EA

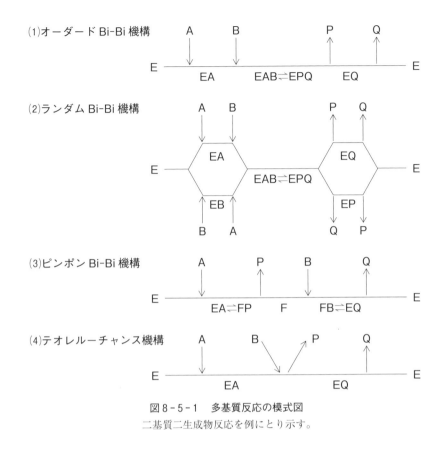

図8-5-1　多基質反応の模式図
二基質二生成物反応を例にとり示す。

$$EA + B \rightarrow EQ + P$$
$$EQ \rightarrow E + Q \qquad (8\text{-}5\text{-}5)$$

　オーダード機構では，AがQにより拮抗阻害を受けるが，テオレル-チャンス機構では，それに加えて，BはPにより拮抗阻害を受ける[62]。
　オーダードBi-Bi機構，ランダムBi-Bi機構，ピンポンBi-Bi機構を，酵素を横軸にとり，基質の結合と生成物の脱離の順序を模式的に描くと，図8-5-1のようになる。

5.3　反応機構の区別

　オーダードBi-Bi機構，ランダムBi-Bi機構，ピンポンBi-Bi機構の区別は，基質AとBから出発する正反応を，生成物PとQが存在しない場合と存在する場

合に観測することにより可能である。

　このような多基質多段階反応の速度式を導くこと，さらに，生成物存在下の速度式を導くことは，煩雑で面倒な作業であるが，簡便に速度式を導く方法としてキング-アルトマン（King-Altman）法[63]などの図解法が提案されている。詳細は省略するが，より深く勉強したい方は上の文献や成書[24,64]を参考にして欲しい。

　一方，得られた速度式を基に，反応速度と基質濃度の両逆数プロット（$1/v$ 対 $1/[S]$）をとることにより，オーダード Bi-Bi，迅速平衡ランダム Bi-Bi，ピンポン Bi-Bi 機構を区別することができる[15,24]。結論だけ示す。

5.4　オーダード Bi-Bi 機構

　オーダード Bi-Bi 機構の速度式は次式（8-5-6）式で与えられる（図 8-5-2）。

$$1/v = (1/V_{max})\{1 + K_{mb}/[B]\} + (1/V_{max})\{K_{ma} + K_{sa}K_{mb}/[B]\}(1/[A]) \quad (8\text{-}5\text{-}6)$$

　ある一定の［B］（例えば［B］$_1$）の存在下に反応速度 $v(= d[Q]/dt)$ を測定し，横軸（x 軸）に（$1/[A]$）を，縦軸（y 軸）に（$1/v$）をプロットすると直線が得られる。次いで，［B］を［B］$_2$，［B］$_3$ のように変化させて，直線プロットを行うと，これらの直線は第二象限（$x>0$，$y<0$）の1点で交わる（プロット1）。

　この交点座標（x, y）は，$x = -(1/K_{sa})$，$y = (1/V_{max})[1-(K_{ma}/K_{sa})]$ である。ここで，K_{sa} は A の E に対する結合の解離定数（基質定数）。

　プロット1において，ある［B］（例えば［B］$_1$）のときに得られた直線の縦軸切片の値は，［B］=［B］$_1$ における見かけの V_{max}（すなわち V_{app}）の逆数（$1/V_{app}$）を与える。［B］を［B］$_2$，［B］$_3$ のように変化させて求められた（$1/V_{app}$）を（$1/[B]$）に対してプロットすると，直線が得られ，このときの縦軸切片は（$1/V_{max}$），横軸切片は［$-(1/K_{mb})$］を与える（プロット2）。ここで K_{mb} は［A］→∞のときに（$V_{max}/2$）を与える［B］である。

　プロット1の直線の傾きを縦軸にプロットし，（$1/[B]$）を横軸にプロットすると，直線が得られ，このときの縦軸切片は（K_{ma}/V_{max}）を与える（プロット3）。ここで，K_{ma} は［B］→∞のときに（$V_{max}/2$）を与える［A］である。

　（8-5-6）式の第2項で，$(K_{sa}K_{mb})/K_{ma} = K_{ib}$ とおき，K_{ib} を B に関する阻

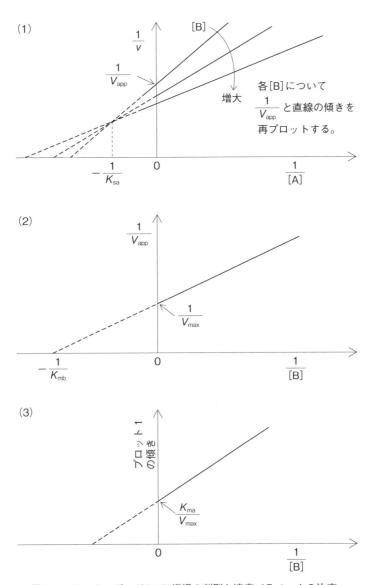

図8-5-2　オーダードBi-Bi機構の判別と速度パラメータの決定

害定数（inhibition constant）と呼ぶ。これは，プロット3の横軸切片を与える[B]として求められる。ある[A]と[B]が与えられたとき，K_{ib}が大きいほど，反応速度vは減少する。

これらをまとめると以下のようになる。

$(1/v)$対$(1/[A])$プロット（プロット1）
　　傾き：$(1/V_{max})\{K_{ma}+K_{sa}K_{mb}/[B]\}$；縦軸切片：$(1/V_{max})\{1+K_{mb}/[B]\}$
　　交点座標(x, y)：$x=-(1/K_{sa})$，$y=(1/V_{max})[1-(K_{ma}/K_{sa})]$

（プロット1の縦軸切片）対$(1/[B])$プロット（プロット2）
　　傾き：K_{mb}/V_{max}；縦軸切片：$1/V_{max}$；横軸切片：$-(1/K_{mb})$

（プロット1の傾き）対$(1/[B])$プロット（プロット3）
　　傾き：$(K_{sa}K_{mb})/V_{max}$；縦軸切片：K_{ma}/V_{max}；横軸切片：$-K_{ma}/(K_{sa}K_{mb})$

5.5　迅速平衡ランダム Bi-Bi 機構

　迅速平衡ランダムBi-Bi機構の場合にもオーダードBi-Biで得られた（8-5-6）式が成り立つ。ただし，Eに対する基質AとBの結合が相互に独立で影響を及ぼさない場合，すなわち，Aの結合部位とBの結合部位の間でクロストークが存在しない場合は，BがEに結合する場合の解離定数とBがEAに結合する場合の解離定数は同じである（$K_{sb}=K_{mb}$）。同様に，AがEおよびEBに対して結合する場合についても，$K_{sa}=K_{ma}$となる。この関係を（8-5-6）式に代入して，（8-5-7）式を得る。この式に従って，$(1/v)$対$(1/[A])$プロットを行う（図8-5-3）。

$$1/v=(1/V_{max})\{1+K_{sb}/[B]\}+(1/V_{max})K_{sa}\{1+K_{sb}/[B]\}(1/[A]) \tag{8-5-7}$$

$(1/v)$対$(1/[A])$プロット（プロット1）
　　傾き：$(1/V_{max})K_{sa}\{1+K_{sb}/[B]\}$；縦軸切片：$(1/V_{max})\{1+K_{sb}/[B]\}$
　　交点座標(x, y)：$x=-(1/K_{sa})$，$y=0$

（プロット1の縦軸切片）対$(1/[B])$プロット（プロット2）
　　傾き：K_{sb}/V_{max}；縦軸切片：$1/V_{max}$；横軸切片：$-(1/K_{sb})$

　プロット1と2から，全ての速度パラメータが求められる。なお，一般的な

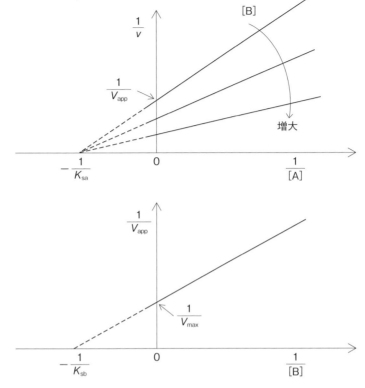

図 8-5-3　迅速平衡ランダム Bi-Bi 機構の判別と速度パラメータの決定

ランダム機構では，プロット 1 が直線にならないので取り扱いに注意が必要[24]。

5.6　ピンポン機構

ピンポン機構の場合，(8-5-8) 式が成り立つ（図 8-5-4）。

$$1/v = (1/V_{\max})\{1 + K_{mb}/[B]\} + (1/V_{\max})K_{ma}(1/[A]) \quad (8\text{-}5\text{-}8)$$

($1/v$) 対 ($1/[A]$) プロット（プロット 1）
　　傾き：$(K_{ma}/V_{\max})$；縦軸切片：$(1/V_{\max})\{1 + K_{mb}/[B]\}$

[B] を変化させて得られる直線は，傾きが $(K_{ma}/V_{\max})$ の平行な直線となる。

（プロット 1 の縦軸切片）対 ($1/[B]$) プロット（プロット 2）

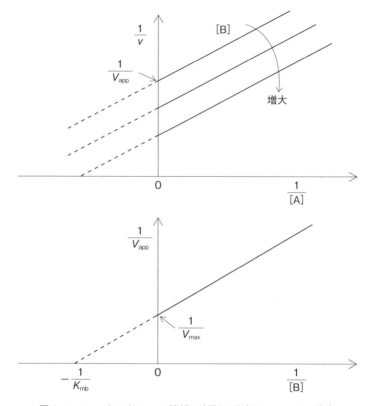

図8-5-4　ピンポンBi-Bi機構の判別と速度パラメータの決定

傾き：K_{mb}/V_{max}；縦軸切片：$1/V_{max}$；横軸切片：$-(1/K_{mb})$

プロット1と2から，全ての速度パラメータが求められる。

図8-5-2から図8-5-4のプロットを行うことで，二基質反応の基質結合順序を識別することができる。

5.7　Bi-Bi反応の例

Bi-Bi反応の例を挙げる。オーダードBi-BiとしてはNAD$^+$依存性脱水素酵素がある。例えば，リンゴ酸デヒドロゲナーゼの場合，まず，第一の基質NAD$^+$が酵素に結合して酵素-NAD$^+$複合体を形成したあと，第二の基質であるリンゴ酸が結合して三体複合体を形成し，生成物オキザロ酢酸が脱離したあと，NADHが脱離する。

ランダムBi-Biの代表例はリン酸基転移酵素（キナーゼ類）である。クレアチンキナーゼでは，基質クレアチンとATPがいずれも酵素に結合し，続いて三体複合体を形成したのち，生成物であるホスホクレアチンとADPを脱離する。

　ピンポンBi-Bi機構をとる酵素としてはグルコースオキシダーゼ，アスコルビン酸オキシダーゼ，アミノ基転移酵素などがある。アスパラギン酸アミノトランスフェラーゼを例に挙げる。本酵素には，最初の状態で，補酵素ピリドキサール5'-リン酸（PLP）が結合しており，これをPLP型酵素（E）とする。第一基質のアスパラギン酸（Asp）がEに結合し，E-Asp複合体が形成され，次いでAspのアミノ基がPLPに転移される。この結果，PLPはアミノ基修飾を受けピリドキサミン5'-リン酸（PMP）に変換される。同時にAspはオキザロ酢酸（OxA）に変換される。ここで，OxAはPMP型酵素（F）と結合してF-OxA複合体が形成されている。次に，第一の生成物OxAが脱離するが，このとき，Fが残る。次いで，Fに第二基質2-オキソグルタル酸（OxG）が結合して，F-OxG複合体が形成される。OxGはアミノ基転移を受けてグルタミン酸（Glu）に変換され，同時にFはEに戻り，E-Glu複合体が形成される。ここから，Gluが脱離し，Eが回復する。全反応は，E + Asp + OxG → E + OxA + Gluである。本酵素の反応機構に関しては，田之倉による酵素反応のケーススタディの項（第9章5節）を参照されたい。

　ピンポンBi-Bi機構の酵素としてセリンプロテアーゼ（およびエステラーゼ）をとりあげる。おそらく，全ての加水分解酵素がこの機構に分類されると思われるが，エステラーゼ（カルボン酸エステル加水分解酵素）やホスファターゼ（リン酸エステル加水分解酵素）をオーダードUni-Biとしている文献もある[24]。これは，反応系に存在する水を基質とみなしていないためであるが，水を基質とする場合，多くの加水分解酵素はピンポン機構で進行することが知られている[38,47,48]。

　α-キモトリプシンやズブチリシンなどの酵素Eにエステル基質pNPA（p-nitrophenyl acetate）を加えると，E-pNPA複合体が形成される。pNPAのエステル結合は，アセチル基由来のカルボニル炭素（これをC^*とする）がpNP（p-nitrophenol）のアルコール性酸素（これをO_pとする）と結合して作られている。

　E-pNPA複合体において，C^*はEの活性部位Ser195のアルコール性水酸基（この水酸基は活性部位His57により活性化されている）の求核攻撃を受けて，Ser195のアルコール性酸素（これをO_eとする）とも結合して四面体中間体を形成する。ここで，C^*は，O_p，O_e，アセチル基由来のカルボニル基のO（これをO_aとする），アセチル基由来のメチル基（Me-）のCと結合している。この四面

体中間体において，C^*は新規に結んだO_eとの結合を残し，もとから結んでいたO_pとの結合を切ることにより，C^*は再びカルボニル炭素に戻る。ここで，Eの活性部位からpNPが脱離し，Eにはアセチル基が残される。

残されたアセチル基のC^*は，EのSer195のO_eとエステル結合している。すなわち，Eは初期状態では，Ser195-O_eHであったが，ここでアセチル化され，Ser195-O_e-C^*(=O_a)-Meに変換されたアシル化酵素になっている。このアシル化酵素が，第二の酵素Fである。

次いで，Fは水分子と結合し，F-H_2O複合体を作る。ここで，FのC^*は水分子（これもEのHis57により活性化されている）の求核攻撃を受け，水の酸素（これをO_wとする）と結合し，再び四面体中間体になる。ここで，C^*はO_e, O_a, Me, O_wと結合している。次いで，C^*はO_eとの結合を切って，O_wとの結合を残すことによりカルボニル炭素（Me-C^*(=O)-O_wH）に戻る。すなわち，生成物として酢酸が生成する。これに伴って，FのSer195は脱アセチル化（脱アシル化）して，初期状態の酵素Eに戻る。

まとめると，pNPAのアセチル基由来のカルボニル炭素C^*は，最初はpNPのアルコール性水酸基のO_pとエステル結合を作っているが，次いで，Eの活性部位Ser195のアルコール性水酸基のO_eへ結合の相手を変え，さらに，水のO_wへ相手を変える。言い換えると，Eは第一番目の基質pNPAと結合してE-pNPA複合体になり，第一番目の生成物pNPが脱離するとともに，Eはアシル化酵素（F）に変換される。ここに第二番目の基質である水分子がやってきて，F-H_2O複合体が形成される。ここで第二番目の生成物である酢酸が脱離して，FはEに戻る。典型的なピンポン機構である。

テオレル-チャンス機構としては，NAD^+依存性の脱水素酵素である乳酸デヒドロゲナーゼやアルコールデヒドロゲナーゼが知られている[62]。

以上述べてきた，クリーランドらにより提案された酵素反応の取り扱いは，あくまで酵素に対する基質の結合順序や生成物の脱離順序を解明するものであり，ES複合体において達成される共有結合の組換えを伴う反応機構を解明するものではない。反応機構の解明には，反応過程で現れる遷移状態中間体の速度論的および構造論的な解析によらなければならない。

6 酵素活性に対するpHの影響と活性解離基

参考書[14~16,27~29]を参照して欲しい。

6.1 酵素活性のpH依存性

酵素活性すなわち反応速度vは，一般的に酵素反応系のpHに依存して変化する。

酵素の構造は，pHに依存して変化し，通常，高い酸性やアルカリ性では，立体構造が部分的にあるいは全体的に崩壊する。これはpH依存性の変性であり，酸変性あるいはアルカリ変性などと呼ばれる。したがって，極端なpHでは，酵素変性の結果，酵素活性が失われる（すなわち失活する）ことがある。

しかし，本節で議論する「酵素活性に対するpHの影響」では，「酵素の構造に対するpHの影響」を前提としていないことに注意して欲しい。本節で問題にするのは，酵素活性部位に存在して，活性発現に関与する解離基（活性解離基と呼ぶ）の解離状態に対するpHの効果と活性に対する影響であり，酵素の構造変化に対するpHの影響は考慮しない。また，基質に対するpHの影響も考慮しない。

多くの酵素では，反応系のpHを酸性からアルカリ性（あるいはアルカリ性から酸性）へ変化させると，vは増大して，あるpHで最大に到達するが，さらにアルカリ性（あるいは酸性）に変化させると，vは減少する。酵素活性のpH依存性は，多くの場合，左右対称のベル型（釣り鐘型）を示し，その最大活性を与えるpHを最適pHあるいは至適pH（optimal pH, pH optimum, pH_{opt}）と呼ぶ（図8-6-1）。

酵素の中には，このような二相性変移を示すベル型ではなく，一相性変移を示す段丘型のpH依存性を示すものもある。また，1個のピークを持つベル型ではなく，2個あるいはそれ以上のピークを持つ場合もある[65,66]。

以下に，ベル型のpH依存性について説明する。1911年にミカエリス（L. Michaelis）とダビッドゾーン（H. Davidsohn）は，酵素の活性部位にある2つの活性解離基の解離状態が活性に影響を与えるという仮説（ミカエリス-ダビッドゾーン仮説）を提出し，ベル型pH依存性を説明しようとした。これは，1913年のミカエリス-メンテン式に先立つ2年前のことである（註：ミカエリスは，S. P. L. ゼーレンセン（デンマーク；1868～1939年）と並んで，pHの概念の確立や水素イオン濃度の測定などを行った最初の研究者としても記憶される）。

6.2 酵素活性のpH依存性がベル型を示すことの機構

酵素Eの活性部位に2つの活性解離基AとBがあると仮定する。酸性側では，これらはプロトン化したAHとBHで存在しており，この状態のEを「AH-BH」型あるいはEH_2型と呼ぶ。ここでAHのpK_aはBHのpK_aより低いと仮定すると，

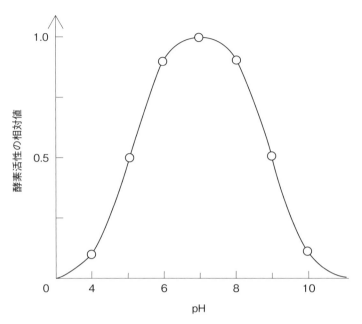

図 8-6-1　酵素活性のpH依存性に関する模式図

縦軸には，最適pH（この図ではpH 7）のときの活性に対する相対的な活性（v）を示している。vにはV_{max}とK_mに対するpHの影響が含まれるので厳密な考察は難しいが，相対活性0.5を与えるpHから，$pK_a = 5$と9付近の活性解離基が活性に関与している可能性が示唆される。

pHの上昇につれて，まずAHが脱プロトン化してA⁻になる。この状態のEを「A⁻-BH」型あるいはEH型と呼ぶ。さらにpHが上昇するとBHからも脱プロトン化してB⁻になる。この状態のEを「A⁻-B⁻」型あるいはE型と呼ぶ。

これら3つの状態のEはSを結合できるが，Pを産生できる触媒的に活性な状態はA⁻-BH型（EH型）のみであり，他の2つは触媒的不活性な状態であると仮定する。これを酵素反応の基本式に照らして模式的に描くと図8-6-2のようになる。

この模式図では，プロトンの出入りを横方向の反応で，SとPの出入りを縦方向の反応で表示している。また，観測しているpH域では，基質にイオン化状態の変化が起こらないと仮定しており，活性解離基のイオン化のみを考慮する。これに応じて，以下の通り，4個のプロトン解離定数を設定する。

実際問題として，反応系のpH変化に応じて，基質（特にタンパク質やペプチド，アミノ酸の場合）のイオン化状態が変化する可能性があり，これが酵素活

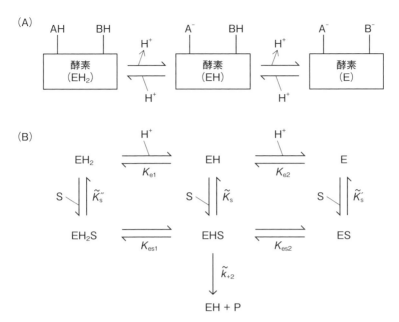

図8-6-2　2個の活性解離基を持つ酵素モデルとpH変化に伴う解離状態と活性の変化
(A) 活性解離基（AHとBH）のpH変化によるプロトン解離。
(B) プロトン解離を伴う酵素の酵素反応式。
文献14) より引用，改変。

性に影響を及ぼすことがある．また，広範囲のpH域を検討する場合，複数の異なる緩衝液系を用いることになるが，緩衝液組成が，酵素活性に影響を与えることもある．データの解析には，これらの可能性を考慮する必要がある．

プロトン濃度を[H]で表し，プロトン解離定数を次式の通り定義する．

$K_{e1} = [EH][H] / [EH_2]$
$K_{e2} = [E][H] / [EH]$
$K_{es1} = [EHS][H] / [EH_2S]$
$K_{es2} = [ES][H] / [EHS]$ 　　　　　　　　　　　　　　　　(8-6-1)

Eの3つの状態に対するSの脱着を表す基質定数は次式で表される．ここで，Kの〜は，この解離定数がpHに依存しないものであることを意味している．

$\tilde{K}_s'' = [EH_2][S] / [EH_2S]$
$\tilde{K}_s = [EH][S] / [EHS]$

$$\tilde{K_s}' = [E][S] / [ES] \tag{8-6-2}$$

全酵素濃度 $[E]_0$ は次式で表される。

$$[E]_0 = [E] + [EH] + [EH_2] + [ES] + [EHS] + [EH_2S] \tag{8-6-3}$$

$v = k_{+2}[EHS]$ であるので，以上の式から，[EHS] を括りだして，v を求めるとミカエリス-メンテン型の式

$$v = V_{\max}[E]_0[S] / (K_m + [S])$$

が得られ，K_m と $V_{\max}$ は次の（8-6-5）式および（8-6-6）式の内容を持つ。

ここで，以下の定義を適用する。

$$\tilde{V}_{\max} = \tilde{k}_{+2}[E]_0$$
$$V_{\max} = k_{+2}[E]_0 = k_{cat}[E]_0 \tag{8-6-4}$$

$\tilde{V}_{\max}$ と $\tilde{k}_{+2}$ は，全ての酵素がEHSで存在すると仮定したときに観測される理論的な $V_{\max}$ と k_{+2} であり，[H] に依存しないパラメータである。

$$K_m = \tilde{K_s}\{1 + ([H] / K_{e1}) + (K_{e2} / [H])\} /$$
$$\{1 + ([H] / K_{es1}) + (K_{es2} / [H])\} \tag{8-6-5}$$

$$V_{\max} = \tilde{k}_{+2}[E]_0 / \{1 + ([H] / K_{es1}) + (K_{es2} / [H])\}$$
$$= \tilde{V}_{\max} / \{1 + ([H] / K_{es1}) + (K_{es2} / [H])\} \tag{8-6-6}$$

ゆえに

$$V_{\max} / K_m = (\tilde{V}_{\max} / \tilde{K_s}) / \{1 + ([H] / K_{e1}) + (K_{e2} / [H])\} \tag{8-6-7}$$

（8-6-4）式ないし（8-6-7）式から，（8-6-8）式および（8-6-9）式を得る。

$$k_{cat} = \tilde{k}_{+2} / \{1 + ([H] / K_{es1}) + (K_{es2} / [H])\} \tag{8-6-8}$$

$$k_{cat} / K_m = (\tilde{k}_{+2} / \tilde{K_s}) / \{1 + ([H] / K_{e1}) + (K_{e2} / [H])\} \tag{8-6-9}$$

ここで重要な関係が得られた。$V_{\max}$（（8-6-6）式）および k_{cat}（（8-6-8）式）には，（8-6-1）式で定義した4個のプロトン解離定数のうちの2個のみ

が関与している。V_{max}およびk_{cat}は，Sを結合したE（すなわちES複合体）に含まれるAHとBHのプロトン解離定数のみに依存しており，遊離のEに含まれるAHとBHのプロトン解離には依存しない。

一方，K_mは遊離のEとES複合体に存在するAHとBHに基づく4個のプロトン解離定数に依存する（（8-6-5）式）。

さらに，V_{max}/K_m（（8-6-7）式）およびk_{cat}/K_m（（8-6-9）式）を見ると，Sが結合していない遊離の酵素Eに基づく2個のプロトン解離定数のみに依存し，ES複合体のプロトン解離定数には依存しないことがわかる。

言い換えると，V_{max}/K_m（あるいはk_{cat}/K_m）のpH依存性は，2個のpH依存性パラメータを持つため，ベル型を与え，ここからK_{e1}とK_{e2}を求めることができるし，V_{max}（あるいはk_{cat}）のpH依存性からは，同様にK_{es1}とK_{es2}を求めることができる。注意して欲しいのは，K_mのpH依存性は，4個のpH依存性パラメータに依存しており，原則としてベル型にはならない点であり，K_mのpH依存性からは意味のある情報を得ることはできない。

いま一度確認すると，V_{max}（およびk_{cat}）は全ての酵素がES複合体で存在していると仮定したときに観測される理論的な活性パラメータであり，V_{max}/K_m（およびk_{cat}/K_m）は［S］がゼロであると仮定したときに観測される理論的なパラメータである。V_{max}（あるいはk_{cat}）のpH依存性からは，ES複合体における活性解離基のプロトン解離定数が，V_{max}/K_m（あるいはk_{cat}/K_m）のpH依存性からは，遊離状態の酵素における活性解離基のプロトン解離定数が求められる。

6.3　活性解離基のプロトン解離定数を求める

ディクソン-ウエッブ プロット（Dixon-Webb plot）を用いて，プロトン解離定数を求めることができる。このプロットは，「pH効果に関するディクソンプロット」と呼ばれることもある[14~16]。

（8-6-7）式に従って，様々なpHで測定された（V_{max}/K_m）からK_{e1}とK_{e2}を求める方法について述べる。同様の方法で，（8-6-6）式に従って，（V_{max}）からK_{es1}とK_{es2}を求めることができる。

（8-6-7）式について，以下のように，［H］を3つの場合に分ける。

6.3.1　［H］≫K_{e1}（≫K_{e2}）が成り立つ酸性pH条件のとき

（8-6-7）式は，次のように近似できる。

$$V_{max}/K_m = (\tilde{V}_{max}/\tilde{K}_s)/([H]/K_{e1})$$

ここで，両辺の常用対数をとる。

$$\log(V_{\max} / K_{\mathrm{m}}) = \log(\tilde{V}_{\max} / \tilde{K}_{\mathrm{s}}) + \log K_{\mathrm{e1}} - \log[\mathrm{H}]$$

定義に従って，pH = $-\log[\mathrm{H}]$，$\mathrm{p}K_{\mathrm{e1}} = -\log K_{\mathrm{e1}}$ を用いて，次式（8-6-10）式を得る。

$$\log(V_{\max} / K_{\mathrm{m}}) = [\log(\tilde{V}_{\max} / \tilde{K}_{\mathrm{s}}) - \mathrm{p}K_{\mathrm{e1}}] + \mathrm{pH} \tag{8-6-10}$$

ここで，$\log(V_{\max}/K_{\mathrm{m}})$ をpHに対してプロットすると，傾き+1，縦軸切片 $[\log(\tilde{V}_{\max}/\tilde{K}_{\mathrm{s}}) - \mathrm{p}K_{\mathrm{e1}}]$ の直線が得られる。

6.3.2　[H]≪K_{e2}（≪K_{e1}）が成り立つアルカリ性pH条件のとき

（8-6-7）式は，次式のように近似できる。

$$V_{\max} / K_{\mathrm{m}} = (\tilde{V}_{\max} / \tilde{K}_{\mathrm{s}}) / (K_{\mathrm{e2}} / [\mathrm{H}])$$

両辺の常用対数をとり，（8-6-11）式を得る。

$$\log(V_{\max} / K_{\mathrm{m}}) = [\log(\tilde{V}_{\max} / \tilde{K}_{\mathrm{s}}) + \mathrm{p}K_{\mathrm{e2}}] - \mathrm{pH} \tag{8-6-11}$$

$\log(V_{\max}/K_{\mathrm{m}})$ をpHに対してプロットすると，傾き−1で，縦軸切片 $[\log(\tilde{V}_{\max}/\tilde{K}_{\mathrm{s}}) + \mathrm{p}K_{\mathrm{e2}}]$ の直線が得られる。

6.3.3　K_{e1}≫[H]≫K_{e2} が成り立つ中間的なpH域のとき

（8-6-7）式の分母が1と近似できるので，次式を得る。

$$V_{\max} / K_{\mathrm{m}} = (\tilde{V}_{\max} / \tilde{K}_{\mathrm{s}}) \tag{8-6-12}$$

$\log(V_{\max}/K_{\mathrm{m}})$ をpHに対してプロットすると，傾きゼロの直線が得られる。ここで得られる $(\tilde{V}_{\max}/\tilde{K}_{\mathrm{s}})$ はpHに依存しない $(V_{\max}/K_{\mathrm{m}})$ の極大値を与える。

上記の傾き+1と傾きゼロの直線の交点が与えるpHから$\mathrm{p}K_{\mathrm{e1}}$が，また，傾き−1と傾きゼロの直線の交点が与えるpHから$\mathrm{p}K_{\mathrm{e2}}$が求められる。これらから，$K_{\mathrm{e1}}$と$K_{\mathrm{e2}}$が求められる。

（8-6-6）式に対しても同様に取り扱うことができ，$\log V_{\max}$のpHに対するプロットから，$\mathrm{p}K_{\mathrm{es1}}$ および $\mathrm{p}K_{\mathrm{es2}}$ が求められ，これらから，K_{es1}とK_{es2}が求められる。

アミノ酸側鎖やアミノ基，カルボキシル基のプロトン解離定数$\mathrm{p}K_{\mathrm{a}}$は既に知られているので，上で求められた$\mathrm{p}K_{\mathrm{e1}}$と$\mathrm{p}K_{\mathrm{e2}}$とから，酵素活性に直接関与する活性解離基AとBが何であるのかを推定することができる。$\mathrm{p}K_{\mathrm{e1}}$と$\mathrm{p}K_{\mathrm{es1}}$の違い

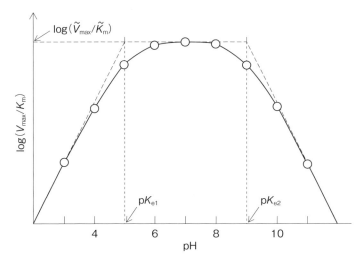

図8-6-3 酵素の活性解離基のpK_aを求めるためのディクソン–ウエッブ プロット
この図では，log(V_{max}/K_m)対pHを示す。

およびpK_{e2}とpK_{es2}の違いを比較することにより，遊離状態のEにおけるAとBの解離状態が，Sと結合してES複合体を作ることで，どのように変化するのかがわかる。

以上をまとめてみる。ディクソン–ウエッブ プロット（図8-6-3）は，pHが酸性からアルカリ性に変化するとき，酸性側解離基AHが徐々に脱プロトンしてA$^-$になるにつれて，酵素は活性型に移行する。全てのAHがA$^-$になり，その時点でアルカリ側活性解離基BHが全てBHで存在していれば，最大活性がもたらされる。さらに，pHがアルカリ側に変化していくと，BHが脱プロトンしてB$^-$になるにつれて，酵素は活性型から不活性型に移行する。いま，pK_{e1}とpK_{e2}（あるいはpK_{es1}とpK_{es2}）の間隔が十分離れている（pH単位で2以上）と，A$^-$とBHを同時に持つ酵素種（A$^-$–BH型）が存在でき，このとき最大活性が与えられるが，その間隔が狭いと，（pHが酸性からアルカリ性へ上昇していくとき），AHが完全にA$^-$になる前に，BHがB$^-$になり始め，AH，A$^-$，BH，B$^-$が共存する状態が起こる。このとき見かけ上の最大活性は，A–BH型が与えるはずの理論的な最大活性の上部の先端が削りとられ，小さな値となる。

ディクソン–ウエッブ プロット（図8-6-3）では，傾き+1，0，-1の3本の直線を漸近線として，酸性側とアルカリ性側の2種類のpK_a（pK_{e1}とpK_{e2}）を求めた。まれに傾き+1あるいは-1の直線で近似できないことがある。例

えば，酸性側の漸近線が傾き＋2で，アルカリ性側漸近線の傾きが－1であるような場合，この反応にはpK_{e1}を持つ2個の酸性側活性解離基AHとpK_{e2}を持つ1個のアルカリ性側活性解離基BHが関与していることになる。

【クイズ】

Q8-6-1　（8-6-7）式
$$V_{max}/K_m = (\tilde{V}_{max}/\tilde{K}_s)/\{1 + ([H]/K_{e1}) + (K_{e2}/[H])\}$$
について，V_{max}/K_mの相対値 $[(V_{max}/K_m)/(\tilde{V}_{max}/\tilde{K}_s)]$ のpH依存性を示す模式図を，pK_{e1}およびpK_{e2}が次の3通りの場合について描きなさい。pK_{e1}およびpK_{e2}が，それぞれ7.0および8.0の場合；6.5および8.5の場合；5.5および9.5の場合。

6.4　活性解離基プロトン解離定数の温度依存性

酵素の活性解離基のプロトン解離定数（K_{e1}, K_{e2}, K_{es1}, K_{es2}）を種々の温度で測定して温度依存性を求める。これにファントホフ（van't Hoff）式を適用して，プロトン解離に伴うエンタルピー変化（ΔH^0）を求めることができる。

プロトン解離定数K_aのファントホフ式は，次式で表される。

$$2.303 \log K_a = -(\Delta H^0)/RT + C$$

（ここでRは気体定数，Tは絶対温度，Cは積分定数）

pK_aを（$1/T$）に対してプロットすると，傾きが$[\Delta H^0/(2.303 R)]$の直線が得られ，ΔH^0を求めることができる。

6.5　活性解離基の同定

タンパク質に存在するプロトン解離基は，タンパク質を構成しているアミノ酸残基側鎖の解離基とアミノ末端のα-アミノ基，およびカルボキシル末端のα-カルボキシル基である。これらは，それぞれ特有のpK_a値とΔH^0値を持っている[5,15,16,23,67,68)]。これを表にまとめた（表8-6-1）。いま，pK_{e1}，pK_{e2}の値が決定できると，これを与える活性解離基の見当をつけることができる。

これまで断りなしに記述してきたが，K_aは濃度でなく活量で定義されるべきである。濃度で表現した場合は，K_a'とすべきであるが，ここでは便宜的に，活量は濃度に等しいと仮定してK_aを用いている。

この表では，アミノ酸がタンパク質中に存在する場合と水溶液中に遊離状態

表8-6-1 タンパク質中の酸と塩基のpK_aとエンタルピー変化

解離基	アミノ酸	pK_a(25℃) タンパク質中	pK_a(25℃) 遊離型	ΔH^0(kJ/mol)
α-カルボキシル	C-末端	3.0～3.2	1.8～2.3	0±6
β-カルボキシル	アスパラギン酸	3.0～4.7	3.9	0±6
γ-カルボキシル	グルタミン酸	4.4～4.5	4.3	0±6
イミダゾリウム	ヒスチジン	5.6～7.0	6.0	16～31
α-アミノ	N-末端	7.6～8.4	8.6～10.7	42～54
ε-アミノ	リシン（リジン）	9.4～10.6	10.5	42～54
チオール	システイン	9.1～10.8	8.3	25～29
フェノール性水酸基	チロシン	9.8～10.4	10.1	25
グアニジニウム	アルギニン	11.6～12.6	12.5	50～54

で存在する場合のpK_a値を示した。文献により若干の違いがみられるが，ほぼ良い一致を示している。pK_aだけから解離基を同定するには不確定性が伴うが，これにΔH^0を考慮すると，同定の確度上昇が期待できる[69,70]。

タンパク質中の解離基は周辺の静電的環境や疎水的環境により影響を受けるため，pK_a値にバラつきがみられる。タンパク質中のpK_a値が遊離型のpK_a値から大きく隔たっているとき，その解離基はタンパク質中で歪んだ環境にあると言う。

例えば，pK_{e1}とpK_{e2}がそれぞれ4.5と9.5と求められたとすると，この表から，酸性側の活性解離基（AH）はアスパラギン酸かグルタミン酸のどちらかである可能性が高いし，アルカリ性側活性解離基（BH）はリシンかシステインかチロシンのいずれかである可能性が高い。また，しばしばpK_{e1}が7付近の値をとることがあるが，この場合には，活性解離基AHはヒスチジンと考えてよい。ここで注意して欲しいことは，この解離基の同定（推定）は，構造解析に基づく情報を使わず，酵素速度論的取り扱いのみによって行っていることである。

一方，タンパク質中の解離基のpK_aが遊離状態とは大きく異なっている例として，リゾチームの活性部位グルタミン酸の6.5，パパインの活性部位ヒスチジンの3.4，同じくパパインの活性部位システインの4.0，アセト酢酸デヒドロゲナーゼのリシンの5.9がある[22]。また，大腸菌の還元型チオレドキシンのAsp26は＞9と報告されている[71]。

活性のpH依存性から求めたpK_aから活性解離基を，表8-6-1だけから同定することには，不確定性が避けられない。したがって，反応機構解析，立体構造

解析や部位特異的導入によるアミノ酸置換などによって，確定的な同定が行われることは言うまでもない。ただし，これらの方法で，予備的な情報なく，数十個も存在する解離基から目的の活性解離基にたどり着くのは，困難を伴う。おおまかに，見当をつける意味でも，酵素活性のpH依存性は重要な情報を与える。

7　温度の影響

7.1　酵素活性の温度依存性には最適温度がある

　酵素反応を様々な温度で行い，その酵素活性すなわち反応速度（v）の温度に対する依存性を観測すると，一般に，温度の上昇に伴ってvは増大するが，ある温度で最大値に到達し，さらに温度が上昇するとvは減少し，さらに高温では酵素活性は消失する。酵素活性の温度依存性は山型（ベル型）となり，このとき最大活性を与える温度を最適温度（至適温度）（optimal temperature, T_{opt}）と呼ぶ。ここで言う温度は，ふつう生物が生存している温度域のことであり，例外を除けば，通常，氷点下10℃から100℃の間くらいである。

　酵素分子が安定に存在する温度域では，反応速度vは，通常の化学反応と同様にアレニウス式に従い，温度の上昇とともに増大する。大ざっぱに言うと，10℃の温度上昇につき2〜3倍の増大が見られる。しかし，ある温度を超えると，酵素分子が熱による構造変化や変性を受けて失活し，vが減少する。最大活性が見られる温度付近では，活性を保持している酵素の活性増大と熱失活による活性減少がせめぎあっている。

　酵素反応中に酵素の熱失活が起こらないとするとき，[S]≫[E]$_0$であれば，反応速度vは$V_{\max}$を与え，反応測定時間域で変動することはない。しかし，酵素反応中に熱失活を伴う場合は，反応が進むにつれて酵素活性が徐々に低下する（図8-7-1）。

　ある温度でEとSを混合して反応を開始してPの生成を経時的に追跡する。Eの熱失活が起こらない温度（T_1）では，[P]（M）は反応時間t(s)とともに比例的に増大し，その傾き[P]/t(M/s)が速度vを与える（このときのvをv_1とする）。T_1より高い温度（T_2）でも，熱失活が起こらなければ，[P]は時間に比例して増大し，そのときの速度v_2はアレニウスの原理に従って増大する（図8-7-1，カーブa，b）。さらに高い温度（T_3）では（カーブc），EをT_3に長く置いておくと熱失活が起こるが，反応初期では失活の度合いが小さいため，反応開始直後しばらく，[P]はtに比例して増大し，その速度はカーブbの場合

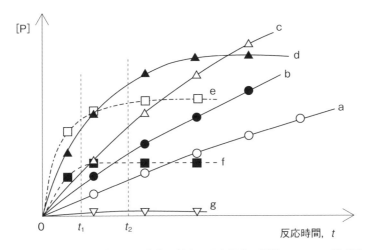

図8-7-1 酵素反応の経時変化に対する反応温度の影響についての模式図
反応カーブa, b, c, d, e, f, gの酵素反応温度をそれぞれ T_1, T_2, T_3, … T_7 とすると，温度はこの順に増大する。反応初速度 v_0 はa→b→c→d→eと増大するが，dとeでは反応途中で酵素の失活が起こる。fでは反応開始直後に活性が残存しているが，gでは反応開始直後にほぼ完全に失活している。反応初期（$t=t_1$）で活性は，e＞d＞c＞f＞b＞a＞gとなるが，反応が進んだところ（$t=t_2$）では，d＞e＞c＞b＞f＞a＞gとなる。観測する時間により，見かけ上，活性が異なる。

の v_2 よりも大きい。しかし，反応経過中にEの失活が進み，[P]の増加度合いが鈍ってくる。さらに，より高温（T_4，T_5）で反応させると，反応直後にかなり失活が進むが，残存している酵素活性により，Pの生成が見られ，その後，酵素は完全失活して，Pの生成は止まる（カーブd, e）。さらに高温（T_6）では，反応開始直後に酵素失活が進み，反応初期のPの生成は少なく，すぐに止まる（カーブf）。もっと高い温度（T_7）になると，反応開始直後に全てのEが完全に失活し，Pの生成が全く観測されない（カーブg）。

反応速度 v の温度依存性を調べる場合，図8-7-1に示した反応カーブから，反応開始後のある一定時間（t）に生成した[P]から，[P]/tを求めて v とすることが行われる。全ての温度で[P]が時間に対し直線的増大する場合（カーブaとb）を除いて，tとしてどれくらいの時間をとるかにより，[P]/tに違いが出る。tを小さくとれば，大きくとった場合よりも，失活程度が小さい状態での活性を見ることになり，vは大きく出る。したがって，ある温度で観測した同じ反応カーブであっても，tを小さくとったときは，大きくとったときに比べて，T_{opt}が高く見積もられる傾向にある。図8-7-1で，$t=t_1$とt_2（$t_2>t_1$）で

［P］を測定して，vを求める場合，それぞれの温度依存性は，図8-7-2のカーブaおよびbのようになる。それぞれのカーブについてT_{opt}は，T_aおよびT_bとなる（$T_a > T_b$）。

以上のことから，熱失活を伴う温度域でvを正確に求めることは困難であり，vの温度依存性を求めることには本来無理があることがわかる。さらに，酵素反応に用いた［S］が大きい方がEの熱失活を抑制する傾向があることが知られている。したがって，T_{opt}は，酵素反応をある条件下である時間行うときに，どの温度で行うのが最適かを知るための指標と考えるべきである（図8-7-2）。

T_{opt}より十分低温側の温度域では，Eの構造変化は起こらないと考えられ，反応速度vに対しアレニウス式が適用できる。ここで，［S］$\gg K_m$のときは，vをV_{max}とみなすことができ，アレニウスプロットからk_{cat}の活性化エネルギーE_a（すなわちES複合体から遷移状態に至る一分子過程のE_a）が求められる。また，［S］$\ll K_m$のときは，k_{cat}/K_mのE_a（原系E＋Sから遷移状態に至る二分子過程のE_a）が求められる。

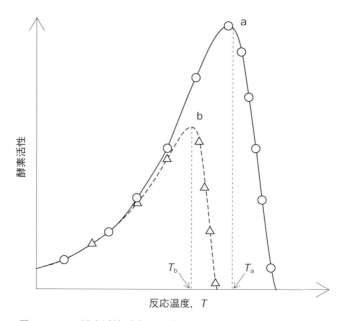

図8-7-2　酵素活性（v）の反応温度依存性と最適温度の模式図
　カーブaとbの酵素反応時間はそれぞれt_1とt_2（$t_1 < t_2$）とする（図8-7-1参照）。それぞれの最適温度をT_aとT_bとすると，$T_b < T_a$。酵素活性の測定時間が長くなると，最適温度は低温側へずれる傾向がある。

前述のアレニウス式およびアイリング式を用いて,活性化熱力学的パラメータ($\Delta G^{0\ddagger}$, $\Delta H^{0\ddagger}$, $\Delta S^{0\ddagger}$)を求めることができる。また,K_mを基質定数K_s(すなわちES複合体のE+Sへの解離平衡定数)にほぼ等しいとみなすと,($1/K_m$)はE+SがES複合体を形成する反応の結合平衡定数K_aとみなすことができる。したがって,($1/K_m$)の温度依存性から,EとSがES複合体を形成するときの,熱力学的パラメータ(ΔG^0, ΔH^0, ΔS^0)を求めることができる。

7.2 酵素の熱安定性

T_{opt}より高温側でみられる活性低下は,酵素の構造不安定化に伴う熱失活に起因する。酵素の熱安定性は次のような方法で調べる。

酵素反応の標準的なpHに調整した酵素液をある温度(T)で,ある一定時間(t)熱処理したのち,酵素反応を行う温度(T_0,通常は25℃や37℃が多い)で一定時間(ふつう3分間)冷却したのち,酵素反応を行う(一般に,$T > T_0$)。Tでの熱処理をしていない酵素液を用いて,T_0で測定した酵素活性をコントロール値とする(図8-7-3)。

比較的低いTで熱処理したEは,熱処理していないEの活性と同じ100%の活

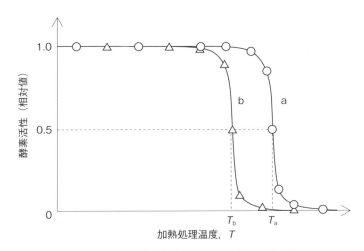

図8-7-3 酵素の加熱処理による失活の模式図

酵素溶液をそれぞれの温度Tで一定時間t処理し,続いて25℃で3分間冷却したのち,25℃での酵素活性を測定する。縦軸には,25℃に保持した酵素液の活性に対する加熱処理酵素活性を相対活性として示す。カーブaとbでは,それぞれ$t = t_1$およびt_2($t_2 > t_1$)であり,50%活性を与える温度T_{50}はそれぞれT_aおよびT_bである。tが長いほど,T_{50}は低温側へずれる。

性を保持しているが，Tがあるレベルを超えると急速に活性が低下し，ある温度以上では完全に失活してしまう。活性が50％失活するときのTを50％失活温度（T_{50}）と呼ぶ。ただし，T_{50}はTにおいて酵素を処理した時間tの長さに依存するので，T_{50}には熱処理条件を明記する必要がある。通常，30分間の処理で，50％失活する温度をT_{50}とすることが多い。

また，緩衝液によっては，そのpHが比較的大きい温度依存性を示すものがあり，熱処理に伴いpHも変化している場合がある。予め，用いる緩衝液のpHについて温度依存性を確認しておく必要がある。

熱処理時間$t = t_1$およびt_2のとき（$t_2 > t_1$），それぞれ熱安定性カーブaおよびbが得られ，これから$T_{50} = T_a$およびT_bが求められる（$T_a > T_b$）。

次に，酵素液をある温度（T）で，様々な時間（t）処理し，標準的な酵素反応条件の温度で所定時間（通常3分間）冷却したのち，酵素活性を測定する。この場合，温度Tにおける酵素失活の経時変化が観測できる（図8-7-4）。熱処理をしないときの酵素活性（すなわち熱処理時間ゼロにおける酵素活性）を100％とし，ある温度（T）で処理したとき，50％の酵素活性を与える熱処理時間（t）を，温度Tにおける熱失活の半減期（$t_{1/2}$）と呼ぶ。

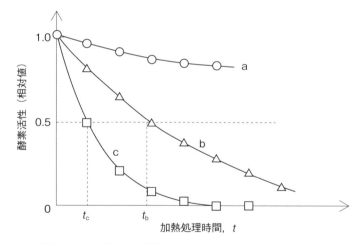

図8-7-4　酵素の加熱処理による失活の経時変化の模式図

酵素溶液を温度Tで時間t加熱処理し，25℃で3分間冷却したのち，25℃での酵素活性を測定する。カーブa，b，cの加熱処理温度TはそれぞれT_1，T_2，T_3（$T_3 > T_2 > T_1$）である。縦軸には，25℃に保持した酵素活性に対する加熱処理酵素活性を相対値として示す。酵素活性の半減期$t_{1/2}$は，カーブaでは求められないが，bとcではそれぞれt_bおよびt_cである（$t_b > t_c$）。

熱処理温度T_1,T_2,T_3($T_3 > T_2 > T_1$)のときの失活の経時変化を，それぞれカーブa, b, cで表す（図8-7-4）。カーブaでは，測定時間内に十分な失活が見られないが，カーブbとcからは，失活の半減期（$t_{1/2}$）が観測され，それぞれt_bおよびt_cと求められる。

図8-7-4に示した熱失活の反応カーブは，便宜上，一次反応に従うものとして取り扱うことにより，熱失活の偽一次速度定数を求めることができる。すなわち，熱処理温度Tのデータについて，酵素活性v（あるいは相対活性）の自然対数をy軸に，熱処理時間tをx軸にプロットしたセミログ プロットを作成し，その傾きから，温度Tにおける失活の偽一次速度定数$k_{\text{inact},T}$（単位：s^{-1}）が求められる。

次いで，いろいろなTにおける$k_{\text{inact},T}$を求め，アレニウス プロット（ln $k_{\text{inact},T}$対Tプロット）を行うことにより，そのプロットの直線の傾きより，失活の活性化エネルギー$E_{\text{a inact}}$を求めることができる。この値は，200ないし500 kJ/mol（場合によってはそれ以上）の比較的大きい値を与えることが多い。

補足であるが，Eの熱失活と同様に，pHによる失活を取り扱うことができる。酵素をいろいろなpHで一定時間t（例えば30分間）処理したとき，活性が50%失活するpH（pH_{50}）を求めることができる。また，酵素をあるpHで種々の時間（t）インキュベートしたあと，標準のpHに戻して，活性測定することにより，pH処理による失活の経時変化が求められ，これから酵素活性が50%失活する処理時間すなわち半減期（$t_{1/2}$）が求められる。また，失活の経時変化のセミログ プロットから，失活の偽一次速度定数$k_{\text{inact},pH}$が求められる。これを様々なpHで測定することにより，失活の速度定数のpH依存性を知ることができる。

8　圧力の影響

8.1　水深10,000メートル以上の深海にも生物が生息している

化学反応における圧力の影響は広く研究され応用されてきた。高圧が用いられた有名な反応として，ハーバー-ボッシュ（Haber-Bosch）反応がある。これは，窒素1分子と水素3分子とからアンモニア2分子を合成する反応で，当初，500℃で10 MPa（約100気圧）が用いられた（1912年）。一方，生物界に眼を転じると，水深10,000メートル以上の深海でも生物が生息しており，100 MPa以上の圧力下で生命活動が営まれている。

1940年頃から酵素反応に対する圧力の影響についての物理化学的な研究が開

始された。一般に酵素は，200 MPaまでの圧力では概ね活性を保持しているが，400 MPaあたりかそれ以上の圧力下で変性が起こる。細胞膜構造は，それより低い圧力（100～200 MPa）で損傷を受ける。多くの微生物は，100ないし数百MPaで死滅することが明らかになり，1980年代に入ると，100 MPa以上の超高圧処理を用いた食品の滅菌や加工が報告されるようになった。

8.2 高圧下の酵素反応

　酵素反応の基本式（8-3-8）式において，迅速平衡の取り扱いが成り立つと仮定（$k_{-1} \gg k_{+2}$）し，また，K_mは基質定数K_s（ES複合体の解離定数）で表されると考える。様々に圧力を変化させてK_mとk_{cat}（すなわちk_{+2}）を求める。圧力の増大に伴うK_mの変化から，原系（E＋S）からES複合体の形成に伴う体積変化（ΔV）を求めることができる（（8-8-1）式）し，k_{cat}の変化から遷移状態と原系（E＋S）との体積差すなわち活性化体積（$\Delta V^{\ddagger}$）を求めることができる（（8-8-2）式）。体積変化や活性化体積は，酵素反応における酵素や基質の構造変化，遷移状態の溶媒和やイオン的性質，疎水的性質などを反映する可能性がある。

$$\mathrm{d}(\ln K_m) / \mathrm{d}P = -(\Delta V)/(RT) \tag{8-8-1}$$

$$\mathrm{d}(\ln k_{cat}) / \mathrm{d}P = -(\Delta V^{\ddagger})/(RT) \tag{8-8-2}$$

　K_mが小さいほどES複合体が形成されやすい。圧力増大に伴いK_mが減少する場合すなわち[-(ΔV)]が負の値をとる場合は，ES複合体形成が起こりやすい。一方，圧力増大に伴い（$\Delta V^{\ddagger}$）が負の値をとる場合には，k_{cat}が増大し，反応速度が増大する。

　α-キモトリプシンによる合成基質加水分解活性を高圧下に測定した報告がある[24,72]。酵素反応を10℃から55℃にわたる様々な温度下（pH7.8）で，圧力を常圧から5,000気圧（約500 MPa）まで変化させてk_{cat}を測定している。

　常圧下の反応で温度が0℃から40℃まで上昇すると，k_{cat}は5～6倍増大するが，45℃では逆に40℃のときより減少し，35℃のときのk_{cat}とほぼ同程度になる。すなわち，常圧での最適温度T_{opt}は40℃である。

　一方，温度を一定にして，圧力を増大させると，いずれの温度でもk_{cat}の圧力依存性は山型の挙動を示す。すなわち，k_{cat}は圧力が増大するにつれて増大するが，ある圧力で最大値に到達したのち，それより高い圧力では逆に減少に転じ

る。さらに圧力を上げるとk_{cat}はゼロになり，酵素は完全に失活する。k_{cat}の圧力依存性には，k_{cat}が最大になる圧力，最適圧力（optimal pressure, P_{opt}）が存在することがわかる。

　α-キモトリプシンのpH7.8，20℃でのP_{opt}はほぼ3,000気圧であり，4,500気圧付近で完全失活する。一方，温度が10℃，30℃，40℃，45℃と上昇するにつれて，P_{opt}は3,000気圧から2,000気圧付近まで低下するが，それぞれの温度において，P_{opt}でのk_{cat}（最大k_{cat}）は，常圧でのk_{cat}に比べると，15～20倍に増大している。しかし，45℃以上では，熱失活の効果が顕著になり，P_{opt}はさらに低下し，55℃では700気圧程度になる。45℃以上では温度上昇に伴って，最大k_{cat}も徐々に減少し，55℃ではかなり小さい値となる。

　一方，10℃から30℃へ上昇するにつれて，完全失活をもたらす圧力は4,000から5,000気圧へ増大するが，それ以上の温度では急速に減少し，45℃で3,500気圧，50℃で3,000気圧，55℃で1,000気圧である。

　常圧で，T_{opt}（40℃）におけるk_{cat}は130 s^{-1}であり，45℃におけるk_{cat}は100 s^{-1}である。一方，2,000気圧では，T_{opt}は45℃であるが，このときのk_{cat}は350 s^{-1}である。すなわち，45℃におけるk_{cat}は，2,000気圧のときには常圧のときに比べて3.5倍増大する。

　圧力を増大していくとP_{opt}に到達するまでは，k_{cat}が増大することから，$\Delta V^{\ddagger}$が負の値をとること，すなわち，遷移状態のモル体積が原系に比べて減少することがわかる。これは，α-キモトリプシンの遷移状態で電荷の分離が起き，その周りに双極子である水分子が密に水和して凍結された電縮（静電収縮）と呼ばれる現象が起こり，その結果，体積収縮が起こったものと考えられる。電縮により，電荷の周りの水分子が強く固定され，エントロピーも減少する。酵素反応においてΔVや$\Delta V^{\ddagger}$が測定された例はそれほど多くないが，これまで求められた値は概ね+30から-30 cm^3/molの間にある[4,24]。ここには，酵素と基質の体積や荷電状態の変化，水和構造の変化，電縮の効果などが反映される。酵素反応機構の観点から議論するには，いまだ十分な研究例があるとはいえない。一方，異なる視点からのアプローチであるが，数千気圧加圧下でのNMR測定（高圧NMR）を用いてタンパク質の熱力学的準安定構造の観察および熱力学的特性の解析[73]やミリ秒単位の微小時間に数千気圧を加圧することにより，反応の圧力平衡を迅速に変化させ，反応を開始させる圧力ジャンプ法が試みられている[9]ことを付記する。

文　　献

1) P. Atkins, J. de Paula：アトキンス物理化学（下），第8版（千原秀昭，中村亘男（訳）），pp.848-889，東京化学同人，東京（2009）
2) D. W. Ball：ボール物理化学（下）（田中一義，阿竹徹（監訳）），pp.737-790，化学同人，京都（2005）
3) K. L. Laidler, J. H. Meiser: Physical Chemistry, 3 rd ed., Houghton Mifflin, Boston (1999)
4) K. L. Laidler：化学反応速度論II（高石哲男（訳）），pp.1-36，産業図書，東京（1966）
5) E. A. Dawes：生物物理化学I，増訂第6版（中馬一郎，岩坪源洋，山野俊雄，久保秀雄（訳）），pp.49-216，共立出版，東京（1983）
6) 大木道則，大沢利昭，田中元治，千原秀昭（編）：化学辞典，東京化学同人，東京（1994）
7) 小倉協三：「光学異性体」をやめよう；生化学，**85**，59（2013）
8) P. Atkins, J. de Paula：アトキンス物理化学（上），第8版（千原秀昭，中村亘男（訳）），pp.216-217，東京化学同人，東京（2009）
9) 廣海啓太郎：酵素反応解析の実際，講談社，東京（1978）
10) A. A. Frost, R. G. Pearson: Kinetics and Mechanism, 2 nd ed., p.268, Wiley, New York (1961)
11) P. Atkins, J. de Paula：アトキンス物理化学（下），第8版（千原秀昭，中村亘男（訳）），pp.931-970，東京化学同人，東京（2009）
12) 廣海啓太郎：酵素反応，pp.48-58，岩波書店，東京（1991）
13) K. J. Laidler, D. Chen: *Trans. Faraday Soc.*, **54**, 1020（1958）
14) 廣海啓太郎：酵素反応の速度論；新・入門酵素化学，改訂第2版（西澤一俊，志村憲助（編）），pp.21-93，南江堂，東京（1995）
15) I. H. Segel: Enzyme Kinetics, Wiley, New York (1975)
16) M. Dixon, E. C. Webb: Enzymes, 3 rd ed., pp.47-206, Longman, London (1979)
17) N. C. Price, L. Stevens: Fundamentals of Enzymology, 3 rd ed., pp.118-153, Oxford University Press, Oxford (1999)
18) A. Cornish-Bowden: Fundamentals of Enzyme Kinetics, Portland Press, London (1995)
19) A. Cornish-Bowden: Analysis of Enzyme Kinetic Data, Oxford University Press, Oxford (1995)
20) A. Cornish-Bowden, C. W. Wharton: Enzyme Kinetics, IRL Press, Oxford (1988)
21) G. H. Hammes: Enzyme Catalysis and Regulation, Academic Press, New York (1982)
22) R. A. Copeland: Enzymes, 2 nd ed., Wiley-VCH, New York (2000)
23) 中村隆雄：酵素，東京大学出版会，東京（1977）
24) 中村隆雄：酵素キネティクス，学会出版センター，東京（1993）
25) K. A. Johnson（Ed.）: Kinetic Analysis of Macromolecules, Oxford University Press, Oxford (2003)
26) 小野宗三郎（編著）：入門酵素反応速度論，共立出版，東京（1975）
27) A. Fersht：酵素 構造と反応機構（今堀和友，川島誠一（訳）），東京化学同人，東京（1983）
28) A. Fersht: Enzyme Structure and Mechanism, 2 nd ed., Freeman, New York (1985)

29) A. Fersht: Structure and Mechanism in Protein Science, Freeman, New York (1999)
30) V. Leskovac: Comprehensive Enzyme Kinetics, Kluwar Academic/Plenum, New York (2003)
31) E. Zeffren, P. L. Hall：酵素反応機構（田伏岩夫（訳）），東京大学出版会，東京（1977）
32) H. Gutfreund：エンザイム 物理化学的アプローチ（寺本英，尾崎正明，垣谷宏子（訳）），化学同人，京都（1974）
33) W. P. Jencks: Catalysis in Chemistry and Enzymology, McGraw-Hill, New York (1969)
34) M. L. Bender: Mechanisms of Homogeneous Catalysis from Protons to Proteins, Wiley, New York (1971)
35) K. J. Laidler, P. S. Bunting: The Chemical Kinetics of Enzyme Action, 2 nd ed., Clarendon Press, Oxford (1973)
36) C. Walsh: Enzyme Reaction Mechanisms, Freeman, San Francisco (1979)
37) T. H. Bugg：入門 酵素と補酵素の化学（井上國世（訳）），シュプリンガー・フェアラーク東京，東京（2006）
38) 井上國世，外村辨一郎：現代化学1992年6月号，47-53（1992）
39) 高田明和，橋本仁，伊藤汎（監修）：砂糖百科，p.116，糖業協会，東京（2007）
40) 小巻利章：酵素応用の知識，第4版，p.129，幸書房，東京（1986）
41) L. Michaelis, M. L. Menten: Die Kinetik der Invertinwerkung; *Biochem. Z.*, **49**, 333-369 (1913)
42) K. A. Johnson, R. S. Goody: The original Michaelis Consyant: Translation of the 1913 Michaelis-Menten Paper; *Biochemistry,* **50**, 8264-8269 (2011)
43) M. Sakoda, K. Hiromi: Determination of the best-fit values of kinetic parameters of the Michaelis-Menten equation by the method of least squares with the Taylor expansion; *J. Biochem.*, **80**, 547-555 (1976)
44) R. H. Garrett, C. M. Grisham: Biochemistry, 2 nd ed., pp.438-439, Harcourt College Publishers, Orland, Florida (1999)
45) L. Nelson, M. M. Cox: Lehninger Principles of Biochemistry, 3 rd ed., pp.262-263, Worth Publishers, New York (2000)
46) C. K. Mathews, K. E. Van Holde, K. G. Ahern: Biochemistry, 3 rd ed., p.379, Benjamin, San Francisco (2000)
47) H. R. Horton *et al.*：ホートン生化学，第4版（鈴木紘一ほか（訳）），pp.102-124，東京化学同人，東京（2008）
48) J. M. Berg, J. L. Tymoczko, L. Stryer：ストライヤー生化学，第6版（入村達郎，岡山博人，清水孝雄（監訳）），pp.199-230，東京化学同人，東京（2008）
49) H. Oneda, M. Shiihara, K. Inouye: Inhibitory effects of green tea catechins on the activity of human metalloproteinase 7 (matrilysin); *J. Biochem.*, **133**, 571-576 (2003)
50) A. Cornish-Bowden: A simple graphical method for determining the inhibition constants of mixed, uncompetitive and noncompetitive inhibitors; *Biochem. J.*, **137**, 143-144 (1974)
51) J. F. Morrison: The slow-binding and slow, tight-binding inhibition of enzyme-catalyzed reactions; *Trends Biochem. Sci.*, **7**, 102-105 (1982)
52) J. F. Morrison, C. T. Walsh: The behavior and significance of slow-binding enzyme

inhibitors; *Adv. Enzymol.*, **61**, 201-301 (1988)
53) J. G. Bieth: Theoretical and practical aspects of proteinase inhibition kinetics; *Meth. Enzymol.*, **248**, 59-84 (1995)
54) R. A. Copeland: Evaluation of Enzyme Inhibitors in Drug Discovery, pp. 141-213, Wiley, New York (2005)
55) K. Inouye, B. Tonomura, K. Hiromi, S. Sato, S. Murao: The stoichiometry of inhibition and binding of a protein proteinase inhibitor from *Streptomyces* (*Streptomyces* subtilisin inhibitor) against subtilisin BPN'; *J. Biochem.*, **82**, 961-967 (1977)
56) K. Inouye *et al.*: The determination of molecular weights of *Streptomyces* subtilisin inhibitor and the complex of *Streptomyces* subtilisin inhibitor and subtilisin BPN' by sedimentation equilibrium; *J. Biochem.*, **84**, 843-853 (1978)
57) K. Inouye, B. Tonomura, K. Hiromi: Interaction of α-chymotrypsin and a protein proteinase inhibitor, *Streptomyces* subtilisin inhibitor; *J. Biochem.*, **85**, 601-607 (1979)
58) Y. Mitsui, Y. Satow, Y. Watanabe, S. Hirono, Y. Iitaka: Crystal structures of *Streptomyces* subtilisin inhibitor and its complex with subtilisin BPN'; *Nature*, **277**, 447-452 (1979)
59) M. Laskowski, Jr., R. W. Sealock: Protein-proteinase inhibitors. Molecular aspects. The Enzymes, 3rd ed., Vol. 3 (P. A. Boyer, Ed.), pp. 375-473, Academic Press, New York (1971)
60) K. Inouye: Effects of salts on thermolysin. Activation of hydrolysis and synthesis of N-carbobenzoxy-L-aspartyl-L-phenylalanine methyl ester, and a unique change in absorption spectrum of thermolysin; *J. Biochem.*, **112**, 335-340 (1992)
61) N. C. Price, L. Stevens: Fundamentals of Enzymology, 3rd ed., pp. 137-144, Oxford University Press, Oxford (1999)
62) 今堀和友, 山川民夫 (監修)：生化学辞典, 第4版, 「テオレル-チャンス機構」の項, 東京化学同人, 東京 (2007)
63) E. L. King, C. Altman: A schematic method of deriving the rate laws for enzyme-catalyzed reactions; *J. Phys. Chem.*, **60**, 1357-1378 (1956)
64) 橋本隆：酵素反応速度論―基礎と演習, 共立出版, 東京 (1971)
65) Y. Muta, H. Oneda, K. Inouye: Anomalous pH-dependence of the activity of human matrilysin (matrix metalloproteinase 7) as revealed by nitration and amination of its tyrosine residues; *Biochem. J.*, **386**, 263-270 (2005)
66) 小根田洋史, 井上國世：活性のpH依存性がベル型から外れたユニークな酵素の例; 化学と生物, **41**, 250-251 (2003)
67) E. J. Cohn, J. T. Edsall: Proteins, Amino Acids and Peptides, p. 445, Reinhold, New York (1943)
68) 日本化学会 (編)：化学便覧, 基礎編, 改訂5版, 丸善, 東京 (2004)
69) H. Takeharu, K. Yasukawa, K. Inouye: Thermodynamic analysis of ionizable groups involved in the catalytic mechanism of human matrix metalloproteinase 7 (MMP-7); *Biochim. Biophys. Acta*, **1814**, 1940-1946 (2011)
70) A. Morishima, K. Yasukawa, K. Inouye: A possibility of a protein-bound water molecule as the ionizable group responsible for pKe at the alkaline side in human

matrix metalloproteinase 7 (MMP-7) activity ; *J. Biochem.*, **151**, 501-509 (2012)
71) N. A. Wilson, E. Barbar, J. A. Fuchs, C. Woodward: Aspartic acid 26 in reduced *Escherichia coli* thioredoxin has a pK_a > 9 ; *Biochemistry*, **34**, 8931-8939 (1995)
72) Y. Taniguchi, K. Suzuki: Pressure inactivation of α-chymotrypsin ; *J. Phys. Chem.*, **87**, 5185-5193 (1983)
73) 赤坂一之：新しいタンパク質構造の世界をひらく高圧NMR；生物物理，**42**，206-211 (2002)

(以上，井上國世)

9　多基質反応

　酵素反応には，2つ以上の基質が関与し，しかも生成物から基質への逆反応を起こすものも多い。このような多基質反応の速度式は，多くの基質や生成物濃度の項を含み複雑な形をとる。そのため，これらの反応機構を説明するのに，Clelandの命名法が用いられる[1]。まず，酵素に対する基質と生成物の反応の順序を以下のように分類する。

1. Sequential機構：反応式に表れる全ての基質が酵素と結合して後に生成物が遊離されるもの。この中には，結合の順序が決まっているOrdered機構と決まっていないRandom機構がある。Random機構では，基質や生成物の結合について迅速平衡の取扱いが可能な迅速平衡Randomと，そうでないRandom機構を区別して用いる。
2. Ping-pong機構：まず一部の基質が酵素と結合して反応が起こり，一部の生成物が遊離され，続いて残りの基質が酵素と結合し残りの生成物が作られ，酵素は最初の状態に戻る。

　次に，これらの反応機構名に，反応式に表れる基質と生成物の分子数を示すUni，Bi，Ter，Quadなどをつける。反応式は，以下のルールに従って表示する。

1. 基質（水やプロトンは除く）は，A，B，Cなど，生成物は，P，Q，Rなど，酵素の状態は，E，F，Gなど，阻害剤は，I，Jなどで示す。
2. 結合部位が全ての基質（あるいは反応物）に占められ，基質または生成物の解離のみが起こる複合体をCentral Complexと呼びカッコに入れて記す。一分子異性化過程で関係づけられる複数のCentral Complexは，ハイフンで結び，カッコに入れる。
3. 正反応の方向を示す矢印のみを示し，その速度定数をそえる。

　以下に，Bi Bi反応における3種の代表的な反応機構をClelandの表示法で示

図8-9-1(a)　Ordered Bi Bi機構

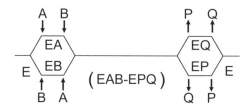

図8-9-1(b)　迅速平衡Random Bi Bi機構

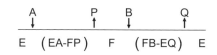

図8-9-1(c)　Ping-pong Bi Bi機構

す(Random Bi Bi機構では，Vと基質濃度の両逆数プロットは直線とならないのでここでは省略する)[注]。

(a)Ordered Bi Bi機構（図8-9-1(a)）
(b)迅速平衡Random Bi Bi機構（図8-9-1(b)）
(c)Ping-pong Bi Bi機構（図8-9-1(c)）

　これらの速度式は，第8章3.5項と同様に連立方程式を解けば得られるが，労力を要する．そのため，計算を簡単化する方法がいくつか報告されている[2]．上記の3つの反応機構の速度式は，基質と生成物に関して異なる関数形を与え，以下の方法で識別できる[3,4]．

1. PとQの非存在下で，異なるBの濃度で$1/V$-$1/[A]$プロットおよび異なるAの濃度で$1/V$-$1/[B]$プロットを行う．
2. PとQどちらかの存在下で，あるBの濃度で$1/V$-$1/[A]$プロットおよびあるAの濃度で$1/V$-$1/[B]$プロットを行う．

注　これら3種の反応機構は，反応が起こりうる経路を示したものであり，したがって，表された酵素分子種のみが存在するわけではない．例えば，Ordered Bi Bi機構において，不活性なEB複合体が形成される可能性もある．

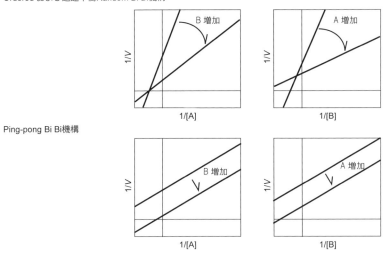

図8-9-2(a) Bi Bi反応におけるPing-pong機構とその他の機構の識別（方法1）

　方法1（図8-9-2(a)）で，Ping-pong機構では，両プロットにおいて平行線を与える（第8章4節の$1/V$-$1/$[S]プロットにおける不拮抗阻害と同様のパターン：U型と略す）。一方，Orderedと迅速平衡Random機構では，どちらも両プロットにおいて第2象限かx軸上か，あるいは，第3象限に交点を持ち（第8章4節の非拮抗阻害あるいは混合型阻害と同様のパターン：N型と略す）識別できない。しかし，方法2（図8-9-2(b)）では，非飽和基質濃度では，迅速平衡Random機構では，PとQどちらも，A，Bに対してy軸上に交点を持つ拮抗的パターン（C型と略す）を示すが，Ordered反応機構では，PはAとBどちらに対してもN型を示し，QはAに対しC型，BにたいしN型を示す。

　多基質反応から得られるパラメーターの解釈は難しい。これは，単基質反応を考えるとわかりやすい。第8章3節で取り上げたミカエリス–メンテン式は，Uni Uni反応の正反応のみを反映している。迅速平衡仮説と定常状態理論，どちらを用いた場合も，$k_{cat} = k_{+2}$[ES]と表されている。しかし，実際には，Pの解離過程（EP→E＋P：正方向の一次反応定数をk_{+3}とする）が存在する。結果，K_mとk_{cat}は以下のようになる。

$$K_m = \frac{k_{-1}k_{-2} + k_{-1}k_{+3} + k_{+2}k_{+3}}{k_{+1}(k_{+2} + k_{-2} + k_{+3})} \tag{8-9-1}$$

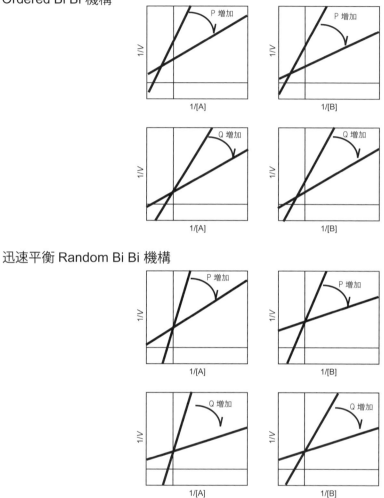

図8-9-2(b) Bi Bi反応におけるPing-pong機構とその他の機構の識別（方法2）

$$k_{cat} = \frac{k_{+2}k_{+3}}{k_{+2}+k_{-2}+k_{+3}} \qquad (8\text{-}9\text{-}2)$$

このように，最も単純な酵素反応機構でさえ，K_mとk_{cat}は，速度定数からなる複雑な関数である。多基質反応では，複数の反応機構が考えられ，さらにk_{cat}やK_mは速度定数だけでなく基質や生成物の濃度に影響される。このように，定常状態の速度論単独では，反応機構を推定することはできても，全反応を構成す

る各段階に関する情報(例えば律速段階の有無)を得ることは難しいのである。この欠点を補う方法が,次の節で述べる遷移相の速度論である。

【クイズ】

Q8-9-1　通常,アミノアシルtRNA合成酵素は,tRNA非結合時にアミノ酸をATPにより活性化し,続いて生じたアミノアシルアデニレート中間体とtRNAを反応させる(第5章)。このような3基質3生成物が関与する機構を何と呼ぶか。

A8-9-1　Ping-pong Bi-Uni Uni-Bi機構。

文　　献

1) W. W. Cleland: *Biochimica et Biophysica Acta*, **67**, 104-137 (1963)
2) E. L. King, C. Altman: *J. Phys. Chem.*, **60**, 1375-1378 (1956)
3) 中村隆雄:酵素―反応速度論と機構,学会出版センター,東京 (1977)
4) 廣海啓太郎:酵素反応,岩波書店,東京 (1991)

10　遷移相の速度論

　これまでに述べてきた定常状態の速度論は,酵素の全反応を対象とし,全ての酵素分子種の濃度の比が変化しない一種の"平衡状態"にある状態,すなわち速度が一定に保たれる状態を測定対象にしている。これに対し,遷移相の速度論は,全反応あるいは部分反応において,酵素分子種が時間とともに平衡状態に至る過程を測定対象にする。そのため,遷移相の速度論では,速度ではなく速度定数を用い,酵素を反応物質と同様に取り扱う。多くの酵素反応において酵素に基質を添加すると瞬時に定常状態が達成される。このことから,遷移相の測定には特別な装置が必要なことは容易に想像がつくであろう。代表的な測定方法は,酵素と基質をセル内で急速に混合すると同時に流入を停止し反応の進行を主として分光学的方法を用いて直接観測するものと,酵素と基質を急速に混合し一定時間後に反応停止液を流入させ生成物を別の方法で定量するものがある[1,2]。前者をストップトフロー法,後者を迅速停止法と呼ぶ。酵素の全反応を対象とした場合,遷移相は,2つの場合が想定される。一方は反応開始時点で基質が大過剰でないためそもそも定常状態が達成されない非定常状態,他方は反応開始時点で基質は大過剰であり定常状態に移りゆく過程の前定常状

態である。酵素の部分反応を対象とした場合，酵素分子種の変化は，以下の2つの反応が想定される：(1)フリーな酵素から酵素・基質複合体か酵素・中間体複合体の形成；(2)酵素・中間体複合体からフリーな酵素か別の酵素・中間体複合体の形成。一般的に，遷移相の観測では，その観測時間が非常に短いため，酵素・中間体複合体の分解は無視できる。したがって，これらの反応はターンオーバーをしないと考えられ，閉じた可逆的系の平衡をシフトさせ正逆反応の速度を測定する緩和法の対象となる。

Sequential機構の第一段階の酵素（E）と基質（S）の結合反応を，Sの初濃度はEの初濃度に比べ大過剰という条件の下に（$[S]_0 \gg [E]_0$），ストップトフロー法で観測した場合について考える。反応条件として，本反応が単純な二分子反応である場合，以下の一段階機構に従う。

$$E + S \underset{k_{-1}}{\overset{k_{+1}}{\rightleftarrows}} ES$$

EとSを混合直後（ES未形成）のEとSの初濃度を，それぞれ$[E]_0$と$[S]_0$とする。混合後に達成される平衡状態でのE濃度，S濃度，ES濃度を，$[E]_e$，$[S]_e$，$[ES]_e$とする。$[E]_0$と$[S]_0$が，$[E]_e$と$[S]_e$と$[ES]_e$へ時間とともに変化していく様子を緩和曲線と呼ぶ。混合後の時間tにおけるE濃度，S濃度，ES濃度を，$[E]$，$[S]$，$[ES]$とすると，平衡時の濃度を基準にした変化量$|\Delta c|$（$t=0$で，$|\Delta c|$は最大）を用いて，以下の関係が成立する。

$$\begin{cases} [E] = [E]_e + |\Delta c| \\ [S] = [S]_e + |\Delta c| \\ [ES] = [ES]_e - |\Delta c| \end{cases} \quad (8\text{-}10\text{-}1)$$

一方，$[E]$，$[S]$，$[ES]$の時間変化は以下のように表せる。

$$-\frac{d[E]}{dt} = -\frac{d[S]}{dt} = \frac{d[ES]}{dt} = \frac{d|\Delta c|}{dt}$$

$$= k_{+1}[E][S] - k_{-1}[ES] \quad (8\text{-}10\text{-}2)$$

$$= (k_{+1}[E]_e[S]_e - k_{-1}[ES]_e) + \{k_{+1}([E]_e + [S]_e) + k_{-1}\}|\Delta c| + k_{+1}|\Delta c|^2$$

$k_{+1}[E]_e[S]_e = k_{-1}[ES]_e$が成立するから，

$$\frac{d|\Delta c|}{dt} \{k_{+1}([E]_e + [S]_e) + k_{-1}\}|\Delta c| + k_{+1}|\Delta c|^2 \quad (8\text{-}10\text{-}3)$$

が得られる。

$[E]_0 \ll [S]_0$であるから，$[E]_e \ll [S]_e$であり，$|\Delta c| < [E]_0 \ll [S]_0 \cong [S]_e$が成立

するので,

$$\frac{d|\Delta c|}{dt} = (k_{+1}[S]_0 + k_{-1})|\Delta c| \tag{8-10-4}$$

が得られ,積分により

$$|\Delta c| = |\Delta c_{max}|e^{-(k_{+1}[S]_0 + k_{-1})t} = |\Delta c_{max}|e^{-\frac{t}{\tau}} \tag{8-10-5}$$

が得られる($|\Delta c_{max}| = [E]_0 - [E]_e = [S]_0 - [S]_e = [ES]_e$)。これは,$|\Delta c|$についての一次反応の式であり,$\tau$は緩和時間と呼ばれ$|\Delta c|$が$|\Delta c_{max}|$の$1/e$倍になるのに要する時間である。その逆数$1/\tau$は見かけの一次反応速度定数$k_{app} = k_{+1}[S]_0 + k_{-1}$である。$k_{app}$は8-10-5式の一次反応プロット(図8-10-1)から求められる。k_{app}は$[S]_0$に正比例し,傾き(k_{+1})と切片(k_{-1})からEとSのK_d,すなわち$K_{-1}(= k_{-1}/k_{+1})$を求めることができる[1,2]。

同様の条件$[E]_0 \ll [S]_0$において,k_{app}を$[S]_0$に対してプロットした時,飽和曲線が得られることがある(図8-10-2)。このような結果の1つの解釈は,結合反応が複合体形成とその異性化からなり,初期複合体の形成に比べ異性化過程が遅いというものである。このような速い過程とそれに続く遅い過程からなる直列二段階機構は,タンパク質とリガンドの結合反応でしばしばみられる。

$$E + S \underset{k_{-1}}{\overset{k_{+1}}{\rightleftarrows}} ES \underset{k_{-2}}{\overset{k_{+2}}{\rightleftarrows}} ES^*$$

第一段階の複合体形成が非常に速い場合,異性化過程のみが実測され,その緩和時間τ_2のみが得られる(図8-10-2)。

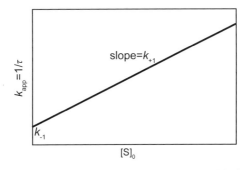

図8-10-1　一段階機構における$1/\tau$の基質濃度依存性

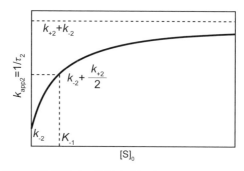

図8-10-2 直列二段階機構（二段階目が遅い）における $1/\tau$ の基質濃度依存性

$$\frac{1}{\tau_2}=k_{app2}=\frac{k_{+2}[S]_0}{K_{-1}+[S]_0}+k_{-2} \tag{8-10-6}$$

切片と k_{app2} の最大値から k_{+2} と k_{-2} が求められ，それらから K_{-1} が得られる[1,2]。

【クイズ】

Q 8-10-1 ある酵素（E）とその阻害剤（I：難溶性）の結合を，$[E]_0 \ll [I]_0$ の条件下に，$[I]_0$ を変化させ，ストップトフロー装置で観測した。本反応は二分子反応である。見かけの一次反応の速度定数（k_{app}）を $[I]_0$ に対しプロットしたところ直線的に増加した。この結果は，一段階機構ではない可能性がある。その理由を説明せよ。

A 8-10-1 得られた k_{app} と $[I]_0$ のプロットは，直列二段階機構の遅い第二段階を $[I]_0 \ll K_{-1}$ の条件下に測定している可能性がある。

文　　献

1) 廣海啓太郎：酵素反応，岩波書店，東京（1991）
2) 廣海啓太郎：酵素反応解析の実際，講談社，東京（1978）

11　スローバインディング阻害剤

　定常状態の速度論は，酵素の全反応に含まれる全ての酵素分子種間に"平衡状態"が成立している状態，すなわち測定期間を通じて初速度が維持される状態を測定対象にしている。酵素に基質と阻害剤を添加した時にも初速度が維持

されれば，当然，新たに生じた阻害剤を含む酵素分子種は，酵素反応に含まれる酵素分子種と平衡状態にある。しかし，阻害剤非存在下に初速度が維持されるにもかかわらず，阻害剤存在下に速度が時間とともに低下する場合がある。このような現象が観察された時，その阻害剤をスローバインディング阻害剤と呼ぶ[1,2]。この最も単純な解釈は，酵素反応が平衡状態に至るのに要する時間に比べ，酵素と阻害剤の結合反応が平衡状態に至るのに要する時間が長く，そのため観測時間中（通常，数秒から数分）に，酵素と基質からなる第一の定常状態から，それらに阻害剤が加わった第二の定常状態に移っていくというものである。したがって，遷移相の速度論が適用できる。

スローバインディング阻害を最も単純に理解するには，Uni Uni 反応の正反応を以下 2 つの条件の下に，考えるとよい。

(A) 一段階機構による阻害

1. 酵素（E）と基質（S）の結合反応は，酵素基質複合体（ES）が行う反応に対し迅速平衡。
2. Eと阻害剤（I）の結合は一段階機構。
3. 酵素反応全体は，EとIの結合反応に対し迅速平衡。
4. S初濃度とI初濃度は，Eの初濃度に比べ大過剰（$[S]_0 \gg [E]_0 \ll [I]_0$）。

$$E + S \underset{k_{s-1}}{\overset{k_{s+1}}{\rightleftharpoons}} ES \xrightarrow{k_{s+2}} E + P$$

$$+ I \quad k_{i+1} \downarrow \uparrow k_{i-1}$$

$$EI$$

$$K_{i-1} = \frac{[E][I]}{[EI]} \tag{8-11-1}$$

$$K_{s-1} = \frac{[E][S]}{[ES]} \tag{8-11-2}$$

$$[E]_0 = [E] + [ES] + [EI] \tag{8-11-3}$$

このような条件下で，E，S，Iを混合直後は，EIは形成されず，時間とともにEIが形成されるとする。第8章の10節と同様に考えると，以下の式が得られる。

$$\frac{d|\Delta c_{EI}|}{dt} = -\left(\frac{k_{i+1}[I]_0}{\frac{[S]_0}{K_{s-1}} + 1} + k_{i-1} \right) |\Delta c_{EI}| \tag{8-11-4}$$

積分により

$$|\Delta c_{EI}|=|\Delta c_{EImax}|e^{-k_{app}t} \tag{8-11-5}$$

が得られる。ここで

$$|\Delta c_{EImax}|=[EI]_e \tag{8-11-6}$$

$$k_{app}=\frac{k_{i+1}[I]_0}{1+\dfrac{[S]_0}{K_{s-1}}}+k_{i-1} \tag{8-11-7}$$

である。結果として，EI濃度の時間変化は

$$[EI]=[EI]_e(1-e^{-k_{app}t}) \tag{8-11-8}$$

となる。(8-11-3) 式を用いると，ES濃度の時間変化は

$$[ES]=\left(\frac{[S]_0}{K_{s-1}+[S]_0}\right)[E]_0-\left(\frac{[S]_0}{K_{s-1}+[S]_0}\right)\times$$

$$\frac{K_{s-1}[I]_0[E]_0}{K_{s-1}K_{i-1}+K_{i-1}[S]_0+K_{s-1}[I]_0}\left(1-e^{-k_{app}t}\right) \tag{8-11-9}$$

となる。$V=\dfrac{d[P]}{dt}=k_{s+2}[ES]$ あるから，これを積分して，$t=0$ の時 $[P]=0$ とすると，P濃度の時間変化は

$$[P]=V_{s2}\cdot t+\frac{(V_{s1}-V_{s2})}{k_{app}}\left(1-e^{-k_{app}t}\right) \tag{8-11-10}$$

となる。ここで，V_{s1} と V_{s2} はそれぞれ，第一と第二の定常状態の初速度である。

$$V_{s1}=\frac{k_{s+2}[S]_0[E]_0}{K_{s-1}+[S]_0} \tag{8-11-11}$$

$$V_{s2}=\frac{k_{s+2}[S]_0[E]_0}{K_{s-1}\left(1+\dfrac{[I]_0}{K_{i-1}}\right)+[S]_0} \tag{8-11-12}$$

(B) 直列二段階機構（速→遅）による阻害

第8章の10節で述べたように，酵素と阻害剤の結合反応が，速い過程とそれに続く遅い過程からなる直列二段階機構に従うことが想定される[1]。

$$\mathrm{EI}^* \underset{k_{\mathrm{i}-2}}{\overset{k_{\mathrm{i}+2}}{\rightleftarrows}} \mathrm{EI} \underset{k_{\mathrm{i}-1}}{\overset{k_{\mathrm{i}+1}}{\rightleftarrows}} \mathrm{E}+\mathrm{I}$$

$$K_{\mathrm{i}-2} = \frac{[\mathrm{EI}]}{[\mathrm{EI}^*]}$$

この場合，EI↔E↔ESをEI*↔EIに対し迅速平衡とし，上と同様に解くと，8-11-10式が得られる。ただし，

$$V_{\mathrm{s}1} = \frac{k_{\mathrm{s}+2}[\mathrm{S}]_0[\mathrm{E}]_0}{K_{\mathrm{s}-1}\left(1+\dfrac{[\mathrm{I}]_0}{K_{\mathrm{i}-1}}\right)+[\mathrm{S}]_0} \tag{8-11-13}$$

$$V_{\mathrm{s}2} = \frac{k_{\mathrm{s}+2}[\mathrm{S}]_0[\mathrm{E}]_0}{K_{\mathrm{s}-1}\left(1+\dfrac{(1+K_{\mathrm{i}-2})[\mathrm{I}]_0}{K_{\mathrm{i}-1}K_{\mathrm{i}-2}}\right)+[\mathrm{S}]_0} \tag{8-11-14}$$

$$k_{\mathrm{app}} = \frac{k_{\mathrm{i}+2}[\mathrm{I}]_0}{K_{\mathrm{i}-1}\left(1+\dfrac{[\mathrm{S}]_0}{K_{\mathrm{s}-1}}\right)+[\mathrm{I}]_0} + k_{\mathrm{i}-2} \tag{8-11-15}$$

である。

　上記の2つの機構は，容易に識別できる場合がある。図8-11-1(A)と(B)は，第二の平衡状態で同じ阻害の程度を示す（すなわち$V_{\mathrm{s}1}$と$V_{\mathrm{s}2}$がそれぞれ同じである）2つの機構，すなわち一段階機構(A)と直列二段階機構（速→遅）(B)のP濃度の時間に対するプロット（反応進行曲線）である。どちらも，[S]$_0$を一定のまま[I]$_0$を増加させると，第一の定常状態から第二の定常状態に至るのに要する時間と$V_{\mathrm{s}2}$の両方が減少している。しかし，(B)では，(A)と異なり，I添加直後のPの生成速度は$V_{\mathrm{s}1}$に比べ大きく減少している。より明確に区別するには，8-11-10式を反応進行曲線に非線形フィッティングさせ，k_{app}の[I]$_0$依存性を比較するとよい（図8-11-2）。一段階機構では，k_{app}は[I]$_0$に比例して増加する（（8-11-7）式）が，上記直列二段階機構では，飽和曲線を示す（（8-11-15）式）。本節では，簡単にスローバインディング阻害の速度式を得るために，条件1（$k_{-1} \gg k_{+2}$）を用いたが，そうでない場合には，$K_{\mathrm{s}-1}$の代わりにK_{m}を用いることができる。

　酵素は化学反応を効率よく触媒するために，基質よりもその遷移状態構造と強く結合すると考えられる。したがって，一般的に，遷移状態アナログは，酵素の強力な阻害剤である。興味深いことに，遷移状態アナログは，スローバイ

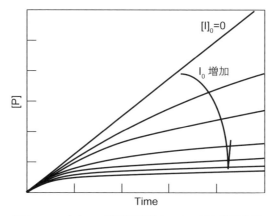

図8-11-1(A)　一段階機構阻害による反応進行曲線

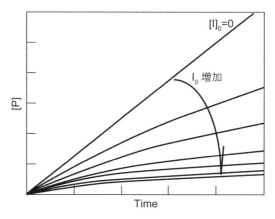

図8-11-1(B)　直列二段階機構(速→遅)阻害による反応進行曲線

ンディング阻害の挙動を示すことが多い[3,4]。これは,フリーな酵素の活性部位は基質に適合したコンホメーションをとっており,活性部位は酵素基質複合体を経た場合のみ遷移状態構造に適合したコンホメーションを速やかにとれるということを示唆する。

【クイズ】

Q 8-11-1　ある酵素が,基質や阻害剤が自由に進入できる活性部位を有している。にもかかわらず,阻害剤が,非常に強い阻害を示し,速い過程とそれに続く遅い過程からなる直列二段階機構

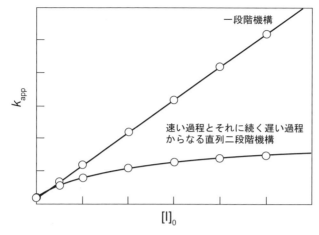

図8-11-2 k_{app}の$[I]_0$依存性による阻害機構の識別

で説明できるスローバインディングの挙動を示した。この遅い過程にはどのような現象が起きていると考えられるか。

A 8-11-1 最初に形成された酵素と阻害剤が緩く結合した複合体が異性化を起こし、硬く結合した複合体に変化している。

文　献

1) M. Goličnik, J. Stojan: *Biochem. Mol. Biol. Educ.*, **32**, 228-235 (2004)
2) J. F. Morrison: *TIBS*, **7**, 102-105 (1982)
3) G. W. Ashley, P. A. Bartlett: *J. Biol. Chem.*, **259**, 13621-13627 (1984)
4) R. Guan *et al.*: *Biochemistry*, **50**, 10408-10417 (2011)

12　協同性とアロステリック効果

アロステリック効果とは、特定の化合物（エフェクター）がタンパク質に結合することにより、その機能が変化することを言う。促進するエフェクターはアロステリックアクティベーター、抑制するエフェクターはアロステリックインヒビターと呼ばれる。しかし、リガンドとエフェクターが同種の分子である場合もあり、このような化合物を、ホモトロピックエフェクターと呼ぶ。基質と異なる分子であるエフェクターはヘテロトロピックエフェクターと呼ぶ。結果として、アロステリック効果は、以下のように拡張定義されて用いられるこ

とも多い：タンパク質と複数のリガンドが複合体を形成する際に，その複合体による反応やそれ以後の複合体形成反応が1個のリガンド結合の場合に比べて変化すること。タンパク質一分子にリガンド分子がn個結合するn次反応には以下のような場合がある。

1. モノマー構造のタンパク質分子が1個の結合部位を持ちそこにn個のリガンドが結合する。
2. モノマー構造のタンパク質分子がn個の結合部位を持ち，各結合部位に1個のリガンドが結合する。
3. ホモオリゴマー構造のタンパク質が，それぞれ同一の1個の結合部位を持つn個のプロトマーからなり，各結合部位には1個のリガンドが結合する。

アロステリック効果を特徴づける数学的モデルの代表例がHillの式である[1]。この式は，酸素とヘモグロビンの結合を説明する経験式として導入された。タンパク質（P）に，リガンド（L）が結合する反応において，リガンドが結合しているタンパク質の結合部位の比率（飽和率：Y）をフリーのリガンド濃度（[L]）の関数として以下のように定義する（図8-12-1）。

$$Y = \frac{[L]^{n_h}}{K_d + [L]^{n_h}} \quad (8\text{-}12\text{-}1)$$

n_hはヒル係数と呼ばれ，アロステリック効果の定性的指標として用いられることが多い[1]。$n_h = 1$ならば，協同性はなく，Yに関係なくリガンドは結合する。$n_h > 1$の時Yが高くなるにつれてリガンド結合は促進され（正の協同性），$n_h <$

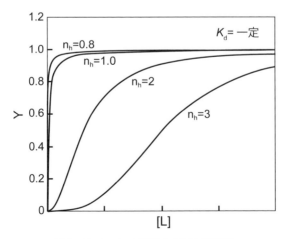

図8-12-1　ヒル係数と飽和率の関係

1の時Yが高くなるにつれてリガンド結合は抑制される（負の協同性）。

　Hillの式は，酵素反応にも適用される。ミカエリス-メンテン式に従う酵素反応の初速度は，酵素基質複合体（ES）の濃度によって決定される。Y = 1は，その最大速度（$V_{\max}$）に対応する。したがって，上記8-12-1式は以下のように書ける。

$$\frac{V}{V_{\max}} = \frac{[S]^{n_h}}{K_d + [S]^{n_h}} \tag{8-12-2}$$

Hillの式は，タンパク質（P）1分子に，n_h分子のリガンド（L）が，中間体を形成せず同時に結合する反応と見ることができる。

$$P + n_h \times L \underset{k_{-1}}{\overset{k_{+1}}{\rightleftarrows}} P \cdot (L) n_h$$

$$K_d = \frac{k_{-1}}{k_{+1}} = \frac{[P][L]^{n_h}}{[P \cdot (L) n_h]} \tag{8-12-3}$$

実験データから，K_d値とn_h値を求めるには以下の式を用いる。

$$\log \frac{Y}{1-Y} = -\log K_d + n_h \log[L] \tag{8-12-4}$$

$$\log \left(\frac{V}{V_{\max} - V} \right) = -\log K_d + n_h \log[S] \tag{8-12-5}$$

実験でn_h値を求めると，整数にならないことが多い。その理由としては，Hill式が経験的な式であること，つまり，リガンドが同時ではなく段階的に結合することが考えられる。Hillの式は，フリーなタンパク質と最終複合体しか考慮しないから，上に述べた3つのn次反応のどれにも適用される。

　アロステリック効果は一般的に，オリゴマー構造を持つタンパク質の各プロトマー間の相互作用により引き起こされるコンホメーション変化，すなわち協同性に基づき説明される。代表的なものは，協奏（MWC）モデルと逐次（KNF）モデルである[2,3]。どちらのモデルでも，プロトマーへのリガンドの結合は段階的であり，プロトマーは2つのコンホメーションのどちらかにあると考える。しかし，この2つのモデルでは，2つのコンホメーション間の変化と，プロトマー間のコンホメーション変化の伝播に対する考えが以下のように異なる。

協奏モデル

1. 1つのオリゴマーの，全てのプロトマーがT（緊張）状態かR（弛緩）状態のどちらか1つのコンホメーションをとる。

2．T状態とR状態間の平衡は，リガンド結合に影響されない．
3．T状態とR状態どちらにおいても，リガンドは結合できるが，その解離定数は異なる．

　これはホモトロピックな協奏モデルであるが，ヘテロトロピックな協奏モデルでは，T状態とR状態のどちらか，もしくは両方に二次的なリガンドの結合を考えなければならない．

逐次モデル

1．1つのオリゴマーのプロトマーには，A状態とB状態をとるものが混在する．
2．プロトマーは，リガンドが結合していない時A状態，リガンドが結合した時B状態をとる．A状態とB状態間の変化は，A-B間の異性化の平衡定数と，Bへのリガンドの解離定数という2つのパラメーターで表せられる．
3．任意の2つのプロトマー間には，A+B↔A・B，A+A↔A・A，B+B↔B・Bの3種類の異なる強さの相互作用が存在する．
4．1つのプロトマーと，他のプロトマーとの相互作用を定義するパラメーターは，それらの空間的配置（例えば，4量体の場合，正四面体，正方形型，直線型）に依存する．

　協奏モデルは，逐次モデルにおいて，1つのリガンドがA_iに結合すると速やかにB_iに移行する特殊な場合と考えることができる．

　協奏モデルでは，負の協同性は説明することができない．これは，T状態とR状態間の平衡はリガンド結合に影響されないという前提と，プロトマーへのリガンドの結合は段階的に起こることを考慮した結果である．一方，逐次モデルでは，協奏モデルと同様，中間複合体の存在を考慮するが，リガンドの結合によりプロトマーにコンホメーション変化が誘導され，その変化は近接するプロトマーに伝えられ，その結合性（酵素では，触媒作用の場合もある）に影響を与えるという考えに基づくため，正の協同性も負の協同性も説明できる．Hill式と，協奏モデルは，オリゴマー構造のタンパク質を考えた場合，全てのプロトマーが同じ状態をとるという点は共通している．しかし，Hill式は，負の協同性を表現できる．これは，タンパク質分子への複数のリガンドの結合を，協奏モデルでは「速やかだが段階的に起こる」（中間複合体が存在する）と考えるのに対し，Hill式では同時に起こる（中間複合体は存在しない）と仮定するためである．タンパク質分子への複数のリガンドの段階的結合については，次の節で簡単に触れる．協奏モデルは，逐次モデルと異なり，リガンドが存在しな

い系に応用できる。これは，逐次モデルではプロトマー間の平衡はリガンド結合と一体であるのに対し，協奏モデルでは平衡はリガンド結合とは独立であるためである。

【クイズ】

Q 8-12-1　Hillは，ヘモグロビン（Hb）と酸素の結合反応を次のように表した。
$$Hb + nO_2 \leftrightarrow Hb\cdot(O_2)_n$$
$$K_d = [Hb](pO_2)^n/[Hb\cdot(O_2)_n]$$
ここで，nはHbの酸素結合部位数，K_dは酸素と結合部位の解離定数，pO_2は酸素分圧である。Hillの式（飽和度YとpO_2の関係式）を導け。

A 8-12-1　$[Hb\cdot(O_2)_n] = [Hb](pO_2)^n/K_d$
$Y = ([Hb](pO_2)^n/K_d)/([Hb]+[Hb](pO_2)^n/K_d)$
　$= ((pO_2)^n/K_d)/(1+(pO_2)^n/K_d)$
　$= (pO_2)^n/(K_d+(pO_2)^n)$

文　　献

1) A. V. Hill: *Proceedings of the Physiological Society*, **40**, iv-vii (1910)
2) J. Monod, J. Wyman, J. P. Changeux: *J. Mol. Biol.*, **12**, 88-118 (1965)
3) D. E. Koshland Jr., G. Némethy, D. Filmer: *Biochemistry*, **5**, 365-385 (1966)

13　リガンド結合と構造変化

Langmuirの吸着等温式は，古くから用いられている吸着モデルからの理論式で，いくつかの仮定の下に導かれる[1]。化学吸着過程は吸着剤の表面上への単分子膜の生成であると考えられ，吸着等温式は，気相と部分的に生成した単分子層との間で成立する平衡を表している。気体の圧がPの時，覆われた表面の割合をθで表す。蒸発速度は，吸着分子で覆われた表面の割合に比例すると考えられ，その比例定数をk_1とすると，$k_1\theta$と表せられる。一方，凝縮速度は気体の圧Pと，吸着分子で覆われていない表面の割合すなわち，$1-\theta$に比例する。この覆われていない表面と衝突する場合にのみ，吸着分子が表面に結合する。平衡状態では，吸着分子の蒸発速度（速度定数k_1）と気相分子の凝縮速度

（速度定数k_2）が等しくなるから，平衡における表面被覆率と気体の圧との関係は以下のようになる。

$$\theta = \frac{k_2 \cdot P}{k_1 + k_2 \cdot P} = \frac{P}{k_1/k_2 + P} \qquad (8\text{-}13\text{-}1)$$

吸着等温線のデータは，一定量の吸着剤に吸着する気体量を，気体の圧の関数として表したものである。単分子層の吸着では，ある圧Pで吸着した気体量yと，単分子層を完成させるのに必要な気体量（飽和吸着量）y_mは，θと次のような関係がある。

$$\frac{y}{y_m} = \theta \qquad (8\text{-}13\text{-}2)$$

よって，ある一定温度下で気体が固体に吸着される時，圧力と吸着量の相関関係は以下のようになる。

$$y = \frac{y_m \cdot P}{k_1/k_2 + P} \qquad (8\text{-}13\text{-}3)$$

このLangmuirの吸着等温式は，タンパク質分子内に，協同性を示さない同一のリガンド結合部位が複数個あり，各結合部位は1個のリガンドと結合する場合と考えることができる。より具体的には，ホモオリゴマー構造を持つタンパク質がプロトマーに1つの結合部位を持ち，その結合部位は1個のリガンドとしか結合しない場合を想定する。この反応は，プロトマーの数をnとすると，以下に示す二次反応（iは1からnまでの整数：i＝1の時，PL_0はPを示す）の連続したものになる。

$$PL_{(i-1)} + L \underset{k_{p.i.-}}{\overset{k_{p.i.+}}{\rightleftarrows}} PL_i$$

$$K_{d,P,i} = \frac{k_{p.i.-}}{k_{p.i.+}} = \frac{[PL_{(i-1)}][L]}{[PL_i]} \qquad (8\text{-}13\text{-}4)$$

全反応が平衡状態にある時，各酵素種は以下のように表せられる。

$$[PL_i] = [L]^i \times [P] \prod_{i=1}^{n} \frac{1}{K_{d,P,i}} \qquad (8\text{-}13\text{-}5)$$

タンパク質一分子あたりに結合したリガンドの個数をrとする。

$$r = \frac{\sum_{i=1}^{n} i[PL_i]}{[P]_0} \tag{8-13-6}$$

rは以下のようになる。

$$r = \frac{\sum_{i=1}^{n}\left(i \times [L]^i \times [P] \times \prod \frac{1}{K_{d,P,i}}\right)}{[P] + \sum_{i=1}^{n}\left([L]^i \times [P] \times \prod \frac{1}{K_{d,P,i}}\right)} \tag{8-13-7}$$

これをAdairの式という[2]。上記の協同性を示さないというのは，$K_{d,P,i}$が同じということでなく，どの段階の反応でも遊離のリガンドと空の結合部位の解離定数 (K_d) は不変 (定数C) ということである。確率因子を考慮すると$K_{d,P,i}$とK_d (=C) には以下の関係が成立する[3]。

$$\frac{1}{K_{d,P,i}} = \frac{(n-i+1)}{i} \frac{1}{C} \tag{8-13-8}$$

この式を，Adairの式に代入すると，以下の式が得られる。

$$r = \frac{n[L]}{C+[L]} \tag{8-13-9}$$

この式が，タンパク質とリガンドの結合解析において，Langmuirの式と呼ばれる。
　本式を変形すると，以下の式が得られる。

$$\frac{r}{[L]} = \frac{n}{C} - \frac{r}{C} \tag{8-13-10}$$

これが，Scatchardプロットである[4]。

　Langmuirの式は，ヘテロオリゴマー構造を持つタンパク質にも応用できる。プロトマーがq種類あり，各種のプロトマーの数とその結合部位とリガンドの解離定数をそれぞれn_iと$K_{d,i}$ (=C_i) で表すと，rは以下のように表せられる[5]。

$$r = \sum_{i=1}^{q} \frac{n_i[L]}{C_i + [L]} \tag{8-13-11}$$

結合反応が平衡状態にあるのに，Scatchardプロットが直線とならない場合，同じ結合部位が存在するが協同的であるか，異なる結合部位が存在するという

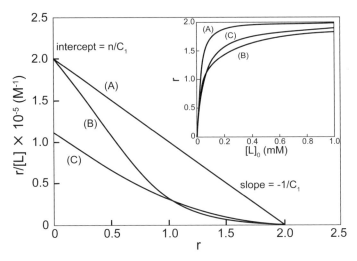

図8-13-1　Scatchardプロット：ダイマータンパク質へのリガンド結合の例

2つの可能性が考えられる。これを簡単に理解するには，ダイマータンパク質（$[P]_0 = 20\,\mu M$）が各サブユニットに1個のリガンドと結合する結合部位を1つ持つ場合を考えるとよい：(A) 協同性を示さないホモダイマーA_2（$K_{d,A1} = K_{d,A2} = 10\,\mu M = C_1$）；(B) 負の協同性を示すホモダイマー$A_2$（$K_{d,A1} = C_1 < K_{d,A2} = 100\,\mu M = C_2$）；(C) 独立したサブユニットを持つヘテロダイマーAB（$K_{d,A} = C_1 < K_{d,B} = C_2$）。Scatchardプロット（図8-13-1）において，(A)では，直線が得られ，傾きは$-1/C_1$，切片は，n/C_1である。(B)と(C)では，2つのK_d値はそれぞれC_1とC_2であるにもかかわらず，カーブの形が異なる。挿入図は，rの$[L]_0$依存性を示している。

【クイズ】

Q 8-13-1　図8-13-1において，(B)負の協同性を示すホモダイマーA_2と(C)独立したサブユニットを持つヘテロダイマーABでは，2つのK_d値は同じである。にもかかわらず，Scatchardプロットにおいて，前者の方が，はっきりとした二相性を示す。この理由を説明せよ。

A 8-13-1　(C)に比べ(B)の方が，1つのサブユニットのみにリガンドが結合した複合体を形成する傾向が強いため。

文　　献

1) I. Langmuir: *J. Am. Chem. Soc.*, **40**, 1361-1403 (1918)
2) G. S. Adair: *J. Biol. Chem.*, **63**, 529-545 (1925)
3) I. M. Klotz: *Archives of Biochemistry*, **9**, 109-117 (1946)
4) G. Scatchard: *Ann. N.Y. Acad. Sci.*, **51**, 660-672 (1949)
5) A. K. Thakur: *J. Theor. Biol.*, **80**, 383-403 (1979)

（以上，滝田禎亮）

第9章　酵素の作用

1　酵素の触媒作用の化学的側面[1~3]

　酵素は極めて高い反応効率と反応特異性を有する触媒であり，その反応特性を通常の化学触媒で実現することはまず不可能である。しかしながら，酵素の中で起こっている現象は決して人知を超えた超常現象などではなく，通常の化学触媒が行うのと同じ単純な化学的プロセスであり，その反応に関与する官能基も一般的な有機化学反応に見られるものとなんら変わらない。では，いったい酵素はどのようにしてその驚異的触媒能力を実現しているのだろうか。その答えは，酵素の触媒機構を知ることにより容易に理解することができる。ここではキモトリプシン（chymotrypsin, EC 3.4.21.1）を例にとって，その反応機構を化学的側面から見てみよう。

　キモトリプシンは膵液に含まれる代表的な消化酵素の一つであり，食物タンパク質を加水分解するプロテアーゼである。キモトリプシンはキモトリプシノーゲン（chymotrypsinogen）と呼ばれる不活性な酵素前駆体（zymogen）として合成された後，トリプシンによって活性化されてπ-キモトリプシンとなり，さらにπ-キモトリプシン同士がお互いにその一部を加水分解することによりα-キモトリプシンと呼ばれる活性型酵素となる。その活性中心には触媒作用に直接関与するセリン残基（Ser）と，その作用を補助するヒスチジン残基（His）およびアスパラギン酸残基（Asp）を有している。この3つのアミノ酸残基は酵素の触媒活性に大きな役割を果たしていることから触媒三つ組残基（catalytic triad）と呼ばれており，同様にセリン残基を含む三つ組構造を有するトリプシンやエラスターゼなどと共にセリンプロテアーゼと呼ばれる。キモトリプシンの触媒機構に関する研究は古くから行われており，その人工合成基質である酢酸p-ニトロフェニル（p-nitrophenyl acetate, pNPA）の加水分解機構は図9-1-1に示した通りである。エステルの加水分解反応は，水分子がエステルのカルボニル炭素を求核攻撃することによって起こる。しかし，キモトリプシンにおいては，活性中心に配置されたSer残基の水酸基が求核攻撃することによりエステル交換反応が起こってSer残基の水酸基がエステル化されるとともに基質のアルコール部分（pNPAの加水分解ではp-ニトロフェノール）が一つ目の生成物として放出され，その後にSer残基水酸基のエステルが加水分解される

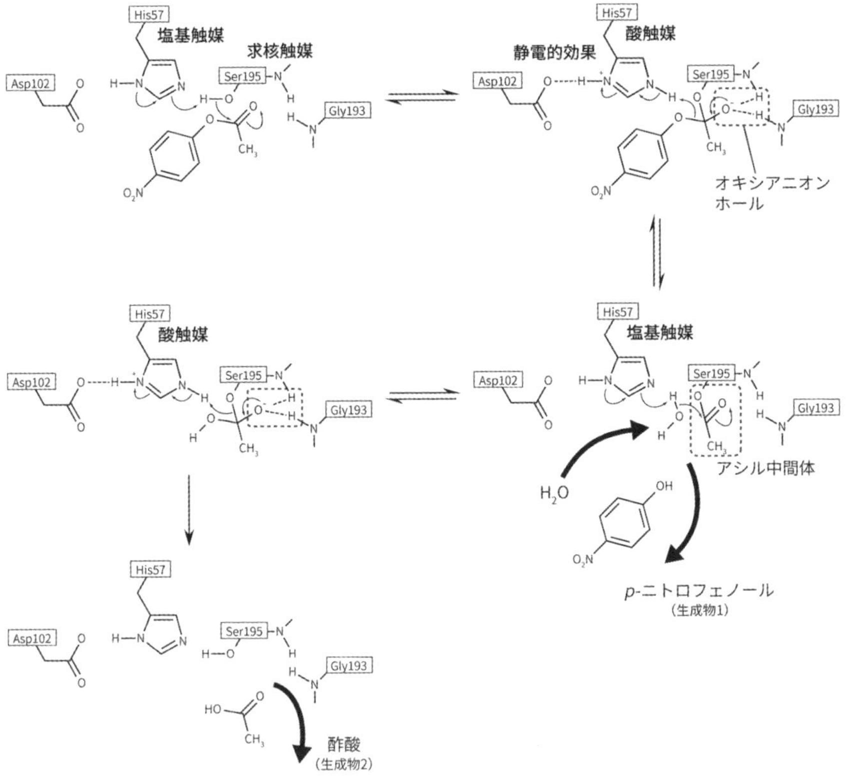

図9-1-1 キモトリプシンによる*p*NPA加水分解の反応機構[4]

ことによって基質の酸部分（*p*NPAの加水分解では酢酸）が放出されるという二段階機構で行われる。この過程で，酸塩基触媒や求核触媒といった様々な化学的触媒プロセスが関与している他，近接効果，配向効果といった物理的効果も化学反応の促進に大きく寄与している。

1.1 酸塩基触媒

化学反応においてブレンステッド（Brønsted）酸または塩基の存在によってその反応速度が増大する時，その酸や塩基のことを酸触媒または塩基触媒と言う。特に，律速となる遅い反応（すなわち触媒によってその進行が加速される反応ステップ）の前にプロトンが触媒分子から反応分子に移っている，あるいは反応分子のプロトンが触媒分子に引き抜かれているような反応機構の場合，これをそれぞれ特殊酸触媒および特殊塩基触媒と呼び，律速反応の進行過程で

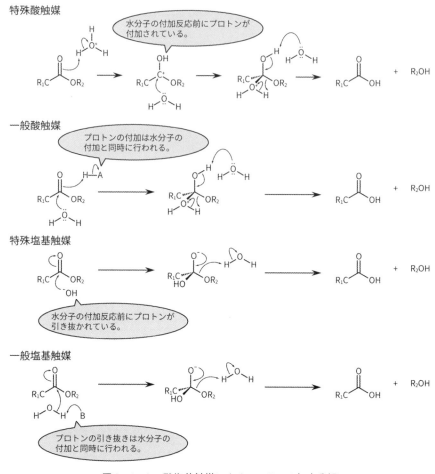

図9-1-2 酸塩基触媒によるエステルの加水分解

　プロトン移動が起こる場合を一般酸触媒および一般塩基触媒と呼ぶ。酸塩基触媒の定義は単純であるが，その作用機構は反応によって様々であり，一概に論じることは難しい。ここではエステルの加水分解反応（図9-1-2）を例に説明する。

　エステルの加水分解反応はカルボニル炭素への水分子の求核付加反応によって始まるが，この反応は水分子の求核性がそれほど高くないために進行が遅い。しかし，カルボニル酸素へプロトンを付加することによってカルボニル炭素が求核攻撃を受けやすくなるようにしたり，水分子のプロトンを引き抜いてその

求核攻撃性を高めることによって，その反応効率を高めることができる。前者の触媒機構が酸触媒であり，後者が塩基触媒である。この中でも，H_3O^+やOH^-が直接触媒として働く場合は，律速反応よりも先にプロトン付加やプロトンの引き抜きが行われているためにそれぞれ特殊酸触媒，特殊塩基触媒と呼ばれる。一般にエステルの加水分解反応は酸性条件や塩基性条件で行われるが，それはこの特殊酸触媒，特殊塩基触媒の作用で反応を加速するためである。しかし，生理的条件（pH7.4）では，H_3O^+やOH^-の濃度は極めて低いためこのような触媒機構を利用することはできない。そこで，酵素では一般酸塩基触媒をうまく利用することによって，穏やかな条件下での反応加速を実現している。

タンパク質である酵素には，カルボキシル基（Glu, Asp），アミノ基（Lys），イミダゾール基（His）などの酸（プロトン供与体）や塩基（プロトン受容体）として振る舞う官能基が多く含まれており，これらの官能基は多くの酵素の触媒機構において酸塩基触媒として関与している。キモトリプシンによるpNPA加水分解反応（図9-1-1）においては，反応の初期段階に進行するSer195の水酸基による基質のカルボニル炭素への求核反応において，His57のイミダゾール基が塩基触媒としてSer195のプロトンを受け取り，その求核反応を促進している。また，最終段階であるアシル中間体の加水分解においても塩基触媒として水分子のプロトンを受け取り，その求核攻撃を助けている。この時，His57はAsp102のカルボキシレート（carboxylate）によって安定化され，イミダゾリウム（imidazolium）カチオンとなる。一方，生成物であるp-ニトロフェノールおよび酢酸が脱離するステップでは，このイミダゾリウムカチオンがプロトン供与体の役割を担っており，ここでは酸触媒として機能している。

1.2 求核（親核）触媒

求核触媒（nucleophilic catalysis）とは，まず触媒が反応基質に対して求核剤として反応を起こすことにより，触媒と基質が共有結合で結合した反応中間体を形成し，引き続き分解を受けて生成物を与えるような触媒を指す。図9-1-3にその例を示す。

この反応は，イミダゾールによる酢酸フェニルの加水分解反応を示したものである。イミダゾールは水分子よりも強い求核性を有するため，エステルをより速く求核攻撃する。イミダゾールの求核攻撃によりフェノールが遊離し，残りの酢酸部分はイミダゾールと共有結合で結合したアシルイミダゾールとなる。この中間体は水分子による加水分解を受けるが，この時イミダゾール基は窒素

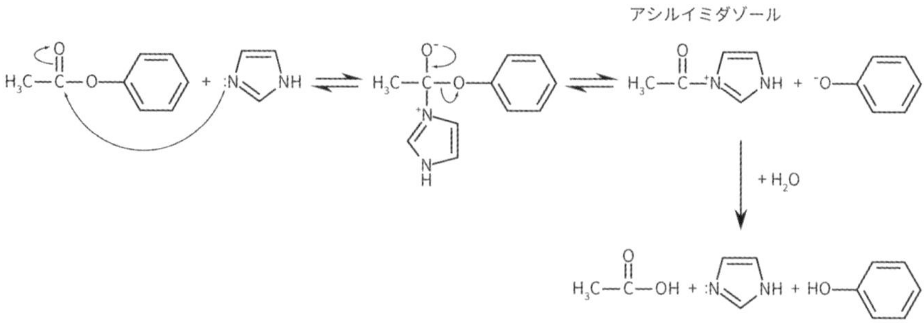

図9-1-3 イミダゾールを求核触媒としたエステル加水分解[5]

上に正電荷を持っているために優れた脱離基として働く。このため，元のエステルよりも速く加水分解されるのである。このように，求核触媒は触媒する反応の経路を変え，比較的遅い一つの反応を二つの速い反応に置き換えることによって反応の進行を加速しているのである。

　キモトリプシンの触媒する加水分解反応でも求核触媒機構は重要な役割を果たしている。キモトリプシンにおいてはSer195が求核触媒としての役割を担っており，基質であるpNPAのエステル結合のカルボニル炭素を求核攻撃する。本来セリン残基の水酸基の求核性はそれほど高くないため求核剤として働くことは難しいが，キモトリプシンでは前述の通りHis57が塩基触媒作用によってその求核性を高め，これを可能にしている。Ser195による求核攻撃によって一つ目の生成物であるp-ニトロフェノールが放出され，Ser195の水酸基は酢酸エステルとなる。この状態が，酵素と基質の共有結合中間体であり，アシル酵素中間体（acyl-enzyme intermediate）と呼ばれる。アシル酵素中間体は後に続く反応ステップで加水分解され，酵素は次の基質分子と反応できるように再生される。

　この求核触媒機構は，キモトリプシンを代表とするセリンプロテアーゼ群以外にも多くの酵素で見られる。求核基として用いられる官能基も様々で，システイン残基（Cys）のチオール基を利用するシステインプロテアーゼ群，アスパラギン酸残基（Asp）のカルボキシル基を利用するATPアーゼ群，ヒスチジン残基（His）のイミダゾール基を利用するホスホグリセロムターゼ，チロシン（Tyr）のフェノール性水酸基を利用するグルタミンシンターゼやDNAトポイソメラーゼなどが知られている。

1.3 求電子（親電子）触媒

　求電子触媒（electrophilic catalysis）とは，電子吸引性の官能基が電子を吸引することにより反応点の正電荷局在性を高め，求核攻撃を受けやすくすることによって反応速度を加速する触媒機構のことである。その一例を図9-1-4に示す。

　この反応は，二価金属イオンによるグリシンメチルエステルの加水分解反応機構を示したものである。二価金属イオンはカルボニル酸素とアミノ基に配位結合する。この時，金属イオンはカルボニル酸素上の電子を吸引するため，カルボニル基の分極が促進される。この結果，カルボニル炭素は水分子による求核攻撃を受けやすくなる。

　求電子触媒機構はキモトリプシンでは見られないが，多くの酵素の触媒機構中に見出すことができる。しかし天然アミノ酸には求電子性官能基を有するものが存在しないため，酵素は電子吸引基を有する有機化合物や金属イオンを補因子（cofactor）としてタンパク質に取り込むことによってその触媒機構を実現している。ここでは，例としてアルドラーゼの触媒機構（図9-1-5）を示す。

　アルドラーゼはフルクトース-1,6-二リン酸をグリセルアルデヒド-3-リン酸とジヒドロキシアセトンリン酸に分解する反応を触媒する。触媒反応は，まず活性中心に結合したフルクトース-1,6-二リン酸のカルボニル基が酵素のLys残基とシッフ塩基を形成することから始まる。次の反応ステップでチロシン残基が一般塩基触媒として働くことにより，基質のC-3とC-4の間の結合が切断

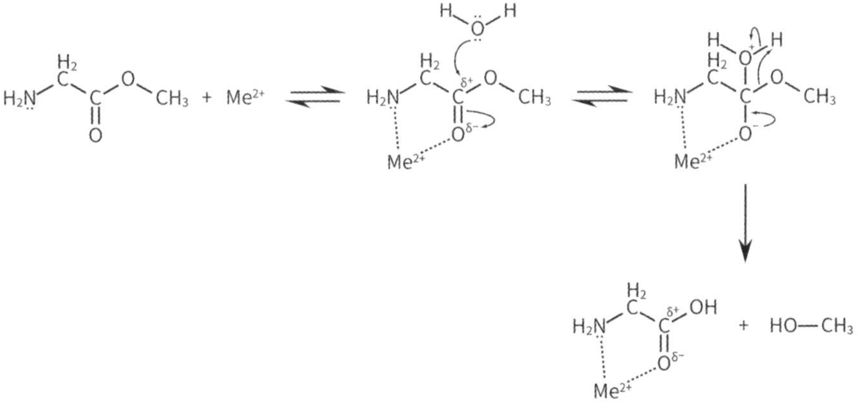

図9-1-4　二価金属イオンを求電子触媒としたエステルの加水分解[6]

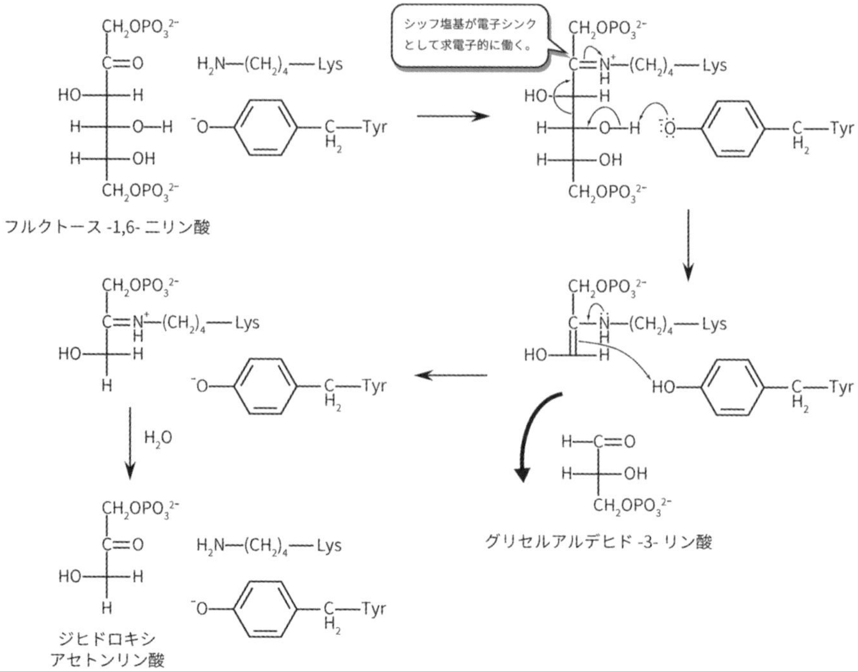

図 9-1-5　アルドラーゼの触媒反応機構[7]

される。この時に，最初のステップで形成されたシッフ塩基が求電子触媒として電子を受け入れる役割を担っている。

1.4　立体効果

化学反応は反応中心の周辺に存在する官能基の立体的な影響によりその反応性が制限されることがある。このような立体的構造が要因となって反応に影響を及ぼすことを立体効果（steric effect）と呼ぶ。特に，立体効果によって反応性が制限される場合，これを立体障害（steric hindrance）と言う。例として，以下のようなハロゲン化アルキルの求核置換反応について考えてみよう。

ハロゲン化アルキルには，ハロゲンが脱離してから求核剤の攻撃が起こるS_N1反応と，求核剤による攻撃が起こった後にハロゲンの脱離が起こるS_N2反応がある。ここではS_N2反応について考える。S_N2反応では，求核剤による求核攻撃によって反応が開始される。この時，求核剤による攻撃は，ハロゲンとは反対の方向から行われる。従って，アルキル炭素上に置換基が無い場合に求核剤

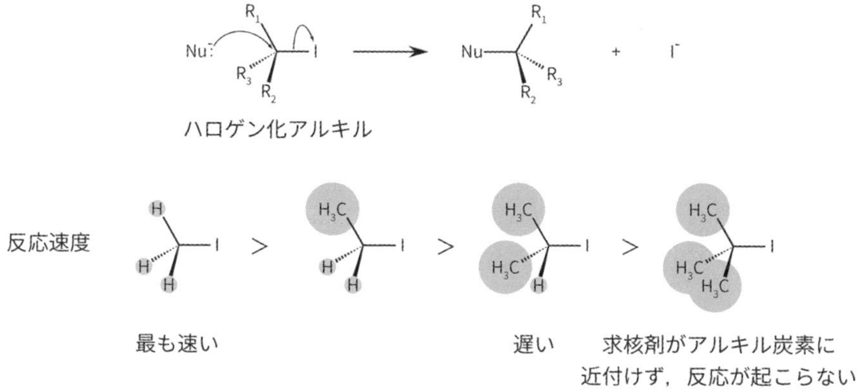

図9-1-6　求核置換反応における立体効果

が炭素に対して最も攻撃しやすくなり，反応は速くなる。アルキル炭素上の置換基が増えるにしたがって，ハロゲンとは反対側の立体構造が込み合い，反応の進行は遅くなる。三級ハロゲン化アルキルになると，求核剤が接触できる空間はほとんどなくなり，反応は進行しなくなる。これが立体効果である。

では，このような立体効果は酵素反応においてはどのように働いているのだろうか。酵素反応は，基質分子が酵素の活性中心に結合した状態で進行する。酵素と基質の結合については後述するが，簡単に言うと基質分子は酵素表面に形成された溝の中に埋まった状態であると考えればよい。従って，基質に接触できる場所とその向きは限られており，酵素の構造から受ける立体効果によって高い反応特異性が実現されている。

1.5　同位体効果[8]

同位体元素は元素の電子配置は同じであるが質量のみが異なるため，同位体元素への置換は化合物の化学的性質を変化させずに標識することのできる手法として様々な研究に用いられている。しかし化学反応においては，同位体元素への置換によってその反応速度が変化することがある。これを同位体効果（isotope effect）と呼ぶ。

原子の質量変化は，その原子を含む化学結合の振動数に影響を与える。これはバネを考えると理解しやすい。バネが同じであれば原子を引っ張る力は同じであるが，同じ力で引っ張るなら質量の重い原子の方が加速度は小さくなる。古典力学に則ると，バネ定数kのバネに取り付けた質量mの重りの振動数fは以

下の式で与えられる。

$$f = \frac{1}{2} \cdot \sqrt{\frac{k}{m}} \qquad (9\text{-}1\text{-}1)$$

つまり、振動数 f は $1/\sqrt{m}$ に比例し、質量が大きくなるほど振動数は小さくなる。この関係は化学結合の振動数に関しても基本的に同様となるため、重い同位体元素は軽いものに比べて振動数が小さくなる。例えば、赤外吸収スペクトルから得られる炭素―水素間の結合（C-H結合）の伸縮振動の波数は2,900～3,000 cm^{-1}であるのに対して、炭素―重水素間の結合（C-D結合）では2,000～2,100 cm^{-1}である。振動数 ν は波数に比例するので、C-D結合の振動数はC-H結合の振動数の7割程度の値になっていることが分かる。この差をゼロ点エネルギーの差に換算するとおよそ5～6 kJ/molに相当する。つまり、C-H結合とC-D結合の開裂に必要な活性化エネルギーは、C-H結合の方が5～6 kJ/molだけ少なくて済むということになる。これは、25℃での反応で考えると、C-H結合の開裂の速度がC-D結合の開裂速度と比べて7～11倍程度速いことに相当する。実際には量子トンネル効果やその他の効果によってさらに大きくなったり小さくなったりするため、実験的には水素同位体置換による反応速度定数の比として $k_H/k_D = 2$ ～15の値が得られれば同位体効果があるとみなす。ところで、このような反応速度の変化は水素同位体のように質量の変化比率が大きい場合にはその効果は大きくあらわれるが、炭素同位体のように^{12}Cと^{13}Cの質量比が小さい場合にはその効果は非常に小さく、速度定数比で1.04倍程度にしか

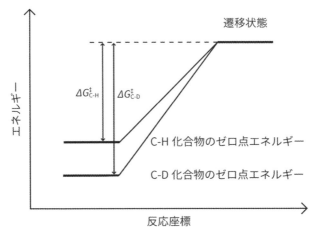

図9-1-7　水素同位体化合物の反応エネルギープロファイル

ならない.

さて,同位体置換された原子が形成する化学結合の開裂速度が変化することはこれまでに説明した通りであるが,実際の化学反応においてはその原子の結合開裂が律速段階となっている場合にしか全体の反応速度には影響を及ぼさない.言い換えれば,ある原子を同位体に置換することによって反応速度が遅くなるということは,反応の遷移状態にその原子を含む結合の開裂が関与していることを示している.つまり,同位体効果を検討することにより,遷移状態における化学結合の開裂に関する情報が得られるのである.例えば,ギ酸デヒドロゲナーゼは以下に示した反応を触媒するが,HCOONaとDCOONaを基質としてNAD$^+$への水素の転移反応を測定すると,その反応速度定数の比k_H/k_Dは2.7となり同位体効果が見られる[9].従って,この反応ではC–H結合の開裂が律速過程であることが分かる.

NAD$^+$ + HCOO$^-$ → NAD–H + CO$_2$

溶媒の同位体効果も同様の方法で求めることができる.図9-1-8に示す加水分解反応の例では,水中での反応速度定数と重水中における反応速度定数の比k_{H_2O}/k_{D_2O}が(A)は1となるのに対して(B)では3となる.この二つの反応はともにイミダゾールによって触媒される反応であるが,同位体効果の測定結果から(A)は求核触媒機構であり(B)は一般塩基触媒機構であることが示唆される.

キモトリプシンの場合も,pNPAの加水分解反応を重水中で行うとk_{H_2O}/k_{D_2O}は2.4となる[12].このことから,律速過程が求核触媒過程ではなく,一般塩基触媒過程であることが示唆される.

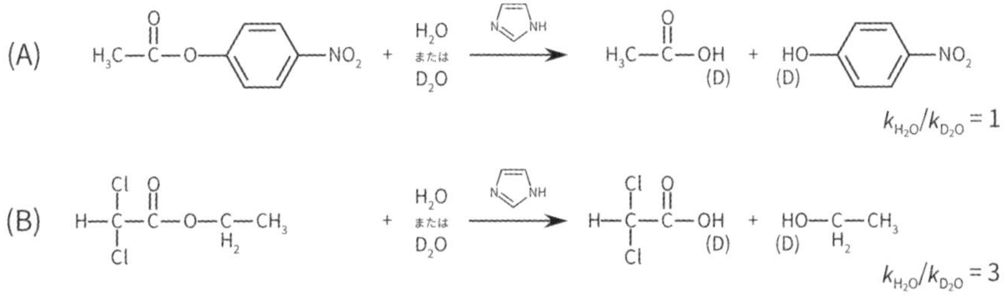

図9-1-8 イミダゾールによるエステル加水分解反応の溶媒同位体効果[10,11]

1.6 近接効果と配向効果

　酵素による触媒機構の最大の特徴は，酵素が反応基質と複合体を形成した後に化学反応が進行するということである。この複合体形成のプロセスにおいて，酵素が基質の形状を認識することによって高い基質特異性を実現していることはよく知られている。これに加えて，この酵素基質複合体形成のプロセスは，触媒反応効率を高める上でも重要な役割を果たしている。それが近接効果（proximity effect）[13]と配向効果（orientation effect）[14]である。

　化学反応は分子同士が衝突する際に起こる。この時，分子が十分なエネルギーを持って適切な配向で衝突すると，分子は遷移状態へと活性化されて反応が進行する。分子の衝突頻度は，空間中に存在する分子の数，すなわち分子の濃度に比例するため，溶液中の反応は分子濃度が高くなるほど速くなる。この原則は，酵素による触媒反応でも巧みに利用されている。酵素は基質と複合体を形成することにより，活性中心の触媒基と基質を反応に最適な距離に接近させ，衝突の頻度を高めることによって反応を加速させている。これを近接効果と言う。この近接効果を説明するモデルとして分子内触媒反応（intramolecular catalysis）がよく用いられる。ここでは，p-ニトロフェニルエステルの加水分解反応（図9-1-9）を例にとって説明しよう。(A)は酢酸を求核触媒としたp-ニトロフェニル酢酸の加水分解反応を示しており，(B)はp-ニトロフェニルエステルが同一分子内に触媒基であるカルボキシル基を有しており，このカルボキシル基が加水分解を触媒する反応を示している。これらの反応はそれぞれ二分子反応(A)と一分子反応(B)であるので，その反応速度定数を直接比較することはできない。そこで，単純に一分子速度定数であるk_2を二分子速度定数であるk_1で割り，濃度として得られる値について考える。この値は，分子間反応で分子

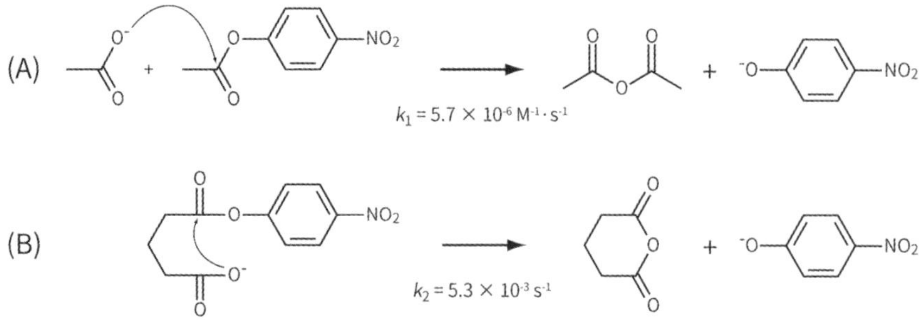

(A) $k_1 = 5.7 \times 10^{-6}\ M^{-1} \cdot s^{-1}$

(B) $k_2 = 5.3 \times 10^{-3}\ s^{-1}$

図9-1-9　分子間触媒と分子内触媒によるp-ニトロフェニルエステルの加水分解[15,16]

内反応と同じ反応速度を得るためにどの程度のカルボキシル基の濃度が必要かを表す値であるが，言い換えると，同一分子内への固定によってカルボキシル基がどの程度の濃度に相当する効果を発揮するかを示す値であるとも言えるため，有効濃度（effective molarity）と呼ばれている。図9-1-9の例では有効濃度は930 Mと算出されるが，これは水中の水分子の濃度，すなわち水分子を最も密に詰めた時の濃度である55 Mよりもはるかに高い。従って，この分子内反応では分子同士を最大限接近させた時よりもさらに高い反応効率が得られていると言える。つまり，近接効果だけではこの反応効率の向上は説明できないのである。

そこで次に考えられるのが，配向の効果である。溶液中では分子が自由に動いているために二分子の衝突は様々な配向で起こるが，化学反応が進行するのは反応基同士が適切な向きで衝突した時のみである。分子内反応では反応基の動きが共有結合によって制限されるために衝突の際の配向も限定され，結果として反応性が向上することが予想される。このことを証明するために，T. C. Bruice（T. C. ブルース）らは構造の異なるエステルの分子内触媒反応の反応速度定数を測定し，その結果を比較している（表9-1-1）。

この結果を見て分かることは，求核攻撃を受けるエステル結合と，求核攻撃をするカルボキシル基の相対的な位置を固定した方が，より反応が加速されるという事実である。分子内触媒反応の一例として示したグルタル酸モノエステルのβ位にメチル基を導入すると，メチル基の立体障害によりβ位を中心とした回転が制限される。この効果は導入されたメチル基の数が多いほど大きく，実際にエステルの分解反応もメチル基の数に応じて加速されている。グルタル酸よりも炭素数の一つ少ないコハク酸のモノエステルの場合，グルタル酸と比べて回転中心が一つ少ないのでより配向性が制限され，さらに反応は加速される。さらに二つのカルボキシル基を平面上に固定した場合，グルタル酸モノエステルと比較してその反応速度は10,000倍にも達する。

ここで，近接効果と配向効果について，熱力学的側面から考えてみる。反応速度を決定する活性化自由エネルギー$\Delta G^{\ddagger}$は以下の式で表される。

$$\Delta G^{\ddagger} = \Delta H^{\ddagger} - T\Delta S^{\ddagger} \tag{9-1-2}$$

この式で，$\Delta H^{\ddagger}$と$\Delta S^{\ddagger}$はそれぞれ活性化エンタルピーと活性化エントロピーであり，Tは絶対温度である。二分子過程では，もともとランダムな並進運動と回転運動をしていた二分子が遷移状態において一分子になるので，その並進

表9-1-1　官能基の動きの自由度と反応速度の関係[17]

エステル	反応速度定数の比
COOR / COO⁻ (propyl)	1.0
H₃C-CH(COOR)(COO⁻) 側鎖	4.4
(H₃C)₂C(COOR)(COO⁻)	19
シクロペンタン型 COOR/COO⁻	230
シス-アルケン型 COOR/COO⁻	10,000
エポキシビシクロ型 COOR/COO⁻	53,000

R = －〈C₆H₄〉－Br

運動と回転運動はいくらかの制限を受ける，すなわち並進エントロピーと回転エントロピーが減少すると考えられる。このため，二分子過程において$\Delta S^{\ddagger}$は一般的に負の値となり，これが活性化に必要な自由エネルギーを押し上げていると言える。このようなエントロピー損失は，二分子が一分子となる際に必ず生じるものであり，二分子過程においては反応経路を問わずに必要な経費である。一方，酵素反応においては，ES複合体形成のステップにおいて既に基質分子は酵素の活性中心に固定されているため，遷移状態への移行の際に必要な並進エントロピーおよび回転エントロピーの損失は，二分子過程と比較して少なくて済む。このため，遷移状態への移行に必要な活性化自由エネルギーが減少し，反応が進行しやすくなる。つまり，酵素はES複合体形成とそれに続く活性化という二段階の反応機構を採用することにより，反応律速ではないES複合体形成のステップにおいて予めエントロピーを減らしておき，反応律速である活性化ステップで必要とされるエントロピー損失を抑えて活性化自由エネルギー

を減らしているのである。このように，ES複合体の形成による反応加速の効果，すなわち近接効果と配向効果は，熱力学的にはエントロピー損失を活性化ステップから排除する効果として解釈され，エントロピー効果と呼ばれている。

1.7　溶媒効果と静電的効果

　溶液中の化学反応は，その溶媒の種類に大きな影響を受ける。これを溶媒効果（solvent effect）と言う。これには誘電率と溶媒和の二つの効果が関わっている。誘電率は，二つの電荷の間の静電的相互作用の強さに関わるパラメーターであり，通常は真空の誘電率を1とした時の相対値である比誘電率として表される。水の比誘電率は約80であるが，エタノールは24，ベンゼンは2.3である。溶媒中に存在する二つの電荷間の静電的相互作用の強さは誘電率に反比例するため，誘電率の高い水溶液中ほど静電的相互作用は弱くなり，誘電率の低い有機溶媒中では強くなる。では，このような静電的相互作用の変化はどのように反応速度に影響を及ぼすのだろうか。これを理解するために図9-1-10のような反応を考える。

　この二つの反応はともに求核置換反応であるが，(A)の反応では出発物質は電荷を持たず，遷移状態への過程で電荷の分極が促進される。このような反応では，誘電率の高い溶媒の方が電荷間の静電的相互作用が弱くなり，電荷分離に必要なエネルギーが少なくなるため反応は速やかに進行する。一方，反応前に既に電荷を有している(B)の場合，遷移状態において電荷分離の度合いが小さくなるため，反応前の分子間に働く静電的相互作用が強くなる誘電率の低い溶媒の方が反応は速く進行する。

　溶媒和の効果についても同様に静電的相互作用に基づいて説明される。遷移状態において分極が促進されるような反応においては，極性溶媒の溶媒和によ

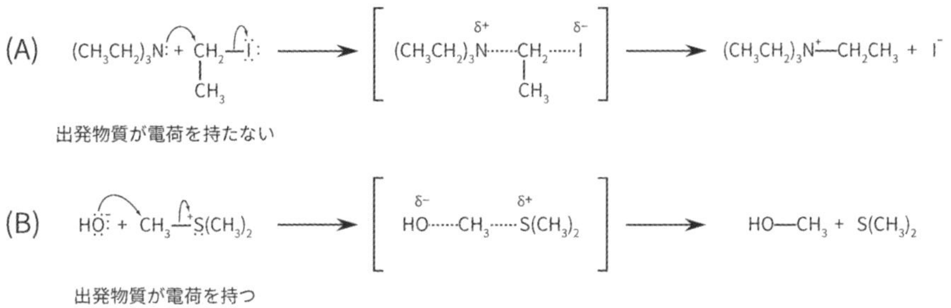

(A)　$(CH_3CH_2)_3N: + CH_2-I: \longrightarrow \left[(CH_3CH_2)_3N\cdots\overset{\delta+}{CH_2}\cdots\overset{\delta-}{I} \right] \longrightarrow (CH_3CH_2)_3\overset{+}{N}-CH_2CH_3 + I^-$
　　　　　　　　　　　　　　CH_3　　　　　　　　　　　　　　CH_3

出発物質が電荷を持たない

(B)　$HO:^- + CH_3-S(CH_3)_2 \longrightarrow \left[HO\cdots\overset{\delta-}{CH_3}\cdots\overset{\delta+}{S(CH_3)_2} \right] \longrightarrow HO-CH_3 + S(CH_3)_2$

出発物質が電荷を持つ

図9-1-10　誘電率が反応速度に及ぼす効果

399

って部分電荷を安定化することができるため，反応が有利に進行する。このように，極性分子との静電的相互作用によって電荷が安定化される効果は静電的効果（electrostatic effect）と呼ばれる。

　では，酵素の触媒機構においてはこれらの効果はどのように作用しているのだろうか。実は酵素反応においては溶媒の効果はより複雑である。酵素反応は基本的に水溶液中で行われるため，基質は水和状態にあり，水の高い誘電率のために静電的効果の影響は小さい。しかし基質が酵素の活性中心に結合すると，水和していた水分子は基質分子表面から追い出されてその相互作用は酵素の極性官能基との水素結合に置き換えられる。基質結合部位は疎水的環境であるので基質周辺の誘電率は局所的に減少し，静電的相互作用は溶媒中と比べて強くなる。酵素反応では，遷移状態において電荷の分離を促進するような場合にはその電荷を静電的効果によって安定化するような極性官能基が用意されていることが多い。活性中心の低い誘電率はこの静電的効果を高めるため，電荷の分離が促進される反応であっても，誘電率の低下は反応促進に有利に働くのである。

　それではキモトリプシンの触媒機構における静電的効果について見てみよう。キモトリプシンでは，His57が酸塩基触媒として働いていることは前に述べた通りである。His残基が一般塩基触媒として作用するためにはその側鎖がプロトン解離していなければならないが，一方でその触媒過程でプロトンを受け取らなければならないため，そのpK_aが反応条件に近い方が望ましい。His残基のpK_aは通常6程度であり，キモトリプシンが作用する腸内pH（pH 7～8）と比べると少し低い。そこでキモトリプシンでは，Asp102のカルボキシレートアニオンの静電的効果によりHis57のpK_aをシフトさせている。この効果により，His57のpK_aは7.5まで上昇しており[18]，生理条件下で酸塩基触媒として働くのに都合が良い状態になっている。

　また，遷移状態を安定化するオキシアニオンホール（oxyanion hole）もキモトリプシンの持つ静電的効果を利用した触媒機構の一つである[19]。オキシアニオンホールはSer195とGly193の主鎖アミノ基によって構成されており，Ser195の水酸基がカルボニル炭素を求核攻撃した際の遷移状態で生じるオキシアニオンの負電荷を，アミド窒素上のプロトンとの水素結合によって安定化する。これによって遷移状態におけるエネルギー準位が下がり，活性化エネルギーが低下して反応は促進される。

1.8 共有結合中間体

前述したように,キモトリプシンによるpNPAの加水分解反応では,Ser195がpNPAのカルボニル炭素を求核攻撃することによって,Ser195の側鎖OH基がアシル化されたアシル酵素中間体(acyl-enzyme intermediate)を形成する。このような共有結合を介した中間体は,求核触媒を触媒機構とする酵素や一部の吸電子触媒を触媒機構とする酵素で見られる。

しかし,このような共有結合中間体を実際に観察することは非常に難しい。それは中間体ができにくいからではなく,中間体の分解が極めて速やかに行われるからである。例えば,キモトリプシンのk_{cat}は3 s^{-1}程度であるので,1秒間に3回もアシル酵素中間体が分解されて酵素がターンオーバーされていることになる。このように,短時間しか存在していないものを捕まえるのは極めて困難である。しかし,反応条件を工夫することによってアシル酵素中間体の分解を遅くすることもできる。例えば,キモトリプシンではアシル酵素中間体の加水分解は水分子の求核攻撃によって起こるが,この反応はpHを5.0まで低下させることによって非常に遅くすることができる。一方,セリン残基による基質の求核攻撃は進行するので,結果としてアシル酵素中間体が蓄積することとなる。実際にこの手法を用いてキモトリプシンのアシル酵素中間体が単離されており,アシル化によって活性が失われていることや,pH8.0に戻してやることにより再び酵素活性を取り戻すことなどが確認されている[20]。また,NMRを用いて中間体の存在を確認する研究も多く行われている。この場合も,pHや温度を変えて共有結合中間体の分解速度を遅くすることによって中間体を蓄積し,NMRスペクトルで分析する。

また,特定の化合物を添加して,中間体の分解を止める試みもなされている。例えば図9-1-5で反応機構を示したアルドラーゼの場合,酵素と基質はシッフ塩基を形成することにより共有結合中間体を作る。このシッフ塩基は,水素化ホウ素ナトリウムを用いて還元してやることにより安定な二級アミンへと変換され,加水分解を受けなくなる[21]。この方法では直接シッフ塩基を介した共有結合中間体を観察することはできないが,安定化された中間体を得られることの意義は大きい。

【クイズ】

Q 9-1-1 キモトリプシンの持つ触媒三つ組残基とは,何か?具体的にアミノ酸残基の名前を挙げ,その役割について述べよ。

A 9-1-1 Ser195、His57およびAsp102。Ser195は水酸基をHis57に活性化された後に、基質のカルボニル炭素を求核攻撃する役割を担う。His57は塩基触媒としてSer195からプロトンを引き抜き活性化する役割の他、エステル結合やアミド結合の開裂の際に酸触媒として水酸基やアミノ基にプロトンを渡す役割を担っている。またアシル酵素中間体の加水分解の際にも塩基触媒として水分子を活性化し、結合の開裂の際には酸触媒としてプロトンをSer195に渡す。Asp102は静電的効果によってHis57のpK_aを上昇させ、生理的環境下でHis57が酸塩基触媒として作用できるようにしている。

Q 9-1-2 次のアミノ酸のうちで、求核剤として働くことのできるものはどれか。
①バリン、②ヒスチジン、③チロシン、④イソロイシン

A 9-1-2 ②と③。ヒスチジンはホスホグリセロムターゼ、チロシンはグルタミンシンターゼやDNAトポイソメラーゼで求核触媒基として利用されている。

2 酵素反応における素過程分析[22]

　酵素反応の解析で最もよく行われる方法は、生成物が一定の速度で生成するような状態を観察する方法である。このように一定速度で反応が進行する状態は定常状態と呼ばれ、この状態では酵素の触媒機構を構成する全てのステップにおいて、次のステップへと移行する速度が同じになっている。従って、何らかの刺激によって酵素の反応速度が変化した場合、それがどの反応ステップに影響を及ぼしたのかを判断することはできない。これでは酵素の触媒機構の詳細について理解することは難しい。酵素の触媒機構をより正確に理解するためには、一連の触媒反応に含まれる個々のステップ、すなわち素過程を分析する必要がある。その方法の一つが、反応が定常状態に達する前の前定常状態（presteady state）を観察する方法である。

　キモトリプシンによるpNPAの加水分解では、反応初期に生成物であるp-ニトロフェノールが急速に放出された後、ゆっくりと一定速度でp-ニトロフェノールが放出される定常状態を迎える、特徴的な反応カーブ（図9-2-1）を観

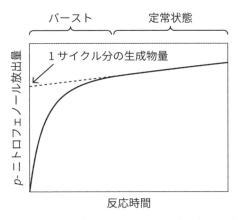

図9-2-1 キモトリプシンによるpNPA加水分解の反応カーブ

察することができる。このような反応初期の急激な生成物の放出はバースト（burst）と呼ばれる[23]。この現象はキモトリプシンの触媒機構に深く関わりがある。前述のように，キモトリプシンによるpNPAの加水分解は，Ser195水酸基による基質の求核攻撃によるアシル中間体の形成と，それに続いて起こるアシル中間体の加水分解の二段階反応で進行する。生成物の一つであるp-ニトロフェノールは一段階目の反応で放出されるが，この反応は二段階目の反応に比べてはるかに速く進行するため，反応開始時に急速にp-ニトロフェノール濃度は上昇する。しかし，二段階目の反応が遅く，アシル中間体が加水分解されて酵素がターンオーバーされるのに時間がかかるため，その後の反応は緩やかに進行するのである。グラフのy切片はバーストによって放出される生成物の量を示しているが，これはアシル酵素中間体まで到達した酵素の量に等しい。これを利用すると，y切片の値から活性を有する有効酵素濃度を見積もることができる。このように，定常状態に至るまでのバーストの過程が，求核反応過程に関する情報を含んでいることが分かった。従って，もし酵素反応に対するpHや温度の影響を検討した時に，このバースト過程に変化があれば，その効果は求核反応過程に及んでいることが分かるのである。このように，定常状態に至るまでの過程，すなわち前定常状態を分析することにより，酵素反応の素過程に関する情報を得ることができる。

　しかし，通常の酵素反応では，前定常状態を観察するのは難しい。一般的な酵素反応はミリ秒単位の時間のうちに定常状態に達してしまうためである。そこで，このような短時間に終了する迅速な反応を観測する方法が開発された。

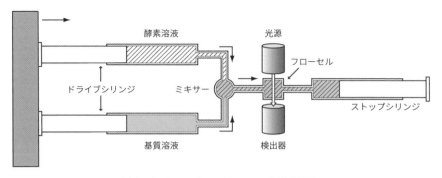

図9-2-2　ストップトフロー装置の概略

　その一つがストップトフロー法（stopped-flow method）である。ストップトフロー装置の概要を図9-2-2に示した。

　ストップトフロー装置では二つのシリンジの中に酵素溶液と基質溶液を準備する。この二つのシリンジはミキサーに繋がっており、シリンジのピストンを押すと酵素溶液と基質溶液が同じ流速でミキサーに導入され、迅速に混合される。混合された反応液はフローセルへと導入され、ここで分光学的測定を行う。ストップトフロー法では、反応溶液がミキサーで混合されてからフローセルに到達するまでの時間は観測することができないが、だいたい10～1,000ミリ秒の時間スケールで反応を測定することができる。この装置を使って酵素や基質の濃度を変えて測定を行うことにより、通常は一連の酵素反応を素過程にまで分離することが可能である。

　ストップトフロー法以外の迅速反応測定法としては、緩和法（relaxation method）や迅速停止法（rapid quench-flow）が挙げられる。緩和法は、平衡状態にある反応に対して反応系の温度やpHなどの条件を瞬時に変化させ、新たな条件での平衡へと反応がシフトする様子を観察する方法である。温度変化を用いて化学平衡をシフトさせる場合、これを温度ジャンプ法と呼び、同様にpHを変化させる場合はpHジャンプ法と呼ぶ。迅速停止法はストップトフロー法と同様の装置を用い、酵素反応が開始してから一定の時間後（例えば100ミリ秒後）に有機溶媒や酸などを加えて反応を停止させ、反応液中に含まれる生成物を調べる方法である。迅速停止法で反応のタイムコースを得るためには、反応停止までの時間を変えながら何度も測定を繰り返さなければならず、ストップトフロー法と比べて多くのサンプルを必要とするが、反応を停止することができるため反応中間体を得る目的で使われることも多い。

【クイズ】

Q9-2-1　キモトリプシンのバースト現象はエステルを基質とした時のみに観察され，ペプチド基質では観察されない。その理由を説明せよ。

A9-2-1　エステルのカルボニル基は求核攻撃を受けやすく，セリン残基による求核攻撃は速やかに進行する。このため，エステルを基質とした場合はその後に続くアシル酵素中間体の加水分解が律速反応となり，最初に放出される生成物を観測した場合にバースト現象が観察される。一方，ペプチドを基質とした場合，アミドのカルボニル炭素はエステルと比べて求核攻撃を非常に受けにくいため，反応の律速段階はセリン残基による求核攻撃となる。このため，バースト現象は観察されない。

3　基質結合

酵素触媒の最も特徴的なプロセスの一つが，酵素-基質複合体（ES複合体）の形成である。このプロセスが酵素の高い基質特異性や反応効率の向上に大きな役割を担っているのは先に述べた通りである。ここでは，酵素の基質結合部位の構造に注目し，その分子認識の仕組みについて説明する。

まだ酵素が基質と複合体を形成することが明らかとなる以前の1894年，E. Fischer（E. フィッシャー）は数種類の糖類に対する酵素の反応性を調べ，特定の単糖だけを区別して反応が進行することを見出した。Fischerは，この特異性は酵素と基質の構造的相補性によるものであることを予想し，その関係を「鍵と鍵穴」に例えた（lock-and-key model）。後にX線結晶構造解析によって酵素の活性中心の立体構造が明らかになると，この鍵と鍵穴モデルは原則的に正しいことが明らかとなった。酵素の活性中心には触媒反応の対象となる基質の構造に相補的な鋳型構造が形成されており，ここに基質の官能基が当てはまるかどうかで分子認識が行われるのである。

酵素の基質認識は，基質分子の持つ官能基の物理化学的特徴を認識しているだけではなく，その立体構造をも認識している。つまり，立体異性体を区別して活性中心に取り込み，反応も立体的に制御された部位にのみ行われる。この例として，アコニターゼによるクエン酸の異性化について考えてみよう。

この反応で基質となるクエン酸は，対称軸を持たないアキラルな化合物であ

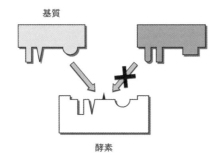

図9-3-1　鍵と鍵穴モデル
酵素の基質結合部位と相補的な構造を持った基質のみが酵素に結合し反応を受ける。

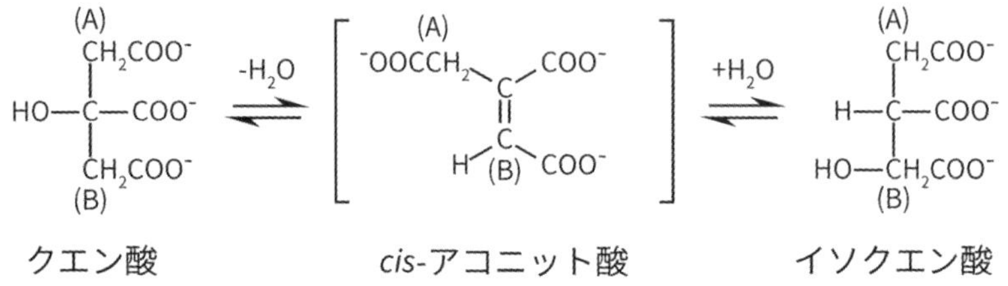

図9-3-2　アコニターゼによるクエン酸からイソクエン酸への異性化反応

る。しかし，2つのカルボキシメチル基のうちの片一方に水酸基が転移するため，生成物であるイソクエン酸はキラル化合物である。このように，キラルな化合物に変換される化合物のことをプロキラル化合物と呼び，変換後に不正中心となる原子をプロキラル中心と呼ぶ。図9-3-2の例では，クエン酸の2つのカルボキシル基は化学的に等価であり，転移反応はどちらに起こってもおかしくない。しかしアコニターゼによる触媒反応では，水酸基は厳密に(B)のカルボキシメチル基に導入され，(A)には入らない。このような立体選択性を説明するために，1948年にA. G. Ogston（A. G. オグストン）は三点結合説を提唱した。その概要を図9-3-3に示す。プロキラル中心にa，b，cの3種類のリガンドを結合した基質分子を考える。a_1とa_2は同じリガンドであり，例えばクエン酸の場合はカルボキシメチル基ということになる。ここで，リガンドa，b，およびcを結合する結合部位a'，b'，c'が図のように酵素に存在すると仮定すると，a'に結合できるのはa_2のみとなる。もしa_1がa'に結合すればb'またはc'に対応するリガンドが結合できず，基質を正しい位置に固定することができないために反応は進行しないだろう。要するに，空間中における立体の配向性を決

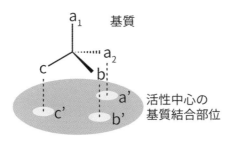

図9-3-3 Ogstonの三点結合説

定するためには本来4点を決定する必要があるが，活性中心がキラルであるために3つのリガンドを固定するだけで残りの1つのリガンドの位置が必然的に決まるというわけである。

　基質結合部位の構造について見てみよう。多くの酵素の活性中心には，基質ポケット（substrate binding pocket）と呼ばれる疎水的な溝が形成されており，基質分子の官能基がこの溝に収まるように結合する。これらのポケットには，官能基の認識をより正確にするために，アスパラギン酸残基やグルタミン酸残基のような酸性アミノ酸，リジン残基やアルギニン残基，ヒスチジン残基のような塩基性アミノ酸残基，セリン残基やスレオニン残基のような中性極性アミノ酸残基，トリプトファン残基やフェニルアラニン残基といった芳香環側鎖を持つアミノ酸残基などが配置され，静電的相互作用や水素結合，π-πスタッキングなどの特徴的な相互作用を形成することによって，より厳密な分子認識を可能にしている。

　具体的な例として，セリンプロテアーゼの活性中心について見てみよう。三種類のセリンプロテアーゼ，トリプシン，キモトリプシン，およびエラスターゼは，アミノ酸配列のよく似たファミリー酵素であるが，その基質特異性はそれぞれ異なっている。トリプシンはリジン（Lys）やアルギニン（Arg）のような塩基性のアミノ酸残基のC末端側を，キモトリプシンはチロシン（Tyr）やフェニルアラニン（Phe），トリプトファン（Trp）のような芳香環側鎖を持つアミノ酸のC末端側を，エラスターゼはグリシン（Gly）やアラニン（Ala）のような小さな側鎖を持つアミノ酸のC末端側をそれぞれ切断する。このような基質特異性の違いは，活性中心に形成されている基質結合ポケットの構造（図9-3-4）を比べるとよく理解できる。

　図9-3-4に示したように，トリプシンの基質結合ポケットは深く，その底

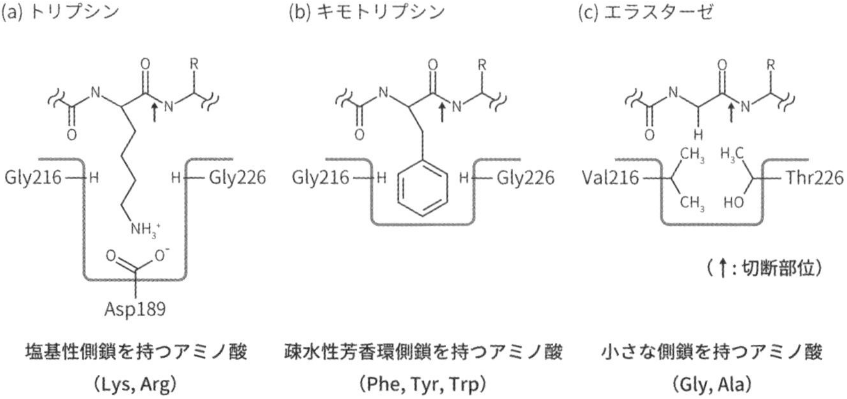

(a) トリプシン　　　　　　(b) キモトリプシン　　　　　(c) エラスターゼ

Gly216 　　　　　Gly226　　Gly216 　　　　　Gly226　　Val216 　　　　　Thr226

Asp189

塩基性側鎖を持つアミノ酸　　疎水性芳香環側鎖を持つアミノ酸　　小さな側鎖を持つアミノ酸
　　（Lys, Arg）　　　　　　　　（Phe, Tyr, Trp）　　　　　　　　（Gly, Ala）

（↑：切断部位）

図9-3-4　セリンプロテアーゼの基質結合ポケットと基質特異性[24]

にはAsp189が配置されている。Asp189の負電荷が基質残基の正電荷と静電的相互作用をするため，塩基性アミノ酸を認識することができる。キモトリプシンの基質ポケットは幅が広く，疎水性の平面構造の官能基を認識できるようになっている。エラスターゼの活性中心は，基質ポケットの入り口に位置する216番と226番のアミノ酸残基がそれぞれ嵩高いバリン残基（Val）とスレオニン残基（Thr）に置換されており，基質ポケットはフタがされた状態になっている。このため，側鎖の嵩高いアミノ酸側鎖を持つ基質は立体障害によって結合することができず，GlyやAlaのような小さなアミノ酸残基を持つ基質のみが結合することができる。このように，基質結合ポケットの立体構造や静電的相互作用によって，酵素の基質特異性が決められるのである。

生体高分子を基質とする酵素では，低分子を基質とする酵素と比べて広範囲に及ぶ基質構造を認識する。そこで，基質の構成ユニットに基づいてそれぞれの構成ユニットが相互作用する部位を区別し，それをサブサイトと呼ぶ[25]。例えば，糖鎖を基質とするグルコアミラーゼの場合，基質の構成単位は全てグルコースでありその構造は同じである。通常，糖鎖を基質とする酵素は，5～10個程度のグルコースを認識する。つまり，活性中心には5～10個のグルコース結合サブサイトが存在する。このうち，グリコシド結合が開裂される部位を中心として，そこから還元末端側にサブサイト+1, +2, +3…，非還元末端側にサブサイト-1, -2, -3…と命名する[26]。

同様にプロテアーゼでも同様の方法でサブサイトを定義できる[27]。プロテアーゼの場合は，開裂部位を中心にN末端側をS_1, S_2, S_3…サブサイトと呼び，C

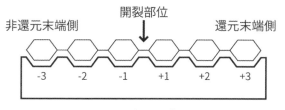

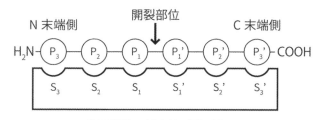

図9-3-5 アミラーゼとプロテアーゼのサブサイト構造

末端側をS_1', S_2', S_3'サブサイトと呼ぶ.また,プロテアーゼの場合は,サブサイトに結合する基質アミノ酸残基の命名もなされており,S_1, S_2, S_3…サブサイトに結合するアミノ酸残基をP_1, P_2, P_3…と呼び,同様にS_1', S_2', S_3'…サブサイトに結合するアミノ酸残基をP_1', P_2', P_3'…と呼ぶ.

　酵素は基質を極めて厳密に認識するが,他の生体分子の相互作用と比べるとその結合の強さはそれほど強くはない.しかし,これには合理的な理由がある.酵素と基質の結合が強いということは,酵素と基質の間に多くの相互作用が形成され複合体が大きく安定化されるということである.このような状態は,反応を触媒する酵素にとってはあまり都合がよくない.酵素に求められるのは遷移状態の安定化であり,基底状態の基質を安定化しすぎてしまうと,基底状態のエネルギー準位が低下し,遷移状態までのエネルギー差,すなわち活性化エネルギーが増えてしまう.図9-3-6にその概要を示した.仮に,酵素と基質が強く結合した状態をES'とする.結合が強くなればなるほど結合のエネルギーは大きくなるので,$\varDelta G_{ES'} > \varDelta G_{ES}$となり,ES'のエネルギー準位はESよりも低下してしまう.このため,遷移状態への活性化に必要なエネルギー$\varDelta G^{\ddagger}_{ES'}$は$\varDelta G_{ES'} - \varDelta G_{ES}$の分だけ増加してしまい,反応には不利である.このため酵素は,基底状態の基質とはその構造認識に必要な最小限の相互作用のみを形成し,

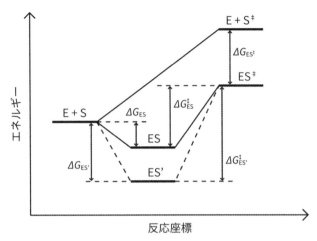

図9-3-6　基質およびその遷移状態に対する酵素の親和性と活性化エネルギー

基底状態のエネルギー準位があまり下がらないようにしているのである。一方，遷移状態との結合力は$\Delta G_{ES^{\ddagger}}$として表され，これが大きくなるほど遷移状態のエネルギー準位が低下するために，遷移状態への活性化に必要な活性化エネルギーは減少し，反応は有利になる。従って，酵素は遷移状態とはより多くの相互作用を形成してその構造を安定化しようとするのである。

【クイズ】

Q 9-3-1　トリプシンはペプチドマップの作成などの研究目的でタンパク質の断片化によく用いられる。タンパク質をトリプシンで消化した際に生じる断片にどのような特徴があるか，酵素の基質特異性に基づいて説明せよ。

A 9-3-1　トリプシンはリジンまたはアルギニンのC末端側のペプチド結合を切断する。従って，ペプチド結合の切断によって生じるペプチド断片のC末端は必ずリジンまたはアルギニンになる。ただし，基質タンパク質のC末端を含む断片だけは元のアミノ酸のままとなる。

Q 9-3-2　酵素反応において，反応の遷移状態によく似た構造をした化合物は阻害剤になり得るだろうか。その理由も述べよ。

A 9-3-2　なり得る。遷移状態構造を模倣した化合物は，酵素が遷移状

態の基質と形成する相互作用を再現することができると考えられる。触媒としての酵素の特性を考えると，酵素基質複合体はエネルギー的に安定化しすぎないことが望ましく，遷移状態は安定化することが望ましい。従って，遷移状態構造を模倣した化合物は基質と比べても強力に酵素と結合することが期待され，強力な阻害剤として機能する。このような阻害剤は遷移状態アナログ阻害剤と呼ばれる。

4　コンホメーション変化と誘導適合[28]

タンパク質の中には，様々な分子との結合によってその構造を変化させるものが数多く存在する。例えば，生体でシグナル伝達に関与する多くの受容体は，制御物質（エフェクター，effector）の結合によって酵素分子の立体配座（コンホメーション，conformation）が変化し，これに伴って酵素活性が活性化，または不活性化されることによってシグナル伝達を行う。このように，活性中心とは異なる部位にリガンドが結合することによって酵素機能が変化する効果をアロステリック効果と呼び，特にアロステリック効果によって酵素活性が不活化される場合にはその制御物質はアロステリック阻害剤と呼ばれる。

酵素の中には，活性中心に基質が結合する際に大きなコンホメーション変化を起こすものが存在する。このようなコンホメーション変化を誘導適合（induced-fit）と呼ぶ。「鍵と鍵穴モデル」が酵素と基質の静的な適合性によって特異性が決まると定義するのに対して，誘導適合モデルは基質結合に伴う酵素の動的な構造変化を取り入れてこれを拡張したモデルと言える（図9-4-1）。

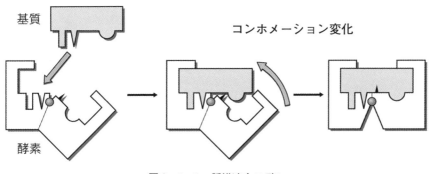

図9-4-1　誘導適合モデル

このモデルは1958年にD. E. Koshland（D. E. コシュランド）によって提唱された。Koshlandは，ATPからグルコースへのリン酸転移反応を触媒するヘキソキナーゼの基質特異性について，ある疑問を持っていた。基質であるグルコースの水酸基は水分子と化学的特徴が似ているため，リン酸化を受ける水酸基が結合する部位に水分子が結合することは合理的であるように思われるが，もしそのようなことが起これば濃度の問題から活性中心には水分子の結合が優先的に起こり，ATPを加水分解してしまうためにグルコースのリン酸化を触媒できないのではないかという疑問である。この疑問を解決するモデルとして考えられたのが誘導適合モデルである。誘導適合モデルにおいては，基質が結合する前の段階では酵素の構造が反応可能な状態にはなっておらず，このためにグルコースの水酸基の代わりに水分子が結合しても加水分解反応は起こらない。しかし，グルコースが結合すると酵素のコンホメーションが大きく変化し，ATPが結合できるようになる。また，触媒基が反応の進行に適切な位置に配置され，反応の進行が可能になる。

　実際にヘキソキナーゼの活性中心は，基質を結合していない時は大きく活性中心を開いた構造（図9-4-2の(A)）をしているが，基質を結合することによってその構造は閉じられ（図9-4-2の(B)），誘導適合の様子がよく理解できる。しかし，このように大きなコンホメーション変化を起こすことは，大きな

(A)開いたコンホメーション

(B)閉じたコンホメーション

図9-4-2　ヘキソキナーゼの誘導適合

エネルギー損失を伴う。コンホメーション変化に要するエネルギーは酵素と基質の相互作用によって供給されるが，その分のエネルギーは触媒反応に利用することができない。従って，基質を結合しない状態で活性のある構造を保っている酵素と比べると，その触媒効率は低下する傾向がある。

これまで，典型的な誘導適合の例としてヘキソキナーゼについて取り上げてきたが，同様に誘導適合によって大きなコンホメーション変化を起こす酵素として，他にクエン酸シンターゼ，トリオースリン酸イソメラーゼなどが挙げられる。しかし，近年行われている酵素の構造解析の結果から，ほとんどの酵素が基質結合の際に何らかの小さなコンホメーション変化を起こすことが明らかとなっている。このため酵素と基質の複合体形成は，従来の静的な構造相補性を前提とした「鍵と鍵穴モデル」から，これに動的な相互作用の概念を取り入れたものへと変わっている。

【クイズ】

Q9-4-1　ヘキソキナーゼは誘導適合を示す代表的な酵素である。誘導適合は，酵素の構造変化に多くのエネルギーを必要とするために触媒としては不利であるが，なぜこのような機構を採用しているのか，その理由を考えよ。

A9-4-1　ヘキソキナーゼはグルコースのリン酸化にATPを利用しているが，もしも誘導適合を起こさず単体で触媒反応が可能な活性中心の構造を予め持っていたとすれば，活性中心に結合したATPと，グルコースの水酸基が結合する部位に結合した水分子が反応し，ATPの加水分解が起こってしまう。これはATPのエネルギーを加水分解によって無駄にしていることになり，このようなエネルギー的損失を防ぐために誘導適合メカニズムを採っていると考えられる。

文　　献

1) W. P. Jencks: Catalysis in Chemistry and Enzymology, Courier Dover Publications, New York (1987)
2) P. A. Frey, A. D. Hegeman: Enzymatic Reaction Mechanisms, Oxford University Press, New York (2007)
3) 大野惇吉：酵素反応の有機化学，丸善，東京 (1997)

4) S. A. Bizzozero, H. Dutler: Stereochemical aspects of peptide hydrolysis catalyzed by serine proteases of the chymotrypsin type; *Bioorg. Chem.*, **10**, 46-62 (1986)
5) T. C. Bruice, G. L. Schmir: Imidazole catalysis. I. The catalysis of the hydrolysis of phenyl acetates by imidazole; *J. Am. Chem. Soc.*, **79**, 1663-1667 (1957)
6) H. Kroll: The participation of heavy metal ions in the hydrolysis of amino acid esters; *J. Am. Chem. Soc.*, **74**, 2036-2039 (1952)
7) J. A. Littlechild, H. C. Watson: A data-based reaction mechanism for type I fructose bisphosphate aldolase; *Trends Biochem. Sci.*, **18**, 36-39 (1993)
8) A. Kohen, H.-H. Limbach(Eds.): Isotope Effects in Chemistry and Biology, CRC Press, New York (2005)
9) J. S. Blanchard, W. W. Cleland: Kinetic and chemical mechanisms of yeast formate dehydrogenase; *Biochemistry*, **19**, 3543-3550 (1980)
10) W. P. Jencks, J. Carriuolo: General base catalysis of ester hydrolysis; *J. Am. Chem. Soc.*, **83**, 1743-1750 (1961)
11) B. M. Anderson, E. H. Cordes, W. P. Jencks: Reactivity and catalysis in reactions of the serine hydroxyl group and of O-acyl serines; *J. Biol. Chcm.*, **236**, 455-463 (1961)
12) E. Pollock, J. L. Hogg, R. L. Schowen: One-proton catalysis in the deacetylation of acetyl-a-chymotrypsin; *J. Am. Chem. Soc.*, **95**, 968-969 (1973)
13) T. C. Bruice, U. K. Pandit: Intramolecular models depicting the kinetic importance of "fit" in enzymatic catalysis; *Proc. Nat. Acad. Sci. USA*, **46**, 402-404 (1960)
14) D. R. Storm, D. E. Koshland, Jr.: A source for the special catalytic power of enzymes: orbital steering; *Proc. Nat. Acad. Sci. USA*, **66**, 445-452 (1970)
15) M. L. Bender, M. C. Neveu: Intramolecular catalysis of hydrolytic reactions. IV. A Comparison of Intramolecular and Intermolecular Catalysis; *J. Am. Chem. Soc.*, **80**, 5388-5391 (1958)
16) E. Gaetjens, H. Morawetz: Intramolecular carboxylate attack on ester groups. The hydrolysis of substituted phenyl acid succinates and phenyl acid glutarates; *J. Am. Chem. Soc.*, **82**, 5328-5335 (1960)
17) T. C. Bruice, U. K. Pandit: The effect of geminal substitution ring size and rotamer distribution on the intramolecular nucleophilic catalysis of the hydrolysis of monophenyl esters of dibasic acids and the solvolysis of the intermediate anhydrides; *J. Am. Chem. Soc.*, **82**, 5858-5865 (1960)
18) C. S. Cassidy, J. Lin, P. A. Frey: A new concept for the mechanism of action of chymotrypsin: the role of the low-barrier hydrogen bond; *Biochemistry*, **36**, 4576-4584 (1997)
19) R. Henderson: Structure of crystalline α-chymotrypsin: IV. The structure of indoleacryloyl-α-chymotrypsin and its relevance to the hydrolytic mechanism of the enzyme; *J. Mol. Biol.*, **54**, 341-354 (1970)
20) A. K. Balls, F. L. Aldrich: Acetyl-chymotrypsin; *Proc. Nat. Acad. Sci. USA*, **41**, 190-196 (1955)
21) G. Trombetta, G. Balboni, A. di Iasio, E. Grazi: On the stereospecific reduction of the aldolase-fructose 1,6 bisphosphate complex by $NaBH_4$; *Biochem. Biophys. Res.*

Commun., **74**, 1297-1301 (1977)
22) C. A. Fierke, G. G. Hammes: Transient kinetic approaches to enzyme mechanisms; *Meth. Enzymol.*, **249**, 3-37 (1995)
23) B. S. Hartley, B. A. Kilby: The reaction of *p*-nitrophenyl esters with chymotrypsin and insulin; *Biochem. J.*, **56**, 288-297 (1954)
24) R. M. Stroud: A family of protein-cutting proteins; *Sci. Am.*, **231**, 74-88 (1974)
25) K. Hiromi: Interpretation of dependency of rate parameters on the degree of polymerization of substrate in enzyme-catalyzed reactions. Evaluation of subsite affinities of exo-enzyme; *Biochem. Biophys. Res. Commun.*, **40**, 1-6 (1970)
26) G. J. Davies, K. S. Wilson, B. Henrissat: Nomenclature for sugar-binding subsites in glycosyl hydrolases; *Biochem. J.*, **321**, 557-559 (1997)
27) I. Schechter, A. Berger: On the size of the active site in proteases. I. Papain; *Biochem. Biophys. Res. Commun.*, **27**, 157-162 (1967)
28) D. E. Koshland Jr.: The Key-Lock Theory and the Induced Fit Theory; *Angew. Chem. Int. Ed. Engl.*, **33**, 2375-2378 (1994)

(以上,橋田泰彦)

5 酵素触媒機構の代表例(ケーススタディ)

5.1 サーモライシン

　サーモライシン(thermolysin, EC 3.4.24.27)は,バチルス・サーモプロテオリティカス(*Bacillus thermoproteolyticus*)が菌体外に産生する中性金属プロテアーゼ(neutral metalloproteinase)である[1]。本酵素は耐熱性という特徴に加え,中性塩の添加によってその活性が指数関数的に上昇するという興味深い特性を持った好塩性酵素でもある[2]。その活性中心には亜鉛イオン(Zn^{2+})が結合しており,この亜鉛イオンがサーモライシンの触媒機構に大きく関与している。サーモライシンの分子量は34,600で,β-シート構造を中心としたN末端ドメインとα-ヘリックス構造を中心としたC末端ドメインから構成される。この二つのドメインの間に活性中心が構成され,そのS1'サブサイトに深い疎水性の基質結合ポケットが形成されており,ここでロイシン,イソロイシン,フェニルアラニン,バリンなどの疎水性アミノ酸を認識し,そのN末端側を切断する。サーモライシンの耐熱性は高く,30分間の熱処理で酵素の残存活性が50%になる温度T_{50}は83.6℃と報告されており,これにはサーモライシンに含まれている4つのカルシウムイオン(Ca^{2+})が深く関与している[3]。また,サーモライシンは人工甘味料アスパルテームの前駆体合成にも利用されており,産業的にも有用な酵素である。

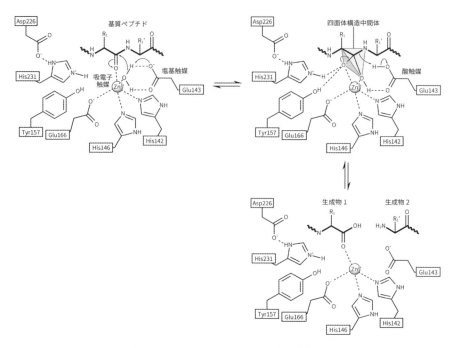

図9-5-1 サーモライシンの触媒機構

　サーモライシンの触媒機構は，B. W. Matthews（B. W. マシューズ）ら[4]とW. L. Mock（W. L. モック）ら[5]によって2つの機構が提案されている。Matthewsの提唱する反応メカニズムは，活性中心のZn^{2+}イオンに配位した水分子がルイス酸として基質のカルボニル炭素を求核攻撃するというメカニズムであり，Mockの提案するメカニズムは活性中心近傍に位置するHis231が一般塩基触媒として水分子を活性化し，これがカルボニル炭素を求核攻撃するというものである。ここでは，他の金属プロテアーゼの反応機構として一般的なメカニズムにより近い，Matthewsのモデルについて説明する。

　サーモライシンによるペプチド加水分解は，活性中心のZn^{2+}に配位した水分子が，ルイス酸として基質のカルボニル基を求核攻撃し，四面体遷移状態を経てアミノ基が脱離するというプロセスで進行する。まず基質ペプチドのカルボニル基が活性中心のZn^{2+}に配位する。この時Zn^{2+}は吸電子触媒として働き，カルボニル酸素上の電子を吸引することによりカルボニル炭素が求核攻撃を受けやすくなる。一方，活性中心に存在するGlu143は，塩基触媒としてZn^{2+}に配位した水分子のプロトンを受け取ることにより，Zn^{2+}配位水分子の求核性を高め

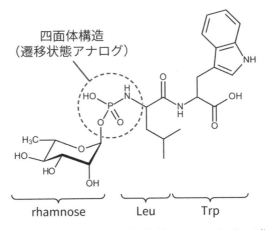

図9-5-2　遷移状態アナログ阻害剤ホスフォラミドンの構造

る。この二つの効果により，効率的に水分子による求核付加反応が進行する。求核攻撃によって，基質のカルボニル基は四面体構造の遷移状態をとる。この時に形成されるオキシアニオンは，His231側鎖のイミダゾリウムイオンとの静電的相互作用やTyr157の水酸基との水素結合によって安定化される。通常，ヒスチジン側鎖のイミダゾール基のpK_aは6程度であり，サーモライシンの至適pHである中性条件下ではそのほとんどが解離型として存在する。しかしながら，His231のpK_aは隣接するAsp226の静電的効果によって8にまで上昇しており，中性条件においてもカチオン型として存在することができる。

　サーモライシンの非常に強力な拮抗阻害剤としてホスフォラミドン（phosphoramidon）が知られている[6]。その構造は図9-5-2に示した通りで，Leu-Trpジペプチドのリン酸アミド構造をしている。リン酸はリン原子を中心に四面体構造をしており，ちょうどアミドのカルボニル基がOH^-によって求核攻撃を受けた時の遷移状態と非常によく似た構造をしている。このため，ホスフォラミドンは遷移状態アナログ阻害剤と呼ばれている。サーモライシンの活性部位にある反応中心とホスフォラミドンの相互作用は，遷移状態において酵素と基質の間に形成される相互作用と同じであると考えられる。ホスフォラミドンはサーモライシンに非常に強く結合し，その阻害定数K_iはpH7.5で30 nM程度である。この値は，基質に対するK_m値がmMオーダーであることを考えると，遷移状態に対して特異的に働く極めて強い相互作用が存在することを示している。このような相互作用は反応中に遷移状態を安定化し，そのエネルギー

準位を下げることによって反応の促進に寄与していると考えられる。

文　献

1) S. Endo: Studies on protease produced by thermophilic bacteria; *J. Ferment. Technol.*, **40**, 346-353 (1962)
2) K. Inouye: Effects of salts on thermolysin: activation of hydrolysis and synthesis of *N*-carbobenzoxy-L-aspartyl-L-phenylalanine methyl ester, and a unique change in the absorption spectrum of thermolysin; *J. Biochem.*, **112**, 335-340 (1992)
3) J. Feder, L. R. Garrett, B. S. Wildi: Studies on the role of calcium in thermolysin; *Biochemistry*, **10**, 4552-4555 (1971)
4) D. G. Hangauer, A. F. Monzingo, B. W. Matthews: An interactive computer graphics study of thermolysin-catalyzed peptide cleavage and inhibition by *N*-carboxymethyl dipeptides; *Biochemistry*, **23**, 5730-5741 (1984)
5) W. L. Mock, D. J. Stanford: Arazoformyl dipeptide substrate for thermolysin. Confirmation of reverse protonation catalytic mechanism; *Biochemistry*, **35**, 7369-7377 (1996)
6) L. H. Weaver, W. R. Kester, B. W. Matthews: A crystallographic study of the complex of phosphoramidon with thermolysin. A model for the presumed catalytic transition state and for the binding of extended substrates; *J. Mol. Biol.*, **114**, 119-132 (1977)

（以上，橋田泰彦）

5.2　アミノアシル-tRNA合成酵素

　生物において遺伝情報は，DNAからmRNAへの転写，続いてmRNAからタンパク質への翻訳という過程を経て伝達される（セントラルドグマ）。生命を維持するには，この情報伝達を正確に行う必要があり，その精度を決定づけているものがアミノアシル-tRNA合成酵素（aaRS）である[1~4]。本酵素は，アミノ酸（AA）をtRNAの3'末端アデノシンのリボース水酸基にエステル結合させる反応を触媒し，アミノアシル-tRNA（AA-tRNA：図9-5-3）を生成する（(9-5-1)式）。

$$AA + ATP + tRNA \rightleftarrows AA\text{-}tRNA + AMP + PPi \quad (9\text{-}5\text{-}1)$$

　このアミノアシル化反応は，Ping-pong Bi Uni Uni Bi反応であるが，多くの場合，二段階で進行すると考えられている。第一段階は，AA活性化反応であり，AAはATPと反応し，カルボン酸とリン酸の無水物であるアミノアシルアデニレート中間体（AA～AMP：図9-5-3）とピロリン酸（PPi）を生じ

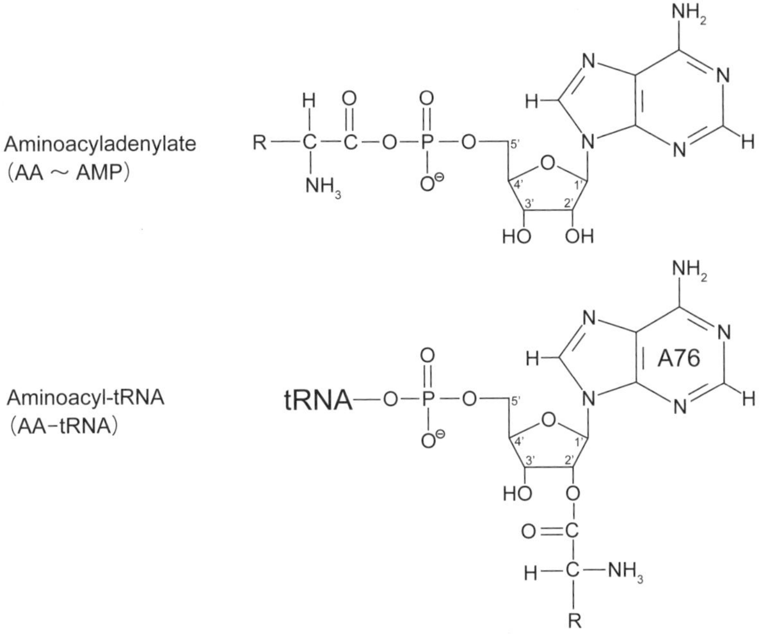

Aminoacyladenylate
(AA～AMP)

Aminoacyl-tRNA
(AA-tRNA)

図9-5-3　アミノアシル-tRNA合成酵素の中間体と生成物

る（(9-5-2)式）。第二段階は，AA～AMPからtRNAへのAAの転移反応である（(9-5-3)式）。

$$E + AA + ATP \rightleftarrows E \cdot AA \sim AMP + PPi \qquad (9\text{-}5\text{-}2)$$

$$E \cdot AA \sim AMP + tRNA \rightleftarrows E + AA\text{-}tRNA + AMP \qquad (9\text{-}5\text{-}3)$$

通常，生物はタンパク質を構成するAAに対応する20種のaaRSを有している。遺伝情報の伝達の精度は，2つの対応関係に依存している。一方は，DNAとmRNA間，mRNAとtRNA間の塩基間の対応関係（ワトソン-クリック型塩基対）であり，他方は，aaRSにより決定されるAA-tRNAにおけるアンチコドンと3'末端に結合したAA間の対応関係である。それゆえ，aaRSは，AAとtRNAという2つの基質に対して極めて高い特異性を示す。その高さは，以下のことから容易に想像がつく。

①AA中には識別の難しい疎水性でサイズの似た側鎖を持つもの（例えばロイシンやバリン）がある。

②tRNAはサイズも性質も類似している。
③1種のaaRSが，異なるアンチコドンを持つ複数の対応する（cognate）tRNAを認識する。

　aaRSは異なる触媒コアを持つ2つのグループすなわち，クラスⅠとクラスⅡに分けられる。各クラスに特徴的なアミノ酸配列が複数みられ，クラスⅠではsignature，クラスⅡではmotifと呼ばれている。これらの中には，AA活性化反応において誘導適合（induced-fit）を起こすループが含まれる。AA活性化の触媒機構は，AAのカルボキシル基の酸素原子によるATPのαリン酸原子への求核攻撃であると考えられている。これらのクラス間では，aaRSとtRNAの3'アクセプター領域との相互作用の仕方（図9-5-4）が異なり，またAAが結合する水酸基が異なり，クラスⅠでは3'-水酸基，クラスⅡでは2'-水酸基がエステル化される（図9-5-3）。第二段階の転移反応の触媒機構は，tRNA 3'末端アデノシンのリボース水酸基の酸素原子によるAA〜AMPカルボニル炭素原子への求核攻撃であると考えられている。

　各aaRSがcognate tRNAを認識するために必要な塩基の一団（tRNA identity element）が決定され，多くの場合アンチコドンとアクセプター領域近傍の塩基が含まれる。tRNAやaaRSに酵素とアンチコドンの相互作用が消失（あるいは変化）する変異を導入すると，アミノアシル化反応において，tRNAに関するK_mはあまり変化せずk_{cat}が大きく低下する場合が多い。X線結晶構造から酵素活性部位はtRNAのアンチコドンと少なくとも60Å以上離れていること（図

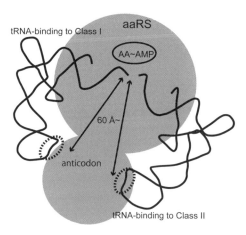

図9-5-4　アミノアシル-tRNA合成酵素とtRNAの相互作用のクラス間の相違

9-5-4)，静的結合実験からaaRSはcognate tRNAとnon-cognate tRNAのどちらに対しても同程度のK_d値を示すことが示唆されている。これらから，aaRSは，アンチコドンとの相互作用に基づくアロステリック効果により，基底状態よりむしろ触媒過程で，cognate tRNAとnon-cognate tRNAを識別していると推定されている。aaRSは，誤ってnon-cognate AAを活性化しても，その中間体を加水分解する校正（proof-reading/editing）機構を持つことが知られている。これは，tRNAに転移する前に起こるものと後に起こるものに大別され，前者はさらに，tRNAの関与の有無により二つに分けられる。

【クイズ】

Q9-5-1　コドンを1つしか持たないアミノ酸は何か。これまでに以下の関係が成立すると報告されている：アミノ酸をコードするコドンの数＞tRNA分子種の数＞aaRSの分子種の数。全てのaaRSがtRNA分子のアンチコドンを認識すると仮定すると，これらの事実はどのような機構の存在を示唆するか。

A9-5-1　メチオニンとトリプトファン。
1つのアンチコドンが複数のコドン，一種のaaRSが複数のcognate tRNAのアンチコドンと相互作用することを可能にする機構が存在する。

文　　献

1) M. Ibba, D. Söll: Aminoacyl-tRNA Synthesis; *Annu. Rev. Biochem.*, **69**, 617-650 (2000)
2) M. Ibba: The Aminoacyl-tRNA Synthetases, CRC Press (2005)
3) E. C. Guth, C. S. Francklyn: Kinetic discrimination of tRNA identity by the conserved motif 2 loop of a class II aminoacyl-tRNA synthetase; *Mol. Cell*, **25**, 531-542 (2007)
4) M. Naganuma et al.: The selective tRNA aminoacylation mechanism based on a single G・U pair; *Nature*, **510**, 507-511 (2014)

（以上，滝田禎亮）

5.3　キチナーゼ

キチナーゼ（EC 3.2.1.14）は，N-アセチルグルコサミンがβ-1,4結合で直鎖状に連なった多糖であるキチンを加水分解する酵素であり，バクテリア，菌類，動物および植物に広く存在している。キチンの内部の結合を加水分解し，

オリゴ糖（ここではN-アセチルグルコサミンがいくつか結合した糖を指す）を作る酵素をエンド型キチナーゼと呼ぶ．一方，このオリゴ糖を末端から順番に加水分解し，N-アセチルグルコサミンを遊離させる酵素をエキソ型キチナーゼと呼ぶ．

　キチナーゼを含む糖質加水分解酵素は，Henrissatらによる疎水性クラスター分析に基づき，2012年までに130以上のファミリーに分類されている．キチナーゼはキチン分解活性ドメインのアミノ酸配列の違いから，ファミリー18とファミリー19の二つに大別される．これらは，互いに立体構造や触媒反応機構を異にしている．糖質加水分解酵素は，また，それぞれの反応機構によって生じた生成物のアノマー型の違いから「アノマー保持型酵素」と「アノマー反転型酵素」に分けられる．キチナーゼの場合，基質であるキチンはN-アセチルグルコサミンがβ-1,4結合したものであるから，β-アノマーを生じるものであればアノマー保持型酵素，α-アノマーを生じるものであればアノマー反転型酵素である．これまでの研究から，ファミリー18キチナーゼはアノマー保持型酵素，ファミリー19キチナーゼはアノマー反転型酵素であることが明らかになっている．

　ファミリー18キチナーゼは，細菌，真菌類，酵母，植物，動物およびウイルスなど多くの生物種に存在しており，8本のαヘリックスとβストランドから成るTIMバレル構造を有している．代表的なファミリー18キチナーゼは，キチン分解活性ドメインにDXDXEという保存されたモチーフを有しており，基質補助触媒（substrate-assisted catalysis）というメカニズムでキチンを加水分解する．この反応機構では，まず，DXDXEモチーフ中のグルタミン酸残基がプロトン供与体として機能し，キチン鎖を切断する．そして，還元末端となった基質のN-アセチル基のカルボニル炭素とDXDXEモチーフ中の2番目のアスパラギン酸残基が静電相互作用あるいは共有結合することでオキサゾリン中間体が形成され，分子内での安定化が生じる．一方，ファミリー19キチナーゼは主に植物にみられ，キチン分解活性ドメインの構造の違いからクラスⅠ，ⅡおよびⅣの3つに大別される．クラスⅠおよびクラスⅣキチナーゼの多くはN末端側からキチン結合ドメイン，ヒンジ領域およびキチン分解活性ドメインで構成される．一方，クラスⅡキチナーゼはキチン分解活性ドメインのみから構成される．クラスⅡおよびクラスⅣキチナーゼのキチン分解活性ドメインは，クラスⅠキチナーゼのそれと比較して，それぞれ1か所および4か所で部分配列が欠失している．しかし，いずれのクラスのキチン分解活性ドメインにおいても2つのグルタミン酸残基が高度に保存されている．これらのうち，1つ目のグ

ルタミン酸残基はプロトン供与体として働き，2つ目のグルタミン酸残基はアノマー反転型の触媒作用において重要な役割を果たしている．

　キチンは，地球上でセルロースに次いで豊富なバイオマスであり，医療，化粧品，食品，農業分野などで広く利用されている．キチンを有効利用するためには，キチナーゼの構造と機能を理解することが重要である．一方で，キチナーゼは，キチンを持つ生物においては形態形成や脱皮などに，キチンを持たない生物においては生体防御や環境ストレス耐性など多様な生理的機能に関与している．しかしながら，キチナーゼの生理的役割の全容は明らかになっていない．したがって，キチナーゼの抗菌活性や基質特異性など酵素学的特徴を明らかにすることは，その生理的役割を理解するためにも重要である．

参 考 書

1) キチン，キトサン研究会（編集）：キチン，キトサンハンドブック，技報堂出版，東京（1995）
2) A. S. Rathore, R. D. Gupta: Chitinases from bacteria to human: properties, applications, and future perspectives; *Enz. Res.*, **2015**, Article ID 791907（2015）
3) 深溝慶，佐々木千絵，田茂井政宏：植物キチナーゼ：構造と機能そして生理的役割；FFIジャーナル，**208**(8)，631-638（2003）
4) 深溝慶，佐々木千絵，小島美紀：キチナーゼ・キトサナーゼの構造生物学；化学と生物，**39**(6)，377-383（2001）
5) 渡邉剛志：生物界において多様な役割を果たすキチナーゼ　その構造・機能・進化；化学と生物，**35**(6)，408-414（1997）
6) T. Nakazaki *et al.*: Distribution, structure, organ-specific expression, and phylogenetic analysis of the pathogenesis-related protein-3 chitinase gene family in rice（*Oryza sativa* L.）; *Genome*, **49**, 619-630（2006）

（以上，築山拓司）

5.4　金属ペプチダーゼの活性発現機構

　金属ペプチダーゼは，活性部位に亜鉛イオンを含み，特有な亜鉛結合モチーフ配列を持つ構造的特徴から主に三種類に分類できる．これを図9-5-5に示した．

　最初のグループはサーモライシン（Thermolysin）に代表されるグループで，HEXXH……Eモチーフ配列（X：適当なアミノ酸）を持ち，亜鉛イオンにはモチーフ配列の二つのHis残基とそれから離れた場所に位置するGlu残基が配位す

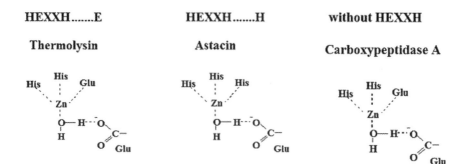

図9-5-5　金属ペプチダーゼと亜鉛イオンに対する配位残基

る。次のグループはアスタシン（Astacin）に代表されるグループで，HEXXH……Hモチーフ配列を持ち，亜鉛イオンにはモチーフ配列上の二つのHis残基とそれから離れた位置に存在するHis残基が結合する。いずれもモチーフ配列上のN末端に近いHis残基の隣にはGlu残基が存在する。このGlu残基は，亜鉛イオンに配位した水分子と水素結合し，酵素活性の発現において，配位した水分子からプロトンを引き抜いて，水酸基に活性化する役割を担う。もう一つのグループはカルボキシペプチダーゼA（Carboxypeptidase A）に代表されるグループで，モチーフ配列が存在しないが，亜鉛イオンに配位する残基と水分子を活性化するGlu残基は，Thermolysinグループと同じであった。

ThermolysinグループのHEXXH……Eのモチーフ配列や，AstacinグループのHEXXH……Hのモチーフ配列において，二つのHis残基の間に存在するアミノ酸残基の数が3残基であるのは大きな構造的意味を持つ。図9-5-6にサーモリシンの亜鉛結合部位を示した。活性部位は$\alpha\alpha$モチーフ構造をとっている。亜鉛結合モチーフ配列（HEXXH）は，一般にα-ヘリックス上にあって，His残基は亜鉛イオンに配位しており，両His残基が亜鉛イオンに配位するためには，α-ヘリックスが1回転する必要がある。α-ヘリックスは3.6残基で1回転するので，まず最初のHis残基が亜鉛イオンに配位結合し，3残基の間にα-ヘリックスが1回転し，次のHis残基が亜鉛イオンに配位結合する。それゆえ，亜鉛結合モチーフ上の二つのHis残基の間は，必ず3残基のアミノ酸が必要である。また，亜鉛イオンに配位する2個のHis残基にはAsnやAspが水素結合しており，His残基の亜鉛イオンに対する配位結合を支える役割を果たしている。

金属ペプチダーゼでは，図9-5-7に示したように，配位した水分子に水素結合したGluのカルボキシル基と亜鉛イオンのLewisの酸の性質により，配位

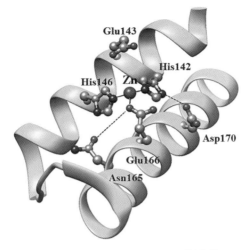

図9-5-6　サーモライシンの活性部位
(PDBデータ1KEIより改変)

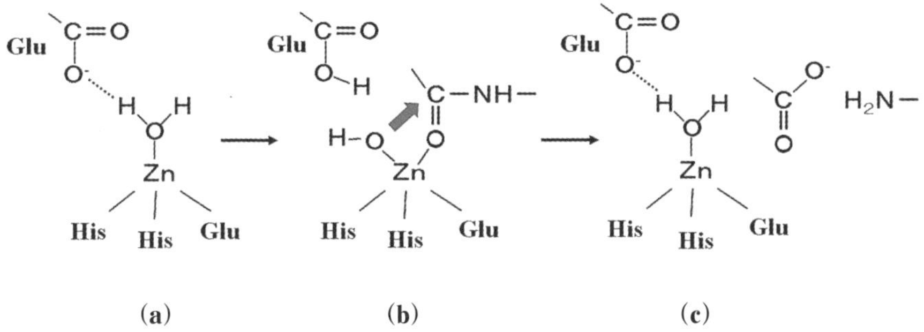

図9-5-7　金属ペプチダーゼの活性機構

水分子が活性化され水酸基となり，亜鉛に配位することで求核試薬の攻撃を受けやすくなったペプチドのカルボニル基を攻撃し，加水分解する機構でペプチダーゼ活性が発現される。反応中間体において五配位状態をとる亜鉛イオンは基質であるカルボニル残基の活性化と，求核性を持つ水酸基の生成に役立っている。

(以上，廣瀬順造)

5.5　アミンアミノ基転移酵素

アミノ基転移はアミノ基を持つ化合物からカルボニル基を持つ化合物へとア

ミノ基が転移する反応である。我々の体内で作られる非必須アミノ酸の合成などでは，アミノ基転移酵素がアミノ酸とα-ケト酸の間のアミノ基転移反応を触媒する。いずれの化合物もカルボキシル基を持つのが特徴で，この反応を触媒する酵素の活性部位には基質のカルボキシル基を認識するためのポケットがある。一方，アミンアミノ基転移酵素と呼ばれる一群のアミノ基転移酵素はアミノ酸やα-ケト酸を基質にできない。それはカルボキシル基の認識ポケットが疎水性のアミノ酸残基で構成されているためである。代わりに，アミンアミノ基転移酵素はカルボキシル基以外の多様な官能基を認識できることから，この特性を活かして様々なアミン化合物の合成の触媒として利用されている[1]。アミンアミノ基転移酵素に限らずアミノ基転移酵素の最大の特徴は，アミノ基の転移の向きを一方向に限定できることであり，反応は厳密なエナンチオ選択性を持つ。処方される医薬品の中には不斉原子（またはキラル中心）を持つ化合物が多く存在する。このような化合物では，特定の鏡像異性体のみが薬効を持ち，異なる鏡像異性体は副作用を引き起こすことすらあるため，アミンアミノ基転移酵素のエナンチオ選択性は薬剤合成において非常に有用である。実際にアミンアミノ基転移酵素は，アルツハイマー病治療薬のリバスチグミン（S体）や経口血糖降下薬のシタグリプチン（R体）など，いずれもキラル中心のアミンを持つ化合物の前駆体合成に用いられている。

　アミンアミノ基転移酵素の反応は補酵素として，ビタミンB_6（ピリドキシン）の活性型であるピリドキサール 5'-リン酸（PLP）を必要とする。酵素の活性部位に結合したPLPは，そのアルデヒド基に対して特定のLys残基（触媒Lys残基）のε-アミノ基が求核攻撃することで，シッフ塩基と呼ばれる共有結合構造（internal aldimine）を形成する（図9-5-8）。第一基質のアミン化合物が結合するとアミノ基交換反応によりPLPと基質の間でシッフ塩基（external aldimine）が形成される。このシッフ塩基は，イミノ基がピリジン環と共役しているために電子が吸引され，キラル中心の不斉炭素原子に結合している水素原子がH^+として解離し，キノノイド中間体になる。H^+は触媒Lys残基を経由して直ちにキノノイド中間体の二重結合に移り，キノノイド中間体はケチミンへと変換される。最終的にはケチミンが加水分解を受け，アミノ基が転移したピリドキサミン 5'-リン酸（PMP）とカルボニル化合物が生成する。PMPから第二基質のカルボニル化合物へのアミノ基転移反応は，これまで述べた前半の反応の逆反応として進行し，第一基質のアミン化合物から第二基質のカルボニル化合物への一連のアミノ基転移反応は完結する。この反応において，触媒Lys

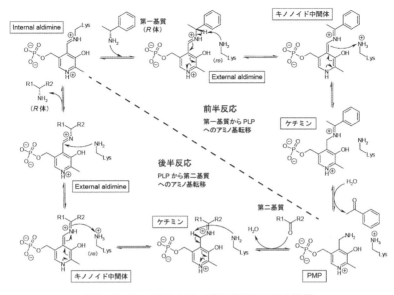

図9-5-8 アミンアミノ基転移酵素の反応機構

R体選択的なアミンアミノ基転移酵素では，第一基質としてR体のアミン化合物とexternal aldimineを形成した後，触媒Lys残基が不斉炭素に結合したH$^+$を引き抜くことで反応が進行する。第二基質の置換基の大きさはR1＜R2である。後半反応のキノイド化合物にre面から触媒Lys残基がH$^+$を供与することで，第二基質はR体アミンに変換される。

残基はPLPとそれを出発とする中間体の構造に応じて，求核剤，H$^+$供与体ならびにH$^+$受容体とその姿を変えて作用する。さらに，PLPのピリジン環に対する触媒Lys残基の配置は，前半反応のexternal aldimineからのH$^+$の引き抜きと後半反応のキノイド中間体へのH$^+$の供与の方向を決め，アミンアミノ基転移酵素のエナンチオ選択性を規定する。触媒Lys残基がピリジン環のre面に配置する時はR体に選択的であり，si面に配置する時はその逆のS体となる[2]。

2010年に米国Codexis社とMerck社は共同で，R体選択的なアミンアミノ基転移酵素（R-ATA）に多数の変異を導入してその基質特異性を改変し，シタグリプチンの不斉合成に適用した[3]。これにより光学純度99.95％での合成が可能となり，従来の化学触媒法に比べて収率と生産性が著しく改善し，製造コストの削減にも繋がった。R-ATAは基質の2つの置換基の大きさを識別する2種類のポケットを持つ（図9-5-9）。R-ATAとシタグリプチン合成の改変酵素のX線結晶構造解析により，2つの置換基認識ポケットに沿うループのコンホメーションが改変酵素において大きく異なることが示された[4]。このコンホ

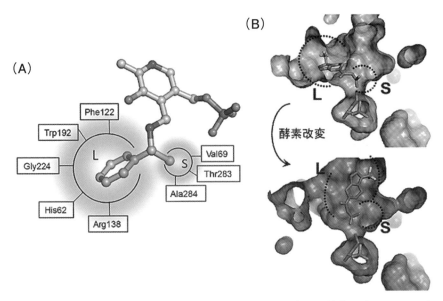

図9-5-9 R体選択的なアミンアミノ基転移酵素（R-ATA）の置換基認識ポケットと酵素改変による拡張

（A）R-ATAは2種類の置換基認識ポケットを持つ。Lポケットは基質の2つの置換基のうち大きい方を認識するポケットであり，Sポケットは小さい方を認識する。（B）R-ATAの活性部位のLポケットとSポケット（上）は，これらのポケットに沿って位置するループの改変によって拡張する（下）。この改変によりR-ATAは2つの大きな置換基を持つ第二基質を結合し反応することができるようになる。

メーション変化はループ上のGly残基が側鎖の大きなPhe残基に置換されたことによる立体障害で起こり，その結果として置換基認識ポケットが広がってシタグリプチン合成に必要な大きな置換基を持つ基質の認識が可能になった（図9-5-9）。アミンアミノ基転移酵素のエナンチオ選択性がPLPのピリジン環に対する触媒Lys残基の配置によって決まることを考慮すれば，2つの置換基を認識するポケットの大きさを調節することで，さらに多様なアミン化合物をエナンチオ選択的に合成する酵素の創出が期待される。

文　献

1) H. Kohls, F. Steffen-Munsberg, M. Höhne: Recent achievements in developing the

biocatalytic toolbox for chiral amine synthesis; *Curr. Opin. Chem. Biol.*, **19**, 180-192 (2014)
2) K. Soda, T. Yoshimura, N. Esaki: Stereospecificity for the hydrogen transfer of pyridoxal enzyme reactions; *Chem. Rec.*, **1**, 373-384 (2001)
3) C. K. Savile *et al.*: Biocatalytic asymmetric synthesis of chiral amines from ketones applied to sitagliptin manufacture; *Science*, **329**, 305-309 (2010)
4) L. J. Guan *et al.*: A new target region for changing the substrate specificity of amine transaminases; *Sci. Rep.*, **5**, 10753 (2015)

(以上，田之倉　優)

第10章　酵素活性の調節

1　酵素の生体濃度とターンオーバー[1~3]

　酵素の中には生体の活動期，休息期に関わらずあるいは環境変化に関わらずほとんど濃度の変化しないものがある（構成性酵素）（表10-1-1）。しかし構成性の酵素でも特定の期間にだけ合成され，その後分解されないまま存続しているのではない。これらの酵素でも合成と分解は常に起こっており，その速度が釣り合っているために一定の濃度であるようにみえるだけである。このような酵素の新旧入れ替わりのことを生体における酵素のターンオーバーという。これは酵素量を一定に保ちながら質を保つための機構ともいえる。酵素は一定の速度で活性が低下するので（ヒスチジンやシステイン残基の酸化やアスパラギンやグルタミンの脱アミドは起こりやすい）活性を有する新鮮なものに入れ替わる必要がある。しかし，酵素の合成と分解は別々に制御されているのでその生体濃度は変動可能ではある。合成速度が上がり分解速度が下がれば濃度は増加し，逆ならば濃度は低下する（また，どちらか一方は変化しなくても構わない）。実際に構成性の酵素でも何らかの環境変化に応じて濃度が変動することが知られている（適応的濃度変動）。しかし，濃度が変動するには少なくとも数時間，長い時で数日要する。また，濃度が変動するといってもその幅はそれほど大きなものではない。

　一方，通常は全く存在しないかあるいはわずかしか検出できないレベルにあるのに特定の期間にだけ急速に濃度が高まる酵素もある。これらは一定の時期に合成速度が上がり，不必要になると合成が停止，すでに合成されたものは速

表10-1-1　構成性酵素と誘導性酵素

	特徴	半減期	例
構成性酵素	常に一定のレベルで合成・分解が繰り返されており，生体中での濃度がほとんど変化しない。	長い	グリセルアルデヒド3-リン酸デヒドロゲナーゼ（$t_{1/2}$～130 h）プロトロンビン（$t_{1/2}$～72 h）
誘導性酵素	必要とされる時に合成が誘導される。不要になった時は速やかに分解され生体中から消失する。	短い	オルニチンデカルボキシラーゼ（$t_{1/2}$～0.12 h）ホスホエノールピルビン酸カルボキシキナーゼ（$t_{1/2}$～5 h）

やかに分解され消失していく（誘導性酵素）（表10-1-1）。酵素の分解のされやすさは半減期（一定量の酵素の50％が分解されるまでに要する時間）によって示されるが，一般に誘導性酵素のそれは短い。例えば動物細胞のオルニチンデカルボキシラーゼの半減期は10分程度と見積もられている。この酵素は細胞周期と同調して合成・分解されている。また，糖新生（後述）の鍵酵素であるホスホエノールピルビン酸カルボキシキナーゼの半減期も短く5時間程度である。これらの半減期の短い酵素は生体中での活性が主として濃度で規定されるものでもある。一方，構成性の酵素は一般に誘導性のものよりも半減期は長い（合成速度も遅い）。例えば解糖系酵素の一つグリセルアルデヒド3-リン酸デヒドロゲナーゼの半減期は約130時間である。なお，多細胞生物において細胞外に分泌されるプロテアーゼの前駆体には構成性のものがあり，それらの半減期は比較的長い（例，プロトロンビン（第5章）の半減期は約72時間[4]）。これらは限定分解という質的な変化を経て活性化されるが，活性化された酵素は速やかに阻害物質によって捉えられ活性を失う。これは想定される緊急事態に備えつつ，かつそれが起こった場合は速やかにかつ適切に対処するために合目的的である。

【クイズ】

Q10-1-1　構成性酵素，誘導性酵素は生体内においてどのような役割を果たしている酵素であると考えられるか。

A10-1-1　構成性酵素は生命の存続に必要なエネルギーの取り出しに関わるもの（グリセルアルデヒド3-リン酸デヒドロゲナーゼなど），生命活動の結果必然的に生じる老廃物の処理に関わるもの（アルギナーゼ（半減期100時間程度）など），すなわち常に一定レベルで活動している（しなければならない）酵素である。誘導性酵素は物質代謝の方向を決定するもの（ホスホエノールピルビン酸カルボキシキナーゼなど），細胞反応（細胞分裂など）の引き金を引くような酵素（オルニチンデカルボキシラーゼ），すなわち調節的役割を果たす酵素ということができる。誘導性酵素による触媒反応が長引くと生体にとっては不都合な状況を招く。従って不要になった場合は速やかに消失する。

2 酵素の遺伝子発現量の調節[5,6]

本節では酵素合成の調節,すなわち遺伝子発現量の調節について解説する。調節機構がよく調べられているのは大腸菌といった原核生物の酵素であり,しかもある種の培養条件による合成の誘導(促進)または抑制が観察しやすいものである。

まず,合成の誘導機構について大腸菌のラクトースオペロン(*lac*オペロン)を例として紹介する。大腸菌ではラクトース(ガラクトースとグルコースからなる二糖)を炭素源として与えて培養すると,その分解に関連する酵素の合成が誘導される。このような,大腸菌のラクトース分解に関連する一連の遺伝子群が*lac*オペロンである(図10-2-1)。*lac*オペロンは*lacP*および*lacO*と呼ばれるDNA領域(転写に関わる因子が結合する領域)とラクトースの代謝に関わるβ-ガラクトシダーゼ,ラクトース透過酵素,アセチル転移酵素をコードした構造遺伝子*lacZ*, *lacY*, *lacA*からなっている(一本のmRNAから複数種の酵素が合成される時,そのmRNAはポリシストロニックと呼ばれる)。RNAポリメラーゼの結合部位(プロモーター)は*lacP*および*lacO*からなる。また*lac*オペロンの上流には*lacO*(オペレーターともいう)の塩基配列を認識して結合し転写を抑制する因子,ラクトースリプレッサー(*lac*リプレッサー)をコードする

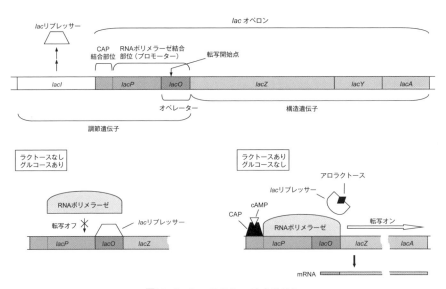

図10-2-1　ラクトースオペロン

遺伝子lacIがある。lacI, lacO, lacPを合わせて調節遺伝子という場合もある。培養液中にラクトースがない場合，lacリプレッサーはオペレーターに結合しており，この結果RNAポリメラーゼのプロモーターへの結合（引いては構造遺伝子の転写）が抑制されている（負の調節）。一方，ラクトースを栄養源として与えた時，ラクトースの異性化によって生じるアロラクトースがlacリプレッサーと結合，リプレッサーは構造変化を起こしオペレーターから脱離する（lacリプレッサーはホモテトラマーであり誘導物質の結合によりアロステリックな構造変化を起こすと考えられている）。これでプロモーター領域に障害物がなくなりRNAポリメラーゼが結合，mRNAの合成が開始される。基本的にはリプレッサーの脱落が酵素合成を誘導するといえるが，ある種のプロモーターではRNAポリメラーゼとの親和性が低くそれだけで転写が始まるには十分とはいえない場合もある。lacオペロンのプロモーターもその例にあてはまり，転写のためにはRNAポリメラーゼの結合を補助するタンパク質が必要である。lacオペロンではサイクリックAMP（cAMP）と結合したカタボライト遺伝子活性化タンパク質（CAP）がlacプロモーターの上流に結合し，RNAポリメラーゼの結合効率（引いては転写レベル）を高める（正の調節）。なお，cAMPは利用できるグルコース濃度の低下に応じて濃度が増加する。

　抑制性調節の好例として大腸菌のトリプトファンオペロンがある（図10-2-

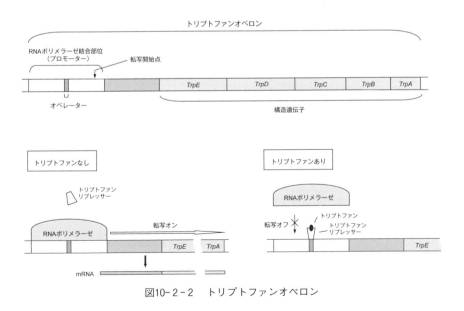

図10-2-2　トリプトファンオペロン

2)。この場合はlacオペロンとは反対でリプレッサーは何らかの物質と結合した時にDNAに結合できるようになる。トリプトファンオペロンでは，細胞中のトリプトファン濃度が低い時，リプレッサーはオペレーターには結合しておらず，転写はオンになっている。しかし細胞内トリプトファン濃度が高まり，それがリプレッサーに結合するとトリプトファン―リプレッサー複合体がオペレーターに結合し転写が抑制される。なお，トリプトファンオペロンではプロモーター活性が高く（RNAポリメラーゼとの親和性が大きい），リプレッサーがオペレーターに結合してさえいなければCAPのようなタンパク質の補助がなくても効率の良い転写が起こる。しかしトリプトファンオペロン構造遺伝子の転写は転写の減衰（転写の未完）という仕組みによって調節されている。

　真核生物でも酵素の遺伝子発現調節の仕組みは基本的には原核生物のそれと同じであるがかなり複雑である。大腸菌lacオペロンにおけるCAP（正の調節因子）やlacリプレッサー（負の調節因子）に相当する因子に加えて，TFIIDなどの転写基本因子というものが存在する。真核生物では調節因子は転写調節因子と呼ばれており（タンパク質である），それらは他種の転写調節因子やコアクチベーターと協同し，転写基本因子やRNAポリメラーゼIIのプロモーターへの集合を促し（大腸菌におけるCAPの機能に相当する），また（あるいは）クロマチン構造（真核生物のDNAはヒストンというタンパク質と会合してクロマチン構造をとる）を変化させることにより転写を活性化すると考えられている。

　なお，原核生物では転写と翻訳が共役していること（mRNA合成が始まるとほとんど同時に翻訳も始まる），mRNAの寿命が極めて短いことから（半減期は3分程度），タンパク質の合成量は基本的にmRNAの転写頻度に左右されると考えてよい。しかし真核生物では転写段階だけでなく，mRNAのスプライシング，成熟mRNAの核から細胞質への搬出，翻訳の開始といった段階でもタンパク質（酵素）合成量が調節されうる。また，真核生物のmRNAの寿命は原核生物に比べて長いものであるが，その分解が調節されるものもある。

【クイズ】

Q10-2-1　リプレッサーに結合して，それらのDNAへの結合性を変化させる物質は当該オペロンがコードする酵素の触媒反応においてはどのような物質であるといえるか。

A10-2-1　これらは当該オペロンがコードする酵素が触媒する反応における基質あるいは生成物（最終生成物）でありうる。ラクト

ースはβ-ガラクトシダーゼの基質である。トリプトファンはトリプトファンオペロンにコードされる5つの酵素の作用で最終的に生成する物質である。基質とリプレッサーの結合はリプレッサーをオペレーターから解離させる（酵素が必要になるから転写ON），生成物の結合はそれをオペレーターに結合させる（酵素が不要になるから転写OFF）と考えてよい。

3 代謝[7～10]

生物は外界から無機物と有機物を取り入れ，有機物の分解によってその自由エネルギーを取り出し，一旦ATPなどの形で蓄える。また，ATPなどの分解と共役して，生命の構造維持に必要な物質（コラーゲンなどの構造タンパク質や細胞膜成分であるコレステロールやリン脂質など）やエネルギー貯蔵物質（トリアシルグリセロールなど）の合成などを行う。また，例えば緑色植物などの独立栄養生物では太陽光エネルギーを利用し二酸化炭素と水から有機物を合成している（光合成）。これらの全過程が"代謝（metabolism）"である（図10-3-1）。

代謝は異化（catabolism）と同化（anabolism）に分けられる（図10-3-1）。異化は有機物の分解によるエネルギーの取り出し（回収）過程である。呼吸，発酵は異化である。同化はATPやNADPHなどの分解によって得られるエネルギーを用い単純な前駆体から生体高分子を合成する過程である。光合成のカルビン-ベンソン回路は同化である。

ある種の生物（植物や真菌など）は，動物からの被食防御や微生物の感染防御あるいは繁殖を有利とするためにある種の物質を合成している。これらの物質の生合成過程を二次代謝（secondary metabolism），また，その最終産物のことを二次代謝産物（secondary metabolite）という。二次代謝産物としてβ

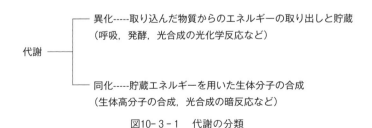

図10-3-1　代謝の分類

カロテンなどのテルペノイド化合物，クルクミンなどのポリケチド化合物，コカインなどのアルカロイド化合物がある。

【クイズ】

Q10-3-1　代謝は物質の交換，すなわち"物質代謝"でもありエネルギーの変換および利用，すなわち"エネルギー代謝"でもある。一方，物質代謝とはいわれずにエネルギー代謝とだけいわれる生体反応がある。それらをいくつか挙げよ。

A10-3-1　ATP消費を必要とするものであり，能動輸送，神経伝達，筋収縮，電気ウナギなどにおける発電，ホタルなどにおける発光，微生物の化学走性などがある。なお，電子伝達系，光合成の光化学反応などのATP合成過程はエネルギー代謝の範疇で述べられることがある。また，栄養学や生理学の分野では例えば脂肪酸のβ酸化などはエネルギー代謝として語られることが多い。

4　代謝経路

代謝では複数種の酵素の作用によって単純な分子がより複雑な構造を持つ分子へ，あるいはある種の分子がより小さな分子へと段階的に変換されていく。初発物質が中間体を経て最終形（最終産物）になるまでの一連の酵素反応のことを代謝経路という。一連の酵素反応が回路である場合もある。様々な代謝経路（回路）が知られているが，ここでは解糖系，糖新生，トリカルボン酸回路（TCA回路），プリンヌクレオチドの生合成経路について概説する。

4.1　解糖系[5,11]

解糖系（エムデン-マイヤーホフ経路）はグルコースを分解しピルビン酸を生成する代謝経路である（図10-4-1）。この代謝経路はほとんど全ての生物に存在するものであり，その意義は酸素の非存在下でATPを生成することにある（嫌気的呼吸）。解糖系は細胞質ゾルで行われる10の酵素反応からなる。この経路ではヘキソキナーゼ（ヒト，ラットなどの肝臓などではグルコキナーゼもある），ホスホフルクトキナーゼ-1，ピルビン酸キナーゼの触媒する反応は発エルゴン的であり不可逆である。よって解糖系はグルコースからピルビン酸生成の

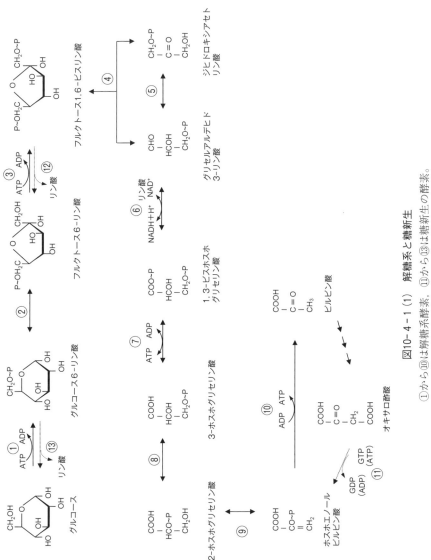

図10-4-1 (1) 解糖系と糖新生
①から⑩は解糖系酵素、⑪から⑬は糖新生の酵素。

① ヘキソキナーゼ（グルコキナーゼ）
② グルコース-6-リン酸イソメラーゼ
③ ホスホフルクトキナーゼ-1
④ アルドラーゼ
⑤ トリオースリン酸イソメラーゼ
⑥ グルセルアルデヒド-3-リン酸デヒドロゲナーゼ
⑦ ホスホグリセリン酸キナーゼ
⑧ ホスホグリセリン酸ムターゼ
⑨ エノラーゼ
⑩ ピルビン酸キナーゼ
⑪ ホスホエノールピルビン酸カルボキシキナーゼ
⑫ フルクトースビスリン酸ホスファターゼ-1
⑬ グルコース-6-リン酸ホスファターゼ

図10-4-1 (2) 解糖系と糖新生
①から⑩は解糖系酵素，⑪から⑬は糖新生の酵素。

方向に流れる。解糖系の一連の反応によって1分子のグルコースから最終的に2分子のピルビン酸が生じるが，その過程で2分子のATP（実際は4分子のATPが生成するのだが経路の過程で2分子消費される）と2分子のNADHも生じる。この代謝経路で生じたピルビン酸は乳酸（脊椎動物の赤血球や乳酸菌など）やエタノール（酵母）に変換され細胞外に放出されるか，真核生物ではミトコンドリアに移行してアセチルCoAに変換されたのちTCA回路の基質となる。

4.2 糖新生[12,13]

脊椎動物では空腹時などに血中グルコース濃度が低下する。血糖濃度を上げる一手段として肝臓におけるグリコーゲンの分解がある。また，肝臓では乳酸，ピルビン酸，ロイシンとリジン以外のアミノ酸などの糖類以外の分子からオキサロ酢酸を経由してグルコースを合成し血中へと放出する。オキサロ酢酸からグルコースを生合成する代謝経路が糖新生と呼ばれるものである（図10-4-1）。糖新生は肝臓で行われるが，激しい飢餓の時は腎臓や小腸でも起こる。糖新生は言わば解糖系の逆戻り経路であり10の酵素反応からなる（全て細胞質ゾルで行われる）。解糖系のヘキソキナーゼ（グルコキナーゼ），ホスホフルクトキナ

ーゼ-1，ピルビン酸キナーゼが触媒する不可逆過程の逆反応はそれぞれグルコース-6-リン酸ホスファターゼ，フルクトースビスリン酸ホスファターゼ-1，ホスホエノールピルビン酸カルボキシキナーゼが触媒する。

　細胞質ゾル中でピルビン酸をオキサロ酢酸に変換する酵素は存在しない。細胞質ゾルのピルビン酸はミトコンドリアに入り，ピルビン酸カルボキシラーゼによりオキサロ酢酸になる。さらに，ミトコンドリア内のオキサロ酢酸は細胞質へ移行できないという問題もある。そこでオキサロ酢酸はリンゴ酸デヒドロゲナーゼによりリンゴ酸となりリンゴ酸―アスパラギン酸シャトルにより細胞質ゾルに移行する。細胞質内のリンゴ酸はリンゴ酸デヒドロゲナーゼによってオキサロ酢酸となる。なお，トリアシルグリセロールの分解によって生じたグリセロールはオキサロ酢酸を経由しないが糖新生に流入する。

4.3　TCA回路[14,15]

　TCA回路はクレブス回路，クエン酸回路とも呼ばれる（図10-4-2）。この代謝回路は酸素呼吸を行うほとんどの生物にみられ，真核生物ではミトコンドリア内で進行するものである。この代謝回路の意義は糖，グリセロール，アミノ酸を構成する炭素を完全酸化するとともにNADH，$CoQH_2$を生じさせることにある。また，回路の途上でATP（動物では主にGTP）も生成する。なお，生じたNADH，$CoQH_2$は電子伝達系によるATP合成に重要な役割を果たす。

　TCA回路の始動にはアセチルCoAの生成が重要である。アセチルCoAはピルビン酸デヒドロゲナーゼ複合体によってピルビン酸から生成する場合，脂肪酸のβ酸化によって生成する場合，ケト原生アミノ酸などから生成する場合がある。TCA回路はクエン酸シンターゼがアセチルCoAとオキサロ酢酸の縮合を触媒してスタートし，その後7の酵素反応を経てオキサロ酢酸が生成する。この中でクエン酸シンターゼ，イソクエン酸デヒドロゲナーゼ，2-オキソグルタル酸デヒドロゲナーゼ複合体が触媒する反応は不可逆的である。また，コハク酸デヒドロゲナーゼ複合体は膜酵素である（真核生物ではミトコンドリア内膜に存在）。回路の一巡目ではアセチルCoA由来の2つの炭素は酸化されず，次回ということになる。なお炭素数が奇数の脂肪酸やある種のアミノ酸もこの回路に流入することができる。

　一方，TCA回路ではその中間体がアミノ酸や脂質などの合成のための前駆物質にもなり常に回路を構成するとは限らない。例えばクエン酸から最終的に脂肪酸やステロイドが，2-オキソグルタル酸からグルタミン酸が，スクシニルCoA

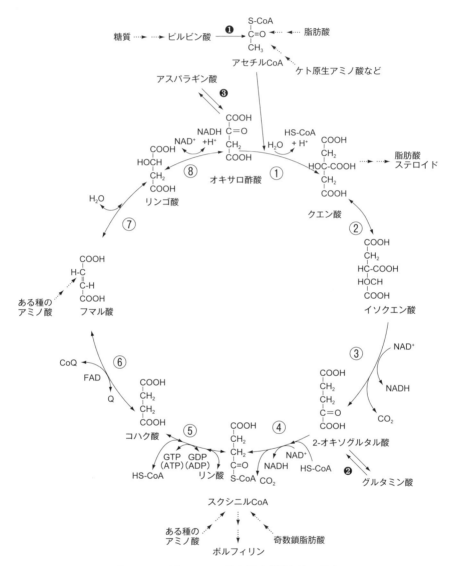

図10-4-2(1) TCA回路と関連代謝経路，反応
TCA回路の酵素は①から⑧である。

①クエン酸シンターゼ
②アコニターゼ
③イソクエン酸デヒドロゲナーゼ
④2-オキソグルタル酸デヒドロゲナーゼ複合体
⑤スクシニルCoAシンテターゼ
⑥コハク酸デヒドロゲナーゼ複合体
⑦フマラーゼ
⑧リンゴ酸デヒドロゲナーゼ

❶ピルビン酸デヒドロゲナーゼ複合体
❷グルタミン酸デヒドロゲナーゼ
❸アスパラギン酸-オキサロ酢酸トランスアミナーゼ

図10-4-2(2)　TCA回路と関連代謝経路，反応
TCA回路の酵素は①から⑧である。

（とグリシン）を材料として最終的にポルフィリンが，オキサロ酢酸からアスパラギン酸が生成する。

4.4　プリンヌクレオチドの生合成（デノボ経路とサルベージ経路）[5,16]

　本項ではプリンヌクレオチド生合成のデノボ経路とサルベージ経路について述べる。デノボ（*denovo*）とは"新規の"という意味であり，デノボ合成とは単純な前駆物質を材料として数種類の酵素で段階的に生体分子を構築していくことである。また，サルベージ合成（再利用合成）とは，最終産物の構成部分が外部からあるいは生体分子の分解によって得られる場合，それを元にして少ないステップで最終産物を構築していくことである。ピリミジンヌクレオチドの生合成にもデノボ経路とサルベージ経路がある。その他の生体分子でもデノボ合成とサルベージ合成があるが，この用語は特にヌクレオチドの生合成に対して用いられるものであった。

　ペントースリン酸経路から供給されるD-リボース5-リン酸がピロリン酸化され5-ホスホ-α-D-リボシル二リン酸（PRPP）が生じる（PRPPシンテターゼが触媒する）（図10-4-3）。このPRPPを土台として，グルタミン（Gln），グリシン（Gly），アスパラギン酸（Asp）などを材料にプリン骨格を複数の酵素で順次組み立てていくのがプリンヌクレオチド生合成のデノボ経路である。まず10の酵素反応を経てイノシン酸（IMP）が合成される。イノシン酸が合成されると2つの経路に別れ，それぞれ2段階でアデニル酸（AMP）とグアニル

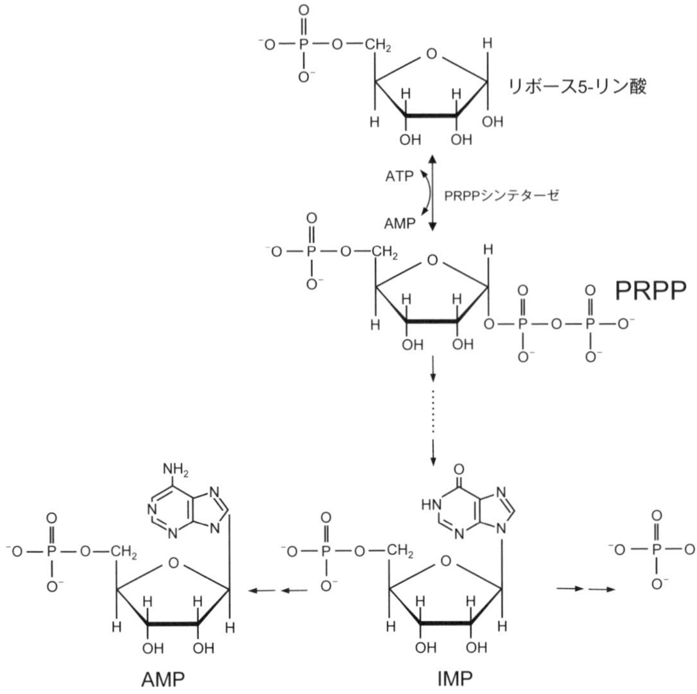

図10-4-3　リボース5-リン酸からPRPPの合成とプリンヌクレオチド合成のデノボ経路

酸（GMP）が生じる（図10-4-3）。プリンヌクレオチド生合成のデノボ経路における代謝中間体などやそれに関わる13の酵素を図10-4-4に示した。サルベージ経路は例えばRNAの分解で生じたアデニン，グアニンがそれぞれアデニンホスホリボシルトランスフェラーゼ，ヒポキサンチン-グアニンホスホリボシルトランスフェラーゼの働きでPRPPと反応してアデニル酸，グアニル酸が生じる（図10-4-5）。また，塩基がヌクレオシドホスホリラーゼの作用でヌクレオシドとなり，さらにヌクレオシドキナーゼの作用でヌクレオチドとなる場合もある。

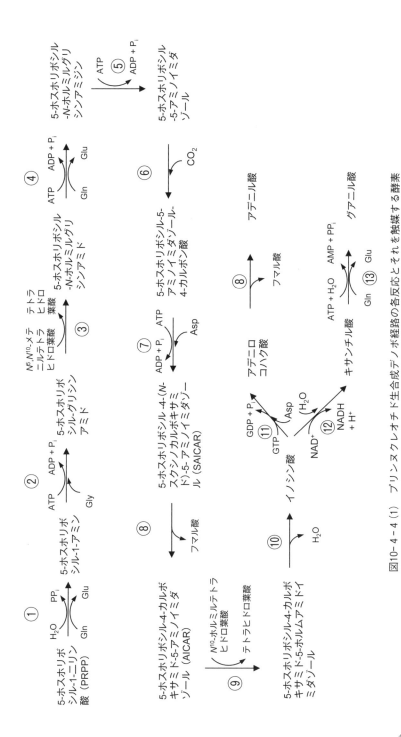

図10-4-4 (1) プリンヌクレオチド生合成デノボ経路の各反応とそれを触媒する酵素

①アミドリボシルホスホトランスフェラーゼ
②ホスホリボシルグリシンアミドシンテターゼ
③ホスホリボシルグリシンアミドホルミルトランスフェラーゼ
④ホスホリボシルホルミルグリシンアミジンシンテターゼ
⑤ホスホリボシルアミノイミダゾールシンテターゼ
⑥ホスホリボシルアミノイミダゾールカルボキシラーゼ
⑦ホスホリボシルアミノイミダゾールスクシノカルボキサミドシンテターゼ
⑧アデニロコハク酸リアーゼ
⑨ホスホリボシルアミノイミダゾールスクシノカルボキサミドホルミルトランスフェラーゼ
⑩IMPシクロヒドロラーゼ
⑪アデニロコハク酸シンターゼ
⑫IMPデヒドロゲナーゼ
⑬GMPシンターゼ

図10-4-4(2) プリンヌクレオチド生合成デノボ経路の各反応とそれを触媒する酵素

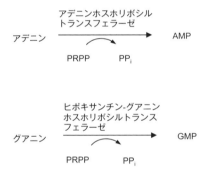

図10-4-5 プリンヌクレオチド生合成のサルベージ経路

【クイズ】

Q10-4-1 　代謝経路が多段階になっていることの利点をエネルギー獲得の観点から述べよ。

A10-4-1 　例えば解糖において，一段階の酵素反応グルコースからピルビン酸が生成すると仮定する。その際グルコースの持つ自由エネルギーが一度に開放されてしまい効率のよいエネルギーの取り出しと保存ができない。いくつかの段階に分けることにより，小刻みにエネルギーを取り出しATPやNADHといった利用しやすい形で保存することができる。

5　代謝物による酵素活性の調節[5,6,11,12,16〜20]

代謝経路の進行（速度）はそれに関わる酵素の活性を調節することによって制御される。特に代謝経路の中で不可逆反応を触媒する酵素が活性調節を受ける。その機構の一つとして代謝物（代謝産物や代謝の過程または結果として生じるATPなど）が非共有結合性の相互作用により酵素に結合して活性を調節するというものがある。これは細胞内の代謝物の濃度変化に速やかに対応するための機構の一つである。

代謝産物（代謝中間体と最終産物）による調節では，代謝経路の酵素がその後生じる中間体や最終産物によって阻害されることがありこれはフィードバック阻害と呼ばれる。例えば図10-5-1において酵素1，2が最終産物によって阻害されるような場合である。フィードバック阻害の形式としてはアロステリック阻害と競合的阻害がある（図10-5-1）。前者はプリンヌクレオチド生合成のデノボ経路における最終産物アデニル酸とグアニル酸による初発酵素アミドリボシルホスホトランスフェラーゼの阻害が好例である（図10-4-4）。これらの最終産物の阻害効果は相乗的なものである。後者はTCA回路の中間体スクシニルCoAによるクエン酸シンターゼの阻害が好例である。スクシニルCoAがクエン酸シンターゼのアセチルCoA結合部位に結合し反応は阻害される（図10-

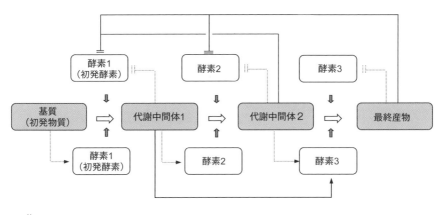

╫──── フィードバック阻害
┊┈┈┈ 生産物阻害
──▶ フィードフォワード活性化
┈┈▶ ホモトロピックなアロステリック活性化

図10-5-1　代謝経路で働く酵素の基質，中間体，最終産物による活性調節

4-2)。ただし，フィードバック阻害は一つの経路内だけで適用される概念ではない。例えばTCA回路中間体のクエン酸による解糖系酵素ホスホフルクトキナーゼ-1の阻害もフィードバック阻害である。ある酵素反応の生成物が当該酵素の活性を阻害することもあり，これは生産物阻害（生成物阻害）ともいわれる（図10-5-1）。生産物阻害にもアロステリック阻害と競合的阻害がある。前者は解糖系におけるグルコース6-リン酸によるヘキソキナーゼの阻害（図10-4-1），後者はクエン酸によるクエン酸シンターゼの阻害（クエン酸がオキサロ酢酸と競合する）が好例である（図10-4-2）。

　代謝経路の中間体がそれ以降の段階で働く酵素を活性化する例もあり，これはフィードフォワード活性化といわれる。図10-5-1において代謝中間体1が酵素3を活性化するような場合である。その例として解糖系の中間体フルクトース1,6-ビスリン酸によるピルビン酸キナーゼの活性化がある（図10-4-1）。また，基質によって代謝に関わる酵素が活性化されることもある（ホモトロピックなアロステリック活性化）（図10-5-1）。フルクトース6-リン酸によるホスホフルクトキナーゼ-1の活性化，ホスホエノールピルビン酸によるピルビン酸キナーゼの活性化が好例である（図10-4-1）。

　代謝の過程または結果として生じるATP，ADP，AMP，NADH，NADPHなども酵素の活性を調節する。例えばATPは解糖系酵素のホスホフルクトキナーゼ-1をアロステリックに阻害する（図10-5-2）。AMPはATPによるホス

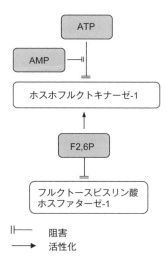

図10-5-2　代謝生成物による酵素活性の調節

ホスフルクトキナーゼ-1の阻害を解除する（図10-5-2）。ADPは例えばTCA回路のイソクエン酸デヒドロゲナーゼをアロステリックに活性化する（ヘテロトロピックなアロステリック活性化）。NADH（またはNADPH）が生じるような酵素反応（デヒドロゲナーゼ反応）ではそれらが過剰になると阻害される。NAD^+（または$NADP^+$）と競合するからである。また，フルクトース6-リン酸から生成するフルクトース2,6-ビスリン酸（F2,6P）はホスホフルクトキナーゼ-1をアロステリックに活性化する（図10-5-2）。反対に糖新生に関わるフルクトースビスリン酸ホスファターゼ-1はF2,6Pによってアロステリックに阻害される（図10-5-2）。

【クイズ】
Q10-5-1　代謝物による酵素活性調節の優れた点を述べよ。
A10-5-1　①酵素を分解あるいは新たに合成する必要がないのでエネルギーの投入（ATPの消費など）を要しない。②短時間で酵素活性を調節することができる（酵素の合成・分解は時間を要する）。③代謝流量の微調整が可能である。

6　ホルモンによる酵素活性の調節[5,11,12,14,21〜25]

　多細胞生物においては細胞外からの信号によっても代謝に関わる酵素の活性が調節される。その信号の本体はホルモンである。脊椎動物のホルモンにはコルチコステロン，アルドステロンなどのステロイドホルモン，インスリン，グルカゴンなどのペプチドホルモン，アミノ酸誘導体ホルモン（アドレナリンとチロキシン）がある（図10-6-1）。ステロイドホルモン類とチロキシンは"脂溶性ホルモン"と分類されることもあるが，これらは細胞内に浸透し核内受容体（タンパク質である）に結合，ホルモンと結合した受容体がDNAに結合し代謝に関わる酵素などの転写活性化に寄与する（酵素量の増加）（図10-6-2）。例えば血糖値の低下に伴い血中のコルチコステロン濃度が増加するが，このものは肝臓に作用した場合，糖新生の初発酵素であるホスホエノールピルビン酸カルボキシキナーゼの合成誘導に寄与する。また，筋肉に作用した場合，筋タンパク質の分解やアミノ酸の分解に関わる諸酵素の合成誘導に寄与する。
　一方，ペプチドホルモン類とアドレナリンは"水溶性ホルモン"と分類されることもあるが，これらは細胞表面の受容体に結合して作用を示す。例えばグ

図10-6-1　ホルモンの分類

ホルモン ─┬─ ステロイドホルモン（脂溶性）--- コルチコステロン，アルドステロンなど
　　　　　├─ ペプチドホルモン（水溶性）--- インスリン，グルカゴンなど
　　　　　└─ アミノ酸誘導体ホルモン　--- アドレナリン（水溶性），チロキシン（脂溶性）

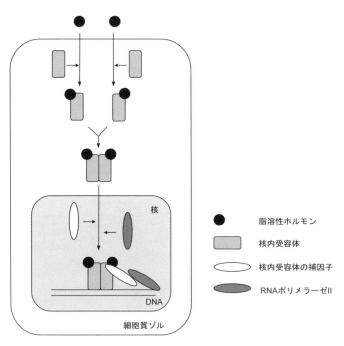

● 脂溶性ホルモン
▭ 核内受容体
◯ 核内受容体の補因子
⬬ RNAポリメラーゼII

図10-6-2　脂溶性ホルモンの作用様式

ルカゴンは受容体（7回膜貫通型）に結合すると三量体Gタンパク質（GTPアーゼの一種）を介してアデニル酸シクラーゼの活性化を引き起こす（図10-6-3）。アデニル酸シクラーゼはATPのcAMPとピロリン酸への変換を触媒する。cAMPがプロテインキナーゼA（以降PKA）の調節サブユニットに結合すると，PKAの触媒サブユニットが調節サブユニットと解離，単量体（活性状態）となる。これが代謝に関わる酵素などをリン酸化しそれらを活性化あるいは不活性化する。肝臓であればホスホリラーゼキナーゼ（グリコーゲンホスホリラーゼをリン酸化して活性化する酵素）が活性化され，グリコーゲンシンターゼが不活性化される。これらによりグリコーゲンが分解する方向に押し進められる。

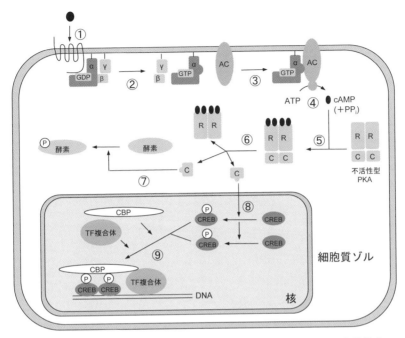

図10-6-3(1) グルカゴン,アドレナリンなどの水溶性ホルモンの作用様式

①グルカゴンなどの水溶性ホルモンがそれぞれの特異的受容体へ結合する。グルカゴンの場合,受容体は7つの膜貫通領域を持つGタンパク質共役型受容体,GPCR（G-Protein Coupled Receptor）である。
②ホルモンの受容体への結合によって,三量体Gタンパク質αサブユニット（αと表示）に結合していたGDPがGTPに交換される。これによりαサブユニットは受容体およびβ,γサブユニット（それぞれβ,γと表示）と解離,活性状態となる。
③活性化された三量体Gタンパク質αサブユニットがアデニル酸シクラーゼ（AC）と結合,これを活性化させる。
④活性化されたアデニル酸シクラーゼによってATPからcAMPへの変換（およびピロリン酸の生成）が触媒される。
⑤cAMPが不活性型のプロテインキナーゼA（不活性型PKAと表示。ヘテロ4量体である）の調節サブユニット（Rと表示）に結合する。調節サブユニット一つあたり2分子のcAMPが結合する。
⑥プロテインキナーゼAの触媒サブユニット（Cと表示）が単量体となり解離する。単量体の触媒サブユニットが活性型PKAである。
⑦活性型PKAが細胞質ゾル中の酵素をリン酸化し活性化または不活性化させる。
⑧活性型PKAが核へ移行し,転写調節因子の一つcAMP応答配列結合タンパク質（CREBと表示）などをリン酸化して活性化させる。
⑨活性化CREBは2量体を形成,DNAの調節領域（cAMP応答エレメント）に結合する。また,その補因子であるCREB結合タンパク質（CBPと表示）を介して転写複合体（TF複合体と表示。転写基本因子とRNAポリメラーゼIIからなる）をDNA上のプロモーターに近づける役割をする。なおCBPは転写複合体中のTFIIBと相互作用している。また,他の転写調節因子とも相互作用している。

図10-6-3(2) グルカゴン,アドレナリンなどの水溶性ホルモンの作用様式

脂肪細胞であればホルモン感受性リパーゼが活性化され，トリアシルグリセロールの脂肪酸とグリセロールへの分解が起きる。また，グルカゴン刺激により糖新生も亢進する。この機構の一つとして単量体PKA触媒サブユニットによるホスホフルクトキナーゼ-2/フルクトース-2,6-ビスホスファターゼ（キナーゼ活性とホスファターゼ活性を持つ2機能酵素）のキナーゼ活性低下とホスファターゼ活性増加が挙げられる。これによってフルクトースビスリン酸ホスファターゼ-1の阻害因子であるフルクトース2,6-ビスリン酸（F2,6P）の量が低下する（図10-5-2）。また，単量体PKA触媒サブユニットはcAMP応答配列結合タンパク質（CREB）をリン酸化（活性化）し，活性化されたCREBは例えばホスホエノールピルビン酸カルボキシキナーゼの合成誘導に寄与する（図10-6-3）。

アドレナリンは例えば肝細胞においてβ受容体（7回膜貫通型）に結合するとグルカゴンと同等の作用を示す（図10-6-3）。一方，α受容体（7回膜貫通型）に結合した場合，ホスホリパーゼCの活性化を介してイノシトール3-リン酸とジアシルグリセロールの生成を担う。イノシトール3-リン酸は筋小胞体から細胞質ゾルへのカルシウムイオン放出を促進する。これらの変化はβ受容体を介した作用を補強する（例えばカルシウムイオンがホスホリラーゼキナーゼの活性を増強する）。

インスリンも細胞表面の受容体に結合して細胞内の様々な酵素を活性化または不活性化させる。グルカゴンやアドレナリンの受容体とは異なり，インスリンの受容体[26]はそれ自体が酵素活性（チロシンキナーゼ活性）を持つ。インスリン受容体はインスリン結合に重要なα鎖2本とチロシンキナーゼドメインを含むβ鎖2本からなる。4本のポリペプチド鎖は図10-6-4のようにジスルフィド結合を介して繋がっている。この受容体にインスリン（1分子）が結合すると受容体全体の構造変化が生じ一方のβ鎖（$\beta1$とする）のチロシンキナーゼドメインがもう一方のβ鎖（$\beta2$とする）の細胞内領域のチロシン残基（チロシンキナーゼドメインで3残基とそれ以外の部分で5残基）をリン酸化する。同時に$\beta2$鎖のチロシンキナーゼドメインも$\beta1$鎖の細胞内領域に対して同じ振る舞いをする。2つのβ鎖が互いにリン酸化し合うのであるが，これはトランスリン酸化と呼ばれる（自己リン酸化と呼ばれることも多い）。このトランスリン酸化により受容体のチロシンキナーゼ活性の増強が起こるとともに，受容体の特定のリン酸化チロシン部位に対してインスリン受容体基質-1（IRS-1）などの基質が結合するようになる。基質が受容体に結合するとこれらは受容体の

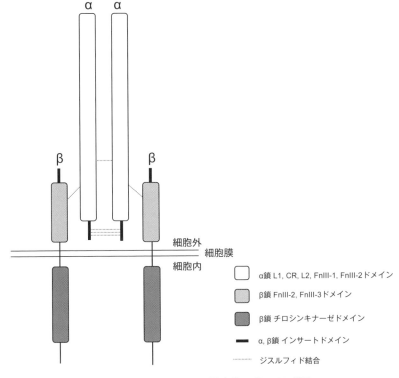

図10-6-4　インスリン受容体のドメイン構造
L：ロイシンリッチリピート，CR：システインリッチ，FnIII：フィブロネクチンタイプIII。

リン酸化チロシンキナーゼドメインの作用によりリン酸化を受ける（全活性受容体による基質のリン酸化）。これが細胞内の様々な酵素の活性化または不活性化へと繋がっていく。例えばIRS-1がリン酸化受容体に結合しリン酸化されると，IRS-1のリン酸化部位に対してホスホイノシチド3-キナーゼ（PI3K）が結合，PI3Kは活性状態となる。活性化PI3Kは3位がリン酸化されたホスファチジルイノシトール（PIP3など）の生成を触媒するが，例えばPIP3が生じるとこれに対してホスホイノシチド依存性プロテインキナーゼ-1（PDK-1）やプロテインキナーゼB（PKB，Akt，PKB/Aktなどと表記される）が結合する。PIP3に結合したPDK-1は活性状態となり，例えばPIP3に結合したPKB/Aktの特定のスレオニン残基をリン酸化する。PKB/AktはPDK-1だけでなくその他キナーゼによるリン酸化も受けることにより最終的に活性化される（PDK-1に依存しない活性化の機構もある）。活性化PKB/Aktはセリン―スレオニン

キナーゼであるmTORの活性化，グリコーゲンシンターゼキナーゼ3βの不活性化などの作用を示す。その下流でも様々な酵素が活性化または不活性化されるが，これら一連の作用により例えば肝臓ではグリコーゲン合成，脂肪酸やコレステロールの合成などが促進し，一方，糖新生，中性脂肪の分解などが抑制される。なお，脂肪細胞や横紋筋（骨格筋と心筋）ではインスリンによるIRS-1のリン酸化を介して結果的にグルコーストランスポーター4の細胞膜への移行が促進，すなわちグルコースの細胞内への取り込みが促進する。また，インスリンはGrb2などのアダプター分子を介してMAPキナーゼ（Mitogen-activated Protein Kinase）カスケードを活性化させる作用などもある。インスリン刺激によって活性化された様々なキナーゼはこのホルモンの作用を仲介すると同時にIRS-1などの受容体基質の特定のセリン残基もリン酸化する。このセリンリン酸化により例えばIRS-1のインスリン受容体からの解離やPI3KのIRS-1からの解離が促される。これはインスリンシグナル伝達の負のフィードバック調節機構である。

【クイズ】

Q10-6-1　生体内における酵素の活動度は未変性酵素の濃度（量）と活性（質）の積で表すことができる。脊椎動物における酵素濃度および活性の増加の機構についていくつか挙げよ。ただし酵素活性の増加については共有結合の生成や消失を伴う"活性化"も含めること。

A10-6-1　酵素濃度増加機構：①転写量（mRNA）の増加，②翻訳量の増加，③mRNA分解の抑制，④未変性酵素の分解抑制。
酵素活性増加機構：①基質や代謝物によるアロステリック活性化，②cAMP生成とその結合による活性型酵素の遊離，③カルシウムイオンやリン脂質との結合による酵素のコンホメーション変化，それによる活性発現，④リン酸化または脱リン酸化による活性化，⑤プロテアーゼによる限定分解による活性化。

Q10-6-2　ステロイドホルモンによって起こされる酵素の活動度増加はどのような機構によるものか。

A10-6-2　転写量増加による酵素濃度の増加。

Q10-6-3 水溶性ホルモンによって起こされる酵素の活動度増加はどのような機構があるか。

A10-6-3 ①アドレナリンなどの水溶性ホルモンは細胞内カルシウムイオン濃度を増加させる。カルシウムイオンがある種の酵素に結合するとコンホメーションが変化する。それにより酵素の活性が発現または増加する（⇒酵素活性増加。例，定型プロテインキナーゼC，ホスホリラーゼキナーゼ）。②細胞内cAMP濃度を増加させ，結果としてPKA触媒サブユニットを遊離させる。遊離PKA触媒サブユニットが様々な細胞内酵素をリン酸化しそれらを活性化またはそれらの活性を増加させる（⇒酵素活性増加）。③水溶性ホルモンの刺激によって活性化されたキナーゼが転写調節因子を活性化（⇒転写量の増加⇒酵素量増加。例，CREBによるホスホエノールピルビン酸カルボキシキナーゼ転写量の増加）。④水溶性ホルモン（インスリンなど）刺激によって活性化されたキナーゼ（S6キナーゼなど）が翻訳開始因子を活性化（⇒翻訳量の増加⇒酵素量増加），など。

文　　献

1) T. McKee, J. R. McKee：マッキー生化学，第3版（市川厚（監修），福岡伸一（監訳）），pp.462-463，化学同人，京都（2003）
2) H. R. Horton, L. A. Moran, K. G. Scrimgeour, M. D. Perry, J. D. Rawn：ホートン生化学，第4版（鈴木紘一，笠井献一，宗川吉汪（監訳），榎森康文，川崎博史，宗川惇子（訳）），pp.419-420，東京化学同人，東京（2008）
3) R. K. Murray, D. K. Granner, P. A. Mayes, V. W. Rodwell：ハーパー生化学，原書25版（上代淑人（監訳）），pp.122-124，丸善，東京（2001）
4) S. L. Meeks, T. C. Abshire：Abnormalities of prothrombin: a review of the pathophysiology, diagnosis, and treatment; *Haemophilia*, **14**(6), 1159-1163（2008）
5) 今堀和友，山川民夫（監修）：生化学辞典，第4版，東京化学同人，東京（2007）
6) B. Alberts, A. Johnson, J. Lewis, M. Raff, K. Roberts, P. Walter：細胞の分子生物学，第4版（中村桂子，松原謙一（監訳）），pp.395-452，ニュートンプレス，東京（2004）
7) D. Voet, J. G. Voet：ヴォート生化学（上），第3版（田宮信雄，村松正實，八木達彦，吉田浩，遠藤斗志也（訳）），pp.429-452，東京化学同人，東京（2005）
8) H. R. Horton, L. A. Moran, K. G. Scrimgeour, M. D. Perry, J. D. Rawn：ホートン生化学，第4版（鈴木紘一，笠井献一，宗川吉汪（監訳），榎森康文，川崎博史，宗川惇子（訳）），pp.235-255，東京化学同人，東京（2008）

9) http://ja.wikipedia.org/wiki/代謝
10) http://ja.wikipedia.org/wiki/二次代謝産物
11) H. R. Horton, L. A. Moran, K. G. Scrimgeour, M. D. Perry, J. D. Rawn：ホートン生化学，第4版（鈴木紘一，笠井献一，宗川吉汪（監訳），榎森康文，川崎博史，宗川惇子（訳）），pp.256-279，東京化学同人，東京（2008）
12) H. R. Horton, L. A. Moran, K. G. Scrimgeour, M. D. Perry, J. D. Rawn：ホートン生化学，第4版（鈴木紘一，笠井献一，宗川吉汪（監訳），榎森康文，川崎博史，宗川惇子（訳）），pp.280-286，東京化学同人，東京（2008）
13) http://ja.wikipedia.org/wiki/糖新生
14) H. R. Horton, L. A. Moran, K. G. Scrimgeour, M. D. Perry, J. D. Rawn：ホートン生化学，第4版（鈴木紘一，笠井献一，宗川吉汪（監訳），榎森康文，川崎博史，宗川惇子（訳）），pp.301-324，東京化学同人，東京（2008）
15) http://ja.wikipedia.org/wiki/クエン酸回路
16) H. R. Horton, L. A. Moran, K. G. Scrimgeour, M. D. Perry, J. D. Rawn：ホートン生化学，第4版（鈴木紘一，笠井献一，宗川吉汪（監訳），榎森康文，川崎博史，宗川惇子（訳）），pp.435-455，東京化学同人，東京（2008）
17) R. K. Murray, D. K. Granner, P. A. Mayes, V. W. Rodwell：ハーパー生化学，原書25版（上代淑人（監訳）），pp.124-126，丸善，東京（2001）
18) D. Voet, J. G. Voet：ヴォート生化学（上），第3版（田宮信雄，村松正實，八木達彦，吉田浩，遠藤斗志也（訳）），pp.474-486，東京化学同人，東京（2005）
19) D. Voet, J. G. Voet：ヴォート生化学（上），第3版（田宮信雄，村松正實，八木達彦，吉田浩，遠藤斗志也（訳）），pp.615-618，東京化学同人，東京（2005）
20) D. Voet, J. G. Voet：ヴォート生化学（下），第3版（田宮信雄，村松正實，八木達彦，吉田浩，遠藤斗志也（訳）），pp.663-664，東京化学同人，東京（2005）
21) D. Voet, J. G. Voet：ヴォート生化学（上），第3版（田宮信雄，村松正實，八木達彦，吉田浩，遠藤斗志也（訳）），pp.498-499，東京化学同人，東京（2005）
22) D. Voet, J. G. Voet：ヴォート生化学（上），第3版（田宮信雄，村松正實，八木達彦，吉田浩，遠藤斗志也（訳）），pp.512-524，東京化学同人，東京（2005）
23) D. Voet, J. G. Voet：ヴォート生化学（上），第3版（田宮信雄，村松正實，八木達彦，吉田浩，遠藤斗志也（訳）），pp.524-532，東京化学同人，東京（2005）
24) D. Voet, J. G. Voet：ヴォート生化学（上），第3版（田宮信雄，村松正實，八木達彦，吉田浩，遠藤斗志也（訳）），p.559，東京化学同人，東京（2005）
25) B. Alberts, A. Johnson, J. Lewis, M. Raff, K. Roberts, P. Walter：細胞の分子生物学，第4版（中村桂子，松原謙一（監訳）），pp.831-906，ニュートンプレス，東京（2004）
26) C. W. Ward, M. C. Lawrence, V. A. Streltsov, T. E. Adams, N. M. McKern：The insulin and EGF receptor structures: new insights into ligand-induced receptor activation; *Trends Biochem. Sci.*, **32**(3), 129-137（2007）

参　考　書

1) H. R. Horton, L. A. Moran, K. G. Scrimgeour, M. D. Perry, J. D. Rawn：ホートン生化学，第4版（鈴木紘一，笠井献一，宗川吉汪（監訳），榎森康文，川崎博史，宗川惇子（訳）），東京化学同人，東京（2008）
2) D. Voet, J. G. Voet：ヴォート生化学（上）（下），第3版（田宮信雄，村松正實，八木達彦，吉田浩，遠藤斗志也（訳）），東京化学同人，東京（2005）
3) B. Alberts, A. Johnson, J. Lewis, M. Raff, K. Roberts, P. Walter：細胞の分子生物学，第4版（中村桂子，松原謙一（監訳）），ニュートンプレス，東京（2004）
4) R. K. Murray, D. K. Granner, P. A. Mayes, V. W. Rodwell：ハーパー生化学，原書25版（上代淑人（監訳）），丸善，東京（2001）
5) T. McKee, J. R. McKee：マッキー生化学，第3版（市川厚（監修），福岡伸一（監訳）），化学同人，京都（2003）
6) S. L. Meeks, T. C. Abshire: Abnormalities of prothrombin: a review of the pathophysiology, diagnosis, and treatment; *Haemophilia*, **14**(6), 1159-1163（2008）
7) C. W. Ward, M. C. Lawrence, V. A. Streltsov, T. E. Adams, N. M. McKern: The insulin and EGF receptor structures: new insights into ligand-induced receptor activation; *Trends Biochem. Sci.*, **32**(3), 129-137（2007）

（以上，都築　巧）

第11章　酵素の応用

1　酵素応用の現状

本稿は，成書[1]に記載した内容を基に加筆修正したものである。

最近の統計[2]によると，2014年のわが国のバイオ市場（バイオ製品および関連サービス）規模は3兆685億円であり，前年比5.2％の伸びを示している。遺伝子組換え技術（GE）を用いて製造したGE製品の市場規模が2兆179億円であるのに対し，非GE製品は1兆506億円である。バイオ市場は拡大傾向にあり，GE製品で，この傾向が大きい。

酵素は，その利用分野に応じて，産業用に利用される産業酵素（industrial enzymes）と医薬製造および研究に利用される医薬・研究酵素（medicinal and research enzymes）に大別される。両者の区分が不明確な境界部分もあるが，概ね後者は前者に比べて，使用量が少なく，単価が高い。

「食品添加物総覧2011-2014」[3]によると，2013年の世界の酵素市場は7,420億円で，前年度比7％の伸びである。うち，産業酵素は4,950億円であり，残り2,470億円を医薬・研究酵素が占める。世界の産業酵素の伸びは，毎年5〜10％である。また，「ファインケミカル年鑑2015年版」[4]によると，2013年の世界の産業酵素市場を5,326億円，前年度比2.0％の伸びとしている。資料により，酵素の市場規模の見積もりにバラつきがあるが，最近の世界の酵素市場は7,000〜7,400億円，うち産業酵素は5,000〜5,300億円と推定できる。

2013年のわが国の酵素市場は442億円（うち産業用260億円，医薬・研究用182億円）程度と推定される。酵素を用いて製造される工業製品の世界市場は数十兆円と推定され，最終製品価格に占める酵素価格は1〜2％程度であろう[5]。

2013年における産業酵素の利用分類を資料[4]に従って概観する。世界市場（5,326億円）のうち，洗剤用が25％，食品用20％，繊維用6％，その他（飼料，汚水処理，工業触媒，製紙，皮革など）49％を占めている。日本国内市場（260億円）についてみると，食品用が59％，洗剤用29％，繊維用4％，その他8％となっている。わが国の酵素利用の特色として，食品加工用の比重が高い。その他に分類される酵素にはバイオエタノール製造用酵素が含まれ，欧米では，この割合が高い。洗剤への酵素利用が本格化したのは1970年代以降であり，それ以前の酵素利用は大部分が食品加工用であった。2000年ころ世界の洗剤用酵

素市場は全体の38%，日本では32%に達しており，洗剤への酵素利用はここ30〜40年の間に世界的に大きく進んだ。地域別酵素市場は，北米が42%，欧州29%，アジア・オセアニア20%程度と考えられる[5]。日本の市場は世界全体のほぼ10%であり，酵素種類別では，糖質関連30〜35%，タンパク質・ペプチド関連25〜30%，核酸関連10〜15%，脂質関連5〜10%，その他15〜20%となっている。

代表的な産業酵素としては以下のものがある。糖質，タンパク質・ペプチド，脂質，核酸などに関連する加水分解酵素が大半を占める。また，一部の酸化還元酵素や異性化酵素も利用されている。

糖質関連酵素：α-アミラーゼ，β-アミラーゼ，グルコアミラーゼ，プルラナーゼ，セルラーゼ，ヘミセルラーゼ，ペクチナーゼ，α-ガラクトシダーゼ，β-ガラクトシダーゼ，キチナーゼ，キトサナーゼなどの加水分解酵素やグルコースイソメラーゼなど。

タンパク質・ペプチド関連酵素：パパイン，ブロメライン，微生物由来の各種プロテアーゼ，トリプシン，キモトリプシン，レンネット，カルボキシペプチダーゼ，アミノペプチダーゼ，グルタミナーゼ，アスパラギナーゼ，トランスグルタミナーゼなど。

脂質関連酵素：各種リパーゼ，ホスホリパーゼなど。

核酸分解酵素：ヌクレアーゼ，ヌクレオチダーゼ，DNAポリメラーゼ，各種制限酵素，逆転写酵素など。

その他：アスコルビン酸オキシダーゼ，ラッカーゼ，ポリフェノールオキシダーゼ，パーオキシダーゼ，ホスファターゼ，フィターゼなど。

具体的な酵素の種類や名称に関しては成書を参照して欲しい[1,6]。

2 食品への酵素利用

食品製造や加工に利用される酵素は「食品添加物」として公表（食品添加物一覧）されている。

食品添加物とは，保存，甘味，着色，香料など食品の製造，加工，保存の目的で使用され，原則として，食品衛生法第10条により厚生労働大臣の指定を受けた添加物（これを指定添加物と呼び，2014年12月現在445品目）のことである。食品添加物の製造規格，製造基準，品質確保の方法などは，食品衛生法第21条により，食品添加物公定書として刊行されている。現在，「第9版食品添加

物公定書」として，改正が検討されている（報告書は2014年2月に取りまとめられている）。

　一方，指定添加物の他に，1995年の食品衛生法改正以前から製造，流通，使用などがなされてきた天然添加物を既存添加物（365品目）と呼ぶ。これらはわが国で食経験に基づき広く利用されているもので，例外的使用が認められている。指定添加物，既存添加物に，天然香料および一般飲食物添加物を加えた4種類が食品添加物として認められている。

　一般的に用いられている酵素の品名は，機能をもって命名されていることが多く，酵素名から物質が特定できることはまれである。このため，同じ品目名（例えばα-アミラーゼ）でも異なる起源から製造された酵素であることがある。これらの規格設定は困難であり，食品用酵素の全てが既存添加物として分類され，指定添加物未収載とされていた。

　既存添加物酵素68品目中，第8版食品添加物公定書には，5品目（パパイン，ブロメライン，ペプシン，トリプシン，リゾチーム）のみが収載されている。2012年にイソマルトデキストラナーゼが追加指定され，6品目が収載されている。第9版では，残る62品目全てが収載見込みであるとされる（月刊フードケミカル2013年1月号，pp.16-17 (2013)）。これらを以下に列記する。アガラーゼ；アクチニジン；アシラーゼ；アスコルビン酸オキシダーゼ；α-アセトラクタートデカルボキシラーゼ；アミノペプチダーゼ；α-アミラーゼ；β-アミラーゼ；アルギン酸リアーゼ；アントシアナーゼ；イソアミラーゼ；イヌリナーゼ；インベルターゼ；ウレアーゼ；エキソマルトテトラオヒドロラーゼ；エステラーゼ；カタラーゼ；α-ガラクトシダーゼ；β-ガラクトシダーゼ；カルボキシペプチダーゼ；キシラナーゼ；キチナーゼ；キトサナーゼ；グルカナーゼ；グルコアミラーゼ；α-グルコシダーゼ；β-グルコシダーゼ；α-グルコシルトランスフェラーゼ；グルコースイソメラーゼ；グルコースオキシダーゼ；グルタミナーゼ；酸性ホスファターゼ；シクロデキストリングルカノトランスフェラーゼ；セルラーゼ；タンナーゼ；5'-デアミナーゼ；デキストラナーゼ；トランスグルコシダーゼ；トランスグルタミナーゼ；トレハロースホスホリラーゼ；ナリンジナーゼ；パーオキシダーゼ；パンクレアチン；フィシン；フィターゼ；フルクトシルトランスフェラーゼ；プルラナーゼ；プロテアーゼ；ペクチナーゼ；ヘスペリジナーゼ；ペプチダーゼ；ヘミセルラーゼ；ホスホジエステラーゼ；ホスホリパーゼ；ポリフェノールオキシダーゼ；マルトースホスホリラーゼ；マルトトリオヒドロラーゼ；ムラミダーゼ；ラクトパーオキシダーゼ；リ

パーゼ：リポキシゲナーゼ：レンネット（62品目）。なお，酵素品名に関して，酵素命名法に関する国際的な取り決めに従った呼び方がなされていないため，酵素機能はある程度理解できるが，起源や物性に関しては不明な部分も多い。

食品添加物として以下の遺伝子組換え酵素が認められている（2014年4月10日現在，「安全性審査の手続きを経た旨の公表がなされた遺伝子組換え食品及び添加物一覧」（厚生労働省医薬品食品局食品安全部））。α-アミラーゼ（6品目），キモシン（2品目），プルラナーゼ（2品目），リパーゼ（2品目），グルコアミラーゼ（1品目），α-グルコシルトランスフェラーゼ（2品目），シクロデキストリングルカノトランスフェラーゼ（1品目）となっている。これらは遺伝子組換えにより宿主微生物を改変して生産性向上を達成したものであり，一部には酵素の耐熱性を向上させたもの（α-アミラーゼ）や酵素の性質を改変したもの（α-グルコシルトランスフェラーゼ，シクロデキストリングルカノトランスフェラーゼ）が含まれる。2014年4月1日現在，審査継続中の食品添加物としては，α-アミラーゼ，エキソマルトテトラオヒドロラーゼ，プロテアーゼがそれぞれ1品目，ペプチダーゼが2品目ある。いずれも生産性向上や性質改変を目的に遺伝子操作が行われている。

3 固定化酵素とアフィニティークロマトグラフィー

本節に関しては，成書[7~16]を参考にして欲しい。

3.1 酵素固定化の背景と現状

本項は，本書第11章（滝田）の記載と関連する部分が多い。合わせて読んで欲しい。

酵素反応は一般的に水溶液中で行われる。利用される酵素量は微少であり，反応液に拡散した酵素を回収して再利用することは困難である。一方，酵素は高価な試薬でもあり，これを繰り返し利用することが期待されてきた。

精製された酵素標品は，一般に入手困難で，しかも高価であった。最近まで，精製された酵素標品が市販されていることはまれであった。酵素精製は，個々の生化学者のアートであり，精製酵素は彼らのラボでしか使えないことが多かった。1950年代以降，特に1980年代以降，欧米や日本で産業用・研究用の酵素を試薬として製造販売する酵素メーカーが成長してきた。この背景には，各種HPLCなどの精製方法，分光学的測定法，電気泳動法，遺伝子組換え技術など

の発達によるところが大きい。このような状況下において，酵素固定化の研究が活発に行われたことにより，酵素の工業的利用の機運が成長したことが特記できよう。

20世紀初頭，各種酵素（インベルターゼ，トリプシン，リパーゼなど）の不溶性物質（チャーコール，水酸化アルミニウムなど）や不溶性基質（サポニン，卵白アルブミンなどの懸濁物）への吸着が研究された。ネルソン（J. M. Nelson）とグリフィン（G. E. Griffin）は，1916年にチャーコールに吸着したインベルターゼが活性を持つことを見出し，酵素活性が酵素表面の限られた狭い部位で起こることを示唆した[17]。1953年，グルーブホーファー（N. Grubhofer）とシュレイト（L. Schleith）は，ジアゾ化ポリアミノスチレン樹脂にジアスターゼやペプシンを共有結合で結合させた。これは，酵素を高分子担体に共有結合させて不溶化（insolubilization）した最初の例である。その後（1971年頃），高分子に担持させて不溶化した酵素を固定化酵素（immobilized enzyme），この操作を酵素固定化（enzyme immobilization）と呼ぶようになったが，今日でも，固定化と不溶化はほぼ同義的に用いられている。このような背景の下に，1960年代には，カチャルスキー（Katchalaski-Katzir）や千畑らにより，不溶性担体への酵素固定化研究が活発に行われた。千畑らは，1969年に固定化アミノアシラーゼを用いるD,L-アミノ酸の光学分割に工業的規模で成功した[7]。

1970年代にはバイオテクノロジーが発展期を迎えた。生物機能とくに酵素や抗体などの機能を利用するために，有用な目的タンパク質を大量生産し改変し応用することが求められた。遺伝子組換え，細胞融合，酵素固定化はバイオテクノロジーの要素技術とされた。例を挙げると，ヒトのウロキナーゼは血栓溶解の治療に利用できることが知られていたが，入手困難であるため，微生物由来のストレプトキナーゼで代替されていたし，ヒトの尿中に排せつされたウロキナーゼが精製され利用されたりもした。しかし，遺伝子組換え技術の登場により，ヒトウロキナーゼ遺伝子を組換えられた大腸菌や酵母の培養により，ヒトウロキナーゼが大量生産されるようになった。

遺伝子組換えと細胞融合・培養を用いて，ヒトや特定の動物由来の有用タンパク質が生産されるようになり，バイオ医薬品，抗体医薬品などとして用いられている。さらに最近は，iPS細胞技術により，ヒト由来タンパク質がより簡便に生産できる環境が整備されてきている。こうして作製された有用タンパク質のあるものは，酵素固定化技術により，取り扱いやすい固体触媒として繰り返し利用されるようになった。また，固定化抗体は酵素免疫測定法に用いられ，

臨床診断に利用されている。さらに，酵素を固定化した担体（樹脂）をカラムに詰めて，これに各種物質の混合物を流し，目的の酵素阻害物質を選択的にトラップして精製すること，逆に，阻害物質を固定しておいて，目的の酵素をトラップして精製することが行われている。これは，酵素と阻害物質の間の親和性（アフィニティー）を用いた精製であり，アフィニティークロマトグラフィーと呼ばれる。

3.2 固定化の種類

酵素固定化は酵素を高分子担体に保持する操作であるが，固定化された酵素が水に可溶性状態にある場合と不溶性状態にある場合とがあるが，いずれも，見かけ上は水不溶性として取り扱うことができる。固定化酵素という用語は，もともと酵素タンパク質の固定化を考慮したものであるが，複合酵素系や微生物の固定化も含められることが多い。これらは一括して生体触媒（biocatalyst）と呼ばれ，これを固定化したものを固定化生体触媒と呼ばれる。

酵素など生体触媒の固定化法は，①担体結合法，②架橋法，③包括法の3つに分類される。

3.2.1 担体結合法

酵素を多糖類（アガロース，デキストラン，セルロースなど）や合成樹脂（ポリスチレン，ポリアクリルアミドなど），無機材料（ガラス，セラミックス，シリカゲルなど）に共有結合的あるいは非共有結合的に結合させる方法。これは，結合方法に応じて，(1)物理的吸着法，(2)イオン結合法，(3)共有結合法，(4)生化学的アフィニティー吸着法などに分類される。

(1) 物理的吸着法は，酵素をチャーコールやアルミナ，ヒドロキシアパタイトなどの担体へ吸着させるものであり，結合様式は静電的相互作用や疎水的相互作用などの組み合わせであることが多い。

(2) イオン結合法は，ジエチルアミノエチル（DEAE）基などのアニオン交換性基やスルホプロピル（SP）基などのカチオン交換性基を担持したイオン交換樹脂に，酵素をイオン間相互作用による吸着により固定化する。

(3) 共有結合法は，酵素表面の官能基を担体の官能基へ共有結合を介して導入するもので，物理的吸着やイオン結合など非共有結合に比べ，結合力が強く，担体からの酵素の脱離は少ない。ただし，共有結合により，酵素の立体構造のひずみや変性，失活が起きやすい欠点がある。担体に適当な官能基が存在しないことが多く，官能基を導入するために担体の活性化が必要になる。臭化シア

ン法，ジアゾカップリング法，カルボジイミド法などの活性化法が用いられる。詳細は，成書を参照して欲しい[8,9]。

(4) 生化学的アフィニティー吸着法は，目的の酵素に対し特異的に結合する物質（リガンド）を担体に共有結合で結合させて，［リガンド—担体］複合体を作り，これに目的酵素を含む溶液を流し，このリガンドに目的酵素を結合させて，［酵素—リガンド—担体］複合体を作製するものである。例えば，補酵素ピリドキサール5'-リン酸（PLP）を利用する酵素は，PLPをリガンドとして担体に結合させた「PLP—担体」複合体に結合するし，糖を含有する酵素は，特別なレクチンを結合させた担体に結合する。目的の酵素に特異的な阻害物質や抗体をリガンドとして担体に担持することにより，目的酵素をリガンドに結合させることができる。ここで注意するべきことは，リガンドとして酵素の活性部位をふさぐことがないものを選択しないといけない。リガンドが酵素の活性部位に結合する形で［酵素—リガンド—担体］複合体が形成されると，固定化された酵素は活性を発揮できない。本方法におけるリガンド—酵素間結合は非共有結合的な弱い相互作用によるものであり，固定化された酵素が脱離しやすいという欠点がある。本方法は，生物試料液から目的酵素を選択的に釣り上げて精製することにも用いられ，このような精製法をアフィニティークロマトグラフィー（親和性吸着クロマトグラフィー，affinity chromatography）と呼ばれる。

3.2.2 架橋法

酵素分子同士を，架橋試薬を用いて架橋し，高分子化して不溶化させることにより固定化する方法。架橋試薬は，2個以上の官能基を持ち，それぞれが酵素分子の別々の官能基と反応することで酵素分子同士を架橋する。2個の官能基を持つ架橋試薬は二価反応性試薬，3個以上の官能基を持つものは多価反応性試薬と呼ばれる。架橋試薬としては，適当な間隔（スペーサー）を隔てて，その両端に「同じ」官能基を有するもの（例えばグルタルアルデヒドやヘキサメチレンジイソシアネートなど）が用いられることが多い[18]。これらの試薬を用いると，酵素分子間の架橋ばかりでなく酵素分子内の架橋も起こることがあるので，適切な反応条件の選択が重要である。一方，分子内架橋が起こる場合には，架橋された官能基間の距離の推定が可能となる。架橋試薬には，上で述べた同じ官能基を持つものばかりでなく，異なる官能基を持つように工夫されたヘテロ二価（あるいは多価）反応性試薬も開発されている[19]。架橋法により，酵素を重合して不溶化させると，酵素分子の変形や変性が起こることと，活性

部位が物理的，立体的にふさがれてしまうことから，活性が著しく低下することが多い。

3.2.3 包括法

酵素分子を分子レベルのカゴ型の構造物に閉じ込めて，酵素が溶液内に拡散することを防ぐ形で酵素を固定化する方法。酵素分子自体はカゴ内部で水に溶解しているが，基質と反応生成物はカゴを形成する格子の目を通して，カゴの内外を行き来できる。包括法は，その方法により次の5つのタイプに分類される。

(1) 格子型：カゴ型に成形した格子状の微細な高分子ゲルに酵素を包み込んだもの。高分子としては，タンパク質，多糖類，合成高分子などが用いられる。

(2) マイクロカプセル型：半透膜性の高分子フィルムで酵素を包み込んで球状に成形した微小カプセル。高分子としてはナイロン，コロジオン，ゼラチンなどが用いられる。

(3) リポソーム型：リン脂質二重層からなる球状のリポソーム（ベシクル）に酵素を包み込んだもの。リン脂質二重層が1枚から作られた1枚膜リポソームと複数枚から作られた多重膜リポソームがある。

(4) 逆ミセル型：水溶液中で界面活性剤が形成するミセルは，通常，外側に親水性基，内側に疎水性基を配向した球状構造物であり，ミセル内部は疎水性環境になる。ただし，有機溶媒中では，内外の基の配向性が逆転し，疎水性基が外側に，親水性基が内側に配向したミセルが得られる。ミセル内部は親水性環境であり，ここに酵素を封入するものである。

(5) 膜型：半透性の限外ろ過膜内に酵素を封入するもの。半透性中空糸（ホローファイバー）内に酵素を封入したホローファイバー膜型と，限外ろ過膜で仕切られた区画内に酵素を封入した限外ろ過膜型がある。基質は，膜を通して酵素が封入されている区画に流入して酵素反応を受け，生成物は膜を通して酵素の区画から流出する。

3.3 固定化酵素の応用，バイオリアクター

固定化酵素（および固定化微生物）を用いる酵素反応の例および固定化酵素を組み込んだ反応系（バイオリアクター）が用いられている。詳細は，成書[7,20]を参考にして欲しい。また，酵素が有機合成反応へ広く応用されているが，これらの場合，酵素反応が有機溶媒中で行われることが多い。酵素を用いる有機合成については成書[20~22]を参照して欲しい。また，有機溶媒中での酵素の特性に関しては，クリバノフ（A. M. Klibanov）やドルディック（J. S. Dordick）

らのグループによる研究を代表にして，種々の方面から多くの研究者による報告がある[23～26]。

固定化微生物に関連して付言すると，微生物自体が各種の酵素の容器あるいは包括固定化触媒と言うべきものであり，微生物表面に有用な酵素が表現されている場合もある。酵母などの微生物を固定化して固定化生体触媒として用いることに加えて，近年，遺伝子工学的に酵母の表面に目的の酵素を表現するように改変した「アーミング酵母」が開発されている[27]。多段階の酵素反応からなる一連の工業的プロセスが，一つの酵母で触媒される可能性がある。例えば酒つくりに用いられる酵母は，グルコースを原料にして複雑な多数の酵素反応を細胞内で行い，エタノールを生産する。アルコール発酵では，まずデンプンをコウジ菌などのアミラーゼでグルコースにまで加水分解させる工程のあと，酵母によりグルコースをアルコールへ変換させる工程を置くのが一般的であるが，もし酵母表面にアミラーゼを表現させてデンプンからグルコースに変換できると，一つの工程でデンプンからアルコールが生産できる。さらに，細胞表面にセルラーゼを表現させた酵母を用いて，セルロースをグルコースに変換し，続いてエタノール生産を行わせることが試みられている。

有機溶媒中での酵素反応に関連して，近年，有機溶媒の代わりに，イオン液体（ionic liquid）中での酵素反応が試みられている[28,29]。イオン液体は，液体状で存在する塩のことであるが，酵素反応への応用では，常温・常圧で液体であることが求められ，融点が100℃あるいは150℃以下であるものを指す。不揮発性であり，取り扱いやすいという面もあるが，現状では高価で，安全性に注意を要するものが多く，従来の溶媒に比べて利用が困難である。イオン液体中300℃でサーモライシンを用いてアスパルテーム前駆体を合成したことが報告されている[30]。また，イオン液体中でリパーゼを用いて，脂肪酸のアミド化やシクロヘキセンのエポキシ化，ラセミ化合物の光学分割など興味深い報告がなされている[31]。

近年，超臨界溶媒や亜臨界溶媒を用いるセルロースなどのバイオマスの分解が試みられている[32,33]。特に水を臨界温度374℃以下の温度域で加圧して得られる亜臨界水（加圧熱水）が食品加工やバイオマス分解に用いられている[34]。亜臨界水の特徴は，誘電率が温度上昇に伴い低下し，200～300℃で，室温でのメタノールやアセトンと同程度になる。また，亜臨界水では，水のイオン積が大きくなることに伴い，水素イオンと水酸化物イオンの濃度が数十倍高くなる。したがって，亜臨界水には疎水性物質が溶解しやすいことに加えて，高温と高イ

オン濃度により，室温では自発的に進まない反応が進む可能性がある。この性質を利用して，バイオマスの分解などが試みられている。亜臨界水中での酵素反応は報告されていないが，バイオマスや食品廃棄物などの難分解性物質の酵素分解に先立つ前処理工程として有用である可能性がある。

4 分析化学および臨床診断，バイオセンサーへの応用

最新のバイオセンサーおよびバイオチップの現状については，成書[35,36)]を参照して欲しい。

4.1 レイトアッセイとエンドポイントアッセイ

近年，酵素を用いた分析や臨床診断への応用には目覚ましいものがある。酵素反応を用いて生体物質を定量する方法は，レイトアッセイ（あるいは速度アッセイ，rate assay）とエンドポイントアッセイ（end-point assay）の2つに大別できる。

レイトアッセイは，酵素反応における生成物の増大（あるいは基質の減少）を経時的に測定し，その反応速度（v）特に反応開始直後の反応初速度（v_0）から基質あるいは酵素を定量する方法である。酵素反応は原則としてミカエリス–メンテン式に従うので，vは酵素初濃度 $[E]_0$ に比例する。したがって，基質濃度 $[S]$ と速度パラメータ（K_m と k_{cat}）が既知のとき，vを測定すると $[E]_0$ を求めることが可能である。反応初速度 v_0 を取り扱う場合には，$[S]$ は基質初濃度 $[S]_0$ で与えられるので，$[S]$ が正確に分からない場合でも，v_0 が測定できれば，$[E]_0$ を求めることができる。さらに，$[S] \gg K_m$ のとき，vは最大速度 $V_{max}(=k_{cat}[E]_0)$ と近似できるので，V_{max} が求められると $[E]_0$ が求められる。逆に，$[S] \ll K_m$ のときに観測される v を特に v_{sp} とおくと，これは $(k_{cat}/K_m)[E]_0[S]$ で表すことができ，この場合にも，v_{sp} が求められると $[E]_0$ が求められる。したがって，いま生物試料中に存在するある酵素を定量するには，v あるいは V_{max} あるいは v_{sp} が測定できればよいことになる。一方，$[E]_0$ が既知の場合，v あるいは v_{sp} が求められると，試料中の基質の定量が可能になる。

エンドポイントアッセイは，酵素反応において反応が終点まで進んだ時点（すなわち反応時間 $t \to \infty$）のときの生成物濃度 $[P]$ すなわち生成物の平衡濃度 $[P]_{eq}$ を測定するものであり，基質と生成物の平衡定数 $K_{eq}(=[P]_{eq}/[S]_{eq})$ が既知であれば，基質の平衡濃度 $[S]_{eq}$ を求めることができる。したがって，基

質初濃度 $[S]_0$ は $([P]_{eq}+[S]_{eq})$ で与えられる。プロテアーゼ反応やアミラーゼ反応などの加水分解反応では，平衡はほぼ完全に加水分解側に偏っていると考えて，解析することが多い。ただし，加水分解の逆反応を用いて，アスパルテーム前駆体などのペプチド合成が行われている通り，通常，平衡は数％合成側に偏っているので，平衡定数 K_{eq} をきちんと考慮しないといけない。

4.2 連続法と不連続法

酵素反応に伴う基質Sの減少や生成物Pの増大を測定する方法として，連続法と不連続法がある。連続法は，酵素反応中に起こる基質濃度や生成物濃度の変化を分光学的測定法（吸光度や蛍光），電気的測定法，表面プラズモン共鳴法（SPR）などを利用して，経時的に連続測定するものである。酵素反応に伴って生成物が凝集する場合には，凝集物の濁度を分光的に測定することが行われる。酵素反応に伴うpH変化を測定するpHスタットや圧力変化を測定する液体圧力計（マノメータ）が用いられることもある。測定条件の制約から，酵素反応系が比較的希薄で透明な溶液であることが要求されることが多い。

不連続法は，酵素反応が一定時間進行した時点で酵素反応液を一部取り出して，これを酵素反応停止液と混和して酵素反応を停止させて，反応停止液中のSあるいはPの濃度を測定するものである。反応停止液中のSやPの定量には，これらの抽出や精製が必要なことがあるし，HPLCなどのカラムクロマトグラフィーや電気泳動で分離定量することがある。あるいは，反応停止液中のSやPと特別な試薬とを反応させて分光学的標識を付加する場合や放射性物質で標識する場合もある。

酵素反応の分光学的連続測定法は，高感度で迅速であり，かつ簡便で安全な操作で可能であることから，化学分析や臨床分析で多用されている。

生体試料中の酵素を定量することを目的に，分光測定に便利な基質（人工基質あるいは合成基質と呼ぶ）が作出されている。これらの生理的意義は低いものが多いが，目的の酵素活性を選択的に定量できる利点がある。例を挙げると，生体内には消化，血液凝固や線溶，細胞内タンパク質分解，炎症，補体系，ガン転移，糖尿病や高血圧など多様な生物現象や疾病に関わる種々のプロテアーゼがある。これらのうちの特定のプロテアーゼを定量したいとき，そのプロテアーゼの厳密な特異性により，特定のアミノ酸配列中のあるペプチド結合のみが加水分解されるように設計された基質が合成されている。これらの基質では，目的のペプチド結合が加水分解されると，吸光度および蛍光の大きい変化や化

学発光，生物発光が現われるように設計されている。プロテアーゼはその種類により，切断するペプチド結合の両側のアミノ酸配列，あるいはそのペプチド結合の周囲（上流と下流）のアミノ酸配列を，緩くあるいは厳密に識別する。この識別性の違いを区別できる様々な合成基質が合成されており，特定のペプチド結合が切断されると分光学的変化が生じる。このような酵素特異的な基質を用いることにより，生物試料中の複数の類似した酵素の分別定量が可能になる。例えば，血清中には高血圧に関わるACEや血液凝固に関わるtPAや糖尿病に関わるDPPIVなどのプロテアーゼがある。それぞれの酵素を個別に定量するときには，それぞれの酵素に特異的な基質を血清試料に加えて起こる反応を追跡すればよい。

4.3 デヒドロゲナーゼ法とオキシダーゼ法

物質Aを基質Sとして利用することが明らかな酵素反応を用いて，Aを定量する場合を考える。Sとその生成物Pの分析法は確立されているとする。例えば，生物試料中のD-グルコースを定量しようとするとき，グルコースイソメラーゼ（キシロースイソメラーゼ）を作用させるとD-グルコースがD-フルクトースに変換されるので，これを定量することでD-グルコースが定量できる。また，グルコキナーゼを作用させて生成するD-グルコース6-リン酸（G6P）を定量してもよいし，グルコースオキシダーゼやグルコースデヒドロゲナーゼを作用させて生成するD-グルコノラクトン（GLN）を定量してもよい。試料に含まれる異なるn種類の化合物を定量するときは，それぞれの化合物に特異的なn種類の酵素を別々に作用させ，それぞれの反応から生成するn種類の生成物を個別に定量すればよい。ただし，この方法では，測定したい物質の数nと同じ数の定量法を準備する必要がある。

しかし，測定したい物質（上の例ではD-グルコース）がデヒドロゲナーゼ（脱水素酵素）やオキシダーゼ（酸化酵素）の作用を受ける場合には，生成物の定量がかなり簡便化される。

4.3.1 デヒドロゲナーゼ法

グルコースデヒドロゲナーゼを例にとると，本酵素は次の反応を触媒する。

$$\beta\text{-D-グルコース} + \text{NAD(P)}^+ \rightleftarrows \text{D-グルコノラクトン} + \text{NAD(P)H} + \text{H}^+$$

本反応の場合，生成物は1位のアルデヒドが酸化されたグルコン酸であるが，これは自動的にグルコノ1,5-ラクトン（グルコノδ-ラクトン）に変化する。同

様に，アルコールデヒドロゲナーゼは次の反応を触媒する．

$$R-CH_2-OH + NAD(P)^+ \rightleftarrows R-CHO + NAD(P)H + H^+$$

すなわち，デヒドロゲナーゼ反応では，基質（上の例ではグルコースやアルコール）の酸化に呼応して，化学量論的に補酵素$NAD(P)^+$が還元されて$NAD(P)H$に変換されるので，$NAD(P)H$を定量することにより目的の基質が定量できる．

$NAD(P)^+$と$NAD(P)H$は，特徴的な吸光スペクトルを示す．$NAD(P)^+$は260 nm付近に吸光度のピークを持つ（340 nmには吸光度が無い）．一方，$NAD(P)H$では，260 nm付近の吸光度ピークは$NAD(P)^+$の場合よりやや減少するが，これと同程度の大きさの吸光度ピークが340 nm付近に現れる．このピークのモル吸光係数εはアルカリ性（pH9.5）で$6,220\,M^{-1}cm^{-1}$である．したがって，酵素反応に伴って現れる340 nmの吸光度（A_{340}）を測定することにより，生成物が定量できる．生物試料に含まれるある化合物（例えばアルコールやD-グルコース）を定量したいとき，この化合物に対して特異的に作用するデヒドロゲナーゼ（いまの場合は，アルコールデヒドロゲナーゼとグルコースデヒドロゲナーゼ）を試料液に別々に加えて，それぞれのA_{340}を測定することにより，試料中の目的化合物（この場合はアルコールとD-グルコース）が分別定量できる．すなわち，試料液に個別のデヒドロゲナーゼを加えて，A_{340}を測定することにより，それぞれのデヒドロゲナーゼに対応した基質を選択的に定量できる．

4.3.2　オキシダーゼ法（オキシダーゼ／ペルオキシダーゼ法とも呼ばれる）

グルコースオキシダーゼは次の反応を触媒する（この場合も生成物はグルコン酸であるが，自動的にグルコノ1,5-ラクトンに変化する）．

$$\beta\text{-D-グルコース} + H_2O + FAD + (1/2)O_2 \rightleftarrows$$
$$\text{D-グルコノラクトン} + H_2O_2 + FADH_2$$

ここで生じた過酸化水素は，ペルオキシダーゼの作用で，色素（AH_2）を酸化して酸化型色素（A）を生成するので，このとき生じる吸光度変化を用いて過酸化水素すなわちグルコースを定量することができる．例えば，AH_2としてオルト-フェニレンジアミン（OPD）を用いると，3分子の過酸化水素の存在下に2分子のOPDが会合して，2,3-ジアミノフェナジン（DAP）が生成する．これは，492 nmに吸光度を持ち，これを用いてグルコースが定量できる．

オキシダーゼには，この反応のように，酸素を2電子還元して化学量論的に

過酸化水素を生成するものが多く知られている。例えば，コレステロールオキシダーゼ，尿酸オキシダーゼ，アミンオキシダーゼなどがある。試料液に基質特異性の異なったオキシダーゼを別々に加えて，発生する過酸化水素を色素の吸光度変化から測定することにより，そのオキシダーゼの基質を選択的に測定できる。

デヒドロゲナーゼ法やオキシダーゼ法は，酵素の種類さえ替えれば，様々な基質化合物を共通の吸光度測定系で簡便に定量できるという利点があり，生物試料の成分分析や臨床分析に用いられる。

グルコース定量による糖尿病診断：上で例に挙げたグルコース定量は糖尿病診断などに用いられている。糖尿病診断は臨床分析に大きな割合を占めており，これら以外にも種々の方法（ヘキソキナーゼ法，ジアホラーゼ法など）が実用化されている。

4.3.3 ヘキソキナーゼ法

ヘキソキナーゼの作用でグルコースとATPをグルコース6-リン酸（G6P）とADPに変換させ，次いでG6Pデヒドロゲナーゼの作用によりG6PとNADP$^+$をグルコノラクトン6-リン酸（6-ホスホグルコノ-δ-ラクトン）とNADPHに変換させ，このときのNADP$^+$からNADPHへの還元に伴う340 nmの吸光度変化を測定するものである。

4.3.4 ジアホラーゼ法

デヒドロゲナーゼ反応の場合に生成するNADHは，ジアホラーゼ（別名ジヒドロリポアミドデヒドロゲナーゼ）の作用によりテトラゾリウムを還元して青色色素フォルマザンを生成する。フォルマザン生成に基づく吸光度変化を用いてNADHを定量することにより，デヒドロゲナーゼの基質を定量する方法である。デヒドロゲナーゼ法では，340 nmの紫外部吸光度を測定する必要があるが，本法では可視部吸光度で比色定量ができる利点がある。

4.3.5 アンペロメトリー法（酵素電極法）

オキシダーゼ反応やデヒドロゲナーゼ反応を吸光度変化で検出する代わりに，反応に伴い生成する電子を検出する方法。例えばグルコースオキシダーゼ（GOD）を用いてグルコースを定量する場合，GODを固定化した酵素電極のセンサー内液にフェリシアン化カリウムを入れておく。GODにより試料中のグルコースが酸化されると2個の電子が生成し，フェリシアン化カリウムはフェロシアン化カリウムに変換される。これに一定の電圧をかけてフェリシアン化カリウムに戻すとき電流が発生するが，この電流値はグルコース濃度に相関した

値になる。GODの代わりにグルコースデヒドロゲナーゼ（GDH）を固定化した酵素電極の場合も，生成した2電子をセンサー内液に加えたフェリシアン化カリウムを介して電流値として検出できる。また，上述したGOD反応では，生成した過酸化水素を用いてペロキシダーゼ（POD）により色素（AH_2）を酸化して生じる吸光度変化を用いたが，PODを固定化した酵素電極で過酸化水素を電気的に検出する方法がある。この方法も，過酸化水素を生成する様々なオキシダーゼ反応に応用できる。

5　酵素免疫測定法

5.1　分析や臨床診断における酵素免疫測定法（enzyme immunoassay, EIA）

　EIAは，生物試料に含まれる各種の酵素やホルモン，アレルゲン物質などの分析に用いられており，生物試料の生化学分析のみならず，血液，尿，唾液などを試料とする臨床分析にも応用されている。臨床分析の対象となる化合物には，ナトリウムやカルシウムなどの無機イオン類，アミノ酸や低分子ペプチド，グルコースなどの糖質，コレステロール，トリグリセリドなどの脂質，インスリンや成長ホルモンなどのペプチドホルモン，タンパク質や酵素，ウイルスや細菌など多様であるが，病気の診断は臨床分析の結果に基づいてなされることが多い。

　EIAは免疫学的測定法の1種である。測定したい物質を抗原（Ag）とし，これと特異的に結合する抗体（Ab）との抗原抗体反応により，Agを抗原抗体複合体（Ag-Ab複合体）の形で選択的に捕捉することが主要な要件である。

　Agの分子量と試料液中における濃度に応じて，原理の異なる免疫測定法が選択される。EIAは試料液中のAg濃度が概ねμg/mLないしpg/mLレベルの低濃度物質の分析に用いられることが多い。また，EIAには競合法（competitive assay）とサンドイッチ法（sandwich assay）の2種類があり，測定するAgの分子量に応じて使い分けられることが多い。すなわち，Ag分子量が概ね10,000以下の低分子の場合には競合法，それ以上の高分子の場合にはサンドイッチ法が用いられることが多い。したがって，競合法ではアミノ酸や低分子ペプチドなどが，サンドイッチ法では腫瘍マーカーのような糖タンパク質，ペプチド性ホルモン，サイトカイン，核酸などが主な対象になる。試料中のAgを定量するとき，Agに特異的なAbを加えて抗原抗体複合体（Ag-Ab複合体）を形成させるのである。一般に，この量は微小であるため，これを酵素活性というシグ

ナルに変換し，酵素反応により増幅された反応生成物量として抗原抗体複合体すなわち目的の抗原を定量する。

　一方，Ag濃度が比較的高い場合（μg/mL以上）には，EIA以外の免疫測定法，例えば二重免疫拡散法，免疫比濁法，ラテックス凝集法，イムノクロマト法などが用いられる。これらは，Agを含む試料液に特異的なAb（Abとしては，ポリクローナル抗体が用いられることが多い）を添加して，抗原抗体複合体の凝集物を形成させ，その濁度を測定するものである。すなわち，測定したいAgの濃度を濁度というシグナルに変換して測定する。ラテックスビーズや金コロイド粒子の表面に固定化したAbを用いると，抗原抗体複合体に伴ってビーズや粒子の凝集が起こるため，微小な濁度を増幅して観測できる。これらの方法はニトロセルロース膜の小片に組み込まれたキット（イムノクロマト法と呼ばれる）として，アレルギー診断，インフルエンザ診断，妊娠診断などに用いられている。これらの方法は，酵素反応を伴わないため，操作が簡便であるという長所がある。

5.2　サンドイッチ法

　測定しようとする物質（Ag）に対し特異的に結合する抗体（Ab）をプラスチック（ポリスチレンや塩化ビニルなど）製マイクロウェル（MW）に加えて，AbをMW内側表面に固定化する。この固定化は物理的吸着によることが多いが，共有結合を介して行うこともある。MWに結合しなかった抗体は洗浄で除去する。MWに固定化された抗体を第一抗体あるいは固相化抗体，キャプチャー抗体と呼ぶ。このMWに試料液を加えると，試料液中のAgは第一抗体に捕捉され，抗原抗体複合体が形成される。ここでAgは第一抗体（Ab1）を介してMW内側表面に固相化された。固相化されなかった試料中の物質は洗浄除去する。ここに第二抗体（Ab2）を加える。第一抗体はAg分子表面の第一の抗原決定部位に結合するように選別されたものであるが，第二抗体は第一の抗原決定部位とは別の第二の抗原決定部位に結合するように選別されている。さらに，Ab2は予めリンカーを介して共有結合で酵素（E）と連結されている。酵素標識された第二抗体を酵素標識抗体（Ab2-E）と呼ぶ。余分の酵素標識抗体をMWから洗浄除去すると，MW内側表面には［表面-Ab1-Ag-Ab2-E］複合体が形成される。ここで，Agの量に対応して化学量論的にEが固定化されているので，Ag量を酵素活性のシグナルに変換して測定することができる。この方法は，Agの分子表面の十分離れた位置に2個の抗原決定部位が存在し，2種類

の抗体でAgを挟み込んで［Ab1-Ag-Ab2］からなるいわゆるサンドイッチ複合体が形成できることが必須であり，Agは分子量10,000以上のタンパク質であることが多い（知られているAgとしてはインスリンの分子サイズが最も小さい）。Ab1をMWに固相化する代わりに微小ビーズの表面に固相化して，このビーズをMWに入れて，ビーズ表面でサンドイッチ複合体形成と酵素反応を行わせる方法もある。通常，種々の既知濃度のAgを用いて，酵素活性とAg濃度との関係を示す検量線を予め作成しておき，濃度が未知のAgを含む試料液で得られた酵素活性から，そのAg濃度を求める。

5.3 偽陽性

試料液中にAgが存在しないにもかかわらず，酵素活性が観測されることがある。これは偽陽性（false positive）と呼ばれる。Ab2はAb1に捕捉されたAgにしか結合しないはずであるが，MWの内側表面にじかに結合したり，Ab1に非特異的に結合することがある。これらの場合，Ab2に結合されたEがAgを介することなく活性を示す。これを非特異的酵素活性と呼ぶ。非特異的酵素活性はAgが存在しているときにも，Agを介して現われる特異的酵素活性に上乗せして表れる。したがって，非特異的酵素活性を実際に観測された酵素活性から差し引いて得られる活性がAg量に相関する特異的酵素活性である。Ab2のMW表面への非特異的結合は，Ab1を結合させたあとアルブミンやカゼインなどの不活性なタンパク質で処理して，露出している表面をコーティング（この操作をブロッキングという）することにより，かなり解消できる。Ab2のAb1への非特異的結合は，Ab1の抗原結合部位ドメイン（Fabドメイン）以外のFcドメインで起こっていることが多い。EIAで用いられる抗体はIgGタイプ（分子量：約15万）であることが多いが，好適なIgG抗体が取得できない場合，特にAgが糖鎖の場合にはIgM抗体（分子量：約100万）が用いられることがある。IgMは大きいFc部分を持つため非特異的結合が起こりやすい。非特異的結合を抑制するため，Fc部分をプロテアーゼ（ペプシンやパパイン）で切断除去して得られるF(ab')$_2$断片やF(ab)断片をAb2として用いることも行われる[37,38]。

5.4 酵素標識抗体調製法

酵素標識抗体の作製には，酵素と抗体を適当な分子の「ひも」（これをリンカーあるいはスペーサーと呼ぶ）を介して連結させることが行われる。このための酵素標識法や標識試薬が開発されてきた[9~11]。標識方法は，(1)アミノ基とア

ルデヒド基を反応させる方法と(2)チオール基とマレイミド基を反応させる方法に大別できる．

(1-a) グルタルアルデヒド (GA) 法は，GAの両端にあるアルデヒド基で酵素 (E) と抗体 (Ab) のアミノ基をつかみ，両タンパク質をシッフ塩基で連結したのち，シッフ塩基をアマドリ還元して結合を安定化する．当然のことながら，EとAbの間の結合ばかりでなく，E同士，Ab同士の結合や，同一分子内のアミノ基間の結合も起こる．

(1-b) 過ヨウ素酸法は1974年にナカネ (P. K. Nakane) らにより報告されたもので，Eとしてはペルオキシダーゼのような糖を含む糖タンパク質の場合に適用できる．Eの過ヨウ素酸処理により，糖がアルデヒド基を持つようになる．このアルデヒド基をAbのアミノ基と反応させて，シッフ塩基を形成させて両タンパク質を連結させる．この場合もE同士の連結が起こる可能性がある．これは，E側のアミノ基を予めアミノ基修飾剤でブロックしたのちに過ヨウ素酸酸化を行い，Abと反応させることで阻止することができる．

(2) マレイミド法は，E（あるいはAb）のチオール基にジマレイミド（*N,N*-O-phenylene-dimaleimide）を反応させマレイミド基を導入する．このマレイミド基と他方のタンパク質にあるチオール基とを反応させ架橋する方法．チオール基としては，タンパク質中のシステインを利用することに加えて，タンパク質に別途チオール基を導入することや，タンパク質中のジスルフィド結合を選択的に開裂させることが行われる．

酵素標識抗体（Ab-E）の調製法には困難が伴う．EやAbの活性を十分保持したままで両分子を1対1で連結させることは困難であり，Ab-Eの実体は複数のE分子とAb分子が不規則に結合させられた複雑で複合体になっているものが多く，EやAbの活性は単独での場合よりかなり低下している．このような問題を解決するための工夫として二反応性リンカー（二反応性試薬，bifunctional agent）や二特異性抗体（bispecific antibody, bsAb）の開発がなされている．

両端に別々の反応性基を持つ二反応性リンカーが作製されている．リンカーの一方の反応性基でEの表面にある特定部位をつかみ，もう一方の反応性基でAbにある特定部位をつかむように設計されている[19]．天然から得られるAbは，基本的に2個の抗原結合部位（Fab）を持ち，これらは同じAg分子の同じ部位をつかむように作られている．いま，EをつかむAb（抗酵素抗体）とAgをつかむ抗体（抗抗原抗体）を別々に調製し，それぞれからFabを一個ずつ切り出して，両者を再連結させると，一方のFabでEを，もう一方のFabでAgをつか

む新規な二特異性抗体（bsAb）が得られる。このbsAbは，リンカーを介して2種類のFabを連結させる方法（タンパク質化学的方法）あるいは遺伝子工学的方法によっても調製できる。1分子のbsAbを介してAgとEとが1分子ずつ抗原抗体反応で結合し，Ag-bsAb-E複合体を形成することになり，共有結合により調製した酵素標識抗体Ab-Eを用いなくても，MW表面に［表面-Ab1-Ag-bsAb-E］なるサンドイッチ複合体を作ることができる[18]。

5.5　放射性免疫測定法

　これまで第二抗体（Ab2）の酵素標識を述べてきたが，1980年代までは酵素の代わりに放射性同位元素で標識された放射性免疫測定法（ラジオイムノアッセイ，RIA）が主であった。RIAは1956年にヤロウ（S. S. Yalow）とバーソン（S. A. Berson）により開発されたもので，血液中ホルモンをpg/mLレベルで測定することを可能にした。ヤロウはこの業績で1977年にノーベル医学生理学賞を受賞している。当時，放射能に匹敵するほどの感度を酵素で得るのは困難と考えられていたが，1980年代になるとEIAによってもRIAと同じか上回る感度と測定スピードが得られるようになった。今日では，血清や尿を用いる臨床分析（体外診断）の大半がEIAで行われている。酵素反応系の開発と改良，酵素標識法の改良などの酵素化学とタンパク質化学の努力が実ったものである。また，それ以前の抗体はいわゆる抗血清であり複数の雑多な抗体の混合物（ポリクローナル抗体）であったが，1974年にケーラー（J. F. G. Koehler）とミルシュテイン（C. Milstein）がハイブリドーマ細胞を用いるモノクローナル抗体作製法を開発し，抗原に対する特異性と結合性が高く，均質な抗体の生産が可能になったことを忘れてはいけない。彼らは本業績により1984年にノーベル医学生理学賞を受賞している。

5.6　標識酵素

　EIAで標識酵素として用いられるのは，ウシ小腸アルカリホスファターゼ（ALP），西洋ワサビペルオキシダーゼ（POD），β-ガラクトシダーゼ，グルコアミラーゼなどである。特にALPとPODが広く用いられている。測定しようとする目的物質Agに対して2種類の抗体（Ab1とAb2）を調製できれば，共通の酵素反応測定系を用いて多種類の目的物質（Ag）を定量できる。ALPでは，パラ-ニトロフェニルホスフェート（pNPP）のように生成物パラ-ニトロフェノールが黄色を発色する基質や，4-メチルウンベリフェリルホスフェートのよ

うに生成物4-メチルウンベリフェロンが蛍光を発する基質，あるいは加水分解されて化学発光を発する基質などが多数開発されており，目的に応じて，迅速で高感度な分析が選択できる．

5.7 競合法

　低分子物質がAgの場合にはサンドイッチ複合体の形成が難しく，競合法が用いられる．歴史的には，サンドイッチ法より古い．サンドイッチ法と同様に，Agに対して特異的に結合するAbをマイクロウェル（MW）に加え，MW内側表面に固相化する．MWに結合せずに残ったAbは洗浄除去する．別途調製したAgをEで標識した酵素標識抗原（Ag-E）を準備しておく．Agが含まれる試料液にある特定の濃度のAg-Eを加えて，濃度未知のAgと濃度既知のAg-Eの混合液を作製する．この混合液を，Abを固相化したMWに加えて，抗原抗体反応を起こさせる．混合液中のAg量がAg-E量に比べて小さいときは，Ag-Eが優先的に固相化Abに結合するが，Ag量が大きくなるにつれ，固相化AbへのAg-Eの結合が抑制されるようになる．MW内側表面には，［表面-Ab-Ag］と［表面-Ab-Ag-E］の2種類の抗原抗体複合体が形成され，MWの酵素活性は試料液中のAg量が少ないときには大きく，Ag量が増加するにつれて減少する．予め，種々の既知濃度のAgと一定濃度のAg-Eとの混合液を用いて，酵素活性とAg濃度の関係を示す検量線を作っておくと，試料液中の未知濃度のAg量が求められる．酵素標識抗原（Ag-E）の調製には上述した酵素標識抗体（Ab2-E）と同様の手法が用いられるが，抗原の特性に応じて多様な有機化学が採用される．

5.8 酵素免疫測定法の現状

　現在市販されているEIA臨床分析装置では，微量（0.4 mL程度）の血清（あるいは生物試料）を用いて，数十分間の抗原抗体複合体形成と90秒間の酵素反応でレイトアッセイを行い，アトモル（10^{-18} mole）分析を可能としている．これらの装置は，1台で数十種類の異なる物質の分析を全自動で，しかも1時間に150ないし180アッセイのスピードで行うことができる．多数の患者から採血された血清からの，アンジオテンシン変換酵素（ACE）やアンジオテンシン，インスリン，C-ペプチド，前立腺特異抗原（PSA），甲状腺刺激ホルモン（TSH），エリスロポエチン（EPA），成長ホルモン（GH），ガン胎児性抗原（CEA）など複数のタンパク質性病態マーカーや感染症マーカー，ガンマーカーなどの分

析は，このような大型装置によっている．他方，これとは別に，ポイントオブケア試験法（POCT）と呼ばれる方法も普及しており，患者のベッドサイドで1種類ないし数種類のマーカーの分析を，小型装置を用いて簡便に行うものである．

6　臨床分析へのそれ以外の酵素応用

疾病によっては特定の酵素が過剰に生産される場合や，逆に生産が抑制される場合がある．このような疾病に関連するマーカー酵素の活性を測定して臨床診断を行うことがある．DNA配列やアミノ酸配列の決定，質量分析法における試料分子の断片化，DNAの増幅（ポリメラーゼチェーンリアクション，PCR），細胞内特定物質のイメージングに用いられるルシフェラーゼ反応などがある．ウイルスや細菌による感染症の臨床分析では，体液中のウイルスや細菌のDNAやRNAが分析される．この場合には，DNAの増幅やRNAの逆転写などにおいて酵素が用いられる．なお，ヒトにおける臨床分析ではないが，同様の方法は法医学分野でも行われるし，さらに家畜やペットの健康診断や食品（特に輸入食品）の検査にも用いられている．

文　　　献

1) 井上國世：酵素応用の技術；酵素応用の技術と市場2015（井上國世（監修）），pp.1-30，シーエムシー出版，東京（2015）
2) 日経バイオテク（編）：日経バイオ年鑑2015，pp.13-20，日経BP社，東京（2014）
3) 日本食品化学新聞社（編）：食品添加物総覧2011-2014，pp.122-151，日本食品化学新聞社，東京（2014）
4) シーエムシー出版編集部（編）：ファインケミカル年鑑2015年版，pp.238-244，シーエムシー出版，東京（2014）
5) 紀藤邦康：世界の酵素市場；第7回酵素応用シンポジウム要旨集，pp.14-15（2006）
6) 井上國世：「産業酵素研究」の過去，現在，将来；産業酵素の応用技術と最新動向（井上國世（監修）），pp.1-14，シーエムシー出版，東京（2009）
7) 千畑一郎（編）：固定化生体触媒，講談社，東京（1986）
8) 田中渥夫，松野隆一：酵素工学概論，コロナ社，東京（1995）
9) 石川栄治：酵素標識法（生物化学実験法27），学会出版センター，東京（1991）
10) 石川栄治（編）：超高感度酵素免疫測定法，学会出版センター，東京（1994）
11) 石川栄治，河合忠，宮井潔：酵素免疫測定法，第3版，医学書院，東京（1987）

12) 笠井献一, 松本勲武, 別府正敏：アフィニティクロマトグラフィー, 東京化学同人, 東京 (1991)
13) 山崎誠, 石井信一, 岩井浩一 (編)：アフィニティクロマトグラフィー, 講談社, 東京 (1975)
14) 千畑一郎, 土佐哲也, 松尾雄志：アフィニティクロマトグラフィー 実験と応用, 講談社, 東京 (1976)
15) R. K. スコープス：新・タンパク質精製法 理論と実際, シュプリンガー・フェアラーク東京, 東京 (1995)
16) 堀尾武一 (編)：蛋白質・酵素の基礎実験法, 改訂第 2 版, 南江堂, 東京 (1994)
17) J. B. S. Haldane: The Union of enzyme with its substrate and related compounds; Enzymes, pp.28-53, Longmans, Green and Co., London (1930)
18) K. Morimoto, K. Inouye: A sensitive enzyme immunoassay of human tyrois-stimulating hormone (TSH) using bispecific F(ab')$_{2u}$ fragments recognizing polymerized alkaline phosphatase and TSH; *J. Immunol. Methods*, **205**, 81-90 (1997)
19) K. Fujiwara et al.: New hapten-protein conjugation method using N-(m-aminobenzyloxy)-succinimide as a two-level heterobifunctional agent: Thyrotropin-releasing hormone as a model peptide without free amino or carboxyl groups; *J. Immunol. Methods*, **175**, 123-129 (1994)
20) J. Straathof, P. Adlercreutz (Eds.): Applied Biocatalysis, 2nd ed., Harwood Academic Publishers, Amsterdam, The Netherlands (2000)
21) 太田博道：生体触媒を使う有機合成, 講談社サイエンティフィク, 東京 (2003)
22) K. Farber: Biotransformations in Organic Chemistry, 4th ed., Springer, Berlin (2000)
23) A. M. Klibanov, G. P. Samokhin, K. Martinek, I. V. Berezin: A new approach to preparative enzymatic synthesis; *Biotechnol. Bioeng.*, **67**, 737-747 (2000)
24) C. Mattos, D. Ringe: Proteins in organic solvents; *Curr. Opinion Struct. Biol.*, **11**, 761-764 (2001)
25) A. Schid et al.: Industrial biocatalysis today and tomorrow; *Nature*, **409**, 258-268 (2001)
26) A. M. Klibanov: Improving enzymes by using them in organic solvents; *Nature*, **409**, 241-246 (2001)
27) 植田充美, 村井稔幸：アーミング酵母創製の展開；生物工学会誌, **76**, 506-510 (1998)
28) 大野弘幸 (監修)：イオン液体 II―驚異的な進歩と多彩な近未来, シーエムシー出版, 東京 (2006)
29) 北爪智哉, 北爪麻己：イオン液体の不思議, 工業調査会, 東京 (2007)
30) M. Erbeldinger, A. J. Mesiano, A. J. Russell: Enzymatic catalysis of formation of Z-aspartame in ionic liquid – An alternative to enzymatic catalysis in organic solvents; *Biotechnol. Prog.*, **16**, 1129-1131 (2000)
31) 伊藤敏幸：イオン液体を反応媒体とする酵素反応の新展開；有機合成化学協会誌, **67**, 143-155 (2009)
32) 吉田弘之 (監修)：亜臨界水反応による廃棄物処理と資源・エネルギー化, シーエムシー出版, 東京 (2007)
33) 阿尻雅文 (監修)：超臨界流体技術とナノテクノロジー, シーエムシー出版, 東京 (2004)
34) 安達修二：食品素材の物質の抽出・分離に関する工学的研究；日本食品工学会誌, **57**,

275-287 (2010)
35) 民谷栄一(監修): バイオセンサーの先端科学技術と応用, シーエムシー出版, 東京 (2007)
36) 伊藤嘉浩(監修): バイオチップの基礎と応用, シーエムシー出版, 東京 (2015)
37) 井上國世: モノクローナル抗体利用の現状; 化学と生物, **34**, 240-253 (1996)
38) 森本康一, 井上國世: IgMモノクローナル抗体からの活性断片F(ab')$_{2\mu}$の簡便な調製法; 生化学, **68**, 42-45 (1996)

（以上，井上國世）

7　固定化酵素とATP再生系

　固定化酵素とは，酵素を担体に結合させるか半透膜やゲル内に閉じ込め，連続使用や再利用を可能にしたものである。酵素の安定性が増大する場合もある。固定化酵素は，食品工業，医薬品工業などの幅広い分野で実用化されている。固定化の際に，酵素の機能（基質結合と触媒）を低下させない方法を選択しなければならない。固定化の方法は，大きく担体結合法，架橋法，包括法の三つに分類される（図11-7-1）[1]。

①担体結合法：多糖類（セルロースやアガロースなど），合成高分子（ポリスチレン樹脂やポリアクリルアミドゲル，イオン交換樹脂など），無機質担体（多孔性ガラスビーズやアルミナなど）に，物理的吸着，共有結合，イオン結合などによって酵素を固定化する。

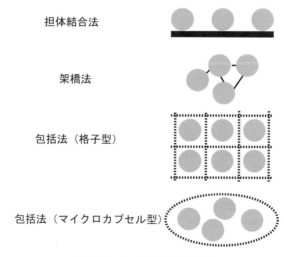

図11-7-1　酵素の固定化法

②架橋法：酵素同士を，架橋試薬（グルタルアルデヒド，ヘキサメチレンジイソシアネート，N,N'-エチレンビスマレイミドなど）を用いて，重合させ固定化する。

③包括法：多糖類（κ-カラギーナン，アルギン酸など）や合成高分子（ポリアクリルアミド，ポリビニルアルコールなど）などで酵素を包括する。酵素をゲルの微細格子の中に取り込む格子型と，酵素を被膜により被覆するマイクロカプセル型がある。後者では，酵素は化学修飾を受けていないため，本来の安定性が維持される。

最近は，精製した酵素ではなく，酵素生産微生物の細胞（休止菌体）を固定化することが多い。

全ての生物は，ATPをエネルギー物質として多様な生化学反応に使用している。反応後，ATPは，ADPやAMPに変換される。ATPは高価な化合物である。故に，ATPを基質として用いる生化学反応を産業に応用する際に，ATPを再生させる系が必要とされる。様々なATP生成反応が知られているが，その多くは高エネルギーリン酸化化合物を基質として必要とする。代表的なものに，以下の4種の反応がある[2]。

$$\text{ADP} + \text{クレアチンリン酸} \xrightleftharpoons{\text{クレアチンキナーゼ}} \text{ATP} + \text{クレアチン} \quad (11\text{-}7\text{-}1)$$

$$\text{ADP} + \text{アセチルリン酸} \xrightleftharpoons{\text{アセテートキナーゼ}} \text{ATP} + \text{酢酸} \quad (11\text{-}7\text{-}2)$$

$$\text{ADP} + \text{ホスホエノールピルビン酸} \xrightleftharpoons{\text{ピルビン酸キナーゼ}} \text{ATP} + \text{ピルビン酸} \quad (11\text{-}7\text{-}3)$$

$$\text{ADP} + \text{PolyP}_n \xrightleftharpoons{\text{ポリリン酸キナーゼ}} \text{ATP} + \text{PolyP}_{n-1} \quad (11\text{-}7\text{-}4)$$

ここで，PolyP_nはn個のリン酸が重合したポリリン酸である。

これらの反応で，リン酸基供与体として，価格的に有利なものは，リン酸ナトリウムなどを加熱すると得られるポリリン酸である[3]。その価格は，クレアチンリン酸と比較すると，およそ1/1,000以下である。精製した酵素ではなく，酵母の乾燥処理菌体やメタノール酵母の菌体を用いる方法なども報告されてい

る。しかし，これらの方法も，上記反応と同様，リン酸受容体として，比較的高価で不安定なAMPやADPを用いている。これらの問題を解決するために，菌体そのものを用い，アデニンを原料として，ATPを生産する系が開発されている。

【クイズ】

Q11-7-1　酵素の固定化の方法を四つに分類しなさい。
A11-7-1　担体結合法，架橋法，包括法（格子型），包括法（マイクロカプセル型）。

文　　　献

1) 青木健次：微生物学，化学同人，京都（2007）
2) 藤尾達郎，丸山明彦，杉山喜好，古屋晃：実用的なATP再生系の構築とヌクレオチド類生産への応用；日本農芸化学会誌，**66**，403-404（1992）
3) 佐藤大，増田雄介，桐村光太郎，木野邦器：*Thermosyne chococcus elongatus* BP-1由来ポリリン酸キナーゼを利用した耐熱性ATP再生系とD-アミノ酸ジペプチド合成への応用；生物工学会誌，**87**(2)，81（2009）

8　固定化酵素や固定化微生物を用いる物質生産

　生体内で酵素により触媒される反応を，有用物質生産，分析，環境汚染物質の除去などの工業プロセスに応用した装置をバイオリアクターと呼ぶ[1,2]。このために用いられる技術の1つが固定化酵素である。バイオリアクターを用いる利点は，酵素の高い基質特異性を利用できる，反応条件が温和，酵素やその産生菌体の再使用が可能，反応生産物の分離が容易などである。バイオリアクターの型式には，次のようなものがある（図11-8-1）。
①撹拌槽型：反応器内で酵素や基質を撹拌機で混合する。
②充填層型：酵素が反応器外に流出しないように処理されている。
③流動層型：送り込む液体の流速を高め，酵素や基質を反応器内で流動化させる。
④膜型：生成物の分離を容易にするため，酵素を通さない限外ろ過膜を使用する。
　実用化されている代表的バイオリアクターには，以下のようなものがある。
①アミノアシラーゼを用いたアミノ酸の製造。

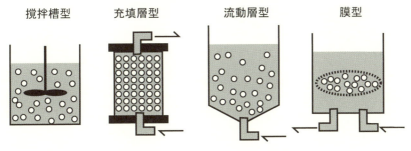

図11-8-1 バイオリアクターの種類

  N-アセチルアミノ酸 ⇄ アミノ酸
② グルコースイソメラーゼを用いた高果糖異性化糖の製造。
  D-グルコース ⇄ D-フルクトース
③ シクロデキストリングルカノトランスフェラーゼを用いたシクロデキストリンの製造。
  デンプン ⇄ デキストリン ⇄ シクロデキストリン
④ ペニシリンアシラーゼを用いた半合成ペニシリンの製造。
  天然型ペニシリン ⇄ 6-アミノペニシラン酸
⑤ ラクターゼを用いたラクトース分解牛乳の製造。
  ラクトース ⇄ D-グルコース + D-ガラクトース

【クイズ】
Q11-8-1 バイオリアクターの型式を四つに分類しなさい。
A11-8-1 撹拌槽型,充填層型,流動層型,膜型。

文　献

1) 青木健次:微生物学,化学同人,京都 (2007)
2) 山根恒夫,清水祥一:酵素反応用膜型バイオリアクター;化学と生物,**23**,250-258 (1985)

9　固定化酵素を用いるバイオセンサー

生体起源の分子認識機構を利用あるいは模倣して物質を主に電気信号として計測するシステムをバイオセンサーと呼び,物質識別素子とその認識に応じて変化する反応を物質量として変換する信号変換部から構成される[1〜3]。物質識別

素子として，酵素や抗体，DNAや高分子膜など，信号変換部として，電極，受光素子，感熱素子，圧電素子などが用いられる。物質識別素子に，酵素，抗原・抗体，微生物を用いたものは，それぞれ，酵素センサー，免疫センサー，微生物センサーと呼ばれる。バイオセンサーは，物質識別素子，信号変換部，測定対象物質により分類される（表11-9-1）。対象となる分野は，医療や臨床検査，製薬，食品，環境など多岐にわたる。

グルコースセンサーは，最初の酵素センサーとして知られ，医療臨床検査（特に糖尿病）で使用される代表的なものである[2〜4]。物質識別素子として，当初グルコースオキシダーゼが用いられた。

$$\beta-D-グルコース + O_2 \rightleftarrows D-グルコノ-1,5-ラクトン + H_2O_2$$

電気化学的には，グルコースは安定であるが，基質である酸素と生成物である過酸化水素は活性である。したがって，例えば，過酸化水素を分解することにより生じる電流を計測すれば，間接的にグルコース濃度を計測できる。

$$H_2O_2 \rightarrow O_2 + 2H^+ + 2e^-$$

この酵素は，溶存酸素量に影響を受けるため，代わりにグルコースデヒドロゲナーゼが用いられるようになった。

$$\beta-D-グルコース + NADP^+(NAD^+) \rightleftarrows$$
$$D-グルコノ-1,5-ラクトン + NADPH(NADH) + H^+$$

しかし，この酵素は，$NADP^+(NAD^+)$ の添加を必要とする。そこで，ピロロキノリンキノンを補酵素として持つキノプロテイングルコースデヒドロゲナーゼが用いられるようになった。

表11-9-1　主なバイオセンサー装置の構成と測定物質

識別素子　　酵素，抗原・抗体，受容体，細胞器官，微生物，細胞，組織
信号変換部　　電極（O_2，H_2O_2，pH，炭酸ガス，アンモニアガス），吸光計，蛍光計，サーミスタ，フォトカウンター，表面プラズモン共鳴感知計，O_2光ファイバー，水晶振動子
測定物質　　糖，アミノ酸，脂質，ATP，アルコール，コレステロール，尿酸，尿素，クレアチニン，乳酸，ヒスタミン，ビタミン，生物化学的酸素要求量

$$\text{D-グルコース} + \text{ユビキノン} \rightleftarrows \text{D-グルコノ-1,5-ラクトン} + \text{ユビキノール}$$

この酵素は，点滴に含まれるマルトースとも反応する。これを改善するために，現在は主にフラビンアデニンジヌクレオチドを補酵素として持つグルコースデヒドロゲナーゼが使用されている。

魚介類の鮮度低下の際に，ヒスチジンが脱炭酸されヒスタミンを生じ食中毒を引き起こすことがある。これを防止するため，ヒスタミンセンサーが開発されている。代表的な酵素反応は以下のようなものがある[5]。

$$\text{ヒスタミン} + O_2 + H_2O \xrightleftharpoons{\text{アミンオキシダーゼ}} \text{R-CHO} + NH_3 + H_2O_2$$

$$\text{ヒスタミン} + H_2O + \text{受容体} \xrightleftharpoons{\text{キノプロテインアミン脱水素酵素}} \text{R-CHO} + NH_3 + \text{還元型受容体}$$

前者の場合，溶存酸素の変化を測定し，後者の場合，フェロセインなどの受容体を介して電流を測定する。

【クイズ】

Q11-9-1　グルコースセンサーに用いられてきた酵素を年代の古い順に並べなさい。

A11-9-1　
1. グルコースオキシダーゼ
2. 補酵素を持たないグルコースデヒドロゲナーゼ
3. ピロロキノリンキノンを補酵素として持つグルコースデヒドロゲナーゼ
4. フラビンアデニンジヌクレオチドを補酵素として持つグルコースデヒドロゲナーゼ

文　　献

1) 加納健司，池田篤治：バイオセンサー；ぶんせき，**10**，576-579（2003）
2) 中南貴裕，中山潤子，小村啓悟，眞田浩一：FADグルコース脱水素酵素の発見と，それを応用した新規血糖値センサの開発；日本農芸化学会2011年度農芸化学技術賞
3) 田口尊之，山岡秀亮：臨床検査におけるバイオセンサーの応用：グルコースセンサーを例に；化学と生物，**44**，192-197（2006）
4) 外山博英，松下一信：第5章　酵素工学の実際；バイオ電気化学の実際―バイオセンサ・

バイオ電池の実用展開―(池田篤治(監修)),シーエムシー出版,東京(2007)
5) 小久保弘樹,盛田耕作:ヒスタミンセンサの試作:愛知県産業技術研究所研究報告(1), 25-28 (2002-12)

(以上,滝田禎亮)

10 有機溶媒,イオン液体,超臨界流体の酵素反応への応用

　酵素の素材はタンパク質であり,常温,常圧で主に中性域の水溶液での反応を前提に研究が進んできたが,近年水溶液中以外での酵素の利用についていろいろな研究がされている。化学産業においては製品単価の高い医薬品などのファインケミカルの重要性が高まっており,酵素は穏やかな条件下で触媒機能を発揮し,高い光学特異性や位置選択性を示すことから,こうしたファインケミカルへの応用が期待されている。しかし,ファインケミカルの原料や製品の多くは難水溶性で,製造時には有機溶媒中で合成されている。酵素は水溶液中でその機能を発揮するもので,有機溶媒存在下では失活しやすいが,ファインケミカル合成へ応用するために有機溶媒中での酵素反応が研究され成果が出てきている。

　有機溶媒中で用いられる酵素は耐有機溶媒性を持った酵素であり,有機溶媒耐性を持つ微生物からスクリーニングにより分離精製される。酵素反応には水分子が必須であるが,これらの酵素はタンパク質表面に水分子を水和した状態で有機溶媒中に分散し,酵素反応を触媒している。酵素は有機溶媒に溶けているわけではなく分散しているだけなので,使用済みの酵素をろ過により回収することが可能である場合も多い。重水素効果,NMR解析,円二色性解析などの結果から,これらの酵素は有機溶媒中でも水溶液中と同じ構造を保って反応を触媒していることが判明している[1]。有機溶媒中では水溶液中に比較して酵素活性は低下しているが,一方で水分子が少なく酵素の高次構造の揺らぎが制限されることから熱安定性が向上することが知られている。有機溶媒中での酵素反応の実例としてはPST-01プロテアーゼによるアスパルテーム前駆体の合成[2],ニトリラーゼによるラセミ体 2-chloromandelonitrileからのR体 2-chloromandelic acidの生成[3]などが報告されている。

　イオン液体は近年新しい反応媒体として知られるようになってきた。一般に塩は結晶状態の固体で存在し,水溶性であり,溶融状態にするには高温にする必要がある。しかし有機塩の中には常温で融解し液体で存在するものがあり,

このような塩をイオン液体と呼んでいる．酵素反応の溶媒としては，イミダゾリウム塩がよく利用されており，市販されている．イオン液体は，蒸気圧がほとんどない（すなわち蒸発しない），液体として存在する温度範囲が広い，各種有機無機物を選択的に溶解する，などの特徴を持っている．また一部のイオン液体は水にもエーテルにも溶けず，その混合物は3層に分離するため，精製物と反応系の分離に適している．イオン液体が持つこうした性質をうまく酵素反応に取り込むことにより，低い環境負荷で効率的なファインケミカルの合成が可能となる．イオン液体中での酵素反応の実例としてはリパーゼによる2級アルコールの不斉アシル化反応がある[4]．*Candida antarctica*が産生するリパーゼを用いて，ラセミ体の5-phenyl-1-penten-3-olを基質としアシル化反応を行うと，エナンチオ体選択的に反応が進み，反応終了後にエーテルを加えることで，未反応の基質と生成物をエーテル層に回収することができ，この場合，酵素はイオン液体に残っているため，エーテル層を除いて，酵素をそのまま再利用することが可能であった．

近年バイオマスの利用化分野では超臨界・亜臨界流体を用いた前処理が検討されている．超臨界流体とは気液臨界点を超えた温度や圧力下にある状態の流体で，気体と液体の性質を兼ね備えた状態となる．また，温度もしくは圧力が気液臨界点よりやや低い状態の流体を亜臨界流体と呼んでいる．超臨界流体や亜臨界流体の応用では水と二酸化炭素がよく利用されている．水の臨界点は温度が374.2℃，圧力が22.1 MPaで，超臨界・亜臨界水は多くの物質に対し強い溶解性を示す．ただし水は気液臨界点の温度が高く，この条件下で活性を保つ酵素はほとんどないと思われるため，超臨界・亜臨界水については酵素処理の前処理として研究がされている．具体的には超臨界・亜臨界水を用いてバイオマス資源を分解し，バイオエタノール産生のための前処理方法の検討が進んでいる[5]．

二酸化炭素の気液臨界点は温度が31.1℃，圧力が7.4 MPaで，酵素反応が可能な条件であり，超臨界二酸化炭素は酵素反応の溶媒として検討されてきた．超臨界二酸化炭素を使うことにより，反応後に常温常圧に戻すことで容易に溶媒である二酸化炭素が除去できるため，低コストでの生成物の分離抽出が可能である．温度や圧力によって溶媒の特性が変化するため反応にあわせた溶媒特性を検討できる，などのメリットがある．超臨界二酸化炭素を溶媒とした酵素反応の実例としては固定化リパーゼによる2級アルコールの不斉アシル化反応や，アルコール脱水素酵素によるケトンの不斉還元反応[6]がある．

11　グリーンケミストリーとホワイトバイオテクノロジー

　持続成長可能な化学工業を目指し，化学製品の生産から廃棄までの全サイクルにおいて生態系への影響を最小限に，また経済的効率性を向上させようとする運動をグリーンケミストリーと呼んでいる（参考書[1]）。グリーンケミストリーはアメリカ合衆国の環境省（EPA）が提唱したものであるが，同様の提案としてOECDが提唱したサスティナブルケミストリーもある。サスティナブルケミストリーは化学製品が生態系に与える影響の他にもリサイクルによる省資源化による持続成長可能な産業のあり方を提案した環境政策である。これら2つを合わせてグリーンサスティナブルケミストリーと呼ぶこともある。

　グリーンケミストリーでは下記の12原則に基づいて化学工業を改善していくことが求められている。一読してわかるように，酵素を用いた化学反応はこのグリーンケミストリーの原則に沿ったものであり，グリーンケミストリーの流れが加速していけば，酵素の重要性がそれだけ増していくものと考えられる。

1　廃棄物は「出してから処理」ではなく，出さない
2　原料をなるべく無駄にしない合成をする
3　人体と環境に害の少ない反応物や生成物にする
4　機能が同じなら，毒性のなるべく小さい物質を作る
5　補助物質は減らし，使うときも無害なものを用いる
6　環境と経費への負担を考慮し，省エネを心がける
7　原料は枯渇資源ではなく再生可能な資源を用いる
8　できるだけ途中の修飾反応は避ける
9　できる限り触媒反応を目指す
10　使用後に環境中で分解するような製品を目指す
11　プロセス計測を導入する
12　化学事故に繋がりにくい物質を使う

　グリーンケミストリーの指標としてEファクターがある。Eファクターは（副生成物の重量／目的生成物の重量）で表され，数字が大きいほど環境への負荷が大きいと考えられる。石油化学工業では0.1前後，一般化成品で1～5，ファインケミカルや医薬品では5～100程度の値を示すといわれている。これは生産物の5～100倍の廃棄物を出していることを意味している。ファインケミカル類のEファクターを改善していくためにも酵素の利用化はますます重要になると思われる。また前節で述べた酵素反応における有機溶媒，イオン液体，超臨界

流体の応用もグリーンケミストリーの考えに則った研究として進められている。

グリーンケミストリーのように色を用いた表現として，バイオテクノロジーを分野により色分けした表現がある。レッドバイオテクノロジーは医療分野のバイオテクノロジーを，グリーンは農業分野を，そして工業分野のバイオテクノロジーはホワイトバイオテクノロジーと呼ばれる。ホワイトバイオテクノロジーはグリーンケミストリーの一部を担っていると考えられ，グリーンケミストリーのうちバイオ関連技術をホワイトケミストリーと呼ぶこともある。

12　Cryタンパク質と微生物農薬

Bacillus thuringiensis（Bt）は土壌に常在するグラム陽性の桿菌であるが，胞子形成時にクリスタルと呼ばれる封入体の巨大タンパク質を産生し，株によってはそのクリスタルに殺虫活性を持つタンパク質（Cryタンパク質）が含まれている。これまでに多くのCryタンパク質が同定され[7]，微生物農薬として商品化されているものが多数ある。これらのCryタンパク質の一部はその遺伝子が遺伝子組み換え作物に利用されている。Btが作るクリスタルからは，殺虫活性を持つタンパク質の他に，殺原虫活性，レクチン活性，がん細胞破壊活性を持つものなどが見つかっている[8]。Btは胞子を作り保存が容易なこともあり，世界中でライブラリが作られており，膨大なクリスタルタンパク質のライブラリが存在している。しかし，クリスタルがBtにとってどのような意味や必要性があるかは今のところ不明であり，こうしたライブラリに保存されているBt株が産生するほとんどのクリスタルタンパク質の機能も不明である。こうした機能不明のクリスタルの中には未知の酵素が含まれている可能性も否定できず，今後の検討が待たれるところである。

クリスタルは不溶化した封入体のタンパク質であることから，活性発現のために予め溶解する過程（可溶化）が必要である。また，よく研究されている殺虫活性タンパク質やがん細胞破壊性タンパク質については，可溶化後にプロテアーゼによる活性化が必須である。殺虫活性タンパク質については，昆虫により経口摂取されると，昆虫の消化液で可溶化され，消化酵素で活性化されて，摂取した昆虫を死に至らしめる。がん細胞破壊性タンパク質については，予め人為的に可溶化と活性化を行い，培養がん細胞に投与すると細胞を破壊する[9]。したがってクリスタルタンパク質の新機能のスクリーニングにあたっては，がん細胞破壊性タンパク質と同様に事前に可溶化し，いろいろなプロテアーゼで

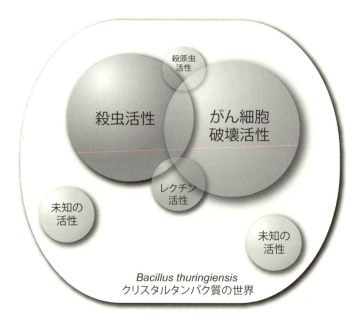

図11-12-1　*Bacillus thuringiensis*（Bt）クリスタルタンパク質の世界
Btが作るクリスタルからは，殺虫活性を持つタンパク質の他に，殺原虫活性，レクチン活性，がん細胞破壊活性を持つものなどが見つかっており，未知の機能のタンパク質が含まれている可能性も否定できない。

活性化し，スクリーニングを行うことが必須と思われる。

【クイズ】

Q11-12-1　*Bacillus thuringiensis*は胞子形成時にクリスタルと呼ばれる封入体の巨大タンパク質を作るがその形はどのようなものか？①球形，②8面体，③おにぎり型。

A11-12-1　すべて正解。

解説：*Bacillus thuringiensis*はその巨大なクリスタルで研究者の興味を引きつけてきたが，形状についてもいろいろなものが報告されている。「thuringiensis crystal」で画像検索を行うとその概要を見ることができる。

文　　献

1) 北口博司：有機溶媒中の酵素反応；有機合成化学協会誌, **53**, 381-391（1995）
2) 荻野博康：有機溶媒耐性酵素；生化学, **81**, 1109-1118（2009）
3) 吉田豊和, 長澤透：有機溶媒耐性酵素を活用したケミカル生産；生物工学, **89**, 242-244（2011）
4) 伊藤敏幸：イオン液体を反応媒体とする酵素反応；化学と生物, **42**, 717-723（2004）
5) 坂志朗：超臨界流体によるバイオ燃料の先駆的研究；日本エネルギー学会誌, **88**, 362-368（2009）
6) 松田知子：超臨界CO_2中での酵素反応による有用物質の合成；*The Chemical Times*, **197**, 8-13（2005）
7) N. Crickmore: *Bacillus thuringiensis* Toxin Nomenclature; Sussex University web site, 2014.10.30確認, http://www.lifesci.sussex.ac.uk/home/Neil_Crickmore/Bt/
8) K. Inouye, S. Okumura, E. Mizuki: Parasporin-4, A Novel Cancer Cell-killing Protein Produced by *Bacillus thuringiensis*; *Food Sci. Biotechnol.*, **17**, 219-227（2008）
9) 奥村史朗, 井上國世：*Bacillus thuringiensis*がつくる「クリスタル」タンパク質の不思議；化学と生物, **47**, 670-672（2009）

参　考　書

1) 荻野和子, 柘植秀樹, 竹内茂彌（編集）：環境と化学―グリーンケミストリー入門, 東京化学同人, 東京（2009）

（以上, 奥村史朗）

第12章　酵素化学―今後の展開

1　新しいタイプの生体触媒あるいは人工酵素の可能性

　酵素は生体の化学反応を触媒する点では多くの優れた特性を持っている。酵素反応は多様であり，複雑でもあるが，厳格な基質認識と遷移状態の安定化を伴う反応機構の解析から，化学の言葉で合理的に理解可能なものであることが証明されてきた。現在，登録されている酵素は約5,000種類であり，その反応の種類は大きく6種類に分類されるし，基質になりうる化合物は当然のことながら生体物質のみである。酵素反応の反応速度は，非触媒的に起こる反応に比べると，圧倒的に大きいが，極限（拡散律速のレベル）にまで達しているわけではない。われわれの関心は以下の3点である：(A) 望む基質に対してより効率的に作用する酵素を作ること（例えばトリプシンはArg-XとLys-Xの2種類のペプチド結合を好んで切るが，これをどちらか一方のみ選択するようにする，あるいは，ArgやLys以外の特定のアミノ酸を選択するようにする）；(B) 反応速度を極限まで増大させた酵素を作ること（これは，とりもなおさずES複合体から遷移状態に至る活性化エネルギーがゼロであり，ES複合体が遷移状態そのものである場合である）；(C) 非生化学的物質に対して作用できる酵素を作ること（有機溶媒，医薬，農薬，ダイオキシン，プラスチック類など人為的に合成された化合物の多くは酵素反応の基質にならないものが多い。これらを分解，加工することができる酵素が望まれる）。

1.1　分子インプリンティング法（molecular imprinting, MI）

　酵素を人為的に作る試みとして行われてきた手法である。すなわち，「鍵と鍵穴モデル」にならって，基質を鋳型として，それに相補的な空隙を持つ基材を作ることができたら，それは基質を捕まえてES複合体を作り，酵素の機能を持つと考えられた。このような基材は種々の架橋製モノマーを鋳型の周りに重合させて作られる。これを分子インプリンティングポリマー（MIP）と呼ぶが，酵素モデルと言うより，抗体やレセプターのモデルと言うべきものである。酵素は酸やアルカリ，熱，有機溶媒などに対して不安定であり，過酷な条件下でも安定な酵素様触媒をプラスチックや金属で作れないだろうかと言う考えがあった。インプリンティング法では酵素を作れなかったのであり，このことは，

酵素の酵素たるゆえんは遷移状態を安定化させる能力であるということを認識させることになった（下記）。MIPは，むしろ基質分子のセンサーとしての用途が考えられている[1]。

1.2 触媒抗体（catalytic antibody）

触媒活性を持つ抗体のことを指す。抗体酵素（アブザイム，abzyme）とも呼ばれる。天然に存在するとの報告もあるが，ここで問題にするのはあくまで人為的に作製された触媒抗体であり，ハイブリドーマ法を用いるモノクローナル抗体作製技術に基づいて作製される。抗体は，極めて多様な構造の抗原を認識できる。その多様性は，1億ないし数億種類に及ぶと推定される。しかも，それぞれの抗体の特異的な抗原に対する結合力は極めて強く，その解離定数（K_d）は，nMないしpMレベルである。これは，一般の酵素のK_mがmMないしμMレベルであることを考えると，抗体の抗原に対する選択性と結合性は酵素の基質に対するそれらよりも圧倒的に強い。しかし，抗体の反応は抗原抗体複合体の形成をもって完結するが，酵素は基質とのES複合体形成の後に共有結合の組換えを伴う触媒反応を起こす。

それでは，抗体に酵素の活性を持たせることはできるだろうか？1948年にポーリング（L. Pauling）は，酵素は遷移状態にある基質と相補的な構造を持ち，これに強く結合して安定化することにより活性化エネルギーを低下させ，反応を加速させると考えた[2]。1969年になって，ジェンクス（W. P. Jencks）は，遷移状態と相補的な構造を持つ分子を作ることができれば，この分子は酵素活性を持つはずであると述べており，さらに，このような分子を作製する方法として，遷移状態に類似した構造を持つハプテン（抗原）に対する抗体を作製することを提案している[3]。

1986年になって，ラーナー（R. A. Lerner）らのグループとシュルツ（P. G. Schultz）らのグループが別々に，カルボン酸エステル加水分解活性を持つ抗体の作製に成功した[4,5]。カルボン酸エステル［R-(C=O)-OR'］の加水分解反応における遷移状態は，カルボニル炭素が水（HO$^-$）の求核攻撃を受けて生じる四面体中間体である。このとき，中心の炭素原子の周りには，カルボニルの酸素由来のO$^-$基，水由来のOH基，R基，R'O基が配置される。四面体中間体は不安定であり，HO$^-$あるいはR'O$^-$を脱離して，［R-(C=O)-OR'］あるいは［R-(C=O)-OH］に戻る。前者の場合は反応が振り出しに戻ったのであり，後者の場合は加水分解が進行したことになる。この四面体中間体の中心の炭素原子

をリン原子に置き換えると,リン酸エステルが得られる。これは安定な四面体構造をとり,炭素原子を持つ遷移状態四面体中間体の類縁体とみなすことができる。遷移状態の形に類似した安定な化合物は遷移状態類縁体あるいは遷移状態アナログ（transition-state analog, TSA）と呼ばれ,酵素の活性部位に強く結合する阻害物質になることが知られている。

ラーナーらとシュルツらは,リン酸エステルをウシ血清アルブミンに結合させたハプテンとしてマウスに免疫して,このハプテンに対するモノクローナル抗体を作製した。彼らは独立に,この抗体が非触媒反応に比べて,10^3ないし10^5倍も反応を加速することを示した。エステラーゼ活性やアミダーゼ活性を持つ触媒抗体について,加水分解反応機構が解析されたところ,酵素と同様に求核攻撃を行うヒスチジン残基と四面体中間体の安定化に関与するアルギニン残基の存在が示された。その後,補酵素を担持した触媒抗体の作製も行われ,加水分解,炭素—炭素間結合形成,ペリ環形成などに関わる活性,ペルオキシダーゼやアルドラーゼなどの活性を持つ抗体が報告されている。いったん遷移状態アナログが合成されると,ハイブリドーマ法によりモノクローナル抗体が作製でき,テーラーメイド酵素の作製が可能になった[4〜6]。

天然酵素が存在する反応について言うと,現状で,天然酵素に勝る触媒抗体が得られているとは言えない。ただし,近代的な酵素の化学的理解から1世紀,さらにポーリングの先駆的な示唆から半世紀を経て,（天然酵素が存在しない反応に対しても適用可能な）酵素活性を持つ抗体を人工的に作製するための合理的な方法が確立されたと言ってよい。

遷移状態アナログに対する抗体が酵素活性を発揮するということは,酵素反応において遷移状態が存在すること,およびその安定化が酵素活性に不可欠であることを強く支持するものである。さらに言えば,ポーリングとジェンクスの予測が完全に実証されたことになる。酵素反応の中間体を反応論的に観測すること,およびその構造や状態の数を議論することは容易でない。遷移状態アナログに対する抗体の持つ活性を検討することにより,遷移状態の実相に迫る道が開けたと言ってよいだろう。

1.3 リボザイム（ribozyme）

1970年代まで,リボ核酸（RNA）は,メッセンジャーRNA（mRNA）,トランスファーRNA（tRNA）,リボソームRNA（rRNA）の3種類があり,遺伝情報の伝達や細胞内構造物として機能していると考えられてきた。しかし,1980

年代になると、チェック（T. R. Cech）らのグループとアルトマン（S. Altman）らのグループにより、ある種のRNAがタンパク質の助けを借りることなく、自己スプライシングやRNA加水分解といった化学反応を触媒することが見出された。これらのRNAは、リボザイムあるいはRNA酵素や触媒RNA（cataltic RNA）と呼ばれる。

　チェックらは、テトラヒメナのrRNAの成熟機構を研究する中で、RNAの自己スプライシングが起こるとき、前駆体RNA中の400ヌクレオチドほどのイントロン部分（介在配列）が自己触媒的に切り出されることを見出した[7〜9]。しかも、切り出されるイントロン配列は、生じた切断個所を再会合させてエクソン同士を連結し、成熟RNAが生成される。こうして生じたRNAはタンパク質合成に利用される。クルーガー（K. Kruger）らは1982年に、RNAのこのような触媒機能をリボザイムと呼んだ。同じ頃、アルトマンらは、tRNAの生合成過程を研究する中で、まず高分子の前駆体が合成されたのち、リボヌクレアーゼP（RNaseP）によりtRNAが切り出されることを見出した。彼らは、RNasePにはRNAが含まれること、しかもこのRNAはRNase活性に必要な成分であることを見出していたのであるが、RNA自体が酵素活性を持つというチェックらの報告に基づいて再検討した結果、RNasePに含まれるRNAが触媒機能を持つことを報告した[10]。その後、ハンマーヘッド型、ヘアピン型など種々のタイプのリボザイムが報告された。

　リボザイムは、自己スプライシングの他に、RNAポリメラーゼ反応、オリゴヌクレオチドの切断とライゲーション、RNA複製、転写反応などを触媒することが知られている[9,11,12]。

　また、リボザイムは、自分自身あるいは他のRNAを標的として切断するように設計することも可能であることから、疾病に関連する遺伝子の発現を抑制することに応用できる可能性がある[13〜16]。具体的な例としては、HIVやC型肝炎ウイルスのRNAをリボザイムで選択的に切断し失活させることが試みられている[17]。生体内でのリボザイムの安定性が応用上のネックであり、安定性向上のための工夫が重要な問題である。

　生体のタンパク質生合成では、アミノアシルtRNA合成酵素によりアミノ酸とtRNAとが選択的に結合される。最近、アミノアシルtRNA合成酵素活性を持つリボザイム（フレキシザイムと命名されている）が報告されている。タンパク質に含まれていない非タンパク質性アミノ酸に対して特異性を持つように設計したフレキシザイムを用いて、非タンパク質性アミノ酸を導入したタンパ

ク質の合成が行われている[18]。

リボザイムは，タンパク質からなる酵素とは別の生体触媒の発見として画期的であるばかりでなく，医薬品としての可能性も期待されている。チェックとアルトマンには，リボザイムの発見により1989年度ノーベル化学賞が授けられた。

1.4 リボザイムの種類と作用機構

テトラヒメナのリボザイム（グループ1イントロン）が行う自己スプライシング活性の反応機構が解明されている[7,9,11,19~21]。

本反応には，Mg^{2+}のような二価金属イオンと単量体のグアノシン（グアノシンモノマー，**G**）とが補因子の役割を果たす。Mg^{2+}の存在下にこの**G**は，前駆体rRNAの特定の位置に結合する[22,23]。この**G**の3'-ヒドロキシル基が標的部位にあるホスホジエステル結合の5'位を攻撃して，3'-OHを切り離し，自らは新たに生じる5'位と共有結合する（1回目のエステル交換反応）。この段階で前駆体RNAは，5'末端側断片（5'断片）と3'末端側断片（3'断片）の2本に切断されており，3'断片では切断により生じた5'末端に補因子**G**が付加されている。前駆体rRNAの中の3'断片部位が，リボザイムとしてエステル交換反応により5'断片を生成したのであり，自らは切り離した5'断片が結合していた位置に新たに**G**を付加されたことになる。ここで，5'断片の3'末端部分の6残基の配列は5'——C-U-C-U-C-U-3'であり，オリゴピリミジン結合部位（あるいはガイド配列，分子内テンプレート）と呼ばれる。一方，「5'末端に**G**を付加された3'断片（これを**G**-3'断片と呼ぶ）」の5'末端側の配列は，5'-**G**-A-G-G-A-G-G-G----3'であり，これが5'断片の3'末端のガイド配列（3'-U-C-U-C-U-C----5'）と相補的に結合し，「5'断片-**G**-3'断片」複合体が作られる。ここで，**G**-3'断片（リボザイム）にコンホメーション変化が起こり，**G**-3'断片中の414番目の**G**残基（G414）がグアノシン結合部位へ移動してくる。415番目の残基はUである。「5'断片-**G**-3'断片」複合体中にある5'断片は3'末端残基としてUを持ち，このUの3'-OHが，**G**-3'断片のG414-U415のホスホジエステル結合を攻撃し，G414-U415の間が切り離される。これと同時に，5'断片の3'末端Uは U415と新たにホスホジエステル結合を作る。すなわち，**G**-3'断片（リボザイム）のU415は，それまで繋いでいたG414との結合を切って，5'断片の3'末端のUと結合を作ったことになる。ここで，**G**-3'断片（その配列は，5'-**G**-A-G-G-A-G-G-G------G414-U415-3'）から，5'末端側の395ヌクレオチド残基からなる断片（5'末端は補因子として加えた**G**，3'末端はG414である）5'-**G**-A-G-G

-A-G-G-G------G414-3'（これを便宜的に**G**付加された介在配列（intervening sequence, IVS），**G**-IVSと呼ぶ）が切り出された（2回目のエステル交換反応）。5'断片の3'末端のUは，5'-U415--3'のU415の5'末端とホスホジエステル結合し，U-U415結合を作っている。すなわち，前駆体rRNAは，ホスホジエステル交換反応を2回行うことにより，IVSは**G**を付加されることにより除去され，IVSが抜けた後にできた新しい3'末端と5'末端が再結合して，短縮された前駆体rRNAが生成した。IVSがリボザイム本体であり，前駆体rRNAは，自己触媒的にIVSを除去し，ヌクレオチド鎖の切断と再連結（ライゲーション）を行うことで，スプライシングを完成させ，短縮された前駆体rRNAすなわち成熟型rRNAとなる。

テトラヒメナrRNAから切り出されたIVSの触媒効率が調べられている。前駆体rRNAを酵素，グアノシンモノマー**G**を基質とみなし，生成物**G**-IVSおよび成熟型rRNAが作られる反応が，ミカエリス-メンテン型の酵素反応速度論に従うことが示された[11,23]。

基質として**G**の他にグアノシンアナログも調べられ，**G**に対して高い特異性（$K_m = 0.021$ mM）を持つことが示された。**G**に対する分子活性k_{cat}は0.52 min^{-1}である。分子活性は，酵素RNaseT1やRNasePの特異的な反応における値に比べると劣っているが，それでも非酵素的なライゲーション反応に比べて10^4倍大きい。

テトラヒメナで見出されたイントロンの切り出しと自己スプライシングは，哺乳動物を含めて多くの生物でも機能していることが示された。リボザイムは，その分子サイズから，大きく2種類に分類される。上で述べたRNAの自己スプライシングやリボヌクレアーゼPによるtRNAの産生などは，分子サイズが大きいラージリボザイムにより行われ，ホスホジエステル結合を切断した後，切断部位に5'-リン酸基と3'-OH基を作り出す。一方，チェックらによるリボザイムの発見の後，1987年頃にかけて，植物ウイルス粒子内のサテライトRNAやウイロイドとして，分子サイズが数百塩基からなる比較的小さいリボザイム（スモールリボザイムと呼ばれる）が発見された。その代表として，二次構造の形状からハンマーヘッドリボザイムと呼ばれているものがある。これは，自己切断性のリボザイムであり，分子内の特定の部位が，別の特定のホスホジエステル結合を切断する。切断部位に生じた3'末端は2'-3'環状リン酸基を形成し，同時に5'-OH基を作り出す。環状DNAからRNAが合成されるRNAポリメラーゼ反応では，反応がグルグル回り続けて長いRNA鎖が合成されてしまうが，RNA

に組み込まれたリボザイムは，これを適当な長さに切り分けるのに機能していると考えられる。ハンマーヘッドリボザイムやヘアピンリボザイムでは，結晶構造解析も行われており，詳細な反応機構や遷移状態の解析も行われている[21,24,25]。

生命の起源には古くから様々な仮説が提唱されている。溶液内迅速反応の研究でノーベル化学賞（1967年）を受賞したアイゲン（M. Eigen）は，核酸の持つ情報とタンパク質の持つ機能（酵素活性）の関係は「ニワトリとタマゴの問題」とみなしていたが，それでもRNAの持つ自己複製能に注目していた[26]。リボザイムの発見に伴い，RNAワールド仮説と呼ばれるRNAを中心とした生命像や生命感が，アイゲンをはじめ多くの生命の起源研究者により支持されることになった。最近では，RNAiやマイクロRNA，ノンコーディングRNA，エクソソームなどRNAの多様な機能が指摘されている[27]。

一方，DNA鎖の触媒活性も報告されている。人工的に合成された小さな一本鎖DNAがZn^{2+}やCu^{2+}存在下に，DNA鎖を連結するDNAリガーゼ活性を示すことが示されている[28]。天然のDNA酵素（デオキシリボザイム）は現在のところ知られていない。1990年頃から，様々な特定の化合物に強く結合する一群の核酸（DNA，RNA）が合成されるようになった。これらは核酸アプタマー（aptamer）と呼ばれる。核酸アプタマーは，そのヌクレオチド配列に依存して，極めて多様な三次元構造を取ることができ，多種多様な化合物を認識できる可能性がある。核酸アプタマーは抗体よりも免疫原性が低いとされ，医薬としての応用性が高いと考えられる。今後，触媒活性を付与した核酸アプタマーが開発されることが期待される[29]。

1.5 人工酵素

有機化合物をベースにして酵素機能を模倣した人工酵素の開発が行われている。シクロデキストリンやクラウンエーテルなどの環状化合物，ゼオライトなどの多孔性材料がホスト分子となり，その細孔に基質であるゲスト分子を取り込み，ES複合体様の構造を取り，ホスト分子の官能基がゲスト分子に対し作用するものである。例えば，シクロデキストリン（CD）にα-キモトリプシンの活性部位を模倣してイミダゾール基を導入したものや，イミダゾール基とカルボキシル基を導入したものでは，α-キモトリプシンに類似のエステル分解活性が現われる[30]。CDに基質が包接され，CDに導入された官能基と基質との近接効果により，反応が加速されたものである。ここでは，CD-基質複合体があたかも一分子として，エステル分解反応が分子内触媒反応として進行しており，

反応のエントロピー効果が有利に働くものと考えられる[31]。酵素に見られるような遷移状態の安定化を伴って，反応を加速する人工酵素は見当たらない。

2 酵素化学の限界と展開，今後考えるべき一部の問題

2.1 「見る」ことを重視した研究姿勢

　酵素化学は，醗酵や食物の消化を理解しようとして始まった。せいぜい200年ほど前のことであり，化学が形成されるのと歩調を合わせるように進歩してきた。今日に直接つながる形を取り始めて100年ほどが経つ。基本的には，解析的，要素還元的な研究姿勢であった。その結果，生物現象は酵素反応の調和ある集合体であることが示されてきた。その研究には，物質の変換（化学）に加えて，時間経過とエネルギーの変換（速度論と熱力学）が強く意識されてきた。他方，酵素化学は「見る」ことにこだわってきた。科学の歴史において，「見る」という研究手法が生物学と天文学に由来するのは興味深い。「見る」ことにより，膨大で信頼できる情報が蓄積されてきたことは間違いない。一方，「見る」ことにより，研究に不自由でギクシャクした部分があることは否めない。見える部分だけが，研究の射程ではない。見えない部分を速度論や熱力学が担当してきたのであり，これらにも多くを負っている。アンリ，フィッシャー，ミカエリス-メンテンによるES複合体，ポーリング，ジェンクスによる遷移状態の提案など思弁に依存した部分も大きい。過去を振り返ってみると，原子の構造，有機化合物の構造，電磁気学など，対象を直接見ることに依拠して発展してきた科学分野はそれほど多くない。「見る」ことは，観測者の知覚を通して認識されるものであるため，その内容には観測者に依存する部分が無いわけではない。

　それでも，「見る」ことによりもたらされる情報量と情報に対する安心感は絶大である。わが国では，2002年度から5か年計画で「タンパク3000プロジェクト」と名付けられた国家的プロジェクトが実施され，名の通り3,000個のタンパク質の構造解析が実行された。それまでは，リゾチームやキモトリプシンなど個別の酵素の構造を議論していたのであるが，数十個のセリンプロテアーゼや加水分解酵素（ヒドロラーゼ）の構造を並べて比較して初めて見えてくる世界（構造生物学）がある。

　反応の流れは，静止画像では理解できないし，高分解能での時間分割の立体構造解析でも，酵素の微小なコンホメーション変化を高精度に読み切ることは

容易ではない。また，溶液中で観測した構造と結晶解析で得た構造には，個別のアミノ酸残基の存在状態にかなり大きい違いが見られることがある。例えば，サーモライシンを例にとると，結晶構造解析から見積もられたトリプトファン（Trp）やチロシン（Tyr）残基の溶媒接触度（solvent accessibility）は，溶液中で分光学的に解析したサーモライシンのTrpやTyrのエタノールやグリセロールなどの溶媒や塩類イオンに対する接触度に比べて有意に小さいし，Tyr残基の化学修飾されやすさに比べても小さい[32,33]。

　最近，X線レーザーを用いて連続的にフェムト秒で結晶解析が可能な手法が開発された[34,35]。この方法を用いると，試料のタンパク質結晶に放射線損傷を与えることなく，短時間で結晶構造解析が可能であり，酵素反応に伴いフェムト秒からピコ秒の時間域で生じる一連の構造変化を観測することが期待されている。また，結晶解析やNMRに加えて，電子顕微鏡を用いて，1分子の酵素反応が観察されている。セルラーゼ分子がセルロース繊維の上を，加水分解しながら移動していく様子が，原子間力顕微鏡を用いて経時的に観測されている[36,37]。本研究では，酵素が結晶性のセルロースに作用するとき，固体表面に酵素分子が吸着するように取りつき，加水分解しながら，セルロース繊維をよじ登っていく様子が示されている。ここには，固体基質に対する酵素反応が明確に観測されていることに注目したい（2.8項参照）。また，全反射型蛍光顕微鏡を用いて，酵素1分子を観測することにより，F_1-ATPアーゼの酵素反応においてATP加水分解に伴って起こる酵素サブユニットのダイナミックな回転[38]，アクチン繊維の上でのミオシンの歩行[39]，DNAトポイソメラーゼによるDNAの解きほぐし[40]などを，経時的に観測した報告がある。

　今後は，細胞内で進行している酵素反応を，あるがままに「見る」手法の開発が求められよう。

2.2　非現実的な反応条件

　酵素反応の解析は，精製した酵素を試験管に入れ，限定された反応条件下で，選別した基質と反応させることで行われる。このことにより，酵素の特性や機能が化学の言葉で記述されてきたのであるが，実際のところその反応条件は，酵素濃度も，基質濃度も，反応条件も，生体内での反応とかけ離れていることが多い。酵素化学は，「解析的な研究から総合的な研究へ」意識を向ける必要があるだろう。従来，生体の組織や細胞における大方の酵素反応は，限定された反応条件下（しかも反応測定やデータ解析の便利さから要請される条件下）で

得られた知見に基づいて解析されてきた。今後は，これらをあるがままの状態で解析するための装置，研究手法の工夫が求められるだろう。学生時代に読んだ本の中に，アリの歩行に関与するATPアーゼ活性の温度依存性を調べるのに，いろんな温度においたシャーレにアリを入れて，一定時間あたりの歩数を数えることが記されていたことを思い出す。アリから単離したATPアーゼの試験管内での活性の温度依存性と，シャーレの歩数の温度依存性とはどういう関係になるだろう。興味が掻き立てられる。

2.3　酵素生産システムの進歩

　過去20〜30年にわたり，酵素化学は，バイオテクノロジーの発展に寄与してきたし，また，バイオテクノロジーにより発展を促進されてきた。特に，酵素精製技術，遺伝子組換え技術，微生物の大量培養技術，動物や植物の細胞培養技術，細胞融合技術，ハイブリドーマ技術などに負うところが大きい。また，大腸菌や昆虫，小麦胚芽，動物細胞，ヒトのガン細胞などから調製した無細胞タンパク質合成系が開発されている。これらを使うと，細胞培養操作を必要としないで，目的のタンパク質の生産が可能である。これらの細胞系あるいは無細胞系で発現させたヒトタンパク質の問題は，糖鎖修飾などの翻訳後修飾が正しくなされないため，アミノ酸配列が同一であっても，ヒトの体内で生産されているタンパク質とは微妙に異なっている点である。近年，バイオ医薬品と呼ばれる抗体やタンパク質を主剤とする製剤が注目されている。例えば，造血ホルモンとしてエリスロポエチン（EP）を投与する場合，細胞培養で製造されたEPは患者が必要とするEPとは構造がわずかに異なるかもしれないし，そのことが免疫反応を引き起こすかもしれない。抗体を医薬品として使う場合，類似の抗体医薬品（これはバイオシミラーと呼ばれている）との同等性や同質性を評価する必要がある。このためには，機能の比較に加えて微妙な構造の比較が重要であるが，このような構造解析において，近年発展がめざましい高分解能質量分析法が強力で頼もしいツールになっている。

　さらに，最近急速に発展してきたiPS細胞技術を用いることにより，原理的には，ヒトiPS細胞からヒトのタンパク質を随意に生産できる。しかも，個人個人に特異的なタンパク質をオーダーメードで作製できる可能性がある。夢のような時代が開かれようとしている。

2.4 酵素は小腸から血管に移行するのか

経口性のタンパク質医薬に関連して，酵素やタンパク質の腸管からの吸収（腸管吸収）を考えてみたい。近年，「酵素」という生化学用語が，生化学的範疇を超えて用いられることがある。いわく，現代人は過度の疲労やストレスで「細胞内の酵素が不足」しがちであり，その結果，体調不良や病気になるのであるから，野菜などから，あるいは健康食品から，酵素を補充するのが良いという。ここでは，経口的に摂取された酵素が胃や腸で作用するばかりでなく，消化管から血液に入って効果を発揮することを想定しているものもある。実際の食生活でも，ダイコンおろしにはジアスターゼが含まれているので消化を助けるといわれるし，消化酵素を含有する消化薬も確かに良く効くことから，これらの酵素が胃や腸で効果を発揮することは実感できる。しかし，経口的に摂取したタンパク質が消化酵素の作用を免れて，高分子のままで腸管から吸収され血管へ移行するのであろうか？

従来，タンパク質は消化管の消化酵素によりアミノ酸にまで分解されて腸管吸収を受け，血液に入り，このアミノ酸が栄養になったり，タンパク質の生合成に再利用されたりするとされてきた。しかし，近年，この定説に対し，高分子量タンパク質が腸管から吸収され，血液に移行する場合がある（これを「タンパク質の腸管吸収」と呼ぶ）との報告がされている[41〜44]。生まれたての哺乳動物は，母乳に含まれる免疫グロブリンやフェリチン，ペロキシダーゼなどを丸ごと吸収することが知られている[42]。ニワトリ卵白のオボムコイド（OV）を摂取した母親の母乳にはOVが免疫グロブリンAとの複合体として存在することが示され，この母乳を与えられた新生児にアレルギーが現われる場合があることが報告されている[43,44]。また，プリオン病（かつては狂牛病とも呼ばれた）では，プリオンタンパク質を持ったウシの肉を食べたウシや人間がプリオン病を発症することになった。経口摂取されたタンパク質のうち，消化管で未消化のもののごく一部（1/1,000あるいは1/100,000とも）が吸収されるといわれる。1980年代になると，腸管は食べ物の消化吸収機能に加えて，主要な免疫器官としての機能（腸管免疫機能）を発揮することが認識されるようになった[45]。小腸の内腔側には，絨毛の生え方の密度が少ない部分がパッチ状に存在しており，この部分は発見者にちなんで，パイエル板（Peyer's patch）と呼ばれるが，これが腸管免疫において重要な機能を果たす。特に，腸管内腔に接して存在するM細胞は，エンドサイトーシスにより，腸管内のタンパク質や細菌などを取り込み，自らが基底膜側で接しているマクロファージやT細胞，B細胞に抗原

提示することにより，腸管免疫に特有の免疫応答である免疫グロブリンAの産生やアレルギー反応を回避するための免疫寛容が導かれる[44,45]。しかし，移行するタンパク質量は微量であり，血液内で有効な活性を示すには無理があるように思える。まして，血液に移行した酵素が活性を保持しているか否かについては不明なことが多い。

　2011年2月21日，武田薬品工業は，同社の消炎酵素製剤ダーゼン（一般名：セラペプチダーゼ）を市場から自主回収すると発表した[46]。ほぼ同時期に，それ以外の医薬品メーカーも類似の消炎酵素製剤の自主回収を発表した。これらの医薬品は，プラセボ対象比較試験で十分な有効性が確認できないことから自主回収に至ったとされている。ダーゼンは微生物（セラチア，*Seratia*）由来の亜鉛プロテアーゼであるセラチオペプチダーゼが主成分であり，1968年から国内で販売されてきた。抗炎症作用や去痰作用に優れているとされている[47]。それ以外にも，わが国では細菌，動物，植物に由来する多くのプロテアーゼ類や卵白リゾチームが経口投与による消炎酵素製剤として，歯周病，鼻炎，気管支炎などの炎症の治療，痰の除去，火傷や床ずれの治療などに使われてきた。ダーゼンやキモトリプシン，ブロメラインなどのプロテアーゼは炎症部位のタンパク質を溶解することにより，またリゾチームはムコ多糖を分解することにより消炎効果を示すと考えられているが，その作用機序については不明の点が多い。これら消炎酵素製剤の自主回収は，実質的に，これらの医薬品の有効性に関して，当該製造企業から疑問が持たれたことになる。経口投与された酵素が炎症部位に到達しない，あるいは到達しても効果を発揮しないことを意味しているのだろうか。一方で，経口投与が注射投与に比べて，患者に対する負担が小さいことは論をまたない。酵素製剤，タンパク質製剤，バイオ医薬品の投与法に関する問題として，組織標的化，血液内安定性などと並んで，ぜひ，解決して欲しい課題である[48]。

　ダイズタンパク質を食べると，動物性タンパク質に比べて，血液中の中性脂肪やコレステロールが低下し，心疾患などに有効であることが報告されている[49~51]。米FDA（食品医薬品局）は一定量以上のダイズタンパク質を含む食品に健康効能の表示を認めている（1999年10月）。わが国でも，1994年，ダイズタンパク質を使った特定保健用食品が認可されている。ダイズタンパク質の主成分タンパク質であるグリシニンがコレステロール低減に，β-コングリシニンが中性脂肪の低減に効果があるとの報告もある。これらの効果は，ダイズタンパク質そのものか，消化断片か，さらに消化されて生じたアミノ酸かが，血液中に吸収さ

れて発揮されるものと推測されるが，その詳細なメカニズムの解明が期待される。

　コラーゲンの断片が，関節痛の治療や予防に効果があるとして，健康食品として用いられている。生化学的には，経口的に摂取したコラーゲンがそのままでは関節軟骨のコラーゲンにはならないと信じられているが，一方で，摂取したコラーゲンに由来するペプチドが生体のコラーゲン合成を促進する効果を持つとの報告もある[51〜55)]。食品としてのタンパク質には，生体へのアミノ酸供給とは別の生理機能があるようであるが，その生化学的原理の解明が急務であると考える。

　米国の評論家マイケル・ポーラン（Michael Pollan）は，1970年代から80年代にかけて，食べ物の世界に栄養主義（nutritionism）と呼ぶべき概念が生まれてきたと述べている[56)]。それ以前は，食品（food）は総括的に栄養源として捉えられていた。その後，食品中の生化学的成分の持つ機能性（エイジング，肥満，糖尿病，高血圧，美白，整腸作用など）に関心が持たれるようになり，食品という概念は個別の化学用語（多価不飽和脂肪酸，トランス脂肪酸，コレステロール，ビタミンCなど）で置き換えて捉えられるようになった。そのことが食品工業の隆盛をもたらしたし，便利な食品が登場してもきたが，一方で混乱も引き起こしている。例えば，食品中の脂質が急性心疾患の原因であるという脂質仮説（lipid hypothesis）が行き過ぎた結果，卵を食べると血液中のコレステロールが増加するので，できるだけ食べない方が良いというような風聞が広まったことを挙げている。確かに，生化学の講義で，コレステロールや脂肪酸の生合成経路について学ぶのであるが，食品中の成分がどのように血液中に移行するかに関しては，十分に理解されているとは思えない。

2.5　タンパク質・ペプチド性医薬の問題点

　上述したバイオ医薬品，タンパク質製剤に関連する。1980年代，ウシ赤血球由来のCu,Zn-スーパーオキシドジスムターゼ（SOD）を関節リウマチや心疾患の治療薬として開発する研究が欧米やわが国で行われた。関節リウマチの原因である活性酸素を除去することが考えられた。また，心臓血管が血栓で詰まったとき，血栓を溶解させて血液の再環流が急激に起こると，活性酸素が生じ血管に障害を与えることがあるため，これの防止のための応用が考えられた。実験動物に注射で投与したSODの血液中での分解が早く，活性が十分に保持できないうえに，抗原性の問題があった。SODの安定化や抗原性低減，組織標的化を目的にポリエチレングリコール（PEG）による化学修飾やリポソーム化など

が試みられたが，医薬品として世の中に受け入れられることがなかった。病気の治療用に体内に投与されている酵素としては，血栓溶解剤としてヒトのウロキナーゼやティッシュープラスミノーゲンアクティベーター（t-PA），血液凝固剤トロンビン，白血病治療薬アスパラギナーゼなどがある。

　アスパラギナーゼはアスパラギンをアスパラギン酸に加水分解的に変換する反応を触媒する酵素であり，アスパラギン要求性のガン細胞の増殖を抑制することから，抗ガン剤として利用できると考えられている。わが国で用いられているアスパラギナーゼは大腸菌（*Escherichia coli*）由来であるが，海外ではエルウィニア（*Erwinia chrysanthemi*）由来のものも利用されている。静脈や，筋肉，皮下へ注射で投与されるが，異種生物の酵素をヒトの体内に投与する点で特徴的である。ストレプトキナーゼはβ溶血連鎖球菌が生産するタンパク質であり，ヒト血液中でプラスミノーゲンを活性化する機能（プラスミノーゲンアクティベーター）を持つ。異種タンパク質であり，アレルゲン性の問題があるが，血栓溶解薬として用いられたことがある（現在は，t-PAなどに置き換わっている）。ヒトウロキナーゼについては，組織培養で得られたものとヒト尿から精製したものが，注射薬として用いられている。ボツリヌス毒素（神経毒であり，重鎖と軽鎖からなるが，軽鎖はメタロプロテアーゼ活性を持つ）を眼瞼けいれんや顔面まひなどの治療や美容整形に用いることがなされている。

　特定の酵素活性が遺伝的に欠損あるいは低下していることにより，疾病（酵素欠損症と呼ぶ）が引き起こされている場合がある。酵素欠損により起こる症状としては，その酵素反応に関わる基質の蓄積と生成物の欠乏が起こる。また，ある基質が異常に蓄積することにより，別の酵素反応が阻害されるなどの障害が起こる。例えば，肝臓のフェニルアラニン 4-モノオキシゲナーゼが欠損している場合には，フェニルアラニンからチロシンへの変換が抑制されて血液中にフェニルアラニンが蓄積する。このことにより，様々な症状が現れる（フェニルケトン尿症）。フェニルアラニンの厳格な食事制限が施される。

　一方，酵素補充療法として酵素が投与されることがある。特に，リソソーム（ライソゾーム，lysosome）の酵素である酸性β-グルコシダーゼ（グルコセレブロシダーゼ）や酸性スフィンゴミエリナーゼ，β-ガラクトシダーゼなどの欠損や活性異常に基づいて起こる病気を総称してリソソーム病と呼んでいる（わが国では「ライソゾーム病」として難治性疾患に指定されている）[57,58]。活性に異常がある酵素の種類に応じてゴーシェ病，ファブリ病，ムコ多糖症など約31種類の病気がある。いずれも，酵素活性の異常な低下や欠損により，本来なら

リソームで分解されるべき物質（多くは生命活動の老廃物）が蓄積することにより起こる。リソーム病では，欠損している酵素を補充する酵素補充療法が行われている。

　酵素ではないが，各種の抗体医薬，インターフェロン，インスリン，エリスロポエチン，さらに核酸医薬や医療用リボザイムなども治療に利用されている。今後，これらタンパク質・ペプチド性医薬や核酸医薬の血中寿命の維持，分解と排出の安全性，疾患部位への標的化，投与方法，細胞内へ取り込ませる方法，抗原性・アレルゲン性の低減方法などが重要な研究課題になる。これらバイオ医薬品においては，前述した通り，バイオシミラーにおける同質性や同等性の解析が難しい問題になるだろう。

2.6　タンパク質の同質性と同等性

　タンパク質は，一次構造（アミノ酸配列）に規定された特定の立体構造を形成するものと理解されてきた。しかし，近年，分子全体にわたりあるいは部分的に，明確な立体構造を作らないタンパク質があることが報告されている。このようなタンパク質を天然変性タンパク質（natively-unfolded protein, NUP）あるいは実質的非構造化タンパク質（intrinsically-unstructured protein, IUP）と呼んでいる[59,60]。このようなタンパク質は，特に真核生物に多く含まれており，全構造のうち部分的にあるいは完全に構造化されていない部分は30％以上に達する。ヒトの全タンパク質で不規則な構造を取る領域は23％にのぼるといわれる。しかし，古細菌と真正細菌ではそれぞれ2および4％に過ぎない。天然変性タンパク質のアミノ酸組成は，極性アミノ酸や荷電性アミノ酸の割合が多く，疎水性アミノ酸の割合が少ないことが知られている。これらのタンパク質には，シグナル伝達，転写，細胞増殖などに関連するものが多い。非構造化した部分は，相互作用する相手の構造に合わせて規則正しい立体構造を取るようになり，生理機能を発揮する。

　以上のことは，一次構造が同じでも，コンホメーションや立体構造が一義的に決まらないし，その結果，生理機能や活性が一定の値に定まらない可能性を示唆している。ここで，一次構造が同じなら，立体構造とそれから派生する機能は同じだろうか？という問題が提起されよう。この問題は，異常なタンパク質が凝集することにより生じた凝集体が蓄積して引き起こされる神経変性疾患（アルツハイマー病，パーキンソン病，ハンチントン舞踏病，プリオン病など）の発症機序とも関連しており，研究されるべき課題が多い。

ズブチリシン（subtilisin）という微生物由来セリンプロテアーゼがある。以前，ズブチリシンには，カールスベルグ（Carlsberg），ノボ（Novo），BPN'という3種類があり，これらは異なった研究者により異なるバチルスの菌株から精製されたものであった。1970年頃までは，酵素の性質や活性の度合いが異なる別々の酵素と考えられていたが，一次構造が解析されたところ，ノボとBPN'は同じ一次構造を持つことが明らかになった。両酵素は独立に発見され研究が行われてきたため，論文に報告されていた生化学的性質や酵素活性に多少の違いがあった。そのため，一次構造が同じ2つの酵素を同一酵素と呼んでよいか議論されたが，結局，タンパク質の立体構造は一次構造により一義的に決まるというドグマの前に，両者は同一酵素であるということで決着している。好熱性のバチルス・サーモプロテオリティカス（$Bacillus\ thermoproteolyticus$）が産生するメタロプロテアーゼであるサーモライシン（thermolysin）とバチルス・ステアロサーモフィルス（$Bacillus\ stearothermophilus$）のメタロプロテアーゼも，当初，異なる酵素として扱われていたが，DNA配列から推定したアミノ酸配列が同一であり，現在では同じ酵素として扱われている。

　一方，キモトリプシンでも混乱がみられる。教科書[61,62]では，キモトリプシノーゲンはトリプシン作用によりπ-キモトリプシンに変換され，その後，自己触媒的にα-キモトリプシンに変換されるとされている（橋田の第9章，都築の第5章も参照）。キモトリプシノーゲン活性化反応は，ノースロップ（J. H. Northrop）ら（1939年）とジャコブセン（C. F. Jacobsen）（1947年）により独立に研究された[63]。前者ではキモトリプシノーゲンとトリプシンの量比を10,000倍，後者では30倍にしている。前者では緩慢な活性化（slow activation）が起こり，まず自己触媒的にネオキモトリプシノーゲンに変換され，さらに，これが自己消化とトリプシン消化により，α-キモトリプシンに変換される。一方，後者では，迅速な活性化（fast activation）が起こり，まず，トリプシン消化により，π-キモトリプシンに変換され，続いて，2段階の自己消化によりδ-キモトリプシン，さらにγ-キモトリプシンへと変換される。最終産物であるα型とγ型のキモトリプシンはともに，2本のジスルフィド結合で連結された3本のペプチド鎖（Cys1-Leu13, Ile16-Tyr146, Ala149-Asn245）から構成されていることが示された。このことから，緩慢活性化から生成するα型と迅速活性化から生成するγ型は同一酵素とみなされることが多い。実際，多くの教科書では，キモトリプシノーゲン活性化として迅速活性化を採用しており，最初に生成したπ型を経由してα型に変換されると記述されている。しかし，α型とγ

型では，酵素活性，性質，安定性さらにX線結晶解析から求められた構造に違いがあるという興味深い報告がある[63]。そもそも，生理的条件で起こる活性化は，迅速活性化と緩慢活性化のどちらで起こるのだろう？

　従来のタンパク質化学に従うと，タンパク質の立体構造は，条件を正確に規定すれば，そのアミノ酸配列（一次構造）により一義的に決定される。タンパク質の立体構造は，同時に，その機能を規定する。すなわち，立体構造は機能の空間的な表現あるいは実体的な表現であると言ってよい。しかし，天然変性タンパク質の実態が明らかにされるにつれて，また，バイオシミラーの問題がクローズアップされるにつれて，一次構造さえ同じであれば，立体構造ひいては機能まで同じであるということに慎重ならざるをえなくなったというべきだろう。

　酵素化学の研究において，構造の安定化と活性の活性化は主要な部分を占める。安定性の高い酵素は，失活しにくいゆえに，活性を維持する時間が長い。しかし，化学修飾や部位特異的変異導入で酵素の安定性を上昇させると，分子活性は低下することが多い。また，酵素を変性剤や高温などで不安定化させると，失活する直前ぎりぎりの条件で活性が有意に上昇することが多い。これらは，活性発現には，ガチガチの構造よりもいくらか緩んだ構造の方が有利であることを示唆している。酵素は，ES複合体を遷移状態に変化させられる程度の柔軟性を，内包していないといけないということである。安定性と分子活性の間にはトレードオフの関係があるようにみえる。酵素を応用するにあたっては，両者の適切な関係を見極める必要があるだろう。

2.7　膜酵素の構造解析

　「見る」ことを重視した酵素化学の研究姿勢について述べた（2.1項）。全ての生物のゲノムにコードされているタンパク質のうち，20〜30％が膜タンパク質である[64]。一方，市場に出ている医薬品の50〜60％は膜タンパク質をターゲットにしているといわれており，抗ヒスタミン薬やβ-ブロッカー，モルヒネなどの麻酔・鎮痛剤などが含まれる[65]。

　ここで医薬品のターゲットとなるのはGタンパク質共役リセプター（GPCR）やイオンチャンネルなどの膜タンパク質であり，これらの構造解析は創薬の観点から極めて重要である。また，シトクロムP-450酸素添加酵素系は肝臓や腎臓などに存在する膜結合性の複合酵素であり，薬物や毒物の代謝分解，ステロイドホルモンの合成と代謝などに関与する[66]。医薬品の開発や生体内での薬

物動態の理解のためには，本酵素系の構造解析は欠かせない。

　一般的に膜タンパク質は，膜結合性でないタンパク質に比べて結晶化が困難であり，最初の構造解析の報告がなされたのは1985年になってからである[67]。

　それ以降，多くの膜タンパク質の立体構造が報告されている。界面活性剤を用いて可溶化した膜タンパク質を界面活性剤との複合体として結晶化させる方法，可溶化膜タンパク質に沈殿剤を加えて結晶化させる方法，可溶化した膜タンパク質に抗体や融合タンパク質を加えて，膜タンパク質に親水性を増加させて結晶化する方法など，いくつかの結晶化方法が報告されている[68,69]。特に，目的の膜タンパク質に対する抗体を用いた結晶化が多数報告されている。可溶化のために，生体膜の脂質を模倣した界面活性剤が開発されている。界面活性剤で可溶化した膜タンパク質の構造のうち，もともと膜内に埋もれていた部分は疎水性が高く，ここは界面活性剤でおおわれる。膜の表面から露出していた親水性部分に対して抗体を作製し，この抗体のFab断片を可溶化した膜タンパク質に加えると，膜タンパク質-Fab複合体が形成される。この複合体は，可溶化膜タンパク質に比べて結晶を形成しやすいため，これを用いた結晶構造解析が報告されている[70]。膜タンパク質についても，X線自由電子レーザー照射により，強力な光をフェムト秒照射することで，連続的な構造解析が報告されている[71]。

　これまで，ミトコンドリアなどの細胞内オルガネラの酵素が，どの部位にどのような状態で存在しているか明確にわかっていなかった。ごく最近，ミトコンドリアのマトリックス内にペロキシダーゼを遺伝子工学的に発現させて，マトリックスに存在するタンパク質を選択的にラベルし，その局在を電子顕微鏡で同定する方法が開発された[72]。この方法により，495種類のタンパク質がヒトミトコンドリアのマトリックスに存在することが示され，そのうち31種類はこれまでミトコンドリアにあるとは考えられていなかったものである。また，これまで膜間腔（intermembrane space, IMS）あるいは外膜（outer membrane）に存在すると考えられていたタンパク質のうち，いくつかはマトリックスの方に向けて内膜（innermembrane）に結合して存在することが示された。このようなタンパク質の中にプロトポルフィリノーゲンオキシダーゼ（protoporphyrinogen oxidase, PPOX）がある。ヘムの生合成はミトコンドリアで行われる。PPOXは無色であるプロトポルフィリノーゲンを酸化して赤色のプロトポルフィリンになる。次いで，フェトケラターゼの触媒作用により二価鉄イオンFe^{2+}が導入されて，プロトヘム（protoheme）になる。本研究により，ヘム合成の場をよ

り正確に記載することができるようになった。今後，ミトコンドリアの他の酵素，ミトコンドリア以外のオルガネラの酵素系について，より詳細な検討がなされるものと期待される。

2.8 固体基質に対する酵素作用

酵素の産業利用において，固体の基質に対して酵素を利用する例が多くみられる[48]。酵素化学は，酵素反応が原則として希薄な溶液内で起こる反応を想定して構築されてきた。固体基質に対する酵素反応は考慮されてこなかったと言ってよい。しかし，生体内での酵素反応が常に希薄溶液で起こっているわけではない。また，酵素化学の強力な手法であるX線結晶解析，NMR，電子顕微鏡技術の測定条件は，希薄溶液の条件から程遠いものであり，これらから得られた情報は必ずしも希薄溶液での酵素の挙動を反映しているとは言えない。酵素化学は，理想的な溶液系から離れて固体系における解析に踏み出す必要があるように思う。

実際，酵素化学の黎明期から多くの固相基質に対する反応が行われてきた。以下に列記してみる[48,73]。

セルラーゼやプロテアーゼを用いる繊維の毛羽立ち除去，セルラーゼを用いる木質バイオマス分解，リグニン分解酵素によるリグニン分解，プロテアーゼ（タンナーゼ）を用いる皮なめし，ペロキシダーゼやラッカーゼを用いる繊維の脱色（ジーンズのブリーチ），フィターゼやセルラーゼ，キシラナーゼを用いる家畜飼料の処理，アスパラギナーゼを用いる食品素材からのアスパラギン除去によるアクリルアミド生成の低減などがある。血栓溶解酵素を用いる生体内での血栓溶解も含めてよいかもしれない。固体基質ではないが，かつて，有機溶媒中に懸濁されたプロテアーゼを用いて基質の加水分解が観測されたことがある。これは，酵素試料に含まれる微量の水分子が反応に利用されたものと考えられている。

これらの反応は，反応系の水分含量が極端に少ない条件で観測されている。ミカエリス-メンテンの反応モデルに従うと，酵素と基質は溶液内で自由に拡散して衝突し，ES複合体を形成したのち遷移状態に移行し，酵素反応が起こり，ここで生じた生成物は溶液内に拡散していき，再び酵素は別の基質と衝突して酵素反応に従事するのであるが，上の例では，このモデルに従うようには見えないものが多い。

フィチン酸（phytic acid）はイノシトールにリン酸が6個エステル結合した

有機リン酸化合物である。これは複数の異性体を持つ。植物ではリンの60～70％がフィチン酸の形で貯蔵されている。フィチン酸は動物の栄養に必要なカルシウム，マグネシウム，鉄など多くのミネラルに対し強いキレート作用を示す。また，タンパク質やアミノ酸とも相互作用することが知られている。飼料中のフィチン酸による家畜のミネラル欠乏症が深刻な問題であったが，これを解決するために，稲わらや牧草，穀類などの飼料にフィチン酸のリン酸エステルを加水分解する酵素フィターゼ（phytase）が添加されている[74,75]。キシラナーゼなどのセルラーゼも家畜飼料の消化を補助する目的で添加されている。

　セルラーゼが，加水分解反応を行いながら，セルロース繊維の上を移動していくことが電子顕微鏡的に観測されている[37]。セルラーゼやアミラーゼでは基質結合ドメインを持つものがあり，酵素の基質への結合を補助している。デンプン粒子に強く結合するアミラーゼほど，デンプン粒子をよく分解することが知られている[76]。一方，α-アミラーゼをデンプン粒子に作用させると，粒子表面を侵食するように分解する場合と細孔をあけながら分解していく場合があることが，電子顕微鏡で観測されている[77]。最初にあけられた小さい穴は，錐で穴をあけるように，徐々に口径と深度の大きい穴になり，デンプン粒はスポンジのように空隙だらけとなり，最後には，粒子は崩壊してしまう。この反応機構の詳細は不明であるが，酵素はデンプン粒を構成しているデンプン鎖上で這うような移動と加水分解とを繰り返していることを推定させる。アミラーゼの作用モデルとして3つのモデルが提案されている[78]：酵素が1本のデンプン鎖の上を離れることなく，加水分解して少し移動し，また加水分解して少し移動することを繰り返し，1本の鎖に作用し終わるまでは他の鎖には作用しないシングルチェインアタック（single-chain attack），酵素が全ての基質分子に均等に作用するマルチチェインアタック（multichain attack），1本の鎖に何回か作用したあと別の鎖にも作用するマルティプルアタック（multiple attack）。酵素の種類や反応条件により，アタックの仕方に特徴があることが示されている。

　ポテトチップス，フレンチフライ，ドーナツ，パン，コーヒー，ほうじ茶など，高温で焼いたり揚げたりした食品や飲料には，アクリルアミドが含まれ，発ガン性リスクがあることが報告されている。アクリルアミドは，食品に含まれるアスパラギンと還元糖（グルコース，フルクトースなど）とがアミノカルボニル反応（メイラード反応）を経て生成すると考えられており，食品中のアクリルアミドを低減する方策が求められている。国際食品規格委員会（コーデックス委員会）では，2009年に実施規則（Code of practice for the reduction of acrylamide in food）が採択されており，わが国でも農水省が食品関連事業者向けに「食品中のアクリルアミドを低減するための指針」（2013年11月）を提示している。アスパラギナーゼにより，コムギやジャガイモに含まれるアスパラギンがアスパラギン酸とアンモニアに変換され，メイラード反応の抑制が期待される。アスパラギナーゼ（分子量40,000）を5〜25 ppmになるようコムギやジャガイモのドウに加えたのち製造されたパンやドーナツ，クラッカー，調味料では，アクリルアミドの含量が47〜87%も低減することが示されている。この場合，酵素反応は，高度に粘ちょうなドウの中で行われている。基質や酵素，生成物の移動は，溶液中の反応に比べて著しく抑制されているはずであるが，高い酵素活性が示されていることに驚かされる。

　従来の酵素化学は，反応速度論の有用性に依存するあまり，基質や生成物の消長の観測に注目しすぎた。そのために，取り扱いやすい反応系や反応条件を編み出してきた。蛍光性合成基質や非生理的な緩衝液系，分光学的測定にふさわしい反応条件などである。一方，フィターゼ粉末を稲わらなどに混ぜて家畜に食べさせるように，実際の酵素利用には，実験室内の酵素反応の解析からの大きい乖離がみられる。一方，酵素1分子の観測が試験管の中のみならず細胞や組織でもできるようになってきた。電子顕微鏡がセルラーゼやアミラーゼの作用をリアルに見せることに成功したが，個々の研究手法や研究装置は，それぞれに特有の便利さと「不自由さ」を持つ。固体基質に対する酵素反応の解析のために，研究手法と装置の両面で一層の進歩が望まれる。

3　わが国の酵素化学黎明期

　わが国では，明治期以降，バイオ技術，医学，薬学などを含めほとんど全ての科学技術分野で，欧米に劣らない高い水準の研究が行われていた。驚嘆に値する。江戸時代に既に高度な学術や技術が蓄積されていたに違いない。さらに，幕末から明治期にかけて，多くの優秀な若者が海外に派遣されたし，海外から著名な研究者が招聘された。海外の科学・技術を，摂取し，消化し，血や肉とする十分な土壌があったというべきだろう。酵素の科学技術が今日のような形を取り始めたのは，20世紀初頭であり，日本の文明開化とほぼ時期が重なる（第1章参照）。ここでは，酵素化学黎明期におけるわが国の状況をかんがみて，あえて高峰譲吉，吉田彦六郎とレオノール・ミカエリス（L. Michaelis）の活動について紹介しておきたい[48]。酵素化学を学ぶものとして忘れてはいけない先

賢であるし，彼らの姿勢は時代が変わっても参考になると思うからである．

　高峰譲吉（1854～1922年）は，1879年に現在の東京大学工学部を卒業後，英国グラスゴー大学に留学．帰国後，農商務省において和紙，藍染料，清酒，リン酸肥料などの開発に関わった．また，専売特許局にあって，わが国の特許制度の整備，発展にも貢献した．彼自身が出願した麹を利用したアルコールの製造法に関する特許が，1887年に英国で，翌年に米，仏，ベルギーで成立した．これは，日本から最初の海外への特許出願である[79]．彼は醸造と麹の研究に注力した．1890年には，米国ウイスキー・トラスト社に招かれ，高い効率を持つウイスキー醸造法を開発した．以後，彼は米国を中心に研究活動を行った．1894年に微生物培養から酵素を製造するTakamine Laboratoryを設立．白米のかわりに小麦ふすまを用いて作った麹からのタカジアスターゼ製造法を開発し，1894年に本製造法に関する特許が成立している．本特許は酵素関連の特許としては世界最初のものである[80]．1900年，ウシ副腎から世界初のホルモン製剤，アドレナリンを結晶化し，特許出願するなど，幅広い分野で研究開発を行った．また，これらの成果は，日本や米国の多くの企業や研究機関の礎となった．高峰の事績に関しては生化学辞典（東京化学同人），理化学辞典（岩波書店）をはじめ多くの文献がある[79,80]．参照して欲しい．

　吉田彦六郎（1859～1929年）は1880年に東京大学理学部を卒業後，農商務省地質調査所分析掛に勤務し，漆が固まるしくみを研究した．彼は，漆が日本の特産品であり，優れた輸出産業になることを認識し，その発展に貢献しようとした．彼は漆の主成分を漆酸（urushic acid；$C_{14}H_{18}O_2$）と命名し，これがジアスターゼ様物質（diastatic matter）により，空気中の酸素と湿気の作用で酸化され，オキシ漆酸（$C_{14}H_{18}O_3$）に変換されることにより硬化が起こることを見出し，Chemistry of Lacquer（Urushi）と題した単著論文として*J. Chem. Soc. Trans.*誌に報告している[81]．本論文では，漆から取り出されたジアスターゼ様物質が麹や麦芽，唾液から分離したジアスターゼ様物質とは異なる活性を持つことを述べている．当時知られていたジアスターゼ様物質は加水分解酵素ばかりであったが，吉田は世界で初めて酸化酵素を見出し，それが触媒する漆の硬化反応について解析したのである．本酵素は，1894年ベルトラン（G. Bertrand）によりラッカーゼと命名されるのだが，吉田こそがラッカーゼの発見者であり，最初に見出された酸化酵素の発見者である[82~85]．これは，酵素に加水分解以外の活性を持つものがあることを示した最初の発見でもある．吉田は海外留学を通して国際的な発見をなしたのではない．彼の発見は，日本国内で彼の努力に

より成し遂げられたものである。吉田の発見は，米国での高峰によるタカジアスターゼの発見（1894年）より10年以上も早い。維新後十数年をして，世界最先端の生化学的研究を行い，その成果を国際的な学術誌に投稿できる人材が輩出されていたのである（彼のJCS論文は大学卒業後3年，24歳のときのもの）。後年，真島利行が漆の硬化に関する有機化学的研究（1905～1922年）を行い，吉田の漆酸が実際は種々の不飽和アルキル基を含むジフェノール類混合物であることを見出した。真島が漆酸をウルシオールと命名するにおよび，以後，漆酸は用いられない用語となった。

　産業利用を目的とした酵素生産は，1874年にクリスチャン・ハンセン（C. Hansen）によるチーズ製造用仔ウシレンネットの製造会社（コペンハーゲン）の設立に始まる。高峰譲吉の米国でのタカアミラーゼの特許出願（1894年）に続いて，1905年ころ織物加工の糊ぬき剤として，独仏では枯草菌 *Bacillus subtilis* から，他方，佐藤商会（京都）では麹菌 *Aspergilus oryzae* からα-アミラーゼが製造された。1907年，ローム（Roehm）とハース（Haas）は皮なめし用酵素（トリプシンなど）を製造した[86]。このような機運が，今日の産業酵素の展開へとつながっていくのであるが，吉田の高い研究力と先見性は特筆に値する。彼の事績は酸化酵素およびラッカーゼの発見とともに記憶されなければいけない。

　ミカエリス（L. Michaelis）は，メンテン（M. L. Menten）とともに酵素反応速度論を研究し，アンリ（1902年）の反応速度論的取り扱いとフィッシャーの鍵と鍵穴説を受け入れることにより，1913年，迅速平衡仮説を導入してミカエリス-メンテン式を報告した[87,88]。ミカエリスはミカエリス定数にもその名が残るように，20世紀初めの酵素化学研究における大科学者である。

　ミカエリスは，1875年1月にベルリンで生まれ，エールリッヒ（P. Ehrlich）のもとでヤヌスグリーンによるミトコンドリア染色法やワッセルマン反応の研究などを行ったのち，ウルバンにある市立病院の細菌検査部で実験ガンや病原性細菌の研究に従事。1908年，ベルリン大学の非常勤教授になっている。彼は酵素活性のpH依存性やタンパク質等電点と電気泳動，酵素と基質の会合，酵素の阻害，ミカエリス-メンテン式の提案などを報告している[89,90]。水素イオン濃度のタンパク質や酵素に対する効果に関する研究は，セーレンセン（S. Soerensen；デンマーク）の研究と同時期に独立してなされたもので，のちのpHの概念と生化学反応におけるpHの重要性を示したものである。この時期の研究には，カナダからの女子留学生メンテンの貢献が極めて大きい。1905年から1916年まで，ドイツ国内は戦争と敗戦と革命（ドイツ11月革命）とで混乱し，

研究どころではなかったが，1921年にベルリンの科学装置メーカーに就職している。そういう時期に，彼は日本からの招聘状を得ることになる。

愛知医科大学（名古屋大学医学部の前身）は，もともと名古屋藩医学校であったが，1920年の大学令により県立大学として発足することになり，当時世界的に著名な生化学者として知られていたミカエリスが医化学教室初代教授に選出された。彼は，1922年11月，1年間の契約で着任した。愛知県は医化学教室創設のために10万円（今日の20～30億円？）を用意し，ミカエリスは，この資金を使って潤沢な試薬や実験装置をドイツから持ち込んだ[89]。世界最先端レベルの生化学研究室が名古屋に現出した。これらの装置は，彼が名古屋を去った後も名古屋に残され研究に利用された。当時，わが国の生化学研究は高まりを見せており，1925年4月には日本生化学会が設立されている。彼は各地を講演で訪れ，多くの生化学者と交流した。特に，1919年設置の北大医学部には1925～26年に滞在し深い関係を持ったことが知られている[89,90]。彼は契約を2年間延長して，1926年3月に愛知医科大学を退職したのち，ジョンズ・ホプキンス大学講師として渡米し，1929年にロックフェラー研究所の研究員に着任した。ここでは，有機化合物の生化学的酸化還元反応において炭素原子上に不対電子が生じるという先駆的発見をした。1949年10月ニューヨークで逝去。わが国の生化学勃興期に，ミカエリスを招聘教授として招きえたことは，ひとり愛知医科大学においてのみならず，わが国における生化学の方向性や発展にも絶大な影響をもたらしたと思われる。わが国の生化学が，その後，生理学・生物学的側面のみならず物理化学的側面でも大きな進歩をみせたこと，また，信頼できる多くの科学装置メーカーや試薬メーカー，自然科学系出版社が興ってきたことなどを指摘できよう。

4　最後に

デカルト（R. Descartes，1596～1650年）は，自然の現象を正しく理解し，真理に導くための方法として，可能な限り小さな要素にまで細分化（還元・分析）し，個々の要素について理解することを提案した。この方法は，「要素還元論」と呼ばれ，現代の科学にまで引き継がれている哲学的基礎である。要素の集成として，生体の機能や宇宙の運動を理解しようとするものである。時計や自動車の動きや性能は，個別の部品の機能の集成として理解できるという観点で，「機械論」あるいは「機械論的要素還元論」とも呼ばれる。ベルツェリウス以来

の酵素の理解に向けられた科学者の挑戦は，宇宙や物質の真理を理解する挑戦と同様に機械論的要素還元的であった．その結果，個別の酵素について，構造と機能の情報を得ることができるようになった．1980年代以降，遺伝子もタンパク質も，さらには細胞までも人類が自由に操作できる状況になった．

　酵素は，「生命がない（生命と切り離された）状態で生命の反応を触媒する素子」である．この性質ゆえに，酵素化学は生物学とはやや趣の異なる「非生物学的」進歩を遂げてきたといえる．ひるがえって，今日までに蓄積された酵素に関する個別・各論的知識の集成が，生物すなわち「生きている」ことを理解するのに充分ではないことも理解されるようになった．生体を要素に還元・分析することとは別に，要素を総合化する方向が避けられない．要素と要素の間の空間と時間にわたる相互作用およびこれら相互作用のネットワークを通して行われる情報，エネルギー，物質の伝達と交換が，生命現象そのものと言ってもよい．これらの相互作用を化学の言葉を用いて理解しようとする挑戦は，今まさに緒についたばかりである．

　産業革命以降，工業・産業原料は木炭，石炭から石油へと進んできたが，1970年代の石油危機により，石油化学の次を模索する必然が出てきた．1980年代に始まったバイオテクノロジーは，このような時代背景を持っている．化学工業原料として，石炭由来のアセチレンや石油由来のエチレン（Ｃ２化合物）の後継として，生物による二酸化炭素やメタンなどのＣ１化合物を原料としたモノつくりに関心が持たれたのである．もちろん，農業分野や医療分野は言うに及ばず食品工業や医薬品工業において，古くからバイオ技術が使われてきたが，生物反応を利用し，模倣し，改良し，さらに新しい生物反応を創造しようとする産業のあり方は，遺伝子工学，細胞工学の成熟に助けられて1980年代に進展した．

　木炭，石炭，石油は化学工業原料であると同時にエネルギー原料でもある．エネルギー原料としての側面は，化学工業原料としての側面と異なり，原子力や太陽光，風力などでも代替可能であるが，バイオマス発電やバイオエタノール生産などのようにバイオ技術にカーボンニュートラルなエネルギー供給を求める傾向が顕著である．今後，バイオテクノロジーは従来の化石燃料に代わって，エネルギー供給のみならず，化学工業製品やバイオプラスチック，医薬品や食品などの供給において一層の貢献をすることになるだろう．

　酵素は，生命現象を理解するための研究対象であるとともに，最近はバイオテクノロジーの道具としても活躍している．分子生物学や遺伝子組換え技術を

駆使して，酵素の改変や加工（具体的には，活性や安定性の向上），生産性向上や大量製造がより簡便にできるようになると，酵素を利用した有用物質（例えば食品や抗生物質，医薬品原体など）の生産や酵素を用いる分析法や科学機器（酵素免疫測定法やPCR法など）の研究・開発が可能になった．酵素利用の拡大につれて，周辺の分析機器，解析装置，製造装置の発達を促進したし，また，このことが酵素の研究をいっそう加速した．筆者が大学生であった頃（1970年代）から後に現れてきた装置や技術に，HPLC，SDS-PAGE，PCR，DNA配列解析法，制限酵素，イメージング法，質量分析法，表面プラズモン分析法，遺伝子組換え，細胞融合法，酵素免疫測定法，モノクローナル抗体，ハイブリドーマ，ES細胞，iPS細胞などがある．コンピュータの性能や高エネルギー放射光の飛躍的な向上に裏打ちされ，高分解能の結晶構造解析，中性子線散乱やNMRなどによる構造生物学が出現した．一方，以前に比べ，めっきり使用頻度が減った測定法や装置もある（例えば超遠心機，マノメーター，浸透圧計，旋光計，pHスタットなど）が，これらの科学的有用性がなくなったわけではない．

　酵素化学は醗酵と食物の消化への興味から始まったことを示してきた．酵素の辞典やカタログを見ると，醗酵に関わる微生物（酵母，麹菌，枯草菌，放線菌など）やヒトなどの哺乳動物，食用作物（コメ，ダイズなど）由来の酵素が多いことに気づく．酵素の研究対象になってきた生物種レパートリーは驚くほど少なく偏っている．「酵素の博物学」的観点からは，もっと酵素化学の対象になってよいと思われる生物がある．昆虫，環形類，貝類などの無脊椎動物や爬虫類，両生類，魚類，鳥類など，加えて，植物，微生物，キノコ類，地衣類などなど．かれらの機能や形状の多様性はかれらの酵素機能の賜物である．かれらは，未解明であるが潜在的な産業利用の可能性を持っているかもしれない．一方，かれらの中には，すでにヒトと密接な関係を築いているものも多い．カイコやミツバチは（家畜ならぬ）家虫と呼んでも良い．アリ，ゴキブリ，ハエ，カ，イナゴ，カブトムシ，コオロギ，セミ，クモ，ミミズ，エビ，カニ，ナマコ，ホヤ，クラゲなどなど，ヒトの身近にあって生活と関連がある動物だけでも枚挙にいとまがない．北極のオキアミからはPCR用のアルカリホスファターゼが見出されているし，ホタルなどの発光生物からルシフェラーゼが発見された．カイコがクワの葉を食べて絹を大量生産する能力にまねて，人工的なタンパク質合成系を構成しようとする試みもある．一方，ゲノム解析が完了して全ての酵素が理解できたかに見えるヒトについても，記憶，感情，睡眠，サーカディアンリズム，精神活動など，これまで探求が遅れていた分野でも活発な研

究が進められている．老化抑制や分化の初期化，再生医学の研究は，あたかも生物時計の進度を調節したり逆行させたりするようにも見えるが，酵素化学として解明すべき課題は多いだろう．

　さらに加えると，生物進化の38億年の歴史の中で消滅してしまった酵素があるにちがいない．これらを探り，再生する酵素考古学（enzyme archaeology）や考古酵素化学（archaeological enzyme chemistry）というような学問が出てくることを期待したい．マンモスを再生させる試みがある．恐竜酵素（dinosaur enzymes）を空想するだけでもわくわくする．新しい機能を備えた酵素を創造する手法に進化工学（evolutionary engineering）がある．恐竜時代までさかのぼれる進化工学は可能だろうか．ちなみに，1920年代に，オパーリン（A. I. Oparin, 1924年）とホールデン（J. B. S. Haldane, 1929年）は別々に生命の起源に関する化学進化（chemical evolution）を提唱した（オパーリン-ホールデン仮説）．ホールデンは，1930年代には集団遺伝学の数学的基礎の確立に貢献したのであるが，同時期に，ブリッグスとともに酵素反応速度論における定常状態法を研究し，ブリッグス-ホールデン式（1925年）を提案している．彼の生命の起源や進化に対する考え方には，単純な化合物から複雑な化合物やシステムが自発的に形成されることに対する自己触媒能（のちのリボザイムのようなものも含めて）や酵素機能に対する強い親和性があるように感じられる．

　生物と生物の間には共生，感染など種や個体を越えて多様な相互作用が働いている．カイコがクワの葉，コメコクゾウがコメを食べるように，植物Aと昆虫aの間には特異的な捕食関係がある．一方，昆虫aだけに殺虫性を示す微生物α（例えばバチルスチューリンゲネシスのある菌株）がある[91]．ここでは，微生物αのあるタンパク質が昆虫の中腸アミノペプチダーゼを選択的に阻害して，昆虫aを死に至らしめる．この原理を利用して，微生物αが植物Aを昆虫aから守るための微生物農薬として利用されている．ここには，特定の微生物と昆虫と植物の間に確たる相互作用があるし，多くの酵素反応が協調的に作動しているはずである．生物個体にはその個体を時間的空間的にうまく機能させるための多くの酵素反応が代謝経路として協調的に作動している．生物界全体において，生物個体内にも個体間にも，さらに空間的にも時間的にも，酵素反応のネットワークが張り巡らされているように見える．未解明の問題が多すぎる．若い方々の活躍に期待したい．

　ここで取り上げることができなかった課題は多い．成書（例えば，文献92～98））を参照して欲しい．

文　献

1) 竹内俊文：モレキュラーインプリンティングによる分子認識材料の創製；バイオサイエンスとインダストリー, **58**, 17-22 (2000)
2) L. Pauling: Nature of forces between large molecules of biological interest; *Nature*, **161**, 707-709 (1948)
3) W. P. Jencks: Catalysis in Chemistry and Enzymology, p.288, McGraw-Hill, New York (1969)
4) A. Tramontano, K. D. Janda, R. A. Lerner: *Science*, **234**, 1566-1570 (1986)
5) S. J. Pollock, J. W. Jacobs, P. G. Schultz: *Science*, **234**, 1570-1573 (1986)
6) G. M. Blackburn, A. S. Kang, G. A. Kingsbury, D. R. Burton: Catalytic antibodies; *Biochem. J.*, **262**, 381-390 (1989)
7) T. R. Cech, A. J. Zaug, P. J. Grabowski: *In vitro* splicing of the ribosomal RNA precursor of Tetrahymena: Involvement of a guanosine nucleotide in the excision of the intervening sequence; *Cell*, **27**, 487-496 (1981)
8) K. Kruger *et al.*: Self-splicing RNA: Autoexcision and autocyclization of the ribosomal RNA intervening sequence of Tetrahymena; *Cell*, **31**, 147-157 (1982)
9) T. R. Cech: A model for the RNA-catalyzed replication of RNA; *Proc. Natl. Acad. Sci. U. S. A.*, **83**, 4360-4363 (1986)
10) C. Guerrier-Takada, K. Gardiner, T. Marsh, N. Pace, S. Altman: The RNA moiety of ribonuclease P is the catalytic subunit of the enzyme; *Cell*, **35**, 849-857 (1983)
11) A. J. Zaug, T. R. Cech: The intervening sequence RNA of Tetrahymena is an enzyme; *Science*, **231**, 470-475 (1986)
12) A. J. Zaug, J. R. Kent, T. R. Cech: Reactions of the intervening sequence of the Tetrahymena ribosomal ribonucleic acid precursor- pH dependence of cyclization and site-specific hydrolysis; *Biochemistry*, **24**, 6211-6218 (1985)
13) A. Wochner, J. Attwater, A. Coulson, P. Holliger: Ribozyme-catalyzed transcription of an active ribozyme; *Science*, **332**, 209-212 (2011)
14) J. A. Doudna, T. R. Cech: The chemical repertoire of natural ribozymes; *Nature*, **418**, 222-228 (2002)
15) T. R. Cech: Ribozymes, the first 20 years; *Biochem. Soc. Trans.*, **30**, 1162-1166 (2002)
16) D. M. J. Lilley: The origin of RNA catalysis in ribozymes; *Trends Biochem. Soc.*, **28**, 495-501 (2003)
17) L. Citti, G. Rainaldi: Synthetic hammerhead ribozymes as therapeutic tools to control disease genes; *Curr. Gene Therapy*, **5**, 11-24 (2005)
18) 菅裕明, 山岸祐介, 二井一樹：In vitroセレクション法による人工リボザイムの創製；酵素利用技術体系（小宮山真（監修）), pp.364-369, エヌ・ティー・エス, 東京 (2010)
19) T. Inoue, F. X. Sullivan, T. R. Cech: New reactions of the ribosomal RNA precursor of Tetrahymena and the mechanism of self-splicing; *J. Mol. Biol.*, **189**, 143-165 (1986)
20) 舘野賢, マウロ ボエロ：リボザイムの酵素反応機構—第1原理計算が明らかにする生体反応の精巧な仕組み；生物物理, **48**, 216-220 (2008)
21) T. D. H. Bugg: 入門 酵素と補酵素の化学（井上國世（訳）), pp.273-277, シュプリンガ

ー・フェアラーク東京,東京(2006)
22) F. Michel et al.: The guanosine binding site of the Tetrahymenaribozyme; *Nature*, **342**, 391-395 (1989)
23) B. L. Bass, T. R. Cech: Specific interaction between the self-splicing RNA of Tetrahymena and its guanosine substrate; *Nature*, **308**, 820-826 (1986)
24) W. G. Scott, J. T. Finch, A. Klug: The crystal structure of an all-RNA hammerhead ribozyme: A proposed mechanism for RNA catalytic cleavage; *Cell*, **81**, 991-1002 (1995)
25) M. Martick, W. G. Scott: Tertially contacts distant from the active site prime a ribozyme for catalysis; *Cell*, **126**, 309-320 (2006)
26) M. Eigen: Selforganization of matter and the evolution of biological macromolecules; *Naturwissenschaften*, **58**, 465-523 (1971)
27) 塩見春彦,稲田利文,泊幸秀,廣瀬哲郎(編):生命分子を統合するRNA―その秘められた役割と制御機構(実験医学増刊,**31**(7)),羊土社,東京(2013)
28) B. Cuenoud, J. W. Szostak: A DNA metalloenzyme with DNA ligase activity; *Nature*, **375**, 611-614 (1995)
29) 相阪和夫:酵素サイエンス,pp.148-156,幸書房,東京(1999)
30) 池田宰:酵素機能の模倣;酵素利用技術体系(小宮山真(監修)),pp.342-345,エヌ・ティー・エス,東京(2010)
31) 八木沢皓記,芳本忠:酵素の作用機構;新・入門酵素化学(西澤一俊,志村憲助(編集)),pp.139-174,南江堂,東京(1995)
32) K. Inouye, K. Kuzuya, B. Tonomura: A spectrophotometric study on the interaction of thermolysin with chloride and bromide ions, and the state of tryptophyl residue-115; *J. Biochem.*, **116**, 530-535 (1994)
33) 村山浩一,井上國世:溶媒効果分光法によるThermolysinのチロシン残基およびトリプトファン残基の存在状態;2010年度日本農芸化学会関西支部大会,講演番号D15,近畿大学農学部(2010)
34) M. Sugahara et al.: Grease matrix as a versatile carrier of proteins for serial crystallography; *Nature Methods*, **12**, 61-63 (2015)
35) 菅原道泰,南後恵理子:グリースマトリックス法による連続フェムト秒結晶構造解析;Spring-8/SACLA利用者情報,**20**,324-327 (2015)
36) K. Igarashi et al.: High-speed atomic force microscopy visualized processive movement of Tricoderma reesei cellobiohydrolase I on crystalline cellulose; *J. Biol. Chem.*, **284**, 36186-36190 (2009)
37) K. Igarashi et al.: Traffic jams reduce hydrolytic efficiency of cellulase on cellulose surface; *Science*, **333**, 1279-1282 (2011)
38) 西坂崇之,政池知子:F_1-ATPaseの化学―力学カップリング―1分子の反応を顕微鏡でとらえる;生物物理,**47**,118-123 (2007)
39) K. Shiroguchi et al.: Direct observation of the myosin Va recovery stroke that contributes to unidirectional stepping along actin; *PLoS Biology*, **9**, e1001031 (2011)
40) T. Ogawa et al.: Direct observation of DNA overwinding by reverse gyrase; *Proc. Natl. Acad. Sci. U. S. A.*, **112**, 7495-7500 (2015)

41) D. M. Matthews: Protein absorption; *J. Clin. Path. Suppl.*（*Roy. Coll. Path.*）, **5**, 29-40（1971）
42) 村地孝：タンパク質分子の体内とり込みとその意義；化学と生物, **19**, 37-43（1981）
43) J. Hirose *et al.*: Occurrence of the major food allergen, ovomucoid, in human breast milk as an immune complex; *Biosci. Biotechnol. Biochem.*, **65**, 1438-1440（2001）
44) 廣瀬潤子，木津久美子，成田宏史：経口摂取したタンパク質の腸管通過機構とその生物学的合目的性；化学と生物, **45**, 230-232（2007）
45) 上野川修一：からだの中の外界—腸のふしぎ，講談社，東京（2013）
46) 武田薬品工業㈱ニュースリリース：消炎酵素製剤「ダーゼン®」の自主回収について，www.takeda.co.jp/news/2011/20110221_4752.html（2011）
47) 一島英治：酵素—ライフサイエンスとバイオテクノロジーの基礎, pp.180-188, 東海大学出版会, 東京（2001）
48) 井上國世：酵素応用の技術；酵素応用の技術と市場2015（井上國世（監修）), pp.1-30, シーエムシー出版, 東京（2015）
49) J. W. Anderson, B. N. Johnstone, M. E. Cook-Newell: Meta-analysis of the effects of soy protein intake on serum lipids; *N. Eng. J. Med.*, **333**, 276-282（1995）
50) Y. Wang, P. J. H. Jones, L. M. Ausman, A. H. Lichtenstein: Soy protein reduces triglyceride levels and triglyceride fatty acid fractional synthesis rate in hypercholesterolemic subjects; *Atherosclerosis*, **173**, 269-275（2004）
51) D. J. A. Jenkins *et al.*: Soy protein reduces serum cholesterol by both intrinsic and food displacement mechanisms; *J. Nutr.* Suppl.（Soy summit-Exploration of the nutrition and health effects of whole soy）, 2302S-2311S（2010）
52) N. Tsuruoka, R. Yamato, Y. Sakai, Y. Yoshitake, H. Yonekura: Promotion by collagen tripeptide of type I collagen gene expression in human osteoblastic cells and fracture healing of rat femur; *Biosci. Biotechnol. Biochem.*, **71**, 2680-2687（2007）
53) Y. Shigemura *et al.*: Effect of prolyl-hydroxyproline（Pro-Hyp), a food-derived collagen peptide in human blood, on growth of fibroblasts from mouse skin; *J. Agric. Food Chem.*, **57**, 444-449（2009）
54) M. Watanabe-Kamiyama *et al.*: Absorption and eddectiveness of orally administered low molecular weight collagen hydrolysate in rats; *J. Agric. Food Chem.*, **58**, 835-841（2010）
55) V. Zague *et al.*: Collagen hydrolysate intake increases skin collagen expression and suppresses matrix metalloproteinase 2 activity; *J. Med. Food*, **14**, 618-624（2011）
56) M. Pollan: In Defense of Food, Penguin, New York（2008）
57) 衛藤義勝（責任編集）：ライソゾーム病，診断と治療社，東京（2011）
58) A. Zimran, K. Loveday, C. Fratazzi, D. Elstein: A pharmacokinetic analysis of a novel enzyme replacement therapy with Gene-Activated® human glucocerebrosidase（GA-GCB）in patients with type 1 Gaucher disease; *Blood Cells Mol. Dis.*, **39**, 115-118（2007）
59) T. McKee, J. R. McKee：マッキー生化学—分子から解き明かす生命，第4版（市川厚（監修）), p.143, 化学同人，京都（2010）
60) 西川建：天然変性タンパク質とは何か？；生物物理, **49**, 4-10（2009）

61) T. McKee, J. R. McKee：マッキー生化学―分子から解き明かす生命，第4版（市川厚（監修）），p.202，化学同人，京都（2010）
62) D. Voet, J. G. Voet：ヴォート生化学（上），第3版（田宮信雄，村松正実，八木達彦，吉田浩，遠藤斗志也（訳）），p.412，東京化学同人，東京（2005）
63) L. Graf, L. Szilagyi, I. Venekei: Chymotrypsin; Handbook of Proteolytic Enzymes, 2 nd ed.（A. J. Barrett, N. D. Rawlings, J. F. Woessner（Eds.）），Vol. 2, pp.1495-1501, Elsevier, Amsterdam（2004）
64) E. Wallin, G. von Heijne: Genome-wide analysis of integral membrane proteins from eubacterial, archaean, and eukaryotic organisms; *Protein Sci.*, **7**, 1029-1038（1998）
65) G. C. Terstappen, A. Reggiani: *In silico* research in drug discovery; *Trends Pharmacol. Sci.*, **22**, 23-26（2001）
66) M. J. Coon, K. Inouye: Biochemical properties of cytochrome P-450 in relation to steroid oxygenation; *Ann. New York Acad. Sci.*, **458**, 216-224（1985）
67) J. Deisenhofer, O. Epp, K. Miki, R. Huber, H. Michel: Structure of the proteinsubunits in the photosynthetic reaction centre of *Rhodopseudomonas viridis* at 3 Å resolution; *Nature*, **318**, 618-624（1985）
68) E. P. Carpenter, K. Beis, A. D. Cameron, S. Iwata: Overcoming the challenges of membrane protein crystallography; *Curr. Opin. Struct. Biol.*, **18**, 581-586（2008）
69) 岩田想：膜タンパク質の結晶構造解析に将来はあるのか；蛋白質核酸酵素，**50**，198-206（2005）
70) T. Hino *et al.*: G-protein coupled receptor inactivation by an allosteric inverse-agonist antibody; *Nature*, **482**, 237-240（2012）
71) H. Zhang *et al.*: Structure of the angiotensin receptor revealed by serial femtosecond crystallography; *Cell*, **161**, 833-844（2015）
72) H. W. Rhee *et al.*: Proteomic mapping of mitochondria in living cells via spatially restricted enzymatic tagging; *Science*, **339**, 1328-1331（2013）
73) 井上國世（監修）：産業酵素の応用技術と最新動向，シーエムシー出版，東京（2009）
74) 斉藤務：フィターゼ―大豆たん白質への応用；食品酵素化学の最新技術と応用―フードプロテオミクスへの展望（井上國世（監修）），pp.84-92，シーエムシー出版，東京（2004）
75) R. J. Wodzinski, A. H. J. Ullah: Phytase; *Adv. Appl. Microbiol.*, **42**, 263-302（1996）
76) 栗木隆：β-アミラーゼ；工業用糖質酵素ハンドブック（岡田茂孝，北畑寿美雄（監）），pp.25-27，講談社サイエンティフィック，東京（1999）
77) A. W. MacGregor, D. L. Ballance: Hydrolysis of large and small starch granles from normal and waxy barley cultivars by alpha-amylases from barley malt; *Cereal Chem.*, **57**, 397-402（1980）
78) 末次信行：Multiple attackとシクロデキストリンの加水分解反応；入門酵素反応速度論（小野宗三郎（編著）），pp.170-180，共立出版，東京（1975）
79) 日本酵素協会（編）：日本酵素産業小史，日本酵素協会，千葉（2009）
80) K. B. Buchholz, P. B. Poulsen: Introduction; Applied Biocatalysis, 2nd ed.（A. J. J. Straathof, P. Adlercreutz（Eds.）），pp.1-15, Harwood Academic Publishers, Amsterdam（2000）
81) H. Yoshida: Chemistry of Lacquer (Urushi); *J. Chem. Soc. Trans.*, **43**, 472-486（1883）

82) J. B. Sumner, G. F. Somers: Chemistry and Methods of Enzymes, 3rd ed., pp.215-248, Academic Press, New York（1953）
83) 中村隆雄：酵素のはなし，pp.96-98，学会出版センター，東京（1991）
84) 芝哲夫：吉田彦六郎；和光純薬時報，**70**(2)，2-4（2002）
85) 小林四朗：人工漆を創る；現代化学，2003年7月号，23-35（2003）
86) 小巻利章：酵素応用の知識，第4版，pp.1-27，幸書房，東京（2000）
87) L. Michaelis, M. L. Menten: Die Kinetik der Invertinwirkung; *Biochem. Z.*, **49**, 333-369 （1913）
88) K. A. Johnson, R. S. Goody: The original Michaelis constant- Translation of the 1913 Michaelis-Menten paper; *Biochemistry*, **50**, 8264-8268（2011）
89) 八木國夫（編）：ミハエリス教授と日本（非売品），ミハエリス会，名古屋（1973）
90) 藤田博美，畠山鎮次，門松健治：一枚の写真から，レオノール・ミハエリスの札幌；生化学，**84**，954-962（2012）
91) 水城英一，奥村史朗，赤尾哲之：微生物農薬（BT）の作用性と酵素活性制御；食品酵素化学の最新技術と応用―フードプロテオミクスへの展望（井上國世（監修）），pp.162-171，シーエムシー出版，東京（2004）
92) 小宮山真（監修）：酵素利用技術体系，エヌ・ティー・エス，東京（2010）
93) 相阪和夫：酵素サイエンス，幸書房，東京（1999）
94) 上島孝之：酵素テクノロジー，幸書房，東京（1999）
95) 松本一嗣：生体触媒化学，幸書房，東京（2003）
96) 小巻利章：酵素応用の知識，第4版，幸書房，東京（2000）
97) 八木達彦，福井俊郎，一島英治，鏡山博行，虎谷哲夫（編）：酵素ハンドブック，第3版，朝倉書店，東京（2008）
98) 井上國世（監修）：酵素応用の技術と市場2015，シーエムシー出版，東京（2015）

（以上，井上國世）

索　引

【英数字】

2-オキソグルタル酸 ……………………… 148
2-オキソグルタル酸デヒドロゲナーゼ
　複合体 ………………………… 156, 439
4'-ホスホパンテテイン ………………… 157
5-ホスホ-α-D-リボシル二リン酸
　（PRPP）……………………………… 441
6-ホスホグルコン酸デヒドロゲナーゼ
　……………………………………… 148
8-アニリノナフタレン-1-スルホン酸
　（ANS）………………………………… 79
ACP ……………………………………… 157
Adairの式 ……………………………… 383
ADPリボシル化 ………………………… 134
AFM ……………………………………… 119
Anfinsenのドグマ ……………………… 123
Archibald（アーチボルド）法 ………… 70
Arrhenius（アレニウス）……………… 217
Arthur Kornberg ……………………… 179
ATPアーゼ ……………………………… 147
ATP合成酵素 …………………………… 161
Bacillus thuringiensis（Bt）………… 487
Biacore …………………………………… 89
BN-PAGE ……………………………… 198
Braggの法則 …………………………… 110
Brønsted（ブレンステッド）………… 218
cAMP応答配列結合タンパク質
　（CREB）……………………………… 450
Carboxypeptidase A ………………… 424
catalytic triad ………………………… 164
CD ………………………………………… 81
Central Complex ……………………… 365
Cleland ………………………………… 365
Compound I …………………………… 154
COSY …………………………………… 116
Cotton効果 ……………………………… 81
Cryタンパク質 ………………… 15, 487
c-Src …………………………………… 160
denaturation …………………………… 132

DNA ……………………………………… 139
DNAシークエンシング ……………… 229
DNAリガーゼ ………………………… 148
DSC ……………………………………… 125
D-グルコース …………………………… 4
D-グルコノ-δ-ラクトン ……………… 4
EF-G …………………………………… 142
EF-Ts …………………………………… 142
EF-Tu …………………………………… 142
eIF 4 A ………………………………… 144
ES複合体 ………………… 6, 7, 23, 24, 28
Eファクター …………………………… 486
F430 ……………………………………… 58
FAD …………………………………… 148
fMet-tRNA^{fMet} ……………………… 141
FMN …………………………………… 148
folding ………………………………… 132
Fyn ……………………………………… 161
F型ATPアーゼ ………………………… 161
Good（グッド）………………………… 223
GTA緩衝液 …………………………… 223
GTPアーゼ …………………………… 142
Gタンパク質共役リセプター ………… 506
Henderson-Hasselbalch（ヘンダーソ
　ン-ハッセルバルヒ）……………… 217
Hillの式 ………………………………… 378
His-tag ………………………………… 199
H-Ras ………………………………… 160
HSQC …………………………………… 117
IF-1 …………………………………… 141
IF-2 …………………………………… 141
IF-3 …………………………………… 141
*in silico*スクリーニング …………… 238
induced-fit …………………………… 420
iPS細胞技術 …………………………… 499
ITC ……………………………………… 125
K_a（酸解離定数）…………………… 219
Kazal型 ………………………………… 171
K_b（塩基解離定数）………………… 220

523

Kramers-Kronig（クラマース-クロニッヒ）	81	P型ATPアーゼ	160
Kunitz型の阻害物質	170	QSAR	86
K_w	219	Rab	161
Lambert-Beer（ランベルト-ベール）式	76	Random機構	365
Langmuirの吸着等温式	381	RF-1	144
Langmuirの式	383	RF-2	144
Lowry（ローリー）	218	RF-3	144
Lyn	161	RNA	2, 139
L-アミノ酸オキシダーゼ	150	RNA酵素	493
MAPキナーゼ	452	RNAポリメラーゼ	139, 432
mRNA	15, 139	RNAポリメラーゼI	144
mTOR	452	RNAポリメラーゼII	144
NAD$^+$	45, 147	RNAポリメラーゼIII	144
NADH	45, 147	SAXS	119
NADP$^+$	45, 147	Scatchardプロット	383
NADPH	45, 147	SDS-PAGE	197
Native-PAGE	198	Sequential機構	365, 370
NMR	28, 110	Sørensen（セーレンセン）	214
NOESY	117	SS結合形成	132
N結合型	133	Stern-Volmerプロット	79
N末端修飾	134	Stokesshift（ストークス・シフト）	78
ORD	81	substrate-assisted catalysis	422
Ordered機構	365	Svedberg（スヴェドベリ）単位	73
O結合型	133	S-アデノシルメチオニン	46
PAGE	197	TCA回路	148, 436
PBS	226	Thermolysin	423
PCR（polymerase chain reaction）法	230	TOCSY	116
pH	3, 4	t-PA	168
pH試験紙	226	transcription	139, 231
pH指示薬	226	translation	139, 231
pHジャンプ法	404	tRNA	139
pHスタット	227	tRNA identity element	420
pHの影響	344	UDP-グルコース	46
Ping-pong機構	365	u-PA	168
pK_a	219	van der Waals（ファンデルワールス）力	67
PKB/Akt	451	van't Hoff（ファント・ホッフ）の実験式	69
Planck（プランク）定数	76	X線結晶構造解析	27
PLP酵素	147	X線結晶構造解析法	110
proof-reading/editing	421	X線構造解析	28
		X線小角散乱	119

Yphantis（イファンティス）法 ……… 70
α_1アンチプロテアーゼ …………… 169
α_2アンチプラスミン ……………… 169
α_2マクログロブリン ……………… 171
$\alpha\alpha$モチーフ構造 …………………… 424
αアミノ酸脱炭酸酵素 ……………… 151
αアミラーゼ ………………………… 56
α-アミラーゼ ………………………… 19
α-キモトリプシン ………… 5, 27, 274
αヘリックス ……………… 81, 95, 107
α-リポ酸 ……………………… 48, 156
β-ガラクトシダーゼ ………… 432, 474
β-グルコシダーゼ …………………… 19
β構造 ………………………………… 107
βシート ………………………… 8, 95
σ因子 ……………………………… 140

【ア】

アイゲン ………………………………… 29
アイリング ……………………………… 264
アイリング プロット …………………… 266
アイリング式 …………………………… 265
亜鉛イオン ……………………………… 54
亜鉛結合モチーフ配列 ………… 423, 424
亜鉛酵素 ………………………………… 147
亜鉛プロテアーゼ ……………………… 152
赤堀四郎 ………………………………… 6
アクリルアミド ………………………… 509
アコニターゼ ……………………… 6, 55
亜硝酸還元酵素 ………………………… 58
アシル運搬タンパク質 ………………… 157
アシルキャリアープロテイン ………… 59
アスコルビン酸 ………………………… 50
アスパラギナーゼ ………… 503, 508, 510
アスパラギン酸カルバモイルトランス
　フェラーゼ ………………………… 156
アスパルテーム ………………… 30, 333
アセチル CoA …………………………… 156
アセチル CoA カルボキシラーゼ …… 59
アセチル化 ……………………………… 134
アセチルコリンエステラーゼ ………… 146
圧力 ……………………………… 3, 268

圧力ジャンプ法 ………………………… 29
圧力の影響 ……………………………… 359
アデニル酸 ……………………………… 441
アデニル酸シクラーゼ ………… 160, 448
アデニンホスホリボシルトランスフ
　ェラーゼ …………………………… 442
アデノシルコバラミン ………… 48, 147
アデノシン一リン酸（AMP） ………… 46
アデノシン三リン酸（ATP） ………… 46
アドレナリン …………………………… 447
アノマー反転型酵素 …………………… 422
アノマー保持型酵素 …………………… 422
アフィニティークロマトグラフィー
　……………………………… 199, 459
アブザイム ………………………… 2, 491
アポ酵素 ………………………………… 41
アミノアシル AMP …………………… 139
アミノアシル tRNA …………………… 139
アミノアシル tRNA 合成酵素 ……… 139
アミノアシル-tRNA 合成酵素 ……… 418
アミノ酸誘導体ホルモン ……………… 447
アミノ酸ラセマーゼ …………… 147, 151
アミノペプチダーゼ …………………… 516
アミノ末端（N末端）………………… 94
アミラーゼ ……………………………… 509
アミロイド β 前駆体タンパク質 …… 171
アミンアミノ基転移酵素 ……………… 426
亜臨界溶媒 ……………………………… 464
亜臨界流体 ……………………………… 485
アルカリホスファターゼ …… 152, 474, 515
アルコールデヒドロゲナーゼ ………… 152
アルコール醗酵 ………………… 17, 20, 21
アレニウス ……………………………… 261
アレニウス プロット ………………… 261
アレニウス式 …………………………… 262
アロステリック現象 …………………… 7
アロステリック効果 ………… 7, 102, 377
アロステリック阻害 …………………… 445
アロステリック調節 …………………… 26
アロステリック調節因子 ……………… 156
アンジオテンシン変換酵素 …………… 159
アンチトロンビン III …………………… 169

525

アンペロメトリー法･････････････････469
アンリ･････････････････6, 28, 276, 512
アンリ式･･････････････････････････277

【イ】
イーディー-ホフスティー プロット ･････292
イーディー-ホフスティー式･･････････293
イオン液体･･････････････････464, 484
イオン強度･･････････････････225, 272
イオン交換カラムクロマトグラフィー ･････202
異化･･･････････････････････11, 435
異常分散法････････････････････113
異性化･････････････････････････330
異性化過程･･････････････････････371
異性化酵素････････････････････36
イソクエン酸デヒドロゲナーゼ･･･148, 439
一次構造････････････････94, 95, 504
一次反応････････････････････252
一次反応定数･･････････････････367
一分子異性化過程････････････････365
一般塩基触媒････････････････388
一般酸触媒････････････････････388
遺伝子･･････････････････････････9
遺伝子組換え････････････････････460
遺伝子組換え酵素････････････････459
遺伝子工学････････････････････135
遺伝子調節タンパク質･･････････････14
遺伝子発現･･････････････････････9
イニシャルバースト測定･･････････212
イノシン酸････････････････････441
イムノクロマト法･････････････471
イメージング････････････････････14
医薬・研究酵素････････････････456
インスリン･････････････30, 135, 447
インスリン受容体基質-1････････････450
インテグラーゼ････････････････････1
インベルターゼ･･･････6, 23, 28, 274
インベルチン･････････････････････23

【ウ】
ウィルシュテッター･････････････22, 24
ウェーラー････････････････････22

ウシ（塩基性）膵臓トリプシンインヒビター（BPTIと略される）･･････････170
ウレアーゼ･･･････････････････24
ウロキナーゼ･････････････････503
ウロキナーゼ型プラスミノーゲンアクチベーター･･･････････････････168

【エ】
エクソン････････････････････････9
エステラーゼ････････････････146
エドマン分解法････････････････105
エバネッセント波･･････････････87
エフェクター････････････････377
エムデン････････････････････21
エムルシン･･････････････････19, 23
エラスターゼ････････････････165
塩基性アミノ酸･･････････････････64
塩橋（ソルトブリッジ）･･････････68
エンザイム･･････････････････22
遠心分離････････････････････203
遠心力･･････････････････････203
塩析･･････････････････････195
エンタルピー････････････････124
エンタルピー変化････････････352, 353
エンチーム････････････････22
エンテロペプチダーゼ･･････････159
エンドポイントアッセイ･･････････465
エントロピー･･････････････124
エントロピー効果･･････････････399
円偏光･････････････････････81
円偏光二色性･･････････････81, 107

【オ】
オイラー･･･････････････････21
オーダード機構･･･････････････334
オキサロ酢酸････････････････438
オキシアニオンホール･･････････400
オキシダーゼ法････････････････467
オグストン････････････････････6
オグストン説･････････････････6
オプシン･･･････････････････50
オリゴマー酵素････････････････155

オリゴマー構造	379	活性化	7, 303, 332
オリザニン	26	活性解離基	344, 345
折りたたみ	123	活性化エネルギー	261, 263
オルニチン	65	活性化体積	360
オルニチンデカルボキシラーゼ	431	活性化体積変化	269
温度	3	活性化物質	332
温度ジャンプ法	29, 404	活性中間体	262
温度の影響	354	活性中心純度	212
温度補償機能	224	活性部位	5, 6
		活性複合体	262, 264
【カ】		活量	242
壊血病	50	活量係数	242
回転数	286	カテプシンK	146
解糖系	436	過ヨウ素酸法	473
外部アルジミン	151	ガラス電極	215
界面活性剤	188	カラムクロマトグラフィー	38
解離定数 (K)	219	カリウムイオン	54
化学緩和	29	カルシウムイオン	56
化学修飾	303	カルニチン	51
化学的修飾	134	カルパイン	56
化学平衡	241	カルビン-ベンソン回路	435
鍵と鍵穴説	6, 23, 280	カルボキシキャリアータンパク質	59
架橋法	461	カルボキシペプチダーゼ	132
核酸アプタマー	496	カルボキシペプチダーゼA	29, 152
核酸医薬	504	カルボキシペプチダーゼ法	105
拡散係数	74, 267	カルボキシ末端（C末端）	94
拡散速度	267	カルボニックアンヒドラーゼ	4
拡散律速	268, 329	カルモジュリン	56
拡散律速反応	288, 297	カロリメトリックエンタルピー変化	246
核磁気共鳴法	110	肝細胞増殖因子活性化因子阻害物質	171
核内受容体	447	肝細胞増殖因子活性化物質	171
加水分解酵素	35	緩衝液	186
カスケード	167	緩衝能	221
数平均分子量	69	緩慢強固結合型阻害	323
カタール	38, 209	緩慢結合型阻害	323, 325
カタール単位	38	含硫アミノ酸	64
カタボライト遺伝子活性化タンパク質	433	緩和	29
カタラーゼ	39, 153	緩和曲線	370
脚気	26, 49	緩和時間	255, 371
脚気原因説	26	緩和法	370, 404
脚気細菌説	26		

【キ】

偽一次速度定数 …………………… 359
偽一次反応 ………………… 258, 285
機械論 ………………………………… 513
機械論的要素還元論 ……………… 513
キサンチンオキシダーゼ …………… 58
ギ酸デヒドロゲナーゼ …………… 145
基質 …………………………………………… 1
基質結合部位 ……………… 5, 7, 304
基質阻害 …………………………… 330
基質特異性 ……………………… 4, 5
基質認識 ……………………………… 6
基質補助触媒 …………………… 422
キシラナーゼ …………………… 508
キシロースイソメラーゼ ……… 5, 467
規制的結合順序機構 …………… 334
気体定数 ………………………… 243
キチナーゼ ……………………… 421
拮抗阻害 ………………… 304, 322
拮抗阻害物質 ……………… 304, 331
基底状態 ……………………………… 78
キヌレニナーゼ ………………… 151
機能 ………………………………………… 9
機能改変 ………………………… 135
揮発性緩衝物質 ………………… 224
ギブズエネルギー ……………… 243
キモシン ……………………………… 17
キモトリプシノーゲン ……… 166, 505
キモトリプシン …… 136, 274, 301, 386, 505
逆相カラムクロマトグラフィー ……… 201
逆転写 ………………………………………… 9
求核攻撃 ………………………… 420
求核触媒 ………………………… 389
吸光度A ……………………………… 76
球状タンパク質 …………………… 95
吸着等温線 ……………………… 382
求電子触媒 ……………………… 391
キューネ ……………………………… 22
競合的阻害 ……………………… 445
競合法 …………………………… 470
強固結合型阻害 ………… 317, 318
偽陽性 …………………………… 472

鏡像異性 ………………………………… 5
協奏モデル ……………………… 379
共通アミノ酸 ……………………… 64
協同効果 ………………………… 102
協同性 …………………………… 379
共鳴吸収 ………………………… 114
共役酸塩基対 …………………… 219
極限環境 ………………………………… 3
キラル中心 ……………………… 426
キルヒホッフ ……………………… 18
均一 ………………………………… 39
金魚説 ………………………………… 7
キング-アルトマン法 …………… 338
近接効果 ………………………… 396
金属 ………………………………… 25
金属酵素 …………………… 54, 147
金属プロテアーゼ ………… 147, 423

【ク】

グアニル酸 ……………………… 441
クーロン力 ………………………… 67
クエン酸回路 ……………………… 26
クエン酸シンターゼ …………… 439
口噛み酒 ………………………… 16
グッゲンハイム プロット ……… 259
グッドバッファー ………………… 223
クニッツ …………………………… 25
組換えタンパク質発現系 ……… 233
クリーランド …………………… 333
グリーンケミストリー …………… 486
グリコーゲン …………………… 438
グリコーゲンシンターゼキナーゼ3β … 452
グリコーゲンホスホリラーゼ …… 151
グリコシラーゼ類 ……………… 146
グリコシル化 …………………… 133
グリシン分解系 ………………… 59
クリスタルタンパク質 ………… 487
グリセルアルデヒド3-リン酸デヒドロゲナーゼ ………………………… 431
グルータンパク質 ……………… 15
グルカゴン ……………………… 447
グルコアミラーゼ ……………… 474

グルコース-6-リン酸ホスファターゼ･･･439
グルコースイソメラーゼ･･････････4, 467
グルコースオキシダーゼ･･･････････4
グルコースセンサー･･････････････482
グルコースデヒドロゲナーゼ･････4, 467
グルコーストランスポーター4･･･････452
グルコキナーゼ･･････････････････436
グルコシダーゼ･･･････････････････6
グルコシルホスファチジルイノシトール
　（GPI）･･････････････････････161
グルタチオンジスルフィドレダクターゼ
　･･････････････････････････････150
グルタチオンパーオキシダーゼ･････60
グルタチオンペルオキシダーゼ･････145
グルタミン酸-2-オキソグルタル酸トラ
　ンスアミナーゼ（GOT）･････････151
グルタミン酸ーピルビン酸トランスア
　ミナーゼ（GPT）･････････････151
クレブス･･････････････････････････26
クロフト・ヒル･･･････････････････30
クロマトグラフィー･･････････････25
クロマトフォーカシング（等電点クロ
　マトグラフィー）････････････････72

【ケ】
継起的･･････････････････････････････8
蛍光･･････････････････････････････78
蛍光共鳴エネルギー移動（fluorescence
　resonance energy transfer, FRET）･･･80
蛍光プローブ･････････････････････79
蛍光量子収率ϕ_f･･････････････････78
系統的命名法････････････････････33
系統名･･････････････････････････33
系統名命名法･･･････････････････33
血液凝固････････････････････････15
血液凝固カスケード･･････････････167
結晶化･･････････････････････111, 507
結晶構造･･････････････････････････7
結晶性タンパク質･････････････････15
ケト原生アミノ酸･･･････････････439
ゲノム･･･････････････････････････9
ケラチン････････････････････････97

ゲルろ過カラムクロマトグラフィー･･･202
ゲルろ過クロマトグラフィー（GFC）･･･70
ゲルろ過法･･･････････････････････193
原子間力顕微鏡･･･････････････････119
原子量･･････････････････････････69
ケンドリュー･･････････････････････27

【コ】
コアクチベーター･･･････････････434
高圧･･･････････････････････････360
光化学系II･･････････････････････55
抗原抗体反応･･･････････････････470
高次構造･･････････････････95, 100
合成･･･････････････････････････11
校正機構･･････････････････････421
構成性酵素････････････････････430
酵素･･･････････････････････････1
酵素委員会･･････････････････････33
構造生物学･･････････････････････28
構造タンパク質･･････････････････13
構造特異性･･････････････････････5
構造モチーフ（超二次構造）･･････98
酵素ー基質複合体･･････････････6, 23
酵素化学･･･････････････････････10
酵素活性････････････7, 37, 241, 303
酵素活性の国際単位･･･････････････37
酵素活性の単位･･･････････････････37
高速液体クロマトグラフィー････201
酵素固定化･･････････････････････460
酵素市場･･････････････････････456
酵素製剤･･････････････････････501
酵素前駆体（zymogen，チモーゲン）･･235
酵素タンパク質････････････････13
酵素電極法････････････････････469
酵素の応用･･･････････････････456
酵素の修飾･･･････････････････132
酵素のターンオーバー･･････････430
酵素番号････････････････････33, 34
酵素反応････････････････････････1
酵素反応速度論･･･････････････････28
酵素反応の基本式････････････････280
酵素反応の基本モデル････････････24

529

酵素標識抗体 …………………………… 472
酵素補因子 ……………………………… 41, 146
酵素補充療法 …………………………… 503
酵素名 …………………………………… 33
酵素命名委員会 ………………………… 33
酵素命名法 ……………………………… 33
酵素免疫測定法 ………………………… 470
抗体 ……………………………………… 2
抗体医薬 ………………………………… 504
抗体酵素 ………………………………… 491
好中球エラスターゼ …………………… 170
光電効果 ………………………………… 76
光電子増倍管（PMT） ………………… 76
酵母 ……………………………………… 21
コーニッシュボウデン プロット
………………………………… 293, 313, 315
呼吸鎖複合体 …………………………… 55
呼吸鎖複合体Ⅰ ………………………… 150, 161
呼吸鎖複合体Ⅱ ………………………… 161
呼吸鎖複合体Ⅳ ………………………… 153
呼吸鎖複合体Ⅴ ………………………… 161
国際純正および応用化学連合 ………… 33
国際生化学分子生物学連合 …………… 2, 33
国際生化学連合 ………………………… 33
国際単位 ………………………………… 37, 38
コシュランド …………………………… 29
固相合成法 ……………………………… 137
固体基質 ………………………………… 508
コチマーゼ ……………………………… 22
固定化酵素 ……………………………… 459, 478
コハク酸デヒドロゲナーゼ複合体 …… 439
コバルトイオン ………………………… 54
コラーゲン ……………………………… 51, 97, 502
コルチコステロン ……………………… 447
混合型阻害 ……………………… 304, 306, 307, 367
コンホメーション ……………………… 411
コンホメーション選択説 ……………… 30
コンホメーション変化 ………………… 7

【サ】

サーモライシン … 5, 29, 152, 332, 415, 505
サイクリックAMP（cAMP） ………… 433

サイクルシークエンス法 ……………… 106
最終産物 ………………………………… 445
最適pH ………………………………… 345
最適圧力 ………………………………… 361
最適温度 ………………………………… 354
細胞外マトリックス …………………… 15
細胞説 …………………………………… 20
細胞融合 ………………………………… 460
酢酸パラニトロフェニル ……………… 301, 319
酒 ………………………………………… 17
サスティナブルケミストリー ………… 486
差スペクトル …………………………… 78
サブユニット …………………… 102, 104, 155
サムナー ………………………………… 24
サルベージ経路 ………………………… 441
サンガー ………………………………… 27
サンガー法 ……………………………… 105
酸化還元酵素 …………………………… 34
産業酵素 ………………………………… 456
三次構造 ………………………………… 99
酸性アミノ酸 …………………………… 64
三体複合体 ……………………………… 307
三体複合体機構 ………………………… 334
三段階モデル …………………………… 302
三点結合説 ……………………………… 6
サンドイッチ法 ………………………… 470
サンプリング法 ………………………… 251
三量体Gタンパク質 …………………… 160, 448
酸―塩基平衡 …………………………… 247

【シ】

ジアスターゼ …………………………… 20
シアノ …………………………………… 48
ジアホラーゼ法 ………………………… 469
シーケンシャル機構 …………………… 334
紫外可視分光光度計 …………………… 76
シグナルペプチドペプチダーゼ ……… 160
シクロオキシゲナーゼ ………………… 161
シクロデキストリン …………………… 496
示差走査熱量測定 ……………………… 125
自殺阻害 ………………………………… 332
脂質二重層 ……………………………… 182

シスチン	65
システインプロテアーゼ	146
ジスルフィド結合	68
自然発生説	21
失活	131, 303, 359
実質的非構造化タンパク質	504
シッフ塩基	151
ジデオキシヌクレオチド	105
至適pH	345
至適温度	354
シトクロムc	58
シトクロムcオキシダーゼ	57, 153, 154
シトクロムP450	153
ジニトロフェニル化法	105
ジヒドロリポイルデヒドロゲナーゼ	150, 156
ジヒドロリポイルトランスアセチラーゼ	156
ジペプチジルペプチダーゼIV	159
脂肪酸合成酵素	59
脂肪酸のβ酸化	439
四面体中間体	491
シャペロン	95, 100
自由エネルギー	124
重原子同型置換法	113
修飾と切断	132
重水	109
重量平均分子量	69
主鎖	95
出発系物質	241
受容体タンパク質	14
シュライデン	20
シュワン	19, 20
順相カラムクロマトグラフィー	202
純度	208
消炎酵素製剤	501
消化	16
消化酵素	11
蒸気拡散法	111
消光剤（消光物質）	79
脂溶性ホルモン	447
衝突説	264
衝突頻度因子	266
衝突複合体	287
情報タンパク質	14
情報伝達素子	133
常用名	33
触媒	1, 8
触媒RNA	493
触媒活性	209
触媒基	182
触媒機能効率	297
触媒抗体	491
触媒効率	286, 297
触媒作用	1
触媒三残基	164
触媒性抗体	2
触媒性三つ組	27
触媒速度定数	286
触媒部位	5, 6
食品添加物	186, 457
植物プロテアーゼ	17
試料採取法	251
ジンクフィンガー	98
シンクロトロン放射光施設	111
人工酵素	490, 496
人工タンパク質設計	239
親水性アミノ酸	85
迅速停止法	369, 404
迅速平衡Random	365
迅速平衡仮説	367
迅速平衡法	280
迅速平衡ランダム機構	334
新陳代謝	11
浸透圧	69
浸透限界	194

【ス】

水酸化物イオン	153
推奨名	33
水素化物イオン	147
水素結合	6, 67
膵分泌性トリプシンインヒビター	171
水溶性ホルモン	447

水和 ……………………………… 270, 361
水和水 …………………………………… 121
スクシニルCoA ………………… 156, 439
スクラーゼ-イソマルダーゼ ……………… 159
鈴木梅太郎 ……………………………… 26
スタンリー ……………………………… 25
ステロイドホルモン ……………………… 447
ストップトフロー装置 …………………… 301
ストップトフロー法
　………………… 29, 212, 267, 369, 404
ストラウブ ……………………………… 29
ストレプトキナーゼ ……………………… 503
スパランツァーニ ………………………… 18
ズブチリシン …… 146, 267, 301, 329, 505
スプライシング ………………… 144, 434
スリット ………………………………… 76
スルファターゼ ………………………… 60
スルホベタイン ………………………… 189
スレオニンアルドラーゼ ………………… 151
スローバインディング阻害剤 …………… 373

【セ】

生気論 …………………………………… 21
生産的中間体 ………………………… 277
生産物阻害 …………………………… 446
精製 …………………………………… 179
生成系物質 …………………………… 241
精製工程表 ……………………………… 38
精製度 ………………………………… 210
精製表 ………………………………… 210
生成物 ………………………………… 1, 241
生成物阻害 ……………………… 330, 331
生体触媒 ………………………………… 1
生体反応 ……………………………… 1, 8
成長の限界 ……………………………… 12
静電収縮 ……………………… 270, 361
静電的効果 …………………………… 400
静電的相互作用 ………………… 6, 67, 83
静電誘導 ……………………………… 83
正の協同性 …………………………… 378
生物圏 …………………………………… 3
生命の起源 …………………………… 496

西洋ワサビペルオキシダーゼ …………… 154
赤外線スペクトル測定 …………………… 108
絶縁体 …………………………………… 83
接着性タンパク質 ……………………… 15
セミログ プロット ……………… 254, 359
セラチオペプチダーゼ ………………… 501
セリン酵素 ……………………………… 164
セリンプロテアーゼ …… 136, 146, 301, 386
セルピン ……………………………… 169
セルフクローニング …………………… 186
セルラーゼ …………………………… 508
セルロース ……………………………… 11
セルロソーム ………………………… 163
セレノシステイン ………………… 65, 145
零次反応 ……………………………… 252
零次反応式 …………………………… 285
遷移状態 ………………… 7, 262, 491
遷移状態アナログ ……………… 375, 492
遷移状態説 …………………………… 264
遷移状態類縁体 ………………………… 2
繊維状タンパク質 ……………………… 97
遷移相 ………………………………… 369
遷移相の酵素反応解析 ………………… 28
遷移相の速度論 ………………… 369, 373
線型混合型阻害 ……………………… 307
旋光性 ………………………………… 81
旋光度 ………………………………… 275
旋光分散 ……………………………… 81
センサーグラム ………………………… 89
前指数項因子 ………………………… 262
選択的スプライシング ……… 9, 15, 232
前定常状態 …………… 284, 297, 369, 402
セントラルドグマ ………………… 9, 418
線溶カスケード ……………………… 168
線溶系 ………………………………… 15

【ソ】

双曲線型混合型阻害 ………………… 307
阻害 ……………………………… 7, 303
阻害物質 ……………………………… 304
阻害物質結合部位 …………………… 304
阻害物質定数 ………………………… 305

素過程	402	単層結合型	161
束一的性質	69	担体結合法	461
速度定数	242, 369	タンパク質	2, 9, 12, 93
組織因子	167	タンパク質加水分解酵素	5
組織因子経路インヒビター	171	タンパク質性酵素補因子	42, 58
組織型プラスミノーゲンアクチベーター	168	タンパク質性のプロテアーゼ阻害物質	169
疎水性アミノ酸	85	タンパク質の切断	132
疎水性相互作用	6, 67	単粒子解析	119

【タ】

ターンオーバー	370
ターンオーバー数	286
第Ⅱ因子	167
第Ⅶ因子	167
第Ⅴ因子	167
第Ⅹ因子	167
代謝	435
代謝回転数	39
代謝経路	7, 436
代謝産物	445
代謝地図	26
代謝中間体	445
代謝の過程または結果として生じるATPなど	445
代謝物	445
体積モル濃度	242
タウマチン	14
唾液アミラーゼ	17
楕円偏光	81
タカアミラーゼ	19
高木兼寛	26
タカジアスターゼ	511
高峰譲吉	19, 510
多基質反応	305, 333, 365
多機能酵素	157
多酵素複合体	156
脱イミノ化	134
単位格子	110
単回置換機構	334
炭酸デヒドラターゼ	152
炭酸同化作用	11

【チ】

チアミン	48
チアミンピロリン酸	48
チーズ	16
チオレドキシン	59
置換機構	334
逐次機構	334
逐次モデル	379, 380
チマーゼ	21
中性子回折法	118
超遠心分析	69
超臨界溶媒	464
超臨界流体	485
直接的線型プロット	293
直線偏光（平面偏光）	81
直列二段階機構	371, 374
貯蔵タンパク質	14
チロキシン	447
チロシナーゼ	54
チロシンキナーゼ	450
沈降係数 s	73
沈降速度法	69
沈降平衡法	69

【テ】

定圧比熱容量変化	125
ディクソン プロット	313, 349
ディクソン-ウエッブ プロット	349, 351
定型プロテインキナーゼC	56, 161
定常状態	11, 242, 284
定常状態速度解析	28
定常状態の速度論	369

定常状態法	282
定常状態理論	367
定序機構	334
ティッシュープラスミノーゲンアクティベーター	503
デービスの式	225
デオキシヌクレオチド	105
デオキシリボヌクレアーゼ	147
テオレル-チャンス機構	334
適合溶質	4
鉄イオン	54
鉄-硫黄クラスター	55, 150
テトラヒドロ葉酸	45
デノボ経路	441
デバイ-ヒュッケル理論	272
デヒドロゲナーゼ	147
デヒドロゲナーゼ法	467
転移酵素	35
転化	275
転化糖	275
添加物	303
電荷リレー系	27
電気泳動	38, 197
電気ひずみ	270
電子顕微鏡法	118
電子スペクトル	76
電子遷移	78
電子伝達フラビンタンパク質	59
電子伝達フラビンタンパク質:ユビキノン酸化還元酵素	55
電子伝達フラビンタンパク質ユビキノンオキシドレダクターゼ	161
転写	9, 139, 231
転写基本因子	434
転写調節因子	434
電縮	270, 361
天然状態	122
天然変性タンパク質	7, 10, 30, 504
デンプン	11
伝令RNA	9

【ト】

銅イオン	54
同位体効果	393
等温滴定熱量測定	125
同化	11, 435
透過型電子顕微鏡	183
透過度	76
糖化反応	17
銅含有アミンオキシダーゼ	60
凍結防止タンパク質	14
糖鎖	133
同時並行的	8
導体	83
糖タンパク質	133
動的光散乱（dynamic light scattering, DLS)	75
動的平衡	241
等電点	72, 204
等電点クロマトグラフィー	204
等電点沈殿	72
等電点電気泳動	72, 205
動力学転移	122
ドーパミン	51
特異性	4
特異性定数	285, 289
特殊塩基触媒	387
特殊酸触媒	387
トパキノン	60
ドメイン	101
トラウベ	20
トランスアミナーゼ	151
トリアシルグリセロール	439
トリオースリン酸イソメラーゼ	146
トリカルボン酸回路	148, 436
トリプシノーゲン	166
トリプシン	19, 56, 136, 146, 329, 505
トリプシンインヒビター	15
トリプシン様セリンプロテアーゼ	165
トリプスタチン	171
トリプトファンオペロン	433
トリプトファントリプトフィルキノン	60
トロンビン	165, 503

トンネル効果 ················· 265

【ナ】
ナイアシン ··················· 48
ナイアシン化合物 ············· 147
ナイアシン含有補酵素 ··········· 45
内在性膜結合酵素 ·············· 159
内在性膜タンパク質結合型 ······· 161
内部アルジミン ················ 151
ナチュラルオカレンス ··········· 186
ナップ ······················· 22

【ニ】
二回置換機構 ················· 334
二基質二生成物反応 ············ 334
ニコチンアミド ················ 147
ニコチンアミドアデニンジヌクレオチド ·························· 45
ニコチンアミドアデニンジヌクレオチドリン酸 ···················· 45
二酸化炭素 ···················· 11
二次元電気泳動 ················ 73
二次元電気泳動法 ·············· 206
二次構造 ····················· 95
二次代謝 ···················· 435
二次代謝産物 ················· 435
二次反応 ···················· 255
ニッケルイオン ················ 54
二特異性抗体 ················· 473
ニトロゲナーゼ ················ 56
二反応性試薬 ················· 473
二分子反応 ··················· 285
乳酸 ························ 438
乳酸醗酵 ····················· 20

【ヌ】
ヌクレオチド ··················· 9

【ネ】
熱安定性 ···················· 357
熱失活 ······················ 358
熱力学 ······················ 124

熱力学的平衡定数 ·············· 243

【ノ】
濃度平衡定数 ················· 243
ノースロップ ··················· 24
ノンコーディングDNA（non-coding DNA） ···················· 233
ノンコーディングRNA（non-coding RNA） ···················· 233

【ハ】
バーグマン ···················· 30
ハース ······················· 19
バースト ················· 301, 403
ハーデン ····················· 21
ハーバー-ボッシュ反応 ·········· 359
ハーバー-ボッシュ法 ·············· 3
バイ・バイ反応 ················ 334
バイオシミラー ················ 506
バイオセンサー ················ 481
バイオテクノロジー ······ 10, 460, 499
バイオリアクター ·········· 463, 480
配向効果 ···················· 396
排除限界 ···················· 194
ハイドロパシー ················· 86
ハイドロパシープロット ·········· 86
ハイブリドーマ ················ 474
波数 ························ 108
パスツール ················ 20, 21
バチルスチューリンゲネシス ······ 516
醗酵 ···················· 16, 17
パパイン ················· 30, 146
パンクレアチン ················· 19
半減期 ·················· 254, 431
ハンセン ····················· 19
パントテン酸 ··················· 48
反応次数 ················ 251, 252
反応初速度 ··················· 249
反応進行曲線 ················· 375
反応速度 ···················· 249
反応速度論 ··············· 241, 249
反応特異性 ···················· 4

反応物	241
反応物質	241

【ヒ】

ビオチン	48
ビオチン酵素	147
比活性	38, 209
光の吸収	76
非拮抗阻害	311, 322, 367
非競争阻害	311
ビクニン	171
ヒスタミンセンサー	483
ヒスチジンデカルボキシラーゼ	60
非生産的中間体	277
微生物	184
微生物由来の酵素	184
ビタミン	26, 48
ビタミンA	50
ビタミンB_1	48
ビタミンB_2	48
ビタミンB_6	48
ビタミンB_{12}	48
ビタミンB群	48
ビタミンC	50
ビタミンD	51
ビタミンK	51
ビタミンKカルボキシラーゼ−ビタミンKレダクターゼ複合体	51
ビタミン補酵素	48
左円偏光	81
必須アミノ酸	64
必須イオン	42
非定常状態	284, 369
非特異的結合	472
ヒトゲノム	15
ヒドラジン分解法	105
ヒドロキシル化	134
ヒドロキソコバラミン	48
ヒドロゲナーゼ	56
非必須アミノ酸	64
微分スペクトル	78
非ヘム鉄酵素	57
ヒポキサンチン-グアニンホスホリボシルトランスフェラーゼ	442
肥満細胞トリプターゼ	171
比誘電率	67, 83
表在性膜結合酵素	160
標識酵素	474
標準アミノ酸	64
標準ギブズエネルギー変化	243
表面プラズモン	87
表面プラズモン共鳴（surface plasmon resonance, SPR）	87
ピリジン酵素	147
ピリドキサール5′-リン酸	48, 426
ピリドキサミンリン酸（PMP）	151
非リボソーム性ペプチド合成酵素	158
ピリミジンヌクレオチド	441
ヒル係数	378
ビルトイン補因子	42, 59
ピルビン酸	438
ピルビン酸カルボキシラーゼ	439
ピルビン酸キナーゼ	54, 436
ピルビン酸デカルボキシラーゼ	50
ピルビン酸デヒドロゲナーゼ	156
ピルビン酸デヒドロゲナーゼ複合体	150, 156, 439
ピロリジン	145
ピロリン酸	139
頻度因子	262
ピンポン機構	334

【フ】

ファンデルワールス力	6
ファントホフ プロット	246
ファントホフエンタルピー変化	246
ファントホフ式	246, 261, 352
フィードバック阻害	7, 445
フィードフォワード活性化	446
フィターゼ	509, 510
フィチン酸	509
フィッシャー	6, 23, 27, 30, 276, 512
部位特異的変異導入法（site-directed mutagenesis）	236

フィブリノーゲン	167
フィブリンモノマー	168
フィリップス	27
フェルメント	18, 22
フェレドキシン	59
フォールディング	9, 10, 123
フォルダーゼ	1
不規則構造	107
不拮抗阻害	312, 367
不競争阻害	312
不斉原子	426
負の協同性	379
ブフナー	21
プラステイン	30
プラズマ状態	87
プラズマ振動	87
プラスミノーゲン	16, 503
プラスミノーゲンアクチベーターインヒビター1	169
プラスミノーゲンアクティベーター	503
プラスミン	165, 168
フラビンアデニンジヌクレオチドFAD	48
フラビン化合物	147
フラビン金属酵素	148
フラビン酵素	147
フラビンモノヌクレオチドFMN	48
プランク定数	264
プリズム	76
ブリッグス-ホールデン法	282
フリッパーゼ	1
プリンヌクレオチドの生合成	436
ブルーシフト（青方偏移）	79
フルクトース1,6-ビスリン酸	446
フルクトース2,6-ビスリン酸	447
フルクトース6-リン酸	446
フルクトースビスリン酸アルドラーゼ	146
フルクトースビスリン酸ホスファターゼ-1	439
フルトン	30
ブレンステッド-ローリーの酸塩基説	247
不連続的測定法	25, 274
不連続法	466

ブロウ	27
プロエラスターゼ	166
プロカルボキシペプチダーゼ	132
プロキラリティ	5, 6
プロスタグランジンエンドペルオキシドシンターゼ	161
プロスタシン	161, 169
ブロッキング	472
プロテアーゼ	5, 508
プロテアーゼ阻害剤	188
プロテアーゼネキシン2	171
プロテアーゼの逆反応	30
プロテアソーム	163
プロテイン	18
プロテインキナーゼA	448
プロテインキナーゼB	451
プロテインホスファターゼ1	146
プロトヘム	57, 154
プロトロンビン	167, 431
プロトン解離定数	247
プロトン供与体	247
プロトン受容体	247
プロトン説	247
ブロメライン	501
プロリン3-ヒドロキシラーゼ	54
分解	11
分子インプリンティング法	490
分子活性	39, 286
分子触媒活性	39
分子スペクトル	76
分子性	252
分子置換法	113
分子量	69
分配法	85

【ヘ】

ペイエン	20, 31
平均残基モル楕円率 $[\theta]_{MRW}$	82
平衡定数	241, 243
ヘインズ-ウールフ プロット	292
ヘインズ-ウールフ式	292
ヘキソキナーゼ	436

ヘキソキナーゼ法·····················469
ベタイン································65
ヘテロオリゴマー酵素···············156
ヘテロ環状イソアロキサジン環·····148
ペプシン···························19, 146
ペプチジルトランスフェラーゼ······142
ペプチダーゼ···························5
ペプチド結合······················95, 108
ペプチドホルモン······················447
ヘム·······························42, 57
ヘム a······························57
ヘム b···························57, 154
ヘム c·······························58
ヘム酵素······························147
ヘモグロビン·····················11, 154
ペラグラ································49
ヘリカーゼ····························144
ペルオキシソーム·····················163
ペルオキシダーゼ·····················153
ベル型································345
ペルゾー···························20, 31
ペルツ·································27
ベルツェリウス···············18, 20, 25
ペロキシダーゼ···············474, 508
変性······························131, 303
変性状態·····························122
ヘンダーソン-ハッセルバルヒ式······248
ペントースリン酸経路·················148
偏比容·································74

【ホ】

補因子···························2, 7, 25
包括法································461
芳香族アミノ酸·······················64
放射性免疫測定法····················474
飽和率·······························378
補欠分子族·····················2, 7, 25, 46
補酵素·························2, 7, 25, 42
補酵素A（CoA）······················45
補酵素Q·······························46
補助基質······························46
ポストゲノム···························10

ホスホイノシチド3-キナーゼ（PI3K）
······································451
ホスホイノシチド依存性プロテインキナーゼ-1（PDK-1）·················451
ホスホエノールピルビン酸·······54, 446
ホスホエノールピルビン酸カルボキシキナーゼ···························431
ホスホノ基·····························46
ホスホパンテテイン·····················59
ホスホフルクトキナーゼ-1·······156, 436
ホスホフルクトキナーゼ-2/フルクトース-2,6-ビスホスファターゼ·········450
ボツリヌス毒素·······················503
ホプキンス·····························26
ホフマイスター·························27
ホモオリゴマー酵素···················156
ホモトロピックエフェクター···········377
ホモトロピックなアロステリック活性化·································446
ホモロジー・モデリング··············127
ポリアクリルアミドゲル電気泳動
（PAGE）·····························106
ポリケチド合成酵素···················158
ポリヌクレオチドポリメラーゼ·········152
ポリペプチド························2, 9
ポリペプチド鎖開始因子··············141
ポリペプチド鎖終結因子··············144
ポリペプチド鎖伸長因子··············142
ボルツマン因子·······················262
ボルツマン定数·······················264
ポルフィリン··························57
ホルミルグリシン······················60
ホルモン····························447
ホロ酵素······························42
ホワイトケミストリー··················487
ホワイトバイオテクノロジー···········487
翻訳···························9, 139, 231
翻訳後修飾······················10, 499

【マ】

マイヤーホフ···························21
膜貫通領域····························86

膜酵素 …………………………… 506
マクサム-ギルバート法 ………… 105
膜タンパク質 …………………… 506
マグネシウム／マンガン依存性タンパ
　ク質ホスファターゼ ………… 147
マグネシウムイオン …………… 53
摩擦係数 ………………………… 74
摩擦比 …………………………… 75
マトリックスメタロプロテアーゼ …… 152
マトリプターゼ ………………… 169
マレイミド法 …………………… 473
マンガンイオン ………………… 54

【ミ】
ミオグロビン …………………… 154
ミオシン軽鎖キナーゼ ………… 56
ミカエリス ……… 6, 23, 28, 510, 512
ミカエリス定数 ………………… 283
ミカエリス-ダビッドゾーン仮説 …… 345
ミカエリス-メンテン式 …… 277, 284, 367
ミカエリス-メンテン複合体 ………… 6
ミカエリス-メンテン法 ………… 280
見かけの一次反応速度定数 …… 258, 371
見かけの平衡定数 ……………… 245
右円偏光 ………………………… 81
右巻きらせん …………………… 96
ミクロソーム型シトクロム P450 …… 159
緑の革命 ………………………… 12

【ム】
麦飯優秀説 ……………………… 26
無細胞抽出液 …………………… 21
ムルダー ………………………… 18

【メ】
迷光 ……………………………… 76
命名委員会 ……………………… 33
メタボリックマップ …………… 26
メタロプロテアーゼ …………… 503
メチオニントランスアデニラーゼ …… 46
メチルアミンデヒドロゲナーゼ …… 60
メチルアミンメチルトランスフェラーゼ
　……………………………… 145
メチル化 ………………………… 134
メチルコバラミン ……………… 48
メチル補酵素 M 還元酵素 ……… 58
メチルマロニル CoA ムターゼ …… 147
メドウス ………………………… 12
免疫グロブリン ………………… 13
免疫タンパク質 ………………… 13
メンテン ………………… 6, 23, 28, 512

【モ】
モータータンパク質 …………… 13
モジュール ……………………… 103
モチーフ配列 …………………… 98
モネリン ………………………… 14
モノー …………………………… 26
モノクローナル抗体 ……… 13, 474
モノマー酵素 …………………… 155
森原和之 ………………………… 30
モリブドプテリン ……………… 58
森林太郎（鴎外） ……………… 26
モル活性 …………………… 39, 286
モル吸光係数 ……………… 76, 468
モルテン・グロビュール ……… 124
モル濃度 ………………………… 242

【ヤ】
ヤング …………………………… 21

【ユ】
有効濃度 ………………………… 397
誘電体 …………………………… 83
誘電分極 ………………………… 83
誘電率 ……………………… 67, 83, 271
誘導性酵素 ……………………… 431
誘導適合 …………………… 411, 420
誘導適合説 ………………… 7, 10, 29
輸送タンパク質 ………………… 13
ユニット ………………………… 209
ユビキチン ……………………… 163
ユビキチン化 …………………… 134

ユビキノン ………………………… 46, 150
ゆらぎ適応説 ……………………………… 29

【ヨ】

溶液内高速反応 …………………………… 29
葉酸 ………………………………………… 48
要素還元論 ……………………………… 513
溶媒効果 ………………………………… 399
溶媒質量モル濃度 ……………………… 242
溶媒接触度 ……………………………… 498
溶媒接触表面（solvent accessible
 surface, SAS） ………………………… 85
溶媒接触表面積（solvent accessible
 surface area, ASA） …………………… 85
溶媒和 …………………………………… 270
ヨーグルト ……………………………… 16
四次構造 …………………………… 102, 104
吉田彦六郎 ……………………………… 510

【ラ】

ラーモア周波数 ………………………… 114
ラインウィーバー–バーク プロット … 292
ラインウィーバー–バーク式 ………… 292
ラグ ……………………………………… 301
ラグ時間 ………………………………… 301
ラクトースオペロン …………………… 432
ラクトースリプレッサー ……………… 432
ラジカルSAM酵素類 …………………… 55
ラセミ化 ………………………………… 135
ラッカーゼ ………………………… 508, 511
ラボアジエ ……………………………… 17
ランダム機構 …………………………… 334
ランダム結合順序機構 ………………… 334
ランダム変異導入法 …………………… 236

【リ】

リアーゼ ………………………………… 35
リービッヒ …………………………… 20, 22
リガーゼ ………………………………… 36
リガンド ………………………………… 303
リジン-2-モノオキシゲナーゼ ………… 150
リソソーム ………………………… 163, 503

リソソーム病 …………………………… 503
リゾチーム ………………………… 27, 146
律速段階 ………………………………… 369
立体因子 ………………………………… 266
立体効果 ………………………………… 392
立体障害 ………………………………… 392
立体特異性 ……………………………… 5
立体配座 ………………………………… 411
リップマン ……………………………… 26
リブロース1,5-ビスリン酸カルボキシ
 ラーゼ／オキシゲナーゼ ……………… 54
リボザイム …………………………… 2, 492
リボソーム ……………………………… 139
リボヌクレアーゼA …………………… 146
リボフラビン …………………………… 48
硫安沈殿 ………………………………… 195
両逆数プロット ………………………… 292
量子化 …………………………………… 76
緑色蛍光タンパク質 …………………… 14
臨界ミセル濃度 ………………………… 189
りん光 …………………………………… 78
リンゴ酸デヒドロゲナーゼ …………… 439
リン酸緩衝液 …………………………… 222
臨床診断 ………………………………… 470

【ル】

ルシフェラーゼ ………………………… 515

【レ】

励起状態 ………………………………… 78
レイトアッセイ ………………………… 465
レイドラー ……………………………… 270
レーエンフック ………………………… 20
レオミュール …………………………… 18
レゾナンスユニット（RU） …………… 89
レチノール ……………………………… 50
レッドシフト（赤方偏移） …………… 79
レニン ……………………………… 17, 146
連鎖帰属 ………………………………… 117
連続的測定法 ……………………… 251, 274
連続法 …………………………………… 466
レンネット ………………………… 17, 512

【ロ】
ロイシンアミノペプチダーゼ……………153
ロイシンジッパー……………………99
ローム………………………………19

【ワ】
ワールブルク……………………………25
ワトソン-クリック型塩基対……………419
ワンポット………………………………8

初めての酵素化学

2016 年 12 月 8 日　第 1 刷発行

(B1196)

企画立案・編集	井上國世
発行者	辻　賢司
発行所	株式会社シーエムシー出版 東京都千代田区神田錦町 1-17-1 電話 03 (3293) 7066 大阪市中央区内平野町 1-3-12 電話 06 (4794) 8234 http://www.cmcbooks.co.jp/
編集担当	井口　誠／為田直子

〔印刷　株式会社遊文舎〕

©K. Inouye, 2016

落丁・乱丁本はお取替えいたします。

本書の内容の一部あるいは全部を無断で複写(コピー)することは,法律で認められた場合を除き,著作者および出版社の権利の侵害になります。

ISBN978-4-7813-1148-7　C3045　¥5000E